Vogt/Schultz · Grundzüge des praktischen Strahlenschutzes

Hans-Gerrit Vogt / Heinrich Schultz

Grundzüge des praktischen Strahlenschutzes

2., vollständig neubearbeitete Auflage

Mit 89 Abbildungen, 40 Tabellen und 70 Diagrammen

Carl Hanser Verlag München Wien

Fachliche Beratung für den Carl Hanser Verlag:
Prof. Dr. Dr. h. c. mult. Arthur Scharmann

Die Autoren:
Dr. Hans-Gerrit Vogt, Zentraleinrichtung für Strahlenschutz der Universität Hannover
Prof. i. R. Dr. Heinrich Schultz, Gehrden bei Hannover

Die Deutsche Bibliothek – CIP Einheitsaufnahme

Vogt, Hans-Gerrit:
Grundzüge des praktischen Strahlenschutzes / Hans-Gerrit Vogt ; Heinrich Schultz. – 2., vollst. neubearb. Aufl. – München ; Wien : Hanser, 1992
ISBN 3-446-15696-8
NE: Schultz, Heinrich:

Umschlaggestaltung: Kaselow Design, München
Satz und Druck: J. Walch, Augsburg
Buchbinder: Thomas Buchbinderei, Augsburg
Printed in Germany

Vorwort

Vorliegendes Buch ist aus Manuskripten zu Kursen entstanden, die der Ausbildung von Strahlenschutzbeauftragten für den Umgang mit radioaktiven Stoffen sowie für den Betrieb von Röntgeneinrichtungen und Beschleunigern dienen. Es wendet sich daher insbesondere an Techniker, Ingenieure und Naturwissenschaftler, die sich mit den Grundlagen und Regeln des praktischen Strahlenschutzes vertraut machen wollen.

Das Buch soll vor allem Grundkenntnisse vermitteln und einen Ausblick auf den Strahlenschutz in ausgesuchten Fällen der nichtmedizinischen Anwendung geben. Die Darstellung beschränkt sich auf die wesentlichen Tatsachen, ohne ausführliche Begründungen, mathematische Ableitungen und technische Einzelheiten zu bringen. Schwerpunkte sind neben den physikalischen Grundlagen vor allem die Strahlenmessung und die möglichen Schutzmaßnahmen. Außer den grundsätzlichen Erläuterungen werden die bei vielen praktischen Aufgabenstellungen erforderlichen Berechnungsmethoden dargelegt, damit das Buch auch in der Praxis des Strahlenschutzes als nützliches Hilfsmittel dienen kann. Der Text ist durch Diagramme und Tabellen ergänzt, deren Anwendung an Hand von Beispielen aufgezeigt wird. Zahlreiche Literaturhinweise sollen dem Leser das Auffinden weiterführender Fachliteratur erleichtern.

Da die Praxis des Strahlenschutzes nicht nur durch physikalische und technische Gegebenheiten, sondern entscheidend auch durch Rechtsvorschriften bestimmt wird, hielten wir die Einbeziehung des in der Bundesrepublik Deutschland gültigen Strahlenschutzrechts für unumgänglich.

Wir hoffen, daß damit ein Handbuch für den praktischen Strahlenschutz entstanden ist, in dem die wesentlichen Regeln in verständlicher Form hinreichend ausführlich zur Sprache kommen, um einen zuverlässigen, den jeweiligen Verhältnissen angemessenen Strahlenschutz zu ermöglichen.

Für die Mitwirkung bei der Anfertigung von Tabellen und Bildern sagen wir Frau Dr. M. Lichthorn und Herrn T. Ernst unseren besonderen Dank.

Hannover, März 1992 H.-G. Vogt, H. Schultz

Inhalt

1 Einleitung

Die energiereiche Strahlung von radioaktiven Stoffen oder Strahlungsgeneratoren kann vom Menschen unmittelbar nicht wahrgenommen werden. Je nach Art und Dauer einer Strahlenexposition können jedoch Gesundheitsschäden entstehen, die im allgemeinen erst nach Verzögerungen von Tagen bis Jahren in Erscheinung treten. Für direkte Schutzmaßnahmen gegen die Strahlenwirkungen ist es dann häufig zu spät, so daß nur noch versucht werden kann, den Krankheitsverlauf mit medizinischen Mitteln günstig zu beeinflussen. Der hier gemeinte Strahlenschutz befaßt sich jedoch nicht mit der medizinischen Behandlung, sondern mit der Verhütung von Strahlenschäden durch geeignete Maßnahmen und technische Vorkehrungen. Diese beruhen auf wissenschaftlichen Untersuchungen der Strahlenwirkungen und langjährigen Erfahrungen beim Umgang mit Strahlungsquellen.

Zum besseren Verständnis der praktischen Strahlenschutzmaßnahmen werden im folgenden zunächst einige grundlegende Zusammenhänge der Strahlenphysik und Strahlenbiologie erläutert, bevor in den Kapiteln Strahlenmessung, Schutzmaßnahmen sowie Rechtsvorschriften das eigentliche Thema Strahlenschutz behandelt wird. Dabei werden nur solche Strahlungsquellen berücksichtigt, bei denen die Energie der Strahlung etwa 100 MeV nicht überschreitet.

2 Aufbau der Materie

Materie ist aus Atomen aufgebaut. Diese bestehen, wie in Abb. 2.1 modellmäßig dargestellt ist, aus einem sehr kleinen Atomkern, der fast die gesamte Masse enthält, und einer sehr leichten Atomhülle, die den größten Teil des Atomvolumens einnimmt. Der Atomkern ist positiv elektrisch geladen, wobei die Ladungsmenge durch die Anzahl der in ihm enthaltenen Protonen gegeben ist, die jeweils mit einer Elementarladung behaftet sind. Ein neutrales Atom enthält in der Atomhülle eine gleich große Anzahl negativ geladener Elektronen wie positiv geladene Protonen im Kern. Im Unterschied zur hier gewählten Darstellung nimmt der wirkliche Atomkern innerhalb der durch die elektrischen Felder von Protonen und Elektronen erfüllten Atomhülle einen sehr viel kleineren Raum ein. Infolgedessen ist die dichte Packung von Atomen in fester Materie nur gegenüber anderen Atomen undurchlässig, während sie gegenüber schnell fliegenden Elementarteilchen wie Elektronen, Protonen oder Neutronen wegen der relativ großen Zwischenräume zwischen Atomkernen und Hüllenelektronen weitgehend durchlässig wirkt. Durch die Anzahl Z der Elektronen in der Hülle bzw. der Protonen im Kern (Kernladungszahl) ist ein chemisches Element charakterisiert, z. B. Wasserstoff: $Z = 1$, Sauerstoff: $Z = 8$, Eisen: $Z = 26$ (s. Anhang 15.1). Die chemischen Elemente sind im sogenannten Periodensystem entsprechend ihrer Kernladungszahl angeordnet, die deshalb auch als Ordnungszahl bezeichnet wird. Das in der Natur vorkommende Element mit der höchsten Kernladungszahl ist Uran ($Z = 92$). Künstlich wurden Transurane mit Kernladungszahlen bis über 100 hergestellt.

Außer den Protonen enthält der Atomkern eine vergleichbare Anzahl etwa gleich schwerer Kernteilchen, die elektrisch ungeladen (neutral) sind und Neutronen genannt werden. Protonen und Neutronen werden gemeinsam als Nukleonen bezeichnet. Die Nukleonenzahl A, auch Massenzahl genannt, ist demnach gleich der Summe aus der Anzahl der Protonen Z und der Anzahl der Neutronen N ($A = Z + N$). In Abb. 2.1 ist durch unterschiedlich weite Elektronenbahnen symbolisch dargestellt, daß sich die Elektronen in der Atomhülle in verschiedenen Abständen um den Atomkern bewegen, wobei sie mit unterschiedlichen Kräften an ihn gebunden sein können. Die Bahnen veranschaulichen damit bestimmte Zustände der Elektronen in der Atomhülle, die dadurch gekennzeichnet sind, daß zur Elektronenablösung vom Atom unterschiedliche Energien zugeführt werden müssen (Bindungsenergien). Es ist üblich, die Bahnen gemäß ihrer Bindungsenergien bestimmten Elektronenschalen zuzuordnen, die von innen nach außen mit den Buchstaben K, L, M, ... usw. bezeichnet werden. In ähnlicher Weise kann auch der Atomkern durch charakteristische Bewegungs- und Anregungszustände der Nukleonen gekennzeichnet werden (Energiezustände), wobei zwischen Grundzustand und „angeregten" Zuständen zu unterscheiden ist (s. Abb. 4.2, 4.3).

Ein Atomkern ist durch die Kernladungszahl Z und die Nukleonenzahl A gekennzeichnet. In der physikalischen Schreibweise für einen Atomkern X wird dazu die Kernladungszahl unten links, und die Nukleonenzahl oben links, neben das Elementsymbol ($^{A}_{Z}X$, z. B. $^{60}_{27}Co$) gesetzt. Zumeist wird Z weggelassen, da die Kernladungszahl bereits durch das Elementsymbol bestimmt ist (^{60}Co). Im folgenden wird zumeist die ebenfalls gebräuchliche Schreibweise mit der Nukleonenzahl hinter dem Elementsymbol (z. B. Co 60) verwendet.

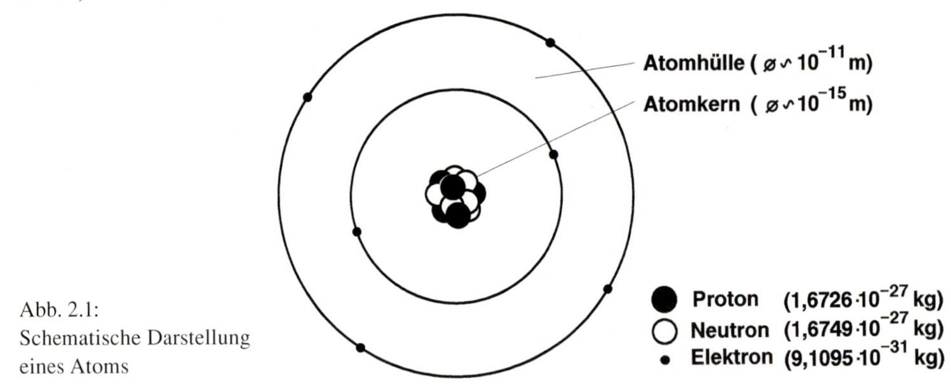

Abb. 2.1: Schematische Darstellung eines Atoms

Wenn Atomkerne untereinander sowohl gleiche Z-Werte als auch gleiche A-Werte haben, gehören sie zur gleichen Atomart, die man als Nuklid bezeichnet. Atomarten, bei denen nur die Z-Werte der Kerne gleich sind, heißen Isotope des Elementes mit der Kernladungszahl Z, z. B. Cs 134 und Cs 137. Für Nuklide mit Atomkernen gleicher Nukleonenzahl A wird der Begriff Isobare verwendet, z. B. P 32 und S 32.

Durch den Buchstaben m oben rechts neben dem Elementsymbol werden Atomarten gekennzeichnet, deren Atomkerne sich in sogenannten metastabilen Energiezuständen befinden ($^{A}_{Z}X^{m}$, z. B. $^{137}_{56}Ba^{m}$ bzw. Ba 137 m). Als metastabil wird hier ein angeregter Zustand des Kerns bezeichnet, dessen mittlere Lebensdauer (s. Kap. 4.1.3) so groß ist, daß dieser Atomkern in der Praxis als eigenständiges Nuklid betrachtet werden kann (Isomer).

Die Masse eines Atomkerns ist, was nach klassischen Gesetzen nicht zu erwarten wäre, stets kleiner als die Summe der Massen seiner Bestandteile. Diese Massendifferenz, der sogenannte Massendefekt, stellt nach der Einsteinschen Relativitätstheorie, welche Masse und Energie als äquivalent betrachtet, ein Maß für die Bindungsenergie des Atomkerns dar, in der sich die starken Massenanziehungskräfte geringer Reichweite zwischen den Bestandteilen des Atomkerns ausdrücken, die den Atomkern zusammenhalten.

Für die Masse m_a eines Atoms ergibt sich bei allen Nukliden ein sehr kleiner Zahlenwert (z. B. $m_{H1} = 1{,}6736 \cdot 10^{-24}$ g). Um das Rechnen mit derart kleinen Zahlenwerten zu vermeiden, wird anstelle der Atommasse m_a die sogenannte relative Atommasse A_r verwendet, die als dimensionslose Zahl das Verhältnis der Atommasse m_a zu einer Bezugsmasse m_u (Atommassenkonstante) bezeichnet ($A_r = m_a/m_u$). Als Bezugsmasse dient heute der 12. Teil der Masse eines Atoms des Nuklids C 12, d. h. $m_u = 1{,}66056 \cdot 10^{-24}$ g.

Da die meisten chemischen Elemente Gemische mehrerer Isotope sind, ergibt sich die mittlere relative Atommasse $\bar{A}_r$ eines Elementes aus den relativen Häufigkeiten h_i des Vorkommens und den relativen Atommassen A_{ri} der Isotope ($\bar{A}_r = \Sigma\, h_i \cdot A_{ri}$). In Anhang 15.1 sind die mittleren relativen Atommassen $\bar{A}_r$ der Elemente für die natürlich vorkommende Isotopenzusammensetzung angegeben.

3 Strahlungsarten

3.1 Materiestrahlung

Als materielle Strahlungsteilchen (Korpuskularstrahlung) werden hier mit hoher Geschwindigkeit den Raum durchfliegende kleinste Teilchen, insbesondere Bestandteile des Atoms bezeichnet, die eine Ruhemasse besitzen. Die wichtigsten materiellen Strahlungsteilchen sind schnell fliegende Elektronen (e), Protonen (p), Neutronen (n) sowie Alphateilchen (α). Unter einem Alphateilchen wird dabei ein Teilchen verstanden, das aus zwei Protonen und zwei Neutronen besteht, die gemeinsam als besonders stabiles Gebilde aus einem größeren Atomkern ausgestoßen werden. Die bei Umwandlungen von Atomkernen ausgestoßenen Elektronen werden als Betateilchen (β) bezeichnet.

3.2 Wellenstrahlung

Ähnliche Wirkungen wie durch materielle Strahlungsteilchen können auch durch schnelle periodische Änderungen (Schwingungen) von elektrischen und magnetischen Kraftfeldern verursacht werden (Abb. 3.1). Wie bei anderen Wellenbewegungen besteht auch hier zwischen der Ausbreitungsgeschwindigkeit c, der Wellenlänge λ (Abstand benachbarter Wellenberge) und der Schwingungszahl ν (Anzahl der Schwingungen pro Zeitintervall) die Beziehung

$$c = \lambda \cdot \nu \tag{3.1}$$

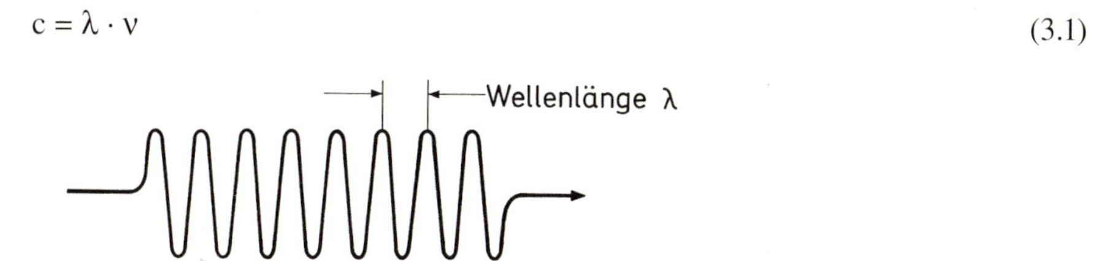

Abb. 3.1: Schematische Darstellung der elektromagnetischen Wellenstrahlung: der Wellenzug veranschaulicht die periodische Zu- und Abnahme des elektromagnetischen Kraftfeldes in einem Wellenpaket, das mit Lichtgeschwindigkeit an einem Punkt vobeiläuft

Die folgenden Ausführungen beschränken sich auf elektromagnetische Wellen mit Wellenlängen von weniger als 10^{-9} m (s. Anhang 15.2, 15.8), weil solche mit größeren Wellenlängen (sichtbares Licht: ca. 0,5 µm, Wärmestrahlung: ca. 0,1 mm, Radarstrahlen: ca. 10 cm, Radiowellen: ca. 100 m) keine Strahlenschäden im hier gemeinten Sinne verursachen. Kurzwellige elektromagnetische Wellen lassen sich auch als teilchenhafte Wellenpakete auffassen, Photonen genannt, weil sie wie Teilchen auf die Materie einwirken können, obwohl sie selbst keine Ruhemasse haben und nur Energie (s. Kap. 3.3) transportieren. Photonen breiten sich geradlinig mit Lichtgeschwindigkeit aus, die im Vakuum etwa c = 299 792 km/s beträgt.

Nach ihrer Entstehung wird bei der hier betrachteten elektromagnetischen Wellenstrahlung zwischen Gammastrahlung (γ) und Röntgenstrahlung (X) unterschieden. Gammastrahlung wird aus radioaktiven Atomkernen emittiert. Röntgenstrahlung entsteht bei Elektronenübergängen in der Atomhülle sowie beim Auftreffen schnell bewegter geladener Teilchen, insbesondere Elektronen, auf schwere Materialien, wie Wolfram und Platin (z. B. in Röntgenröhren). Die bei dem zuletzt genannten Wechselwirkungsprozeß entstehende Röntgenstrahlung wird auch als Bremsstrahlung bezeichnet.

3.3 Eigenschaften der Strahlung

Das Verhalten materieller Strahlungsteilchen ist gekennzeichnet durch ihre Bewegungsenergie, ihre Masse und ihre elektrische Ladung. Die Bewegungsenergie E, bzw. das Arbeitsvermögen, eines bewegten Teilchens mit der Masse m ist, solange die Geschwindigkeit v klein gegen die Lichtgeschwindigkeit c bleibt, gegeben durch die Beziehung:

$$E = \frac{1}{2} \cdot m \cdot v^2 \qquad (3.2a)$$

Wenn sich die Teilchengeschwindigkeit der Lichtgeschwindigkeit nähert, gilt nach der Einsteinschen Relativitätstheorie die genauere Formel:

$$E = \left(\frac{m}{\sqrt{1-(v/c)^2}} - m\right) \cdot c^2 \qquad (3.2b)$$

Darin wird der Quotient $m/\sqrt{1-(v/c)^2}$ im Unterschied zur Ruhemasse m auch als relativistische Masse bezeichnet, die mit zunehmender Geschwindigkeit größer wird. mc^2 ist die sogenannte Ruheenergie, die einem ruhenden Teilchen (v = 0) mit der (Ruhe-) Masse m entspricht. Wegen der sehr kleinen Teilchenmassen werden Bewegungs- und Ruheenergie von Strahlungsteilchen nicht in der technischen Energieeinheit Joule (J), sondern in der atomphysikalischen Einheit Elektronvolt (eV) bzw. Vielfachen davon (keV, MeV, GeV) angegeben. 1 eV ist die Bewegungsenergie eines Elektrons nach Durchlaufen eines elektrischen Spannungsgefälles im Vakuum von 1 Volt. Die Bedeutung der Vorsätze k, M und G kann aus Anhang 15.2 entnommen werden. Es gilt zahlenmäßig 1 eV $= 1{,}602 \cdot 10^{-19}$ J (siehe Anhang 15.3). Für die Ruheenergien der Atombestandteile gilt: Ruheenergie des Elektrons $m_e \cdot c^2 = 0{,}511$ MeV; Ruheenergie des Protons $m_p \cdot c^2 = 938{,}272$ MeV; Ruheenergie des Neutrons $m_n \cdot c^2 = 939{,}566$ MeV.

Für die Berechnung der Bewegungsenergie von Photonen lassen sich die obigen Berechnungsformeln nicht anwenden, da Photonen keine Ruhemasse haben und sich stets mit Lichtgeschwindigkeit bewegen. Die Bewegungsenergie von Photonen ist vielmehr proportional zur Schwingungszahl der Wellen, bzw. gemäß Gl. (3.1) umgekehrt proportional zur Wellenlänge.

$$E = h \cdot \nu = \frac{h \cdot c}{\lambda} \qquad (3.3)$$

Darin ist h eine zuerst von Planck angegebene Konstante, das Plancksche Wirkungsquantum ($h = 4.136 \cdot 10^{-15}$ eVs). Mit dieser Formel läßt sich die Energie von Photonen ebenfalls in der Einheit eV bzw. keV oder MeV berechnen, wenn die Wellenlänge λ bzw. Schwingungszahl ν der Wellen bekannt ist. Umgekehrt wird die zu einer bekannten Photonenenergie E in keV gehörende Schwingungszahl ν in 1/s bzw. Wellenlänge λ in nm (im Vakuum) aus folgenden Zahlenwertgleichungen erhalten:

$$\nu = \frac{E}{h} = 2{,}418 \cdot 10^{17} \cdot E \tag{3.4a}$$

$$\lambda = \frac{h \cdot c}{E} = 1{,}240/E \tag{3.4b}$$

Die Energien von materiellen Teilchen oder Photonen, die von praktisch bedeutsamen radioaktiven Stoffen emittiert werden, liegen im allgemeinen zwischen etwa 0,01 MeV und 10 MeV. Bei Röntgenröhren stimmt die maximale Photonenenergie (Grenzenergie) in keV wertmäßig mit der Spannung der Röntgenröhre in kV überein, die im allgemeinen zwischen 10 kV und 500 kV liegt. Mit Beschleunigern können auch Teilchenenergien von vielen GeV erreicht werden.

Fachliteratur

[eva55, but90, lie91, kra88b, kri89, mur88, mus88, nac71, n25413, pet88, sau83, sch83, sto76, tur86, wea86].

4 Strahlungsquellen

4.1 Radioaktive Stoffe

4.1.1 Aktivität

Radioaktive Strahlungsquellen sind Substanzen, in denen infolge von Kernprozessen aus einzelnen Atomkernen spontan, d. h. ohne äußere Einwirkung, Photonen und materielle Teilchen, beide kurz Strahlungsteilchen genannt, ausgestoßen werden. Die durchschnittliche Anzahl solcher Kernprozesse, die sich in einem kleinen Zeitintervall in einer Menge von Atomen vollziehen, geteilt durch das Zeitintervall, wird als Aktivität bezeichnet. Die Einheit der Aktivität ist das Becquerel (Bq), wobei 1 Bq = 1 Kernprozeß pro Sekunde ist. Früher war die Einheit Curie (Ci) gebräuchlich. Es gilt: $1\ \mathrm{Ci} = 3{,}7 \cdot 10^{10}\ \mathrm{Bq}$, was etwa der Aktivität von 1 g Radium entspricht. Radium wurde als Vergleichselement gewählt, weil es die ersten stärkeren radioaktiven Quellen lieferte und dank seiner großen Halbwertzeit von 1600 Jahren (s. Kap. 4.1.3) eine nahezu konstante Aktivität besitzt [kel82].

Da in der Praxis mit Aktivitäten bis etwa 10^{15} Bq zu rechnen ist, sind außer den Grundeinheiten auch noch typische Vielfache bzw. Bruchteile dieser Einheiten in Gebrauch, z. B. TBq, GBq, MBq bzw. kCi, mCi, µCi (s. Anhang 15.2, 15.4).

4.1.2 Kernprozesse

Bei spontanen Kernprozessen gelangen Atomkerne zumeist von einem weniger stabilen Zustand in einen stabileren Zustand, indem sie sich entweder in Kerne anderer Nuklide umwandeln (radioaktive Umwandlung) oder von einem metastabilen Zustand in einen energetisch niedrigeren Zustand übergehen (isomerer Übergang). Dabei können materielle Teilchen ausgestoßen oder Photonen abgestrahlt werden (s. Abb. 4.1).

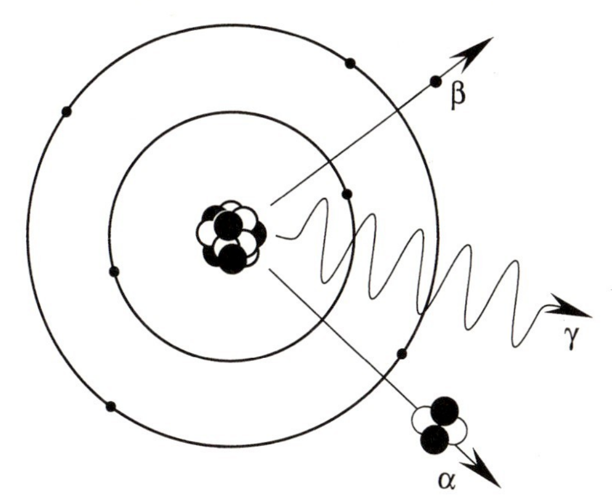

Abb. 4.1: Schematische Darstellung der Strahlungsemission aus dem Atomkern

Bei den schwersten Atomkernen werden zumeist Alphateilchen (α) emittiert (Alphazerfall). Bei leichteren Kernen führen radioaktive Prozesse fast immer zur Emission von Betateilchen (β), deren Ladung sowohl negativ als auch positiv sein kann (Betazerfall). Die Emission eines negativen Betateilchens (β^-), das an sich kein stabiler Bestandteil des Kerns ist, läßt sich dabei als Folge der Umwandlung eines Neutrons in ein Proton und ein Elektron innerhalb des Kerns deuten ($n \rightarrow p^+ + \beta^-$). Die Emission eines positiven Betateilchens (β^+, Positron) folgt entsprechend aus der Umwandlung eines Protons in ein Neutron ($p^+ \rightarrow n + \beta^+$). Der β^+-Zerfall tritt nur bei künstlich radioaktiven Stoffen auf. Die Umwandlung von Proton in Neutron ist auch über die Aufnahme eines Elektrons aus der Atomhülle in den Kern möglich (Elektroneneinfang) ($p^+ + e^- \rightarrow n$). Dieser Prozeß, der üblicherweise mit dem Symbol ε gekennzeichnet wird, tritt bevorzugt bei schweren Atomkernen auf.

Häufig befindet sich der Atomkern nach einer radioaktiven Umwandlung zunächst noch in einem instabilen, energetisch angeregten Zustand, aus dem er erst durch Emission eines oder mehrerer Photonen (Gammaquanten) in den Grundzustand übergehen kann. Auf die primäre Alpha- oder Betaemission folgt somit unmittelbar anschließend eine Gammaemission bzw. eine Kette von mehreren Gammaemissionen bis der Grundzustand des Folgekerns erreicht ist. Bei einigen Radionukliden verlaufen die Emissionsvorgänge auch über metastabile Zwischenzustände, d. h. angeregte Zustände eines Atomkerns mit einer merklichen Lebensdauer. Die Summe aller während einer Emissionsfolge umgesetzten Energiebeträge ist stets gleich dem Energieunterschied zwischen dem Energiezustand des Kerns vor und nach dem radioaktiven Kernprozeß.

Einen Überblick über die bei radioaktiven Kernprozessen ablaufenden Energieänderungen und Teilchenemissionen bietet das Schema der Energieübergänge von der in Abb. 4.2 und 4.3 dargestellten Art. Darin sind die Energiezustände des angeregten Folgekerns

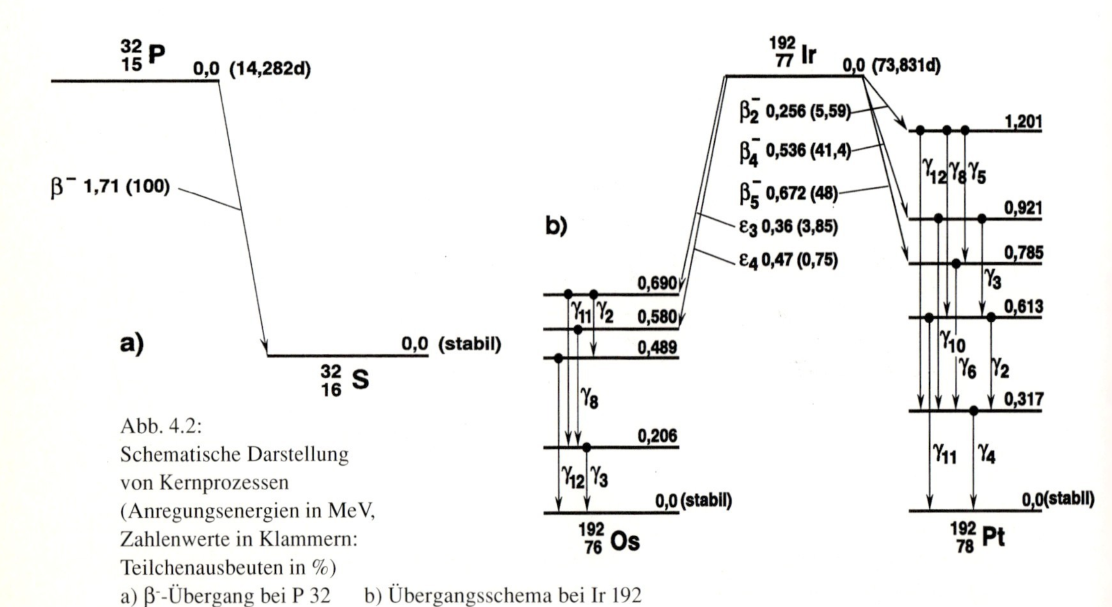

Abb. 4.2:
Schematische Darstellung von Kernprozessen (Anregungsenergien in MeV, Zahlenwerte in Klammern: Teilchenausbeuten in %)
a) β^--Übergang bei P 32 b) Übergangsschema bei Ir 192

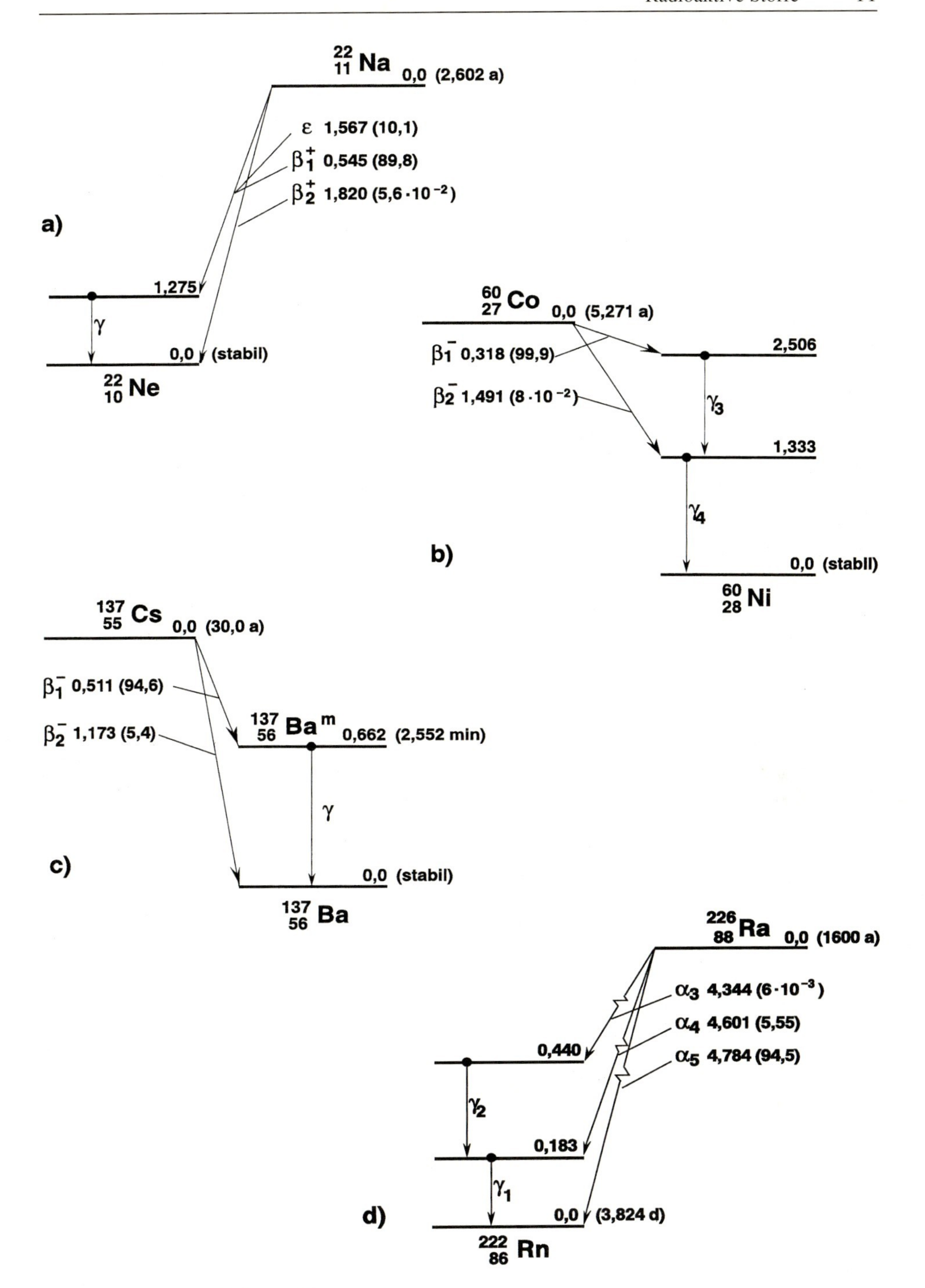

Abb. 4.3: Schematische Darstellung von Kernprozessen
(Anregungsenergien in MeV, Zahlenwerte in Klammern: Teilchenausbeuten in %)
Übergänge bei a) Na 22, b) Co 60, c) Cs 137, d) Ra 226

durch übereinander angeordnete horizontale Niveaulinien wiedergegeben, deren Abstände den Energieunterschieden zwischen den angeregten Zuständen entsprechen. Die Länge des senkrechten Übergangspfeiles zwischen zwei solchen Niveaulinien bemißt die beim Übergang freigesetzte Gammaenergie. Außer der Niveauleiter für den Folgekern ist das Energieniveau des radioaktiven Ausgangskerns eingetragen. Die Kernumwandlungen (Alpha-, Betazerfall, Elektroneneinfang) sind durch schräge Pfeile eingezeichnet, wobei die Nuklide von links nach rechts mit zunehmender Ordnungszahl angeordnet sind. Die Zahlenwerte an den Übergangspfeilen geben an, wieviele zugehörige Strahlungsteilchen mit der entsprechenden Energie durchschnittlich pro 100 Kernprozesse emittiert werden (s. Teilchenausbeuten: Anhang 15.5, [bro86, icp83b, wes85]). Derartige Häufigkeitsverteilungen für die unterschiedlichen Energien der Strahlungsteilchen werden Energiespektren genannt (s. Abb. 4.4).

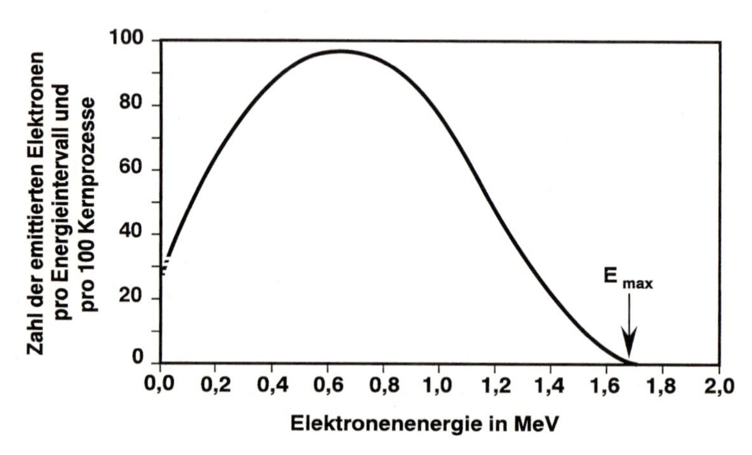

Abb. 4.4: a) Energiespektrum der Betastrahlung von P 32

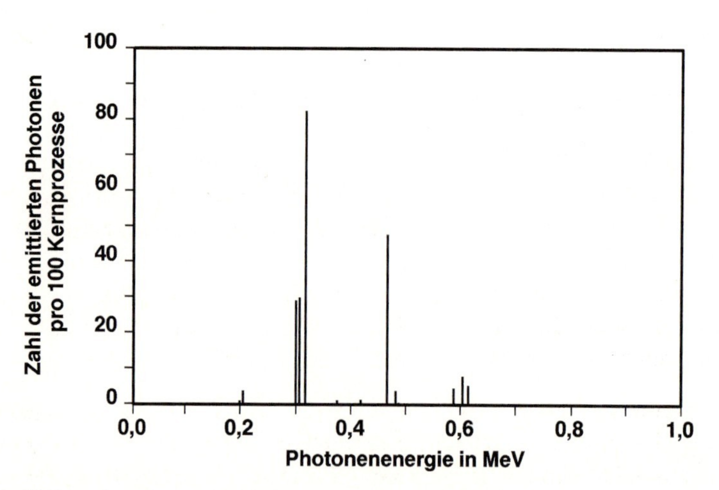

Abb. 4.4: b) Energiespektrum der Gammastrahlung von Ir 192

Betateilchen nehmen im Gegensatz zu Alphateilchen nur einen Teil des Energieunterschiedes zwischen zwei Kernzuständen auf, während die restliche Energie mit einem für den praktischen Strahlenschutz unwesentlichen Teilchen (Neutrino bei β^+-Zerfall, Antineutrino bei β^--Zerfall) abgestrahlt wird. In Abb. 4.4a ist ein Beispiel für das dabei entstehende Energiespektrum der Betastrahlung wiedergegeben, wobei nur ein einziger Betaübergang vorliegt [bro85]. Zur Kennzeichnung eines solchen Betaspektrums wird zumeist nur die Maximalenergie E_{max} der Betateilchen (Betaenergie) angegeben, die dem zugehörigen Energiesprung im Atomkern entspricht (Abb. 4.2a). Da beim β^+-Zerfall neben dem β^+-Teilchen jeweils auch noch ein Hüllenelektron abgegeben wird, entspricht die Energiedifferenz der Niveaulinien in diesem Fall nicht der Betaenergie. Diese ergibt sich erst nach Abzug der Ruheenergien der beiden Elektronen, d.h. von 1,022 MeV (s. Abb. 4.3a). Bei vielen Radionukliden sind mehrere Energieübergänge möglich, wobei verschiedene Übergangswahrscheinlichkeiten bestehen (s. Abb. 4.2b, 4.3), so daß mehrere Betaenergien mit unterschiedlichen Häufigkeiten vorkommen.

Da die Emission von Alpha- und Betateilchen mit einer Änderung der Protonenzahl Z im Kern verbunden ist, führt die Emission dieser Teilchen stets zu einer Kernumwandlung, d.h. zu einem neuen Kern eines anderen chemischen Elements. Für die charakteristischen Zahlen Z und A der Nuklide gelten allgemein die folgenden Umwandlungsregeln:

α-Zerfall: $(A, Z) \rightarrow (A-4, Z-2)$

β^--Zerfall: $(A, Z) \rightarrow (A, Z+1)$

β^+-Zerfall:
Elektroneneinfang: $\Big\}$ $(A, Z) \rightarrow (A, Z-1)$

So entsteht z.B. durch Alphaemission von Americium (Z = 95) ein Atomkern des Elements Neptunium (Z = 93) und durch Betaemission von Phosphor (Z = 15) ein Kern des Elements Schwefel (Z = 16) (s. Abb. 4.2a):

$$\text{Am 241} \xrightarrow{\alpha^{++}} \text{Np 237} \qquad \text{P 32} \xrightarrow{\beta^-} \text{S 32}$$

Die Energiespektren von Alpha- und Gammastrahlung haben im Unterschied zu den Spektren der Betastrahlung eine Linienstruktur, da diese Strahlungsteilchen stets nur mit den Energien emittiert werden, die den für das Nuklid charakteristischen möglichen Übergängen zwischen den Kernzuständen entsprechen. In Verbindung mit einem Alpha- oder Betazerfall können deshalb bei stufenweisen Gammaübergängen praktisch gleichzeitig mehrere Photonen mit verschiedenen Energien emittiert werden. Abb. 4.4b zeigt die wichtigsten beim Zerfall des Radionuklids Ir 192 auftretenden Photonenenergien, wobei die Höhe der Linien die Häufigkeit ihres Auftretens gemäß den in Anhang 15.5 angeführten relativen Teilchenausbeuten angibt.

Angeregte Atomkerne können ihre Anregungsenergie auch auf Hüllenelektronen übertragen, so daß bei diesem Prozeß (innere Konversion) anstelle von Gammaquanten sogenannte Konversionselektronen emittiert werden, die im Gegensatz zu Betateilchen monoenergetisch sind.

Beim Elektroneneinfang wird praktisch nur eine kaum meßbare Wellenstrahlung (interne Bremsstrahlung) aus dem Atomkern emittiert. Allerdings entsteht beim Wiederauffüllen der durch das eingefangene Elektron entstandenen Lücke in der Atomhülle die für das Folgeatom charakteristische Röntgenstrahlung (Fluoreszenzstrahlung). Anstelle dieser Röntgenstrahlung können auch Hüllenelektronen (Auger-Elektronen) mit bestimmten Energien ausgesandt werden.

Bei einem isomeren Übergang bleibt die Kernart (Nuklid) erhalten, weil sich dabei lediglich der Energiezustand des Kerns ändert.

Eine nur sehr selten vorkommende Zerfallsart ist die spontane Kernspaltung bei den schwersten Elementen, insbesondere Uran. Dabei zerfällt der Kern in zwei mittelschwere Bruchstücke. Zugleich werden im Durchschnitt etwa 2 bis 3 Neutronen und einige Photonen und Betateilchen emittiert.

4.1.3 Halbwertzeit

Da jeder Atomkern nur einmal einen bestimmten radioaktiven Kernprozeß erfahren kann, nimmt die Anzahl der in einer Substanz noch vorhandenen radioaktiven Atomkerne gemäß der Häufigkeit der Kernprozesse ab. Die Wahrscheinlichkeit für das Eintreten dieser Prozesse ist in gleichen Zeitintervallen gleich groß, so daß sich die Anzahl der noch vorhandenen radioaktiven Atomkerne in gleichen Zeitintervallen jeweils um den gleichen Bruchteil verringert. Das Zeitintervall, in dem sich die Anzahl der radioaktiven Atome und damit auch die Aktivität der jeweils vorhandenen Atomanzahl auf die Hälfte verringert hat, wird Halbwertzeit T des Radionuklids genannt. Demnach nimmt die Aktivität A nach einer Anzahl n von verstrichenen Halbwertzeiten (im Zeitraum t) auf den Bruchteil $1/2^n$ der Anfangsaktivität A_0 ab. Zahlenwerte von A/A_0 können für ganzzahlige n (= t/T) aus Anhang 15.6 entnommen werden. Allgemein kann die Aktivität mit Hilfe der Exponentialfunktionen

$$A = A_0 \cdot 2^{-t/T} = A_0 \cdot e^{-\lambda \cdot t} \qquad (4.1)$$

berechnet werden. Darin bezeichnet e die Basis der natürlichen Logarithmen und λ die Zerfallskonstante (λ = (ln 2)/T). Der Kehrwert der Zerfallskonstanten wird als mittlere Lebensdauer bezeichnet und gibt die Zeitspanne an, in der die Aktivität auf den Bruchteil 1/e = 0,368 abgefallen ist. Verhältnisse A/A_0 können für vorgegebene Werte von t/T bzw. $\lambda \cdot t$ auch aus Anhang 15.7 abgelesen werden.

Abb. 4.5 zeigt die zeitliche Abnahme der Aktivität von Co 60 und Cs 137, deren Halbwertzeiten sich etwa um den Faktor 6 unterscheiden. Nach 30 Jahren ist die Cs-Aktivität mit der größeren Halbwertzeit auf die Hälfte abgeklungen, während die Co-Aktivität nur noch etwa 1/53 der Anfangsaktivität beträgt. Wie ein Vergleich der beiden Diagramme 4.5a und 4.5b für die gleichen Aktivitätsverläufe zeigt, ergeben sich bei logarithmischer Aktivitätsskala geradlinige Abfälle, die eine besonders einfache Darstellung und genaue Ablesung auch bei kleinen Aktivitäten erlauben. Halbwertzeiten für einige praktisch bedeutsame Radionuklide sind in Anhang 15.5 wiedergegeben.

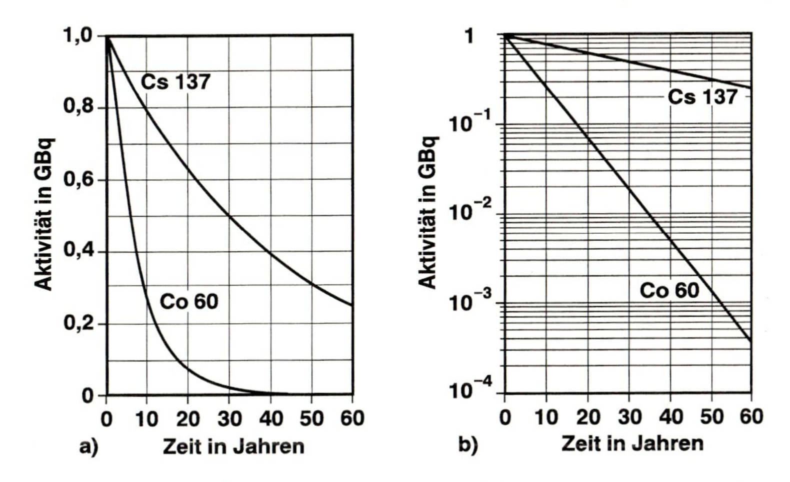

Abb. 4.5: Zeitabhängigkeit der Aktivität von Co 60 (T = 5,27 Jahre) und Cs 137 (T = 30 Jahre)
a) linearer Maßstab, b) logaritmischer Maßstab der Aktivität

4.1.4 Natürliche und künstliche Radioaktivität

Je nachdem, ob die Bereitschaft zur spontanen Emission bei der betreffenden Atomart (Element) von Natur aus vorhanden ist oder erst durch künstliche Einflüsse (Kernreaktor, Atombombe, Neutronengenerator) erzeugt wurde, wird zwischen natürlicher und künstlicher Radioaktivität unterschieden.

Natürlich radioaktive Stoffe sind überwiegend schwere Atomkerne, deren Alphaemission häufig mit sehr großen Halbwertzeiten verbunden ist, oder aus diesen Atomkernen entstandene sekundäre Folgekerne. Die meisten in der Natur vorkommenden radioaktiven Atomkerne lassen sich in sogenannten Zerfallsreihen einordnen. So ist z. B. Ra 226 Glied in einer Kette von Kernumwandlungen, die von dem Ausgangselement U 238 über Alpha- und Betaemissionen zum stabilen Endkern Pb 206 führt (s. Abb. 4.6). Außer den Radionukliden der 3 bekannten natürlichen Zerfallsreihen, die von Uran 235, Uran 238 und Thorium 232 ausgehen, gibt es nur wenige natürlich radioaktive Stoffe (z. B. Kohlenstoff 14, Kalium 40, s. Anhang 15.1a-d).

Zur Erzeugung von (künstlicher) Radioaktivität können Substanzen in speziellen Vorrichtungen an Kernreaktoren mit Neutronen bestrahlt werden [mar69]. So bildet sich z. B. durch Bestrahlung des natürlich vorhandenen stabilen Nuklids Co 59 das radioaktive Nuklid Co 60, das unter β^--Emission in Ni 60 übergeht. Der Nickel-Kern befindet sich zunächst in einem Zwischenzustand (Ni*), aus dem er erst nach praktisch gleichzeitiger Emission zweier Gammaquanten von 1,173 MeV und 1,333 MeV in den stabilen Grundzustand übergeht (s. Abb. 4.3b):

$$\text{n + Co 59 = Co 60} \xrightarrow{\beta^-} \text{Ni*60} \xrightarrow{\gamma} \text{Ni 60}$$

Radionuklide können ferner aus den Spaltprodukten gewonnen werden, die bei der Spaltung von Uran (s. Abb. 5.5d) in einem Kernreaktor in großer Vielfalt entstehen. Auch mit

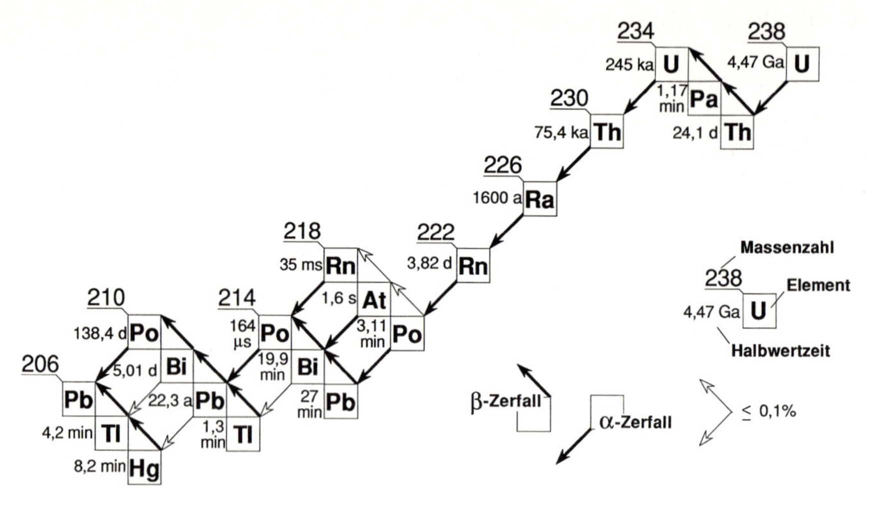

Abb. 4.6: Natürliche Zerfallsreihe des Uran 238

Teilchenbeschleunigern lassen sich Radionuklide, insbesondere auch Positronenstrahler, erzeugen, indem energiereiche elektrisch geladene Teilchen oder hochenergetische Photonen (mindestens etwa 8 MeV) auf die Substanzen aufgeschossen werden.

Zur schnellen Information über die Eigenschaften der Nuklide können sogenannte Nuklidkarten dienen, in denen jedem Nuklid ein Platz in einem Koordinatensystem zugeordnet ist, bei dem auf der horizontalen Achse die Neutronenzahl und auf der vertikalen Achse die Protonenzahl aufgetragen ist [see81]. Bei den stabilen Nukliden sind dort in der Regel die relative Häufigkeit des Isotops im natürlichen Element sowie die Wahrscheinlichkeiten für bestimmte Kernreaktionen mit Neutronen (s. Kap. 5.4) eingetragen. Bei den radioaktiven Nukliden werden die vorkommenden Kernprozesse und die Halbwertzeit sowie zumeist Energien emittierter Strahlungsteilchen aufgeführt.

Sowohl bei natürlicher als auch bei künstlicher Radioaktivität sind Alpha-, Beta- und Gammastrahlung die am häufigsten auftretenden Strahlungsarten. Neutronen bzw. Protonen werden im Zusammenhang mit radioaktiven Kernumwandlungen bei einigen Radionukliden gelegentlich im Anschluß an einen β^-- bzw. β^+-Prozeß ausgestoßen. Mit größerer Ausbeute werden praktisch nur Neutronen bei der spontanen Kernspaltung der schwersten Elemente emittiert (z. B. Cm 242, Cf 252). Die für solche Neutronen typische Energieverteilung (Spaltspektrum) ist in Abb. 4.7 wiedergegeben.

Für praktische Anwendungen werden Neutronenquellen zumeist durch Mischung eines Alpha- oder Betastrahlung emittierenden radioaktiven Stoffes mit einer geeigneten Substanz hergestellt, aus deren Atomkernen diese Strahlungsteilchen beim Auftreffen bevorzugt Neutronen freisetzen. So wird z. B. in der Mischung eines Alphastrahlers, wie Ra 226, mit Be 9-Pulver durch die Alphastrahlung die Kernumwandlung Be 9 $\rightarrow$ C 12 ausgelöst (Schreibweise: ^{9}Be (α, n)^{12} C, s. Kap. 5.4). Die dabei entstehenden Neutronen treten mit einer Energieverteilung auf, die bis etwa 12 MeV reicht (siehe Abb. 4.7), und die ebenso wie die Neutronenausbeute merklich von den Abmessungen und der Beschaffenheit der Quelle abhängt. Die mittlere Energie von (α, n)-Quellen mit Beryllium liegt im allgemeinen bei 4 bis 5 MeV. Auch mit Gammastrahlung können Kernreaktionen ausgelöst werden, bei denen freie Neutronen entstehen. Eine solche (γ, n)-Quelle ist z. B. eine Mischung aus Gammastrahlung emittierendem Sb 124 mit Be 9-Pulver, wobei nahezu monoenergetische Neutronen entstehen. Nachteilig ist bei den meisten dieser radioaktiven Neutronenquellen die häufig hohe Intensität der begleitenden Gammastrahlung (s. auch Anhang 15.22).

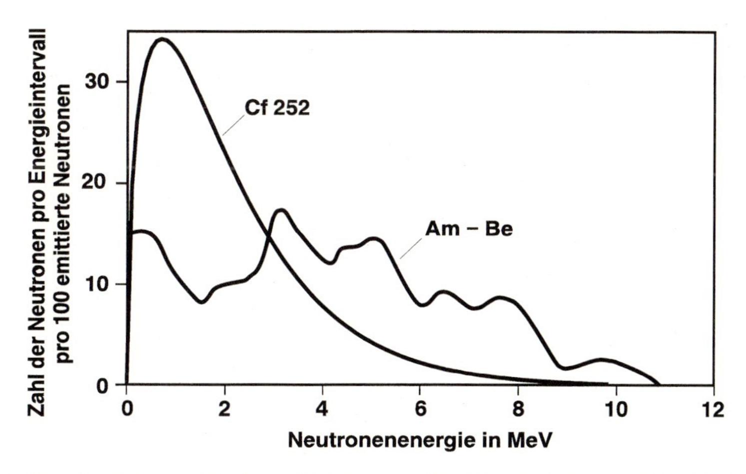

Abb. 4.7: Energiespektrum radioaktiver Neutronenquellen (Spaltspektrum von Cf 252, Am/Be-Quelle)

4.1.5 Aktivitäten bei Umwandlungsreihen

In vielen Fällen sind die nach radioaktiven Kernprozessen entstehenden Folgekerne noch nicht endgültig stabil, so daß sich an die erste radioaktive Umwandlung noch weitere radioaktive Umwandlungen mit der Emission weiterer Strahlungsteilchen anschließen können. Wie aus der Umwandlungsreihe des U 238 in Abb. 4.6 ersichtlich ist, kann dabei im Verlauf der Zeit ein Gemisch aus sehr unterschiedlichen Nukliden mit Halbwertzeiten zwischen wenigen Sekunden und tausenden von Jahren entstehen. Die Aktivitäten der beteiligten Nuklide zu einem gegebenem Zeitpunkt werden dabei durch die Halbwertzeiten und die möglichen Umwandlungswege bestimmt.

Bei der Umwandlung eines radioaktiven Mutternuklids in ein radioaktives Tochternuklid nimmt die Anzahl der Atomkerne des Tochternuklids zunächst solange stetig zu, bis der Verlust an Tochterkernen pro Zeitintervall durch radioaktive Umwandlungen ebenso groß geworden ist wie der Gewinn aus Umwandlungen der Mutterkerne, d. h. wenn die Aktivität des Tochternuklids (A_T) ebenso groß geworden ist wie die des Mutternuklids (A_M). Falls die Halbwertzeit T_M des Mutternuklids sehr groß ist gegenüber der des Tochternuklids (T_T), bleiben auch weiterhin beide Aktivitäten gleich groß, d. h. es ist $A_T = A_M$, was nicht nur für das unmittelbar folgende, sondern, unter den genannten Bedingungen, auch für alle weiteren radioaktiven Tochternuklide gilt. Dieses sogenannte stationäre

Gleichgewicht zwischen den Aktivitäten der beiden Nuklide wird praktisch nach einer Zeit erreicht, die etwa 8 Halbwertzeiten des Tochternuklids entspricht. Falls die Halbwertzeit des Tochternuklids nicht mehr vernachlässigbar klein ist gegenüber der des Mutternuklids, entsteht ein sogenanntes laufendes Gleichgewicht, bei dem die Aktivität des Tochternuklids wie folgt zu berechnen ist:

$$A_T = A_M \cdot \frac{T_M}{T_M - T_T} \tag{4.2}$$

Für die Zeit t bis zum Erreichen des Gleichgewichts gilt in diesem Fall:

$$t \geq 8 \cdot T_M \cdot T_T/(T_M - T_T) \tag{4.3}$$

Ein radioaktives Gleichgewicht ist nicht möglich, wenn das Tochternuklid eine größere Halbwertzeit als das Mutternuklid hat, da sich dann die Atomkerne des Mutternuklids schneller in die des Tochternuklids umwandeln, als deren Anzahl durch radioaktive Umwandlung abnimmt. In diesem Fall haben sich die Atomkerne des Mutternuklids praktisch nach einem Zeitraum von etwa $8 \cdot T_M$ weitgehend in die des Tochternuklids umgewandelt. Danach ändert sich die Tochteraktivität so als wenn anfangs nur folgende Tochteraktivität A_{T0} vorhanden gewesen wäre:

$$A_{T0} = A_{M0} \cdot \frac{T_M}{T_T - T_M} \tag{4.4}$$

Darin bezeichnet A_{M0} die Anfangsaktivität des Mutternuklids.

Für eine Umwandlungsreihe aus mehreren aufeinander folgenden Radionukliden folgt daraus, daß sich hinter dem Nuklid mit der größten Halbwertzeit stets ein Gleichgewicht aller folgenden Aktivitäten einstellt. Gemäß Abb. 4.6 folgen z. B. beim Ra 226 auf dessen radioaktive Umwandlung noch 8 weitere radioaktive Umwandlungen bis das stabile Nuklid Pb 206 entstanden ist, wobei die größte Halbwertzeit mit 22,3 a von Pb 210 kleiner ist als die des Ra 226 mit 1600 a. Deshalb ergibt sich nach etwa 180 a ein laufendes Gleichgewicht mit allen Tochternukliden. Praktisch wird jedoch bereits nach etwa 30 Tagen ein nahezu stationäres radioaktives Gleichgewicht mit den 5 nachfolgenden Tochternukliden bis zum Po 214 erreicht, und die Gesamtaktivität in der Substanz ist dann schon mindestens 6-mal so groß wie zu Beginn. Dabei ist zu beachten, daß die Quellstärke der verschiedenen Strahlungsarten, d. h. die Anzahl der erzeugten Strahlungsteilchen pro Zeit, wegen der unterschiedlichen Beiträge der beteiligten Nuklide nicht im gleichen Maße zunimmt.

Falls in einer radioaktiven Umwandlungsreihe kein radioaktives Gleichgewicht zu erwarten ist, müssen die Einzelaktivitäten der beteiligten Radionuklide mittels spezieller Formeln berechnet werden.

4.1.6 Kenngrößen radioaktiver Stoffe

Die grundlegenden radiologischen Kenngrößen einer radioaktiven Substanz sind ihre Aktivität zu einem bestimmten Zeitpunkt, die Halbwertzeit der Aktivität sowie die Arten und Energien der emittierten Strahlungsteilchen. Da Halbwertzeit sowie Strahlungsarten und -energien typische Eigenschaften bestimmter Atomkernarten sind, ist eine ausreichende Kennzeichnung einer radioaktiven Substanz zumeist bereits durch die Angabe des Symbols für die jeweilige Atomkernart (z. B. Co 60, Sr 90, Cs 137) und der Aktivität gegeben. Bei radioaktiven Stoffen, die sich in der Umwelt ausbreiten können (offene radioaktive Stoffe), werden allerdings häufig noch zusätzliche Angaben über die physikalischen und chemischen Eigenschaften der Substanz benötigt, um die Gefährdungsmöglichkeiten abschätzen zu können.

Enthält eine radioaktive Substanz mehrere Radionuklide, so ist ihre Gesamtaktivität gleich der Summe der Teilaktivitäten aller Radionuklide. Es ist zu beachten, daß bei Aktivitätsangaben die Aktivität etwa vorhandener radioaktiver Folgeprodukte häufig nicht berücksichtigt wird. Zur vollständigen Kennzeichnung der radioaktiven Substanz ist in diesem Fall die Kenntnis des Zeitpunkts erforderlich, an dem die reine Muttersubstanz vorlag. Die zum Zeitpunkt der Anwendung vorhandenen Aktivitäten können dann gemäß Kap. 4.1.5 bestimmt werden.

Da radioaktive Stoffe häufig schon bei sehr kleinen Mengen Strahlenschutzmaßnahmen erforderlich machen, ist außer der Angabe der Aktivität auch noch die Kenntnis der spezifischen Aktivität $a_M = A/M$, d. h. des Verhältnisses aus der Aktivität A und der Masse M der zugehörigen Substanz, von Bedeutung. Grundsätzlich ist zu unterscheiden zwischen der spezifischen Aktivität, die sich auf die Masse aller Atome des radioaktiven Nuklids bezieht und einer solchen, bei der auch die Masse aller sonstigen Atome des gleichen Elements oder bestimmter Verbindungen bzw. Substanzgemische mit berücksichtigt wird.

Die spezifische Aktivität in Bezug auf die Masse des radioaktiven Nuklids ist eine Konstante, da zwischen der Masse M in g der Atome, der Aktivität A in Bq und der Halbwertzeit T in a die folgende Zahlenwertgleichung gilt:

$$M = 7{,}57 \cdot 10^{-17} \cdot A_r \cdot T \cdot A \qquad (4.5a)$$

A_r bezeichnet die relative Atommasse. Umgekehrt ergibt sich die Aktivität eines Radionuklids bei vorgegebener Masse zu:

$$A = 1{,}32\ 10^{16} \cdot \frac{M}{T \cdot A_r} \qquad (4.5b)$$

Da im Strahlenschutz radioaktive Stoffe mit Halbwertzeiten von nur 5 Minuten (entsprechend etwa 10^{-5} Jahre, s. Anhang 15.3) bedeutsam sein können, ist mit spezifischen Aktivitäten von mehr als 100 TBq/µg zu rechnen. Deshalb müssen unter Umständen schon Massen radioaktiver Nuklide von weniger als 10^{-18} g zuverlässig erkannt werden.

In der Praxis werden außer massenbezogenen auch noch flächenbezogene Aktivitäten $a_F = A/F$ bzw. volumenbezogene Aktivitäten $a_V = A/V$ angegeben, wenn die Aktivität über eine bestimmte Oberfläche F bzw. über ein bestimmtes Volumen V verteilt ist. Dafür sind auch die Begriffe Flächenkontamination bzw. Aktivitätskonzentration gebräuchlich.

4.1.7 Radioaktive Strahlungsquellen

Bei radioktiven Strahlungsquellen wird grundsätzlich zwischen umschlossenen und offenen radioaktiven Stoffen unterschieden [StrlSchV-89].

Umschlossene radioaktive Stoffe sind gasförmige, flüssige oder feste Substanzen, die von einer strahlungsdurchlässigen, gegenüber dem Stoffaustritt jedoch allseitig dichten, inaktiven Hülle umgeben sind, die der üblichen betriebsmäßigen Beanspruchung standhält (s. Abb. 4.8). Solche Strahlungsquellen werden z. B. in Vorrichtungen zur Werkstoffprüfung sowie in der Meß- und Regeltechnik verwendet [men72, sto78].

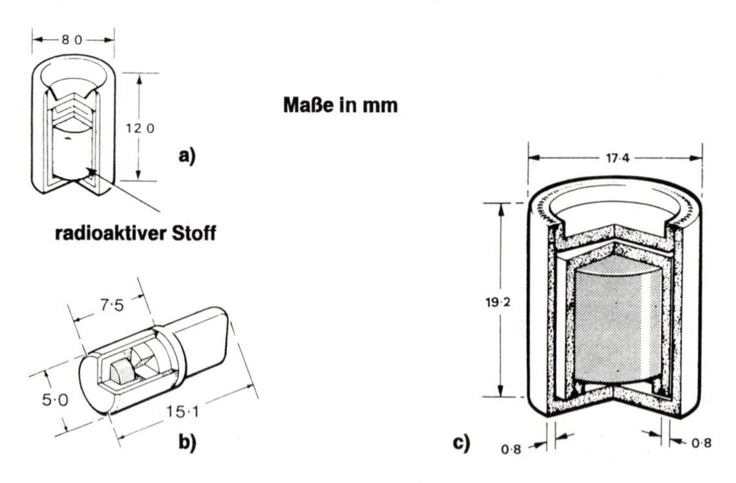

Abb. 4.8: Umschlossene radioaktive Strahlungsquellen (Amersham)
a) Caesium-Industriepräparat (Cs 137). Caesium in keramischer Form in doppelt umschlossener Kapsel aus nichtrostendem Stahl, verschweißt (X.9, 18,5 GBq-111 GBq)
b) Gamma-Radiographiequelle (Co 60, Ir 192). Zylinder aus Iridium- oder Kobaltmetall in Kapsel aus nichtrostendem Stahl, verschweißt (X.54)
c) Neutronenquelle (Am-Be). Mischung aus Americiumoxid mit Berylliummetall in doppelt umschlossener Kapsel aus nichtrostendem Stahl, verschweißt (X.2, 37 MBq-11,1 GBq)

Offene radioaktive Stoffe sind alle übrigen radioaktiven Stoffe ohne ausreichende Schutzhülle. Hierzu gehören z. B. die radioaktiven Flüssigkeiten und Feststoffe, mit denen in Radionuklidlaboratorien umgegangen wird, einschließlich der anfallenden radioaktiven Abfälle [coo81, far87, her86, hof91]. Offene radioaktive Stoffe ergeben sich bei der Herstellung umschlossener Präparate und bei der Aufarbeitung verbrauchter Kernbrennstoffe [bau78/80/86]. Sie werden auch bei der Herstellung von Leuchtstoffen sowie als Nachweismittel für den Verbleib bestimmter Substanzen bei chemischen Reaktionen, Stoffwechselvorgängen oder Transportprozessen eingesetzt [iae90a]. Ferner können sie beim Betrieb von Strahlungsgeneratoren als Folge der Strahleneinwirkung auf Materialien der Umgebung entstehen. Besonders große Aktivitäten dieser Art treten bei Kernreaktoren in den Kreisläufen des Kühlmittels und des Schutzgases sowie in den konstruktiven Bauteilen auf.

Die besondere Bedeutung offener radioaktiver Stoffe für den Strahlenschutz ergibt sich aus der Möglichkeit ihrer unkontrollierten Ausbreitung in den gasförmigen, flüssigen oder festen Medien unserer Umwelt und auf Oberflächen. Diese Verunreinigung wird als Kontamination bezeichnet.

4.2 Strahlungsgeneratoren

4.2.1 Röntgenröhre

Röntgenröhren erzeugen je nach Bauart Photonen mit Energien bis zu einigen 100 keV. Eine schematische Darstellung ist in Abb. 4.9 wiedergegeben. Durch das elektrische Feld zwischen der elektrisch positiv geladenen Anode und der negativ geladenen Kathode werden die an der Glühkathode in das Vakuum austretenden Elektronen in Richtung auf die Anode beschleunigt, wo sie auf eine innerhalb der Anode befindliche Antikathode aus einem Material hoher Ordnungszahl auftreffen. Die bei den Wechselwirkungen mit den Atomen der Antikathode entstehende und durch ein Fenster in der Röhre austretende Photonenstrahlung wird Röntgenstrahlung genannt. Dabei ist zu unterscheiden zwischen der Röntgen-Bremsstrahlung, die durch Abbremsen eines Elektrons im elektrischen Feld des Atomkerns erzeugt wird (s. Abb. 5.2c), und der Röntgenfluoreszenzstrahlung, die in der Atomhülle angeregt wird (s. Abb. 5.2b).

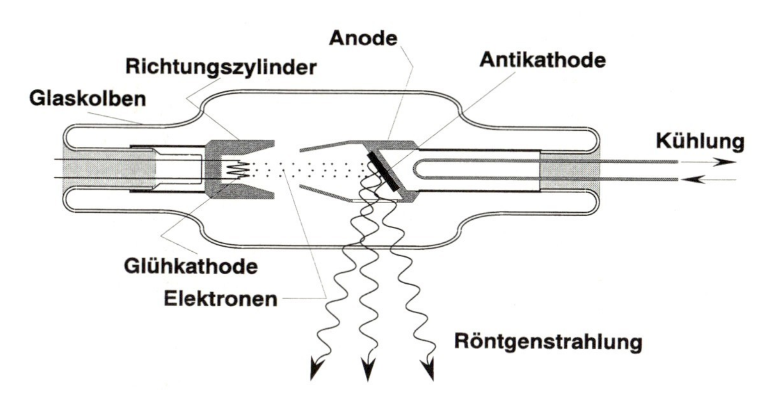

Abb. 4.9: Schematische Darstellung einer Röntgenröhre

Während die auftreffenden Elektronen entsprechend der angelegten Beschleunigungsspannung (z. B. 200 kV) alle nahezu dieselbe Energie (hier 200 keV) haben, sind die Energien der austretenden Röntgenstrahlungsphotonen über einen breiten Energiebereich (hier von etwa 0 bis 200 keV) verteilt. Die Häufigkeit der erzeugten Bremsstrahlungsphotonen nimmt mit wachsender Energie gleichmäßig ab bis zu einer höchsten Energie (Grenzenergie), die der Energie der beschleunigten Elektronen entspricht. Die Fluoreszenzstrahlungsphotonen treten dagegen mit bestimmten, für das Antikathodenmaterial charakteristischen Energien auf (charakteristische Strahlung). Eine Röntgenröhre liefert demnach eine Überlagerung aus dem kontinuierlichen Energiespektrum der Bremsstrahlung mit dem diskreten Linienspektrum der Fluoreszenzstrahlung (Abb. 4.10).

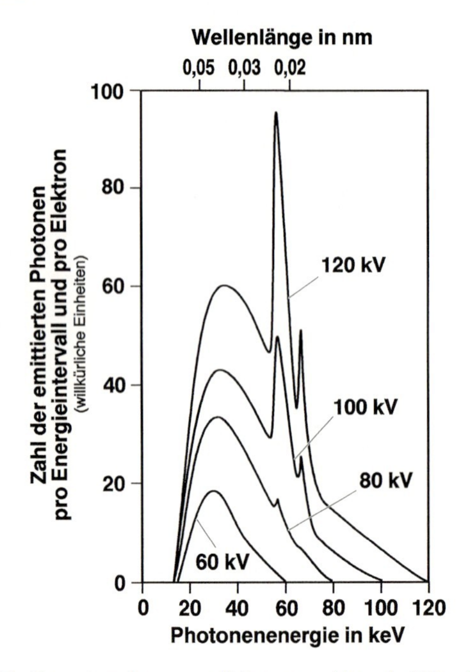

Abb. 4.10: Energiespektren von Röntgenstrahlung bei Beschleunigungsspannungen von 60 kV, 80 kV, 100 kV, 120 kV [rei90]

Aus Abb. 4.11 ist zu entnehmen, wie beim Durchgang eines Strahlenbündels durch Materialschichten, z. B. Al-Filter, die Photonen mit niedrigeren Energien stärker unterdrückt werden als die mit höheren Energien. Dadurch entsteht ein Energiespektrum, dessen Maximum sich mit zunehmender Dicke der durchstrahlten Schicht zu höheren Energien verschiebt („gehärtetes“ Spektrum). Zusätzlich in den Strahlengang eingebrachte Filterschichten bewirken daher im allgemeinen außer der Herabsetzung der Strahlungsintensität eine zusätzliche Härtung des Energiespektrums.

Da die Anzahl der Elektronen, die pro Zeitintervall auf die Antikathode auftreffen und dort Photonen auslösen, der Stromstärke in der Röntgenröhre entspricht, nimmt auch die Anzahl der pro Zeitintervall erzeugten Photonen, d. h. die Quellstärke der Röntgenröhre, unmittelbar proportional zur Stromstärke zu. Das Energiespektrum der Photonen bleibt dabei unverändert. Nur ein geringer Bruchteil (weniger als 1%) der Bewegungsenergie aller auftreffenden Elektronen wird in Röntgenstrahlungsenergie umgesetzt. Die übrige Energie wandelt sich in Wärme um, die durch Kühlung abgeführt werden muß. Da die Antikathode einer Röhre nur eine begrenzte, durch die Bauart gegebene Wärmeleistung aufnehmen kann, die dem Produkt aus dem Röhrenstrom und der Röhrenspannung entspricht, lassen sich an jeder Röhre nur bestimmte Kombinationen von Stromstärke und Beschleunigungsspannung einstellen.

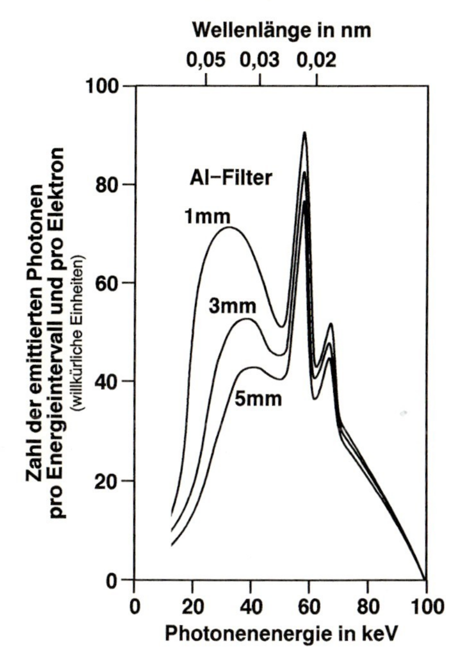

Abb. 4.11: Härtung der Energiespektren von Röntgenstrahlung durch 1, 3 bzw. 5 mm dicke Aluminium-Filter [bro85]

4.2.2 Teilchenbeschleuniger

In Beschleunigern werden elektrisch geladene Teilchen durch stationäre oder wechselnde elektromagnetische Felder auf so hohe Energien beschleunigt, daß sie entweder selbst als Strahlungsteilchen verwendet werden können oder beim Aufprall auf ein sogenanntes Target in diesem sekundäre Strahlungsteilchen erzeugen. Nach der Art der beschleunigten Teilchen kann zwischen Elektronenbeschleunigern und Beschleunigern für schwere geladene Teilchen (Protonen, Ionen) unterschieden werden. Die sekundären Strahlungsteilchen von Elektronenbeschleunigern sind zumeist Photonen; mit Beschleunigern für Kernteilchen werden häufig Neutronen erzeugt.

Beschleuniger bestehen aus einer Teilchenquelle für Elektronen oder Ionen, einer Vakuumkammer, in der die Teilchen beschleunigt werden, dem Austrittsfenster oder dem Target, auf das die Teilchen am Ende der Beschleunigung auftreffen, sowie den Beschleunigungs- und Fokussierkomponenten. Hinzu kommt der Generator zur Erzeugung der elektrischen oder elektromagnetischen Felder zur Beschleunigung der Teilchen. In der Beschleunigungskammer wird entweder ein stationäres elektrisches Feld – analog zur Röntgenröhre – aufrecht erhalten, in dem die Teilchen in kontinuierlichem Strom bis auf die der Spannungsdifferenz entsprechende Bewegungsenergie beschleunigt werden oder es werden zeitlich veränderliche (instationäre) Wechselfelder verwendet, in denen die Teilchen nur gruppenweise (Puls) beschleunigt werden können. Bei gruppenweiser Beschleunigung hängt der zeitliche Mittelwert der Quellstärke der Strahlungsteilchen wesentlich vom Verhältnis zwischen der Pulsdauer und der Wiederholungszeit der Teilchenpulse (Tastverhältnis) ab. Besonders hohe Endenergien lassen sich erreichen, wenn die Teilchen durch Magnetfelder in eine ringförmige Bahn gezwungen werden und die gleichen Beschleunigungsfelder wiederholt durchlaufen. Bei Beschleunigern können dementsprechend neben der Teilchenart folgende wesentliche Merkmale unterschieden werden: Lineare und ringförmige Teilchenbahnen, elektrische und elektromagnetische Beschleunigungsfelder sowie konstante und veränderliche Magnetfelder zur Bahnbeeinflussung [cla66, dan74, kri89, nac71].

4.2.2.1 Gleichspannungsfeld-Beschleuniger

Bei diesem Beschleunigertyp werden Elektronen oder Ionen in einem geraden Vakuumrohr durch ein stationäres, lineares elektrisches Feld längs der Rohrachse beschleunigt. Die maximal mögliche Spannungsdifferenz bzw. Bewegungsenergie der Teilchen ist dabei durch Isolationsprobleme (Glimmentladung, Funkenüberschlag) in freier Atmosphäre auf etwa 3 MV und in Druckbehältern mit Schutzgas auf etwa 10 MV begrenzt. Die konstruktive Ausführung von Beschleunigern dieses Typs wird entscheidend durch die Art der Hochspannungserzeugung bestimmt, wobei zwischen elektrostatischen und elektromagnetischen Generatoren zu unterscheiden ist.

Bei dem von van de Graaff entwickelten Beschleunigertyp (siehe Abb. 4.12) wird die Hochspannung dadurch erzeugt, daß elektrische Ladung mittels eines Transportbandes aus Isoliermaterial durch Spitzenentladung von einer Spannungsquelle in das Innere einer isolierten Metallhohlkugel übertragen wird, an deren Oberfläche sich bei der Aufladung eine wachsende Hochspannung einstellt. Zur Erzielung einer gleichmäßigen Teilchenbeschleunigung sind entlang des Beschleunigungsrohrs sogenannte Äquipotentialringe angebracht, zwischen denen sich ein linearer Spannungsabfall einstellt. Typische Strahlströme liegen bei einigen mA (Elektronen) bzw. einigen 100 μA (Protonen).

Der Kaskadenbeschleuniger und der ICT-Beschleuniger (**I**nsulating **C**ore **T**ransformator: Isolierkerntransformator) beziehen ihre Hochspannung über spezielle Schaltungssysteme aus Transformatoren, Kondensatoren und Gleichrichtern aus einer Wechselspannung,

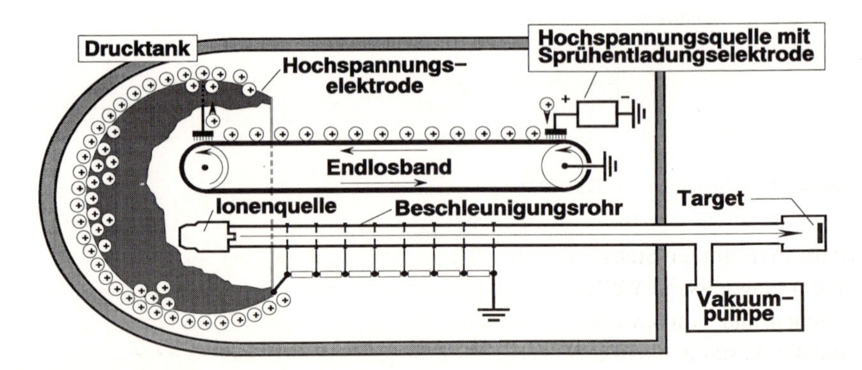

Abb. 4.12: Schematische Darstellung eines van-de-Graaff-Beschleunigers

wobei Strahlströme von einigen 100 mA (Elektronen) erreicht werden. Beim Dynamitron wird die Hochspannung aus Hochfrequenzspannungen gewonnen, die in ringförmigen Elektroden entlang des Beschleunigerrohrs induziert und mit speziellen Gleichrichterschaltungen auf Gleichspannungen bis zu einigen MV aufsummiert werden.

4.2.2.2 Wechselspannungsfeld-Linearbeschleuniger

Abb. 4.13a zeigt das Schema des von Wideroe entwickelten Driftröhren-Beschleunigers. Hierbei erfolgt die Beschleunigung zwischen den Enden von hintereinander angeordneten Rohrstücken, die abwechselnd mit den beiden Polen eines Wechselspannungsgenerators verbunden sind. Die Rohre sind dabei so bemessen, daß die Laufzeit der Teilchen in ihnen jeweils einer halben Schwingungsperiode der Spannung entspricht, so daß in den Rohrspalten stets die gleiche Beschleunigungsspannung auf sie einwirkt. Während der Drift durch die Rohre sind die Teilchen gegen das entgegengerichtete Wechselfeld abgeschirmt. Damit die Teilchen nur der beschleunigenden Phase des Wechselfeldes ausgesetzt sind, müssen die Driftröhren mit zunehmender Teilchengeschwindigkeit länger werden. Dies gilt insbesondere für Ionen, während Elektronen schon bei 2 MeV nahezu Lichtgeschwindigkeit haben, wobei sich für eine Hochfrequenz von 3000 MHz eine Driftröhrenlänge von etwa 10 cm ergibt. Eine Abwandlung ist der von Alvarez entwickelte Beschleuniger, bei dem die Hochspannung nicht galvanisch sondern durch stehende elektromagnetische Wellen auf die Driftröhren übertragen wird.

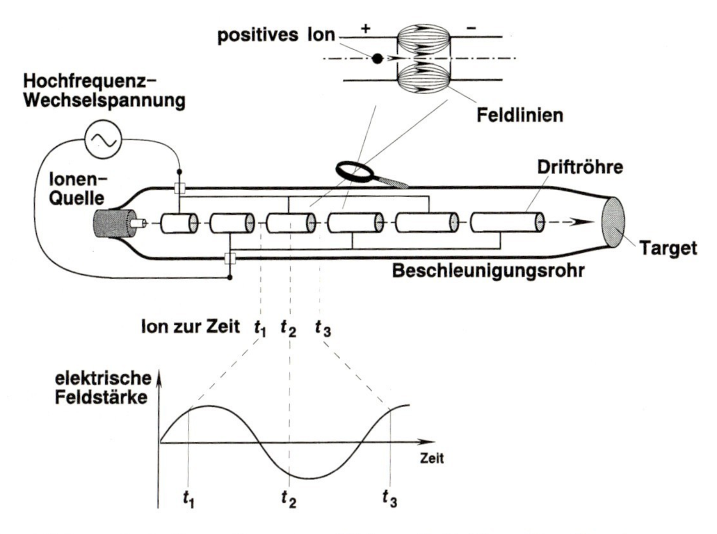

Abb. 4.13: a) Schematische Darstellung eines Wideroe-Driftröhren-Beschleunigers

Beim sogenannten Stehwellen-Beschleuniger werden im Beschleunigungsrohr stationäre elektromagnetische Wellen erzeugt, die durch eine Folge von ortsfesten Schwingungsbäuchen und -knoten entlang der Beschleunigungsstrecke gekennzeichnet sind. Dabei sind die Abstände zwischen den Schwingungsknoten so auf die Teilchengeschwindigkeit abgestimmt, daß die Teilchen die Schwingungsknoten immer gerade dann passieren, wenn die Feldstärke im anschließenden Bereich in die Beschleunigungsrichtung wechselt.

Im Wanderwellen-Beschleuniger laufen die zu beschleunigenden Teilchen synchron mit einer sich in einem Beschleunigungsrohr wandernden elektromagnetischen Welle mit. Wie in Abb. 4.13b schematisch dargestellt ist, wird dabei die Wellengeschwindigkeit durch Strukturierung des Beschleunigungsrohrs mit Lochscheiben (Runzelröhre) so auf die zunehmende Teilchengeschwindigkeit abgestimmt, daß das Teilchen stets in der beschleunigenden Phase der Welle mitbewegt wird.

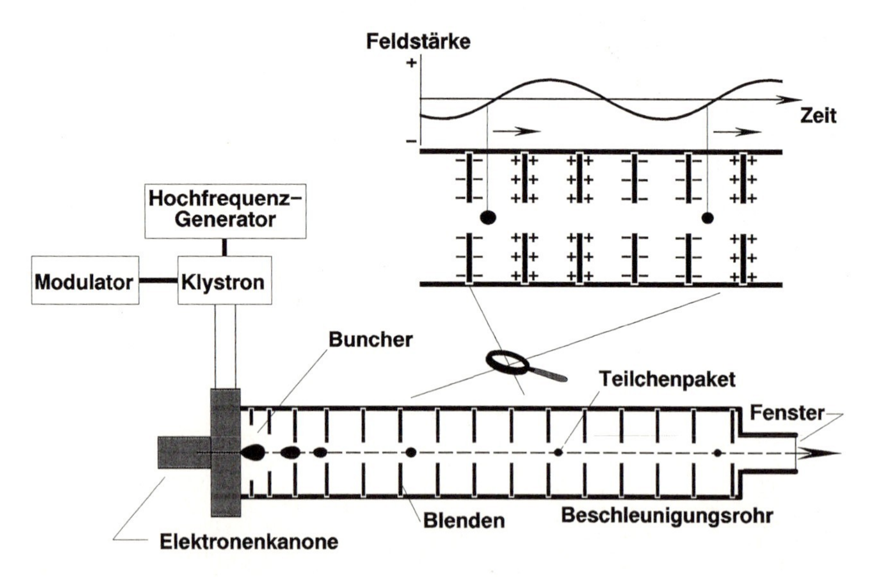

Abb. 4.13: b) Schematische Darstellung eines Wanderwellenbeschleunigers (Buncher: Bündelung der beschleunigten Teilchen, Klystron: Verstärkung der Hochfrequenzwelle, Modulator: Impulsgenerator)

4.2.2.3 Ringbeschleuniger mit konstantem Magnetfeld

In diesen Beschleunigern wird durch ein Magnetfeld dafür gesorgt, daß die elektrisch geladenen Teilchen sich auf Kreisbahnen senkrecht zum Magnetfeld bewegen, deren Radius mit der Teilchenenergie zunimmt. Beim Zyklotron (Abb. 4.14) erfolgt die Beschleunigung durch ein elektrisches Wechselfeld im Spalt zwischen zwei flachen D-förmigen Dosen, die zwischen den Polen eines starken Elektromagneten angeordnet sind. Durch geeignete Abstimmung der Hochfrequenz auf die vom Bahnradius unabhängige konstante Umlaufzeit der Teilchen wird erreicht, daß die Teilchen den Raum zwischen den Dosen stets dann passieren, wenn dort eine beschleunigende Spannungsdifferenz besteht. Dadurch nehmen sie im Verlauf einer spiralähnlichen Bahn stufenweise Energie auf, wodurch sich der Bahnradius vergößert bis die Teilchen am Rand der Vakuumkammer durch einen Ablenksystem (Deflektor) auf das Austrittsfenster oder ein Target geleitet werden. Das Zyklotron ähnelt somit einem Driftröhrenbeschleuniger, bei dem die unterschiedlich langen Rohre durch entsprechend lange Kreisbögen innerhalb der Dosen ersetzt werden und die gesamte Teilchenbahn auf engstem Raum „aufgewickelt“ worden ist. Auf diese Weise werden üblicherweise Protonen oder He 4-Ionen bis auf einige 10 MeV Endenergie beschleunigt.

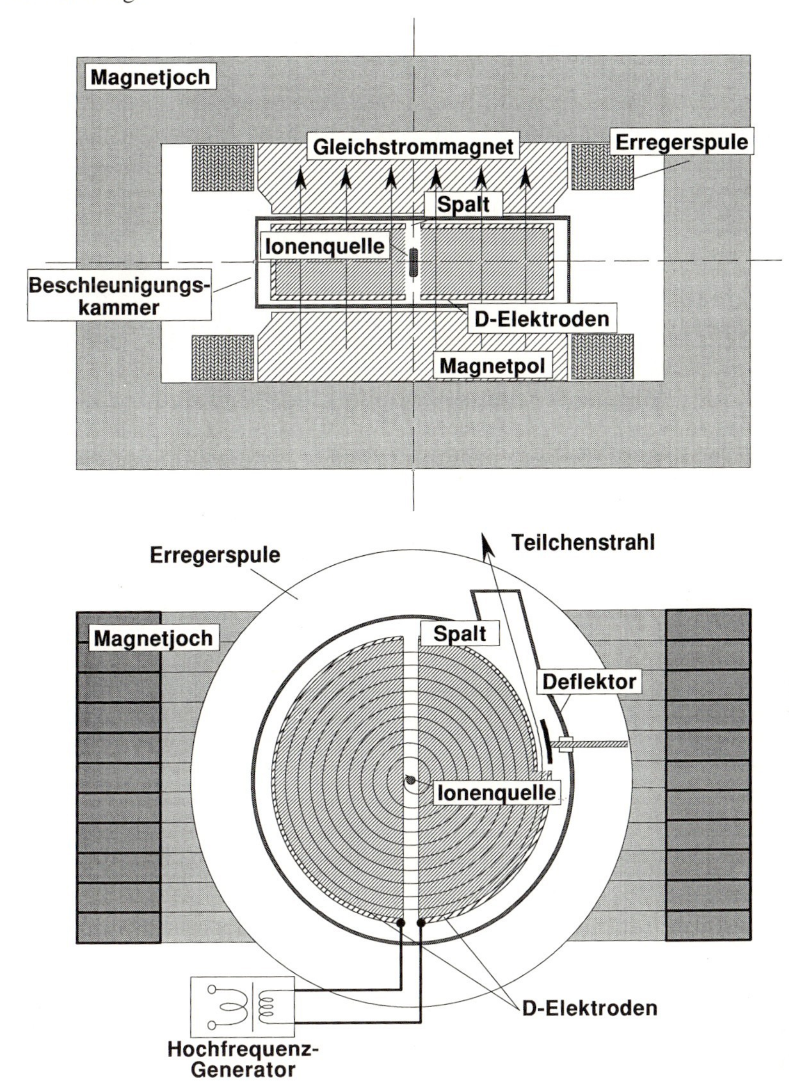

Abb. 4.14: Schematische Darstellung eines Zyklotrons

Die Endenergie kann beim Synchrozyklotron um mehr als eine Größenordnung dadurch erhöht werden, daß die Frequenz der Beschleunigungsspannung an die durch die zunehmende relativistische Masse entstehende Vergrößerung der Umlaufzeiten eines Teilchenpulses angepaßt wird (s. Kap. 3.3.). Auch beim Isochronzyklotron kann die Endenergie trotz Massenzunahme und konstanter Beschleunigungsfreuenz wesentlich gesteigert werden, indem durch geeignete Wahl der Polschuhe ein radial sich änderndes Magnetfeld erzeugt wird.

Das Mikrotron ist ein Kreisbeschleuniger für Elektronen, bei dem die Beschleunigung schrittweise durch ein spezielles Hochfrequenzsystem (Hohlraumresonator) erfolgt, das von den Elektronen bei jedem Umlauf im homogenen Magnetfeld einmal durchlaufen wird (Abb. 4.15). Dabei müssen Umlaufzeit und Hochfrequenzphase äußerst genau aufeinander abgestimmt sein, was durch die entsprechende Wahl des Magnetfeldes erreicht werden kann.

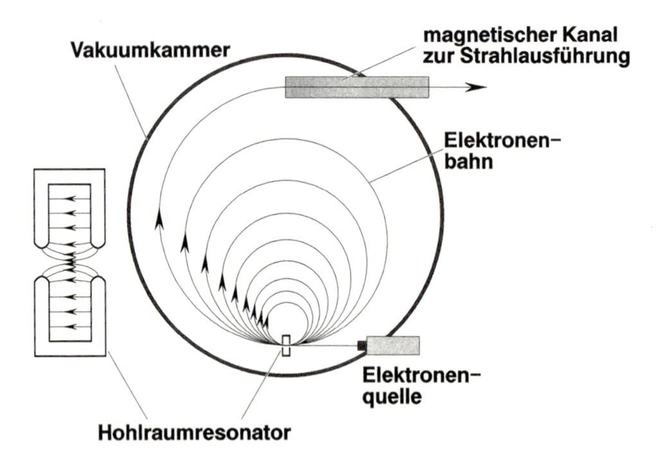

Abb. 4.15: Schematische Darstellung eines Mikrotrons

Elektronen unterschiedlicher Energie bewegen sich infolge dieser Abstimmung auf räumlich getrennten Umlaufbahnen, aus denen sie mit hoher Energieschärfe aus dem Beschleuniger extrahiert und relativ verlustarm zum Anwendungsort geführt werden können. Der Energiegewinn pro Umlauf beträgt zumeist 0,511 MeV; die üblichen Endenergien reichen bis etwa 30 MeV.

4.2.2.4 Ringbeschleuniger mit veränderlichem Magnetfeld

Beim Betatron werden Elektronen durch ein elektrische Ringfeld beschleunigt, das automatisch um ein zeitlich zunehmendes Magnetfeld entsteht, welches die Elektronen zugleich auf einer Kreisbahn hält. Durch geeignete Formgebung und Dimensionierung der magnetischen Polschuhe im Bereich des Beschleunigungsfeldes und der Teilchenbahn läßt sich erreichen, daß die Elektronen während des gesamten Beschleunigungsvorgangs auf Bahnen innerhalb einer ringförmigen Vakuumröhre umlaufen (siehe Abb. 4.16). Am Ende des Magnetfeldanstiegs werden die Elektronen entweder durch ein dünnes Fenster als gebündelter Elektronenstrahl herausgeführt oder zur Erzeugung von Bremsstrahlung auf ein Target gelenkt. Bei der aufgrund des Beschleunigungsmechanismus gepulsten Strahlungsemission ergeben sich verhältnismäßig kleine Zahlenwerte für das Tastverhältnis (ca. 10^{-3}). Gebräuchliche Betatrons haben Maximalenergien zwischen etwa 15

MeV und 100 MeV. Endenergien von mehr als 500 MeV lassen sich vor allem wegen der elektromagnetischen Strahlungsverluste bei gekrümmten Elektronenbahnen kaum erreichen.

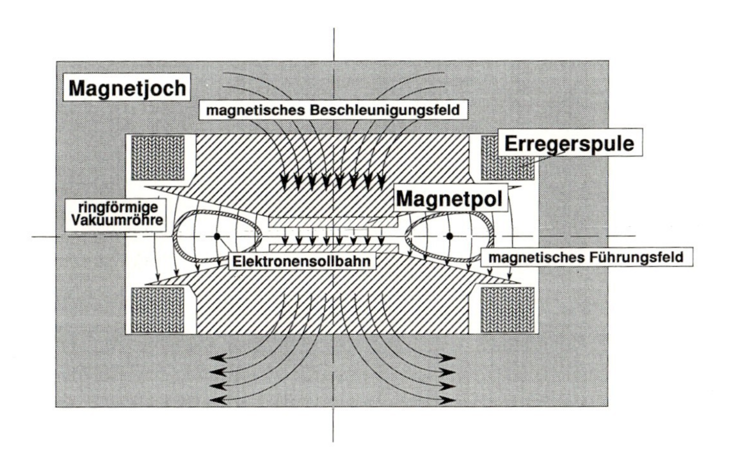

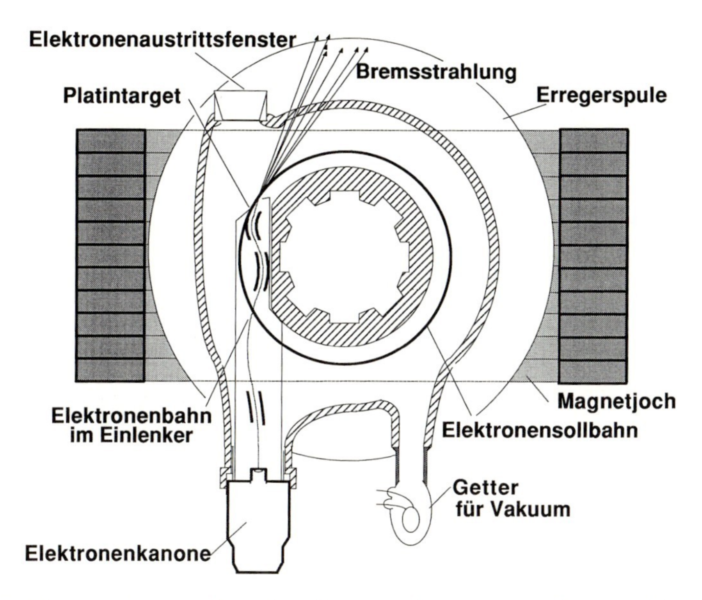

Abb. 4.16: Schematische Darstellung eines Betatrons (Erzeugung von Bremsstrahlung)

Auch beim Synchrotron bewegen sich die zu beschleunigenden Teilchen auf gleichbleibenden ringförmigen Bahnen, wobei das Magnetfeld durch zahlreiche längs der Bahn verteilte Elektromagnete erzeugt wird. Die Beschleunigung erfolgt vorwiegend durch zwischen den Magneten eingebaute elektrische Beschleunigungsstrecken, wobei die Änderungen der Beschleunigungsfelder und der Magnetfelder synchron aufeinander abgestimmt sind. Mit sehr großen Radien der Teilchenbahnen (bis zu mehreren Kilometern) lassen sich die elektromagnetischen Abstrahlungsverluste so klein halten, daß Endenergien von einigen 10 GeV bei Elektronen und einigen 100 GeV bei Protonen erreicht werden.

4.2.2.5 Strahlungsfelder an Beschleunigern

Für den praktischen Strahlenschutz an Beschleunigern sind im allgemeinen weniger die primär beschleunigten Teilchen als die von diesen beim Auftreffen auf Materie erzeugten sekundären Strahlungsteilchen, insbesondere Brems- und Neutronenstrahlung, von Bedeutung. Die im Target von Elektronenbeschleunigern entstehende Bremsstrahlung zeigt eine keulenförmige Richtungsverteilung mit ausgeprägtem Maximum in Richtung der beschleunigten Elektronen. Bei praktischen Anwendungen muß deshalb häufig die Strahlungsintensität innerhalb des Strahlenbündels durch speziell geformte Abschirmkörper im Strahlerkopf homogenisiert werden. In Abb. 4.17 sind typische Energiespektren der Bremsstrahlung im ungeschwächten Nutzstrahlenbündel wiedergegeben, die bei dickem Wolfram-Target für verschiedene Beschleunigungsenergien zu erwarten sind. Wie bereits in Kap. 4.2.1 erläutert, wird auch hier die zu niedrigen Energien stark ansteigende Häufigkeitsverteilung der Photonen beim Durchgang durch Filter- oder Abschirmschichten gehärtet.

Neutronen entstehen an Elektronenbeschleunigern fast ausschließlich durch Kernphotoeffekte (s. Abb. 5.4d) der Bremsstrahlung, die im Target oder in anderen von Elektronen getroffenen Bauteilen erzeugt wird. An Ionenbeschleunigern entstehen Neutronen überwiegend bei direkten Kernumwandlungen im Target. Bei kleinen Beschleunigungsener-

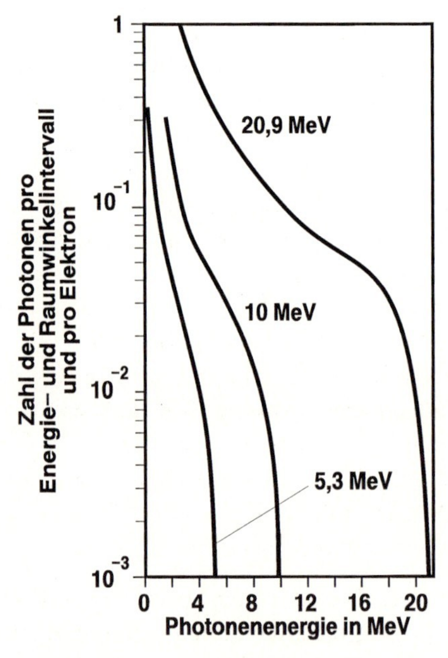

Abb. 4.17: Energiespektren der Bremsstrahlung eines Elektronenbeschleunigers mit Grenzenergien von 5,3 MeV, 10 MeV und 20,9 MeV in Vorwärtsrichtung [bro 85]

gien bzw. unmittelbar oberhalb der von der Teilchenart und der getroffenen Materie abhängigen Schwellenenergie werden durch die Teilchen Kernreaktionen (s. Kap. 5.4) ausgelöst, bei denen die Energie und die Emissionsrichtung der Neutronen in charakteristischer Weise miteinander verknüpft sind. Bei exothermen Kernreaktionen können die Energien der freigesetzten Neutronen auch erheblich größer sein als die Energie der beschleunigten Teilchen. So werden z. B. beim Beschuß von Targets aus Deuterium (H 2, D) bzw. Tritium (H 3, T) mit Atomkernen des Deuteriums (Deuteronen (d)) von 1 MeV in Richtung der beschleunigten Deuteronen stets Neutronen mit den Energien 4,14 MeV bzw. 16,8 MeV emittiert (siehe Anhang 15.9c). Mit zunehmender Teilchenenergie werden weitere Kernreaktionen wirksam, wodurch kompliziertere Energiespektren und Richtungsverteilungen der Neutronen entstehen.

Besonders große Ausbeuten an hochenergetischen Neutronen werden mit Targetelementen erreicht, die leichter als Bor sind. Die mit schweren Targets erzielbaren großen Neutronenausbeuten betreffen niederenergetische Neutronen. Anhang 15.24d zeigt beispielhaft die energie- und winkelabhängige Ausbeute an Neutronen, die beim Auftreffen von 40 MeV Deuteronen auf ein dickes Be-Target entstehen, wobei die angegebenen Emissionswinkel auf die Richtung der beschleunigten Ionen zu beziehen sind.

4.2.3 Kernreaktor

Kernreaktoren sind besonders intensive Generatoren von Photonen und Neutronen. Ihre Funktion beruht auf dem Prozeß der Kernspaltung (s. Abb. 5.5d) von Uran und anderen schweren Elementen durch absorbierte Neutronen. Dabei ist entscheidend, daß durch die bei den Kernspaltungen entstehenden Neutronen eine stationäre Kettenreaktion, d. h. eine im Durchschnitt etwa gleich große Anzahl von Kernspaltungen pro Zeitintervall, aufrecht erhalten wird (Abb. 4.18, s. Kap. 5.5). Mit der Vielzahl an Kernspaltungen wird neben Wärme eine sehr große Anzahl an Strahlungsteilchen, insbesondere Neutronen (Abb. 4.7) und Photonen, erzeugt, wodurch aufwendige Strahlenschutzeinrichtungen erforderlich werden. Bei Wechselwirkungen von Neutronen mit Atomkernen können außer Kernspaltungen auch Kernumwandlungen ausgelöst werden, durch die radioaktive Stoffe entstehen. Die nach der Kernspaltung in den Brennelementen eines Reaktors übrigbleibenden Spaltprodukte sind Strahlungsquellen mit besonders hoher Aktivität. Eine grobe Faustregel besagt, daß ein Reaktor nach längerem Betrieb mit einer bestimmten Leistung in Megawatt eine etwa 250-mal so große Aktivität in PBq enthält. Ein Brennelement ist daher schon nach kurzer Betriebszeit eine äußerst intensive Gammastrahlungsquelle, die aufgrund großer Halbwertzeiten vieler Spaltprodukte auch nach Beendigung der Kettenreaktion noch lange Zeit strahlt. Das Energiespektrum dieser Photonen, das sich aus der Überlagerung der Energiekomponenten aller erzeugten Radionuklide ergibt, ist dementsprechend in komplizierter Weise von der Zeit abhängig, die zum betrachteten Zeitpunkt seit dem Entstehen der Spaltprodukte vergangen ist.

Die große Neutronenintensität in einem Kernreaktor führt dazu, daß außer den Brennelementen auch andere, von den Neutronen getroffene Materialien, wie z. B. Reaktorkessel, Stützkonstruktion, Abschirmung, Steuer- und Meßeinrichtungen sowie Kühlwasser und Schutzgas (Abb. 12.12), radioaktiv werden.

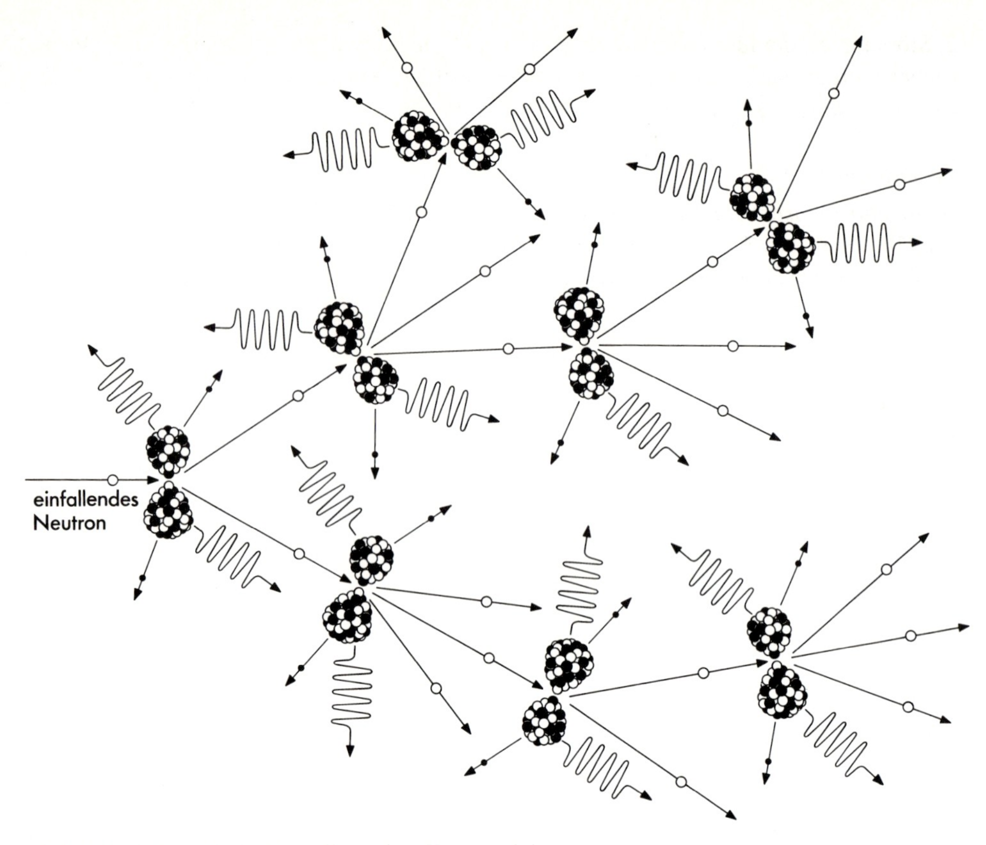

Abb. 4.18: Schematische Darstellung einer Kettenreaktion

4.2.4 Störstrahler

Bezugnehmend auf die Röntgenverordnung [RöV-87] werden hier unter Störstrahlern Geräte oder Einrichtungen verstanden, die Röntgenstrahlung erzeugen, ohne daß sie zu diesem Zweck betrieben werden, d. h. die Röntgenstrahlung tritt als unerwünschter und störender Nebeneffekt auf. Dies ist überall dort möglich, wo freie Elektronen im Vakuum beschleunigt werden und auf Materie auftreffen. Dabei kann es sich um elektronische Geräte, Bauteile und Anlagen (Fernseh-, Datensichtgeräte, Oszillographen, Hochspannungsschalter, Sendeeinrichtungen, Klystrons, Magnetrons, Elektronenmikroskope usw.) aber auch um Teilchenbeschleuniger (s. Kap. 4.2.2) handeln. Wie bei Röntgenröhren ist auch hier die Strahlungsintensität um so größer, je größer die Beschleunigungsspannung und die Stromstärke der beschleunigten Teilchen sind (s. Kap. 4.2.1). Es kann zwischen zwei Typen von Störstrahlern unterschieden werden:

1. Störstrahler, die genehmigungsfrei aufgrund ihrer Bauweise ohne besondere zusätzliche Strahlenschutzvorkehrungen betrieben werden können, z. B. Fernseh- und Datensichtgeräte mit „eigensicheren“ Kathodenstrahlröhren.

2. Störstrahler, die nur aufgrund einer Genehmigung durch die zuständige Behörde betrieben werden dürfen und bei deren Betrieb zusätzliche Strahlenschutzvorkehrungen erforderlich werden können, z. B. Elektronenbeschleuniger.

Fachliteratur:

[bau78/80/86, bro85, bro86, chi84, cie83, cla66, coo81, dan74, dor86, far87, fas90, gri90, hen85b, her86, her87, hof91, iae90a, icp83b, jac89c, kel82, kri89, led92, lie91, mar69, men72, mur88, nac71, ncr84, pat73, reu83, see81, sto78, swa79, tho88, wes79, zec88]

5 Ausbreitung von Strahlung in Materie

5.1 Strahlungsfelder und Wechselwirkungen

Die räumliche Verteilung von Strahlungsteilchen, die den Raum durchsetzen, wird als Strahlungsfeld bezeichnet. Ist der Raum mit Materie erfüllt, treten zwischen den Strahlungsteilchen und den Atomen der Materie Wechselwirkungsprozesse auf. Die Flugrichtungen der aus den Quellen austretenden Strahlungsteilchen (Primärstrahlung) und die Arten der Wechselwirkungen der Strahlung mit Materie (Absorption, Streuung) bestimmen die Ausbreitung des Strahlungsfeldes. Zu seiner genauen Beschreibung müssen zu jeder Zeit für jeden Ort die nach Flugrichtungen und Energien unterschiedenen Teilchenanzahlen bekannt sein.

Für die Strahlenwirkung sind die Unterschiede der Flugrichtungen an einem Ort zumeist unerheblich, so daß im praktischen Strahlenschutz nur die Aufteilung der Teilchen nach Energien interessiert. Diese Häufigkeit wird durch die spektrale Flußdichte beschrieben. Sie ist definiert als die Anzahl der Teilchen mit Energien innerhalb eines Energieintervalls, die in einem kleinen Zeitintervall eine kleine Kugel um den betrachteten Punkt durchsetzt haben, geteilt durch die Querschnittsfläche der Kugel und die Breiten von Energie- und Zeitintervall. Die Anzahl der die Kugel durchsetzenden Teilchen geteilt durch Querschnittsfläche und Zeitintervall wird als Flußdichte φ bezeichnet. Für den Fall zeitlich konstanter Flußdichte ergibt sich als Produkt aus der Flußdichte und der Zeitdauer die sogenannte Fluenz, die die Gesamtzahl von Teilchen pro Querschnittsfläche angibt, die die Kugel in dieser Zeit aus allen Richtungen treffen [eva55, n6802.1, n6814.2, nac71, rei90].

Bei der Berechnung der Fluenz oder Flußdichte der Strahlung an einem betrachteten Ort (Aufpunkt) wird unterschieden zwischen ungestreuter Strahlung, die ohne Wechselwirkung von der Quelle zum Aufpunkt gelangt ist, und gestreuter Strahlung, die Richtungsänderungen bei Wechselwirkungen erfahren hat. Wenn von einem von Primärstrahlung getroffenen Körper infolge von Wechselwirkungen mit Materie Streustrahlung ausgeht, so daß er ebenfalls als Strahlungsquelle angesehen werden kann, wird die vom Körper ausgehende Strahlung als Sekundärstrahlung bezeichnet. Entsprechend kann Sekundärstrahlung Tertiärstrahlung erzeugen usw. (Abb. 5.1).

Ferner wird unterschieden zwischen Nutz-, Stör- und Durchlaßstrahlung. Nutzstrahlung ist die Strahlung, die durch eine spezielle Öffnung (Blendensystem) im Schutzgehäuse um die Quelle zu Anwendungszwecken austreten kann. Die durch das Schutzgehäuse gegebenenfalls noch hindurchdringende Strahlung wird Durchlaßstrahlung genannt. Die gesamte Strahlung außerhalb des Nutzstrahlenbündels wird als Störstrahlung bezeichnet.

Beim Durchgang durch Materie erfahren geladene Strahlungsteilchen eine Vielzahl stoßartiger Wechselwirkungen mit kleinen Energieabgaben, insbesondere Ionisierung und Anregung (Kap. 5.2), wodurch eine nahezu kontinuierliche Energieabnahme entlang der Teilchenbahn entsteht (direkt ionisierende Strahlung). Ungeladene Teilchen verlieren ihre Energie demgegenüber durch vergleichsweise seltene Stöße mit einzelnen Atomen oder Atomkernen, nachdem sie zahlreiche Atome ohne Wechselwirkung passiert haben. Dabei werden jeweils größere Energiebeträge auf Sekundärteilchen übertragen, woraufhin entweder diese selbst oder die nach weiteren Stufen der Energieübertragung entstehenden geladenen Teilchen Ionisierungen und Anregungen auslösen können (indirekt ionisierende Strahlung). Außer anderen Strahlungsarten können durch ungeladene Teilchen bei gelegentlichen Stoßprozessen auch radioaktive Atomkerne erzeugt werden. Dieselben Effekte können auch hochenergetische geladene Teilchen verursachen.

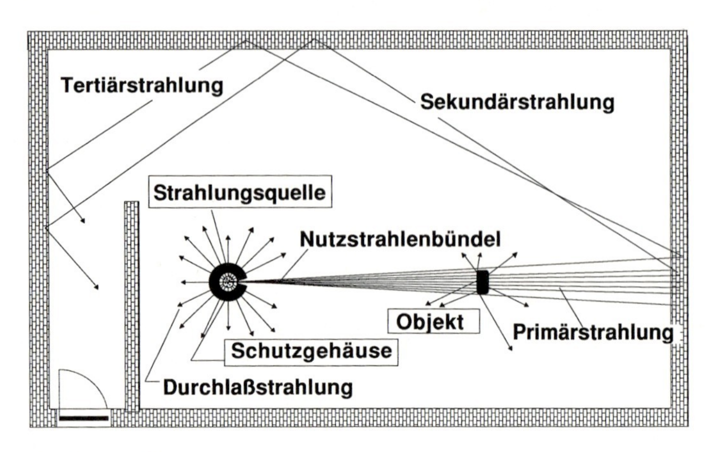

Abb. 5.1: Strahlungsfelder

Die Wahrscheinlichkeit dafür, daß es zu einem bestimmten Wechselwirkungsprozeß zwischen einem Strahlungsteilchen und einem Materieteilchen (Atom, Elektron, Atomkern) in der durchstrahlten Materie kommt, hängt davon ab, wieviele reagierende Materieteilchen pro Volumen (n_a) vorhanden sind und welche Kräfte in Abhängigkeit von der Strahlungsenergie zwischen den Reaktionspartnern wirken. Als Maß für die Wechselwirkungswahrscheinlichkeit zwischen einem Strahlungsteilchen und einem Materieteilchen dient der sogenannte Wirkungsquerschnitt (σ), der üblicherweise in der Einheit barn (b) angegeben wird ($1\ b = 10^{-24}\ cm^2$). Mit dem Begriff Wirkungsquerschnitt verbindet sich die Vorstellung einer zur Flugrichtung senkrecht stehenden Trefferfläche am Ort des Materieteilchens, die so bemessen ist, daß nur dann eine Wechselwirkung eintreten würde, wenn die Teilchenbahn diese Fläche durchsetzt. Der Wirkungsquerschnitt für einen bestimmten Stoßprozeß ist im allgemeinen von der Art des Materieteilchens sowie von der Art und Energie des Strahlungsteilchens abhängig.

Bei einer Flußdichte φ in einem durchstrahlten Materiebereich ergibt sich für die volumenbezogene Reaktionsrate (Reaktionsratendichte) $\dot{n}_V$, d. h. die Anzahl der Wechselwirkungen pro Zeit und Volumen, die Formel:

$$\dot{n}_V = n_a \cdot \sigma \cdot \varphi \qquad (5.1)$$

Um die massenbezogene Reaktionsrate $\dot{n}_M$ (Anzahl der Wechselwirkungen pro Zeit und Masse der bestrahlten Substanz) zu erhalten, ist $\dot{n}_V$ durch die Dichte ρ zu dividieren. Es ist üblich, das Produkt $n_a \cdot \sigma$ bei Neutronenreaktionen als makroskopische Wirkungsquerschnittsdichte Σ und bei Photonenreaktionen als Schwächungskoeffizienten μ zu bezeichnen. Wird das Atom als Reaktionspartner betrachtet, ist σ der atomare Wirkungsquerschnitt, der sowohl für einen einzelnen Wechselwirkungsprozeß (s. auch Kap. 5.2, 5.3) als auch für die Summe mehrerer Teilwirkungsquerschnitte (für Photoeffekt, Comptoneffekt, Paarbildungseffekt usw.) stehen kann. Die Anzahldichte n_a der Atome einer Atomart, die in einer Substanzprobe der Dichte ρ vorliegt, die mehrere Atomarten enthält, errechnet sich gemäß:

$$n_a = \frac{\rho \cdot h}{\bar{A}_r \cdot m_u} \quad \text{bzw.} \quad n_a = \frac{\rho \cdot l}{A_r \cdot m_u} \tag{5.2}$$

$\bar{A}_r$ bezeichnet darin die mittlere relative Atommasse der Substanz und m_u die Atommassenkonstante (s. Kap.2). h ist die relative Häufigkeit, mit der Atome der reagierenden Atomart in einer Substanz enthalten sind (s. Kap. 2). Die rechte Formel (5.2) ist zu verwenden, falls anstelle von h der relative Massenanteil l der reagierenden Atomart an der gesamten Masse vorgegeben ist, wobei A_r die relative Atommasse des Nuklids darstellt.

Wegen der Energieabhängigkeit des Wirkungsquerschnitts σ müssen bei spektral verteilter Strahlung für alle vorkommenden Energiekomponenten des Strahlungsfeldes Teilreaktionsraten gemäß Gleichung (5.1) einzeln ermittelt und zur gesamten Reaktionsrate aufsummiert werden. In der Fachliteratur werden verschiedentlich auch für charakteristische Energiespektren von Strahlungsfeldern geltende effektive Wirkungsquerschnitte σ_{eff} angegeben, so daß mit σ_{eff} und der über alle Energiekomponenten summierten Flußdichte φ in Gleichung (5.1) unmittelbar die gesamte Reaktionsrate $\dot{n}_V$ bzw. $\dot{n}_M$ erhalten wird.

Zur Berechnung der Reaktionsrate $\dot{N}$, die insgesamt in einem Volumen V bzw. in einer Masse M der betroffenen Materie zu erwarten ist, müssen die dort für verschiedene Aufpunkte ermittelten Reaktionsraten $\dot{n}_V$ bzw. $\dot{n}_M$ mit den entsprechenden Teilvolumina bzw. Teilmassen multipliziert und die Produkte zur gesamten Reaktionsrate aufsummiert werden. Bei räumlich konstantem φ und n_a gilt dementsprechend für die gesamte Reaktionsrate im Volumen V bzw. in der Masse M:

$$\dot{N} = \dot{n}_V \cdot V = n_a \cdot \sigma \cdot \varphi \cdot V \qquad \dot{N} = \dot{n}_M \cdot M = \frac{1}{\rho} \cdot n_a \cdot \sigma \cdot \varphi \cdot M \tag{5.3a}$$

Ein besonders einfacher Zusammenhang ergibt sich auch für eine in der Mitte eines kugelförmig angenommenen Raums befindliche isotrop strahlende Punktquelle, wenn bei räumlich konstantem n_a für φ das quadratische Abstandsgesetz gilt. Mit der Quellstärke Q und dem Raumradius R ist in diesem Fall die gesamte Reaktionsrate im Raum:

$$\dot{N} = n_a \cdot \sigma \cdot R \cdot Q \tag{5.3b}$$

Handelt es sich bei dem betrachteten Raumbereich um das kegelförmige Nutzstrahlenbündel einer Punktquelle mit dem Öffnungswinkel $2 \cdot \alpha$, so folgt unter den zuvor genannten Voraussetzungen:

$$\dot{N} = n_a \cdot \sigma \cdot R \frac{Q}{2} (1 - \cos \alpha) \tag{5.3c}$$

Anstelle von σ bzw. Σ oder μ ist in der Fachliteratur häufig der Massenwirkungsquerschnitt (Σ/ρ) oder der Massenschwächungskoeffizient (μ/ρ) angegeben. Bei Verwendung dieser Größen ist in den voranstehenden Formeln (5.1, 5.3) $n_a \cdot \sigma$ durch $(\Sigma/\rho) \cdot l \cdot \rho$ bzw. $(\mu/\rho) \cdot l \cdot \rho$ zu ersetzen. Zahlenwerte von Wirkungsquerschnitten können für zahlreiche Wechselwirkungsprozesse in Abhängigkeit von Strahlungsenergie und Ordnungszahl der bestrahlten Substanz der Fachliteratur entnommen werden [hub82, mug81, sto70].

5.2 Direkt ionisierende Strahlung

Energiereiche, elektrisch geladene Materieteilchen, wie Elektronen, Protonen, Deuteronen oder Alphateilchen, geben ihre Energie im wesentlichen durch zahlreiche Ionisierungs- und Anregungsprozesse entlang ihrer Flugbahn an das Material ab.

Während bei der Ionisierung Elektronen von den Atomhüllen abgelöst werden, verbleiben die Elektronen bei der Anregung innerhalb der Atomhülle in einem höheren Energie-

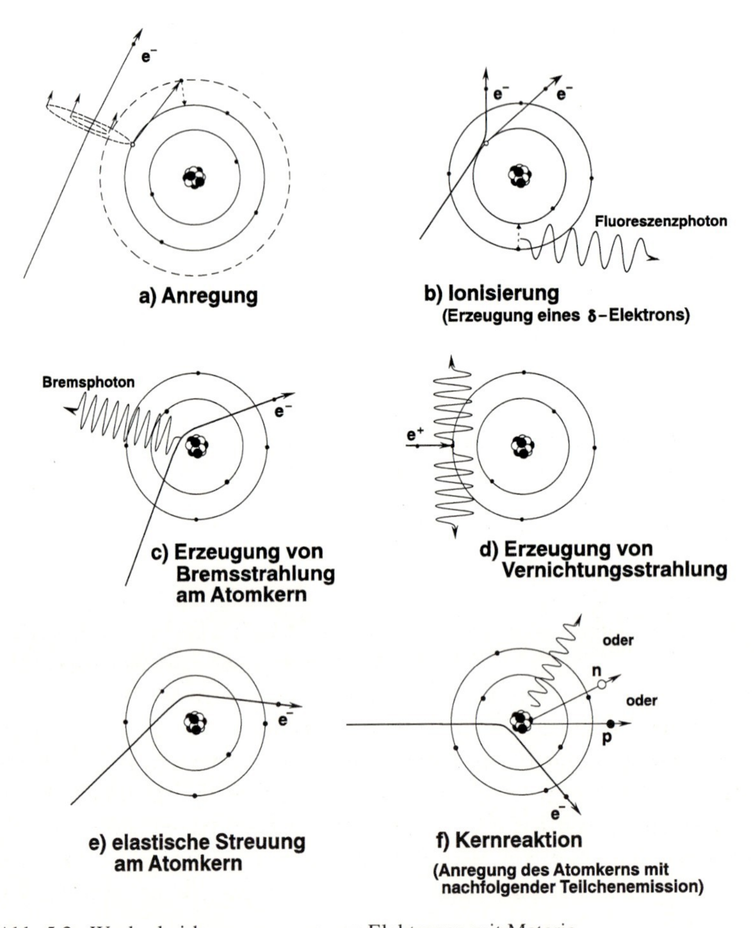

Abb. 5.2: Wechselwirkungsprozesse von Elektronen mit Materie

zustand, aus dem sie nach kurzer Zeit unter Emission von Wellenstrahlung (sichtbares Licht, UV-Licht, Röntgenfluoreszenzstrahlung) oder strahlungslos mit Erwärmung des Materials in den Grundzustand zurückkehren (Abb. 5.2a, b). Fluoreszenzstrahlung entsteht auch, wenn ein ionisiertes Atom anschließend das fehlende Elektron aus der Umgebung einfängt.

Die bei der Ionisierung abgelösten Elektronen erhalten nur gelegentlich genug Bewegungsenergie, um selbst wieder ionisieren zu können (δ-Elektronen), und lagern sich daher zumeist unter Bildung eines negativen Ions an benachbarte Atome an. Sie bilden zusammen mit den nach der Ablösung der negativ geladenen Elektronen aus der Atomhülle übrig bleibenden positiv geladenen Atomrümpfen (positiven Ionen) eine Ionenspur entlang der Flugbahn (s. Abb. 5.3). Die Ionisierungsdichte nimmt dabei mit abnehmender

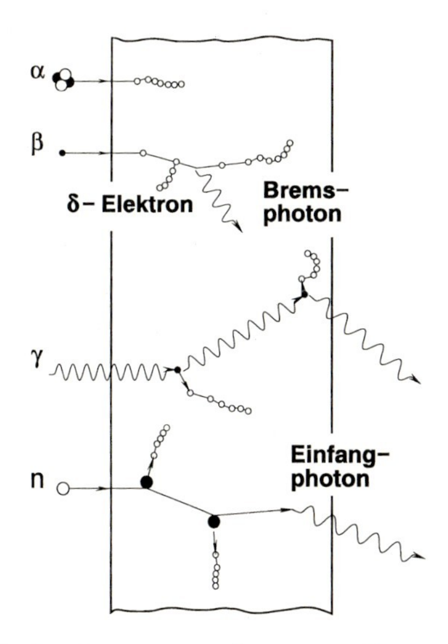

Abb. 5.3: Durchgang von α-, β-, γ-, n-Strahlungsteilchen durch Materie
○ ○ ○ ○ angeregte bzw. ionisierte Atome längs der Bahnen geladener Teilchen
• Betateilchen bzw. Comptonelektron
● Rückstoßproton aus elastischem Stoß am Wasserstoffkern

Teilchengeschwindigkeit zu, bis ein Maximalwert kurz vor dem Ende der Flugbahn erreicht wird. Bei gleicher Bewegungsenergie haben die schweren Teilchen (α, p) eine kleinere Fluggeschwindigkeit und wegen der damit verbundenen größeren Ionisierungsdichte wesentlich kürzere Flugbahnen (Reichweiten) als schneller fliegende leichte Teilchen (β) von gleicher Energie. Entsprechend wird von dicht ionisierender Strahlung (α, p) bzw. locker ionisierender Strahlung (β) gesprochen. Als Maß für die Ionisierungsdichte gilt das lineare Energieübertragungsvermögen L (mittlerer Energieverlust durch Stoß pro Weglänge, engl.: linear energy transfer = LET). Es beträgt in Gewebe bei Elektronen mit Energien oberhalb von 10 keV weniger als 3 keV/μm und erreicht bei Protonen maximal etwa 100 keV/μm sowie bei Alphastrahlung Werte von mehr als 200 keV/μm [icu84, jan82, zie77].

Außer durch Ionisierung und Anregung der Atomhülle (Abb. 5.2a, b) können direkt ionisierende Strahlungsteilchen ihre Energie auch durch die Erzeugung von Bremsstrahlungsphotonen im elektrischen Feld des Atomkerns, gelegentlich auch eines Hüllenelektrons, verlieren (Abb. 5.2c). Diese Art des Energieverlustes wird um so wahrscheinlicher, je kleiner die Masse und je größer die Bewegungsenergie des Strahlungsteilchens und je höher die Kernladungszahl der Atome der bestrahlten Materie ist.

Geladene Teilchen erfahren Energieverluste durch Abstrahlung elektromagnetischer Wellenstrahlung nicht nur in elektrischen Feldern von geladenen Atombestandteilen, sondern grundsätzlich bei allen Beschleunigungsvorgängen, d. h. Änderungen ihrer Geschwindigkeit oder ihrer Bewegungsrichtung. Dies gilt insbesondere für die geladenen Teilchen, die in Kreisbeschleunigern auf ihre Sollbahn gezwungen werden (s. Kap. 4.2.2).

Bei elastischen Streuungen werden geladene Teilchen durch elektromagnetische Wechselwirkung mit dem Atomkern aus ihrer Richtung abgelenkt (Abb. 5.2e). Für schwere Teilchen ergeben sich dabei im Mittel wesentlich kleinere Streuwinkel als für Elektronen. Der Energieverlust ist bei letzteren wegen der gegenüber dem Atomkern kleinen Masse praktisch zu vernachlässigen.

Vergleichsweise selten können direkt ionisierende Teilchen, insbesondere Protonen, Deuteronen und Alphateilchen, auch Kernreaktionen auslösen (s. Abb. 5.2f, Kap.5.4).

5.2.1 Alphastrahlung

Alphateilchen haben gegenüber den Elektronen der Atomhülle eine sehr große Masse (ca. 7300mal größer) und werden durch die Ionisierungs- und Anregungsprozesse beim Flug durch die Materie kaum aus ihrer Bahn abgelenkt. Wegen ihrer relativ geringen Geschwindigkeit im Vergleich zu Elektronen gleicher Energie (infolge großer Masse) und aufgrund ihrer großen elektrischen Ladung verursachen sie entlang ihrer nahezu geradlinigen Bahn eine große Anzahl von Wechselwirkungsprozessen, so daß eine kurze Reichweite und hohe Ionisierungsdichte resultiert (Abb. 5.3). Die Bremsstrahlungserzeugung spielt bei Alphastrahlung keine Rolle. Dagegen können Alphateilchen bei genügend hoher Energie Kernreaktionen auslösen, die zu radioaktiven Folgeprodukten führen.

5.2.2 Beta- und Elektronenstrahlung

Energiereiche Elektronen werden durch Stöße mit den Hüllenelektronen des Atoms und durch Bremsstrahlungserzeugung am Atomkern häufig aus der Bahn abgelenkt, so daß eine unregelmäßige zickzackförmige Flugbahn mit schwankender Reichweite entsteht (Abb. 5.3). Hinzu kommt, daß Elektronen aus radioaktiven Kernen (Betateilchen) mit unterschiedlichen Energien emittiert werden, wodurch eine weitere Schwankung der Reichweiten zustande kommt. Daraus ergeben sich bei Betateilchen in der Praxis Unterschiede in den Reichweiten von der größten Fluglänge bei Geradeausflug bis etwa zur Hälfte dieser Fluglänge.

Positiv geladene Elektronen (Positronen, s. Kap. 4.1.2, 5.3.1) reagieren am Ende ihrer Bahn stets mit einem Elektron der Materie, wobei sich die beiden Teilchenmassen vernichten (Abb. 5.2d). Zugleich entstehen zumeist zwei, Vernichtungsstrahlung genannte, Photonen, deren Energie zusammen etwa der Ruhemasse von 2 Elektronen (1,022 MeV) entspricht (siehe Kap. 3.3).

Während Elektronen bei niedrigen Teilchenenergien vorwiegend Anregungs- und Ionisationsprozesse auslösen, überwiegt oberhalb der sogenannten kritischen Energie die Erzeugung von Bremsstrahlung (s. Kap. 5.6).

5.3 Indirekt ionisierende Strahlung

Elektrisch neutrale, materielle Teilchen oder Photonen können verhältnismäßig große Strecken ungestört durch die Materie fliegen, bis sie bei einem gelegentlichen Stoß einen Teil ihrer Bewegungsenergie an ein geladenes Teilchen der Materie abgeben, das seinerseits die aufgenommene Bewegungsenergie durch Ionisierung, Anregung oder die Erzeugung von Bremsstrahlung verliert.

5.3.1 Photonenstrahlung

Photonen übertragen ihre Bewegungsenergie entweder vollständig auf ein Elektron eines Atoms der umgebenden Materie (Photoeffekt) oder nur zum Teil (Comptoneffekt), wobei sich ihre Flugrichtung ändert und sie einen Teil ihrer Anfangsenergie verlieren (Abb. 5.4 a, b). Oberhalb von etwa 1,022 MeV kann sich die gesamte Photonenenergie auch in zwei bewegte Teilchen, Elektron (e^-) und Positron (e^+), mit entgegengesetzten elektrischen Ladungen umwandeln (Paarbildung, Abb. 5.4 c). Dabei entfällt nach der Relativitätstheorie

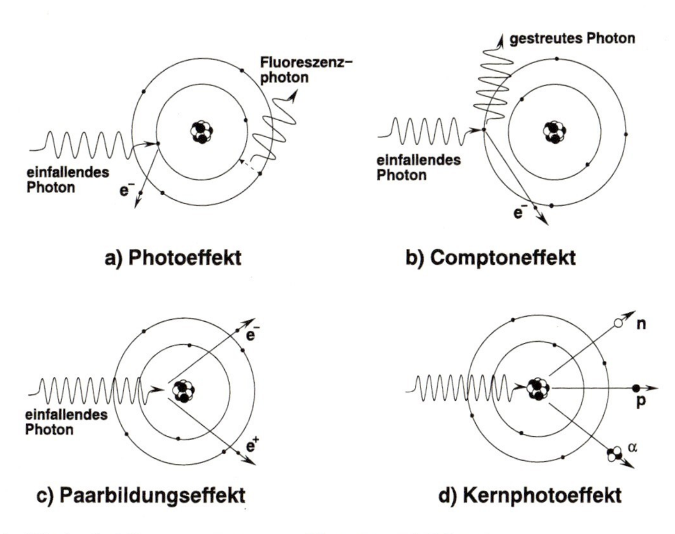

Abb. 5.4: Wechselwirkungsprozesse von Photonen mit Materie

auf die Ruhemasse eines Elektrons ein Energiebetrag von 0,511 MeV (s. Kap. 3.3). Diese Teilchen können ihrerseits entlang ihrer Flugbahn Atome ionisieren oder anregen bzw. erneut Photonen (Bremsstrahlung) erzeugen. Außerdem entsteht bei der anschließenden Vereinigung des Positrons mit einem Elektron Vernichtungsstrahlung (s. Abb. 5.2d).

Die Wahrscheinlichkeit, mit der einer dieser Prozesse bei der Wechselwirkung eines Photons vorkommt, hängt von der Energie der Photonen und der Art der bestrahlten Materie ab. Der bei niedrigen Energien vorherrschende Photoeffekt wird mit zunehmender Photonenenergie weniger wahrscheinlich. Im Energiebereich um 1 MeV überwiegt der Comptoneffekt, während der Paarbildungseffekt zumeist erst bei Energien oberhalb von 5 MeV bedeutsam wird. Die Häufigkeit der Wechselwirkungen ist besonders groß bei Atomen mit großer Kernladungszahl, so daß solche Materialien für die Schwächung von Photonenstrahlung besonders geeignet sind. Dabei kann der Photoeffekt im praktischen Strahlenschutz häufig als Absorptionsprozeß aufgefaßt werden, da das Photon vollständig verschwindet und die entstehende Sekundärstrahlung (Elektron, Fluoreszenzphoton) vergleichsweise geringe Reichweiten hat. Demgegenüber verliert das Photon bei einem Comptonstoß häufig nur wenig Energie, so daß es anschließend noch eine größere Strekke in anderen Richtungen in der Materie zurücklegen kann (s. Abb. 5.3). Das hierdurch entstehende Strahlungsfeld mit veränderten Flugrichtungen wird Streustrahlungsfeld genannt. Ferner ist bei Photonen mit hohen Energien (etwa ab 8 MeV), wie sie von Beschleunigern erzeugt werden, der Kernphotoeffekt zu berücksichtigen, bei dem ein oder mehrere Nukleonen (Neutronen, Protonen, Alphateilchen) aus dem Atomkern herausgestoßen werden (Abb. 5.4d). Der zurückbleibende Restkern ist im allgemeinen radioaktiv (siehe Kap. 5.4). Bei niedrigen Photonenenergien, wie sie vielfach bei Röntgenröhren vorkommen, können außer dem Comptoneffekt auch noch Streuprozesse ohne Energieverlust (kohärente oder Rayleigh-Streuung) wesentlich zum Streustrahlungsfeld beitragen.

5.3.2 Neutronenstrahlung

Neutronen können im Gegensatz zu Photonen nur mit Atomkernen reagieren, wobei zwischen elastischer und inelastischer Streuung, Absorption, Mehrteilchenprozeß und Kernzersplitterung (Spallation) unterschieden wird.

Bei *elastischen* Streuungen wird der Atomkern wie eine starre Kugel angestoßen und das Neutron aus seiner Bahn gelenkt (Abb. 5.5a). Der angestoßene Atomkern (Rückstoßkern) verliert seine Bewegungsenergie durch Ionisierung und Anregung. Nach den Stoßgesetzen der Mechanik ist der Energieverlust des Neutrons bei den leichten Atomkernen am größten. Während beispielsweise auf Wasserstoffkerne (Protonen) im Durchschnitt 50 % der Energie übertragen wird, kann an Eisenkerne durchschnittlich nur etwa 3,3 % bzw. an Bleikerne nur etwa 0,9 % abgegeben werden. Bei schweren Materialien sind somit wesentlich mehr Stöße und größere Flugstrecken erforderlich, bis die Neutronenenergie auf einen bestimmten Bruchteil der Anfangsenergie verringert ist, so daß Abschirmungsmaterialien mit kleiner Atommasse oder größerem Wasserstoffgehalt besonders wirkungsvoll sind. Die vorwiegend durch solche elastischen Streuungen verursachte Verminderung der Neutronenenergie wird als Moderation bezeichnet.

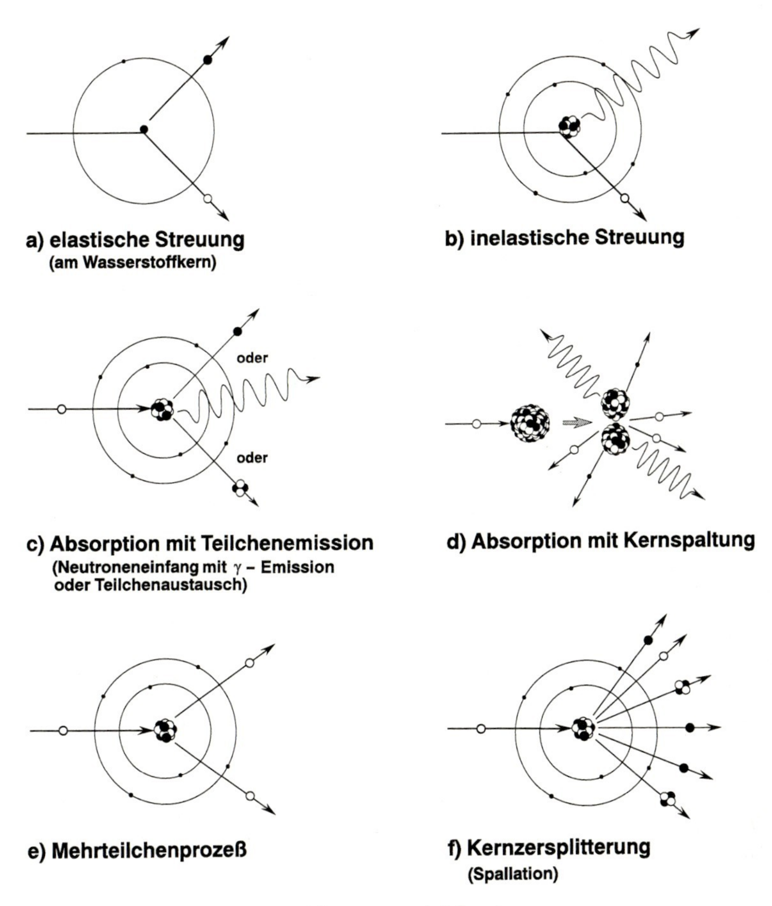

Abb. 5.5: Wechselwirkungsprozesse von Neutronen mit Materie

Bei *inelastischen* Streuungen wird die Bewegungsenergie teilweise zur Anregung des Atomkerns verbraucht, so daß der Energieverlust größer ist als bei elastischen Streuungen. Der angeregte Kern geht unmittelbar danach unter Emission von Photonen in den Grundzustand über (Abb. 5.5b). Inelastische Streuungen kommen besonders häufig bei hohen Neutronenenergien (MeV-Bereich) und Atomkernen mit großer Nukleonenzahl vor.

Absorption liegt vor, wenn das Neutron verschwindet, indem es sich an einen Atomkern anlagert. Die Anlagerung führt meist zu einem angeregten Atomkern mit anschließender Emission von Photonen (Einfang-Gammastrahlung) oder eines geladenen Teilchens (Abb. 5.5c). Ferner ist bei einigen schweren Atomen die Spaltung des Atomkerns möglich (Abb. 5.5d). Bei Wechselwirkungen höherenergetischer Neutronen mit Atomkernen können auch jeweils mehrere Nukleonen freigesetzt (Mehrteilchenprozeß, Abb. 5.5e) oder die Atomkerne zersplittert werden (Spallation, Abb. 5.5f). Die verbleibenden Atomkerne sind zumeist radioaktiv. In Abb. 5.3 ist eine Folge von Wechselwirkungsprozessen eines Neutrons mit Atomkernen in einer Materieschicht angedeutet.

Entsprechend der Energieabhängigkeit dieser Wechselwirkungen werden Neutronen in der Dosimetrie häufig in 4 Energiegruppen eingeteilt: hochenergetische Neutronen ($E_n > 20$ MeV, Mehrteilchenprozesse wahrscheinlich), schnelle Neutronen (10 keV $< E_n \leq$ 20 MeV, unelastische Stöße wahrscheinlich), intermediäre Neutronen (0,5 eV $< E_n \leq$ 10 keV, überwiegend elastische Stöße), langsame Neutronen ($E_n \leq$ 0,5 eV, erhebliche Absorptionswahrscheinlichkeit). Thermische Neutronen haben Bewegungsenergien, die mit denen der Atome des umgebenden Materials im Gleichgewicht stehen. Bei 20 °C Umgebungstemperatur ist 0,0252 eV die wahrscheinlichste Energie.

5.4 Kernreaktionen

Vorgänge, bei denen Strahlungsteilchen auf einen Atomkern einwirken, werden als Kernreaktionen bezeichnet. Die allgemeine Formulierung für eine solche Kernreaktion ist:

$$X\,(x,\,y)\,Y \tag{5.4}$$

Darin bezeichnet X das vom Teilchen x getroffene und Y das bei der Reaktion entstehende Nuklid. y ist das nach der Reaktion auftretende Teilchen. Die bei der Kernreaktion freiwerdende Energie E_Q entspricht nach der Relativitätstheorie der Differenz zwischen den Nuklid- und Teilchenmassen vor und nach der Reaktion. Mit den relativen Atommassen A_r der Nuklide und Teilchen sowie der Ruheenergie $m_u \cdot c^2 = 931{,}494$ MeV der Atommassenkonstanten gilt für E_Q in MeV näherungsweise:

$$E_Q = (A_r(X) + A_r(x) - A_r(y) - A_r(Y)) \cdot 931{,}494 \tag{5.5a}$$

Die relativen Atommassen sind der Fachliteratur zu entnehmen [wap85]. Eine Massenabnahme ($E_Q > 0$) bedeutet die Freisetzung von Energie (exotherme Reaktion), die als Bewegungs- oder Photonenenergie in Erscheinung tritt. Bei einer Massenzunahme ($E_Q < 0$) kann die Reaktion erst eintreten, wenn die Teilchenenergie einen bestimmten Mindestwert (Schwellenenergie) überschreitet (endotherme Reaktion). Für die Schwellenenergie E_S gilt (bei ruhendem Target-Atom X):

$$E_S = -\,E_Q \cdot \left(1 + \frac{A_r(x)}{A_r(X)}\right) \tag{5.5b}$$

In Anhang 15.9 sind einige Schwellenenergien für typische Kernreaktionen wiedergegeben, bei denen mit der Erzeugung von radioaktiven Folgenukliden zu rechnen ist. Bei Teilchenenergien oberhalb der Schwellenenergie ergeben sich häufig stark mit der Energie schwankende Reaktionsraten (Resonanzen), wobei für (γ, n)-Reaktionen zumeist besonders stark ausgeprägte Peaks im Wirkungsquerschnitt auftreten, deren Maxima etwa zwischen 13 MeV und 25 MeV liegen und deren Breiten auf einen Energiebereich von 4 – 10 MeV begrenzt sind (Riesenresonanz).

Für den praktischen Strahlenschutz sind insbesondere solche Kernreaktionen von Bedeutung, bei denen das Folgenuklid (Y) radioaktiv ist. Bei zeitlicher konstanter Flußdichte der aktivierenden Strahlung steigt die Aktivität A in der bestrahlten Materie mit zunehmender Bestrahlungszeit t nach einer Exponentialfunktion solange an, bis die Anzahl der radioaktiven Zerfälle pro Zeitintervall (Aktivität) gleich der Anzahl der pro Zeit gebildeten radioaktiven Atomkerne (Produktionsrate) $\dot{N}$ geworden ist:

$$A = \dot{N} \, (1 - e^{-\lambda \cdot t}) \tag{5.6}$$

Dabei wird näherungsweise vorausgesetzt, daß die Anzahl der anfangs vorhandenen Atome der bestrahlten Materie praktisch konstant bleibt. λ bezeichnet die Zerfallskonstante des entstehenden Radionuklids. Die in einem Volumen V oder einer Masse M bei räumlich konstanter Flußdichte φ und Materiedichte ρ maximal erreichbare Aktivität, die sogenannte Sättigungsaktivität A_S , ist dementsprechend unmittelbar durch die Reaktionsrate in der Materie gegeben ($A_S = \dot{N}$), die mit den Formeln (5.3) abgeschätzt werden kann. Die Bestrahlungszeit, nach der diese Sättigungsaktivität praktisch erreicht wird, beträgt etwa 6 Halbwertzeiten des entstehenden Radionuklids.

Wenn in der bestrahlten Materie verschiedene Atomarten vertreten sind, muß zur Ermittlung der entstehenden Gesamtaktivität Formel (5.3a, b, c) für jedes Nuklid und alle Kernreaktionen mit merklichem Wirkungsquerschnitt unter Berücksichtigung der Energieabhängigkeit ausgewertet und aus den Ergebnissen der Summenwert gebildet werden. In Anhang 15.9 sind effektive Wirkungsquerschnitte für einige häufiger betrachtete Kernreaktionen und charakteristische Energiespektren zusammengestellt. Außerdem sind einige im wesentlichen nur bei thermischen Neutronenenergien bedeutsame (n, γ)-Wirkungsquerschnitte angegeben.

5.5 Kernspaltungskettenreaktionen

Neutronen lösen bei Zusammenstößen mit Atomkernen des Urans oder künstlich erzeugter Transurane, wie z. B. des Plutoniums, sehr häufig Kernspaltungen aus. Die Wahrscheinlichkeit für solche Spaltungen ist von der Neutronenenergie abhängig. Durch thermische Neutronen spaltbare Isotope sind z. B. U 233, U 235 und Pu 239. Zur Spaltung von Isotopen wie Th 232, U 238 und Pu 240 werden dagegen schnelle Neutronen benötigt. Die entstehenden Spaltprodukte erhalten erhebliche Bewegungsenergien, die in Wärme umgesetzt werden. Außerdem werden jeweils durchschnittlich 2 bis 3 Neutronen frei, die ihrerseits weitere Kernspaltungen auslösen können. Die Folge solcher Kernreaktionen, bei denen jede durch die Neutronen aus vorhergehenden Kernreaktionen zustande kommt, wird als Kernspaltungskettenreaktion bezeichnet.

In einem Medium, das spaltbare Atomkerne enthält, folgen auf jede Kernspaltung im Durchschnitt k weitere Kernspaltungen, wobei k als Multiplikationsfaktor bezeichnet wird, der das Verhältnis aus der Gesamtzahl der Neutronen einer Generation zu derjenigen der vorhergehenden Generation angibt. Der Faktor k ist vor allem von der Art, Zusammensetzung und Dichte bzw. Konzentration des Spaltstoffes sowie von seiner räumlichen Anordnung abhängig. Ferner wird der Multiplikationsfaktor durch die Abbrems- und Absorptionseigenschaften der zusätzlich in der Spaltzone vorhandenen Elemente entscheidend beeinflußt. So können die als schnelle Neutronen entstehenden Spaltneutronen schon nach wenigen Stoßprozessen auf thermische Energien abgebremst werden, wenn sie auf ein Material mit Atomkernen geringer Ordnungszahl (Moderator), insbesondere Wasserstoff, auftreffen. Einige nicht spaltbare Substanzen, wie Bor, Kadmium und Gadolinium tragen durch ihre besonders hohe Absorptionswahrscheinlichkeit für thermische Neutronen zur Verringerung des Multiplikationsfaktors bei. Da Neutronen durch die Oberfläche des Spaltstoffsystems ausströmen und durch Reflexion an den umgebenden Strukturen wieder in das System eintreten können, ist der Faktor k darüberhinaus auch von der Geometrie der Anordnung abhängig.

Bei natürlichen, spaltstoffhaltigen Materialien, z. B. Uranerzen, bewirken die zahlreichen Neutronenabsorptionen, bei denen keine Kernspaltung ausgelöst wird, daß der Multiplikationsfaktor selbst für beliebig große Materialmengen („unendlich" ausgedehntes Medium) kleiner als 1 bleibt ($k_\infty < 1$). In diesem Fall wird durch die Kettenreaktion lediglich die stets vorhandene, natürliche radioaktive Kernspaltungsrate spaltbarer Stoffe um den Faktor $1/(1 - k_\infty)$ gesteigert.

In einem Spaltstoffsystem mit $k_\infty > 1$, z. B. einer größeren Menge von künstlich gewonnenem, reinem U 235 oder Pu 239, würde eine Kettenreaktion mit explosionsartig zunehmender Kernspaltungsrate auftreten, wenn der insgesamt wirksam werdende effektive Multiplikationsfaktor nicht durch künstlich erzeugte Neutronenverluste auf Werte $k < 1$ verringert würde. Bei $k = 1$ unterhält sich die Kettenreaktion gerade selbst, da ebenso viele Neutronen entstehen, wie durch Absorption und Ausströmen aus dem System verlorengehen (Zustand der Kritikalität).

Für jedes Spaltstoffmaterial mit $k_\infty > 1$ lassen sich dementsprechend verschiedene Systemparameter angeben, mit denen der Zustand der Kritikalität eines Systems beschrieben werden kann (kritische Parameter). Gebräuchlich sind: kritisches Volumen (einer Kugel), kritische Masse (einer Kugel), kritischer Zylinderdurchmesser (eines unendlich langen Zylinders), kritische Schichtdicke (einer unendlich ausgedehnten Schicht), kritische Spaltstoffkonzentration und kritischer Anreicherungsgrad (U 235-Massenanteil an der gesamten Uranmasse). Diese Größen sind außer von k_∞ auch noch von den umgebenden Elementen und Strukturen abhängig (Reflektor). Viele Spaltstoffsysteme weisen ferner eine charakteristische Abhängigkeit der kritischen Parameter vom Atomanzahlverhältnis Moderator/Spaltstoff (z. B. $N_H/N_{U\,235}$) auf, dem sogenannten Moderationsgrad, die in einem durch Minimum und Maximum gekennzeichneten Kurvenverlauf der kritischen Parameter über dem Moderationsgrad zum Ausdruck kommt (s. Abb. 5.6). Bei den Minimumwerten (kleinster kritischer Parameter) wird von optimaler Moderation des angegebenen Spaltstoffsystems gesprochen, da es bei gleichem Reflektor keine kleineren Volumina, Massen usw. gibt, bei denen ein kritischer Zustand eintreten kann.

Kritikalität darf nur in den entsprechend ausgelegten Kernreaktoren erreicht werden. In allen übrigen Fällen des Umgangs mit spaltbaren Stoffen sowie bei Lagerung und Transport muß Kritikalität unbedingt verhindert werden. Die zur Gewährleistung der nuklearen Sicherheit entwickelten Sicherheitskonzepte beruhen auf den im System selbst begründeten Sicherheitseigenschaften sowie konstruktiven und administrativen Maßnahmen. Dabei wird üblicherweise von der Vorgabe maximal zulässiger Parameterwerte des Spaltstoffsystems (sicherer Parameter) ausgegangen, die sich aus der Multiplikation der kritischen Parameter mit einem problemabhängigen Sicherheitsfaktor ergeben. Im wesentlichen werden die folgenden Konzepte angewendet:

- Massenbeschränkung (spaltbare Stoffe haben höchstens die sichere Masse)
- Verwendung sicherer Geometrien (System hat höchstens das sichere Volumen, den sicheren Radius, usw.)
- Konzentrationsbeschränkung (sichere Konzentration wird nicht überschritten)
- Beschränkung des Anreicherungsgrades (sicherer Anreicherungsgrad wird nicht überschritten)
- Kontrolle des Moderationsgrades
- Einsatz von Neutronenabsorbern

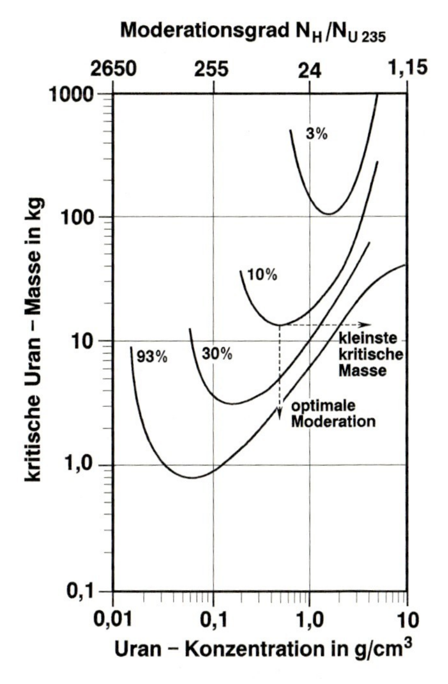

Abb. 5.6: Kritische Uranmasse von UO_2-H_2O-Systemen in Abhängigkeit von der Uran-Konzentration und vom Anreicherungsgrad (30 cm Wasserschicht als Neutronen-Reflektor) [hei85] (%-Wert: Massenanteil U 235 an der gesamten Uranmasse)

Häufig kommen mehrere Sicherheitskonzepte kombiniert zur Anwendung. Falls ein einzelnes Sicherheitskonzept nicht durchgängig in allen Prozeß- oder Arbeitsphasen eingehalten werden kann, müssen an den Übergängen (z. B. von der sicheren zur nicht sicheren Masse) besondere Regelungen gegen Störfälle getroffen werden. Es ist stets das Gesamtsystem einschließlich Umgebung zu betrachten, damit die Reflexion von Neutronen an den umgebenden Strukturen oder gegebenenfalls der Neutronenaustausch zwischen räumlich getrennten Spaltstoffmengen berücksichtigt bzw. durch Neutronenabsorber oder hinreichend große Abstände verhindert wird.

In Anhang 15.10 sind kritische Parameter für einige Spaltstoffsysteme wiedergegeben. Dabei wird zwischen Anordnungen mit und ohne Reflexion durch eine außen angeordnete 30 cm dicke Wasserschicht unterschieden. Die für den praktischen Umgang zulässigen Parameterwerte, d. h. sicheren Parameter, können aus den Tabellenwerten durch Multiplikation mit den unter der Tabelle angegebenen Sicherheitsfaktoren ermittelt werden. Weiterführende Erläuterungen und Datenangaben zur Kritikalitätssicherheit sind der Fachliteratur zu entnehmen [hei85, kin86, n25403, n25474].

5.6 Teilchenkaskaden

Der mittlere Energieverlust pro Weglänge (lineares Bremsvermögen) eines Elektrons beim Durchgang durch Materie nimmt zunächst mit zunehmender Energie ab und steigt erst nach Durchlaufen eines Minimumwertes wieder stark an. Während bei niedrigen Energien der Energieverlust vor allem durch Anregung und Ionisation verursacht wird, gewinnt bei höheren Energien der Energieverlust durch die Erzeugung von Bremsstrahlungsphotonen zunehmend Bedeutung. Bei Energien oberhalb der sogenannten kritischen Energie E_k erfolgt die Energieabnahme der Elektronen fast nur noch durch die stoßartige Erzeugung von mehreren Bremsstrahlungsphotonen, die die Elektronenenergien weitgehend aufnehmen. Auf diese Weise entstehen im Durchschnitt 1 bis 2 hochenergetische Photonen, wenn das Elektron eine sogenannte Strahlungslänge X_0 durchlaufen hat, entlang der die Teilchenenergie im Durchschnitt auf 1/e ihres Anfangswertes verringert wird. Typische Werte von X_0 in g/cm^2 sind bei Pb: 6,4; Cu: 13; Al: 24; H_2O bzw. Luft: 36.

Beim Durchgang von Photonen durch Materie überwiegt oberhalb einer vergleichbaren kritischen Energie der Energieverlust durch Paarerzeugung von Elektronen und Positronen gegenüber dem durch Comptonstreuung und Photoeffekt. Die entstandenen Bremsstrahlungsphotonen erzeugen somit nach Durchlaufen einer der Strahlungslänge ähnlichen Wegstrecke im Durchschnitt wiederum 2 Elektronen.

Aufgrund dieser Umwandlungsprozesse erzeugen hochenergetische Elektronen oder Photonen in der Materie Kaskaden von aufeinanderfolgenden sekundären Photonen bzw. Elektronen. Dadurch vermehrt sich die Teilchenanzahl in der Kaskade bis zu einem Maximalwert solange die mittlere Teilchenenergie größer als die kritische Energie E_k bleibt, während unterhalb dieser Energie die Teilchenvermehrung gegenüber den für niedrigere Energien typischen Wechselwirkungsprozessen zurücktritt. Im Verlauf der Kaskade wird somit zunächst zwar die Energie der Teilchen verringert, die Teilchenflußdichte dagegen stark erhöht, was bei der Abschirmung von Elektronen oder Photonen mit Energien oberhalb der kritischen Energie zu berücksichtigen ist. Bei einem Material mit der Ordnungszahl Z gilt für E_k in MeV näherungsweise: $E_k = 800/Z$.

Auch bei hochenergetischen Protonen können die Ionisationsverluste oberhalb einer kritischen Energie gegenüber den Energieverlusten durch Kernstöße vernachlässigt werden, bei denen die Energie weitgehend auf angestoßene Nukleonen und nicht stabile Kernteilchen (Mesonen) übertragen wird. Eine kaskadenartige Teilchenvermehrung setzt in diesem Fall jedoch erst bei Teilchenenergien oberhalb etwa 100 MeV ein, worauf hier nicht näher eingegangen wird [fre72, pat73].

5.7 Änderung von Materialeigenschaften

Ionisierende Strahlung kann in Materie abgesehen von Erwärmungseffekten auch bleibende Veränderungen verursachen. Diese entstehen einerseits durch Änderungen der Struktur der Elektronenhüllen, womit die chemische Bindung zwischen den Atomen eines Stoffes beeinflußt wird. Außerdem können Atome durch Kernstöße im Atomverband verlagert oder nach Kernreaktionen in andere Atome umgewandelt werden. Die Eigenschaften der Materie werden dadurch um so mehr gestört, je empfindlicher diese von der speziellen Struktur und Zusammensetzung des Materials abhängen. Allgemein nehmen die Änderungen der Materialeigenschaften mit der vom Material aufgenommenen Energiedosis zu (Einheit: Gy, s. Kap. 6.1.1) [far87, fas90, kel66, sau83]. Weitere Einflußgrößen sind die Art und Energie der Strahlungsteilchen sowie die Dosisleistung, wenn sich Veränderungen von selbst wieder zurückbilden können. In manchen Fällen lassen sich Veränderungen der Materialeigenschaften auch durch eine geeignete Nachbehandlung, insbesondere Erwärmung, wieder rückgängig machen.

Die durch Elektronen oder Photonen ausgelösten Ionisations- und Anregungseffekte können einerseits chemische Reaktionen zwischen Atomen verursachen, andererseits zu Zustandsänderungen in Kristallstrukturen führen. Schwere Strahlungsteilchen, wie Neutronen und Protonen bewirken durch Zusammenstöße mit Atomkernen häufig auch Verlagerungen von Atomen in der Gitterstruktur der Materie. Die dabei aufgewendete Energie kann unter Umständen bei Regenerierungsprozessen als Wärme wieder frei werden. Außerdem werden durch Kernreaktionen häufig Fremdatome erzeugt, wobei über (n, p)- und (n, α)-Reaktionen störende Gaseinlagerungen von Wasserstoff oder Helium in der Materie entstehen können. Falls die Fremdatome radioaktiv sind, kann auch der Rückstoß bei der Emission von Strahlungsteilchen zu einem Platzwechsel im Atomverband führen.

In organischen Stoffen, wie sie z. B. als Isoliermaterialien oder Oberflächenbeschichtungen Anwendung finden, bewirken die strahlungsinduzierten chemischen Reaktionen häufig Vernetzungen zwischen den Molekülen (Polymerisation), wodurch Flüssigkeiten zäher und Kunststoffe härter bzw. spröder werden [bol63, n544, the88]. Merkliche Änderungen der Materialeigenschaften von Kunststoffen werden z. B. beobachtet bei Teflon ab Photonendosen von 10^3 Gy, bei Acrylglas ab 10^4 Gy, bei Polyethylen sowie Polyvinylchlorid (PVC) ab etwa 10^5 Gy und bei Polyester sowie Polystyrol ab etwa 10^7 Gy. Thermische Neutronen verursachen eine merkliche Verringerung der Zugfestigkeit von Polyethylen bei mehr als etwa $5 \cdot 10^7$ Gy. Bei Schmierölen wird die Viskosität bei Photonendosen über etwa 10^6 Gy deutlich verändert. Neben der Vernetzung kann auch die Zerstörung von Molekülverbindungen zu Eigenschaftsänderungen führen (z. B. Erweichen von Gummi bei sehr hohen Dosen).

Bei handelsüblichen Gläsern ist bei Photonendosen von mehr als 100 Gy mit einer merklichen Herabsetzung der Transparenz und Gelbfärbung zu rechnen. Spezielle Bleigläser, die mit Zusätzen des Elementes Cer gegen Verfärbung stabilisiert sind, können dagegen unter bestimmten Voraussetzungen ohne merklichen Transparenzverlust bis etwa 10^7 Gy exponiert werden, wobei auch noch keine Schäden infolge von inneren elektrostatischen Aufladungen zu erwarten sind.

Bei keramischen Stoffen und Beton ist mit einer merklichen Verringerung der Festigkeit nach Strahlenexpositionen von mehr als etwa 10^8 Gy zu rechnen.

In Metallen können vor allem durch Neutronen Veränderungen der Materialeigenschaften hervorgerufen werden. Eine Neutronenexposition verursacht in der Regel eine Erhöhung der Zugfestigkeit und Streckgrenze, Abnahme der Kerbschlagzähigkeit sowie Volumenzunahme, erhöhte Korrosion und Abnahme der Wärmeleitfähigkeit. Bei niedrig legierten Kohlenstoffstählen wurden erhebliche Verminderungen der Kerbschlagzähigkeit bei Expositionen über 10^8 Gy beobachtet, während bei austenitischen Stählen eine wesentliche Erhöhung der Streckgrenze erst bei 10^{11} Gy festgestellt wurde.

Die Funktion von Halbleitermaterialien in elektronischen Bauelementen (z. B. Dioden, Transistoren) kann sowohl durch Änderung der Ladungsverteilung als auch durch die Verlagerung von Atomen im Kristallgitter empfindlich gestört werden. Bei Transistoren sind Beeinträchtigungen bei etwa 10^3 Gy durch Elektronen- oder Neutronenexposition zu erwarten, während einfachere Bauteile, wie Dioden und Kondensatoren, zumeist bis mindestens 10^5 Gy belastbar sind. Bei Metallschichtwiderständen sind merkliche Schäden erst ab etwa 10^7 Gy Elektronenexposition zu erwarten.

Fachliteratur:

[bol63, eva55, far87, fas90, fre72, hei85, hub82, jae74, kel66, kin86, lie91, mug81, nac71, ncr83, ncr84, n6802.1, n6814.2, n544, n25403, n25474, pat73, rei90, sau83, sto70, sto78, the88, wap85, wei85]

6 Strahlungsdosis und Strahlungsdosisleistung

6.1 Dosis

Die Wirkung ionisierender Strahlung auf lebendes Gewebe ist eng verknüpft mit der durch Anregung und Ionisierung verursachten Energieabgabe der Strahlungsteilchen an das Gewebe. Zur Bemessung von Strahlenexpositionen sind sowohl für den praktischen Strahlenschutz als auch bezüglich der Anwendung ionisierender Strahlung spezielle Dosisgrößen entwickelt worden, die im folgenden kurz erläutert werden [gre81, jae74, nac71, n6814.3, rei90].

6.1.1 Energiedosis

Als Grundgröße zur Kennzeichnung einer Strahlenexposition dient das Verhältnis aus der gesamten von der Strahlung (durch Ionisation und Anregung) an die Materie in einem kleinen Volumenelement übertragenen Energie und der Masse in dem bestrahlten Volumenelement (vgl. Abb. 6.1). Diese Größe wird Energiedosis genannt und mit dem Symbol D bezeichnet.

Als Einheit der Energiedosis ist heute das Gray (Gy) festgesetzt. 1 Gy ist gleich der Energiedosis, bei der die Energie 1 Joule auf ein Kilogramm Materie übertragen wird (1 Gy = 1 J/kg, vgl. Anhang 15.3). Früher war die Einheit Rad (rd) als Maß für die Energiedosis gebräuchlich, für die definitionsgemäß gilt: 1 rd = 0,01 J/kg = 0,01 Gy. Aus praktischen Gründen werden häufig auch charakteristische Bruchteile und Vielfache dieser Einheiten angegeben: µGy, mGy, kGy, µrd, mrd, krd (s. Anhang 15.2).

Die Energiedosis an einem Aufpunkt im bestrahlten Material ist für alle Arten und Energien ionisierender Strahlung anwendbar. Da die Energieabgabe auch von der Art des bestrahlten Stoffes abhängt, ist die Angabe einer Energiedosis zur Kennzeichnung einer Strahlenwirkung oder eines Strahlungsfeldes nur in Verbindung mit der Angabe des bestrahlten Materials sinnvoll [icu89].

6.1.2 Ionendosis

In den Meßgeräten des praktischen Strahlenschutzes wird zumeist nicht die nur mit hohem experimentellen Aufwand erfaßbare absorbierte Energie sondern eine mit der Energieübertragung verknüpfte Wirkung, wie z. B. die elektrische Ladung der erzeugten Ionen, gemessen. Besonders einfach ist die Messung der elektrischen Ladung, die in einem Luftvolumen freigesetzt wird. Das Verhältnis aus dieser Ladung (eines Vorzeichens) und der in dem betrachteten kleinen Volumenelemt enthalten Masse trockener Luft wird Ionendosis genannt und mit dem Symbol J bezeichnet.

Die Ionendosis wird in der Einheit Coulomb[1] durch Kilogramm (C/kg) angegeben. Daneben ist auch noch die ältere Einheit Röntgen (R) gebräuchlich. Es gilt $1\ R = 2{,}58 \cdot 10^{-4}$ C/kg, was der Erzeugung von $1{,}61 \cdot 10^{12}$ Ionenpaaren in 1 g trockener Luft entspricht. Aus praktischen Gründen werden häufig auch charakteristische Bruchteile und Vielfache dieser Einheiten angegeben: µC/kg, mC/kg, µR, mR, kR (s. Anhang 15.2).

Da für jede Strahlungsart mit der Erzeugung einer bestimmten Ionenmenge in gleichen Stoffen stets etwa derselbe Energieverlust der Strahlungsteilchen verbunden ist, kann unter bestimmten Voraussetzungen die in Luft gemessene Ionendosis als Maß für die in Körperteilen durch das gleiche Strahlungsfeld erzeugte Energiedosis dienen. Dazu müßte die Ionendosis allerdings unter speziellen Strahlungsfeldbedingungen, d. h. insbesondere im freien Luftraum, gemessen werden (Standard-Ionendosis). Dieses Verfahren läßt sich jedoch nur für Photonen bis etwa 400 keV verwirklichen und entfällt für praktische Anwendungen. Stattdessen wird das Meßvolumen mit Wänden umgeben, deren Zusammensetzung weitgehend „luftäquivalent" ist. Hierbei können die Meßbedingungen, die zu einer dosisrichtigen Anzeige führen, für Photonen bis zu etwa 3 MeV erfüllt werden. Bei höheren Energien und anderen Strahlungsarten wird die Ionendosis dagegen in einem kleinen gasgefüllten Hohlraum mit „gewebeäquivalenten" Wänden gemessen (Hohlraum- Ionendosis).

Die Energiedosis kann aus der Standard-Ionendosis bzw. der Hohlraum-Ionendosis über Umrechnungsfaktoren ermittelt werden. Im praktischen Strahlenschutz gilt bei Photonen näherungsweise:

$1\ R$ (in Luft) $\hat{=}$ $1\ rd = 0{,}01\ Gy$ in Weichteilgewebe
$1\ C/kg$ (in Luft) $\hat{=}$ $38{,}8\ Gy$ in Weichteilgewebe

Bei anderen Strahlungsarten und anderen Körperbestandteilen (Knochen, Fettgewebe) müssen andere Umrechnungsfaktoren berücksichtigt werden, die erheblich von der Energie der Strahlungsteilchen abhängen können. Da der menschliche Körper bis auf einen Knochenanteil von etwa 14% der Gesamtmasse aus weichem Gewebe besteht, ist es jedoch im praktischen Strahlenschutz häufig ausreichend, bei der Abschätzung von Strahlenexpositionen die Energiedosis für Weichteilgewebe, gegebenenfalls unter Verwendung obiger Beziehungen, zu ermitteln.

6.1.3 Kerma

Ungeladene Strahlungsteilchen geben bei Wechselwirkungen mit der Materie ihre Energie in der Regel zunächst ganz oder teilweise an geladene Sekundärteilchen ab, bevor diese ihre Energie bei weiteren Wechselwirkungen an die Materie übertragen. So können beispielweise Photonen zunächst Comptonelektronen und Neutronen etwa Rückstoßprotonen erzeugen. Die Summe der Anfangswerte der Bewegungsenergien dieser Sekundär-

[1] Einheit der elektrischen Ladung. 1 C entspricht der Elektrizitätsmenge, die in 1 s bei der Stromstärke 1 A (Ampere) durch einen Leiter fließt.

teilchen, die in der Materie eines kleinen Volumenelementes freigesetzt werden, geteilt durch die Masse in diesem Volumen wird Kerma (*k*inetic *e*nergy *r*eleased in *ma*tter) genannt und durch das Symbol K gekennzeichnet. Die Einheit der Kerma ist das Gray (Gy). Es gilt: 1 Gy = 1 J/kg.

Aufgrund ihrer Definition werden bei der Kerma stets auch die von Sekundärteilchen aufgenommenen Energiebeträge erfaßt, die möglicherweise bei Ionisationen und Anregungen erst außerhalb des betrachteten Volumenelementes wirksam werden. Die Kerma ist dementsprechend eine Größe, die ebenso wie die Standard-Ionendosis, bei vorgegebener Fluenz allein durch die Wechselwirkungen der primären Strahlungsteilchen mit der Materie innerhalb des betrachteten Volumenelements (Bezugsmaterial) bestimmt wird. Demgegenüber ist die Energiedosis sowohl vom Bezugsmaterial (durch Wechselwirkungen der Primärteilchen und Abbremsung der Sekundärelektronen) als auch vom Umgebungsmaterial (durch eingestreute Sekundärelektronen) und dem dort vorhandenen Strahlungsfeld abhängig (s. Abb. 6.1). Die besondere Bedeutung der Kerma liegt darin, daß sie sich relativ einfach aus den Fluenzen und den Wechselwirkungswahrscheinlichkeiten der Primärstrahlung am interessierenden Ort berechnen läßt und bei speziellen Strahlungsfeldbedingungen in einem einfachen Zusammenhang mit der Energiedosis und der Ionendosis steht.

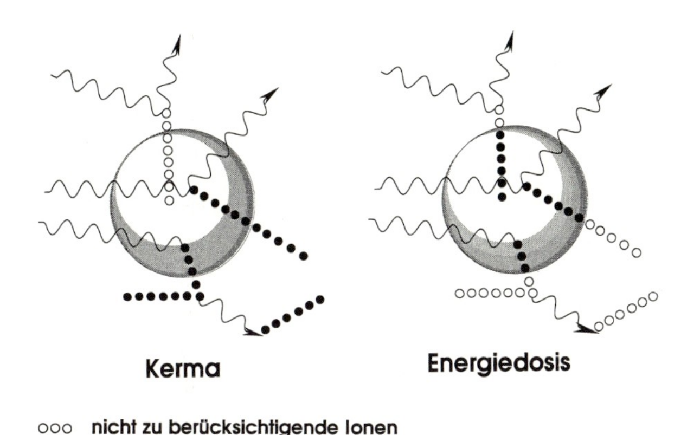

Abb. 6.1: Zur Erläuterung der Dosisbegriffe Kerma und Energiedosis

Die für ein bestimmtes Bezugsmaterial geltende Kerma ist bei jedem beliebigen Umgebungsmaterial anwendbar. Die Luftkerma gilt als Nachfolgegröße der bislang bei Messungen vorzugsweise verwendeten Standard-Ionendosis. Die im Strahlenschutz gebräuchliche Photonen-Äquivalentdosis (siehe Kap. 6.2.3) kann aus der Luftkerma K_a durch Multiplikation mit dem Faktor $f_K = 1{,}15$ Sv/Gy gemäß $H_X = f_K \cdot K_a$ erhalten werden. Ebenfalls als Luftkerma werden in der Röntgendiagnostik die Dosen angegeben, die zur Abschätzung der Strahlenexposition von Patienten (Flächendosisprodukt) oder zur Kennzeichnung des Nutzstrahlenbündels einer Diagnostikeinrichtung (Kenndosisleistung) dienen.

6.2 Dosisbegriffe im Strahlenschutz

6.2.1 Äquivalentdosis

Auch bei gleicher Energiedosis kann ionisierende Strahlung verschieden starke biologische Wirkungen im Körpergewebe hervorrufen. Im allgemeinen ist die Wirkung um so stärker, je größer die Ionisierungsdichte bzw. das lineare Energieübertragungsvermögen L entlang der Teilchenspur ist, die durch die geladenen Strahlungsteilchen oder deren Sekundärteilchen verursacht wird. Beide Größen hängen ihrerseits von der Energie sowie von Ladung und Masse der Teilchen ab.

Zur Beurteilung der unterschiedlichen biologischen Wirkungen verschiedener Strahlungen dient in der Strahlenbiologie die *r*elative *b*iologische *W*irksamkeit (RBW). Die RBW gibt an, um wieviel mal größer die Energiedosis einer Vergleichsstrahlung sein muß als die Energiedosis der zu bewertenden Strahlung, damit dieselbe biologische Wirkung zustande kommt. Da die RBW für die verschiedenen zu beobachtenden biologischen Effekte in komplizierter Weise von den unterschiedlichsten Einflußgrößen abhängig ist, sind für den praktischen Strahlenschutz vereinfachend pauschale Bewertungsfaktoren q festgelegt worden, die eine einheitliche Bewertung verschiedener Strahlungen in Abhängigkeit von Strahlungsart, Strahlungsenergie und Bestrahlungsbedingungen ermöglichen sollen [icp89c, icu86, ncr90]. Das Produkt aus der Energiedosis D in Gewebe und dem Faktor q heißt Äquivalentdosis und wird mit dem Symbol H gekennzeichnet ($H = q \cdot D$). Die Äquivalentdosis hat die Einheit Sievert (Sv). Dabei gilt analog zur Energiedosiseinheit Gy ebenfalls 1 Sv = 1 J/kg. Früher war die Einheit Rem (rem) gebräulich, wobei 1 rem = 0,01 Sv ist.

Der Bewertungsfaktor q ist das Produkt aus dem sogenannten Qualitätsfaktor Q und dem modifizierendem Faktor N, mit dem die Wirkungsunterschiede bei ungleichmäßiger räumlicher oder zeitlicher Verteilung einer internen Strahlenexposition berücksichtigt werden sollen. Bei externer Strahlenexposition gilt $N = 1$, d. h. $q = Q$. Allerdings sind auch für interne Strahlenexpositionen bislang keine allgemein gültigen von 1 abweichenden Zahlenwerte N angegeben worden. In der neuerdings von den Gremien von ICRU und ICRP empfohlenen Definition der Äquivalentdosis ist der Faktor N nicht mehr enthalten.

Bei der Bestimmung von q geht man bislang im allgemeinen vom linearen Energieübertragungsvermögen L aus, da eine enge Verknüpfung dieser Größe mit den biologischen Wirkungen festgestellt wurde. Dazu werden verschiedenen L-Werten geladener Strahlungsteilchen in Wasser bestimmte Qualitätsfaktoren Q zugeordnet, die im Wertebereich zwischen 1 Sv/Gy (für $L \leq 3{,}5$ keV/µm) und 20 Sv/Gy (für $L \geq 175$ keV/µm) – neuerdings bis 30 Sv/Gy (bei 100 keV/µm) [icp91a] – liegen. Falls die zu beurteilende Strahlung ungeladen ist (Photonen, Neutronen), wird das lineare Energieübertragungsvermögen der von der Strahlung erzeugten Sekundärteilchen (Comptonelektronen, Rückstoßprotonen) zugrunde gelegt. Die Anwendung des Qualitätsfaktors wird in der Praxis dadurch erschwert, daß die Ionisierungsdichte bzw. L von der jeweiligen Energie des Strahlungsteilchens abhängig ist, die entlang der Flugbahn abnimmt. Dementsprechend werden entlang der Flugbahn auch verschiedene Qualitätsfaktoren wirksam. Zur Ermittlung der durchschnittlichen Wirkung von

Strahlungsteilchen mit einer bestimmten Anfangsenergie müssen daher effektive Qualitätsfaktoren ($\bar{Q}$) verwendet werden. Diese können in Abhängigkeit von Strahlungsart und -energie der Fachliteratur entnommen werden [icp87b]. Verschiedentlich wird der Qualitätsfaktor nicht auf das lineare Energieübertragungsvermögen sondern auf die sehr ähnliche sogenannte lineare Energiedichte (engl.: lineal energy) bezogen, wobei sich Zahlenwerte zwischen etwa 0,03 und 30 Sv/Gy ergeben [icu86].

Falls genauere Berechnungen des am interessierenden Ort wirksamen Qualitätsfaktors Q nicht notwendig oder aufgrund unbekannter Strahlungsenergien nicht möglich sind, kann für die Berechnung der Äquivalentdosis anstelle von Q gegebenenfalls auch ein geeigneter effektiver Qualitätsfaktor $\bar{Q}$ aus Tab. 6.1 verwendet werden, der sich auf das primäre Strahlungsfeld bezieht. Damit folgt bei äußerer Strahlenexposition: $H = \bar{Q} \cdot D$. In der Tabelle sind außer den $\bar{Q}$-Werten gemäß [StrlSchV-89] auch die von der ICRP vorgeschlagenen Strahlungs-Wichtungsfaktoren w_R enthalten, womit sich die Äquivalentdosis zu $H = w_R \cdot D$ ergibt. Analog zu $\bar{Q}$ sind die w_R-Werte in Abhängigkeit von der Strahlungsart und von der Energie der auf den Körper auftreffenden Strahlung bzw. aus körperinternen Quellen emittierten Strahlung angegeben.

Tab. 6.1: Effektive Qualitätsfaktoren $\bar{Q}$ und Strahlungs-Wichtungsfaktoren w_R [StrlSchV-89, icp91a]

Strahlung (StrlSchV-1989)	$\bar{Q}$ Sv/Gy	Strahlung (ICRP-1990)	w_R[1] Sv/Gy
Röntgen- und Gammastrahlung	1	Photonen, alle Energien	1
Betastrahlung, Elektronen, Positronen	1	Elektronen und Myonen, alle Energien[2]	1
Alphastrahlung aus Radionukliden	20	Alphastrahlung	20
Neutronen unbekannter Energie	10	Neutronen, Energie < 10 keV	5
		10 keV bis 100 keV	10
		> 100 keV bis 2 MeV	20
		> 2 MeV bis 20 MeV	10
		> 20 MeV	5
		Protonen[3], Energie > 2 MeV	5
		Spaltprodukte, schwere Atomkerne	20

[1] Die Werte beziehen sich auf die Strahlung, die auf den Körper auftrifft, oder, bei inneren Strahlungsquellen, von der Quelle emittiert wird

[2] außer Auger-Elektronen, die von DNA-gebundenen Atomen emittiert werden

[3] außer Rückstoßprotonen

Durch die Bewertung der Energiedosis mit den Faktoren Q, $\bar{Q}$ bzw. w_R wird es möglich, Strahlungsdosen, die durch unterschiedliche Strahlungsarten und Teilchenenergien zustande kommen, miteinander zu vergleichen und aufzusummieren. Im praktischen Strahlenschutz wird daher zumeist mit Äquivalentdosen gerechnet. Von besonderer Bedeutung ist die sogenannte Teilkörperdosis, die als ein Maß für die mittlere Äquivalentdosis in einem Körperabschnitt aufgefaßt werden kann. Unter Verwendung der w_R-Werte gilt als Teilkörperdosis das Produkt aus dem Mittelwert der Energiedosis in einem Körperabschnitt und dem auf Strahlungsart bzw. -energie des primären Strahlungsfeldes bezogenen Strahlungs-Wichtungsfaktor. Die Mittelung erfolgt dabei über das Volumen des bestrahlten Körperteils oder Organs, im Falle der Haut über die Oberfläche.

Die angegebenen Qualitäts- bzw. Wichtungsfakoren können allerdings nicht für alle biologischen Wirkungen als repräsentativ angesehen werden. Sie dienen vor allem zur Bewertung stochastischer Wirkungen (s. Kap.7.3) und sollen lediglich unterhalb bestimmter Grenzwerte von Äquivalentdosen verwendet werden (Fünffaches der Jahresgrenzwerte der Körperdosen beruflich strahlenexponierter Personen der Kategorie A, s. Kap. 6.2.3 und 11). Wesentlich darüberhinausgehende Strahlenexpositionen werden dementsprechend zumeist nicht als Äquivalentdosen sondern als Energiedosen angegeben, deren Wirkung im Einzelfall genauer abgeschätzt werden muß. Meßwerte können auch oberhalb der Grenzwerte als Äquivalentdosis angegeben werden.

6.2.2 Effektive Dosis

Wie in Kap. 7 erläutert wird, können Strahlenwirkungen eingeteilt werden in solche, die bei einer Strahlenexposition nach Überschreiten gewisser Dosiswerte nahezu sicher eintreten (deterministische Wirkungen, wie z. B. Hautrötung) und solche, die nur mit einer gewissen Wahrscheinlichkeit auftreten (stochastische Wirkungen, wie z. B. Leukämie oder Krebs). Um das Risiko für das Auftreten einer stochastischen Strahlenwirkung bei kleinen Strahlendosen zu beschreiben, wird von der Beobachtung ausgegangen, daß gleiche Äquivalentdosen (H_T) in unterschiedlichen Geweben und Organen (Körperteile T) stochastische Wirkungen mit unterschiedlicher Wahrscheinlichkeit (R_{ST}) auslösen. Diese Wahrscheinlichkeit kann bei Annahme eines linearen Zusammenhangs zwischen Dosis und Wirkung (s. Kap. 7.3) als Produkt $R_{ST} = r_{ST} \cdot H_T$ ausgedrückt werden. Darin bezeichnet r_{ST} den sogenannten Risikokoeffizienten, d. h. das Verhältnis aus der Wahrscheinlichkeit für das Auftreten einer stochastischen Strahlenwirkung im Körperteil T zur Äquivalentdosis H_T. Mit einem Gesamtrisikokoeffizienten r_S ($= \Sigma\, r_{ST}$) für alle Körperteile und dem Gewebe-Wichtungsfaktor w_T, der den relativen Anteil des Körperteils T am Gesamtrisiko bei gleichförmiger Ganzkörperexposition angibt, ergibt sich das Risiko bezüglich eines Körperteils zu $r_{ST} = r_S \cdot w_T$. Für die Wahrscheinlichkeit R_S, daß nach einer Strahlenexposition irgendwo im Organismus eine stochastische Strahlenwirkung auftritt, folgt damit $R_S = \Sigma\, R_{ST} = r_S \cdot \Sigma\, w_T \cdot H_T$. Die Summe der Produkte $w_T \cdot H_T$ aus Wichtungsfaktor und mittlerer Äquivalentdosis über alle risikorelevanten Gewebe und Organe wird dabei als effektive Dosis H_E – bislang effektive Äquivalentdosis – bezeichnet:

$$H_E = \sum_{T=1}^{n} w_T \cdot H_T \qquad (6.1)$$

Anstelle von H_E wird auch das Symbol E verwendet. Eine in allen Körperteilen gleich große Äquivalentdosis und derselbe Wert einer effektiven Dosis, die aufgrund einer ungleichförmigen Bestrahlung zustande kommt, ergeben danach gleich große Risiken für stochastische Wirkungen. Bei unterschiedlichen Äquivalentdosen H_T in verschiedenen Körperteilen T bedeuten gleich große Produkte $w_T \cdot H_T$, daß für diese Körperteile jeweils ein gleich großes Strahlenrisiko besteht.

Wie aus dem Voranstehenden hervorgeht, bietet die effektive Dosis die Möglichkeit, über die Festlegung von Grenzwerten, rein rechnerisch das Risiko für die Auslösung stochastischer Strahlenwirkungen zu begrenzen. Dabei muß im Prinzip versucht werden, nicht nur allein das Risiko für die *Auslösung* von stochastischen Schadenswirkungen zu erfassen sondern den möglichen *Gesamtschaden* solcher Wirkungen nach einer Strahlenexposition (in einer betroffenen Bevölkerungsgruppe) zu berücksichtigen. Dazu ist von der ICRP eine als „detriment" bezeichnete Größe, hier Schadenskoeffizient g_d genannt, eingeführt worden, bei der die Wahrscheinlichkeit für das Auftreten einer möglichen Schadenswirkung in spezieller Weise mit ihrem Schweregrad und ihren Folgen kombiniert wird [icp91a]. Analog zu obiger Formulierung für das Risiko R_S kann damit z. B. die Schadenserwartung G bei der Strahlenexposition einer Gruppe von N Personen durch $G = N \cdot g_d \cdot \Sigma w_T \cdot H_T = N \cdot g_d \cdot H_E$ ausgedrückt werden, wobei der (Gesamt-) Schadenskoeffizient g_d als Summe der organbezogenen Schadenskoeffizienten g_{dT} aufzufassen ist ($= \Sigma g_{dT}$). Für den Wichtungsfaktor w_T gilt hier $w_T = g_{dT}/g_d$.

Im Gegensatz zum Risisko R_S ist die Schadenserwartung G nicht zur Abschätzung von Schadensfällen geeignet. Sie stellt vielmehr eine mathematische Kenngröße dar, die vor allem zur Beurteilung aufsummierter Strahlendosen, zur Festlegung von Dosisgrenzwerten, zur Ableitung geeigneter Gewebe-Wichtungsfaktoren sowie zu Optimierungszwecken dienen soll.

Tab. 6.2: Gewebe-Wichtungsfaktoren w_T der effektiven Dosis [RöV-87, StrlSchV-89, icp91a]

Organe und Gewebe	Gewebe - Wichtungsfaktor w_T	
	StrlSchV-1989 w_{T1}	ICRP-1990 w_{T2}
Keimdrüsen	0,25	0,20
Brust	0,15	0,05
rotes Knochenmark	0,12	0,12
Lunge	0,12	0,12
Schilddrüse	0,03	0,05
Knochenoberfläche	0,03	0,01
Speiseröhre		0,05
Haut		0,01
andere Organe:	die 5 höchst-exponierten O.	
Blase	0,06	0,05
unterer Dickdarm	0,06	0,12
Leber	0,06	0,05
Magen	0,06	0,12
Rest[1]	je 0,06	0,05[2]

[1] Bauchspeicheldrüse, Dünndarm, oberer Dickdarm, Gebärmutter, Gehirn, Milz, Nebenniere, Niere, Thymusdrüse, Muskeln

[2] 0,025 in Fällen, in denen ein einzelnes Rest-Gewebe oder -Organ eine höhere Äquivalentdosis erhält als eines der 12 voranstehenden, wobei $w_T = 0{,}025$ für die mittlere Äquivalentdosis des verbleibenden Restes anzunehmen ist

In Tab. 6.2 sind 2 Sätze von Gewebe-Wichtungsfaktoren wiedergegeben, die im wesentlichen auf Untersuchungen von Überlebenden der Atombombenabwürfe von Hiroshima und Nagasaki beruhen, wobei vereinfachend auf die Unterscheidung von Personen nach Alter oder Geschlecht verzichtet wurde. Die aufgrund bestehender Rechtsvorschriften in der Bundesrepublik Deutschland geltenden Wichtungsfaktoren w_{T1} (= r_{ST}/r_S) berücksichtigen dabei das Risiko für schwere Erbschäden, die sich in den beiden ersten Generationen zeigen, sowie das Todesfallrisiko durch Leukämie und Krebs in ausgesuchten Geweben und Organen. Die neuerdings von der ICRP empfohlenen Wichtungsfaktoren w_{T2} (= g_{dT}/g_d) beziehen sich dagegen nicht mehr allein auf das *Auftreten* dieser Schadenswirkungen, sondern zusätzlich auch auf deren Schweregrad. Die Schadenserwartung umfaßt hier neben dem Todesfallrisiko durch Leukämie und Krebs in den risikorelevanten Geweben und Organen auch das Risiko für Wirkungen ohne tödlichen Ausgang, das mit dem Verlust an Lebensjahren nach einer Krebsentstehung gewichtet ist, sowie ein gewichtetes Schadensrisiko für schwere Erbschäden bei allen folgenden Generationen (s. Kap. 7.4, 11.1). Die vorgeschlagenen Wichtungsfaktoren wurden wegen der großen Unsicherheiten der Ausgangsdaten zu wenigen Gruppenwerten gerundet. Sie entsprechen daher nur näherungsweise den tatsächlich ermittelten relativen Risikobeiträgen der einzelnen Organe und Gewebe, die der Fachliteratur zu entnehmen sind [icp91a, icp91b].

6.2.3 Dosisgrößen und Dosimetrie

Die Zielsetzung der Dosimetrie im Strahlenschutz besteht in der Ermittlung der sogenannten Körperdosen, d. h. der effektiven Dosis H_E bzw. der Teilkörperdosen H_T an den bestrahlten Körperteilen und Organen. Dabei ist zu beachten, daß bei interner Strahlenexposition durch inkorporierte radioaktive Stoffe als Körperdosis jeweils die langfristig wirksam werdende Folgedosis (s. Kap. 10.1) anzurechnen ist, die durch die Aktivitätszufuhr im untersuchten Zeitraum zustande kommt.

Da die direkte Messung der Körperdosen nicht möglich und die genaue Bestimmung mit aufwendigen Berechnungsmethoden verknüpft ist, werden üblicherweise in der Praxis spezielle Meßverfahren eingesetzt, mit denen Meßgrößen erhalten werden, die bis zum Überschreiten bestimmter Grenzwerte als hinreichend zuverlässige Schätzwerte für die Körperdosen angesehen werden können. Bei externer Strahlenexposition dienen dazu die Ortsdosimetrie mit den Meßgrößen Ortsdosis und Ortsdosisleistung (siehe Kap. 6.3.) sowie die Personendosimetrie mit der Meßgröße Personendosis. Bei interner Strahlenexposition wird die Folgedosis aus Messungen der Aktivität im Körper oder in den Ausscheidungen sowie aus Messungen der Aktivitätskonzentration in der Atemluft oder in Nahrungsmitteln abgeschätzt (siehe Kap. 10.3).

Unter Ortsdosis wird die an einem bestimmten Ort gemessene „Äquivalentdosis für Weichteilgewebe" verstanden. In der Ortsdosimetrie werden Messungen frei im Strahlungsfeld durchgeführt, wobei keine Person anwesend sein muß. Solche Messungen haben im allgemeinen vorsorgende Bedeutung in dem Sinne, daß damit erwartete Strahlenexpositionen von Personen vorab abgeschätzt und Arbeitsbedingungen überwacht werden können. Durch das Fehlen einer Person kann dabei die mit einem kleinen Detektor gemessene Energiedosis jedoch unter Umständen erheblich geringer sein als diejenige Dosis, die in einem Aufpunkt in einem tatsächlich dort vorhandenen Körper durch eingestreute Strahlung zustande kommmen würde. Dies gilt insbesondere für Neutronen, da die hier entstehende Sekundärstrahlung auch noch an Punkten im Körper zur Energiedosis beitragen kann, die vom Ort der ersten Neutronen-Wechselwirkung weit entfernt sind. Dementsprechend muß für genauere Untersuchungen bei der Festlegung von Meßgrößen ein hinreichend körperähnliches Phantom zugrundegelegt werden, damit der Dosimeteranzeige die für dieses Phantom ermittelte Äquivalentdosis zugeordnet werden kann (Kalibrierung).

Die Personendosis ist die an einer für die Strahlenexposition repräsentativen Stelle der Körperoberfläche gemessene Äquivalentdosis für Weichteilgewebe. In der Personendosimetrie werden im Unterschied zur Ortsdosimetrie Messungen unmittelbar an der strahlenexponierten Person vorgenommen. Solche Messungen haben vor allem dokumentierende Bedeutung, da sie ein Maß für die tatsächlich erfolgte Strahlenexposition liefern. Hierbei ist zu berücksichtigen, daß der Meßwert eines am Rumpf getragenen Dosimeters im allgemeinen von der Ausrichtung des Rumpfes im Strahlungsfeld und dessen Richtungsverteilung abhängt.

Für eine näherungsweise Abschätzung der Körperdosen ist es bei Photonenstrahlung im allgemeinen ausreichend, Ortsdosis und Personendosis als Photonen-Äquivalentdosis H_X zu messen. Diese ist definiert als Produkt aus der Standard-Ionendosis J_S und dem Faktor $f = 38{,}8$ Sv C^{-1} kg (0,01 Sv/R) gemäß $H_X = f \cdot J_S$. Für Energien oberhalb von 3 MeV ist dabei anstelle von J_S diejenige Ionendosis einzusetzen, die in einem Dosimeter mit geeigneter Wanddicke (Aufbaukappe) erhalten wird, das für Co 60-Gammastrahlung zur Messung von J_S kalibriert ist [n6814.3, n6818.1]. Abb. 6.2 zeigt das Verhältnis aus der für ein menschenähnliches Phantom ermittelten effektiven Dosis und der als Photonen-Äquiva-

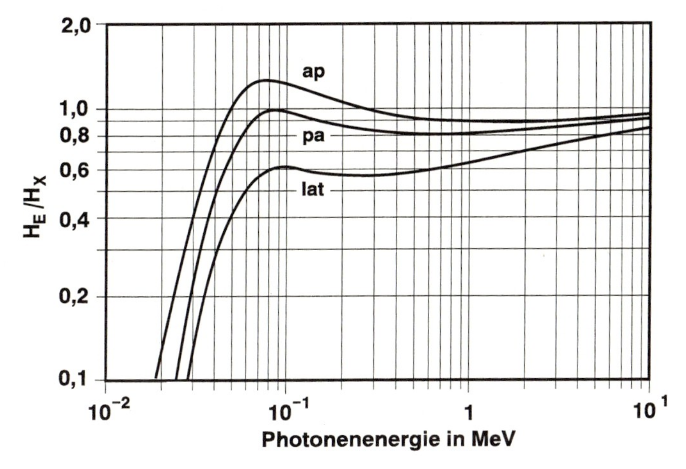

Abb. 6.2: Verhältnis der effektiven Dosis H_E zur Photonen-Äquivalentdosis H_X in einem parallelen Strahlungsfeld
ap Bestrahlung von vorn
pa Bestrahlung von hinten
lat Bestrahlung von der Seite

lentdosis angegebenen Ortsdosis. Dabei ist eine Bestrahlung des Phantoms in einem ausgedehnten parallelen Strahlungsfeld angenommen. Wie zu ersehen, kann die effektive Dosis bei Bestrahlung von vorn (ap) für Energien unterhalb von etwa 50 keV und oberhalb von etwa 200 keV erheblich überschätzt, bei dazwischenliegenden Energien um bis zu etwa 30% unterschätzt werden. Entsprechende Zahlenwerte von H_T/H_X, die für die Ermittlung von Teilkörperdosen aus Ortsdosen verwendet werden können, sind der Fachliteratur zu entnehmen [ssk86a]. Bezüglich Elektronen- und Neutronenstrahlung müssen jeweils andere Meßvorschriften herangezogen werden, zu deren Erläuterung jedoch ebenfalls auf die Fachliteratur verwiesen sei [n6802.1, n6814.3].

Eine für alle Strahlungsarten einheitliche Formulierung der Begriffe Orts- und Personendosis ist mit Hilfe der sogenannten ICRU-Kugel als Stellvertreter für den menschlichen Körper möglich, die als Kugel aus gewebeäquivalentem Material der Dichte 1 g/cm^3 mit 30 cm Durchmesser festgelegt ist [icu85]. Als Ortsdosis gilt damit bei Strahlung geringer Eindringtiefe die sogenannte „Richtungs-Äquivalentdosis" H'(0,07). Damit wird eine Äquivalentdosis bezeichnet, die sich unter bestimmten Strahlungsfeldbedingungen (s. u.) im Weichteilgewebe der ICRU-Kugel in 0,07 mm Tiefe ergeben würde. Entsprechend ist die Ortsdosis bei durchdringender Strahlung als sogenannte „Umgebungs-Äquivalentdosis" H*(10) festgelegt, die sich auf die Gewebetiefe von 10 mm bezieht. Der Vorsatz „Richtungs-" und der Strich am Symbol H' sollen dabei auf die Richtungsabhängigkeit des Ansprechvermögens des verwendeten Dosimeters hinweisen. Demgegenüber gelten der Vorsatz „Umgebungs-" und der Stern am Symbol H* als Hinweis auf die Unabhängigkeit dieser Größe von der Einfallsrichtung der Strahlung.

Falls dementsprechend in einem Strahlungsfeld sowohl durchdringende Strahlung als auch Strahlung geringer Eindringtiefe vorliegt, ist als Ortsdosis jeweils sowohl H*(10) als auch H'(0,07) anzugeben [n6814.3A1].

Anmerkung: Durchdringende Strahlung unterscheidet sich vereinbarungsgemäß von solcher mit geringer Eindringtiefe dadurch, daß die von einem senkrecht auftreffenden Strahlenbündel in 0,07 mm Tiefe erzeugte Hautdosis weniger als das 10fache der effektiven Dosis beträgt. Zur Strahlung geringer Eindringtiefe zählen insbesondere Alphastrahlung, Elektronen mit Energien unter 2 MeV und Photonenstrahlung mit Energien unter 15 keV.

Die für die ICRU-Kugel ermittelten Meßwerte geben näherungsweise die im Körper einer Person in den entsprechenden Tiefen erzeugten Äquivalentdosen an. Die Tiefe von 0,07 mm wurde gewählt, weil ungefähr dort die empfindliche Keimschicht der obersten Hautschicht (Epidermis) beginnt und H'(0,07) somit bei Strahlung geringer Eindringtiefe als Schätzwert für die Hautdosis gelten kann. In etwa 10 mm Tiefe wird bei durchdringender Strahlung (aufgrund des typischen anfänglichen Anstiegs der Energiedosis mit zunehmender Gewebetiefe – Dosisaufbau) eine Dosis H*(10) erhalten, die zwar nicht dem Maximalwert der Äquivalentdosis in der Kugel entspricht, jedoch einen zuverlässigen Schätzwert für die auf den gesamten Körper bezogene effektive Dosis und die Teilkörperdosen tiefliegender Organe darstellt. Außerdem erlaubt die Festlegung von einheitlichen Meßtiefen die Addition der Dosisbeiträge verschiedener Energiekomponenten.

Als Personendosis gilt analog zum Voranstehenden die Äquivalentdosis für ICRU-Weichteilgewebe in 0,07 bzw. 10 mm Tiefe an der Tragestelle des Dosimeters, wobei die

Meßgrößen „Oberflächen-Personendosis" H_p (0,07) bzw. „Personendosis für durchdringende Strahlung" H_p (10) vorgesehen sind. Die Kalibriervorschriften hierfür sind allerdings noch in der Diskussion.

Die mit Hilfe der ICRU-Kugel oder eines entsprechenden Phantoms festgelegten Größen der Orts- und Personendosis liefern sowohl bei Photonen als auch bei Neutronen ausreichend sichere Abschätzungen der im praktischen Strahlenschutz zu überwachenden Körperdosen (effektive Dosis, Teilkörperdosis). In Abb. 6.3 ist beispielhaft das Verhältnis aus effektiver Dosis H_E zu Ortsdosis H*(10) für Photonen und Neutronen in Abhängigkeit von der Teilchenenergie wiedergegeben. Entsprechende Zahlenangaben für Teilkörperdosen sowie andere Strahlungsarten und andere Bestrahlungsgeometrien sind der Fachliteratur zu entnehmen [icp87b, icu88]. Genauere Berechnungen der Körperdosen werden im allgemeinen erst dann erforderlich, wenn die Meßgrößen Orts- und Personendosis die in den entsprechenden Rechtsvorschriften oder Richtlinien festgelegten Dosisgrenzwerte überschreiten [bmi78b, ssk86a].

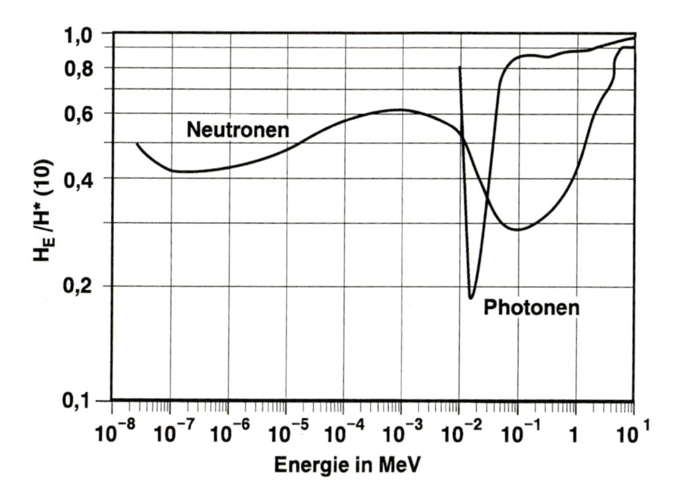

Abb. 6.3: Verhältnis der effektiven Dosis H_E zur Umgebungs-Äquivalentdosis H*(10) für Photonen und Neutronen in einem parallelen Strahlungsfeld bei Bestrahlung von vorn

Durch die Einführung eines räumlich ausgedehnten Phantoms wird es für die Kalibrierung der Detektoren zur Messung von Orts- und Personendosis notwendig, idealisierte Strahlungsfelder für Modellrechnungen oder -messungen einzuführen, die von dem tatsächlichen Strahlungsfeld am interessierenden Aufpunkt (Abb. 6.4a) abzuleiten sind [icu88, n6814.3A1]. In der Praxis wird im allgemeinen mit hinreichend kleinen Detektoren gemessen, um das von Ort zu Ort unterschiedliche Strahlungsfeld genügend genau erfassen zu können. Wenn dieselben Strahlungsfeldbedingungen am tatsächlichen Aufpunkt auch für die Dosisermittlung mit der ICRU-Kugel wirksam werden sollen, müssen sie auf ein entsprechend großes Volumen ausgedehnt werden. Die Ortsdosis wird dementsprechend auf das sogenannte „aufgeweitete Strahlungsfeld" bezogen, das an jedem Punkt dieselbe Fluenz sowie Energie- und Winkelverteilung aufweist, wie am Aufpunkt im tatsächlichen Strahlungsfeld.

Die bei Strahlung geringer Eindringtiefe vorhandene Abhängigkeit des Ansprechvermögens von Ortsdosimetern von der Einfallsrichtung der Strahlung kann durch die sogenannte „Richtungs-Äquivalentdosis" beschrieben werden. Unter der Richtungs-Äquivalentdosis H' (d) – auch H' (d, α) – an einem Aufpunkt im tatsächlichen Strahlungsfeld ist diejenige Äquivalentdosis zu verstehen, die im aufgeweiteten Strahlungsfeld in einer bestimmten Tiefe d der ICRU-Kugel auf einem Radialstrahl mit vorgegebener Richtung α erzeugt würde (vgl. Abb. 6.4b).

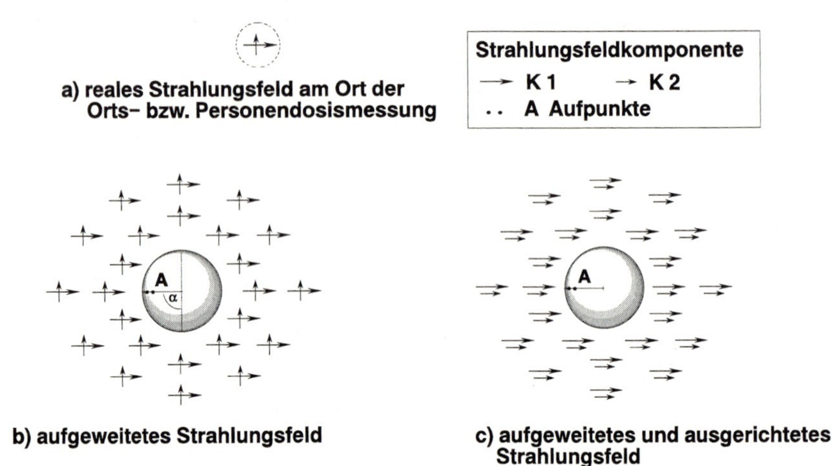

Abb. 6.4: Zur Erläuterung der Dosisbegriffe „Richtungs-Äquivalentdosis" und „Umgebungs-Äquivalentdosis"
Die Strahlungskomponente K2 (α = 90°) unterliegt aufgrund der im Mittel größeren Wegstrecke zu den Aufpunkten A in der ICRU-Kugel einer stärkeren Schwächung als Komponente K1 (α = 0°). Die Äquivalentdosis ist daher vom Winkel α der Einfallsrichtung abhängig (Richtungs-Äquivalentdosis). Die Ausrichtung des Strahlungsfeldes auf eine einzige Richtung bewirkt, daß in den Aufpunkten A auf dieselbe Aufpunkttiefe bezogene Äquivalentdosiswerte aufsummiert werden; d. h. beide Strahlungskomponenten werden unabhängig von ihrer Richtung gleichwertig berücksichtigt (Umgebungs-Äquivalentdosis)

Ortsdosimeter für die Messung von Strahlung mit geringer Eindringtiefe wären somit richtungsabhängig derart zu kalibrieren, daß sie die Richtungs-Äquivalentdosis H' (0,07) anzeigen.

Bei durchdringender Strahlung sollte das Ortsdosimeter möglichst richtungsunabhängig anzeigen, so daß stets dieselbe Anzeige resultiert, unabhängig davon, ob die Fluenz aus verschiedenen Richtungen oder nur aus einer Richtung einfällt. Die gleichwertige Berücksichtigung der durch Strahlungen aus verschiedenen Einfallsrichtungen verursachten Dosisbeiträge kann bei der ICRU-Kugel dadurch erreicht werden, daß gedanklich eine Ausrichtung der am Aufpunkt aus unterschiedlichen Richtungen einfallenden Beiträge des Strahlungsfeldes auf eine einzige Richtung vorgenommen wird. Dabei liegt die Überlegung zugrunde, daß für jede Strahlrichtung die Äquivalentdosis in 10 mm Tiefe als Schätzwert für die effektive Dosis und die Teilkörperdosis tiefliegender Organe gilt. Bei einem derart ausgerichteten aufgeweiteten Strahlungsfeld werden die in der ICRU-Kugel von den nunmehr gleichgerichteten Strahlungskomponenten beigesteuerten Äquivalentdosen gleichwertig aufsummiert (vgl. Abb. 6.4c). Die Ortsdosis für durchdringende Strahlung kann unter diesen Strahlungsfeldbedingungen durch die sogenannte „Umgebungs-Äquivalentdosis" ausgedrückt werden. Die Umgebungs-Äquivalentdosis H (d) an einem Aufpunkt im tatsächlichen Strahlungsfeld ist die Äquivalentdosis, die im entsprechenden ausgerichteten und aufgeweiteten Strahlungsfeld in einer bestimmten Tiefe d der ICRU-Kugel auf dem dem Strahlungsfeld entgegengerichteten Radialstrahl erzeugt würde. Ortsdosimeter für die Messung durchdringender Strahlung wären dementsprechend so zu kalibrieren, daß sie H*(10) in diesem Strahlungsfeld anzeigen.*

6.3 Dosisleistung

Die Wirkung ionisierender Strahlung ist um so größer, je länger die Bestrahlung andauert und je intensiver das Strahlungsfeld ist. Ein Maß für die „Intensität" eines Strahlungsfeldes ist deshalb das Verhältnis aus der in einem kleinen Zeitintervall Δt freigesetzten Dosis ΔH zu der Länge des Zeitintervalls. Dieses Verhältnis bezeichnet man als Dosisleistung, wofür auch der Begriff Dosisrate gebräuchlich ist:

$$\dot{H} = \frac{\Delta H}{\Delta t} \tag{6.2}$$

Während die Dosis die Wirkung eines Strahlungsfeldes auf einen Körper kennzeichnet, gibt die Dosisleistung an, wie schnell diese Wirkung zustande kommen kann. Der hier für die Äquivalentdosis formulierte Zusammenhang gilt entsprechend auch für alle anderen Dosisgrößen.

In Analogie zu der bei einer bestimmten Geschwindigkeit in einer bestimmten Zeit zurückgelegten Wegstrecke ergibt sich hier die bei einer bestimmten konstanten Dosisleistung $\dot{H}$ in der Zeit t aufgenommene Dosis H nach der Formel:

$$H = \dot{H} \cdot t \tag{6.3a}$$

Zur Berechnung der Dosis bei veränderlichen Strahlungsfeldern ist der betrachtete Zeitraum t in so viele (n) kleine Zeitintervalle Δt_i aufzuteilen, daß in jedem Zeitintervall mit nahezu konstanter Dosisleistung $\dot{H}_i$ gerechnet werden kann. Die Gesamtdosis ergibt sich dann als Summe aller Einzeldosisbeträge $\dot{H}_i \cdot \Delta t_i$ in den Zeitintervallen gemäß:

$$H = \sum_{i=1}^{n} \dot{H}_i \cdot \Delta t_i \tag{6.3b}$$

Als Einheiten der Dosisleistung können alle Quotienten aus einer Dosiseinheit und einer Zeiteinheit verwendet werden. Dabei sind für die Dosiseinheiten Gy, Sv, rd, R und rem wiederum die entsprechenden Bezeichnungen für Vielfache und Bruchteile gebräuchlich (s. Anhang 15.2). Als Zeiteinheit dient üblicherweise die Stunde (h). Je nach den betrachteten Zeiträumen werden jedoch auch noch andere Einheiten für die Zeit, wie Sekunde (s), Minute (min) benutzt.In diesem Zusammenhang ist besonders darauf zu achten, daß bei der Berechnung der Dosis gemäß Formel (6.3a, b) die Zeit t grundsätzlich in derselben Zeiteinheit angegeben wird wie in der Einheit für die Dosisleistung.

Fachliteratur:

[gre81, icp87b, icp91a, icp91b, icu86, icu89, jae74, nac71, ncr90, n6802.1, n6814.3, rei90, ssk86a]

7 Biologische Wirkung ionisierender Strahlung

7.1 Grundlagen

Ein lebender Organismus besteht aus Zellen (Abb. 7.1), die ihrerseits aus komplizierten Atomverbindungen (Moleküle) aufgebaut sind. Die Zellen unterscheiden sich in ihrer Struktur und ihren Funktionen nach dem Körperbereich, zu dem sie gehören. Alle Zellen eines Körpers sind durch Verschmelzung einer männlichen und einer weiblichen Keimzelle und die Vielzahl der sich anschließenden Zellteilungen entstanden. Der Verlauf dieser Teilungen und die unterschiedliche Entwicklung der Zellen werden im wesentlichen durch die im Zellkern befindlichen Chromosomen bestimmt, die die Erbanlagen (Gene) enthalten.

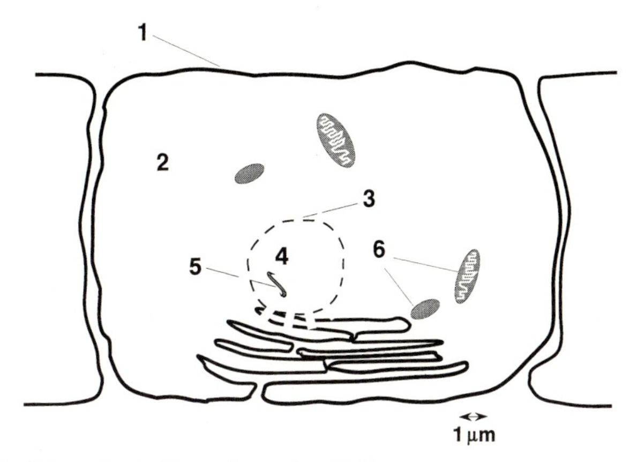

Abb. 7.1: Schematische Darstellung einer Zelle
1 Zellmembran (kontrolliert den Stoffaus- und -eintritt)
2 Grundplasma (flüssiges Gemisch vieler organischer und anorganischer Substanzen, Träger des Stoffwechsels)
3 Kernmembran
4 Zellkern (enthält 46(23) Chromosomen bei menschlichen Körper-(Keim-) Zellen)
5 Chromosom (enthält die Erbanlagen (Gene), die aus Desoxyribonukleinsäure (DNA) bestehen)
6 Zellorganelle (Einschlüsse mit speziellen Funktionen beim Stoffwechsel)

Die Strahlenwirkung erfolgt zunächst über die sehr kurzzeitigen physikalischen Wechselwirkungsprozesse mit den Atomen, insbesondere Ionisierung und Anregung (siehe Kap. 5). Diese Prozesse können Änderungen der Atomverbindungen (Moleküle) verursachen, die wiederum die Eigenschaften und das Verhalten der Zellen beeinträchtigen. Insbesondere können chemisch aktive Moleküle (Radikale) erzeugt werden, die auf lebenswichtige Zellbereiche einwirken. Dadurch kann entweder unmittelbar die Lebensfunktion einer Zelle beeinträchtigt werden (Verlangsamung oder Blockierung von Zellteilungen, Zelltod usw.) oder eine Veränderung der Erbanlagen (Mutation) der Zelle entstehen, die bei der Teilung auf weitere Zellen übertragen wird. Besonders schwerwiegend wirken sich solche Erbveränderungen aus, wenn sie in Keimzellen (Ei- oder Samenzellen) oder während des frühen Wachstums eines Organismus erfolgen. Da die Zellen im Verlauf der Zellteilung besonders strahlungsempfindlich werden, erweisen sich Gewebe mit hoher Zellteilungsrate als besonders strahlungsgefährdet (Knochenmark, Haut), während Zellen, die sich weniger häufig teilen, wesentlich resistenter sind (Nerven, Bindegewebe, Muskeln) [fri91, kie89].

Hinsichtlich der Wirkung auf den Organismus wird unterschieden zwischen Schäden in Körperzellen (somatische Strahlenschäden), die am bestrahlten Organismus in Erscheinung treten, und Schäden in Keimzellen (genetische Strahlenschäden), die entweder schon frühzeitig die Lebensfähigkeit entstehenden Lebens verhindern oder erst bei der Nachkommenschaft durch somatische Wirkungen in Erscheinung treten.

Ferner ist eine Unterscheidung zwischen stochastischen und deterministischen bzw. nichtstochastischen Strahlenwirkungen üblich. Als stochastisch werden alle diejenigen Strahlenwirkungen bezeichnet, die durch ihr statistisches Auftreten in einer strahlenexponierten Personengruppe beschrieben werden können. Hierbei ist die *Wahrscheinlichkeit* bzw. das *Risisko* für das Auftreten des Schadens nicht aber sein Schweregrad von der Dosis abhängig, die die Personen erhalten haben (z. B. Hautkrebs, Leukämie). Unter dem Risiko (R_{ST}) für das Auftreten eines Strahlenschadens in einem Körperteil (T) wird dabei das Verhältnis aus der durchschnittlichen Anzahl erkrankter Personen (N_{ST}) in einer größeren, gleichartig strahlenexponierten Personengruppe geteilt durch die Gesamtzahl (N) der exponierten Personen ($R_{ST} = N_{ST}/N$) verstanden. Deterministische Strahlenwirkungen sind solche, bei denen der *Schweregrad* von der Dosis abhängt und bei denen eine Dosisschwelle bestehen kann (z. B. Hautrötung, Linsentrübung im Auge). In Abb. 7.2 sind typische Abhängigkeiten der stochastischen und deterministischen Strahlenwirkungen von der Dosis wiedergegeben.

Es wird ferner noch zwischen Früh- und Spätschäden unterschieden, je nachdem ob zwischen dem Zeitpunkt der Bestrahlung und dem Auftreten des Strahlenschadens eine kurze Zeitspanne von Tage bis Monaten oder eine lange Zeitspanne von Jahren verstreicht. Der Zeitraum bis zum Auftreten der Strahlenwirkung wird auch als Latenzzeit bezeichnet. Für den praktischen Strahlenschutz sind vor allem folgende 3 Wirkungen bedeutsam: – deterministische somatische Schäden, – stochastische somatische Schäden, – genetische Schäden.

Für die Wirkung der Strahlung ist es unwesentlich, ob sie von außen auf den Körper einfällt, oder aus radioaktiven Stoffen stammt, die inkorporiert sind. Die Schädigung eines Gewebes hängt vielmehr von der Art, Energie und Flußdichte sowie der Einwirkungsdauer des Strahlungsfeldes im betroffenen Gewebe ab. Ferner sind die individuelle Strahlungsempfindlichkeit des Gewebes und Milieufaktoren für das Ausmaß der Wirkung bedeutsam. Durch bevorzugte Ablagerung radioaktiver Stoffe in bestimmten Körperteilen, z. B. Jod in der Schilddrüse, können diese u. U. erheblich stärker geschädigt werden als andere Organe bzw. Körperteile. Außer Strahlenschäden sind verschiedentlich auch vorteilhafte Wirkungen nach Strahlenexpositionen beobachtet worden, wie z. B. Wachstumsförderung bei Pflanzen und Insekten, Ertragssteigerung bei Saatgut. Ob solche Ef-

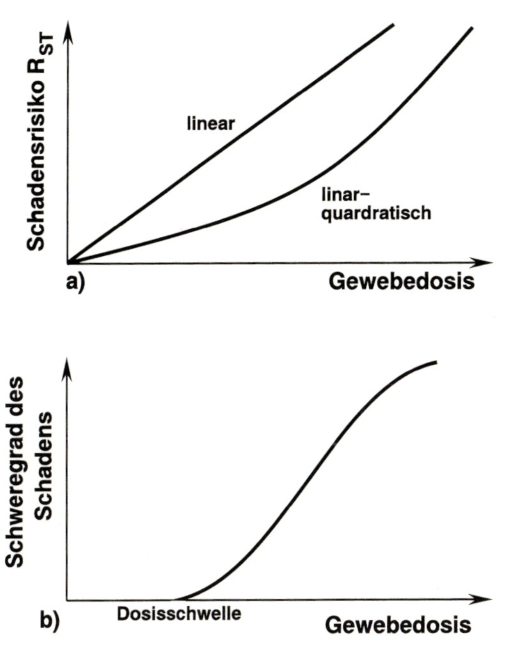

Abb. 7.2: Schematische Darstellung der Dosis-Wirkungsbeziehung
a) stochastisches Strahlenrisiko
linear: $R_{ST} = r_{ST} \cdot D$
linear-quadratisch: $R_{ST} = r_{ST1} \cdot D + r_{ST2} \cdot D^2$
(D Gewebedosis, r_{ST} Risikokoeffizient)
b) deterministische Strahlenwirkung mit Schwellendosis

fekte des „Antriebs“ (Strahlenhormesis) auch für die Beurteilung von Strahlenwirkungen am Menschen Bedeutung haben, ist bislang ungeklärt [luc80, köh90].

Entscheidend für die große Empfindlichkeit des Organismus gegen Strahlung ist, daß schon die geringe Energieabgabe entlang einer einzelnen Ionenspur schwerwiegende biologische Folgeprozesse auslösen kann. So ist z. B. bei kurzzeitiger Bestrahlung des ganzen Körpers mit Gammastrahlung bereits mit einer tödlichen Wirkung zu rechnen, wenn die abgegebene Strahlungsenergie nur der Wärmemenge eines Eßlöffel heißen Wassers entspricht.

7.2 Deterministische somatische Strahlenschäden

Wenn bei kurzzeitiger Strahlenexposition gewisse Dosisschwellenwerte überschritten werden, ist damit zu rechnen, daß im Organismus frühzeitig Strahlenkrankheiten auftreten, deren Schweregrad und zeitlicher Verlauf von den absoluten Werten und von der Verteilung der Dosis im Organismus abhängen. Für kurzzeitige Ganzkörperexpositionen werden die in Tab. 7.1 aufgeführten somatischen Strahlenwirkungen (Strahlensyndrom) angegeben, die vorwiegend auf die besondere Empfindlichkeit einzelner Organe zurück-

Tab. 7.1: Klinische Frühsymptome deterministischer Strahlenwirkungen beim Menschen nach kurzzeitiger Ganzkörperexposition mit durchdringender Strahlung in Abhängikeit von der Energiedosis [uns82, uns88]

h Stunde, d Tag, W Woche

Dosis	Latenzzeit	Charakteristische Wirkungen			Therapie	Überlebenschance		Ursache bei Todesfall
Gy		besonders betroffenes Organ	Hauptsymptom	kritische Zeit nach Exposition		Prognose	Sterberisiko %	
< 1	> 5 h	Knochenmark	geringe Änderung des Blutbildes		unnötig	sehr gut	0	-
1-2	> 3 h	Knochenmark	deutliche Abnahme der Zahl der Leukozyten und Thrombozyten	2-6 W	symptomatische Behandlung	gut	0-10	Infektionen, innere Blut.
2-10	0,5-2 h	Knochenmark	schwere Schäden im Blutbild, Kopfschmerzen, Schwäche, Fieber, Infektionen, Müdigkeit, innere Blutungen, Haarausfall, Durchfall Erbrechen	2-6 W	Bluttransfusion Infusionen, Antibiotika, Knochenmark-transplantation	unsicher je nach Therapie-erfolg	0-90	Infektionen, innere Blutungen
10-15	0,5 h	Darm	Durchfall, Fieber, Elektrolyt-störungen	0,5-2 W	Linderungs-mittel	sehr schlecht	90-100	schwerste Darmschäden
> 50	Minuten	Nervensystem	Krämpfe, Zittern, Bewegungs-störung, Schlafbedürfnis, Koma	1 h-2 d	Symptomatische Behandlung	hoff-nungslos	100	Hirnoedem

zuführen sind. Wenn nur Teile des Körpers, insbesondere die Extremitäten, bestrahlt werden, können daher wesentlich größere Strahlendosen als bei Ganzkörperexposition ohne lebensbedrohende akute Wirkung bleiben.

Tab. 7.2 zeigt Schwellenwerte für typische Strahlenschäden bei Teilkörperexpositionen, die im wesentlichen aus Beobachtungen an Patienten in der Strahlentherapie gewonnen wurden. Bei der Einschätzung dieser Angaben ist zu beachten, daß die wiedergegebenen Dosiswerte keine festen Grenzwerte darstellen, sondern daß die Übergänge jeweils fließend sind.

Tab. 7.2: Schwellen-Energiedosen für klinische Effekte deterministischer Strahlenwirkungen beim Menschen nach kurzzeitiger Teilkörperexposition mit Röntgen- oder Gammastrahlung [icp84, uns82, uns88]

Dosis[1] Gy	Teilkörperbereich[2] (Schadensart)[3]
2	Knochenmark (Schwund); Fötus (Tod)
3	Hoden (Dauersterilisation); Eierstöcke (Dauersterilisation)
5	Auge (grauer Star); Körperhaut, 100 cm^2 (Entzündung); Kopfhaar, 10 cm^2 (zeitweiser Ausfall)
10	Brust, Kind, 5 cm^2 (Wachstumsstörung); Kopfhaar, 10 cm^2 (dauernder Ausfall)
20	Muskeln, Kind (Unterentwicklung); Knochen, Kind, 10 cm^2 (Wachstumsstörung) Haut, 80 cm^2 (Abschuppung)
23	Nieren (Verhärtung)
35	Leber (Versagen, Wassersucht); Lymphknoten (Schwund)
40	Herz (Entzündung); Lunge (Entzündung)
45	Magen-Darmtrakt, 100 cm^2 (Geschwür); Schilddrüse (Unterfunktion)
50	Gehirn (Nekrose); Rückenmark, 5 cm^2 (Nekrose); Brust (Nekrose); Lymphbahnen (Verhärtung); Kapillaren (Verhärtung)
55	Auge (schwere Entzündung); Haut, 100 cm^2 (Geschwüre, Gewebeänderungen)
60	Knochen, 10 cm^2 (Nekrose); Nebenniere (Unterfunktion); Innenohr (Taubheit) Blase (Geschwüre)
100	Gebärmutter, 200 cm^2 (Nekrose); Muskulatur (Schwund)

[1] Schwellenwert, der bei 1 bis 5% der Betroffenen die Wirkung gezeigt hat
[2] Zusatz ..cm^2: bestrahlter Bereich
[3] Hauptsymptom

Auch bei langfristiger Strahlenexposition können nach Überschreiten gewisser Schwellenwerte somatische Schäden entstehen. Dauerbestrahlungen mit gleichmäßiger Verteilung der Dosiszufuhr über viele Jahre rufen jedoch wegen der natürlichen Regenerationsfähigkeit des lebenden Organismus zumeist geringere Wirkungen hervor als gleich große kurzzeitig aufgenommene Dosisbeträge. Deterministische Wirkungen bleiben dementsprechend bei gleichmäßiger Strahlenexposition über viele Jahre häufig aus, obwohl die gleiche Dosis bei Kurzzeitbestrahlung zu den in Tab. 7.1 genannten Wirkungen führen würde. Wie in Kap. 7.3 dargelegt wird, können in diesem Fall jedoch stochastische Spätschäden auftreten.

7.3 Stochastische somatische Strahlenschäden

Das Auftreten von Strahlenschäden kann auch nach Strahlenexpositionen, bei denen noch keine deterministischen Wirkungen beobachtet werden, nicht ausgeschlossen werden. Dabei handelt es sich um zufällig ausgelöste Strahlenschäden in Körperzellen, die dort zu einer gestörten Zellteilung führen, wodurch eine Leukämie- oder Krebserkrankung entstehen kann. Die Latenzzeit und der Verlauf solcher Erkrankungen hängen dann nur noch von dem betroffenen Organ und den Abwehrkräften des Körpers nicht aber von der auslösenden Strahlendosis ab. Die Dosis bestimmt hierbei lediglich die Wahrscheinlichkeit für das Auftreten des Schadens. Das gesamte Risiko für die Leukämie- oder Krebserkrankung einer Person ist dabei gleich der Summe der Risiken für die Auslösung in den einzelnen Organen und Körperteilen. Bei derartigen, statistisch auftretenden, sogenannten stochastischen Strahlenschäden läßt sich für die einzelne Person nicht voraussagen, ob beziehungsweise wann sie nach einer Strahlenexposition von einem solchen Schaden betroffen wird. Falls gleichartige Erkrankungen auch noch durch andere Ursachen entstehen können, ist im Einzelfall aufgrund der statistischen Auslösung niemals sicher nachweisbar, daß die Erkrankung überhaupt durch die Strahlung verursacht worden ist.

Die durchschnittliche Häufigkeit für das Auftreten stochastischer Schäden nach bestimmten Strahlenexpositionen läßt sich nur ermitteln, wenn eine größere Personenzahl einer gleichgroßen Strahlenexposition ausgesetzt war und anschließend über längere Zeit beobachtet werden konnte. Die Ergebnisse derartiger Untersuchungen an Überlebenden der Atombombenabwürfe von Hiroshima und Nagasaki sowie an Arbeitern im Uranbergbau in mehreren Ländern sind mit erheblichen Unsicherheiten behaftet, weil einerseits die nachträgliche Dosisermittlung für die exponierten Personen schwierig ist und andererseits die Zahl der tödlichen Leukämie- und Krebsfälle, die vermutlich durch die Strahlenexposition zusätzlich verursacht wurden, relativ klein ist. So gehen die Untersuchungen in Japan an 75000 Personen bis zum Jahr 1985 von insgesamt etwa 340 zusätzlichen Todesfällen durch Leukämie und Krebs aus [mes84, shi86, shi87, icp87a, icp91a/b]. Dementsprechend werden für den daraus ermittelten Strahlenrisiko-Koeffizienten r_S, d. h. das Risiko des Auftretens einer stochastischen Strahlenwirkung pro erhaltene Dosis während des folgenden Lebens, je nach den angewendeten Berechnungsmodellen sehr unterschiedliche Werte angegeben. Bei akuter Bestrahlung mit Dosen um 1 Sv liegen diese bei Erwachsenen grob zwischen 5% pro Sv und 10% pro Sv, während für Kinder etwa doppelt so große Werte angegeben werden [ssk88e]. Aus den Untersuchungen an Uranbergarbeitern ist ersichtlich, daß Radonexpositionen ab etwa 50 WLM zu einer deutlichen erkennbaren Erhöhung der Lungenkrebsrate führen (s. Kap. 7.5). Der relative Lungenkrebsrisiko-Koeffizient (r_{SL}/R_L) (R_L = Lungenkrebsrisiko ohne Radonexposition) wird dabei mit Werten zwischen 0,3% und 2% pro WLM angegeben [icp87a]. In verschiedenen gegenwärtigen Untersuchungen wird zu klären versucht, inwieweit solche Risikowerte auf andere Bevölkerungsgruppen übertragbar sind und ob sie sowohl bei hohen als auch bei kleinen Dosen und Dosisleistungen als zahlenmäßig gleich angenommen werden sollten (lineare Dosis-Wirkungsbeziehung). Vorzugsweise wurde bislang für Strahlenschutzüberlegungen ein linearer Zusammenhang zwischen Dosis und Wirkung zugrundegelegt, auch wenn teilweise die Annahme einer linear-quadratischen Abhängigkeit gerechtfertigt erschien (s. Abb. 7.2a).

Für die in der Praxis zu berücksichtigenden Dosen und Dosisleistungen werden heute Risikokoeffizienten r_S für Leukämie und Krebs (Todesfälle) zwischen 1% pro Sv und mehr als 25% pro Sv angegeben. Die ICRP ist ursprünglich von einem Risikokoeffizienten von 1,25% pro Sv ausgegangen. Aufgrund der Überprüfung der Dosisdaten und der Fortführung der epidemiologischen Studien der Atombomben-Überlebenden von Hiroshima und Nagasaki, muß jedoch inzwischen mit wesentlich größeren stochastischen Risiken gerechnet werden. Bei locker ionisierender Strahlung wird von der ICRP die linear-quadratische Form der Dosis-Wirkungsbeziehung als am wahrscheinlichsten angenommen und ein linearer Risikokoeffizient (für den Bereich kleiner Dosen bzw. Dosisleistungen) vorgeschlagen, der um den Faktor 2 geringer ist als der im Bereich hoher Dosen bzw. Dosisleistungen ursprünglich ermittelte Wert. Damit werden Todesfallrisiko-Koeffizienten von r_S = 4% pro Sv für berufstätige Erwachsene und r_S = 5% pro Sv für die Gesamtbevölkerung abgeleitet [icp78b, icp91a].

Durch Multiplikation des Risikokoeffizienten mit der bei einer Strahlenexposition erhaltenen effektiven Dosis kann näherungsweise das Risiko R_S für tödlich verlaufende Leukämie- und Krebserkrankungen ($R_S = r_S \cdot H_E$, s. Kap. 6.2.2) abgeschätzt werden. Bei einer Strahlenexposition von 2000 Erwachsenen mit einer effektiven Dosis von je 50 mSv wären somit rein rechnerisch zusätzlich etwa 4 (nämlich $0{,}04\ Sv^{-1} \cdot 50 \cdot 10^{-3}\ Sv \cdot 2000$) strahlungsbedingte tödliche Leukämie- und Krebsfälle im Laufe des weiteren Lebens zu erwarten. Detailliertere Aussagen ergeben sich, falls die Zeitabhängigkeit der Risikokoeffizienten oder die Risiken für einzelne Organe berücksichtigt werden [icp91a].

Der relative Risikokoeffizient (r_{SL}/R_L) für das zusätzliche Lungenkrebsrisiko durch Radonexposition in Häusern im Verlauf des weiteren Lebens wird mit etwa 0,8% pro (Bq a m^{-3}) in jedem Lebensjahr eingeschätzt [ssk88e]. Das durch langzeitige, gleichmäßige Radonexposition bedingte Lebenszeitrisiko kann daraus wegen der erheblichen Unsicherheiten des zugrundegelegten Rechenmodells nur größenordnungsmäßig durch Multiplikation mit dem spontanen Lungenkrebsrisiko R_L (s. Tab. 11.1) für die jeweilige Personengruppe und der jährlichen, gleichgewichtsäquivalenten Radonexposition (in Bq a m^{-3}) ermittelt werden (vgl. Kap. 7.5).

7.4 Genetische Strahlenschäden

Bestrahlungen der Fortpflanzungsorgane können in den Keimzellen genetische Schäden verursachen. Als genetische Schäden werden Veränderungen des Erbgutes (Mutationen) einer Person bezeichnet, die lediglich bei der Nachkommenschaft dieser Person, nicht hingegen bei ihr selbst, krankhafte Erscheinungen hervorrufen, oder die bereits frühzeitig die Lebensfähigkeit von Nachkommen verhindern. Für derartige Schäden läßt sich eine untere Grenze der Dosis, unterhalb der eine Wirkung mit Sicherheit nicht auftritt, nicht angeben. Sie werden daher zu den stochastischen Strahlenschäden gerechnet. Zumeist wird angenommen, daß die Wahrscheinlichkeit einer Erbgutschädigung unabhängig von der zeitlichen Folge der Bestrahlungen etwa proportional zur insgesamt empfangenen Dosis zunimmt.

Mutationen können einzelne Gene (Genmutation) oder auch Chromosomen in Struktur oder Anzahl (Chromosomenaberrationen) betreffen. Hinsichtlich der Art der Vererbung kann bei den Mutationen theoretisch zwischen rezessiv und dominant vererbbaren Mutationen unterschieden werden, wobei in der Praxis häufig eine eindeutige Zuordnung nicht möglich ist. Die rezessiven Mutationen sind dadurch charakterisiert, daß sie sich erst auswirken, wenn zwei Keimzellen mit gleichartiger Mutation zur Fortpflanzung kommen. Diese Voraussetzung ist in der Regel erst nach mehreren Generationen gegeben, so daß Erbschäden aufgrund solcher Mutationen zunächst unerkannt bleiben. Dominante Mutationen wirken sich demgegenüber bereits in der 1. Generation aus. Die dominant vererbten Mutationen verursachen frühzeitig erkennbare Schäden, die zu einem so großen Fortpflanzungsnachteil führen, daß sie in der Bevölkerung nach etwa 5 bis 20 Generationen praktisch eliminiert sind. Sie stellen deshalb für die allgemeine Gesundheit der Bevölkerung letzten Endes ein geringeres Risiko dar als rezessive Mutationen, die zunächst unerkannt bleiben und erst nach mehreren Generationen in Erscheinung treten, wenn sie bereits im Erbgut beider Elternteile vorkommen.

Die klinische Wirkung, die von solchen Mutationen beim Menschen hervorgerufen wird, kann von leichten Anomalien bis zu schweren Leiden reichen, sowie zu Fehl- und Totgeburten führen. Bei etwa 1% aller Lebendgeburten wird heute mit Defekten gerechnet, die auf dominante oder geschlechtsgebundene Mutationen zurückzuführen sind (z. B. Schielen, Kurzfingrigkeit). Das Auftreten rezessiv bedingter Anomalien wird als wesentlich seltener eingeschätzt (0,25%, z. B. Farbblindheit, Taubstummheit, Albinismus). Durch Chromosomenaberrationen bedingte Erkrankungen (z. B. Mongolismus) haben eine Häufigkeit von etwa 0,4%. Darüber hinaus werden bei über 65% der Lebendgeburten Defekte vermutet, die kein regelmäßiges Erbverhalten aufweisen und teilweise erst in höherem Alter manifest werden (irregulärer oder multifaktorieller Erbgang, z. B. angeborene Herzfehler, Epilepsie, Asthma) [bei90, uns88].

Für das durch Strahlenexposition bedingte zusätzliche genetische Risiko gibt es nur grobe Schätzwerte, die im wesentlichen aus Untersuchungen an Mäusen hervorgehen, da bislang keine statistisch abgesicherten Daten über strahleninduzierte Mutationen am Menschen vorliegen. Dabei wird unterschieden zwischen direkt ermittelten Schätzwerten, die unmittelbar aus den Anzahlen strahleninduzierter und spontaner dominanter Mutationen im Tierorganismus abgeleitet werden und indirekt bestimmten Schätzwerten, die auf der Ermittlung der sogenannten Verdopplungsdosis beruhen. Darunter ist die Dosis zu verstehen, die in einer Generation gerade ebenso viele Mutationen erzeugt, wie spontan auftreten. Bei Annahme gleicher Mutationsraten für Maus und Mensch und bei bekannter Verdopplungsdosis (≈ 1 Gy bei der Maus), kann damit das strahleninduzierte genetische Risiko als Bruchteil des spontanen Risikos verschiedener humangenetisch erfaßter Erbkrankheiten (s. o.) ausgedrückt werden. Schätzungen gehen davon aus, daß der Risikokoeffizient für Erbschäden mit dominanten und geschlechtsgebundenen Wirkungen durch Bestrahlung der Gonaden vor der Nachwuchszeugung für die beiden ersten Generationen nach einer Strahlenexposition etwa 0,3% pro Sv und nach Strahlenexposition über viele Generationen 1,2% pro Sv beträgt. Somit würden nach einer Strahlenexposition über mehrere Generationen mit beispielsweise je 10 mSv auf 1 Million Lebendgeburten etwa 120 strahleninduzierte Mutationen pro Generation mit dominanten und geschlechtsgebundenen Wirkungen auftreten, im Vergleich zu 10^4 natürlich vorkommenden Erbschäden dieser Art [uns88]. Das Auftreten rezessiver oder chromosomal bedingter Anomalien wird als wesentlich seltener eingeschätzt, obwohl durch eine Strahlenexposition etwa 10mal mehr rezessive als dominante Mutationen ausgelöst zu werden scheinen. Strahleninduzierte Schäden mit multifaktoriellem Erbgang sind zahlenmäßig kaum erfaßt. Als grober Schätzwert des Risikokoeffizienten für Strahlenexpositionen über viele Generationen gilt 3,6% pro Sv [icp91b].

Das Risiko für Erbschäden wird im Strahlenschutz durch den entsprechenden Wichtungsfaktor w_T bei der Ermittlung der effektiven Dosis berücksichtigt (s. Tab. 6.2), wobei ursprünglich ein Risikokoeffizient von r_S = 0,4% pro Sv vorgesehen war. Die im Zusammenhang mit den neuen ICRP-Empfehlungen angegebenen (gewichteten) Schadenskoeffizienten betragen g_d = 0,8 % pro Sv bei berufstätigen Erwachsenen und g_d = 1,3% pro Sv bei der Gesamtbevölkerung (s. Kap. 6.2.2, [icp91a, icp91b]).

7.5 Vergleich künstlicher und natürlicher Strahlungsquellen

Die direkte Beurteilung der gesundheitlichen Gefährdung der Bevölkerung durch strahlungsinduzierte Krebserkrankungen und Erbgutveränderungen anhand von Erfahrungswerten für den Menschen ist offensichtlich erst nach vielen Generationen möglich. Als unmittelbarer Anhaltspunkt für eine Strahlenexposition, die der Bevölkerung durchschnittlich zugemutet werden kann, wird vielfach die natürliche ionisierende Strahlung in unserer Umwelt angesehen, der alle Lebewesen seit jeher ausgesetzt waren.

Die natürliche Strahlenexposition wird durch 3 Strahlungsquellen verursacht, durch die kosmische Strahlung, die primär aus dem Weltraum stammt, die terrestrische Strahlung, die von den natürlich radioaktiven Stoffen in der Erdkruste ausgeht und die interne Strahlung, die durch Inhalation und Ingestion von natürlichen radioaktiven Stoffen im Menschen selbst zustande kommt.

Die vor allem aus der Galaxis sowie von der Sonne kommende primäre Komponente der *kosmischen Strahlung* besteht vorwiegend aus hochenergetischen Protonen (bis über 10^{12} MeV) und einem kleineren Anteil an Heliumkernen. Bei Wechselwirkungen dieser Teilchen mit den Atomen der oberen Atmosphärenschichten entstehen energiereiche Nukleonen, Spallationsprodukte und andere Elementarteilchen, die sich bei weiteren Reaktionen kaskadenartig vermehren können und die sekundäre Komponente der kosmischen Strahlung bilden. Die in Meereshöhe resultierende Ortsdosisleistung von etwa 0,035 µSv/h (0,3 mSv/a) wird im wesentlichen von den sehr durchdringungsfähigen Myonen[1] sowie Elektronen und Neutronen erzeugt. Im erdnahen Bereich verdoppelt sich diese Dosisleistung mit zunehmender Höhe etwa alle 1500 m. In Flugzeugen wurden in mittleren geographischen Breiten Ortsdosisleistungen zwischen 1 µSv/h in 8 km Höhe und 8 µSv/h in

[1] kurzlebige, masse- und (±)-ladungsbehaftete Elementarteilchen, Ruheenergie: 105 MeV; ca. 1 GeV Energieverlust pro 50 cm Eisenabschirmung

12 km Höhe gemessen. Von den durch die kosmische Strahlung vor allem bei Neutronen-Reaktionen gebildeten kosmogenen Radionukliden tragen H 3, Be 7, C 14 und Na 22 durch Inkorporation geringfügig zur internen Strahlenexposition bei.

Die im wesentlichen durch Gammastrahlung verursachte *terrestrische Strahlenexposition* geht von den sogenannten primordialen Radionukliden in der Erdkruste aus, die so große Halbwertzeiten haben, daß sie seit Enstehung der Erde immer noch vorhanden sind. Die meisten dieser Nuklide gehören in eine der 3 Zerfallsreihen dieser Nuklide, von denen nur die von U 238 und Th 232 ausgehenden Reihen nennenswert zur Strahlenexposition beitragen. Von den primordialen Radionukliden außerhalb der Zerfallsreihen ist lediglich K 40 von Bedeutung. Aufgrund der unterschiedlichen Zusammensetzung von Boden und Untergrundgestein (siehe Tab. 7.3) unterliegt die terrestrische Strahlung starken regionalen Schwankungen.

Tab. 7.3: Meßwertspannen und Mittelwerte der spezifischen Aktivität verschiedener Materialien und Substanzen der Umwelt [bmu87b, ras88]
Zahlenwert in Klammern: geschätzter Mittelwert

Material Substanz	Spezifische Aktivität in Bq/kg		
	K 40	Ra 226	Th 232
Granit	600 - 4000	30 - 500	50 - 200
Schiefer	500 - 1000	30 - 70	40 - 70
Ton, Lehm	300 - 2000	20 - 90	30 - 200
Sandstein, Sand	< 40 - 1000	< 20 - < 70	< 20 - 70
Kalkstein, Marmor	< 40 - 200	< 20 - < 30	< 20
Feldspat	2000 - 4000	40 - 100	70 - 200
Monazitsand, Indien	40 - 70	30 - 1000	50 - 3000
Normalbeton	150 - 500	< 20	< 20
Boden	40 - 1000	10 - 200	(40)
Erstarrungsgestein	300 - 1000	20 - 200	40 - 600
Ablagerungsgestein	(100)	(20)	(10)
Moorboden	(100)	(7)	(7)
Düngemittel	40 - 8000	20 - 1000	20 - 30
Oberflächenwasser	0,04 - 2	0,0004 - 0,07	< 0,4 - 2 *
Meerwasser	10 - 12	0,001 - 0,01	0,0007- 0,01*
Trinkwasser	0,2	0,002 - 0,1	(0,4 - 4)*

* Rn 222 und kurzlebige Folgeprodukte

Bei Messungen der Gammastrahlung im Freien in den westlichen Ländern der Bundesrepublik Deutschland in den Jahren 1973 bis 1986 ergaben sich Ortsdosisleistungen zwischen weniger als 0,005 µSv/h und etwa 0,45 µSv/h [bmi78c, bon90, fac85]. 80% der Bevölkerung war dabei Ortsdosisleistungen zwischen 0,035 µSv/h und 0,08 µSv/h ausgesetzt. Der hinsichtlich der Bevölkerungsdichte gewichtete Mittelwert der Ortsdosis ist aus Tab. 7.4a zu ersehen. Heutige Messungen liefern allerdings verschiedentlich noch deutlich erhöhte Ortsdosisleistungen durch Cs 134 und Cs 137 aus der Reaktorkatastrophe von Tschernobyl im April 1986. Tab. 7.4b zeigt Schätzwerte der gesamten zusätzlichen effektiven Dosis durch externe Strahlenexposition in den auf die Katastrophe folgenden 50 Jahren. In einigen Bereichen des Voralpengebiets können allerdings noch wesentlich höhere Dosiswerte erreicht werden [len90, ssk87].

Bestimmte Gebiete auf der Erde weisen besonders hohe Ortsdosisleistungen der Umgebungsstrahlung auf, da im Untergrund hohe Aktivitätskonzentrationen natürlich radioaktiver Stoffe vorliegen (thoriumhaltiger Monazitsand in Brasilien und Indien, Granitgestein mit hohem Thorium- und Urangehalt in Frankreich). In Tab. 7.4c sind einige Bei-

Tab. 7.4: a) Terrestrische Strahlenexposition in der Bundesrepublik Deutschland vor der Tschernobyl-Reaktorkatastrophe [bon90, kie87]

Ortsdosis im Jahr in µSv (relative Häufigkeit)			
Aufenthalt der Personen	Mittelwert[1]	Halbwertbreite	Extremwert
im Freien	550[2]	300 (67%)	1000 - 1600 (8%)
in Wohnungen[3]	670	450 (67%)	1250 - 1700 (6%)

[1] nach Personen gewichtet
[2] 830 µSv in den neuen Bundesländern
[3] bei 20% Aufenthalt im Freien
Zahlenwert in Klammern: Häufigkeit des Dosiswertes innerhalb des angegebenen Dosisbereichs
Halbwertbreite: Breite der Häufigkeitsverteilung der Ortsdosismeßwerte in halber Höhe des Verteilungsmaximums

Tab. 7.4: b) Zusätzliche Strahlenexposition in der Bundesrepublik Deutschland durch die Tschernobyl-Reaktorkatastrophe [ssk87]

	Effektive Dosis in µSv nach 50 Jahren		
Bundesgebiet	Bodenstrahlung	Inkorporation	Gesamtdosis
südlich der Donau	400 - 2100	200 - 600	600 - 2700
nördlich der Donau	70 - 420	120 - 170	190 - 590

Tab. 7.4: c) Regionen mit erhöhter terrestrischer Strahlenexposition [bon90, kie87]

Land (Region)	Bewohner in Millionen	Effektive Dosis im Jahr in µSv	
		Mittelwert	Extremwert
Frankreich (Granitbezirke)	7	2 500	4 000
Indien (Kerala-Küste)	0,07	10 000	40 000
Brasilien (Atlantik-Küste)	0,04	8 000	200 000
Iran (Stadt Ramsar)	0,05	18 000	450 000

spiele unter Angabe der jährlichen Ortsdosis zusammengestellt, wobei Mittel- und Extremwerte sowie die betroffene Bevölkerungszahl angegeben sind.

In Gebäuden verursachen Wände und Decken durch die in den Baumaterialien enthaltenen natürlich radioaktiven Stoffe einerseits und die unterschiedliche Abschirmungswirkung andererseits zusätzliche Änderungen der Strahlenexposition (siehe Tab. 7.5). Dabei ist innerhalb von massiven Häusern in der Regel stets eine größere Ortsdosis zu erwarten als im Freien. Für die westlichen Länder der Bundesrepublik Deutschland wird bei starken regionalen Schwankungen ein Mittelwert der jährlichen Ortsdosis in Gebäuden von 700 µSv angegeben. Unter Berücksichtigung einer Aufenthalszeit von 20% im Freien ergibt sich daraus eine mittlere Ortsdosis von 670 µSv (siehe Tab.7.4a).

Tab. 7.5: Veränderung der Ortsdosis im Jahr durch Raumwände aus verschiedenen Materialien [kie87]

Wandmaterial	Zusätzliche Strahlenexposition im Jahr in µSv
Holz	- 200[1] - 0
Kalkstein, Sandstein	0 - 100
Ziegel, Beton	100 - 200
Naturstein, Chemiegips	200 - 400
Schlackenstein, Granit	400 - 2000

[1] Abschirmwirkung überwiegt

Die durch *Inhalation* bedingte *interne Strahlenexposition* kommt fast ausschließlich durch die radioaktiven Folgeprodukte der aus den natürlichen Zerfallsreihen stammenden gasförmigen Radionuklids Rn 222 und Rn 220 zustande. Diese Gase diffundieren aus Boden, Baumaterialien und Wasser in die Atmosphäre und gelangen zusammen mit den Folgeprodukten, die sich als Schwermetallionen an Aerosole anlagern, über die Atemluft in die Lunge. Ein Teil der eingeatmeten Partikel wird im Bereich der Luftröhrenverzweigungen (Bronchien) und Lungenbläschen (Alveolen) abgelagert, wo besonders empfindliche Zellmasse bestrahlt wird [cot87]. Die in verschiedenen Ländern durchgeführten Untersuchungen der Radonkonzentration in der Raumluft von Häusern haben stark schwankende Meßwerte geliefert, die teilweise 100 000 Bq/m^3 überschreiten. Die Meßergebnisse in etwa 6000 Wohnungen in den westlichen Ländern der Bundesrepublik Deutschland lagen im Bereich zwischen einigen Bq/m^3 und etwa 2000 Bq/m^3, wobei ein Mittelwert von etwa 50 Bq/m^3 angegeben wird, gegenüber etwa 15 Bq/m^3 im Freien. In 1% bzw. 0,1% der Wohnungen wurden Radonkonzentrationen von mehr als 220 bzw. 600 Bq/m^3 festgestellt [bmi85b]. In den meisten Häusern mit hoher Radonkonzentration ist der Bodenbereich unter dem Haus die Hauptquelle der Rn-Zufuhr. Verschiedentlich sind aber auch die verwendeten Baumaterialien (z. B. bei Verwendung von Bergwerksabfällen) als Ursache ermittelt worden. An einigen Orten des Uranbergbaus im Erzgebirge (Schneeberg, Ronneburg) wurden in Häusern, die direkt neben oder auf alten Abraumhalden stehen, Radonkonzentrationen von einigen 10000 Bq/m^3 gemessen [fac91]. Als

Obergrenze eines unvermeidbaren Normalbereichs der langfristigen Radonkonzentration in Häusern wird ein Wert von 250 Bq/m^3 angegeben [icp88a, ssk88f]. Bei darüber hinausgehenden Konzentrationen werden Sanierungsmaßnahmen empfohlen (z. B. Erhöhung der Lüftungsrate, Abdichtung von Fundament und Kellerwänden, Gasdrainage) [ncr89].

Auch an untertägigen Arbeitsplätzen, insbesondere im Steinkohlebergbau, muß mit erhöhten Radonexpositionen gerechnet werden. In mehreren Zechen in der Bundesrepublik Deutschland wurden Radonkonzentrationen von mehr als 1000 Bq/m^3 gemessen.

Bei der Abschätzung der aus einer gemessenen Rn-Konzentration und der Einwirkungszeit folgenden Dosis ist zu berücksichtigen, daß die Konzentration der Zerfallsprodukte in Räumen aufgrund von Luftwechsel und Ablagerung stets kleiner ist als die des Radons, und somit kein Gleichgewicht zwischen dem Radon und Töchtern besteht. Um die in der Lunge wirksame Aktivitätskonzentration der Folgeprodukte (gleichgewichtsäquivalente Rn-Konzentration) zu erhalten, ist die Rn-Konzentration mit dem sogenannten „Gleichgewichtsfaktor" zu multiplizieren, für den bei Wohnräumen Werte zwischen 0,1 und 0,9 ermittelt wurden. Gemäß Übereinkunft wird die Konzentration der kurzlebigen Rn-Töchter häufig auch in der ursprünglich im Uran-Bergbau gebräuchlichen Einheit WL (working level, 1 WL ≈ 3,7 kBq/m^3) angegeben. Als Maß für die durch Rn-Inhalation bewirkte Strahlenexposition wird üblicherweise das Produkt aus der Konzentration der Radon-Töchter mit der Einwirkungszeit verwendet (Bq h/m^3, Bq a/m^3). Im Bergbau ist die an der Arbeitszeit von 170 h pro Monat orientierte Einheit WLM (working-level month, 1 WLM = 170 WL h ≈ 6,29 · 10^5 Bq h/m^3 ≈ 71,8 Bq a/m^3) gebräuchlich. Bei Annahme einer langfristigen Aufenthaltswahrscheinlichkeit in Räumen von 80%, eines Gleichgewichtsfaktors 0,4 und der mittleren Rn-Konzentration von 50 Bq/m^3 folgt eine jährliche „Exposition" in Räumen von 16 Bq a/m^3 ≈ 0,22 WLM. Mit dem Dosiskonversionsfaktor-Schätzwert von 1,3 mSv/(Bq a m^{-3}) bzw. 94,4 mSv/WLM ergibt sich bei Erwachsenen eine jährliche Äquivalentdosis durch Radon in Räumen von etwa 21 mSv im Bronchialbereich der Lunge [icp87a]. Für den Alveolarbereich folgt mit dem Konversionsfaktor 0,18 mSv/(Bq a m^{-3}) bzw. 12,6 mSv/WLM eine entsprechende Äquivalentdosis von 2,8 mSv. Der jährliche Beitrag von Radon in Räumen zur effektiven Dosis beträgt somit unter Berücksichtigung eines Wichtungsfaktors von je 0,06 für Bronchien und Alveolen etwa 1,4 mSv (= 0,06 · 21 mSv + 0,06 · 2,8 mSv, vgl. [uns88, bei88]).

Zu der über die *Nahrungsaufnahme* verursachten Strahlenexposition tragen außer den Radionukliden aus den Zerfallsreihen sowie den primordialen Radionukliden K 40 und Rb 87 auch die oben genannten kosmogenen Radionuklide merklich bei. Infolge ihrer nuklidspezifischen Verteilung im Organismus werden die verschiedenen Organe und Gewebe des menschlichen Körpers unterschiedlichen Strahlendosen ausgesetzt. Tab. 7.6 zeigt beispielhaft einige Anhaltswerte der im Jahr 1990 gefundenen spezifischen Aktivität in Nahrungsmitteln und in Getränken.

Bezüglich der insgesamt durch Inkorporation natürlicher radioaktiver Stoffe (außer Radon) verursachten Organdosen werden Jahreswerte von etwa 0,3 mSv für die Gonaden, 0,7 mSv für das Knochenmark, 1,7 mSv für die Knochenoberfläche und etwa 0,3 mSv für andere Organe angegeben. Für die effektive Dosis gilt ein mittlerer Wert von 0,4 mSv pro Jahr. In Tab. 7.4b ist die durch die Reaktorkatastrophe von Tschernobyl verursachte zu-

Tab. 7.6: Radioaktive Stoffe in Nahrungsmitteln [bmu87b, bmu90d] (Repräsentative Werte aus Messungen im 3. und 4. Quartal 1990 in der Bundesrepublik Deutschland, Zahlenwerte in Klammern: Maximalwerte)

Cs 134- und Cs 137-Gehalt in Nahrungsmitteln	**Spezifische Aktivität** Bq / kg	Anzahl der Meßwerte
Milch	0,4	119
Fleisch: Rind, Kalb	1,0	51
Schwein	0,3	41
Schaf	8,0	9
Reh, Hirsch	140 (820)[7]	23
sonstiges Wild[1]	9 (33)	15
Fisch: Meer	0,8 (13)	22
Binnengewässer	6,0 (230)	53
Kartoffeln[6]	0,3	33
Roggen	0,7	93
Gerste	0,3	71
Weizen	0,2	7
Blattgemüse[2]	0,3	56
Wurzel-, Knollengemüse[3]	0,3	36
Porree, Küchenzwiebel	0,6	17
Bohnen Gurken Tomaten	0,2	17
Äpfel, Birnen	0,2	24
Steinobst[4]	0,6	88
Beerenobst[5]	24	21
Haselnüsse	10	14
Walnüsse	0,4	4
Pfifferlinge	96 (160)	2
Maronenröhrlinge	880 (6800)	67
Steinpilze	100 (250)	12
Honig	3	10
Babynahrung	1	8

[1] Wildschwein, Wildente, Hase, Fasan
[2] alle Kohlarten, Kopfsalat, Spinat, Feldsalat
[3] Möhren, Sellerie, Radieschen, Rote Beete, Kohlrabi
[4] Aprikosen, Pfirsiche, Kirschen, Pflaumen, Zwetschgen
[5] Erdbeeren, Himbeeren, Heidelbeeren, Johannisbeeren, Weintrauben
[6] zum Vergleich: *K 40*: 130 – 180 Bq/kg, *Ra 226*: 0,03 – 0,1 Bq/kg
[7] 11,3 kBq/kg in stärker kontaminierten Gebieten des Bayerischen Waldes

sätzliche effektive Dosis durch interne Strahlenexposition angegeben, die in den auf die Katastrophe folgenden 50 Jahren zu erwarten ist. In einigen Bereichen des Voralpengebiets können allerdings wesentlich höhere Werte erreicht werden [len90, ssk87, ssk89b].

Aufgrund der regionalen Schwankungen der *natürlichen Strahlenexposition* kann zwischen zwei Orten durchaus mit jährlichen Expositionsunterschieden bis zu 1 mSv bei der genetisch wirksamen Dosis und bis zu 3 mSv bei der effektiven Dosis gerechnet werden, was etwa den durchschnittlichen Gesamtwerten entspricht. Mit dem in der Bundesrepublik Deutschland festgelegten Grenzwert von 0,6 mSv für die zusätzliche effektive Dosis oder Gonadendosis durch die aus Ableitungen radioaktiver Stoffe in die Umwelt hervorgehenden Strahlenexpositionen dürfte die zusätzliche mittlere Strahlenexposition der Bevölkerung, die durch den Umgang mit Strahlungsquellen verursacht wird, vermutlich in der Größenordnung der mittleren Schwankungsbreite der von Wohnort und Lebensweise der Personen abhängigen natürlichen Strahlenexposition liegen. Diese Überlegung ist heute ein wesentliches Argument bei der Begründung „zumutbarer“ Strahlenexpositionen für die allgemeine Bevölkerung.

In Tab. 7.7 sind neben den Beiträgen der natürlichen Strahlenexposition auch noch Anhaltswerte für die derzeitige mittlere Strahlenexposition durch künstliche Strahlungsquellen angegeben. Diese *zivilisatorische Strahlenexposition* wird im wesentlichen durch die (zur Gesundheitsfürsorge erfolgenden) medizinischen Strahlenexpositionen verursacht. Tab. 7.8 zeigt dazu beispielhaft die bei einigen häufiger vorkommenden röntgendiagnostischen Untersuchungen zu erwartenden Energiedosen in der Haut. Die Hautdosis ist dabei als charakteristische Kenngröße anzusehen, mit deren Hilfe die Strahlenexposition des übrigen Körpers aus den Bestrahlungsbedingungen berechnet werden kann [icp86a, uns88].

Tab. 7.7: Mittlere effektive Dosis der Bevölkerung der Bundesrepublik Deutschland im Jahr 1988 [bmu89c]

Mittlere effektive Dosis der Bevölkerung in der Bundesrepublik Deutschland im Jahr 1988	**mSv**
Natürliche Strahlenexposition	**2,4**
kosmische Strahlung	0,3
terrestrische Strahlung (Mittelwert)	0,5
Aufenthalt im Freien	0,43
Aufenthalt in Gebäuden	0,57
Inhalation von Radon in Wohnungen	1,3
inkorporierte radioaktive Stoffe	0,3
Zivilisatorische Strahlenexposition	**1,55**
kerntechnische Anlagen	< 0,01
medizinische Diagnostik und Therapie	1,5 *
Industrieerzeugnisse, Störstrahler	< 0,01
technische Strahlungsquellen	< 0,01
berufliche Strahlenexposition	< 0,01
Fallout von Kernwaffenversuchen	< 0,01
Tschernobyl-Reaktorkatastrophe	**0,04**
Bodenstrahlung	< 0,025
inkorporierte radioaktive Stoffe	< 0,015
Gesamte mittlere Strahlenexposition	**4,0**

* mittlerer Fehler: 50%

Tab. 7.8: Hautdosis im Primärstrahl bei röntgendiagnostischen Untersuchungen [fri91, hag91, uns88, vog89] (Ergebnisse von Untersuchungen in Großbritannien, Italien, Kanada, USA, Schweiz und in der Bundesrepublik Deutschland)

Untersuchung	Hautdosis in mGy Spanne der Medianwerte	 Meßwerte
Lunge (ap, lat)	0,22 - 1,3	
Schädel (pa, lat)	2,1 - 5,3	0,8 - 36,1
Nackenwirbelsäule (ap)	1,8 - 2,2	0,1 - 33,6
Brustwirbelsäule (ap)	3,2 - 6,8	0,8 - 42,6
Lendenwirbelsäule (ap)	5,3 - 12,3	0,4 - 98
Abdomen (ap)	6,2 - 8,4	0,4 - 86,4
unteres Abdomen	≥ 100	
Extremitäten	3,1 - 16	
Mammographie	16	5 - 45
Backenzahn	8,5	2,5 - 45

ap: von vorn pa: von hinten lat: von der Seite

Hinsichtlich der Folgen der Reaktorkatastrophe von Tschernobyl sei auf die ausführlichen Darstellungen in der Fachliteratur hingewiesen [che91, fac86, iae91a/b, krö89, mou88, nik87, oec87, ram86, ras88, rot87, sch87a, ssk86c].

Fachliteratur:

[bei88, bei90, bmi78c, bmi85b, bmu87b, bmu90d, boi84, bon90, che91, cog83, cot87, eis87, els83, fac85, fac86, fei86, fri91, glö80, hag91, hen84, iae83, iae91a/b, icp86a, icp87a, icp88a, icp91a, icp91b, jac89c, kau88, kie87, kie89, köh89, köh90, krö89, len90, lep85, luc80, mou88, ncr89, nik87, oec87, par89, ram86, ras88, rau86, rot87, sch87a, ssk86c, ssk87, ssk89b, uns86, uns88, vog89]

8 Strahlenmessung

8.1 Meßaufgaben

Zur Feststellung möglicher Strahlengefährdungen müssen im praktischen Strahlenschutz verschiedene Meßaufgaben wahrgenommen werden. Diese betreffen einerseits (an der Person) die Messung von Personendosen und Inkorporationen und andererseits (am Arbeitsplatz und in der Umgebung) die Messung der Ortsdosisleistung in Strahlungsfeldern und der Aktivität radioaktiver Stoffe. Aufgrund der unterschiedlichen Wechselwirkungen der verschiedenen Strahlungsarten mit der Materie lassen sich diese Meßaufgaben nur mit unterschiedlichen Strahlungsdetektoren und Meßgeräten erfüllen. In der Praxis wird deshalb zumeist zwischen Meßeinrichtungen für Photonen-, Neutronen- sowie Alpha- und Betastrahlung unterschieden, wobei unter Umständen je nach Meßaufgabe eine geeignete Kombination mehrerer Detektoren erforderlich ist.

Die Energiedosiswerte, die in der Praxis des Strahlenschutzes erfaßt werden müssen, sind so klein, daß sie mit einfachen Geräten unmittelbar nicht gemessen werden können. So entspricht z. B. einer Energiedosis von 1 Gy in Gewebe, die bereits zu Gesundheitsschäden führen kann, höchstens eine Temperaturerhöhung von etwa 0,00024 °C. Noch weniger lassen sich die langfristig pro Jahr zugelassenen Energiedosiswerte in der Größenordnung von mGy messen. Es bleibt daher nur die Möglichkeit, in geeigneten Probematerialien leicht nachweisbare physikalische Effekte der Strahlung zu messen, die zur Energiedosis im Gewebe proportional sind. Geeignete Effekte sind vor allem die Erzeugung beweglicher elektrischer Ladungen in Gasen oder in Halbleitern (Ionisation), die Auslösung von Lichtblitzen in speziellen Stoffen (Szintillation), die Schwärzung von Filmemulsionen, die Bildung von Lumineszenzzentren und Trübungen in Gläsern und Kristallpulvern sowie die Erzeugung von Radionukliden (Aktivierung).

Eine grundsätzliche Schwierigkeit der Dosismessung im praktischen Strahlenschutz besteht darin, daß die aufgrund einer Strahlenexposition an einem bestimmten Ort innerhalb des menschlichen Organismus auftretende Dosis nur durch die Messung mit einem Detektor frei in Luft oder an der Körperoberfläche ermittelt werden kann. Die Umgebung des Detektors stellt dabei vielfach eine entscheidende Einflußgröße dar, insbesondere wenn der Meßort der Dosis und der Bezugsort, für den die Dosis zu bestimmen ist, weit auseinander liegen.

8.2 Strahlungsdetektoren

8.2.1 Ionisationskammer

Besonders zuverlässige Meßwerte der Ionendosis werden mit Ionisationskammern erhalten. Eine Ionisationskammer ist im Prinzip wie ein elektrischer Plattenkondensator aufgebaut (Abb. 8.1). Tritt ein direkt ionisierendes Teilchen in den Luftraum zwischen den

Platten (Elektroden), so werden die entlang der Bahn erzeugten positiven und negativen Ladungsträger (Ionen und Elektronen) von den entgegengesetzt geladenen Elektroden angezogen. Der dadurch entstehende Ladungsstoß kann als elektrischer Impuls gemessen werden (Impulskammer). Bei einer Vielzahl von einfallenden Strahlungsteilchen pro Zeitintervall können die sich überlagernden Ladungsimpulse als elektrischer Strom in einem Strommeßinstrument nachgewiesen werden (Stromkammer). Der gemessene Strom entspricht dabei einer bestimmten Dosisleistung, die bei entsprechender Skaleneinteilung (Kalibrierung) des Meßgerätes unmittelbar abgelesen werden kann. Üblicherweise sind die beiden Elektroden, wie in Abb. 8.2 angedeutet, als Zylinder ausgeführt.

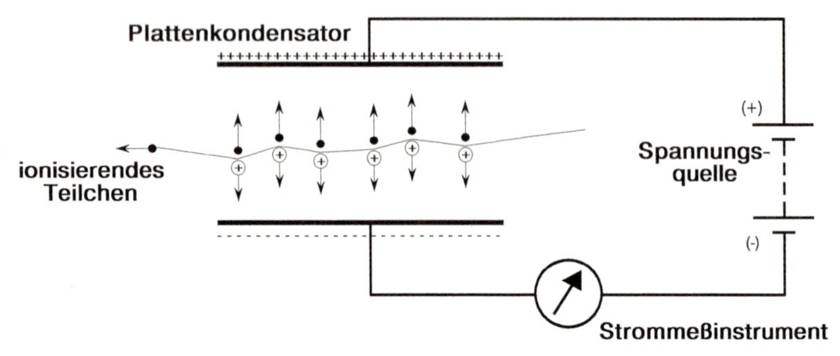

Abb. 8.1: Messung des Ionisationsstroms (Dosisleistungsmessung)
⊕ Ion, ● Elektron

Statt des Stromes in einem Stromkreis kann auch die durch Ionisation bewirkte Ladungsänderung der Ionisationskammer im Verlauf eines Zeitraums gemessen werden (Abb. 8.2), womit bei entsprechender Kalibrierung des Ladungsmeßgerätes (Elektrometer) unmittelbar eine Dosisangabe erhalten wird (Integrationskammer). Dabei muß die angelegte Spannung so groß gewählt werden (einige 100 V), daß die Ladungsträger schnell genug auf den Elektroden gesammelt werden, bevor sie sich wiedervereinigen können (Rekombination) und dadurch für die Messung verlorengehen.

Zur Messung direkt ionisierender Strahlungsteilchen (Beta-, Alphastrahlung) müssen die Kammerwände oder Eintrittsfenster in den Wänden wegen der geringen Reichweite der Teilchen sehr dünn sein, damit sie nach dem Hindurchtreten noch fast ihre gesamte Energie innerhalb des Kammervolumens abgeben können. Anderenfalls sind die radioaktiven Strahlungsquellen direkt in die Kammer einzubringen. Für den Photonennachweis werden dagegen dickere Kammerwände gewählt, damit genügend viele Elektronen durch Comptonstöße und andere Prozesse in der Wand freigesetzt werden und in die Kammer gelangen. Geeignete Meßwerte für die Bestimmung von Äquivalentdosen ergeben sich daher nur, wenn bestimmte Vorschriften für die Auslegung der Kammer und des Wandmaterials erfüllt werden.

Um Neutronen nachweisen zu können, müssen entweder die Kammerwände oder die Gasfüllung der Ionisationskammer geeignete Substanzen enthalten, in denen die Neutronen durch Wechselwirkungen möglichst viele direkt ionisierende Strahlungsteilchen er-

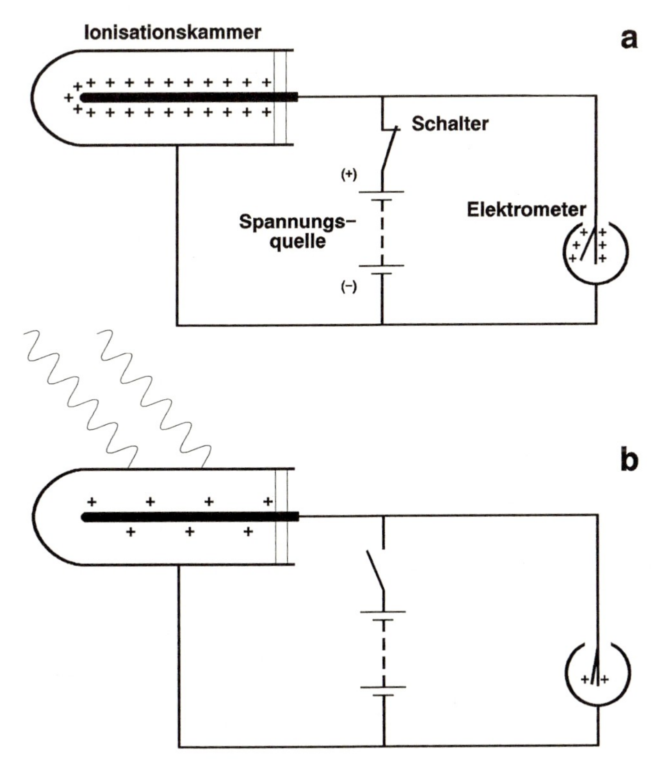

Abb. 8.2: Messung der durch Ionisation bewirkten Ladungsänderung einer Ionisationskammer (Dosismessung)
a) Aufladen und b) Entladen der Ionisationskammer

zeugen. Für langsame Neutronen werden Wandbeläge oder Gasfüllungen mit Borzusatz verwendet, in dem die Wechselwirkung $^{10}B(n, \alpha)^{7}Li$ besonders häufig eintritt. Zum Nachweis schneller Neutronen dienen insbesondere wasserstoffhaltige Materialien, in denen die Wasserstoff-Atomkerne durch Stoß als ionisierende Teilchen freigesetzt werden. Außerdem werden zum Neutronennachweis Wandbeläge mit spaltbaren Nukliden (U 235, Pu 239, U 238) benutzt, deren Bruchstücke ebenfalls ionisieren.

Ionisationskammern liefern unmittelbar eine Ionendosis (-leistung), die bei geeigneter Konstruktion der Kammer auch ein Maß für die Energiedosis (-leistung) in Körpergewebe ist. Die geringen Stromstärken bzw. Ladungen erfordern jedoch zumeist aufwendige elektronische Verstärker bzw. empfindliche Elektrometer.

8.2.2 Proportionalzählrohr

Während in Ionisationskammern nur die von der Strahlung direkt oder indirekt erzeugten Ladungsträger zur Messung beitragen, wird in Proportionalzählrohren ein Verstärkungseffekt genutzt, der auf der Vervielfachung dieser Ladungen im Gasraum beruht. Dazu wird die positive Elektrode der Meßkammer gemäß Abb. 8.3 als dünner Draht (etwa 0,02 mm 0,1 mm) ausgeführt, in dessen Umgebung freie Elektronen zwischen zwei Stößen mit den Gasatomen so stark beschleunigt werden, daß sie selbst wieder ionisieren, d. h. weitere Ladungsträger erzeugen können (Gasverstärkung, Abb. 8.4). Ein primär freigesetztes Elektron erzeugt damit eine Lawine von Sekundärelektronen, so daß durch ein Strahlungsteilchen letztlich eine sehr viel größere Anzahl an Ladungsträgern entsteht, als der primären Ionisation entspricht.

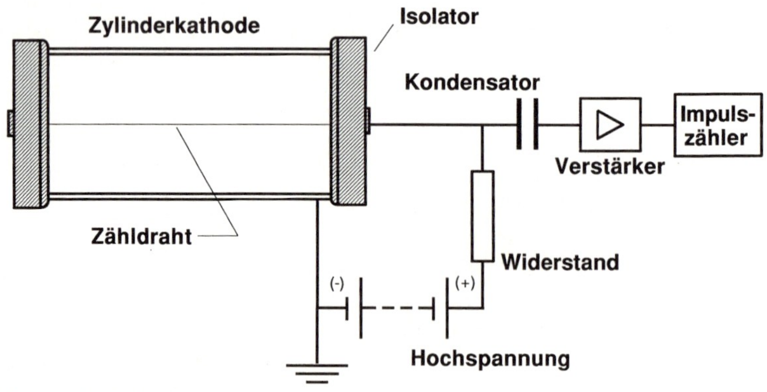

Abb. 8.3: Prinzip des Zählrohrs

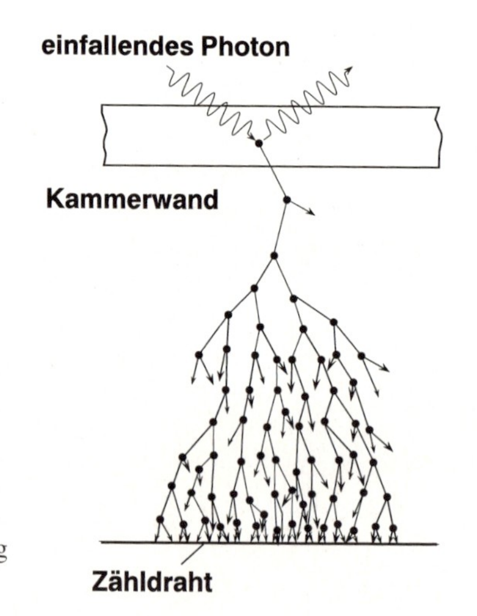

Abb. 8.4: Prinzip der Gasverstärkung (● Elektron)

Damit ergeben sich am Zähldraht Ladungsimpulse, die proportional zur primären Ionisation jeweils um den Gasverstärkungsfaktor vergrößert sind, der sich mit zunehmender Zählrohrspannung erhöht. In der Praxis sind Verstärkungsfaktoren bis 10^6 üblich, wodurch häufig nur noch eine geringfügige zusätzliche Verstärkung für die elektronische

Registrierung notwendig wird. Bei gebräuchlichen Zählrohren liegen die Zählrohrspannungen zwischen etwa 2000 V und 4000 V. Der obere Grenzwert der Spannung ist vor allem von der Dicke des Zähldrahts sowie von der Zusammensetzung und vom Druck des Zählgases abhängig. Die Erhöhung der Spannung über den jeweiligen Grenzwert hinaus bewirkt einem elektrischen Durchschlag und damit die Zerstörung des Zählrohrs.

Als Meßsignal werden praktisch nur die im Gefolge der Gasverstärkung durch die leicht beweglichen Elektronen verursachten kurzzeitigen Ladungsimpulse verwendet. Proportionalzählrohre dienen deshalb überwiegend zur Impulsmessung, wobei die Proportionalität zwischen Impulshöhe und Primärionisation eine Unterscheidung nach Teilchenarten und die Bestimmung von Teilchenenergien ermöglicht. Da Proportionalzählrohre praktisch keine Totzeit haben (s. Abb. 8.6), hängt die maximale Impulsrate (Anzahl der Strahlungsimpulse pro Zeit), die mit einem solchen Zählrohr gemessen werden kann, von der Zeitdauer ab, die nötig ist, bis nach einem registrierten Impuls erneut ein weiterer Impuls vom Zählgerät registriert werden kann. Diese sogenannte Auflösungszeit (Kap. 8.3.5.5) beträgt vielfach weniger als 1 µs, so daß Meßwerte von mehr als 10^6 Impulsen/s möglich sind.

Zählgase sind vor allem Edelgase wie Argon und Xenon (mit speziellen Zusätzen), Kohlenwasserstoffe wie Methan und Butan sowie Argon-Methan-Gemische bei Drucken um 1 bar. Mit Edelgasen gefüllte geschlossene Zählrohre (permanente Gasfüllung) haben praktisch eine unbegrenzte Lebensdauer. Allerdings können Undichtheiten und Alterungsprozesse zu einer Veränderung der Zählrohrcharakteristik führen (vgl. mit Abb. 8.7). Da sich die Kohlenwasserstoffe durch die Ionisationsprozesse zersetzen, werden diese Gase vorzugsweise in offen betriebenen Zählrohren eingesetzt, in denen das Zählgas die Meßkammer durchströmt.

Im Hinblick auf den Anwendungszweck werden bei Proportionalzählrohren diverse Bauarten unterschieden. Zählrohre für den Nachweis von Elektronen oder von energiearmen Photonen sind mit dünnwandigen Fenstern ausgestattet. Zur Erzielung eines ausreichenden Ansprechvermögens müssen Zählrohre für die Messung von höherenergetischen Photonen dagegen Füllgase bzw. Wandmaterialien mit hinreichend großem Absorptionsvermögen aufweisen. Zum Nachweis von Neutronen werden, wie bei den Ionisationskammern, spezielle Gasfüllungen oder Wandmaterialien verwendet, in denen besonders stark ionisierende Sekundärteilchen freigesetzt werden. Die dabei entstehenden großen Ladungsimpulse lassen sich leicht von den vergleichsweise kleinen Impulsen unterscheiden, die durch Photonen bzw. Elektronen erzeugt werden. Proportionalzählrohre eignen sich deshalb in besonderer Weise zur getrennten Messung von Neutronen bei Anwesenheit von Photonen.

Zur Messung von Alpha- und energiearmer Betastrahlung können Proportionalzählrohre mit extrem dünnen Fenstern eingesetzt werden, wobei es notwendig ist, die Gasfüllung in regelmäßigen Zeitabständen zu erneuern, um Gasverluste durch das Fenster auszugleichen. In Gasdurchflußzählern lassen sich Absorptionsverluste durch Zählrohrfenster vollständig vermeiden, indem die radioaktive Substanz hier in das Innere des Zählrohrs eingebracht wird, wobei die ständige Spülung mit dem Zählgas für gleichbleibende Zählrohreigenschaften sorgt. In Abb. 8.5 ist ein typisches Beispiel eines Methandurchflußzählers skizziert, bei dem sich die radioaktive Substanz in einem flachen Schälchen unter dem schlaufenförmigen Zähldraht befindet. In einer anderen Ausführung, dem sogenannten 4π-Zähler, wird die Substanzprobe zwischen zwei Zähldrähte gebracht, so daß fast alle nach unten und oben aus der Probe in den Meßraum austretenden Strahlungsteilchen erfaßt werden und somit eine relativ große Zählausbeute resultiert.

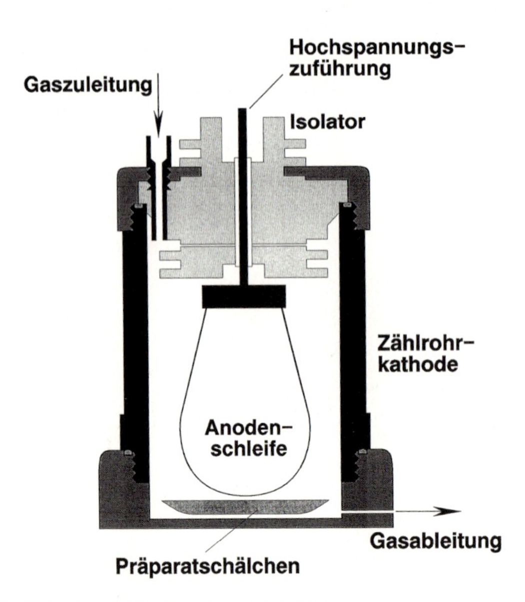

Abb. 8.5: Prinzip des Methandurchflußzählers

8.2.3 Auslösezählrohr

Auslösezählrohre, nach ihrem Entdecker auch Geiger-Müller-Zählrohre genannt, sind Detektoren ähnlicher Bauweise wie Proportionalzählrohre. Sie arbeiten mit einer speziellen Gasfüllung, wobei der Gasdruck und die Spannung zwischen Zähldraht und Wand derart gewählt werden, daß sich die Elektronenlawine jeweils entlang des gesamten Zähldrahtes ausbreitet (Gasentladung). Dadurch entstehen unabhängig von der Primärionisation, d. h. von Art und Energie der einfallenden Strahlungsteilchen, jeweils gleich große Ladungsimpulse, die etwa um den Faktor 100 größer sind als mit Proportionalzählrohren erreichbar. Dabei genügt schon ein einzelnes im Zährohr auftretendes Elektron, um die Elektronenlawine auszulösen, so daß Strahlungsteilchen bereits nachgewiesen werden können, wenn sie nur einen einzigen Ionisationsprozeß im Zählrohr ausführen.

Als Zählgas werden Edelgase wie Argon und Neon eingesetzt. Abweichend von Proportionalzählrohren sind bei Auslösezählrohren besondere Maßnahmen zur Beendigung des Entladungsvorgangs erforderlich. Dazu dienen entweder besondere Löschzusätze zum

Füllgas, wie z. B. Ethylalkohol und Halogene, oder elektronische Schaltungen, die zu einer vorübergehenden Verringerung der Spannung am Zähldraht führen. Üblicherweise werden Auslösezählrohre bei einem Unterdruck der Gasfüllung (um 0,1 bar) betrieben, wodurch sich wesentlich geringere Arbeitsspannungen (einige 100 V) als bei Proportionalzählrohren ergeben.

In selbstlöschenden Zählrohren können nach Auslösen eines Impulses während der sogenannten Totzeit keine weiteren Impulse entstehen (siehe Abb. 8.6).

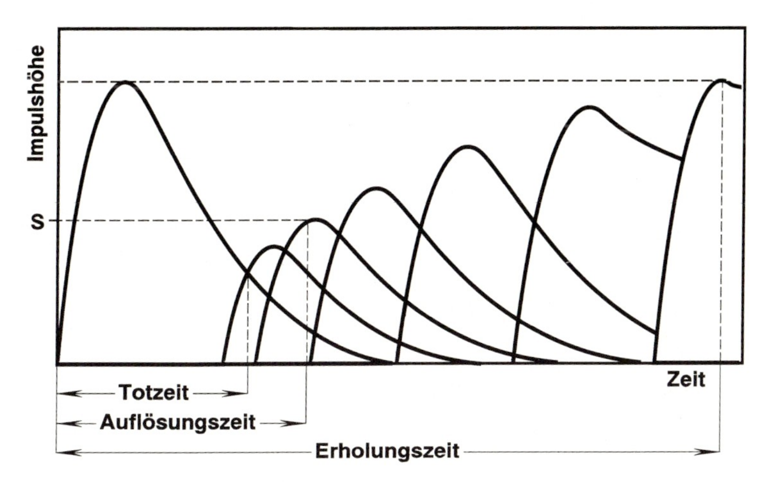

Abb. 8.6: Impulsspannung in Abhängigkeit von der Zeit (S Impulshöhenschwelle für die Registrierung)

Nach Ablauf der Totzeit eintreffende Impulse erreichen ihre ursprüngliche Größe erst wieder, wenn die sogenannte Erholungszeit verstrichen ist. Für die Registrierung in einer Zähleinrichtung ist die Auflösungszeit entscheidend, d. h. die Zeitspanne nach Auslösung eines Impulses, nach der die Impulshöhen der anschließend ausgelösten Elektronenlawinen die an der Meßeinrichtung eingestellte Impulshöhenschwelle (Diskriminatoreinstellung) übersteigen. In der Praxis ist mit Totzeiten zwischen 0,01 und 1 ms, d. h. günstigstenfalls mit maximalen Zählraten zwischen 10^3 und 10^5 Impulsen/s, zu rechnen. Nichtselbstlöschende Zählrohre, bei denen die Zählrohrentladung durch elektronische Löschkreise beendet wird, sind im praktischen Strahlenschutz kaum in Gebrauch, weil sie nur relativ kleine Impulsraten zu messen gestatten.

Die Höhe der Impulse ist im bestimmungsgemäßen Spannungsbereich des Zählrohrs, dem sogenannten Auslösebereich, im wesentlichen nur noch von Zählrohrlänge, Gasfüllung, Anodendrahtdicke und angelegter Spannung abhängig, wobei die Impulshöhen generell mit zunehmender Spannung größer werden. Die geeignete Betriebsspannung wird durch Aufnahme der sogenannten Zählrohrcharakteristik ermittelt, welche die Abhängigkeit der Impulsrate von der Zählrohrspannung darstellt. Wie aus Abb. 8.7 ersichtlich ist, ergibt sich dabei ein sogenanntes Plateau, das bei guten Zählrohren eine Länge von mehr als 100 V und eine Steigung von nur wenigen Prozent pro 100 V Spannungsdifferenz aufweisen sollte. Die Arbeitsspannung für das Zählrohr ist jeweils so zu wählen, daß bei zufälligen Spannungsschwankungen ein Unterschreiten der Einsatzspannung des Plateaus nicht zu befürchten ist. Dazu reicht zumeist eine Spannung aus, die etwa 50 Volt über der Einsatzspannung liegt. Mit zunehmender Spannung oberhalb des Auslösebereichs steigt die Impulsrate durch Störeffekte stärker an, bis schließlich eine Dauergasentladung eintritt, die zur Zerstörung des Zählrohrs führt.

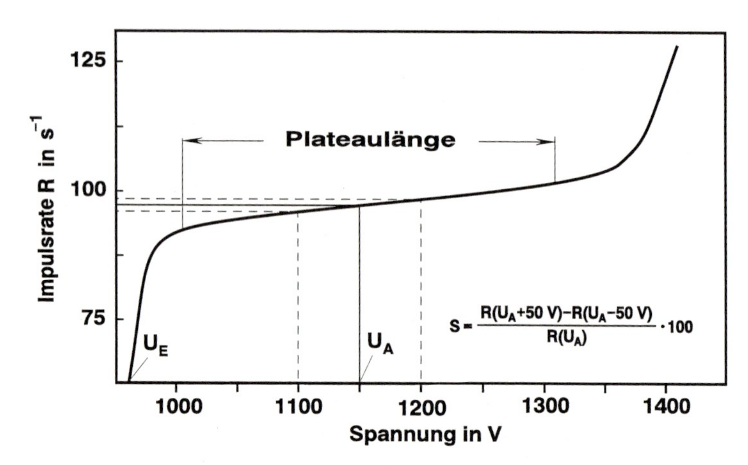

Abb. 8.7: Impulsraten-Spannungskennlinie des Auslösezählrohrs
R(U) Zählrate bei der Spannung U
U_A Arbeitsspannung
U_E Einsatzspannung
s Plateausteigung in % pro 100 V

Die mit den Entladungen zunehmende Schädigung des Füllgases, insbesondere der Löschzusätze, bewirkt eine allmähliche Verschlechterung der Zählrohreigenschaften, was sich durch eine Verkürzung der Plateaulänge und eine Zunahme der Plateausteigung bemerkbar macht. Die Lebensdauer des Zählrohrs ist daher begrenzt und kann durch die Anzahl der gezählten Impulse gekennzeichnet werden. Für Zählrohre mit organischen Löschzusätzen werden Impulszahlen bis 10^{10}, für Halogen-Zählrohre auch noch größere Werte angegeben.

Die einfache Betriebsweise der Auslösezählrohre hat dazu geführt, daß je nach Anwendungszweck sehr unterschiedliche Bauformen in Gebrauch sind. Diese richten sich nach der Strahlungsart, den physikalischen und chemischen Eigenschaften der zu untersuchenden Substanz und nach den zu messenden Teilchenflußdichten bzw. Aktivitäten. Abb. 8.8a zeigt ein sogenanntes Durchflußzählrohr mit ringförmigem Spalt an der Außenseite, der von dem zu untersuchenden Medium durchströmt wird. In Abb. 8.8b ist ein sogenanntes Becherzählrohr wiedergegeben, bei dem die zu untersuchende radioaktive Flüssigkeit in einen das Zählrohr umschließenden Spalt eingefüllt wird.

Aufgrund ihrer Funktionsweise registrieren Auslösezählrohre im Prinzip nur Teilchenflußdichten und keine Dosisleistungen. Durch geeignete Wahl des Materials und der Dik-

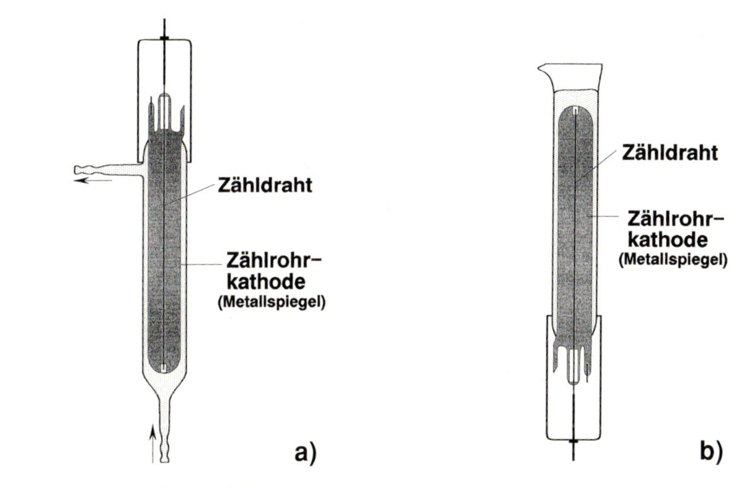

Abb. 8.8: a) Durchflußzählrohr
b) Flüssigkeitszählrohr

ke der Zählrohrwand läßt sich jedoch erreichen, daß die gemessene Impulsrate näherungsweise zur Ermittlung der Ortsdosisleistung von Photonenstrahlung dienen kann. Dieser Zusammenhang gilt jedoch nur in beschränkten Bereichen der Photonenenergie, was bei der Anwendung dieser Zählrohre zu Dosisleistungsmessungen zu beachten ist. Bezüglich des Nachweises von Neutronen gelten analoge Überlegungen wie bei Ionisationskammern (s. Kap. 8.2.1). Im praktischen Strahlenschutz sind jedoch Auslösezählrohre zum Nachweis von Neutronen im allgemeinen nicht gebräuchlich.

8.2.4 Szintillationszähler

Ionisierende Strahlungsteilchen können bei Wechselwirkungen in bestimmten Materialien (Szintillatoren) momentan Lichtblitze (Szintillationen) auslösen, bei denen die Menge der Photonen ein Maß für die Energie der auftreffenden Teilchen ist. Die Zeitdauer der Lichtemission wird durch die Abklingzeit gekennzeichnet (Abfall der Intensität auf 1/e), die je nach Szintillationsmaterial zwischen etwa 3 ns und 4000 ns liegt. Zum Nachweis wird das Licht über einen Lichtleiter auf eine lichtempfindliche Elektrode (Photokathode) geleitet, aus der es Elektronen auslöst. Diese werden in einem sogenannten Sekundärelektronenvervielfacher durch ein System von Emissionselektroden (Dynoden) entsprechend Abb. 8.9 schrittweise in ihrer Anzahl so verstärkt, daß am Ausgang ein großer energieproportionaler Stromimpuls auftritt [leo87].

Strahlungsteilchen verschiedener Energien können somit als Impulse entsprechend unterschiedlicher Impulshöhen registriert werden. Bei einem idealen Detektor müßte deshalb z. B. Photonenstrahlung mit diskretem Energiespektrum auch zu einem diskreten Spektrum der Impulshöhen (Linienspektrum) führen. In realen Detektoren entstehen allerdings stets Signalverluste durch Photonen, die im Gefolge der Wechselwirkungen den Detektor wieder verlassen und ihre Energie nicht auf Elektronen übertragen und damit

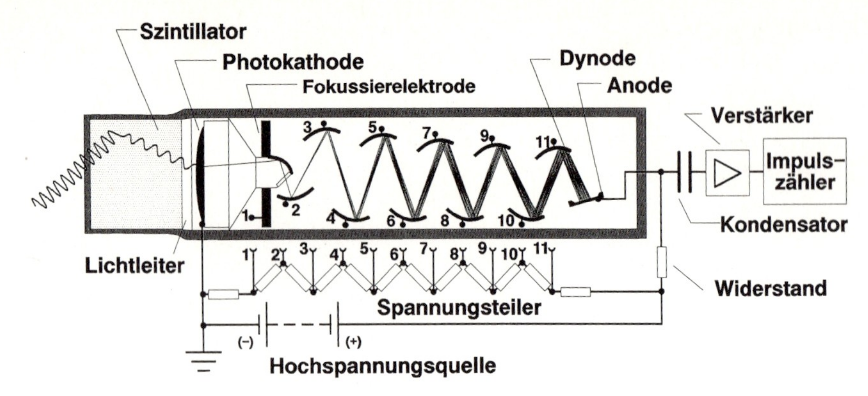

Abb. 8.9: Prinzip des Szintillationszählers

auch nicht zum Szintillationsimpuls beitragen. Dies hat verkleinerte Impulshöhen zur Folge, wodurch kleinere einfallende Photonenenergien vorgetäuscht werden (Untergrundkontinuum, Comptonuntergrund).

Durch statistische Schwankungen bei der Auslösung des Szintillationslichtes sowie bei der Auslösung von Elektronen aus der Photokathode und an den Dynoden werden zusätzliche Schwankungen in der Impulshöhe verursacht, die zu einer Verbreiterung des Linienspektrums führen. In Abb. 8.10 ist als Beispiel das Impulshöhenspektrum der Gammastrahlung von Co 60 wiedergegeben, das sich für die Photonen der beiden Energien 1.17 MeV und 1.33 MeV mit einem NaJ(Tl)-Detektor ergibt. Die anstelle zweier Linien entstehende Impulshöhenverteilung ist durch 2 (den beiden Energien zuzuordnende) Glockenkurven und den Comptonuntergrund gekennzeichnet. Jede Glockenkurve, auch „(Vollenergie-) Peak" genannt, kann dabei durch die sogenannte Halbwertbreite, d. h. die Peakbreite in halber Höhe zwischen Peakmaximum und Untergrund, charakterisiert werden. Der Quotient aus Halbwertbreite und Impulshöhe im Peakmaximum wird auch als

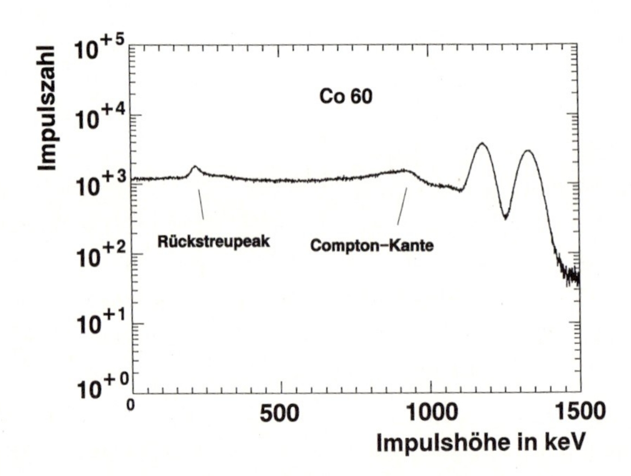

Abb. 8.10: Impulshöhenspektrum der Gammastrahlung von Co 60 (Messung mit NaJ(Tl)-Kristall, Durchmesser: 50,8 mm, Länge: 50,8 mm)

Energieauflösungsvermögen bezeichnet und als Maß für das Unterscheidungsvermögen benachbarter Photonenenergien verwendet.

Szintillationszähler werden bevorzugt zum Nachweis geringer Aktivitäten und zur Messung der Energiespektren von Strahlungsteilchen eingesetzt [sha67]. Sie sind jedoch auch als besonders empfindliche Dosisleistungsmeßgeräte gebräuchlich. Als Szintillationsmaterialien finden anorganische Kristalle, organische Feststoffe und Gläser oder Flüssigkeiten sowie Edelgase Anwendung, wobei einige Substanzen mit speziellen Zusätzen (Tl, Eu, Ag) aktiviert werden müssen.

Die in der Praxis eingesetzten anorganischen Kristallszintillatoren (NaJ(Tl), CsJ(Tl), LiJ (Eu)) zeichnen sich wegen der großen effektiven Ordnungszahl im Gegensatz zu Ionisationskammern und Zählrohren durch einen besonders großen Wirkungsquerschnitt für Photonenwechselwirkungen aus. Außerdem läßt sich durch Wahl hinreichend großer Detektoren erreichen, daß nur wenige der aus den Wechselwirkungen hervorgehenden Photonen wieder aus dem Detektor austreten. Dadurch bleibt der Comptonuntergrund relativ klein, und es resultiert ein hohes Ansprechvermögen. Als Ansprechvermögen wird hierbei im allgemeinen das Verhältnis aus der im 1,33 MeV Peak der Co 60-Linie registrierten Impulszahl und der Anzahl der insgesamt emittierten Photonen bei 25 cm Entfernung zwischen Detektor und Quelle bezeichnet.

Das Energieauflösungsvermögen beträgt bei den gebräuchlichen anorganischen Kristallszintillatoren im Energiebereich um 1 MeV etwa 7%. Die Abklingzeiten liegen zwischen 25 ns (NaJ) und 1400 ns (LiJ). Nachteilig ist bei NaJ und LiJ die große Empfindlichkeit gegen Luftfeuchtigkeit (Hygroskopie), die eine dichte Umschließung dieser Detektoren erforderlich macht.

Organische Festkörperszintillatoren (Anthrazen, Naphtalen) haben ein relativ geringes Energieauflösungsvermögen (etwa 60% bei 1 MeV) und sind deshalb für Spektralmessungen weniger geeignet. Vorteilhaft ist dagegen die relativ kurze Abklingzeit (weniger als 25 ns), so daß die Messung hoher Impulsraten möglich wird. Günstig ist ferner die Ähnlichkeit des Detektormaterials mit biologischem Gewebe, wodurch die Umrechnung von Impulsraten in Dosisleistungen erleichtert wird. Durch Auflösung organischer Szintillationsmaterialien in geeigneten Lösungsmitteln werden flüssige Szintillatoren erhalten, die eine besonders kurze Abklingzeit aufweisen (z. B. p-Terphenyl in Xylen: < 3ns). Flüssige Szintillatoren können auch mit flüssigen Meßproben vermischt werden, in denen kleinste radioaktive Stoffmengen nachgewiesen werden sollen.

Für die Messung von Alphastrahlung werden vor allem dünnschichtige Szintillatoren aus ZnS(Ag) eingesetzt. Betastrahlung wird bevorzugt mit organischen Szintillatoren gemessen, bei denen geringere Signalverluste durch Rückstreuung als bei anorganischen Szintillatoren auftreten. Für den Nachweis von Neutronen werden Szintillationsmaterialien verwendet, in denen eine besonders große Wahrscheinlichkeit für die Erzeugung direkt ionisierender Strahlungsteilchen durch Neutronen besteht (z. B. ^{6}LiJ).

Grundsätzlich ist beim Einsatz von Szintillationszählern zu berücksichtigen, daß nicht nur Lichtblitze sondern auch thermische Effekte Elektronen aus der Photokathode freisetzen können. Der dadurch verursachte Nulleffekt muß bei der Registrierung durch eine geeignet gewählte Diskriminatorschwelle weitgehend unterdrückt werden.

8.2.5 Photoemulsion

Wenn direkt ionisierende Strahlungsteilchen eine Photoemulsion durchdringen, bewirken sie im Bereich ihrer Bahn Veränderungen in der Emulsionsschicht, die bei der Entwicklung zur Erzeugung von Silberkörnchen führen. Da die Silberkörnchen für sichtbares Licht undurchlässig sind, ergibt sich eine Zunahme der optischen Dichte (Schwärzung) der Emulsion, die von der Art, Energie und Menge der einfallenden Strahlung abhängig ist.

Auch Photonen verursachen durch die von ihnen ausgelösten direkt ionisierenden Elektronen eine Filmschwärzung, die sowohl von der Fluenz als auch von der Energie der Strahlung abhängt. Das Ansprechvermögen des Filmmaterials (optische Dichte pro Dosis) steigt zu niedrigen Photonenenergien an, so daß eine Schwärzungsmessung allein zur Dosisbestimmung nicht ausreicht. Um mit der Gammastrahlung von Co 60 dieselbe Schwärzung zu erzielen wie mit 60 kV Röntgenstrahlung ist eine etwa 20mal so große Dosis erforderlich. Die Filme werden deshalb mit geeigneten Filtermaterialien abgedeckt (s. Abb. 8.15d), so daß sich wegen der verschiedenen Strahlenschwächung Schwärzungsunterschiede ergeben, aus denen sich die Teilchenenergie und die Gesamtdosis mit ausreichender Genauigkeit ermitteln lassen (Dosismeßfilm, [bec62]).

Thermische Neutronen können dadurch nachgewiesen werden, daß die Photoemulsion mit einem Material (Cd) abgedeckt wird, in dem durch Kernreaktionen Gammastrahlung freigesetzt wird, die die Emulsion schwärzt. Zur Messung von schnellen Neutronen dienen sogenannte Kernspurfilme, in denen die von den Neutronen durch Stöße oder Kernreaktionen freigesetzten Kernteilchen auffällige Schwärzungsspuren hinterlassen. Die unter dem Mikroskop ausgezählte Spurenzahl pro Fläche gibt dann ein Maß für die Neutronenfluenz bzw. Dosis.

Der besondere Vorteil der Filmdosimetrie besteht in der Robustheit des Detektors und im dokumentarischen Nachweis der Strahlenexposition. Nachteilig ist die vergleichsweise große Meßunsicherheit, das umständliche Auswerteverfahren und der Rückgang der latenten Schwärzung (Fading) in der Zeit von der Exposition bis zur Entwicklung des Meßfilms (s. Kap. 8.3.2.1).

8.2.6 Lumineszenzdetektor

Im Unterschied zu Szintillatoren sind Lumineszenzdetektoren spezielle Feststoffe, in denen Licht nicht momentan durch ionisierende Strahlung ausgelöst wird, sondern die Fähigkeit zur Aussendung von Licht (Lumineszenzphotonen) über längere Zeit gespeichert bleibt, ohne daß bei der Bestrahlung selbst unmittelbar erkennbare Wirkungen verursacht werden. Wenn diese Stoffe nach einer Strahlenexposition erhitzt (250° – 400 °C) oder mit ultraviolettem Licht bestrahlt werden, wird Licht emittiert, dessen Menge (Lichtsumme) ein Maß für die absorbierte Energie ist. Je nachdem, ob die Lichtemission durch Erwärmung oder durch Lichtbestrahlung (UV-Laser) angeregt werden kann, wird von Thermolumineszenz (TL) oder von Photolumineszenz (PL) gesprochen [bec76, fra69, mck81, obe81].

Im Strahlenschutz haben sich zur Dosismessung von Photonen- und Betastrahlung vor allem TL-Detektoren aus Lithiumfluorid (LiF) mit Mg- oder Ti-Dotierung bewährt, während als PL-Detektoren spezielle Phosphatgläser gebräuchlich sind (s. Abb. 8.15f – j).

Zum gleichzeitigen Nachweis von Photonen und thermischen Neutronen wird zusätzlich LiF verwendet, das reines Li 6 anstelle des im natürlichen Lithium vorhandenen Anteils (7,5%) enthält. Da durch die Neutronen nur im Li 6 eine stark ionisierende Teilchenstrahlung freigesetzt wird, kann in gemischten Neutronen-Photonenstrahlungsfeldern durch eine Differenzmessung mit beiden Detektorarten der Dosisanteil der thermischen Neutronen ermittelt werden. Zum Nachweis schneller Neutronen werden die Detektoren mit wasserstoffhaltigen Materialien umgeben, in denen die schnellen Neutronen auf thermische Energien abgebremst werden.

Gegenüber den Photoemulsionen unterscheiden sich die Lumineszenzdetektoren vorteilhaft durch ihre besonders kleinen Abmessungen von wenigen Millimetern und eine geringere Meßunsicherheit. Allerdings muß auch hier, insbesondere bei Phosphatglasdosimetern, die Energieabhängigkeit des Ansprechvermögens u. U. mit Metallfiltern ausgeglichen werden.

Bei Lumineszenzdetektoren ist ebenso wie bei Photoemulsionen mit einer Abnahme der im Detektormaterial gespeicherten Information im Laufe der Zeit zu rechnen. Dieses Fading beträgt bei Phosphatgläsern jedoch nur etwa –10% in 10 Jahren und bei LiF-Gläsern je nach Auswerteverfahren zwischen –5% und –20% pro Jahr. Phosphatgläser zeichnen sich dadurch aus, daß die gespeicherte Information bei der Auswertung nicht gelöscht wird, sondern wiederholt neu abgelesen werden kann. Dadurch wird bei längerfristigen Strahlenexpositionen bei jeder Zwischenablesung stets direkt die über die abgelaufene Expositionszeit aufsummierte Dosis erhalten. Erst durch Erhitzen auf Temperaturen von etwa 400 °C geht die gespeicherte Information verloren. Im Gegensatz dazu kann der Meßwert bei Thermolumineszenzdetektoren nur einmal abgerufen werden, da die gespeicherte Information hier im Verlauf des Ausheizprozesses bei der Auswertung (bis auf einen geringen Restbetrag) gelöscht wird.

8.2.7 Halbleiterdetektor

In ähnlicher Weise wie im Gasvolumen einer Ionisationskammer können auch die von ionisierenden Strahlungsteilchen beim Durchgang durch ein Halbleitermaterial (Ge, Si) freigesetzten Ladungsträger gesammelt und gemessen werden. Dabei handelt es sich um die beweglichen Elektronen und „Defektelektronen“ entlang der Teilchenbahn, die beim Herausschlagen gebundener Elektronen des Halbleiterkristalls entstehen (s. Abb. 8.11). Defektelektronen sind die erzeugten Elektronenfehlstellen oder Löcher, die praktisch wie positive Ladungsträger wirken. Die durch die Strahlung gebildeten Elektronen und Löcher können allerdings nur dann gemessen werden, wenn die im Halbleiter natürlich vorhandene Konzentration an beweglichen Ladungsträgern vergleichsweise klein ist.

Anmerkung: In einem reinen und ungestörten Kristallgitter eines Halbleitermaterials sind im Gegensatz zu Leitern auch die äußeren Hüllenelektronen der Atome bei tiefen Tempera-

turen (flüssiger Stickstoff) durch die Art der Bindung weitgehend im Kristallgitter fixiert. Mit zunehmender Temperatur werden diese Elektronenbindungen aufgebrochen, und es entsteht eine durch thermische Anregung bedingte Eigenleitfähigkeit. In realen Halbleiterkristallen verursachen die stets vorhandenen Fremdatome, Fehlstellen und Kristallbaufehler darüber hinaus eine Störleitfähigkeit. Dabei wird unterschieden zwischen n-Leitung, wenn die Unreinheiten im Kristallgitter die Eigenschaft haben, (negative) Elektronen abzugeben (Donoren), und p-Leitung, wenn dort Elektronen eingefangen werden (Akzeptoren), d. h. (positive) Löcher vorhanden sind. Je nach dem, ob die Konzentration der Donoren oder der Akzeptoren überwiegt, handelt es sich um einen n- oder p-Halbleiter. Durch Dotierung des Halbleitermaterials (Ge, Si) mit geeigneten Fremdatomen (P, Li: Donor; B, Ga: Akzeptor) kann somit entweder ein n- oder p-Typ- Halbleiter oder ein sogenannter i-Typ-Halbleiter hergestellt werden, bei dem durch nahezu gleiche Anzahlen von Elektronen und Löchern die Ladungen weitgehend kompensiert sind und eine von beweglichen Ladungsträgern nahezu freie (intrinsische) Zone entsteht, die als meßempfindliches Volumen für den Strahlungsnachweis dienen kann.

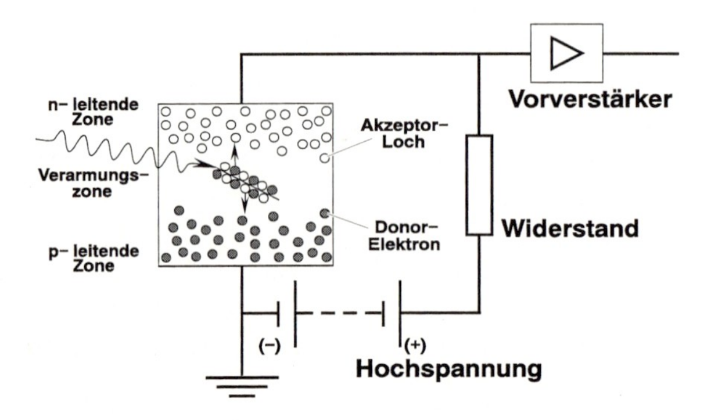

Abb. 8.11: Funktionsprinzip des Halbleiterdetektors mit n-p-Übergang

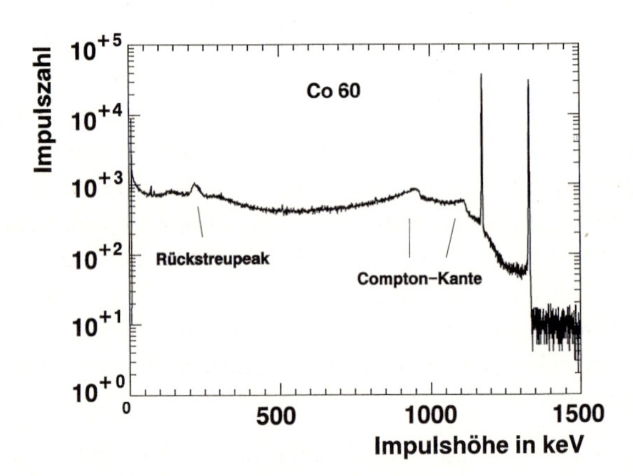

Abb. 8.12: Impulshöhenspektrum der Gammastrahlung von Co 60 (Messung mit koaxialem Halbleiter-Detektor aus Reinstgermanium, Durchmesser: 62 mm, Länge: 75 mm)

Halbleiterdetektoren werden bevorzugt für die Spektrometrie (Messung von Energiespektren) verwendet, weil die Anzahl der erzeugten Ladungsträger der Energie der absorbierten Teilchen proportional ist und weil sie ein besonders gutes Energieauflösungsvermögen aufweisen (s. Abb. 8.12). Dieses ist unter anderem darauf zurückzuführen, daß für die Erzeugung eines Ladungsträgerpaares nur etwa ein Zehntel der Energie benötigt wird (Si: 3,8 eV; Ge: 3 eV), die zur Ionisierung in Gasen erforderlich ist, womit durch die Vielzahl an Ladungsträgern eine relativ geringe statistische Schwankungsweite der zu einer Teilchenenergie gehörenden Impulshöhe resultiert.

Nachteilig sind bei Halbleiterdetektoren außer dem verhältnismäßig kleinen Ansprechvermögen für Photonen vor allem die durch Wärmeeinflüsse entstehenden Dunkelströme, zu deren Unterdrückung teilweise besondere Kühlmaßnahmen erforderlich werden. Bei Photonenmessungen sind ferner die durch das kleine Meßvolumen bedingten Signalverluste störend, die aufgrund der nach Wechselwirkungen aus dem Detektor entkommenden Folgephotonen einen erheblichen Anteil an Photonen mit niedriger Energie vortäuschen (Comptonuntergrund, s. auch Kap. 8.2.4 und 8.3.6.2).

Zur Messung direkt ionisierender Strahlungsteilchen werden vorzugsweise sogenannte Oberflächensperrschicht-Detektoren verwendet. Bei einer Sperrschicht handelt es sich um eine an frei beweglichen Ladungsträgern verarmte Zone (Verarmungszone) eines Halbleitermaterials, in der sich durch ionisierende Strahlung freigesetzte Elektronen und Löcher im elektrischen Feld einer angelegten Spannung bewegen können. Sie entsteht z. B. im Übergangsgebiet zwischen einer n- und einer p-leitenden Halbleiterzone durch Wanderung der Elektronen auf die p-Seite bzw. der Löcher auf die n-Seite und die dadurch bedingte Ladungskompensation. Oberflächensperrschicht-Detektoren werden im allgemeinen aus n-leitender Si-Trägersubstanz hergestellt, bei der durch ein geeignetes Verfahren eine p-leitende Oxidschicht unmittelbar an der Oberfläche des Halbleiters erzeugt wird. Die Sperrschicht ist mit einer dünnen Goldschicht bedampft (etwa 40 $\mu g/cm^2$), die zugleich elektrischer Kontakt und Eintrittsfenster ist.

Bei den in der Spektrometrie eingesetzten Detektoren sind Sperrschichtdicken zwischen 100 µm und 5 mm bei aktiven Oberflächen bis etwa 10 cm^2 gebräuchlich. Für die Messung von Alphateilchen reichen wegen der geringen Reichweite dieser Strahlung in Silicium (etwa 70 µm bei 10 MeV) Sperrschichtdicken von bereits 100 µm aus. Die Halbwertbreite des Vollenergiepeaks beträgt bei solchen Detektoren bei einer aktiven Oberfläche von 450 mm^2 etwa 20 keV bei 5,5 MeV Alphateilchenenergie. Etwa derselbe Wert ist auch bei Betastrahlung mit Detektoren gleicher aktiver Fläche und einer meßempfindlichen Sperrschichtdicke von 1,5 mm zu erwarten (Reichweite von 1 MeV-Elektronen in Si $\approx$ 1,7 mm). Die Halbwertbreite ist bei Betastrahlung nahezu unabhängig von der Teilchenenergie, da sie praktisch ausschließlich durch das elektronische Rauschen bestimmt wird. Aufgrund der kleinen Laufwege im meßempfindlichen Volumen ergeben sich durch die schnelle Sammlung der Ladungsträger äußerst kurze Impulsanstiegszeiten, was die Messung von Impulsraten bis zu etwa 10^9 Impulse/s ermöglicht.

Für die Messung von Photonen ist eine größere Verarmungszone erforderlich als sie bei Oberflächensperrschicht-Detektoren mit normalem Halbleitermaterial herstellbar ist. Sie läßt sich gewinnen, wenn extrem reine Halbleitermaterialien verwendet werden, die eine äußerst geringe Störleitfähigkeit aufweisen. Diese Detektoren, die in planarer oder koaxialer Form aus n- bzw. p-leitender Trägersubstanz hergestellt werden, können bei Raumtemperatur aufbewahrt werden, während der Betrieb bei Temperaturen nahe der des flüssigen Stickstoffs erfolgen muß, um die Eigenleitung weitgehend zu unterdrücken. Für Detektoren mit koaxialer Geometrie werden besonders große Volumina (bis 300 cm^3) und entsprechend große relative Ansprechvermögen (bis 100%) erreicht. Unter dem relativem Ansprechvermögen wird dabei das Verhältnis aus dem absoluten Ansprechvermögen des Halbleiterdetektors und dem eines 3"x3"-NaJ(Tl)-Szintillationszählers verstanden. Koaxiale Ge-Detektoren können somit in einem relativ großen Energiebereich eingesetzt werden (etwa 40 keV bis 10 MeV). Ge-Detektoren auf der Basis von n-leitendem Grundmaterial sind vergleichsweise weniger empfindlich gegenüber Strahlenschäden und ermöglichen wegen dünnerer Frontfenster kleinere untere Grenzenergien (etwa 3 keV). Übliche Halbwertbreiten des Vollenergiepeaks liegen bei 1,33 MeV Photonenenergie um 2 keV. Die koaxiale Form eignet sich insbesondere für Bohrlochanordnungen mit offenem oder geschlossenem Ende (Abb. 8.13a), womit von einer dort eingebrachten Aktivitätsprobe fast alle Strahlrichtungen erfaßt werden (4π-Geometrie). Typische Bohrlochabmessungen liegen bei 15 mm Durchmesser und 40 mm Tiefe. Dünne Planardetektoren zeichnen sich gegenüber dem Koaxialtyp durch ein besseres Energieauflösungsvermögen aus und ermöglichen die Messung höherer Impulsraten.

Eine Verarmungszone kann auch dadurch hergestellt werden, daß Li-Atome in die Oberflächenschicht von p-leitendem Si oder Ge eindiffundieren und unter dem Einfluß von

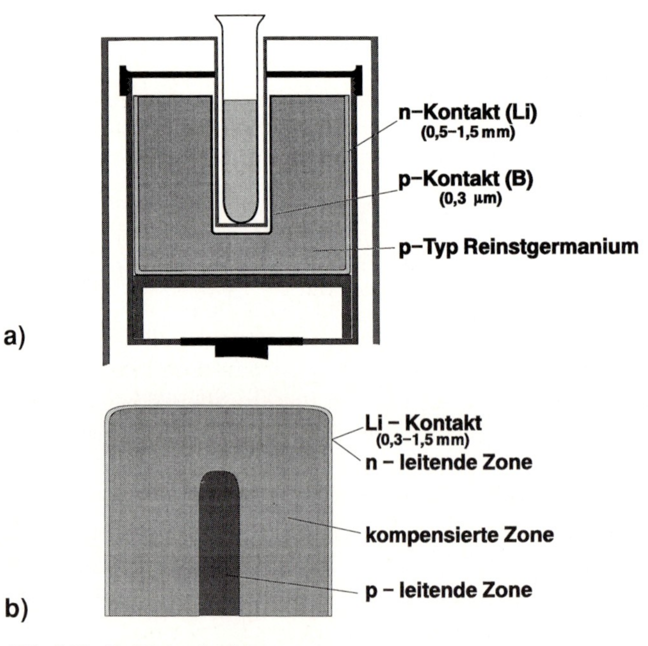

Abb. 8.13: Halbleiterdetektoren
a) Germanium-Bohrlochdetektor
b) Lithiumdriftdetektor Ge(Li)

Wärme und elektrischem Feld tiefer in das Material driften. Dabei wird die Lithium-Seite des Halbleiters durch das überwiegende Lithium (Donor) in eine n-leitende Zone umgewandelt, während in größerer Materialtiefe die normalerweise im p-Leiter vorhandenen Akzeptoren kompensiert werden. So bildet sich zwischen der übrig bleibenden nicht kompensierten p-leitenden Zone und der n-Seite eine Zone nahezu frei von beweglichen Ladungsträgern, die das empfindliche Detektorvolumen darstellt (Abb. 8.13b). Als Trägermaterial sind bei diesen sogenannten Lithiumdriftdetektoren Ge und Si gebräuchlich (Ge(Li)-, Si(Li)-Detektor).

Ge(Li)-Detektoren gibt es mit planarer oder koaxialer p-i-n-Struktur. Sie müssen stets auf niedrigen Temperaturen (flüssiger Stickstoff) gehalten werden, damit die Beweglichkeit der Li-Atome soweit verringert ist, daß die Sperrschicht erhalten bleibt. Die Meßeigenschaften von Ge(Li)-Detektoren sind denen der Reinstgermanium-Detektoren ähnlich. Da Li-Atome im Silicium wesentlich weniger beweglich sind als in Germanium, können Si(Li)-Detektoren bei Raumtemperatur gelagert und unter Verlust von Energieauflösungsvermögen auch bei dieser Temperatur betrieben werden. Planare Si(Li)-Detektoren werden vorzugsweise für die Spektrometrie niederenergetischer Röntgenstrahlung (600 eV – 60 keV) eingesetzt. Dabei sind je nach Detektordurchmesser (etwa 4 bis 16 mm) Halbwertbreiten des Photopeaks zwischen 160 eV und 250 eV bei 5,9 keV üblich. Der brauchbare Energiebereich ist dadurch eingeschränkt, daß das Ansprechvermögen bei Energien unterhalb von 600 eV durch das absorbierende Fenster (0,3 µm – 2 µm) und bei Energien oberhalb von etwa 60 keV durch die geringe Detektordicke von wenigen Millimetern praktisch nicht mehr ausreichend ist. Si(Li)-Detektoren werden auch bei der Spektrometrie geladener Teilchen eingesetzt, wobei für Betateilchen wegen der relativ kleinen Ordnungszahl des Si ein besonders geringer Anteil an zurückgestreuten und nicht vollständig absorbierten Elektronen zu erwarten ist.

Der Nachweis von Neutronen erfolgt ähnlich wie bei anderen Detektoren durch geeignete Kombination des Halbleiterdetektors mit Konvertermaterialien (^{6}LiF, ^{3}He). Dabei wird in der Regel ein System von zwei Detektoren (Sandwich-Anordnung) verwendet, um die beiden aus der Kernreaktion eines Neutrons in der dünnen Schicht des Konvertermaterials hervorgehenden (zumeist in entgegengesetzter Richtung wegfliegenden) Kernteilchen zur Heraushebung aus dem Untergrund in Koinzidenz zu erfassen. Als Detektoren werden üblicherweise Oberflächensperrschicht-Zähler eingesetzt.

Die Lebensdauer der Halbleiterdetektoren wird vor allem von den durch Alphateilchen, schnellen Neutronen, Protonen oder energiereichen Photonen verursachten Strahlenschäden (z. B. Atomversetzungen, Kernumwandlungen) bestimmt, die mit zunehmender Fluenz zu einer allmählichen Verschlechterung des Energieauflösungsvermögens führen. Je nach Art der Strahlung und des Detektormaterials sowie nach den Anforderungen an die Meßeigenschaften werden Grenzwerte für die Fluenz zwischen 10^7 und 10^{12} Teilchen/cm^2 angegeben. Neutroneninduzierte Strahlenschäden können bei n-Typ Reinstgermanium-Detektoren durch eine zeitweise Temperierung des Detektors (etwa 100 °C) unter Vakuumbedingungen unter Umständen praktisch vollständig ausgeheilt werden.

8.2.8 Festkörper-Kernspurdetektor

In speziellen nicht leitenden Feststoffen (Gläser, organische Kunststoffe) werden von dicht ionisierenden schweren Strahlungsteilchen, insbesondere Rückstoßkernen und Kernbruchstücken, längs ihrer Bahnen Materialschäden verursacht, die durch eine nachfolgende Behandlung mit Ätzmitteln erkennbar gemacht werden können [bec76]. Locker ionisierende Teilchen (Elektronen, Photonen) erzeugen demgegenüber keine erkennbaren Spuren. Beim Ätzprozeß wird das Material entlang der Teilchenspuren stärker angegriffen als in der nicht betroffenen Umgebung, so daß Ätzkanäle bzw. Ätzgruben entstehen, deren Anzahl pro Fläche ein Maß für die Fluenz, bzw. bei bekanntem Energiespektrum der Strahlung auch ein Maß für die Dosis ist.

Im praktischen Strahlenschutz werden Festkörper-Kernspurdetektoren (z. B. Polycarbonatfolien) vor allem für den Nachweis von Neutronen eingesetzt, wobei zwischen Messung mit und ohne Konverter zu unterscheiden ist. Bei der Verwendung von Konvertern wird das Detektormaterial mit einer Materialschicht bedeckt, in der die Neutronen Kernreaktionen auslösen, bei denen stark ionisierende Kernteilchen entstehen, die in das Detektormaterial eindringen. Hierbei dienen Konverter mit Th 232 und Np 237 zum Nachweis schneller Neutronen und solche mit Li 6 und B 10 zum Nachweis thermischer Neutronen. Mit speziellen organischen Feststoffen kann der Neutronennachweis auch ohne Konverter über die im Detektormaterial selbst angestoßenen Rückstoßkerne erfolgen [n6802.3].

Als Ätzmittel werden bei anorganischen Materialien starke Säuren (z. B. Flußsäure) und bei organischen Materialien Laugen (z. B. Kalilauge) verwendet. Durch Anlegen einer hochfrequenten Hochspannung während des Ätzvorgangs kann die Nachweisbarkeit der Spuren verbessert werden. Mit geeigneter Vorätzung läßt sich ferner der Anteil an störenden Spuren (Untergrund), die durch mechanische Oberflächenbeschädigungen entstanden sind, erheblich vermindern.

Zur Bestimmung der Kernspurdichte (Spurenzahl pro Fläche) im Detektormaterial kommen neben der direkten Auszählung unter dem Mikroskop verschiedene halb- und vollautomatische Verfahren zur Anwendung. Bei niedrigen Kernspurdichten ist ein Verfahren gebräuchlich, bei dem nach Anlegen einer geeigneten Spannung die Anzahl elektrischer Durchschläge durch die strahlungsbedingten Ätzgruben im Detektor gezählt wird.

8.2.9 Sonstige Detektoren

Außer den vorgenannten Nachweismethoden finden in speziellen Fällen noch weitere Verfahren zur Dosisbestimmung Anwendung, von denen hier einige kurz erwähnt werden sollen.

In der Unfalldosimetrie werden zur Messung von Neutronenfluenzen sowie zur Abschätzung der Energiespektren von Neutronen sogenannte Aktivierungssonden eingesetzt [ncr84, iae87a, soe77]. Dabei handelt es sich um spezielle Substanzen, in denen durch Neutronen radioaktive Atomkerne erzeugt werden, deren Aktivität ein Maß für die Neutronenfluenz ergibt. Aufgrund der Energieabhängigkeit des Aktivierungsquerschnitts wird zwischen thermischen Sonden, Resonanzsonden und Schwellenwertsonden unterschieden. Typische Materialien für thermische Sonden sind Au 197 und In 115. Resonanzsonden erfassen überwiegend Neutronen innerhalb bestimmter begrenzter Energiebereiche (Resonanzenergien, z. B. 577 eV bei Cu 63), während Schwellenwertsonden nur auf Neutronen mit Energien oberhalb einer bestimmten Schwellenenergie ansprechen (s. Anhang 15.9). Durch geeignete Kombination mehrerer Aktivierungssonden lassen sich Aussagen über das Energiespektrum von Neutronen gewinnen.

Zum Nachweis geladener Strahlungsteilchen wird ferner der Effekt der Exoelektronenemission genutzt. Dabei handelt es sich um den optisch oder thermisch angeregten Prozeß des Elektronenaustritts aus Kristalloberflächen, die zuvor einer Strahlenexposition ausgesetzt waren.

Zur Messung sehr hoher Photonendosen in verfahrenstechnischen Anlagen (Strahlensterilisation) oder bei Absolutmessungen für Eichzwecke finden sogenannte Kalorimeter und chemische Detektorsysteme Anwendung. Beim Kalorimeter wird unmittelbar die Energiedosis bestimmt, indem die in einem Probekörper durch die absorbierte Strahlung freigesetzte Wärmemenge anhand der Temperaturerhöhung gemessen wird. In chemischen Detektoren werden durch ionisierende Strahlung chemische Reaktionen ausgelöst, die als Maß für die Dosis dienen können. Beim Eisensulfatdosimeter nach Fricke werden in wässeriger Lösung befindliche Eisenionen vom zweiwertigen in den dreiwertigen Zustand überführt. Die damit verbundene Änderung der optischen Dichte ist ein Maß für die Dosis.

8.3 Strahlenschutzmeßgeräte

8.3.1 Einsatzweise von Meßgeräten

Bei Strahlenschutzmeßgeräten wird nach der Art der angezeigten Meßgröße zwischen Dosisleistungs- und Dosismeßgeräten sowie zwischen Impulsratenmeßgeräten (Ratemetern) und Impulssummenmeßgeräten unterschieden. Dosisleistungsmeßgeräte werden vorwiegend zur Ausmessung von Strahlungsfeldern (Ortsdosisleistung) oder zur Überwachung von Strahlungsquellen in Räumen und in der Umgebung verwendet. Mit Dosismeßgeräten wird zumeist die Personendosis gemessen, um einen Anhaltswert für die von einer Person aufgenommenen Körperdosen zu erhalten. Impulsgebende Meßgeräte dienen vor allem zur Kontaminationskontrolle. Sie ermöglichen eine quantitative Erfassung von Kontaminationen, wobei als Meßgrößen Aktivität, Aktivität pro Fläche oder Volumen u. a. auftreten.

Die Meßgeräte können als tragbare, mobile und fest installierte Geräte ausgeführt sein. Während tragbare Meßgeräte z. B. zur Festlegung und Überwachung von Strahlenschutzbereichen eingesetzt werden, dienen mobile Meßgeräte häufig zur Kontaminationskontrolle bei Personen oder zu Aktivitätsmessungen bei Kontaminationen von Luft, Wasser und Oberflächen. Mit fest installierten Meßgeräten werden im allgemeinen zeitliche Änderungen von Strahlungsfeldern in Räumen und in der Umgebung oder die in Luft bzw. Wasser abgegebenen Mengen radioaktiver Stoffe überwacht. Die Geräte unterscheiden sich ferner darin, ob ein Absolutwert, die relative Abweichung von einem Sollwert oder nur das Überschreiten eines einstellbaren Grenzwertes (Warngerät) angezeigt wird und ob die Ablesung unmittelbar am Gerät oder mit Fernübertragung erfolgt.

Bei der Beurteilung der Meßergebnisse ist grundsätzlich zu berücksichtigen, daß ein Meßwert nicht den wahren Wert einer Meßgröße (Dosis, Aktivität) liefert, sondern nur einen Schätzwert darstellt, der aus der Anzeige eines Meßgerätes unter Verwendung von Kalibrier- und Korrektionsfaktoren gewonnen wird und dementsprechend mit einer Meßunsicherheit behaftet ist. Anstelle des wahren Wertes tritt in der Praxis der sogenannte richtige Wert, der mit einer besonders qualifizierten Referenzmeßeinrichtung erhalten wird. Die Differenz zwischen Meßwert und richtigem Wert ist die sogenannte Meßabweichung oder der Meßfehler. Die Meßunsicherheit wird im allgemeinen durch die Angabe von Abweichungsspannen (Fehlergrenzen) beschrieben, in denen die mögliche Meßabweichung mit einer bestimmten Wahrscheinlichkeit zu erwarten ist. Zu ihrer Ermittlung müssen zumeist verschiedene Teilunsicherheiten berücksichtigt werden. Dazu gehören einerseits die zufälligen Schwankungen der Meßwerte, die bei wiederholten Messungen beobachtet und durch statistische Methoden erfaßt werden können. Zum anderen sind Abweichungen vom richtigen Meßwert einzubeziehen, gelegentlich auch systematische Fehler genannt, die durch Änderung von unkontrollierten Einflußgrößen, wie Temperatur und Luftfeuchte, entstehen. Im praktischen Strahlenschutz sind zumeist die statistischen Meßunsicherheiten bei Impulszählungen von Bedeutung (s. Kap. 8.5, 8.6). Hinsichtlich der Bestimmung anderer Teilunsicherheiten und ihrer Kombination zu einer Gesamtmeßunsicherheit sei auf die Fachliteratur verwiesen [rei90, n6818.1].

Für eine wirksame Strahlenschutzüberwachung muß sichergestellt werden, daß die benötigten Strahlungsmeßgeräte ordnungsgemäß funktionieren. Zu diesem Zweck sind in der Bundesrepublik Deutschland verschiedene Maßnahmen vorgesehen: Bauartprüfung, Eichung, Kalibrierung, Kontrollmessung. Durch die Prüfung der Bauart von Meßgeräten, die von der Physikalisch-Technischen Bundesanstalt (PTB) durchgeführt wird, soll sichergestellt werden, daß nur solche Bauarten zur Eichung zugelassen werden, die richtige Meßergebnisse liefern und eine ausreichende Beständigkeit der Meßwertanzeige erwarten lassen. Die Eichung bezeichnet die Prüfung und Stempelung einzelner Geräte durch die zuständige Eichbehörde zum Nachweis, daß die gerätetechnischen Anforderungen erfüllt und die zugelassenen Eichfehlergrenzen eingehalten werden. Bei der Kalibrierung wird aufgrund von Messungen ein Zusammenhang zwischen der Anzeige des Meßgerätes und dem richtigen Wert der gesuchten Meßgröße ermittelt. Dies erfolgt üblicherweise über die Bestimmung des Kalibrierfaktors, mit dem der angezeigte Meßwert (z. B. Impulsrate) zu multiplizieren ist, um die zu ermittelnde Meßgröße (z. B. flächenbezogene Aktivität) zu erhalten. Der Kalibrierfaktor ist dementsprechend der Kehrwert des sogenannten Ansprechvermögens (unter den jeweiligen Meßbedingungen), das als Verhältnis aus der Meßwertanzeige und der Meßgröße festgelegt ist. Bei einer Kalibrierung können unter Umständen auch präparative Maßnahmen an den Meßproben berücksichtigt werden (siehe Kap. 8.4). Unter Kontrollmessung wird im allgemeinen die Überprüfung der Kalibrierung durch Vergleich des mit einer radioaktiven Kontrollvorrichtung erzeugten Meßwerts mit dem erwarteten Sollwert verstanden.

Soweit Strahlenschutzmessungen mit nicht eichpflichtigen Meßgeräten (s. Kap. 11.11) durchgeführt werden, z. B. bei Messungen der Oberflächenkontamination, sind die Geräte vor dem Einsatz zu kalibrieren und regelmäßig mit Kontrollvorrichtungen zu überprüfen. Gegebenenfalls ist eine Justierung an den entsprechenden Regulier- und Einstellvorrichtungen vorzunehmen.

8.3.2 Personendosismeßgeräte

Personendosimeter dienen dazu, an einer für das Strahlungsfeld repräsentativen Stelle der Körperoberfläche die Äquivalentdosis für Weichteilgewebe (Personendosis) zu messen, um einen Anhaltswert für die Körperdosis zu erhalten. Dieses Ziel ist besonders gut bei durchdringender Strahlung, wie energiereichen Photonen und Neutronen, zu erreichen.

8.3.2.1 Photonenstrahlung

Zur Messung der Personendosis sind bei Photonen vor allem Stab-, Film- und Lumineszenzdosimeter in Gebrauch. *Stabdosimeter* sind füllhaltergroße Meßgeräte, die isolierte Ionisationskammern enthalten (Abb. 8.14), deren Ladungsänderung ein Maß für die Dosis ist. Vor Gebrauch wird der Ionisationskammer mittels eines Ladegerätes über einen eingebauten Federbalgschalter eine Anfangsladung zugeführt (Abb. 8.15a). Bei direkt ablesbaren Stabdosimetern wird die Ladungsänderung infolge der Einwirkung ionisierender Strahlung über die Positionsveränderung eines Quarzfadens mittels eines Linsensystems direkt an einer in Dosiseinheiten (Photonen-Äquivalentdosis) geeichten Skala abgelesen. Bei indirekt ablesbaren Stabdosimetern erfolgt die Ablesung der Ladungsänderung durch kurzzeitigen Anschluß an ein empfindliches Spannungsmeßgerät.

Grundsätzlich ist beim Einsatz von Stabdosimetern zu beachten, daß aufgrund der begrenzten Ladung eine Dosismessung nur bis zum Skalenendwert des verwendeten Dosimeters möglich ist und größere Dosen durch keinerlei Anzeige erkennbar sind. Aus diesem Grund empfiehlt es sich, bei vorher nicht übersehbaren Strahlenexpositionen mehrere Stabdosimeter mit verschiedenen Skalenendwerten (z. B. 2 mSv, 10 mSv, 50 mSv) zu verwenden.

Infolge der unvollkommenen Isolation und der natürlichen Umgebungsstrahlung werden Stabdosimeter laufend etwas entladen, weshalb der angezeigte Dosiswert stets unmittelbar vor Beginn und nach Beendigung einer möglichen Strahlenexposition abgelesen werden sollte. Bei guten Dosimetern beträgt der Selbstablauf weniger als 1% des Skalenendwertes in 24 Stunden. Der Schaltsprung in der Anzeige beim Trennen von Dosimeter und Ladegerät beträgt zumeist weniger als 2% des Skalenendwertes.

Wegen der unterschiedlichen Elementzusammensetzung von Luft (als Bezugssubstanz der Dosisgröße) und Detektorbestandteilen ergibt sich eine energieabhängige Dosisanzeige. Dementsprechend sind unterschiedliche Bauarten von Stabdosimetern für die Anzeige in verschiedenen Energiebereichen gebräuchlich. Beim Einsatz von Stabdosimetern in Strahlungsfeldern mit ausgeprägter Vorzugsrichtung ist zu berücksichtigen, daß die Dosisanzeige bauartbedingt richtungsabhängig ist. Für Einfallswinkel kleiner als 45° zur Vorzugsrichtung (senkrecht zur Dosimeterachse) liegen die Fehlergrenzen zumeist bei weniger als –20%.

Die grundsätzlich geforderte Nacheichung der im Strahlenschutz verwendeten Stabdosimeter kann entfallen, wenn diese regelmäßig mit einer bauartzugelassenen radioaktiven Kontrollvorrichtung geprüft werden, wie sie in Abb. 8.15b wiedergegeben ist (siehe Kap. 11.11). Diese besteht aus einem zylinderförmigen Abschirmblock mit zentral angeordneter Strahlungsquelle und mehreren Öffnungen für die Aufnahme der Stabdosimeter.

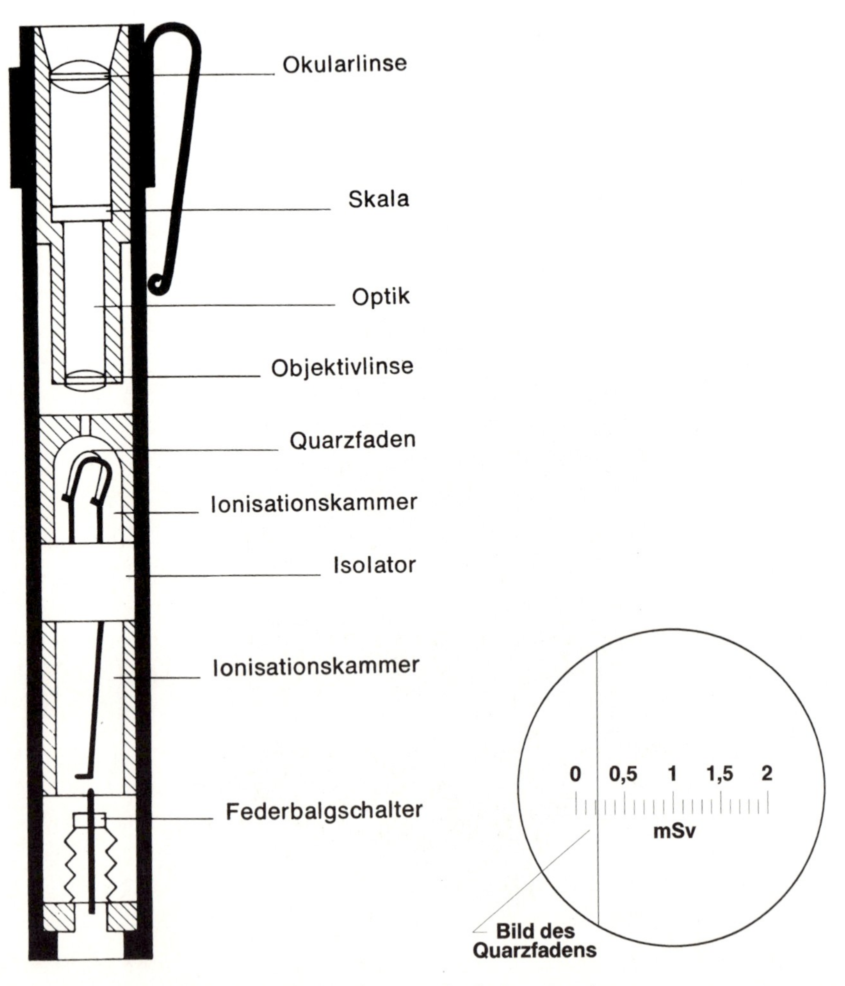

Abb. 8.14: a) Prinzipaufbau und Skala des Stabdosimeters mit direkter Anzeige

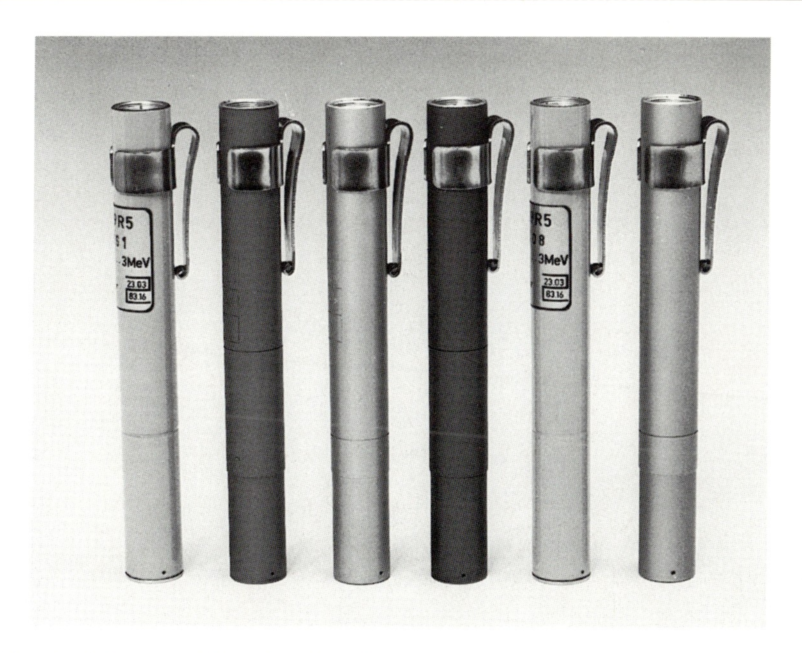

Abb. 8.14: b) Stabdosimeter (FH 39, FAG Kugelfischer)

Abb. 8.15: a) Ladegerät für Stabdosimeter (CAT 6, automess)

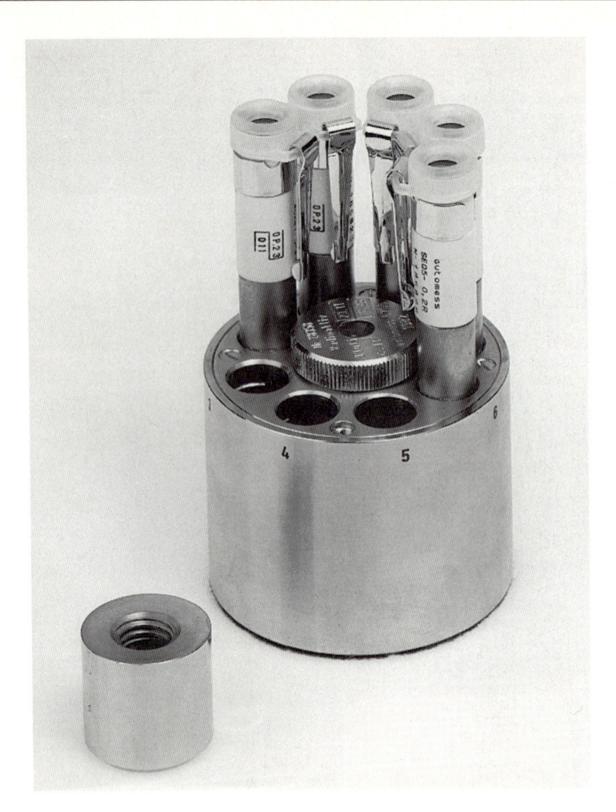

Abb. 8.15: b) Kontrollvorrichtung für 8 Stabdosimeter mit herausschraubbarem Prüfstrahler (652.1, automess)

Zum persönlichen Schutz sind ferner sogenannte *Strahlungswarngeräte* gebräuchlich, die bei Erreichen einer bestimmten Dosis oder Dosisleistung akustische Warnsignale abgeben (Abb. 8.15c). Dosiswarner werden vorzugsweise verwendet, wenn verhütet werden soll, daß Personen, die in intensiven Strahlungsfeldern tätig sind, mehr als eine vorher festgelegte Dosis erhalten. Demgegenüber dienen Dosisleistungswarner vor allem dazu, vor unerwarteten Strahlenexpositionen zu warnen, wobei vielfach mehrere Warnschwellenwerte der Dosisleistung eingestellt werden können. Dabei erlischt das Warnsignal, sobald die Dosisleistung den eingestellten Schwellenwert unterschreitet. Eine ähnliche Warnfunktion erfüllen auch solche Geräte, bei denen sich die Intensität oder Tonhöhe des Warnsignals mit der Dosisleistung ändert. Strahlungswarngeräte arbeiten mit Auslösezählrohren. Sie sind vielfach nicht abschaltbar, sondern enthalten langlebige Batterien oder Akkumulatoren, die bei Nichtbenutzung am Abstellplatz automatisch durch ein Ladegerät aufgeladen werden. Die Funktionsuntüchtigkeit eines Gerätes muß deutlich wahrnehmbar sein.

Für die routinemäßige Erfassung und Dokumentation von Strahlenexpositionen wird zumeist das *Filmdosimeter* eingesetzt. In Abb. 8.15d ist eine typische Filmplakette wiedergegeben, die außer dem Film mit 2 unterschiedlich empfindlichen Negativen die für die Dosisbestimmung (Photonen-Äquivalentdosis) erforderlichen Filterplättchen enthält.

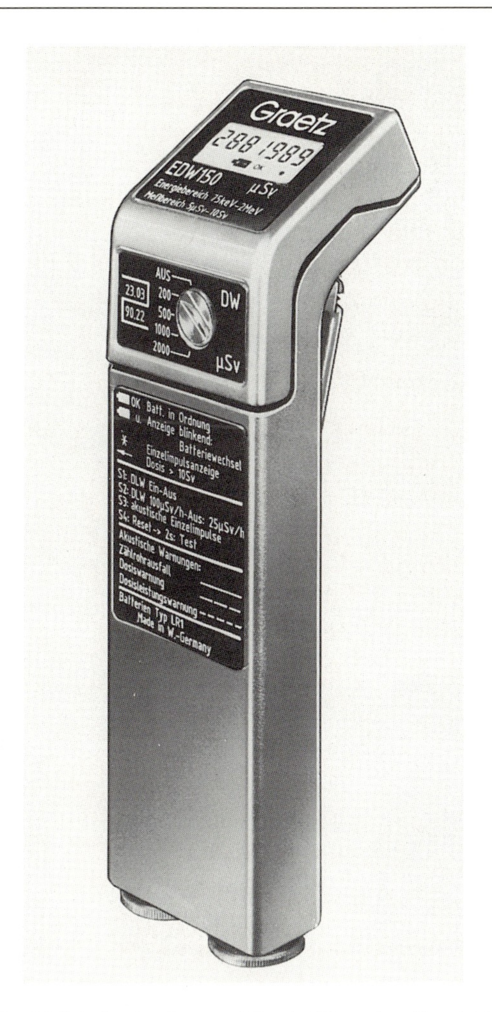

Abb. 8.15: c) Digitales Dosimeter, 4 Dosis-Warnschwellen: 200, 500, 1000 und 2000 μSv und 2 Dosisleistungs-Warnschwellen: 25 und 100 μSv/h (EDW 150, Graetz)

Die Auswertung erfolgt nach einem filteranalytischen Verfahren durch Vergleich der optischen Dichten des Dosismeßfilms mit Vergleichsfilmen aus derselben Emulsionscharge, die Kalibrierstrahlungen (Co 60, Röntgenstrahlung) ausgesetzt waren. Abb. 8.15e zeigt die unterschiedliche optische Dichte hinter den verschiedenen Filterplättchen nach der Exposition einiger Filme mit Röntgenstrahlung bei verschiedenen Bestrahlungsbedingungen.

In der Bundesrepublik Deutschland wird das Filmdosimeter wegen seines Dokumentencharakters als „amtliches" Dosimeter eingesetzt, wobei zur Auswertung nur einige nach Landesrecht zuständige Meßstellen zugelassen sind. Wegen der Zunahme der optischen Dichte durch die Umgebungsstrahlung und ihrer gleichzeitigen Abnahme durch chemische Prozesse (Fading) wird der Anwendungszeitraum im Regelfall auf einen Monat begrenzt. Der von den Meßstellen angegebene kleinste Meßwert beträgt 0.2 mSv. Für Do-

Abb. 8.15: d) Filmdosimeter (Kassette aufgeklappt, Dosismeßfilm mit 2 herausgezogenen Negativen) (Physikalisch Technische Werkstätten, aufgenommen bei Staatl. Materialprüfungsamt NRW-Personendosismeßstelle)

Abb. 8.15: e) Bestrahlte entwickelte Dosismeßfilme (10 mSv)
I) von links nach rechts: 30 kV-, 60 kV-, 250 kV-Röntgenstrahlung
II) 60 kV-Röntgenstrahlung bei verschiedenen Strahleneinfallswinkeln: von links nach rechts: 0°, 45° links, 45° rechts, 45° oben (Staatl. Materialprüfungsamt NRW-Personendosismeßstelle)

siswerte oberhalb von 10 mSv sind Meßabweichungen (vom richtigen Wert einer Referenzmessung) zwischen –30% und + 50% zugelassen [n6816].

Bei den in der Personendosimetrie üblichen *Lumineszenzdosimetern* wird der lumineszierende Stoff in Form kleiner Scheibchen oder Stäbchen mit Abmessungen von einigen Millimetern verwendet. Wegen ihrer Kleinheit und Robustheit eignen sich die Lumineszenzkörperchen besonders gut zur Dosismessung an den Händen, indem sie in Fingerringe eingesetzt werden (Abb. 8.15f). Sie finden ferner in speziellen Plaketten Anwendung. In Abb. 8.15g ist ein Meßsystem wiedergegeben, bei dem als Detektoren 4 LiF-Preßlinge zwischen Teflonfolie auf einer codierten Karte untergebracht sind, die in einer Kapsel getragen wird. Als untere Meßbereichsgrenze wird etwa 0,02 mSv angegeben. Die statistische Meßunsicherheit bei einer Dosis von 0,1 mSv pro Monat wurde mit ± 10% ermittelt. Abb. 8.15h zeigt ein Phosphatglas-Dosimetersystem, bei dem sich der Detektor in Form einer codierten Karte zwischen 2 perforierten Flachfiltern aus Zinn in einer Kapsel befindet, die mit einem Strichcode zur automatischen Identifizierung versehen ist. Der Meßbereich beginnt hierbei etwa bei 0,03 mSv und die statistische Meßunsicherheit wird bei einer Monatsdosis von 0,1 mSv mit etwa ± 5% angegeben.

Zur Bestimmung der Dosis werden die Detektorkarten in Auswertegeräte eingesetzt, in denen bei Erwärmung oder UV-Lichtbestrahlung (zumeist durch Laseranregung) die freigesetzte Lichtmenge gemessen wird und die weitere vollautomatische Auswertung

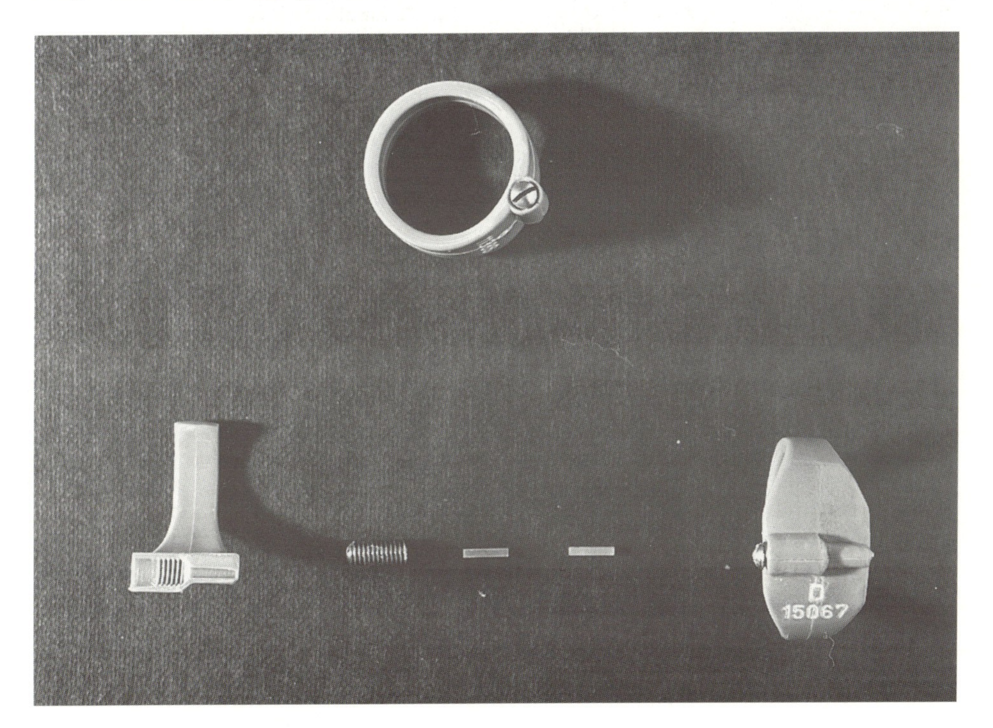

Abb. 8.15: f) Fingerringdosimeter (Auf- und Seitenansicht, links: aufgeschnitten, 2 TLD-Elemente, Kupferschraube) (Physikalisch Technische Werkstätten, aufgenommen bei Staatl. Materialprüfungsamt NRW-Personendosismeßstelle)

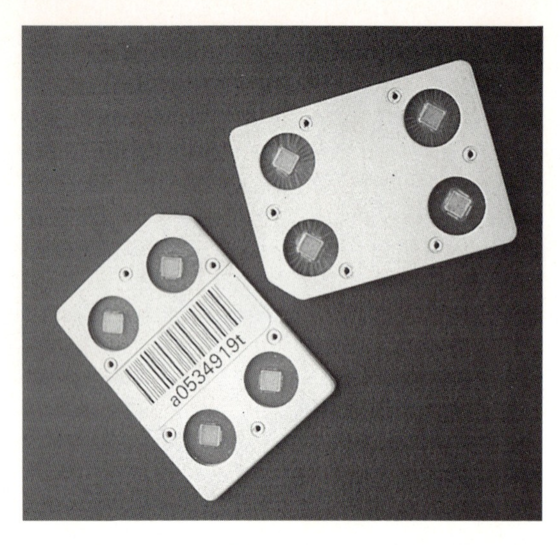

Abb. 8.15: g) Trägerkarte mit 4 LiF-Detektoren für TL-Dosimeter, (Solon Technologies Incorporated)

Abb. 8.15: h) PL-Flachglasdosimeter, Kapsel mit codierter Glaskarte und Zinnfiltern (Kernforschungszentrum Karsruhe)

bis zur Dosisanzeige erfolgt. Dabei kann nicht nur die Photonen-Äquivalentdosis sondern durch die Auswertung verschiedener Detektorbereiche auch die Richtungs-Äquivalentdosis H'(10) ermittelt werden (s. Kap. 6.2.3).

8.3.2.2 Neutronenstrahlung

Im Gegensatz zu Photonenstrahlung besteht bei der Personendosismessung von Neutronenstrahlung die grundsätzliche Schwierigkeit, daß sich die in den Organismus eindringenden Neutronen zumeist bei einer Vielzahl von Stoßprozessen über große Bereiche ausbreiten (Diffusion), bevor sie durch Absorption noch einen wesentlichen Beitrag zur Dosis liefern. Der Betrag und die räumliche Verteilung der Dosis hängen deshalb wesentlich von Form und Abmessungen des bestrahlten Körpers und von Energie und Richtung der einfallenden Neutronen ab [dör79]. Unmittelbar tragen lediglich intermediäre und schnelle Neutronen durch elastische Streuung an leichten Kernen und Kernreaktionen wie (n,p)-Prozesse zur Ionisierung und damit zur Dosis bei. Der Dosisbeitrag dieser Neutronen läßt sich deshalb mit Kernspurdetektoren (Kernspurfilm, nichtphotographische Kernspurdetektoren) ermitteln. Für Neutronen niedrigerer Energie kann die Dosis dagegen nicht unmittelbar gemessen werden. Hier ist lediglich ein indirekter Nachweis möglich, indem z. B. die Fluenz der abgebremsten langsamen, wieder durch die Körperoberfläche der bestrahlten Person austretenden Neutronen mit geeigneten Detektoren ermittelt wird. Die Bestimmung der Dosis kann dann mit speziellen Kalibrierfaktoren vorgenommen werden, die zuvor anhand von geeigneten Modellrechnungen oder -messungen erhalten worden sind. Ein meßtechnisches Problem besteht dabei darin, daß zwischen den aus dem Körper austretenden und den aus der Umgebung auf den Körper auftreffenden Neutronen unterschieden werden muß. Besonders einfache Kalibrierfaktoren ergeben sich, wenn das primäre Strahlungsfeld lediglich aus langsamen Neutronen besteht.

Ein gebräuchliches Meßverfahren für die von langsamen Neutronen erzeugte Äquivalentdosis ist die Anwendung von *Dosismeßfilmen*, die an verschiedenen Stellen beidseitig mit Cd- bzw. Sn- Plättchen abgedeckt sind. Aus der Differenz der optischen Dichten bzw. der Dosiswerte hinter beiden Plättchen läßt sich der Dosisbeitrag der Neutronen auch bei Anwesenheit von Photonenstrahlung ermitteln. Der Meßbereich der Dosis erstreckt sich etwa von 0.4 mSv bis 300 mSv. Zur Messung langsamer Neutronen werden außerdem *nichtphotographische Kernspurdetektoren* in Verbindung mit Li 6- und B 10-Konvertern eingesetzt. Der Dosismeßbereich liegt hierbei zwischen 10^{-5} mSv und 0.15 mSv [n6802.3].

Zur Messung der unmittelbar durch schnelle Neutronen verursachten Dosis sind in der Personendosimetrie Kernspurfilme und nichtphotographische Kernspurdetektoren gebräuchlich. Beim *Kernspurfilm* liegt der Einsatzbereich bezüglich der Neutronenenergie etwa zwischen 0,8 MeV und 15 MeV. Der Dosismeßbereich erstreckt sich von 0.2 mSv bis 500 mSv. Nachteilig ist das von Luftfeuchtigkeit, Temperatur und Neutronenenergie abhängige Fading sowie die Empfindlichkeit gegenüber Photonenstrahlung. Über die Messung der Spurlängenverteilung können jedoch Aussagen über das Energiespektrum der Neutronen gewonnen werden. *Nichtphotographischen Kernspurdetektoren* zeichnen sich durch ein praktisch vernachlässigbares Fading und Unempfindlichkeit gegenüber Photonen aus. Ihr Anwendungsbereich bezüglich der Neutronenenergie erstreckt sich je nach Art der Detektorsubstanz und des Konverters auf Werte zwischen 0.15 MeV und 20 MeV, wobei der Dosismeßbereich zwischen etwa 0.1 mSv und 2 Sv variiert.

Zur direkten Messung der gesamten Dosis, die durch Neutronen bekannter Strahlungsfelder im Verlauf ihrer Abbremsung und Absorption an einem Bezugspunkt im Organismus verursacht wird, dient das sogenannte *Albedodosimeter*. Dabei handelt es sich um ein System aus mehreren thermischen Neutronendetektoren (z. B. Li 6-haltiges TL-Material), die so hinter oder zwischen Absorberschichten aus Cd- oder B-haltigem Material angeordnet sind, daß bei der Auswertung eine Unterscheidung zwischen der aus dem Körper austretenden und der von außen einfallenden thermischen Neutronenstrahlung möglich wird. Der Meßwert für die austretende Neutronenstrahlung kann dann mittels bekannter Kalibrierfaktoren für das jeweilige Strahlungsfeld auf die gesamte am Bezugspunkt im Organismus durch Neutronen verursachte Äquivalentdosis bzw. effektive Dosis umgerechnet werden. Der Kalibrierfaktor hängt dabei maßgeblich von der Art des Strahlungsfeldes, d. h. von der Energie- und Richtungsverteilung der einfallenden Neutronen ab. Er kann z. B. durch Messungen an einem Phantom (Polyethylenkugel von 30 cm Durchmesser) mit einem TL-Detektor im Zentrum und Albedodosimetern an der Oberfläche bestimmt werden. Im allgemeinen genügt es, mit standardisierten Kalibrierfaktoren für die folgenden typischen Fälle von Strahlungsfeldern zu rechnen: Reaktoren und Beschleuniger mit starker Abschirmung, Brennstoffzyklus und kritische Anordnungen mit geringer Abschirmung, Radionuklid-Neutronenquellen, Hochenergie-Beschleuniger. Zur Verbesserung der Kalibrierung kann u. U. zusätzlich ein nichtphotographischer Kernspurdetektor erforderlich werden.

Das beim Albedodosimeter zur Anwendung kommende Verfahren der Differenzbildung zwischen den Meßwerten der Detektoren mit und ohne Li 6-Gehalt erlaubt darüber hinaus auch die Bestimmung der gleichzeitig auftretenden Photonendosis. Mit dünnwandigen Fenstern kann zusätzlich auch noch die Dosis etwaiger Betastrahlung abgeschätzt werden.

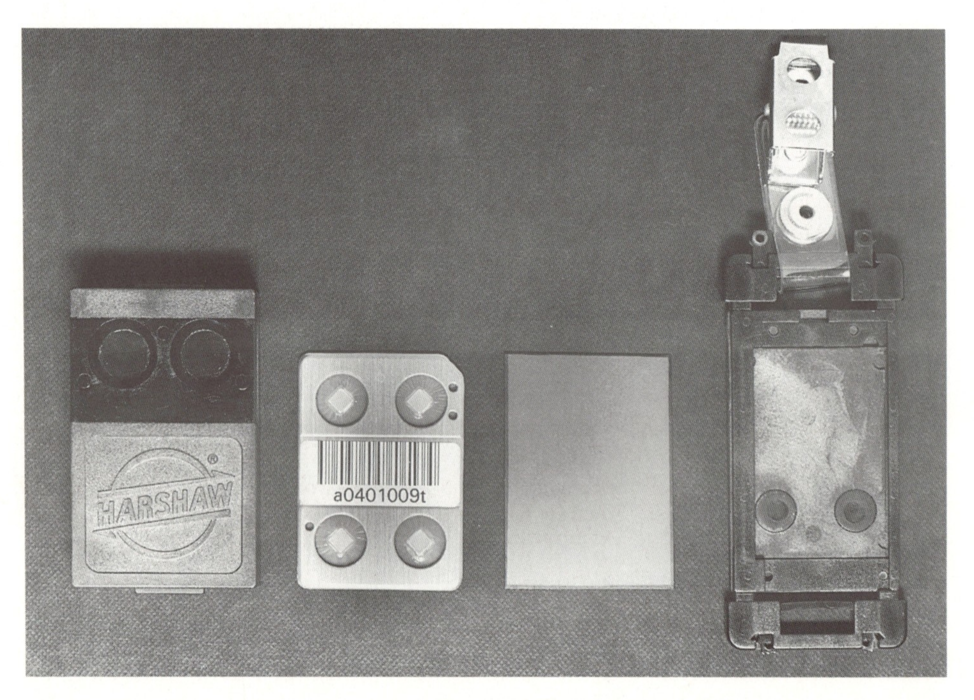

Abb. 8.15: i) Albedo-Dosimeter (Vorder- und Rückansicht, Trägerkarte mit 4 TLD-Elementen, Kernspurfolie) (Solon Technologies Incorporated, aufgenommen bei Staatl. Materialprüfungsamt NRW-Personendosismeßstelle)

Das in Abb. 8.15i wiedergegebene Albedodosimeter besteht aus einer Borplastik-Spritzgußkapsel, die eine Trägerkarte mit 4 paarweise angeordneten Thermolumineszenzdetektoren enthält. Ein Detektorpaar (^{6}Li/^{7}Li) befindet sich dabei hinter dem „Beta-Fenster" auf der Vorderseite der Kapsel. Es ermöglicht die Messung der langsamen Feldneutronen und der Beta-Hautdosis. Das zweite Detektorpaar ist abgesehen vom „Albedoneutronen-Fenster" auf der Kapselrückseite von borhaltigem Medium umgeben und ermöglicht somit die Messung der langsamen Albedoneutronen und der Gammastrahlung. Der Meßbereich der Dosis erstreckt sich im üblichen Energiebereich der Neutronen (< 10 MeV) von 0,1 mSv bis etwa 100 Sv. Außer Thermolumineszenzdetektoren ist auch der Einsatz von Kernspurdetektoren (Macrofol, CR 39) vorgesehen.

8.3.2.3 Sonstige Strahlungsarten

Außer für Neutronen und Photonen sind Personendosismeßgeräte des praktischen Strahlenschutzes lediglich für Betastrahlung entwickelt worden.

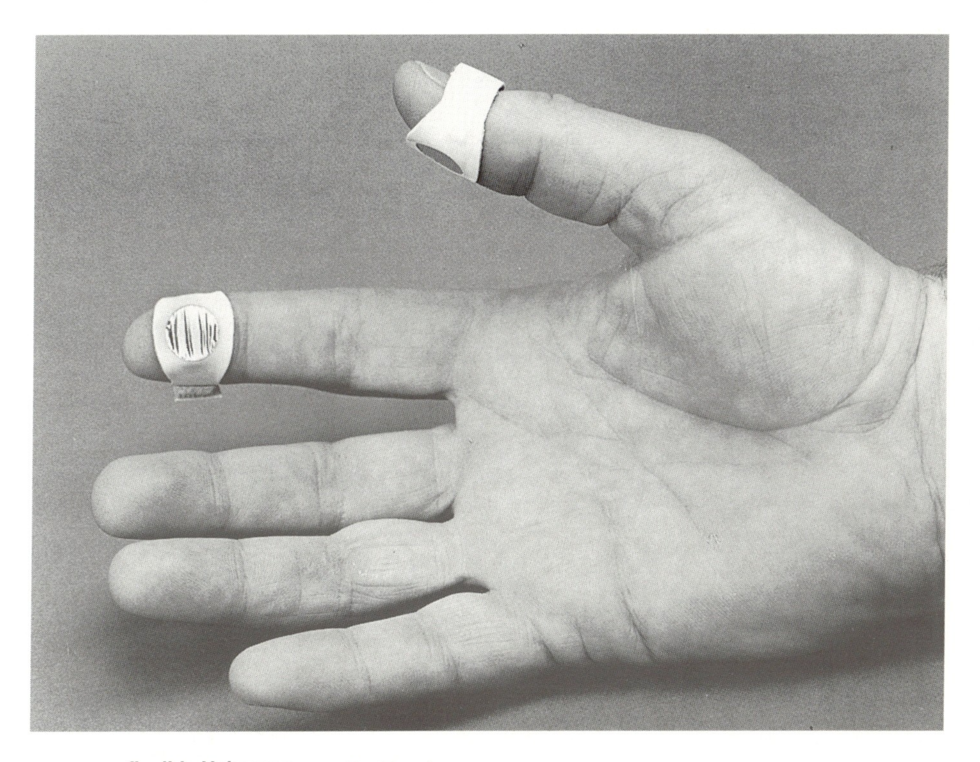

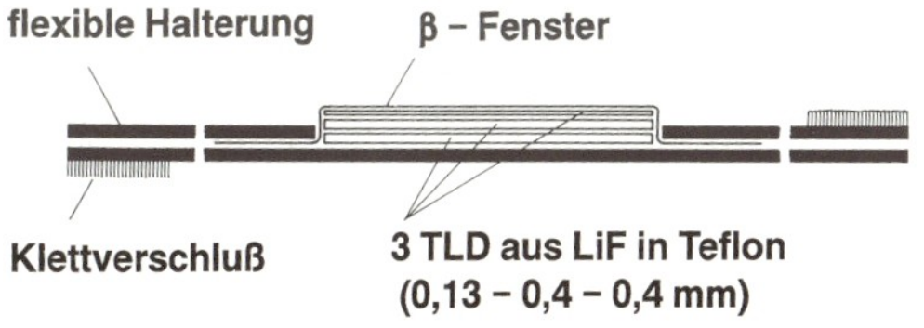

Abb. 8.15: j) Beta-Fingerringdosimeter (Forschungszentrum Jülich)

Im Prinzip eignen sich die zur Photonendosimetrie entwickelten Detektoren auch zur Betadosimetrie. Wegen der geringen Reichweite, insbesondere der energiearmen Betastrahlung, müssen jedoch die Schutzschichten um den Detektor sehr dünn gewählt werden [fac75, fac82b, fac91]. In der Personendosimetrie sind Filmdosimeter und Thermolumineszenzdetektoren in Gebrauch. Dosismeßfilme, die in Filmplaketten mit speziellem Betafenster getragen werden, erlauben eine grobe Abschätzung der Dosis bei höheren Betaenergien. Für die Ermittlung von Teilkörperdosen an besonders exponierten Körperteilen, insbesondere an den Händen, sind spezielle Betadosimeter entwickelt worden. Hierbei werden teilweise mehrere extrem dünne TL-Schichten übereinander gelagert, wodurch eine Aussage über die Tiefenverteilung der Dosis möglich wird. Abb. 8.15j zeigt ein am Finger zu tragendes Dosimeter, das hinter einer dünnen Schutzfolie drei hintereinander geschichtete Detektorscheibchen aus LiF enthält. Dabei ist die Dicke der ersten Schicht so gewählt, daß in Verbindung mit der Schutzfolie die Äquivalentdosis in einer Tiefe entsprechend 7 mg/cm^2 erfaßt wird.

8.3.2.4 Anwendungshinweise

Der Umgang mit Personendosimetern richtet sich wesentlich danach, ob die Dosisanzeige über einen längeren Zeitraum erhalten bleibt (Dokumentencharakter) oder kurzfristig verlorengehen kann. Personendosimeter mit Dokumentencharakter sind z. B. Dosismeßfilme, die gewöhnlich in einmonatigen Abständen zur Ausmessung an zentrale Auswertestellen eingesandt werden. Die zur kurzfristigen (täglichen) Dosisüberwachung verwendeten Stabdosimeter müssen wegen des begrenzten Meßbereichs entsprechend der vorgesehenen Expositionszeit und der zu erwartenden Dosisleistung ausgewählt werden. Zur Sicherheit sollte ein Stabdosimeter möglichst immer neu aufgeladen werden, wenn die Anzeige die Hälfte des Maximalwertes erreicht hat (s. Abb. 8.14, 8.15a). Bei Arbeiten in Röntgenstrahlungsfeldern ist sicherzustellen, daß das verwendete Stabdosimeter auch für den Einsatz im Energiebereich zwischen etwa 20 bis 200 keV zugelassen ist. Bei der Verwendung von Albedodosimetern ist darauf zu achten, daß dasselbe Dosimeter stets nur unter denselben Expositionsbedingungen getragen wird und seitenrichtig am Körper befestigt ist.

8.3.3 Ortsdosis- und Ortsdosisleistungsmeßgeräte

Diese Geräte dienen dazu, die Äquivalentdosis oder -dosisleistung an einem bestimmten Ort in einem Strahlungsfeld zu ermitteln, die dort bei Anwesentheit von Weichteilgewebe zu erwarten wäre (Ortsdosis, -leistung). Hinsichtlich der Einsatzweise wird zwischen tragbaren und stationären Meßgeräten unterschieden. Tragbare Meßgeräte werden vorwiegend zum Ausmessen von Strahlungsfeldern in der Umgebung von Strahlungsquellen verwendet. Stationäre Dosisleistungsmeßgeräte dienen zur laufenden Überwachung des Strahlungspegels an einem festen Ort in einem veränderlichen Strahlungsfeld, wobei im wesentlichen zwischen ständiger Anzeige und Warnsignalgabe (Pegelwächter) zu unterscheiden ist.

8.3.3.1 Photonenstrahlung

Die im praktischen Strahlenschutz verwendeten Dosisleistungsmeßgeräte enthalten als Detektoren zumeist Auslösezählrohre, Proportionalzählrohre, Ionisationskammern oder Szintillationszähler. Die Detektorwahl wird wesentlich durch den Anwendungszweck bestimmt.

Meßgeräte mit *Auslöse-* bzw. *Geiger-Müller-Zählrohren* dienen vorwiegend zur routinemäßigen Kontrolle von Strahlungsfeldern, bei denen das Energiespektrum entweder bekannt ist oder als konstant angesehen werden kann, so daß mit gleichbleibendem Kalibrierfaktor zu rechnen ist. Ihr Hauptvorteil liegt in der großen Empfindlichkeit und der kompakten und robusten Ausführung. Nachteilig ist vor allem die Abhängigkeit der Dosisanzeige von der Energie und Einfallsrichtung der Strahlung, die insbesondere bei niedrigen Energien (< 100 keV) zu erheblichen Meßabweichungen führen kann. Bei geeigne-

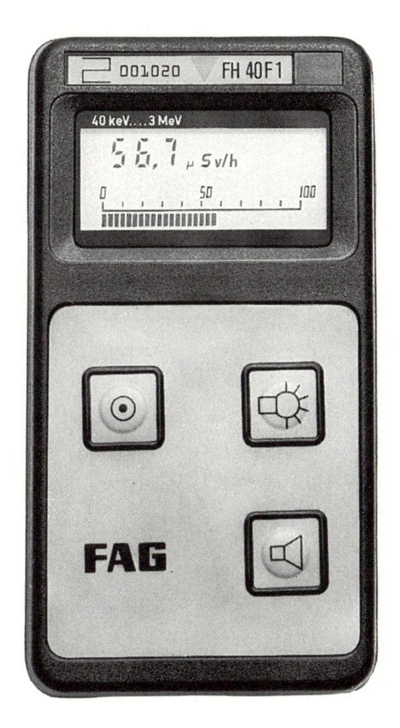

Abb. 8.16: a) Ortsdosisleistungsmeßgerät für Photonenstrahlung mit Geiger-Müller-Zählrohr, (Radiameter FH 40 F1, FAG Kugelfischer)

ter Bauweise läßt sich die Meßabweichung jedoch in bestimmten Energiebereichen soweit begrenzen, daß das Gerät als Dosis- bzw. Dosisleistungsmeßgerät zur Eichung zugelassen werden kann [n6818.5]. Abb. 8.16a zeigt ein typisches Beispiel für ein tragbares Ortsdosisleistungsmeßgerät mit GM-Zählrohr, das mit Microprozessor und LC-Anzeige (Flüssigkristall-Anzeige) ausgestattet ist und Meßwerte sowohl in digitaler Form als auch analog in Balkenform anzeigt.

Für dieses Gerät wird ein Meßbereich von 200 µSv/h bis 990 mSv/h (Anzeigebereich ab 3 µSv/h) angegeben, wobei die Fehlergrenzen im Energiebereich zwischen 40 keV und 3 MeV bei < ± 30% liegen. Für die Richtungsabhängigkeit werden Fehlergrenzen von ± 20% angegeben, sofern die Strahlung weitgehend von vorn innerhalb eines 90°-Kegels einfällt. Die Fehlergrenzen für den Temperaturbereich zwischen –30° und +50° betragen weniger als ± 20%. Der Anzeigebereich und die Dämpfungszeitkonstante werden automatisch entsprechend der Dosisleistung eingestellt. Bei Überschreiten einer als Alarmschwelle gespeicherten Dosisleistung (25 µSv/h) wird akustisch und optisch Alarm gegeben. Für spezielle Meßaufgaben lassen sich verschiedene Außensonden über ein Kabel anschließen.

In Abb. 8.16b ist ein ähnlich aufgebautes Ortsdosisleistungsmeßgerät mit analoger und digitaler Anzeige wiedergegeben, bei dem 2 GM-Zählrohre an einer auf 4,25 m ausziehbaren Teleskopstange angebracht sind. Durch die Trennung von Detektor und Anzeigeeinheit ist es insbesondere für die Messung intensiver Strahlungsfelder geeignet.

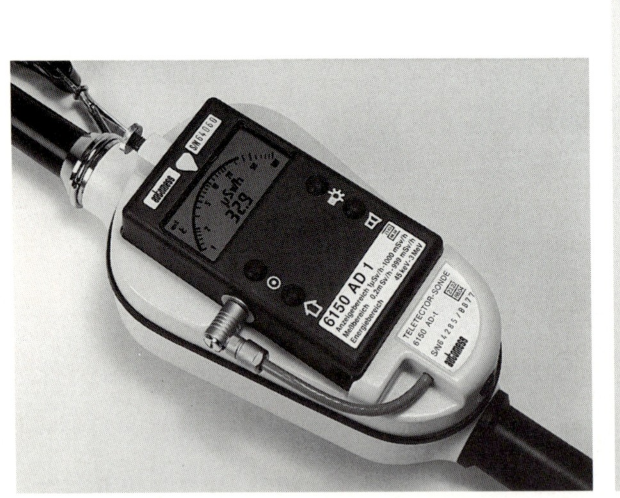

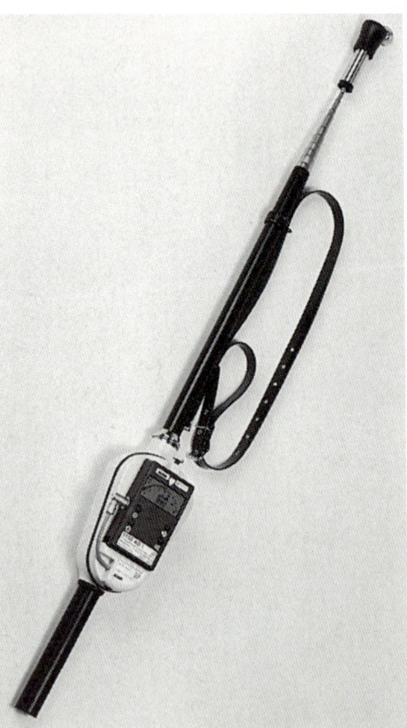

Abb. 8.16: b) Ortsdosisleistungsmeßgerät und Teleskopsonde mit eingebautem Hochdosis- und Niederdosiszählrohr (Teletector 6150 ADT, automess)

Der eichfähige Dosisleistungsmeßbereich erstreckt sich von 0,5 µSv/h bis 9,99 Sv/h bei einem Energie-Nenngebrauchsbereich von 65 keV bis 3 MeV. Durch Tastendruck können Mittel- oder Höchstwert der Dosisleistung bzw. die akkumulierte Dosis seit Einschalten des Gerätes (digital) zur Anzeige gebracht werden. Das Gerät ist auch für den Einsatz bei der Feuerwehr zugelassen.

Abb. 8.16c zeigt ein Dosisleistungsmeßgerät mit *Proportionalzählrohr*, bei dem die Ortsdosisleistung mit einem konventionellen Zeigermeßinstrument über einer Skala angezeigt wird.

Der Meßbereich für dieses Gerät ist in 5 Stufen umschaltbar und erstreckt sich bis 30 mSv/h, wobei die Fehlergrenzen im Nenngebrauchsbereich zwischen 30 keV und 1,3 MeV ≤ ± 30% bleiben. Es sind 2 Dämpfungszeitkonstanten wählbar. Das Zählrohr läßt sich herausschrauben und mit einem Kabel an das Grundgerät anschließen.

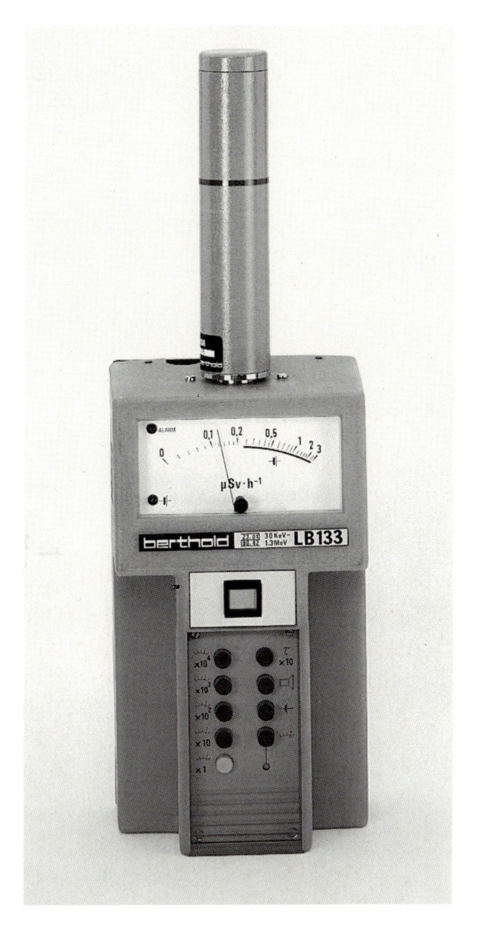

Abb. 8.16: c) Ortsdosisleistungsmeßgerät mit Proportionalzählrohr (LB 133, Berthold-EG & G Ortec)

Stationär werden Zählrohrgeräte vorwiegend zur Überwachung des Strahlungspegels an speziell nach den Arbeitsabläufen ausgewählten Orten in Räumen sowie zur kontinuierlichen Umgebungsüberwachung eingesetzt. Die sogenannten Pegelwächter sind zumeist mit Alarm- und Meldeeinrichtungen verbunden, wobei ein automatisches Warnsignal ausgelöst wird, sobald der Strahlungspegel eine einstellbare Schwelle überschreitet. Mit geeigneten Wandhalterungen und Steuereinrichtungen können auch die zuvor genannten tragbaren Geräte diese Funktionen übernehmen. Abb. 8.16d zeigt ein für die Umgebungsüberwachung einsetzbares Meßsystem für die Ortsdosisleistung, das aus einem Proportionalzählrohr und dem Steuergerät mit der Meßelektronik besteht.

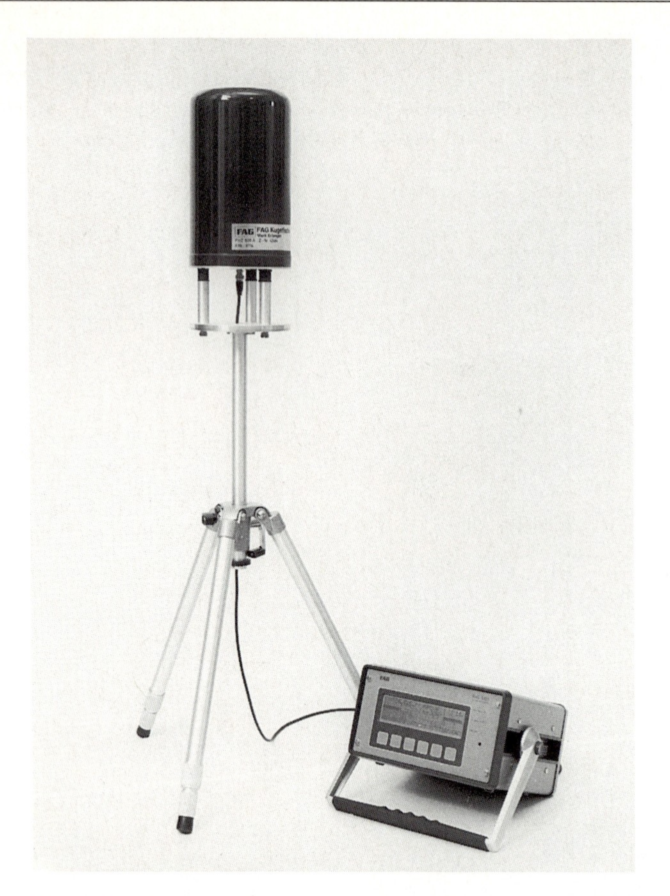

Abb. 8.16: d) Ortsdosisleistungsmeßsystem zur Umgebungsüberwachung. (Proportionalzählrohr für Photonenstrahlung FHZ 600A mit Digital-Ratemeter FHT 1100, FAG Kugelfischer)

Für den Detektor wird ein Meßbereich von 5 nSv/h bis 5 mSv/h angegeben, wobei die Fehlergrenzen im Energiebereich zwischen 40 keV und 1,3 MeV ≤ ± 15% bleiben. Die Meßsonde umfaßt neben dem Zählrohr auch einen Teil der Folgeelektronik, wie Hochspannungsversorgung, Vorverstärker und Diskriminator. Die Verbindung zur Meßelektronik kann über ein bis zu 1500 m langes Kabel erfolgen. Das Steuergerät ist mit den für die Durchführung der Meßaufgaben notwendigen Modulen ausgestattet. Die Bedienung erfolgt über eine menügesteuerte Benutzerführung mit „Softkeys" und LC-Graphikanzeige. Der Anschluß an Datenübertragungseinrichtungen, Computer oder Drucker führt über eine Standardschnittstelle.

Ortsdosisleistungsmeßgeräte mit *Ionisationskammer* als Detektor erfordern wegen des sehr kleinen Ionenstroms bei den praktisch zu messenden Dosisleistungen einen erheblichen Verstärkungsaufwand durch eine geeignete Elektronik. Wegen der Proportionalität zwischen Kammerstrom und Dosisleistung werden Ionisationskammern jedoch trotzdem häufig in Dosis- und Dosisleistungsmeßgeräten verwendet, wobei der einfache Kammeraufbau, der große Energiegebrauchsbereich sowie der große Dosisleistungsmeßbereich vorteilhaft sind [n6818.4]. Ionisationskammern sind insbesondere auch zum Einsatz in gepulsten Strahlungsfeldern (z. B. Beschleuniger) gut geeignet, solange die tatsächliche Dosisleistung während des Strahlungspulses und damit die Ionendichte in der Kammer so klein bleibt, daß Ionenverluste durch Rekombination vernachlässigbar sind.

Ein typisches Beispiel für ein tragbares Ionisationskammermeßgerät ist in Abb. 8.16e wiedergegeben.

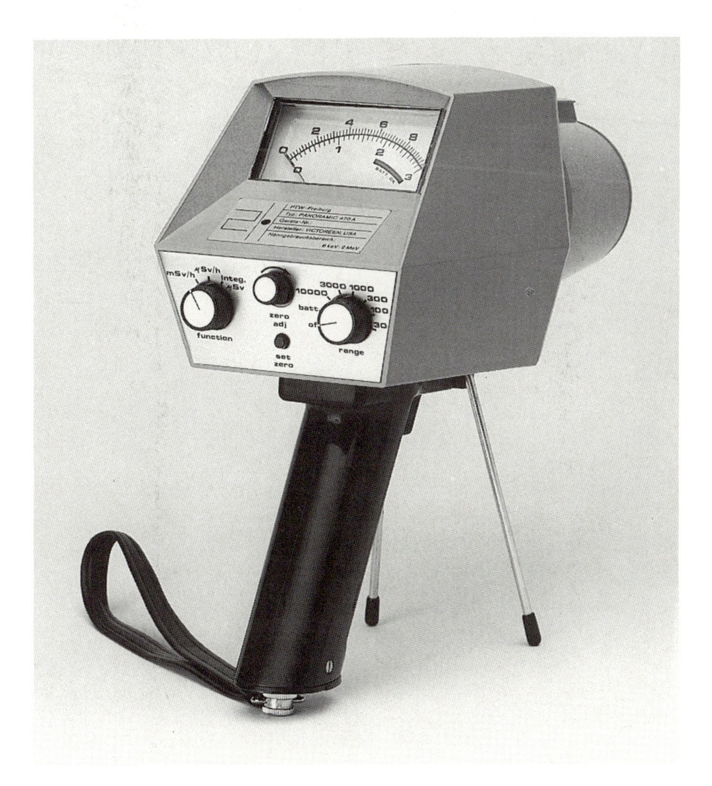

Abb. 8.16: e) Dosis- und Dosisleistungsmeßgerät für Photonenstrahlung mit Ionisationskammer (Panoramic 470A, Victoreen)

Die eichfähigen Meßbereiche erstrecken sich über 12 einstellbare Skalenendwerte der Ortsdosisleistung von 30 μSv/h bis 10 Sv/h bzw. 6 Skalenendwerte der Dosis von 30 μSv bis 10 mSv. Die Fehlergrenzen der Meßwerte liegen im Energiebereich zwischen 40 keV und 2 MeV bei ± 10% und im Energiebereich zwischen 8 keV und 300 keV (ohne Wandverstärkungskappe um den Detektor herum) bei ± 15%.

Für stationäre Ortsdosisleistungsmessungen eignen sich Ionisationskammern vor allem wegen ihres großen Meßbereichs sowie der langen Lebensdauer und der großen Zuverlässigkeit. Sie werden deshalb bevorzugt zur Überwachung von schwer zugänglichen Bereichen, z. B. in kerntechnischen Anlagen und Beschleunigern, verwendet, wobei zumeist eine Fernübertragung an eine zentrale Überwachungsstelle erfolgt.

Szintillationszähler finden in Dosisleistungsmeßgeräten vor allem dann Anwendung, wenn besonders niedrige Ortsdosisleistungen gemessen werden sollen. Bei dem in Abb. 8.17 wiedergegebenen tragbaren Dosisleistungsmeßgerät wird ein Plastikszintillator mit einer silberaktivierten Zinksulfid-Schicht (ZnS(Ag)) verwendet, bei dem der Detektor und die übrigen Komponenten in einem Bauelement zusammengefaßt sind.

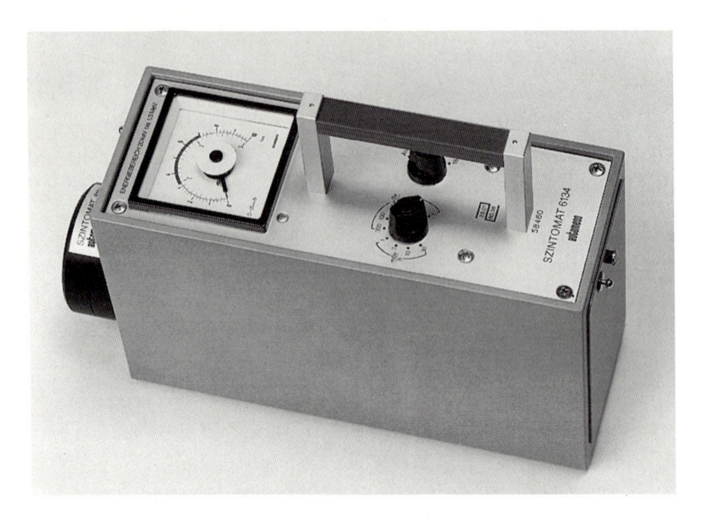

Abb. 8.17: Ortsdosisleistungsmeßgerät für Photonenstrahlung mit Szintillationsdetektor (Szintomat 6134, automess)

Das Gerät ist mit 10 linearen Meßbereichen mit Skalenendwerten zwischen 1 µSv/h und 30 mSv/h ausgestattet. Es ist ab 0,1 µSv/h eichfähig und hat einen Nenngebrauchs-Energiebereich von 20 keV bis 1,3 MeV. Es sind 3 umschaltbare Dämpfungszeitkonstanten vorgesehen (1 s, 4 s, 16 s).

Szintillationszähler werden auch bei ortsfesten Strahlenschutz-Meßsystemen für die Umgebungsüberwachung zur Messung der Ortsdosisleistung (ODL) eingesetzt, da sie bei relativ kleinem Meßvolumen ein hohes Ansprechvermögen aufweisen.

8.3.3.2 Neutronenstrahlung

Da Neutronen nicht direkt ionisieren können, müssen zu ihrem Nachweis Wechselwirkungen mit der Materie ausgenutzt werden, bei denen direkt ionisierende Sekundärteilchen entstehen. Die anwendbaren Meßverfahren richten sich dabei entscheidend nach dem zu erfassenden Neutronenenergien [n6802.3]. Das mit den Neutronen wechselwirkende Material befindet sich dazu entweder schichtförmig an der Oberfläche oder in gleichförmiger Verteilung im Inneren der Detektoren.

Langsame Neutronen (energieärmer als 0,5 eV) lassen sich mit He 3 oder $^{10}BF_3$ als Füllgas sowie mit Li 6, B 10 und U 235 als Wandbeschichtung in *Proportionalzählrohren* erfassen. Für den Nachweis schneller Neutronen (energiereicher als 10 keV) eignen sich

Zählrohre mit wasserstoffhaltigen Stoffen (Methan, Polyethylen), in denen Neutronen Wasserstoffkerne anstoßen können, die als direkt ionisierende Rückstoßprotonen weiterfliegen. Ferner wird die Spaltung von schweren Atomkernen wie Th 232, U 238 und Np 237 ausgenutzt, bei der extrem stark ionisierende Bruchstücke entstehen, die besonders leicht von anderen Strahlungsteilchen zu unterscheiden sind, so daß Neutronen auch in intensiven Photonenfeldern gemessen werden können. Schnelle Neutronen lassen sich auch mit Geräten nachweisen, die Detektoren für langsame Neutronen enthalten, wenn diese von geeignet bemessenen Hüllen aus neutronenbremsenden Materialien (Moderatoren) umgeben sind, in denen die schnellen Neutronen auf niedrige Energien abgebremst werden. Typische Geräte zur Messung schneller Neutronen sind sogenannte *Long Counter*, bei denen eine Paraffinhülle in Verbindung mit einem BF_3-Zählrohr verwendet wird, sowie Szintillationszähler oder Thermolumineszenzdetektoren (LiJ) im Zentrum von kugel- bzw. zylinderförmigen Moderatoren.

Die bei einer bestimmten Teilchenfluenz erzeugte Detektoranzeige ist von der Bauart des Meßgerätes sowie von der Energie- und Richtungsverteilung der nachzuweisenden schnellen Neutronen abhängig. Aus dem angezeigten Meßwert läßt sich somit die zugehörige Äquivalentdosis nur dann berechnen, wenn die Abhängigkeit der Detektoranzeige von Energie und Einfallsrichtung der Neutronen sowie das Energiespektrum des zu messenden Strahlungsfeldes bekannt sind. Da in Neutronenfeldern außer schnellen fast immer auch die durch Stöße abgebremsten intermediären und langsamen Neutronen vorkommen, wird bei Meßgeräten des praktischen Strahlenschutzes durch konstruktive Maßnahmen zu erreichen versucht, daß alle Energiekomponenten des Strahlungsfeldes unter Berücksichtigung der Fluenz-Dosisumrechnungsfaktoren (s. Anhang 15.23) gleichwertig berücksichtigt werden. Auf diese Weise kommt unmittelbar die Äquivalentdosis (z. B. H*(10)) der gesamten Neutronenstrahlung zur Anzeige. Bei den in der Praxis gebräuchlichen Meßgeräten mit Polyethylenmoderator und Detektor für langsame Neutronen muß allerdings mit einer merklichen Energieabhängigkeit des Ansprechvermögens (Detektoranzeige/Dosis) gerechnet werden, das im Energiebereich zwischen 20 keV und 14 MeV Unterschiede bis zu einem Faktor 10 aufweisen kann [fac82b].

Abb. 8.18 zeigt ein tragbares Gerät zur Messung der Äquivalentdosisleistung, das aus einem BF_3-Proportionalzählrohr und einem zylinderförmigen Polyethylenmoderator aufgebaut ist.

Das Gerät hat eine analoge und eine digitale Meßwertanzeige. Der Anzeigebereich erstreckt von 0,01 µSv/h bis 100 mSv/h. Der nutzbare Energiebereich ist mit 0,025 eV bis 15 MeV angegeben.

Für genaue Dosis- bzw. Dosisleistungsmessungen ist stets eine Kalibrierung der Meßwertanzeige für das vorliegende Energiespektrum der Neutronen erforderlich. Falls dieses nicht bereits aus Erfahrung bekannt ist, muß es durch gesonderte Messungen z. B. mit Halbleiterdetektoren oder durch Meßreihen mit dem sogenannten Bonner-Zähler ermittelt werden. Hierbei handelt es sich um ein Meßsystem mit Moderatorkugeln und einem Detektor für langsame Neutronen, bei dem die für verschiedene Kugeldurchmesser an einem Ort im Strahlungsfeld erhaltenen Meßwerte zur Abschätzung des Energiespektrums der Neutronen ausgewertet werden. Auf die Unterscheidung typischer Fälle von

Neutronenspektren wurde bereits bei der Personendosimetrie hingewiesen (s. Kap. 8.3.2.2).

Auch *Ionisationskammern* aus gewebeäquivalentem Materialien eignen sich zur Dosismessung in Neutronenfeldern, wenn das Energiespektrum bzw. der Kalibrierfaktor bekannt ist. Andernfalls kann aus der gemessenen Energiedosis durch Multiplikation mit dem größten Qualitätsfaktor eine sichere Abschätzung der Äquivalentdosis erhalten werden. Es ist zu berücksichtigen, daß die Dosisanzeige auch den Beitrag gleichzeitig vorhandener Photonenstrahlung umfaßt (s. u.). Bezüglich weiterer Meßgeräte, insbesondere zur ausschließlichen Dosismessung von Neutronen in gemischten Strahlungsfeldern, sei auf die Fachliteratur verwiesen [n6802.3].

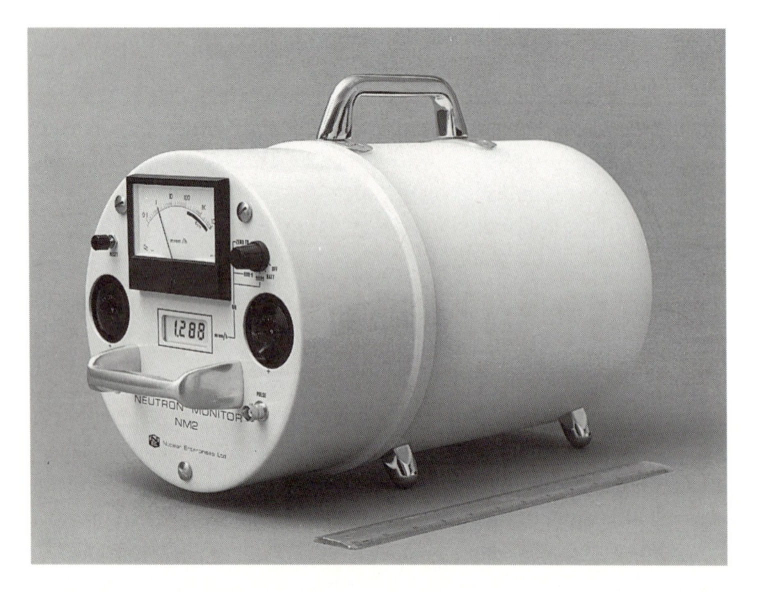

Abb. 8.18: Neutronendosisleistungsmeßgerät mit BF_3-Proportionalzählrohr und Polyethylen-Moderator (NM 2, Münchener Apparatebau)

Die zuvor genannten Meßgeräte werden teilweise auch stationär eingesetzt, wobei die Kalibrierung besonders einfach ist, wenn damit gerechnet werden kann, daß sich das Energiespektrum und die Zusammensetzung des Strahlungsfeldes während der Messungen nur wenig ändern.

8.3.3.3 Sonstige Strahlungsarten

Im praktischen Strahlenschutz sind Ortsdosisleistungsmeßgeräte außer für Photonen und Neutronen nur für Beta- bzw. Elektronenstrahlung von Interesse. Bei vielen Photonenstrahlungsmeßgeräten kann zum Nachweis von Betastrahlung ein dünnwandiges Fenster am Detektor freigegeben werden. Der dadurch verursachte Anstieg des Meßwertes ist ein Maß für den Betastrahlungsbeitrag. Mit GM-Zählrohren wird in diesem Falle lediglich ein Richtwert für die Flußdichte bzw. Fluenz erhalten.

Für Dosismessungen bei Betastrahlung sind spezielle Ionisationskammergeräte entwikkelt worden, bei denen die Fensterdicke so gewählt ist, daß die Anzeige der Hautdosisleistung in 70 µm Gewebetiefe entspricht [fac75, fac82b, fac91].

8.3.3.4 Anwendungshinweise

Vor dem Einsatz von Dosis- bzw. Dosisleistungsmeßgeräten ist anhand der Geräteunterlagen zu prüfen, ob der Energie-Nenngebrauchsbereich die zu erwartenden Strahlungsenergien abdeckt. Beim Gebrauch des Gerätes ist außerdem die Richtungsabhängigkeit der Anzeige zu berücksichtigen, indem gegebenenfalls das Meßergebnis mit dem winkelabhängigen Korrekturfaktor multipliziert wird.

Bei Anwesenheit von mehreren Strahlungsarten sind nach Möglichkeit Geräte zu verwenden, die unmittelbar die Gesamtdosis oder -dosisleistung anzeigen. Wenn die Dosisbeiträge der einzelnen Strahlungskomponenten in verschiedenen Geräten getrennt gemessen werden, ist zu beachten, daß viele Geräte nicht nur für die Nennstrahlung sondern auch für andere Strahlungsarten empfindlich sind, deren Beitrag zum Meßwert mittels des zugehörigen Ansprechvermögens zu bestimmen und abzuziehen ist. Ferner sollte bedacht werden, daß sich das Ansprechvermögen von Meßgeräten unter dem Einfluß von Magnetfeldern oder hochfrequenten elektromagnetischen Feldern ändern kann.

Falls bei Dosisleistungsmessungen außer dem Mittelwert auch die Tendenz der Mittelwertsänderungen leicht erkennbar sein soll, sind Geräte mit Analoganzeige solchen mit Digitalanzeige vorzuziehen. Microprozessorgesteuerte Geräte mit digitaler Anzeige verfügen deshalb häufig noch über eine besondere Trendanzeige mittels Balkendiagramm.

Bei Meßgeräten mit Ionisationskammern, die nicht gasdicht abgeschlossen sind, ist zu berücksichtigen, daß die Anzeige durch Luftdruck, Luftfeuchte oder Staubgehalt der Luft beeinflußt werden kann. Wegen ihrer großen Empfindlichkeit können Geräte mit Zählrohren vorteilhaft zum Nachweis schwacher Strahlungsfelder und zu Vergleichsmessungen der Strahlungsintensität an verschiedenen Orten verwendet werden, wobei die verzögerungsfreie, akustische Wiedergabe der Zählimpulse eine schnelle Orientierung über Verlauf und Tendenz eines Strahlungsfeldes erleichtert. So ist z. B. bei der Suche von Strahlern mit GM-Zählrohren neben der optischen Anzeige vor allem die akustische Anzeige von Strahlung zu beachten, da diese nahezu augenblicklich erfolgt, während ein Zeigerinstrument stets eine gewisse Einstellzeit benötigt.

Die zur Messung der Ortsdosisleistung verwendeten tragbaren Geräte sind im allgemeinen mit einer Batterie ausgestattet, deren Spannung vor dem Beginn einer Messung in vorgeschriebener Weise zu kontrollieren ist. Danach sollte der Meßbereich, soweit keine automatische Umschaltung erfolgt, schrittweise von großen zu kleinen Skalenendwerten der Dosisleistung verändert werden, bis eine ablesbare Anzeige erfolgt. Bei den im praktischen Strahlenschutz verwendeten Geräten kann zumeist zwischen mehreren Meßbereichen mit Skalenendwerten zwischen etwa 10 Sv/h bis 1 µSv/h gewählt werden. Falls ein zu niedriger Meßbereich eingestellt wird, können bei einigen Meßgerätearten u. U. fälschlicherweise zu kleine Meßwerte angezeigt werden.

Die Gefahr einer fehlerhaften Meßwertanzeige ist besonders groß bei gepulsten Strahlungsquellen (Betatron), bei denen die Strahlung periodisch jeweils während sehr kurzer Zeitintervalle t_s (Pulsdauer) von wenigen Mikrosekunden abgegeben wird. Die tatsächliche Dosisleistung während dieser Strahlungspulse kann erheblich größer werden als die maximale Dosisleistung $\dot{H}_{max}$, die bei kontinuierlicher (pausenloser) Einstrahlung zulässig wäre. Bezeichnet t_w die Zeit zwischen dem Beginn zweier aufeinanderfolgender Strahlungspulse (Wiederholungszeit), dann ist die von einem kontinuierlich arbeitenden Meßgerät angezeigte Dosisleistung höchstens bis zum Wert $\dot{H}_m$ zuverlässig:

$$\dot{H}_m = \dot{H}_{max} \cdot \frac{t_s}{t_w} \tag{8.1}$$

Der Faktor t_s/t_w wird auch Tastverhältnis genannt. Falls größere Dosisleistungen als $\dot{H}_m$ abgelesen werden oder zu erwarten sind, kann versucht werden, die Dosisleistung über die unmittelbare Messung der Dosis mit einem integrierenden Meßgerät zu bestimmen.

Generell ist die Verwendung von impulszählenden Meßgeräten zur Dosisleistungsmessung in gepulsten Strahlungsfeldern problematisch, weil dabei die Anzeigeverluste in komplizierter Weise von Tot- und Auflösungszeit des Detektors sowie von Pulsdauer und Tastverhältnis der Strahlungsquelle abhängen.

Besonders zu beachten ist, daß Strahlungsmeßgeräte häufig in ihrem empfindlichsten Meßbereich noch die natürliche Umgebungsstrahlung anzeigen (s. Kap. 7.5). Bei der Ausmessung von Strahlungsfeldern darf dementsprechend der Detektor nicht zu schnell bewegt werden, da sonst die Meßdauer für eine Unterscheidung vom Nulleffekt eventuell nicht ausreichen könnte. Ein typisches Maß für diese Meßdauer ist die Zeit, die nach dem plötzlichen Erfassen eines Strahlungsfeldes verstreicht, bis etwa 63 % des Endwertes der Meßgröße angezeigt wird (Dämpfungszeitkonstante). Je kleiner die Dämpfungszeitkonstante ist, um so schneller folgt die Meßwertanzeige den Veränderungen der Meßgröße. Bei Meßgeräten mit einstellbarer Dämpfungszeitkonstanten muß diese daher einerseits so groß gewählt werden, daß auch bei den kleinsten zu erfassenden Dosisleistungen die statistischen Schwankungen nicht zu groß werden und noch ein Mittelwert erkennbar bleibt. Andererseits sollte während der Zeit, die der Zeitkonstanten entspricht, der Detektor nicht über eine größere Entfernung verschoben werden als seinen Abmessungen entspricht. Bei microprozessorgesteuerten Geräten werden die Zeitkonstanten teilweise automatisch entsprechend der Dosisleistung eingestellt.

8.3.4 Oberflächenkontaminations-Meßgeräte

Oberflächenkontaminations-Meßgeräte dienen zum Nachweis von radioaktiven Stoffen, die auf Oberflächen (von Geräten, Ausrüstung, Kleidung, Körperteilen) verteilt sind, um einer Gefährdung von Personen durch Aufnahme der Stoffe in den Organismus (Inkorporation) vorzubeugen. Charakteristisch für diese Geräte ist die große Oberfläche der Detektoren, wodurch ein großes Ansprechvermögen erzielt und die vollständige Ausmessung größerer Oberflächen erleichtert werden soll. Unmittelbare Meßgröße ist die durch die Alpha-, Beta- oder Gammastrahlung von Radionukliden im Detektor ausgelöste Impulsrate, die bei bekanntem Radionuklid mittels eines Kalibrierfaktors in die zugehörige flächenbezogene Aktivität in Bq/cm^2 entweder umgerechnet werden kann oder direkt zur Anzeige gebracht wird.

8.3.4.1 Mobile Geräte

Mobile Kontaminationsmeßgeräte sind entweder in tragbarer Form ausgeführt oder auf einem Fahrgestell montiert, mit dem sie dicht über der zu kontrollierenden Fläche bewegt werden können.

Als Detektoren werden zumeist großflächige Proportionalzählrohre verwendet, die je nach Bauweise unterschiedliche Ansprechvermögen für die verschiedenen Strahlungsarten aufweisen. Sie sind üblicherweise als flache Kästen ausgeführt, wobei der Zähldraht in der Mittelebene über dem Eintrittsfenster mäanderförmig aufgespannt ist. Die dünnwandige Folie des Eintrittsfensters ist durch ein Schutzgitter so abgedeckt, daß in der Regel noch eine effektive Fensterfläche von mindestens 100 cm^2 freibleibt. Ein besonders großes Ansprechvermögen, insbesondere für Alphastrahlung, wird mit extrem dünnen Folien (etwa 0,3 mg/cm^2 Massenbelegung) erreicht, wobei allerdings eine regelmäßige Erneuerung der Zählgasfüllung erforderlich wird. Mit den üblichen Zählgasen niedriger Ordnungszahl ist dann jedoch das Ansprechvermögen für Photonen vergleichsweise gering.

Abb. 8.19a zeigt ein Beispiel für ein tragbares Kontaminationsmeßgerät, bei dem Detektor, Elektronik, Anzeigeteil und Batterie zu einer kompakten Einheit zusammengefaßt sind.

Abb. 8.19: a) Tragbarer Alpha-Beta-Kontaminationsmonitor mit eingebautem Gastank für Butan/Propan (Minicont, Herfurth)

Das Gerät arbeitet mit Butan/Propan als Zählgas, das aus dem eingebauten Flüssiggastank durch ein regulierbares Nadelventil dem Proportionalzählrohr zugeführt werden kann. Die Nachfüllung des Tanks geschieht über eine Flüssiggaspatrone. Die Fensterdicke beträgt 0,7 mg/cm². Die Meßwertanzeige erfolgt auf einem Zeigerinstrument mit einer logarithmischen Skala über 5 Dekaden zwischen 0,1 ips (Impulse pro Sekunde) und 10000 ips. Das Gerät kann durch Umschalten der Zählrohrspannung wahlweise so betrieben werden, daß entweder nur Alphastrahlung oder Alpha- und Betastrahlung sowie in gewissem Umfang auch Photonen erfaßt werden. Die akustische Wiedergabe der Einzelimpulse über den Lautsprecher ist abschaltbar.

Für den Nachweis nicht zu energiearmer Betastrahlung genügt häufig auch ein weniger dünnes, jedoch gasdichtes Fenster, so daß sich die Erneuerung der Gasfüllung erübrigt. In Abb. 8.19b ist ein Gerät wiedergegeben, das mit einem durch ein Titan-Fenster von etwa 5 mg/cm² Massenbelegung abgeschlossenen Proportionalzählrohr ausgestattet ist, bei dem Xenon als Zählgas benutzt wird.

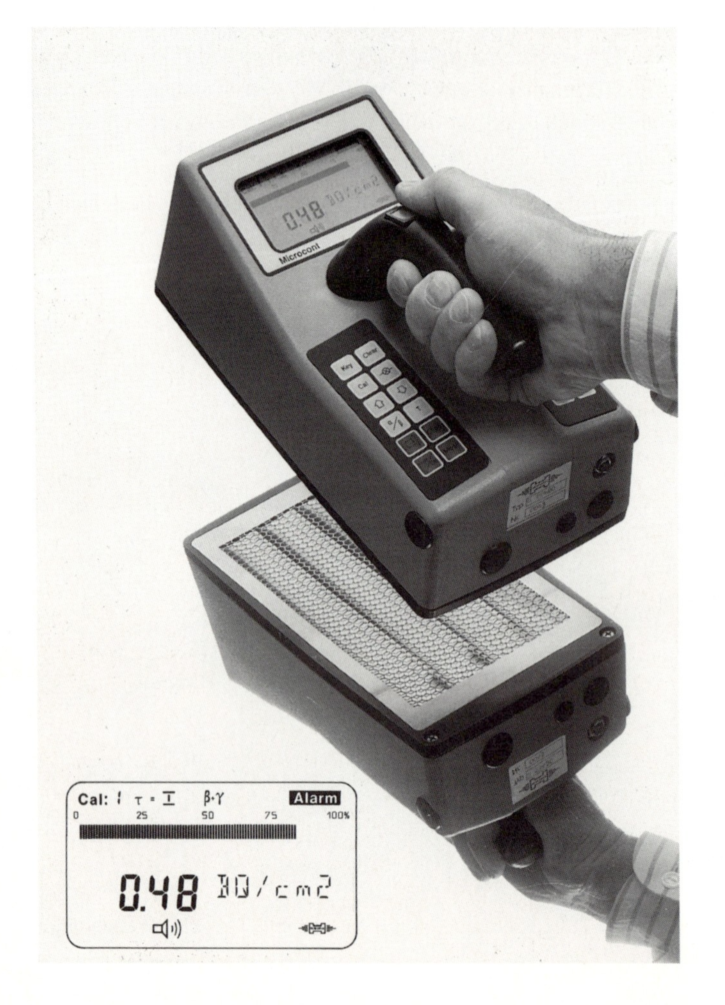

Abb. 8.19: b) Tragbarer Beta-Gamma-Kontaminationsmonitor mit Permanentgasfüllung (MicroCont, Herfurth)

Das Gerät wird durch Microprozessor gesteuert und liefert den Meßwert unabhängig sowohl digital in Gleitkomma-Darstellung als auch analog über eine graphische Balkenanzeige auf einem LC-Display. Der Meßwert wird mit einer in 3 Stufen einstellbaren Dämpfungszeitkonstanten gebildet und jede Sekunde neu angezeigt, wobei zwischen Angaben in Bq/cm^2, Bq oder Impulsen pro Sekunde (ips) gewählt werden kann. Bei den aktivitätsbezogenen Anzeigen werden Kalibrierfaktoren berücksichtigt, die für 14 Radionuklide fest vorgegeben und für 1 weiteres Radionuklid frei wählbar sind. Die Überschreitung von Grenzwerten wird optisch und akustisch gemeldet. Durch die Verwendung eines Zählgases mit hoher Ordnungszahl wird auch für Photonen niedriger Energie ein gutes Ansprechvermögen erzielt. Dieses wird für eine flächenhafte Kontamination bei Kontakt mit dem Schutzgitter mit 5,2% für C 14, 34% für Sr 90/Y 90, 30% für Tl 204 und 5% für J 125 angegeben. Das Zählrohr ist auswechselbar, z.B. gegen Durchflußzählrohre für α/β-Messungen. Die Gerätebedienung erfolgt über eine Folientastatur. Das Setzen der Meßparameter und die Auslösung des Meßvorgangs kann auch über einen Strichcode-Leser erfolgen. Der Meßwert kann als Brutto- oder Nettoeffekt angezeigt werden. Eine serielle Datenschnittstelle ermöglicht den Anschluß an einen Computer oder Drucker.

Ein besonderes Problem stellt die Messung von Tritium (H 3) dar, dessen energiearme Betastrahlung bereits durch dünnste Fenster absorbiert wird. In diesem Fall werden deshalb spezielle Proportionalzählrohre ohne Fensterabdeckung verwendet, bei denen die Betastrahlung direkt in das Zählvolumen gelangen kann. Zuverlässige Meßwerte können hiermit allerdings nur bei glatten und ebenen Oberflächen erwartet werden, wenn keine Selbstabsorption im kontaminierten Medium vorhanden ist.

8.3.4.2 Stationäre Geräte

Zur Verhütung einer Verschleppung von radioaktiven Stoffen werden an den Zu- und Ausgängen von Bereichen, in denen mit offenen radioaktiven Stoffen umgegangen wird, stationäre Kontaminationsmeßgeräte in Form von Hand-, Fuß- und Kleidermonitoren installiert. Solche Geräte bestehen in einfacher Ausführung aus einem pultförmigen Aufbau, in dem für Hände und Füße getrennte Meßstellen mit Großflächenzählrohren angeordnet sind. Für die Kontrolle von Kleidung oder Gegenständen ist eine bewegliche Sonde vorhanden. In aufwendigeren Ausführungen sind auch seitlich bzw. über der Person weitere Detektoren zur automatischen Kontrolle fest installiert (Ganzkörper-Kontaminationsmeßgerät).

Abb. 8.20 zeigt einen typischen Personen-Kontaminationsmonitor zur gleichzeitigen Alpha- und Betastrahlungsmessung, der mit Durchfluß-Proportionalzählrohren ausgestattet ist.

Das Gerät besitzt festeingebaute Zählrohre für die Kontaminationsmessung an Händen und Schuhen sowie eine abnehmbare, getrennte Kleidersonde. Jede Hand wird mit einem Zählrohr an der Handfläche und einem weiteren, beweglichen Zählrohr am Handrücken ausgemessen. Der durch Mikroprozessor gesteuerte Meßvorgang wird nach Betreten des Fußpodestes ausgelöst, sobald die Hände bis zur Betätigung eines Kontaktes in die Boxen eingeschoben sind. Eine Leuchtschrift mit der Anzeige „kontaminiert“ bzw. „nicht kontaminiert“ signalisiert das Ende der Messung, wobei durch Leuchtzeichen auch auf den Ort *der Kontamination hingewiesen wird. Die Alpha- und Betastrahlungskomponenten werden dabei mittels elektronischer Impulsanalyse getrennt registriert und angezeigt. Die Kontamination kann wahlweise als Impulsrate in ips oder als flächenbezogene Aktivität in Bq cm^{-2} ausgegeben werden, die sich aus der Differenz zwischen Meßwert und laufend gemessenem Nulleffekt ergibt. Die für die automatische Berechnung der flächenbezogenen Aktivität erforderlichen Kalibrierfaktoren und die Warnschwellen können zuvor für 10 Nuklide im Dialogbetrieb eingegeben werden. Geräte zur Registrierung der Meßdaten sind über 2 serielle Schnittstellen anschließbar.*

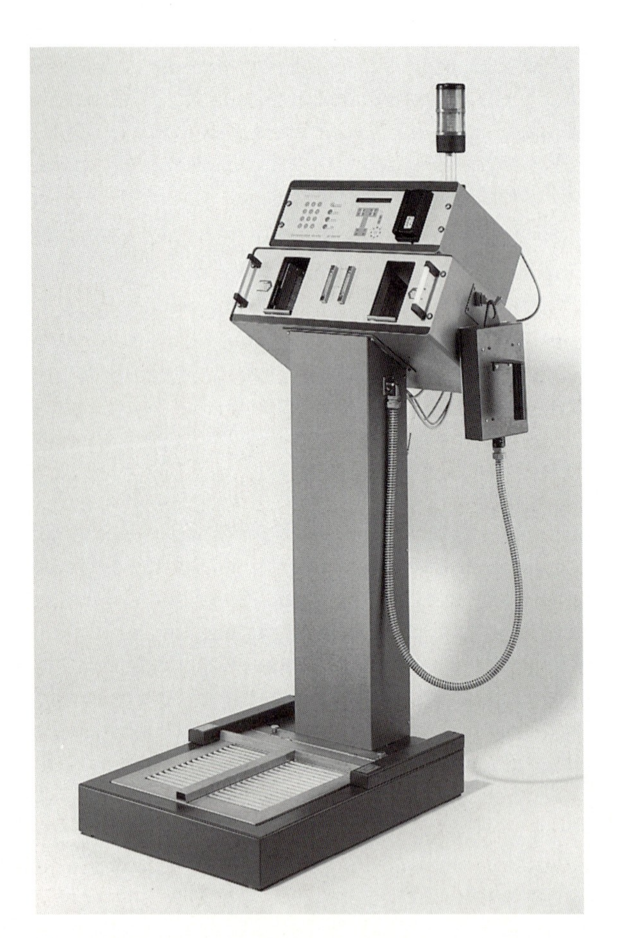

Abb. 8.20: Hand-Fuß-Monitor zur Alpha- und Beta-Kontaminationsmessung (LB 1043AS, Berthold-EG & G Ortec)

Kontaminationsmeßgeräte zum Nachweis von Beta- und Gammastrahlung sind im Prinzip ähnlich aufgebaut. Als Detektoren werden hierbei zumeist dünnwandige Großflächenzählrohre mit Xenonfüllung verwendet.

8.3.4.3 Anwendungshinweise

Im praktischen Einsatz von Kontaminationsmeßgeräten ist zunächst darauf zu achten, daß ein für die vorliegende Strahlungsart geeigneter Detektor verwendet wird und daß Batteriespannung und Gasfüllung ausreichend sind. Soweit kein automatischer Nulleffektabzug erfolgt, muß ferner vor Beginn der Kontaminationsmessungen die Nulleffektzählrate ermittelt werden. Der Meßvorgang sollte möglichst unter denselben geometrischen Bedingungen wie bei der Kalibrierung erfolgen. Üblicherweise wird der Detektor jeweils dicht an der Oberfläche entlanggeführt, damit nicht ein zu großer Anteil der vorhandenen Strahlungsteilchen durch Absorption in der Luft für die Messung verlorengeht. Andererseits muß jedoch zur Vermeidung einer Kontamination des Meßgerätes jede Berührung mit der Oberfläche vermieden werden. Gegebenenfalls sind Abstandshalter zu verwenden. Beim Einsatz von Kontaminationsmonitoren in der freien Natur ist die Abhängigkeit des Ansprechvermögens von Temperatur und Luftfeuchte zu beachten.

Bei direkten Messungen von Oberflächenkontaminationen ist es wegen der möglicherweise kleinen Ausdehnung und der geringen Aktivitäten wesentlich, daß der Detektor nicht zu schnell bewegt wird, da sonst die Meßdauer für eine Unterscheidung vom Nulleffekt nicht ausreichen könnte (s. Kap. 8.3.3.4). Für genauere Messungen sollte der Detektor über einen Zeitraum vom Dreifachen der Dämpfungszeitkonstanten am Meßort gehalten werden. Bei microprozessorgesteuerten Geräten wird die Dämpfungszeitkonstante teilweise automatisch entsprechend der vorhandenen Impulsrate so gewählt, daß die relative statistische Meßunsicherheit, die mit zunehmender Impulsrate und Dämpfungszeitkonstanten abnimmt, weitgehend konstant bleibt. Die Tendenz von Mittelwertänderungen kann zumeist besser anhand eines Zeigerausschlags oder einer Balkendiagramm-Anzeige als an einer digitalen Anzeige abgelesen werden.

8.3.5 Aktivitätsmeßgeräte

Die Messung von Aktivität, spezifischer Aktivität oder Aktivitätskonzentration in der Biosphäre (Raumluft, Abluft, Abwasser, Atmosphäre, Trinkwasser, Oberflächenwasser, Erdboden, Nahrungsmittel) sowie im menschlichen Organismus erfolgt mit stationären oder mobilen Aktivitätsmeßplätzen. Dabei sind Feststoffe, Flüssigkeiten und Gase zu untersuchen. Es ist zu unterscheiden zwischen Messungen an speziell entnommenen Einzelproben sowie solchen innerhalb des betroffenen Mediums und am menschlichen Körper [bmu89b, fac79, fac90, mau85/89]. Die Aktivität wird dabei grundsätzlich durch die Messung der Impulsrate ermittelt, die durch die ionisierende Strahlung der radioaktiven Stoffe verursacht wird. An die Meßplätze sind im wesentlichen die folgenden Anforderungen zu stellen: Hohes Ansprechvermögen für die emittierte Strahlung, reproduzierbare geometrische Bedingungen, weitgehende Unterdrückung störender Umgebungsstrahlung. Proben unbekannter Zusammensetzung erfordern außerdem eine Identifizierung der beteiligten Radionuklide.

Bei der Ermittlung der Aktivität aus der gemessenen Impulsrate sind Kalibrierfaktoren zu berücksichtigen, die sich aus der Meßgeometrie, dem Ansprechvermögen und der Totzeit des Detektors, der Eigenabsorption der Strahlung in der Probe und ihrer Rückstreuung sowie der Strahlungsausbeute pro radioaktiven Kernprozeß ergeben (s. Kap. 8.4). In der Praxis empfiehlt es sich, soweit möglich eine Kalibriermessung mit einer gleichartigen Probe bekannter Aktivität durchzuführen.

8.3.5.1 Messung an Festsubstanzproben

Die im praktischen Strahlenschutz auszumessenden Festsubstanzproben können entweder unbehandelt oder über verschiedene Vorbehandlungen erhalten werden, wie z. B. Eindampfen, Veraschen, Fällen, Aufschlämmen, Filtrieren, Wischprobennahme, elektrolytische Abscheidung oder Aktivierung.

Typische Meßplätze bestehen aus einem für die jeweilige Strahlungsart geeigneten Detektor, der in einer speziellen Abschirmkammer aus eigenstrahlungsarmem Blei betrieben wird. Abb. 8.21a zeigt ein Meßsystem mit Gasdurchflußzähler (Argon/Methan) und Bleiabschirmung, bei dem die scheibenförmigen Meßproben in Schälchen auf einem Präparateschieber in die Meßposition unter den Detektor geschleust werden (Handprobenwechsler).

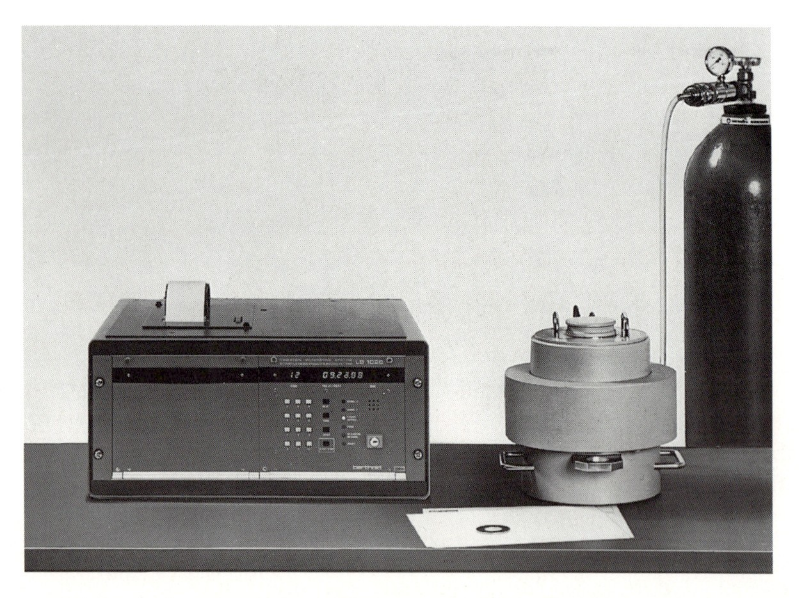

Abb. 8.21: a) Aktivitätsmeßplatz mit Durchflußzählrohr (Handprobenwechsler LB 750 L mit eingesetztem Durchflußzählrohr, Meßeletronik LB 1026 und Gasversorgung, Berthold-EG & G Ortec)

Anstelle des Methandurchflußzählrohrs finden in ähnlichen Meßanordnungen je nach Strahlungsart und Meßaufgabe auch noch Endfenster-Zählrohre und Szintillationszähler Anwendung. Bei der Erfassung unbekannter radioaktiver Stoffe oder kleiner Aktivitäten werden vorzugsweise Meßsysteme aus Halbleiterdetektor und Vielkanalanalysator eingesetzt, in denen Impulsraten in getrennten Kanälen bei verschiedenen Impulshöhen registriert werden können. Da die dabei entstehenden Impulshöhenspektren den Energiespektren der von den Radionukliden emittierten Strahlung zugeordnet sind, lassen sich anhand der Peaklagen die beteiligten Radionuklide identifizieren, während die Peakflächen zur Ermittlung der zugehörigen Aktivitäten dienen (s. Kap. 8.3.6). Für Standard-Germaniumdetektoren mit relativen Ansprechvermögen um 25% werden bei Meßzeiten von einer Stunde in einer Abschirmkammer mit 10 cm dicken Bleiwänden Nachweisgrenzen von weniger als 1 Bq/kg für Co 60 und Cs 137 angegeben. In Abb. 8.21b ist ein entsprechendes Meßsystem mit Halbleiterdetektor wiedergegeben, bei dem sich das Meßgut in einer über den Detektor gesetzten Ringschale befindet. Bei Verzicht auf schwere Abschirmungen lassen sich solche Meßsysteme auch mobil zur Messung der Bodenstrahlung in der Umgebung einsetzen.

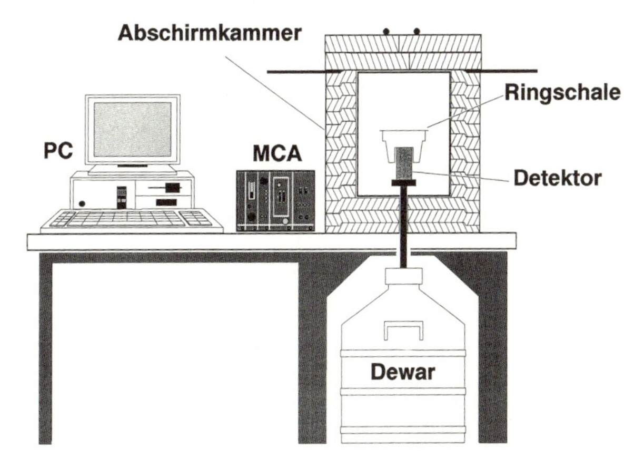

Abb. 8.21: b) Aktivitätsmeßplatz mit Halbleiterdetektor
(MCA Vielkanalanalysator, PC Personal-Computer)

Mit speziellen Detektorbauarten und durch Einsatz eigenstrahlungsarmer Werkstoffe können die oben genannten Nachweisgrenzen noch erheblich vermindert werden (low level-Messung). Zur Erfassung besonders niedriger Aktivitäten bei Anwesenheit eines störenden Strahlungsuntergrundes (ultra low level-Messung) eignen sich sogenannte Koinzidenz- bzw. Antikoinzidenz-Meßanordnungen, bei denen die Meßprobe zwischen zwei oder mehreren Detektoren angeordnet ist. Hierbei wird die Tatsache genutzt, daß bei radioaktiven Kernprozessen häufig gleichzeitig 2 Strahlungsteilchen nahezu entgegengerichtet emittiert werden, wodurch in den beiden Detektoren gleichzeitig Impulse ausgelöst werden können. Diese in Koinzidenz auftretenden Impulse lassen sich durch geeignete elektronische Schaltungen von denen getrennt registrieren, die durch andere radioaktive Kernprozesse und den sonstigen Nulleffekt verursacht werden. Zur Verringerung der von außen eindringenden Untergrundstrahlung kann der Meßdetektor auch mit mehreren Antikoinzidenzzählern umgeben werden, wobei eine elektronische Schaltung dafür sorgt, daß alle Meßimpulse unterdrückt werden, die von einem gleichzeitigen Impuls in einem Antikoinzidenzzähler begleitet sind.

8.3.5.2 Messung an Flüssigkeiten

Üblicherweise wird zwischen direkten und indirekten Meßverfahren unterschieden. Bei den direkten Meßverfahren dient die Flußdichte der unmittelbar aus der Flüssigkeit in den Detektor eintretenden Strahlung als Maß für die Aktivitätskonzentration. Die indirekten Verfahren umfassen eine Erhöhung der Aktivitätskonzentration bzw. eine Abtrennung von störenden Substanzen in der Flüssigkeit, z. B. mittels Eindampfen, Destillation und Extraktion oder Herstellung einer Festsubstanzprobe. Einen Sonderfall stellt das Verfahren der Flüssigszintillationsmessung dar, bei dem die zu untersuchende Flüssigkeit mit einer als Detektor dienenden Szintillatorflüssigkeit gemischt wird.

Die Bauweise der einzusetzenden Geräte hängt wesentlich davon ab, welche Radionuklide nachzuweisen sind und ob die Messung kontinuierlich oder diskontinuierlich (Probennahme) bzw. im direkten Kontakt zum Detektor oder kontaktlos erfolgt. Sie richtet sich ferner danach, inwieweit Vorkehrungen gegen eine zunehmende Kontamination des Detektors und die damit verbundene Anhebung der Nachweisgrenze getroffen werden müssen.

Bei kontinuierlichen Messungen wird zum Nachweis von Gammastrahlern das Tauchverfahren bevorzugt, bei dem ein Szintillationszähler in ein mit der zu untersuchenden Flüssigkeit gefülltes Gefäß eintaucht. Zur Messung von reinen Betastrahlern kommen neben dünnwandigen Beta-Tauchzählrohren auch noch Großflächenzählrohre zur Anwendung, die über einem Überlaufgefäß angeordnet sind (s. Abb. 8.22).

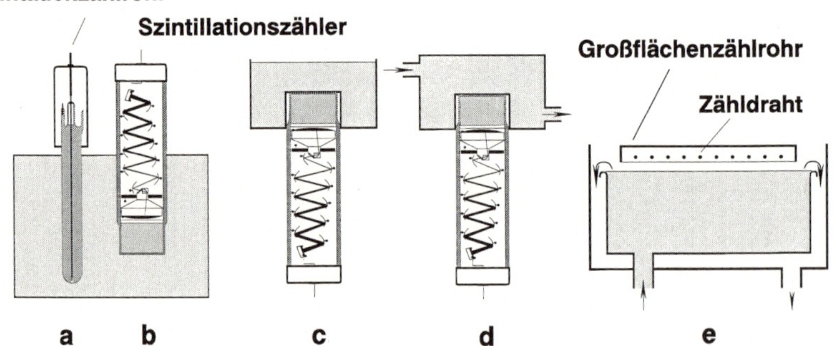

Abb. 8.22: Detektorsysteme für Messungen an Flüssigkeiten
a) Eintauchzählrohr
b) Eintauchszintillationszähler
c) Szintillationszähler mit Ringschale
d) Szintillationszähler mit Durchlaufgefäß
e) Großflächenzählrohr über Überlaufgefäß

Flüssige Meßproben mit Gammastrahlern werden, wie Festsubstanzproben, vorzugsweise mit Szintillationszählern oder Halbleiterdetektoren unter Verwendung von Ringschalen untersucht (s. Kap. 8.3.5.1). Für reine Betastrahler werden bei flüssigen Proben Flüssigszintillatoren verwendet. Typische Nachweisgrenzen liegen für Meßzeiten um 1 Stunde zwischen 1 und 10 Bq/l (H 3, C 14, P 32, Co 60, J 131, Cs 137).

Für den Nachweis besonders niedriger Aktivitätskonzentrationen, insbesondere bei Alphastrahlern, sind indirekte Meßverfahren notwendig, bei denen die Konzentration durch geeignete Verfahren vergrößert wird. Mit Proben von 1 l lassen sich durch Eindampfen Nachweisgrenzen von weniger als 50 mBq/l erreichen. Eine Anreicherung ist außerdem zumeist dann erforderlich, wenn eine Radionuklidanalyse anhand des Energiespektrums der Strahlung durchgeführt werden soll. Die Wahl des Anreicherungsverfahrens hängt im Einzelfall wesentlich von der kleinsten nachzuweisenden Konzentration und von den physikalisch-chemischen Eigenschaften der radioaktiven Stoffe ab.

8.3.5.3 Messung an Luft

Die Bauweise der Geräte wird entscheidend durch die Aufgabenstellung und durch die Art und Beschaffenheit der radioaktiven Stoffe bestimmt. Im praktischen Strahlenschutz ist entweder die Aktivitätskonzentration in der Raum- bzw. Umgebungsluft oder die mit der Abluft abgegebene Aktivität zu bestimmen [n25423, n44809, r1503]. In gerätetechnischer Hinsicht erfordert die Raumluftüberwachung kurze Ansprechzeiten (nach einem möglicherweise schnellen Konzentrationsanstieg), während es bei der Überwachung von Abluft und Umgebungsluft vor allem auf langfristige Zuverlässigkeit und ausreichendes Ansprechvermögen ankommt. Im Hinblick auf die Art und Beschaffenheit der radioaktiven Stoffe wird unterschieden zwischen Geräten, die zum Nachweis von radioaktiven Stoffen in Form von Gasen, Dämpfen oder Aerosolen (feinst verteilte flüssige und feste Schwebstoffe) dienen. Bei allen Geräten bedeutet die Unterdrückung einer schleichenden Kontamination des Detektors im Laufe der Zeit ein zusätzliches konstruktives Problem.

Zur Erfassung radioaktiver Aerosole sind Meßgeräte üblich, bei denen die Luft durch ein Filter gesaugt und die auf dem Filter abgelagerte Aktivität mit einem Detektor gemessen wird. Je nach Gerätetyp kann das Filtermedium dabei gegenüber dem Detektor fest positioniert sein, kontinuierlich bewegt oder schrittweise ausgewechselt werden. Als Detektoren finden je nach Strahlungsart Ionisationskammern, Szintillationszähler, Halbleiterdetektoren oder Großflächen-Proportionalzählrohre Anwendung. Falls nur wenige bekannte Radionuklide vorkommen, z. B. in Radionuklidlaboratorien, genügt häufig die Messung der Gesamtaktivität anhand der Betastrahlung, wofür Großflächen-Proportionalzählrohre ausreichen. Andernfalls ist eine Identifizierung der Nuklide anhand des Gammastrahlungsspektrums erforderlich, z. B. mit Szintillationszähler oder Halbleiterdetektor. Abb. 8.23 zeigt ein Gerät zur Beta-Aerosolmessung in Luft mit kontinuierlich bewegtem Bandfilter, bei dem der Nachweis mittels eines Sperrschichtdetektors erfolgt.

Der Nachweis von Joddämpfen erfolgt analog der Aeorosolmessung, indem das Aerosolfilter durch ein spezielles Aktivkohlefilter oder ein anderes Medium (z. B. Zeolith) ersetzt wird, in welchem sich Jod anlagert (Adsorption). Typische Nachweisgrenzen liegen bei Aerosol- und Jodmessungen mit Meßzeiten von einer Stunde, z. B. bei Abluftmessungen, zwischen etwa 0,5 Bq/m^3 und 5 Bq/m^3. Für kürzere Meßzeiten, wie sie bei Raumluftmessungen üblich sind, ergeben sich im umgekehrten Verhältnis angehobene Nachweisgrenzen.

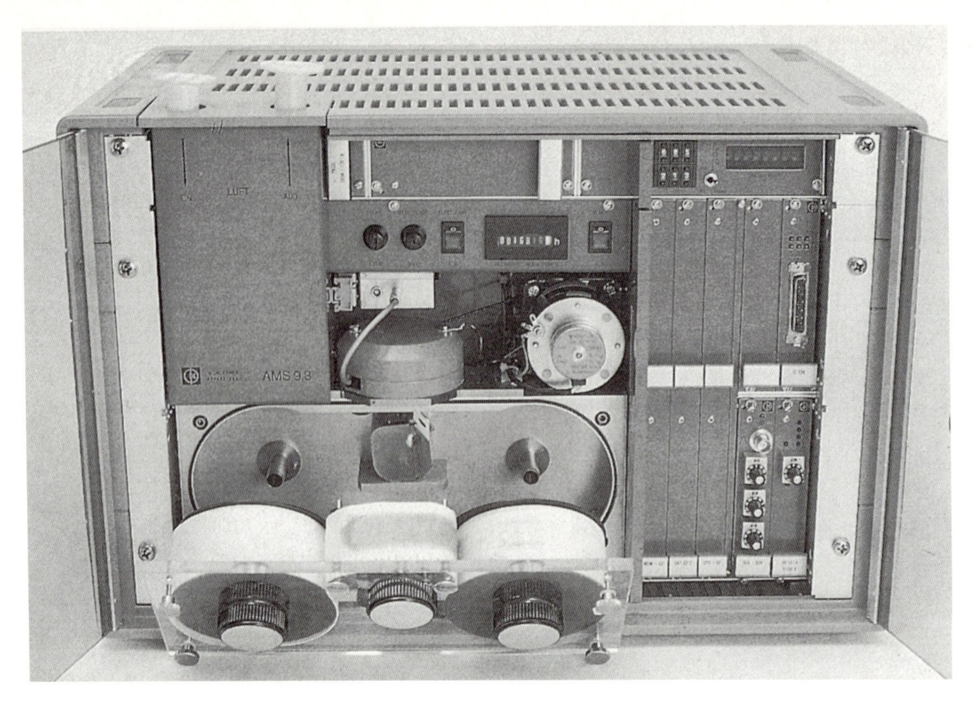

Abb. 8.23: Beta-Aerosol-Monitor (AMS 9, Münchener Apparatebau)

Gasförmige radioaktive Stoffe lassen sich im allgemeinen nur sehr schwer auf einem Sammelmedium konzentrieren, so daß die Aktivität direkt in der Luft innerhalb eines Meßvolumens nachgewiesen werden muß. Die Wahl des Detektors hängt davon ab, ob bei bekanntem Radionuklid eine Messung der Gesamtaktivität eines Betastrahlers (Großflächen-Proportionalzählrohr) ausreicht oder ob zusätzlich ein Nuklidnachweis über eine Spektralmessung der Gammastrahlung (Szintillationszähler oder Halbleiterdetektor) erforderlich ist.

Eine Sonderstellung bei der Luftüberwachung nimmt das Radionuklid H 3 (Tritium) wegen der extrem geringen Reichweite der emittierten Betastrahlung (weniger als 2 mm in Luft) ein. Hierzu werden Durchfluß-Proportionalzählrohre eingesetzt, bei denen die zu untersuchende Luft dem durchströmenden Zählgas in einem bestimmten Mischungsverhältnis beigefügt wird. Zusätzlich sind noch Maßnahmen zur Unterdrückung störender Impulse durch energiereichere Betastrahlung oder sonstige Umgebungsstrahlung erforderlich. Dazu dienen beispielsweise elektronische Verfahren, die die Impulse entweder aufgrund unterschiedlicher Anstiegszeiten oder unterschiedlicher Reichweiten trennen. Typische Nachweisgrenzen für Meßgeräte zur Raumluftüberwachung auf H 3 liegen bei Meßzeiten um 30 s bei etwa 5 kBq/m^3.

Ein spezielles meßtechnisches Problem stellt auch die Ermittlung der Konzentration des natürlich radioaktiven Radons in der Luft dar. Zumeist erfolgt dies über die Messung der von den radioaktiven Folgeprodukten des Edelgases emittierten Alphastrahlung [fac82b]. Für kurzzeitige Konzentrationsmessungen in Räumen werden dazu analog zur

Aerosolmessung die an Aerosole angelagerten Folgeprodukte auf einem Membranfilter gesammelt und das Energiespektrum der emittierten Alphastrahlung mit einem Oberflächensperrschichtdetektor registriert. Die aus dem Spektrum abgeleitete Häufigkeit der kurzlebigen radioaktiven Folgeprodukte ergibt dann ein Maß für die Konzentration der Isotope des Radons in der Luft. Für langzeitige Messungen der mittleren Radonkonzentration ist ein Verfahren einsetzbar, bei dem ein Kernspurdetektor in einem Behälter unter einer Folie angeordnet ist, die zwar für Radon jedoch nicht für die aerosolgebundenen Folgeprodukte durchlässig ist. Aus der Zahl der Alphaspuren pro Fläche wird ein Maß für die mittlere Radonkonzentration während der Expositionszeit erhalten.

8.3.5.4 Messung inkorporierter radioaktiver Stoffe

Die im menschlichen Organismus enthaltenen Aktivitäten werden entweder direkt anhand der aus dem Organismus austretenden Strahlung oder indirekt anhand der in Körperflüssigkeiten oder Körperausscheidungen gemessenen Stoff- oder Aktivitätskonzentrationen bestimmt. Gamma- oder höherenergetische Betastrahlung emittierende Radionuklide können durch direkte Messungen mit sogenannten Ganz- oder Teilkörperzählern nachgewiesen werden, während reine Alphastrahler, niederenergetische Betastrahler oder radioaktive Stoffe, die in besonders niedriger Konzentration nachzuweisen sind, eine indirekte Messung an Körperausscheidungen oder -flüssigkeiten erfordern.

Ganzkörperzähler (body-counter) sind Meßsysteme mit einem oder mehreren Detektoren, die vielfach in speziell gegen die Umgebungsstrahlung abgeschirmten Räumen (eigenstrahlungsarmes Material) eingesetzt werden, um die von verschiedenen Körperbereichen einer Person ausgehende Gamma- oder Bremsstrahlung zu erfassen, die möglicherweise durch eine Inkorporation radioaktiver Stoffe (Gamma- oder Betastrahler) verursacht worden ist. Dabei werden zumeist großflächige NaJ(Tl)-Szintillationszähler verwendet, sowie auch Halbleiterdetektoren, falls ein besonders hohes Energieauflösungsvermögen erforderlich ist. Zum Nachweis besonders niederenergetischer Gammastrahlung, z. B. bei Pu 239, wird über dem NaJ-Szintillator noch ein CsJ-Szintillator angeordnet (Phoswichdetektor) und in Antikoinzidenz geschaltet, um die niederenergetischen Untergrundsignale, die durch Comptonstreuung höherenergetischer Photonen entstanden sind, zu unterdrücken. Mit Ganzkörperzählern, bei denen die Detektoren entlang der Körperachse bewegt werden (Ganzkörper-Scanner), läßt sich auch ein Überblick über die räumliche Verteilung der Aktivitäten im Organismus gewinnen. Die Nachweisgrenze für ein bestimmtes Radionuklid hängt dabei nicht nur vom Ansprechvermögen des Meßsystems und von individuellen körperlichen Gegebenheiten der untersuchten Person ab, sondern wird insbesondere auch vom jeweiligen Untergrund des gemessenen Energiespektrums bestimmt (benachbarte Peaks anderer Radionuklide). Typische Nachweisgrenzen üblicher Ganzkörperzähler mit NaJ(Tl)-Szintillationszähler betragen je nach Energielage zwischen 30 Bq und 100 Bq [fac80b, fac91]. Abb. 8.24 zeigt schematisch die Meßanordnung eines Ganzkörperzählers mit beweglichem NaJ(Tl)-Detektor.

Bei Teilkörperzählern werden die Detektoren entweder derart abgeschirmt, daß sie nur die Strahlung aus einem bestimmten Körperbereich erfassen, oder es wird eine spezielle Meßtechnik eingesetzt, die störende Untergrundstrahlung hinreichend unterdrückt. Gebräuchlich sind mit Phoswichdetektoren ausgestattete Lungenzähler, für die z. B. bei Pu 239 bzw. Am 241 Nachweisgrenzen um 100 Bq bzw. von weniger als 10 Bq angegeben werden.

Indirekte Meßverfahren werden bei der Inkorporationskontrolle vorwiegend zur Erfassung von Alpha- und reinen Betastrahlern benutzt. Als Meßgut dient zumeist eine Urinprobe, weil diese problemlos erhältlich ist und weil der Zusammenhang zwischen ihrer Aktivitätskonzentration und der inkorporierten Aktivität in vielen Fällen hinreichend genau bekannt ist. Stuhlproben werden im allgemeinen nur dann untersucht, wenn radioaktive Stoffe beteiligt sind, die aufgrund ihrer Eigenschaften kaum am Stoffwechsel teilnehmen und deshalb nicht in den Urin gelangen. Ein kurzfristiger Hinweis auf mögliche Inkorporationen kann auch anhand einer Probe des Nasenschleims oder Rachenspeichels gewonnen werden.

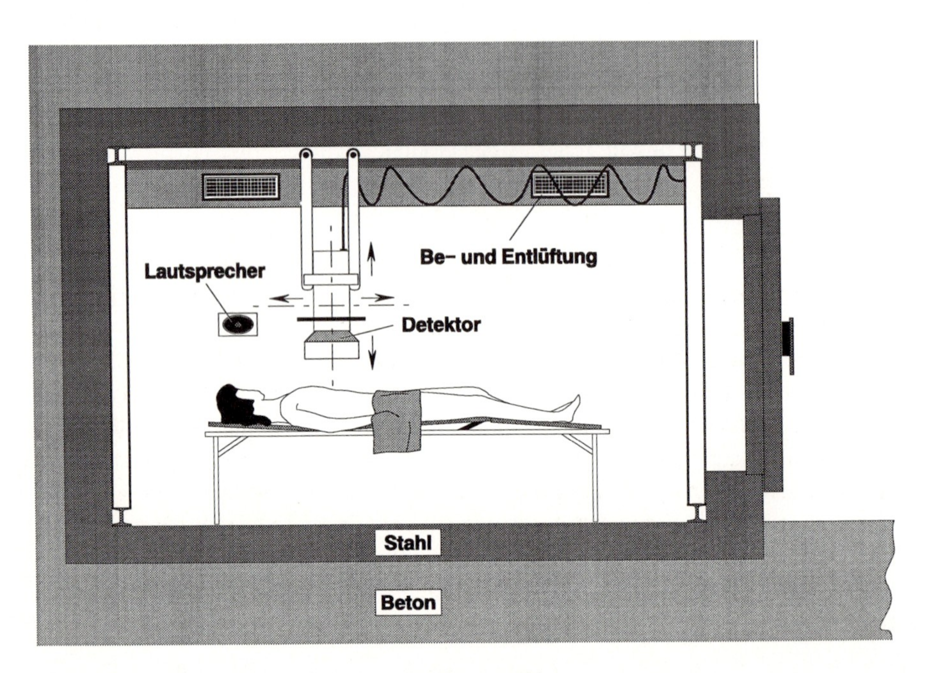

Abb. 8.24: Schematischer Aufbau eines Ganzkörperzählers

Die Wahl der Verfahren und Geräte richtet sich einerseits nach der Art der Radionuklide und andererseits danach, ob bei besonderen Anlässen ein schneller qualitativer Nachweis erforderlich ist oder ob bei vorsorglicher Kontrolle quantitative Ergebnisse gewünscht werden. Dabei ist zu unterscheiden zwischen Verfahren der direkten Aktivitäts- oder Massenbestimmung der Radionuklide in der Probe und solchen, bei denen zuvor eine Abtrennung und Anreicherung einzelner Radionuklide vorgenommen wird (Eindampfen, Veraschen). Vorzugsweise kommen die folgenden Meßsysteme zur Anwendung: Oberflächensperrschichtdetektor, Flüssigszintillator, Antikoinzidenzmeßplatz, Filterfluorimeter und Spektralphotometer.

Flüssigszintillatoren werden vorwiegend zur Untersuchung von Urinproben auf H 3 (HTO) und zum schnellen Nachweis von Alphastrahlern verwendet. Beim H 3-Nachweis wird die Probe zur Beseitigung störender Stoffe häufig zunächst destilliert und das Destillat mit der Szintillatorflüssigkeit vermischt. Mit dem Verfahren lassen sich noch Aktivitätskonzentrationen um 100 Bq/l im Urin nachweisen. Für den Schnellnachweis von Alphaaktivitäten wurden spezielle physikalisch-chemische Aufbereitungsverfahren (s. u.) entwickelt, die der Mischung des Extrakts mit der Szintillatorflüssigkeit vorausgehen müssen.

Zum Nachweis von höherenergetischen Betastrahlern im Urin, insbesondere Sr 90, werden Antikoinzidenzmeßplätze eingesetzt, bei denen störende Begleitstrahlung durch eine Antikoinzidenzschaltung unterdrückt wird. Auch hierbei sind für einen empfindlichen Nachweis spezielle Probenaufbereitungsverfahren vor der Messung erforderlich, wodurch für Sr 90 eine Nachweisgrenze im Urin von weniger als 0,5 Bq/l erzielt wird. Dieser Wert kann noch dadurch vermindert werden, daß die Messung über das abgetrennte Folgenuklid Y 90 erfolgt. Allerdings muß hier eine längere Wartezeit für den Aufbau der Yttrium-Aktivität in Kauf genommen werden (bis zu 14 Tagen).

Der empfindliche Nachweis von Alphastrahlern kann über Messungen des Energiespektrums der Alphastrahlung mittels Oberflächensperrschichtdetektor in Verbindung mit einem Impulshöhenanalysator erfolgen. Bei Pu 239 werden nach geeigneter Probenaufbereitung hiermit Nachweisgrenzen im Urin von weniger als 3 mBq/l erreicht. Wegen der niedrigen spezifischen Aktivität wird bei U 238 bzw. U nat anstelle einer Aktivitätsmessung häufig die Bestimmung der Masse mittels der sogenannten Fluorimetrie vorgezogen. Hierzu wird eine kleine Urinprobe, gegebenenfalls nach vorhergehender Aufbereitung, mit einem Gemisch aus NaF und LiF zusammengebracht und bei 1000 °C geschmolzen. In einem Fluorimeter wird das Schmelzprodukt mit ultraviolettem Licht bestrahlt, wobei die Intensität der emittierten Fluoreszenzstrahlung ein Maß für die Uranmasse ist. Für die Nachweisgrenze im Urin werden je nach Probenaufbereitung Werte zwischen 0,2 μg/l und 0,01 μg/l angegeben. Auch bei Th 232 bzw. Th nat wird anstelle der Aktivitätskonzentration zumeist die Massenkonzentration (mit Spektralphotometer) bestimmt. Typische Nachweisgrenzen im Urin liegen hier bei etwa 1 μg/l.

Für eine Anzahl praktisch bedeutsamer Radionuklide und Elemente (z. B. H 3, C 14, Sr 90, J, Pr, Th , U, Pu) sind routinemäßige Nachweisverfahren entwickelt worden, auf die hier nicht im einzelnen eingegangen werden kann [fac77, fac79, fac80a, fac81, fac87a/b, ssk89b].

8.3.5.5 Anwendungshinweise

Bei der Messung von Impulsraten ist grundsätzlich zu beachten, daß die gemessenen Impulszahlen aufgrund des begrenzten zeitlichen Auflösungsvermögens (Totzeiteffekte) bestimmter Meßgeräte kleiner sein können als der richtige Wert, weil einige Strahlungsteilchen während der Auflösungszeit nach einem vorausgegangenen Impuls eingetroffen sind, in der keine Impulse registriert werden (s. Abb. 8.6). Bei fester Auflösungszeit τ des Meßsystems und dem angezeigten Meßwert R der Impulsrate gilt für die korrigierte Impulsrate R_k die Formel:

$$R_k = \frac{R}{1 - \tau \cdot R} \qquad (8.2)$$

Die Formel ist nicht anwendbar für Impulsratenkorrekturen bei veränderlicher Totzeit. Dies gilt beispielsweise für spektroskopische Messungen mit Vielkanalanalysatoren, in denen Analog-Digital-Umwandler vom Typ Wilkinson eingesetzt werden, da hier die Tot- bzw. Auflösungszeit von der Impulshöhe abhängig ist (s. Kap. 8.3.6.1).

Falls bei Impulsratenmessungen an radioaktiven Stoffen die Meßzeit nicht mehr klein gegenüber der Halbwertzeit bleibt, muß die Abnahme der Aktivität während der Messung berücksichtigt werden. Ist N die während der Meßzeit t ermittelte Anzahl an Impulsen, so folgt für die zum Beginn der Meßzeit vom untersuchten Radionuklid erzeugte Impulsrate R_a die Formel:

$$R_a = \frac{(N - R_0 \cdot t) \cdot \lambda}{1 - e^{-\lambda \cdot t}} \qquad (8.3)$$

Darin bezeichnet λ die Zerfallskonstante und R_0 die Nulleffektzählrate (s. Kap. 4.1.3 und 8.4). Formeln, die sowohl Aktivitätsabnahme als auch Totzeit- und Nulleffekt berücksichtigen, sind der Fachliteratur zu entnehmen [ncr85a].

Ein besonderes Problem bei Aktivitätsmessungen ist die allmähliche Kontamination des Meßgerätes durch Abrieb radioaktiver Substanz von den Festsubstanzproben bzw. durch Ablagerung aus flüssigen oder gasförmigen Meßproben und die damit verbundene Zunahme der Untergrundstrahlung. Feste und flüssige Meßproben sollten deshalb möglichst nur in leicht dekontaminierbaren Probenbehältern gehandhabt werden. Bei Meßgeräten zur kontinuierlichen Überwachung von Flüssigkeiten und Gasen kann versucht werden, eine Kontamination des Gerätes durch regelmäßige Spülung mit einem inaktiven Medium in Grenzen zu halten.

Bei Messungen für den praktischen Strahlenschutz ist darauf zu achten, daß die Probennahme und die Aufbereitung repräsentative Werte für die gesuchte Aktivitätsverteilung im jeweiligen Medium liefern. Das erfordert bei Flüssigkeiten und Gasen unter anderem eine hinreichende Homogenisierung vor der Probennahme und bekannte, stationäre Strömungsverhältnisse sowie die Berücksichtigung von Ablagerungsverlusten in den Zuleitungen.

8.3.6 Meßsysteme der Spektrometrie

Bei zahlreichen Aufgaben des praktischen Strahlenschutzes ist es erforderlich, Angaben über die relative Häufigkeit der Strahlungsteilchen unterschiedlicher Teilchenenergien im Strahlungsfeld zu erhalten. Ohne Kenntnis solcher Energiespektren kann z. B. weder die biologische Strahlenwirkung noch die Wirksamkeit von Abschirmungen zuverlässig abgeschätzt werden. Besonders genaue Energiemessungen werden erforderlich, wenn anhand der Teilchenenergien als Strahlungsquellen in Frage kommende Radionuklide identifiziert oder in kleinsten Aktivitäten nachgewiesen werden sollen.

Die wichtigste Methode zur Energiebestimmung von Strahlungsteilchen (Spektrometrie) beruht auf der getrennten Zählung unterschiedlich großer energieproportionaler Detektorimpulse. Auf andere Methoden, wie z. B. die Auswertung der unterschiedlichen Strahlenschwächung in Materialschichten oder die Anwendung magnetischer Spektrometer, wird hier nicht weiter eingegangen, da sie im praktischen Strahlenschutz kaum Bedeutung haben.

8.3.6.1 Aufbau von Impulshöhenanalysatoren

Zur Messung von Energiespektren eignen sich alle impulszählenden Meßgeräte, bei denen die Höhe der im Detektor ausgelösten Impulse ein Maß für die Teilchenenergie abgibt. Bei der Zählung werden die statistisch auftretenden Impulse in sogenannten Diskriminatoren nach ihrer Höhe sortiert und ihre Anzahl in „Kanälen" gespeichert, die einem bestimmten Impulshöhenintervall entsprechen (s. Abb. 8.25). Nach der Funktionsweise wird unterschieden zwischen Einkanalanalysatoren (singlechannel analyzer, SCA), in denen Impulse lediglich in einem zwischen 2 Diskriminatoren einstellbaren Impulshöhenbereich registriert werden und Vielkanalanalysatoren (multichannel analyzer, MCA) mit gleichzeitiger Registrierung in zahlreichen aneinandergrenzenden Kanälen.

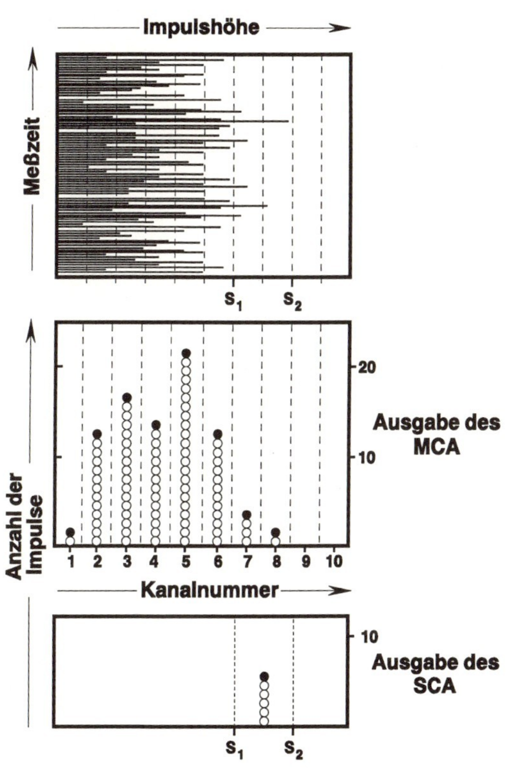

Abb. 8.25: Zuordnung von Impulsen und Kanälen bei Vielkanalanalysator (MCA) und bei Einkanalanalysator (SCA)

Eine Meßeinrichtung zur Aufnahme von Energiespektren besteht gemäß Abb. 8.26 im wesentlichen aus einem Detektor nebst Vorverstärker und Hochspannungsversorgung sowie einem Hauptverstärker, einem Impulshöhenanalysator, Datenausgabeeinrichtungen und Steuereinrichtungen (Mikroprozessor, Computer) [kno79, leo87].

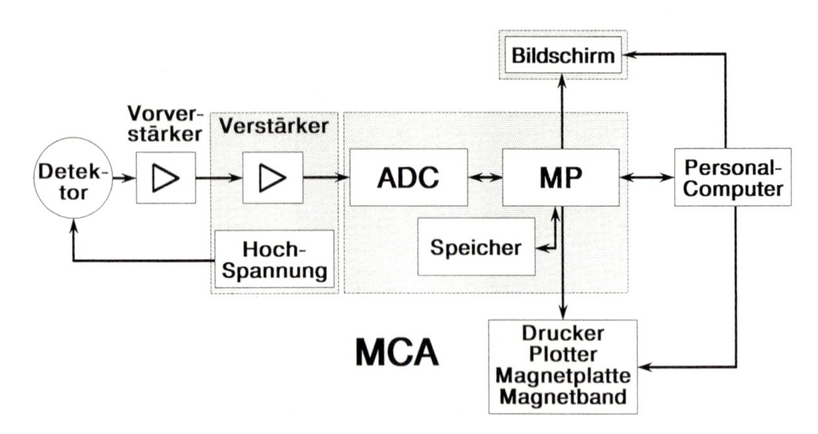

Abb. 8.26: Prinzipieller Aufbau eines Meßsystems mit Impulshöhen-Vielkanalanalysator
ADC Analog-Digital-Umwandler
MCA Vielkanalanalysator
MP Mikroprozessor

Als Detektoren werden vorzugsweise Halbleiterdetektoren, ferner Szintillationszähler sowie Proportionalzählrohre eingesetzt. Der von den Eigenschaften des Detektors abhängige Vorverstärker sorgt für eine Erfassung des elektrischen Signals, das durch das Strahlungsteilchen im Detektor ausgelöst wird, wobei ein möglichst großes Verhältnis von Signal zu Rauschen erreicht werden soll. Da das Rauschen wesentlich von der Eingangskapazität am Vorverstärker bestimmt wird, die mit wachsender Kabellänge zwischen Detektor und Verstärker zunimmt, sind diese beiden Systemelemente üblicherweise sehr dicht beieinander angeordnet bzw. zu einem Bauelement integriert. Dadurch kann bei Halbleiterdetektoren, die gekühlt werden müssen, zugleich auch der Vorverstärker gekühlt werden, was zu einer zusätzlichen Verringerung des Rauschens führt. Im Hauptverstärker werden die Impulse soweit verstärkt und geformt, daß sie in der sich anschließenden Elektronik weiterverarbeitet werden können. Außerdem wird ein großer Teil des Rauschens herausgefiltert.

Mit einem nachgeschalteten einfachen Einkanalanalysator kann während einer Messung stets nur ein einziger, begrenzter Impulshöhenbereich untersucht werden, während alle Impulse außerhalb des „Fensters“ für die Messung verlorengehen. Demgegenüber können mit Vielkanalanalysatoren bei einer Messung unterschiedliche Impulshöhen in ihrer auftretenden Häufigkeit erfaßt werden. Das Funktionsprinzip beruht dabei auf der Umwandlung der Impulshöhe (analoges Signal) in eine entsprechende Zahl (digitale Anzeige). Der Analog-Digital-Umwandler (analog-to-digital converter, ADC) ist dementsprechend das zentrale Bauelement eines MCA. Das vielfach eingesetzte ADC-System vom Typ Wilkinson setzt die Impulshöhe in eine diskrete Anzahl von Schwingungen um, indem ein Kondensator auf die der Impulshöhe entsprechende Spannung aufgeladen wird und während des anschließenden gleichmäßigen Spannungsabfalls die von einem Oszillator erzeugten periodischen Schwingungen gezählt werden, bis wieder das Basisniveau erreicht ist. Dementsprechend steigt die Impulsverarbeitungszeit im ADC mit zunehmender Impulshöhe bzw. Kanalzahl an. Um einerseits eine große Kanalzahl auf das zur Verfügung stehende Eingangsspannungsintervall zu verteilen und andererseits die Verarbeitungszeit und die damit verbundene Totzeit des ADC gering zu halten, werden möglichst große Oszillatorfrequenzen angestrebt. Bei 450 MHz werden Kanalanzahlen (üblicherweise in Potenzen von 2 vorgesehen) von $2^{14} = 16384$ (16k) erreicht. Die bei einer typischen Frequenz von 100 MHz und 8192 Kanälen zu erwartende Totzeit von bis zu 85 µs kann dazu führen, daß die (zur Steuerung vorgesehene) Torstufe vor dem ADC während eines erheblichen Bruchteils der Meßzeit geschlossen bleibt, und somit die während dieser Zeit anfallenden Impulse verlorengehen. Auf anderen Verfahren beruhende ADC-Systeme, die erhebliche kleinere Konversionszeiten haben (Festzeiten von 3 µs bei 8192 Kanälen), weisen demgegenüber teilweise größere Abweichungen von der direkten Proportionalität zwischen Impulshöhe und Kanalnummer auf.

Der auf die Sperrzeit des ADC entfallende Bruchteil der Meßzeit wird vielfach über einen Impulsgenerator ermittelt, dessen Impulse durch dieselbe Eingangstorstufe geleitet werden wie die Signalimpulse und die dementsprechend in demselben Zeitverhältnis wie diese blockiert werden. Der Bruchteil der Impulse, die die Torstufe passiert haben, liefert damit ein Maß für die Zeitdauer, in der der ADC geöffnet war (live time). Wenn bei Impulsmessungen anstelle der echten Zeitdauer der Messung (real time) diese Öffnungszeit als Meßzeit angesetzt wird, kann auf eine Totzeitkorrektur der Impulsraten verzichtet werden. Bei vielen MCA-Systemen sind wahlweise beide Zeitmessungen möglich.

Der Speicher eines MCA ist in Kanälen organisiert, die über die Kanalnummern adressierbar sind und die je nach Anzahl der verfügbaren bits pro Kanal entsprechende Impulszahlen speichern können. Für einen typischen Speicherwert von 24 bits pro Kanal sind somit Impulszahlen bis $2^{24} - 1$ in jedem Kanal erfaßbar. Bei der Speicherung sind zumeist sowohl positive als auch negative Änderungen des Speicherinhalts möglich, so daß z. B. im sogenannten Subtraktionsmodus die Umgebungsstrahlung von einem zuvor registrierten Impulshöhenspektrum abgezogen werden kann. Üblicherweise werden nichtflüchtige Datenspeicher verwendet, wodurch die Daten auch nach einem Zusammenbruch der elektrischen Versorgung erhalten bleiben. In der Regel läßt sich der Datenspeicher in mehrere gleich große und unabhängige Teilbereiche unterteilen. Somit kann ein 64k Datenspeicher auch in 4 getrennt arbeitende 16k Datenspeicher umkonfiguriert werden, wobei die Zuordnung der Impulse bei kleinen Impulsraten durch entsprechende Steuerung über einen einzigen ADC erfolgen kann, während bei hohen Impulsraten für jeden Detektor und Teildatenspeicher ein eigener ADC erforderlich wird.

Für die Ausgabe der Daten werden Bildschirm, Drucker und X-Y-Schreiber eingesetzt. Die Bildschirmanzeige ermöglicht dabei die unmittelbare Beobachtung des entstehenden Impulshöhenspektrums. Als Datenträger für die Zwischenspeicherung vor der weiteren Auswertung sind Disketten und Magnetband-Kassetten gebräuchlich. Die Datenübergabe erfolgt dabei, wie bei allen Bauelementen der Computerperipherie üblich, über die genormten seriellen oder parallelen Schnittstellen.

Während Vielkanalanalysatoren einfachster Ausführung nur wenige Rechenoperationen und Anzeigefunktionen wahrnehmen können, werden mit zunehmendem Einsatz von Mikroprozessoren kompliziertere Aufgaben in der Datenerfassung, -verarbeitung -speicherung und -anzeige möglich. Bei vielen Systemen sind die folgenden Rechenoperationen standardmäßig vorgesehenen: Energiekalibrierung aufgrund von Kalibriermessungen, Peaksuche, Berechnung der Gesamtfläche oder Nettofläche innerhalb eines interessierenden zusammenhängenden Kanalbereichs (region of interest, ROI), Spektrensubtraktion, Spektrenglättung, Spektrennormalisierung, Identifizierung von Radionukliden, Speicherung und Ausführung von individuell eingegebenen Programmschritten. Bezüglich der Anzeige gehören wahlweise lineare oder logarithmische Darstellung, Autokalibrierung der Häufigkeitsskala des Spektrums, Mehrfachdarstellung mehrerer Spektren, Spreizung der Häufigkeits- und der Impulshöhenskala des Spektrums und die alphanumerische Darstellung der wichtigsten Meßparameter zur Standardausstattung.

Vielkanalanalysatoren werden in den unterschiedlichsten Ausführungen angeboten, die sich nach Einsatzbereich und Aufgabenstellung richten. Ist vor allem die leichte Transportierbarkeit des Gerätes gefordert, bieten sich zumeist über Berührtasten und LC-Bild-

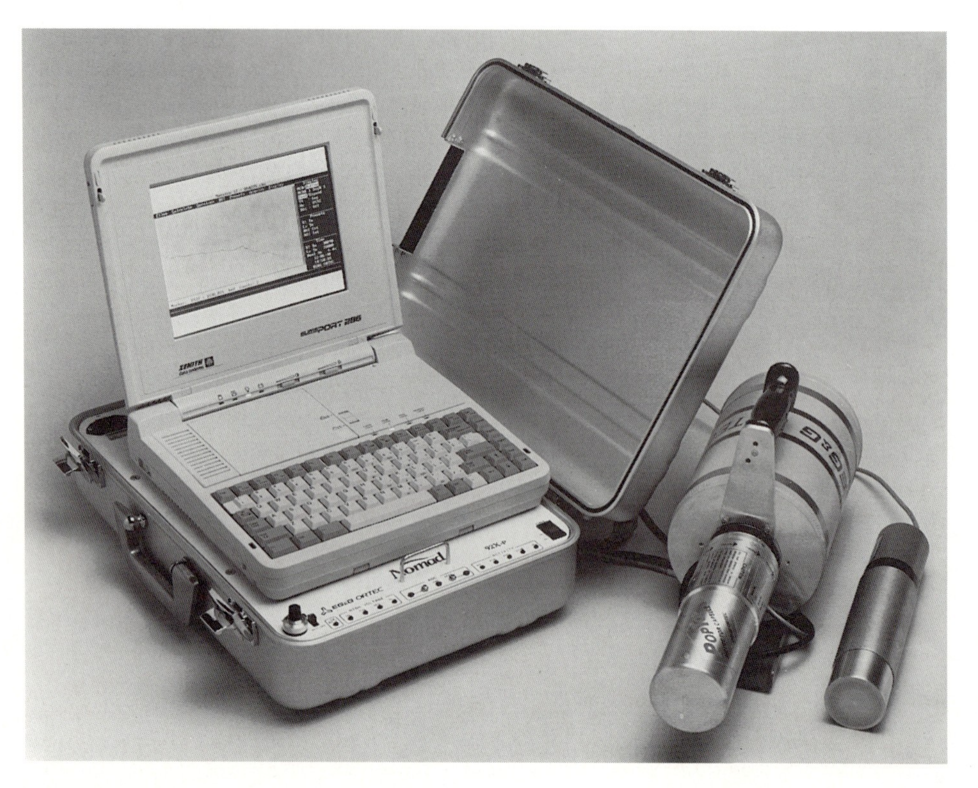

Abb. 8.27: Tragbarer Impulshöhen-Vielkanalanalysator (92X-P Nomad, EG & G Ortec)

schirme bedienbare Kompaktgeräte an, in die außer Vorverstärker und Detektor alle erforderlichen Bausteine integriert sind. Falls dagegen Flexibilität gegenüber verschiedenen Detektorsystemen erforderlich ist, lassen sich MCAs auch modulmäßig in der standardisierten NIM-Technik (Nuclear Instrument Modul) aus einzelnen Bausteinen in Überrahmen (offen modular) und Gehäusen (verdeckt modular) zusammenstellen, wobei teilweise auf den eigenen Bildschirm und die Tastatur ganz verzichtet und stattdessen ein getrennter Computer eingesetzt wird. Auch Kombinationen beider Bauweisen sind üblich, bis hin zum MCA-System als Steckkarte für Seriencomputer (Abb.8.27).

Die Bedienung der Vielkanalanalysatoren erfolgt weitgehend über eine programmierte menümäßige Benutzerführung, wobei die Bedienungsfunktionen über Berühr- oder Folientasten bzw. über die Computertastatur ausgelöst werden. Die Tastenfelder an den Kompaktgeräten sind in der Regel nicht nur für eine einzige Funktion ausgelegt, sondern werden durch Programme anwendungsgerecht in ihrer Bedeutung umgeschaltet. Konventionell bezeichnete Funktionstasten oder -knöpfe sind zumeist nur noch an den Einzelmodulen zur Einstellung von Meßparametern vorgesehen.

8.3.6.2 Messungen mit Vielkanalanalysatoren

Falls jeweils die gesamte Energie eines Strahlungsteilchens im Detektor abgegeben und in einen Impuls entsprechender Größe umgewandelt würde, gäbe das registrierte Impulshöhenspektrum unmittelbar das Energiespektrum der Strahlungsteilchen wieder. Dies würde bei monoenergetischer Strahlung zur Registrierung in einem einzigen Kanal eines MCA führen. Tatsächlich verteilen sich die Impulse einer monoenergetischen Strahlung jedoch in Form einer statistischen Verteilung (Peak) über einen schmalen Impulshöhenbereich, weil sowohl bei der Impulsauslösung als auch bei Verstärkung und Registrierung statistische Schwankungen vorkommen (s. Kap. 8.2.4, 8.2.7). Die Form der Peaks kann näherungsweise als Normalverteilung angesehen und durch die Halbwertbreite, ausgedrückt durch die Anzahl der Kanäle, gekennzeichnet werden. Der zum Peakmaximum gehörende Kanal entspricht der Energie der Strahlungsteilchen. Die Zuordnung der Kanalnummern zu den Teilchenenergien erfolgt im allgemeinen durch Aufnahme von Impulshöhenspektren für Kalibrierquellen mit bekannten Teilchenenergien, die als Stützwerte für die Interpolation bei den übrigen Kanälen dienen können.

Die Gesamtzahl der Impulse pro Zeit abzüglich des Untergrundes, die in den Kanälen des Peakbereichs registriert werden, ist ein Maß für die Teilchenflußdichte am Ort des Detektors bzw. die Aktivität eines Radionuklids in der Probensubstanz. Der Impulshöhenuntergrund wird dabei sowohl durch die Umgebungsstrahlung als auch durch Impulse verursacht, die durch unvollständige Energieabgabe höherenergetischer Teilchen im Detektor, z. B. nach einem Comptoneffekt, entstanden sind (s. u.). Für die Festlegung der Peakbereichsgrenzen und die Abschätzung der Untergrundbeiträge sind verschiedene Verfahren entwickelt worden, auf die hier nicht näher eingegangen wird [deb88, kno79].

Die vollständige Abgabe der Energie eines Strahlungsteilchens an den Detektor erfolgt in der Regel nur bei Alphastrahlung. Bei Photonen, Neutronen und Betastrahlung geht häufig ein Teil der Energie für die Impulserzeugung verloren, weil entweder das Teilchen selbst oder von ihm erzeugte Sekundärteilchen wieder aus dem Detektor austreten. Dadurch werden je nach Energieverlust Impulse bei niedrigeren Impulshöhen verursacht, die mehr Strahlungsteilchen von niedrigerer Energie als in Wirklichkeit vorhanden vortäuschen. Das Impulshöhenspektrum einer monoenergetischen Strahlung setzt sich somit aus dem für die Teilchenenergie charakteristischen Peak und einem breiten Untergrundspektrum bei niedrigeren Impulshöhen zusammen. Strahlungsfelder, die mehrere Teilchenenergien enthalten, führen somit zu einer Überlagerung von energieanzeigenden Peaks mit einem störenden Impulshöhenuntergrund, der durch Teilchen mit höheren Energien verursacht worden ist. Dieser Untergrund macht sich vor allem dann störend bemerkbar, wenn kleine Aktivitäten mit kleinen Teilchenenergien bei Anwesenheit großer Aktivitäten mit großen Teilchenenergien nachgewiesen werden sollen.

Bei der Interpretation von Impulshöhenspektren von *Photonenstrahlung* ist fast immer mit einem kontinuierlichen Untergrund bei niedrigen Impulshöhen zu rechnen, der durch nicht erfaßte aus dem Detektor austretende Photonen verursacht wird. Daraus ergibt sich eine für jeden Detektor charakteristische Form des induzierten Untergrundspektrums, das durch verschiedene Strukturen gekennzeichnet ist: z. B. Comptonkante (Verlust von 180°-Comptonstreuphotonen) mit dem zu niedrigeren Impulshöhen anschließenden Comptonkontinuum, Escape-Peak (Verlust von Fluoreszenzphotonen), Paarbildungspeaks (Verlust eines oder beider Vernichtungsphotonen nach Paarbildung). Diese Strukturen des Untergrundspektrums können die Identifizierung der Vollenergiepeaks bei kleineren Photonenenergien vor allem im Bereich der Comptonkante unmöglich machen. Durch Vergrößerung des Detektorvolumens kann die Nachweisbarkeit solcher Peaks wegen der damit verbundenen Zunahme des Ansprechvermögens und der Abnahme des induzierten Untergrundes (Peak-Comptonverhältnis) verbessert werden. Für den Nachweis sehr kleiner Gammaaktivitäten werden deshalb häufig großvolumige Szintillationszähler verwendet. Wegen der relativ großen Halbwertbreite der Vollenergiepeaks dieser Detektoren ist damit allerdings eine Identifizierung von Radionukliden mit eng benachbarten Photonenenergien kaum möglich. Für diese Aufgabenstellung sind im allgemeinen die wesentlich kleineren Halbleiterdetektoren trotz des größeren Untergrundes und des geringeren Ansprechvermögens besser geeignet, da sie eine etwa zehnmal kleinere Peakbreite aufweisen als Szintillationszähler [sha67, deb88].

Ferner ist zu berücksichtigen, daß Strahlungsteilchen, die praktisch gleichzeitig bei Kernprozessen freigesetzt werden (z. B. die beiden Photonen mit 1.17 und 1.33 MeV bei Co 60), auch gleichzeitig vom Detektor registriert werden können, wodurch dort ein Impuls entsteht, dessen Größe der Summe der beiden Teilchenenergien entspricht. Ein ähnlicher Summenpeak kann bei sehr großen Strahlungsintensitäten auch durch das statistische Zusammentreffen zweier Signale (Koinzidenz) verursacht werden.

Auch bei der Spektrometrie von *Elektronen* muß mit einem induzierten Impulshöhenuntergrund aufgrund von Strahlungsverlusten gerechnet werden. Bei anorganischen Szintillatoren mit hohen Ordnungszahlen wird ein großer Teil der Elektronen wieder rückwärts aus dem Detektor herausgestreut, bevor die gesamte Energie absorbiert werden kann. Zum Untergrund tragen außerdem Energieverluste durch nicht absorbierte Bremsstrahlungsphotonen bei. Organische Szintillatoren weisen wesentlich geringere Energieverluste auf, wobei jedoch ein erheblich schlechteres Auflösungsvermögen in Kauf genommen werden muß. Ähnlich geringe Energieverluste ergeben sich auch bei leichtatomigen Halbleiterdetektoren, sofern das empfindliche Meßvolumen größer als die Reichweite der Elektronen ist.

Bei der Spektrometrie von *Alphastrahlung* ist zu berücksichtigen, daß die Strahlungsteilchen bereits auf dem Weg zum Detektor wesentliche Energieverluste erfahren können. Die Strahlungsquelle und der dünnwandige Detektor werden deshalb zumeist in einer evakuierten Kammer untergebracht.

Ein Impulshöhenspektrum kann grundsätzlich als ein durch das Detektorsystem modifiziertes bzw. mit dessen Eigenschaften gefaltetes Energiespektrum aufgefaßt werden. Um aus einem gemessenen Impulshöhenspektrum das primär auslösende Energiespektrum rekonstruieren zu können (Entfaltung), müssen dementsprechend im Prinzip die einzelnen Umsetzungswahrscheinlichkeiten von diskreten Energiewerten der Strahlung in Impulshöhen, die sogenannten Einfluß- oder Antwortfunktionen (response functions) des Detektorsystems, bekannt sein. Da diese Funktionen in vielen Fällen nicht für alle notwendigen Energien ermittelt werden können oder mit größeren statistischen bzw. systematischen Unsicherheiten behaftet sind, ist eine exakte mathematische Lösung des Entfaltungsproblems, insbesondere bei kontinuierlichen Energiespektren, nur selten möglich. Bezüglich der entwickelten Näherungsverfahren sei auf die Spezialliteratur verwiesen [deb88, kno79]. Zahlreiche Computerprogramme zur Entfaltung von Energiespektren sind für den Fall entwickelt worden, daß das zu messende Energiespektrum nur diskrete Energien enthält, die durch Peaks im Impulshöhenspektrum in Erscheinung treten. Wenn wenige Energiekomponenten zu erwarten sind, kann das Subtraktionsverfahren (stripping) eingesetzt werden, bei dem die in einem Datenspeicher abgelegten Einflußfunktionen für die erwarteten Energiekomponenten von der höchsten Energie ausgehend nacheinander mit geeigneten Faktoren multipliziert und vom gemessenen Spektrum abgezogen werden bis dieses zum Verschwinden gebracht ist. Diese Faktoren geben dann die relativen Häufigkeiten der vorkommenden Energien wieder. Sind demgegenüber viele diskrete Energiekomponenten im Spektrum zu erwarten, stehen für die Ermittlung der Häufigkeitsverteilung spezielle Rechenroutinen zur Peaksuche und Peakflächenberechnung zur Verfügung.

8.3.6.3 Anwendungshinweise

Die Wahl der geeigneten Anzahl an Kanälen für eine Spektralmessung wird durch das Energieauflösungsvermögen des Detektors sowie durch die Gesamtzahl an Impulsen bestimmt, die während der Meßzeit anfallen. Obwohl grundsätzlich eine hohe Anzahl an Kanälen wünschenswert wäre, ist zu bedenken, daß die in einem Kanal gespeicherte Impulszahl naturgemäß mit dessen Breite zunimmt bzw. umgekehrt proportional zur Kanalanzahl abnimmt. Somit kann mit zunehmender Kanalanzahl die auf einen Kanal entfallende Impulsanzahl so gering werden, daß statistische Schwankungen kleine Peaks überdecken. Falls es zur Identifizierung und Auswertung von Peaks als ausreichend angesehen wird, daß sich die Halbwertbreite über etwa 4 Kanäle erstreckt, sind für die Aufnahme des gesamten Impulshöhenspektrums (ab Impulshöhe 0) mindestens $4 \cdot 100/\varepsilon_E$ Kanäle zu wählen, um bei der größten nachzuweisenden Energie das Auflösungsvermögen ε_E (in %) zu erzielen. Bei NaJ-Detektoren mit einem Energieauflösungsvermögen von 8%

(0,662 MeV) können dementsprechend 50 Kanäle ausreichend sein, während bei Ge-Halbleiterdetektoren mit einem Auflösungsvermögen um 0,15% mehr als 2600 Kanäle erforderlich werden.

Beim Einsatz von Oberflächensperrschicht-Detektoren ist zu beachten, daß die dünne Goldschicht des Eintrittsfensters keinesfalls, auch nicht zum Säubern, berührt werden darf, da Beschädigungen der Oberfläche zur Veränderung der Detektorcharakteristik führen. Falls eine Kontamination der Detektoroberfläche bei der Messung nicht ausgeschlossen werden kann, sind abwischbare Detektoren zu verwenden, die in der Regel aus p-leitendem Material mit einem Al-Fenster ($\approx$ 50 µg/cm^2) bestehen, in dem allerdings eine stärkere Vorabsorption erfolgt. Das Fenster kann ohne Verschlechterung der Detektoreigenschaften viele Male abgewischt werden und ermöglicht zugleich auch den Einsatz bei heller Umgebung. Falls bei der Messung geladener Teilchen sowohl robuste als auch dünne Detektorfenster erforderlich sind, können Si-Halbleiterdetektoren mit ionenimplantierten Fensterkontakten dicht unter der Silicium-Oberfläche vorteilhaft sein, bei denen Fensterdicken um $2 \cdot 10^{-6}$ cm erreicht werden.

Bei Abkühlung unter Zimmertemperatur müssen Halbleiterdetektoren in einem sauberen Vakuum betrieben werden, damit nicht durch Kondensation von Dämpfen auf der Detektoroberfläche die Detektoreigenschaften entscheidend geändert werden oder der Betrieb unmöglich gemacht wird. Im besonderen sind die zu den einzelnen Detektortypen angegebenen Betriebshinweise, z. B. bezüglich der Stoßempfindlichkeit, der Aufschaltung der Hochspannung oder der Anforderungen an die elektrische Erdung, sorgfältig einzuhalten, da verschiedene Halbleiterdetektoren, anders als etwa Zählrohre, sehr empfindlich auf Veränderungen der Umgebungsbedingungen reagieren und unter Umständen erst über eine länger andauernde Anpassungsphase auf die Betriebsbedingungen eingestellt werden müssen.

Die für den Betrieb bestimmter Halbleiterdetektoren erforderliche Abkühlung und das aus Isolationsgründen erforderliche Vakuum werden üblicherweise durch ein System aus Kühlgefäß für flüssigen Stickstoff (Dewar) und einer evakuierten Kühlkammer (Kryostat) erzeugt, wobei ein zumeist aus Kupfer bestehender Kühlfinger die „Kälte“ vom Dewar durch den Kryostaten zum Detektor leitet (Abb. 8.28).

Je nach Einsatzweise der Detektoren werden im wesentlichen 2 Standardtypen von Dewar-Kryostat-Kombinationen unterschieden. Bei den Eintauchsystemen wird der den Detektor und Kühlfinger umschließende Kryostat in den Dewar eingetaucht. Demgegenüber sind bei den Integralsystemen, die zumeist kompakter ausgeführt werden können, Dewar und Kryostat an dasselbe Vakuum angeschlossen und somit untrennbar miteinander verbunden. Einige Systeme erlauben auch eine kurzfristige Trennung der Detektorkapsel vom Kryostaten bei Raumtemperatur. Bei tragbaren Geräten sind kompakte Kryostat-Dewar-Kombinationen gebräuchlich, mit denen der Detektor in alle Richtungen gedreht werden kann. Anstelle der Kühlung durch flüssigen Stickstoff werden auch elektrisch betriebene Kühlsysteme eingesetzt. Falls wenig durchdringungsfähige Strahlung gemessen werden soll, muß die den Kryostaten am Detektor abschließende Endkappe besonders dünnwandige Fenster aufweisen. Die typischen Fensterdicken liegen je nach Detektordurchmesser (4 mm bis 60 mm) zwischen 7,5 µm und 0,75 mm Beryllium.

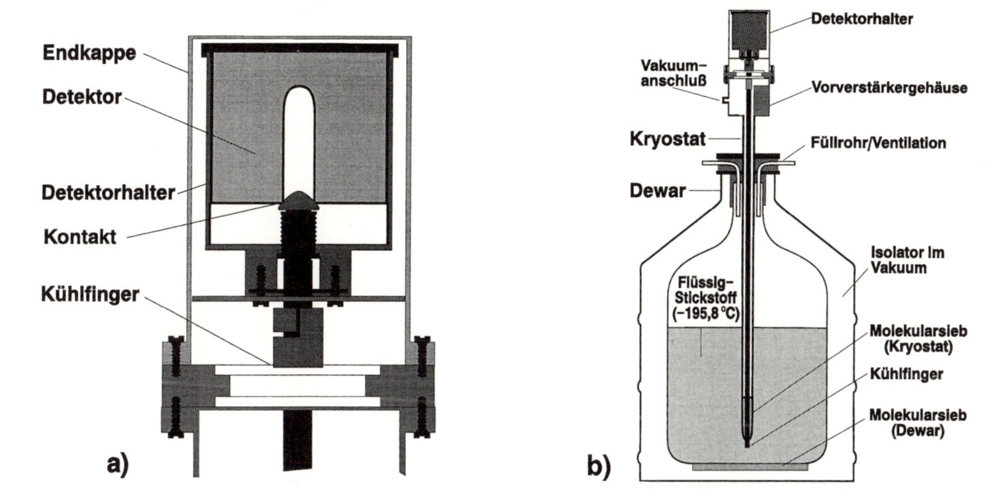

Abb. 8.28: Schematische Darstellung des Aufbaus von
a) Detektorsystem und b) Kühlsystem eines koaxialen Reinstgermanium-Halbleiterzählers

8.4 Berechnung von Aktivitäten aus Impulsraten

Radioaktive Kernprozesse und Strahlungsemissionen sowie dadurch entstehende Teilchenflußdichten sind Vorgänge bzw. physikalische Größen, die bei wiederholten Beobachtungen in gleichen Zeitintervallen mit unterschiedlichen Anzahlen an Teilchenemissionen aus der Quelle bzw. Teilchendurchgängen durch eine Fläche verknüpft sind. Infolgedessen lassen sich physikalische Größen, wie Aktivität bzw. Flußdichte, nicht durch die real beobachteten Teilchenzahlen ausdrücken, sondern nur durch die Mittelwerte, die bei beliebig häufigen Wiederholungen unter sonst gleichen Bedingungen zu erwarten wären. Dieser auch als „wahrer Mittelwert" bezeichnete Wert wird heute „Erwartungswert" genannt und zum Unterschied von den mit lateinischen Buchstaben bezeichneten real beobachteten Werten durch die entsprechenden griechischen Buchstaben gekennzeichnet. Zu der im Zeitintervall t gemessenen Impulszahl N gehört somit der Erwartungswert ν und zur gemessenen Impulsrate $R = N/t$ gehört der Erwartungswert $\rho = \nu/t$. Bei der Ermittlung von Aktivitäten A aus Impulsratenmessungen kann dementsprechend streng genommen nur der Erwartungswert herangezogen werden, der zu der gemessenen Impulsrate gehört. Üblicherweise wird $A = f_K \cdot \rho$ gesetzt, wobei der Kalibrierfaktor f_K eine von der Meßeinrichtung, Meßprobe, Strahlungsart und -energie abhängige Konstante ist. Die Aktivitätsbestimmung erfordert daher einerseits die hinreichend genaue Abschätzung des Erwartungswertes ρ aus der gemessenen Impulsrate R und andererseits die Ermittlung des Kalibrierfaktors f_K.

Zumeist werden neben den durch die zu messende Strahlungsquelle verursachten Impulsen auch noch durch anderweitige Strahlungsquellen oder apparative Störungen verursachte Impulse eines sogenannten Nulleffekts registriert, für die ein Erwartungswert ρ_0 gilt. Dieser ist vom Bruttoeffekt $\rho_b = \rho_n + \rho_0$ abzuziehen, um den von der untersuchten

Strahlungsquelle verursachten Nettoeffekt ρ_n zu erhalten. Für die Aktivität der Probe ergibt sich demgemäß:

$$A = f_K \cdot (\rho_b - \rho_0) = f_K \cdot \rho_n \tag{8.4}$$

In der Praxis müssen die nicht genau bekannten Erwartungswerte ρ_b und ρ_0 durch genügend genaue Schätzwerte, d. h. zumeist Meßwerte R_b und R_0, ersetzt werden, die durch getrennte Messungen der Impulszahlen N_b und N_0 in den zugehörigen Meßzeiten t_b und t_0 erhalten werden. Um eine Beurteilung der statistischen Meßunsicherheit der Meßwerte zu ermöglichen, ist es üblich, jedem Meßwert einen sogenannten „Vertrauensbereich", auch statistischer Fehler genannt, zuzuordnen, der die Spanne der möglicherweise zu dem Meßwert führenden Erwartungswerte angibt. Die Ermittlung dieses Vertrauensbereichs, der entscheidend von der Anzahl der gezählten Impulse N_b bzw. N_0 abhängt, wird in Kap. 8.5 erläutert.

Der Kalibrierfaktor f_K zur Umrechnung einer gemessenen Impulsrate in die zugehörige Aktivität läßt sich im allgemeinen in Faktoren aufgliedern, die folgende Effekte berücksichtigen:

- Teilchenausbeute p (s. Kap. 4.1.2)
- Eigenabsorption der Strahlung im Probenmaterial
- Rückstreuung von Strahlungsteilchen an der Unterlage der Probe
- Verlust an Strahlungsteilchen zwischen Probe und Detektor aufgrund der Geometrie des Strahlungsfeldes und der Meßanordnung
- Absorption und Streuung von Strahlungsteilchen zwischen Probe und Detektor
- Ansprechvermögen des Detektors für die jeweilige Strahlungsart und -energie

Wegen der Vielzahl der zu berücksichtigenden komplizierten Effekte und ihrer gegenseitigen Verknüpfungen ist es im praktischen Strahlenschutz im allgemeinen nicht üblich, die obigen Faktoren rechnerisch zu ermitteln. Stattdessen wird der Kalibrierfaktor zumeist mit Hilfe einer Kalibrierquelle bekannter Aktivität experimentell bestimmt, wobei, soweit möglich, ein Präparat zu wählen ist, dessen Eigenschaften denen der zu messenden Probe weitgehend entsprechen. Außerdem müssen bei der Kalibriermessung die gleichen geometrischen Bedingungen eingehalten werden wie bei der Probenmessung. Rechnerische Abschätzungen sind dabei nur erforderlich, wenn der Einfluß von Abweichungen zwischen Kalibrierpräparat und zu messender Probe erfaßt werden soll. Absolutmessungen der Aktivität erfordern dagegen stets aufwendige Berechnungen des Kalibrierfaktors.

Üblicherweise wird der Kalibrierfaktor gemäß Formel (8.5) unter Verwendung der radioaktiven Teilchenausbeute p in einen gerätespezifischen Faktor ε und einen quellenspezifischen Faktor ε_S zerlegt:

$$f_K = \frac{1}{\varepsilon \cdot \varepsilon_S \cdot p} \tag{8.5}$$

Darin bezeichnet ε das Ansprechvermögen des Detektors unter den bei der Messung gegebenen geometrischen Bedingungen, das von Strahlungsart und -energie abhängig ist. Es ist das Verhältnis aus der gemessenen Impulszahl (abzüglich Nulleffekt) zur Anzahl der durch die Oberfläche der betrachteten Quelle hindurchtretenden Strahlungsteilchen.

ε_S bedeutet den Wirkungsgrad der Quelle, der vereinfacht ausgedrückt, das Verhältnis angibt aus der Anzahl der Strahlungsteilchen, die durch die Quellenoberfläche austreten, zur Gesamtzahl der Teilchen derselben Art, die in der wirksam werdenden Schicht der Quelle entstehen.

Mit der an einer Kalibrierquelle gemessenen Impulsrate R_K läßt sich das Ansprechvermögen ε eines Aktivitäts- bzw. Kontaminationsmeßgerätes durch die Formel:

$$\varepsilon = \frac{R_K - R_0}{\varepsilon_{SK} \cdot A_K \cdot p_K} \tag{8.6}$$

ausdrücken. Darin ist p_K die Teilchenausbeute und A_K die vor dem Detektorfenster befindliche Aktivität der Kalibrierquelle, die zur Impulsrate beiträgt. Bei großflächiger Kalibrierquelle mit homogener Aktivität pro Fläche (a_{FK}), die das Detektorfenster mit der Fläche W voll abdeckt, gilt für Alpha- und Betastrahler $A_K = a_{FK} \cdot W$. Bei höherenergetischen Gammastrahlern ist zu berücksichtigen, daß auch die außerhalb des Fensters befindliche Aktivität zum Meßwert beitragen kann. Der Wirkungsgrad ε_{SK} der Kalibrierquelle läßt sich aus der Oberflächenemissionsrate pro Fläche E_{SK} (Anzahl der aus der Quellenoberfläche austretenden Teilchen pro Zeit und Fläche, $E_{SK} = \varepsilon_{SK} \cdot a_{FK} \cdot p_K$) dieser Quelle ermitteln. Grundsätzlich ist zu beachten, daß die Meßergebnisse nur dann zuverlässig sind, wenn das für die Kalibrierung genommene Radionuklid mit dem tatsächlich vorhandenen übereinstimmt ($p_K = p$). Bei Betastrahlern kann die Kalibrierung auch mit einem davon abweichenden Radionuklid durchgeführt werden, wenn sichergestellt ist, daß die Betaenergie der Kalibrierquelle nicht wesentlich größer ist als die kleinste zu messende Betaenergie.

Soll aus einer Impulsratenmessung anstelle der Aktivität unmittelbar eine Aktivität pro Fläche, spezifische Aktivität oder Aktivitätskonzentration erhalten werden, müssen neben den oben genannten Teilfaktoren noch weitere Faktoren zur Umrechnung der Impulsrate in die gesuchte Aktivitätsverteilung (z. B. in Bq/cm^2, Bq/kg oder Bq/m^3) berücksichtigt werden, die zu einem Gesamtkalibrierfaktor zusammengefaßt werden können. Aus der Impulsrate R ergibt sich damit für die Aktivität pro Fläche:

$$a_F = f_{FK} \cdot (R - R_0) \tag{8.7}$$

Der Kalibrierfaktor f_{FK} kann aus dem Ansprechvermögen ε des Detektors oder aus einer Kalibriermessung mit demselben Radionuklid ermittelt werden, das in der zu messenden Kontamination vorliegt. Bei Kontaminationsmonitoren für Alpha- und Betastrahlung wird zumeist das Ansprechvermögen ε für eine unmittelbar unter dem Schutzgitter des Gerätes befindliche Kontamination angegeben, die die empfindliche Fensterfläche W des Detektors voll abdeckt. Damit folgt:

$$f_{FK} = \frac{1}{\varepsilon \cdot \varepsilon_S \cdot W \cdot p} \tag{8.8a}$$

Aus der Messung der Impulsrate R_K mit einem großflächigen Kalibrierpräparat bekannter Aktivität pro Fläche (a_{FK}) ergibt sich der Kalibrierfaktor zu:

$$f_{FK} = \frac{a_{FK}}{R_K - R_0} \cdot \frac{\varepsilon_{SK}}{\varepsilon_S} \tag{8.8b}$$

Falls für die Kalibrierquelle nur die Aktivität pro Fläche (a_{FK}) angegeben und E_{SK} nicht bekannt ist, wird üblicherweise $\varepsilon_{SK} = 0{,}5$ gesetzt. Für den Wirkungsgrad ε_S der zu messenden Kontaminationsquelle wird bei höherenergetischen Betastrahlern (Betaenergie > 0,4 MeV) ebenfalls der Wert 0,5 empfohlen, während bei anderen Betastrahlern und Alphastrahlern 0,25 anzunehmen ist [n7503].

Auch im Zusammenhang mit der indirekten Bestimmung von Aktivitätsverteilungen durch Probennahme (z. B. Wischprobennahme bei Oberflächenkontamination) oder die Aktivitätssammlung aus Flüssigkeiten oder Gasen (z. B. mittels Filterung, Fällung oder Eindampfen) sind zur Bestimmung des Kalibrierfaktors zumeist rechnerische Korrekturen erforderlich, da geeignete Kalibrierquellen kaum verfügbar sind. Bei der Ausmessung einer Wischprobe an einem Aktivitätsmeßplatz gilt für den Kalibrierfaktor:

$$f_{FK} = \frac{1}{\varepsilon \cdot \varepsilon_S \cdot S \cdot F \cdot p} \tag{8.9}$$

Darin bezeichnet F den Entnahmefaktor und S die abgewischte Fläche (normalerweise 100 cm^2). Der Entnahmefaktor ist das Verhältnis aus der bei einer Wischprobe entnommenen Aktivität zur gesamten nicht festhaftenden Aktivität, wofür bei Fehlen genauerer Daten üblicherweise der Wert 0,1 angesetzt wird. Mit der aus der Wischprobe erhaltenen Impulsrate R und dem Kalibrierfaktor f_{FK} ergibt Formel (8.7) einen Näherungswert für die nicht festhaftende Aktivität pro Fläche.

In analoger Weise kann auch bei anderen Messungen von Aktivitätsverteilungen der Gesamtkalibrierfaktor in verfahrensspezifische Teilfaktoren unterteilt werden. Wurde die Aktivität in Flüssigkeiten oder Gasen über Messungen an Filtern ermittelt, so muß zur Bestimmung der Volumenkontamination noch durch das Flüssigkeits- bzw. Gasvolumen geteilt werden, das durch das Filter hindurchgesaugt wurde. Analog ist bei Messungen an Eindampfproben durch das vor dem Eindampfen vorhandene Flüssigkeitsvolumen zu teilen. Bei der kontinuierlichen Überwachung von Abwasser oder Abluft kann unter Umständen auch die in die Umgebung abgegebene Aktivität in die Kalibrierung mit einbezogen werden.

8.5 Statistische Meßunsicherheit bei Impulszählungen

8.5.1 Messung bei Vernachlässigung des Nulleffekts

Die relative Häufigkeit, mit der bei wiederholten Kernstrahlungsmessungen die an einer radioaktiven Probe während eines Meßzeitintervalls ermittelten Impulszahlen N um einen bestimmten Betrag vom Erwartungswert ν abweichen können, läßt sich mathematisch unter gewissen Voraussetzungen (siehe unten) durch die sogenannte Poissonverteilung beschreiben, die bei größeren Impulszahlen ($\nu > 10$) im allgemeinen hinreichend genau durch eine sogenannte Normalverteilung angenähert werden kann (siehe Abb. 8.29).

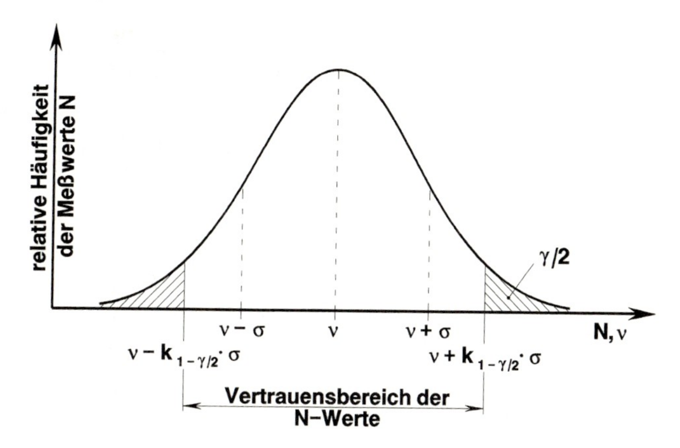

Abb. 8.29: Relative Häufigkeit der Meßwerte N bei Impulszählungen

In dieser glockenförmigen Verteilung ist wie bei technischen Fehlerverteilungen über jedem Meßwert N die relative Häufigkeit aufgetragen, mit der dieser Wert im Verlauf sehr vieler Messungen auftreten würde. Ein Maß für die Breite dieser Verteilungskurve ist die sogenannte Standardabweichung σ, die den Abstand zwischen ν und N beim Wendepunkt der Kurvenkrümmung angibt. Im Durchschnitt liegen 68,28 % aller gemessenen Werte N im Werteintervall zwischen $\nu - \sigma$ und $\nu + \sigma$, während 31,72 % stärker abweichen. Diese Wahrscheinlichkeiten entsprechen den Flächenanteilen unter der Kurve innerhalb bzw. außerhalb des durch $\pm\,\sigma$ gekennzeichneten Abweichungsintervalls. Meßwerte mit Abweichungen von mehr als $\pm\, 2 \cdot \sigma$ sind nur noch mit einer Wahrscheinlichkeit $\gamma = 0{,}0454 \cong 4{,}54\ \%$ und von mehr als $\pm\, 3 \cdot \sigma$ nur noch mit $\gamma = 0{,}0028 \cong 0{,}28\ \%$ aller Meßwerte zu erwarten. Bei einem geforderten Vertrauensniveau $1 - \gamma$ für das Vorkommen eines Meßwertes innerhalb der Grenzen des Vertrauensbereichs $\pm\, k_{1-\gamma/2} \cdot \sigma$ gelten die in Anhang 15.11 angegebenen Wertepaare $1 - \gamma$ und $\pm\, k_{1-\gamma/2}$.

Für poissonverteilte Meßwerte ist σ allein von der Impulszahl ν abhängig, und es gilt $\sigma = \sqrt{\nu}$. Damit ergeben sich die Grenzen des Vertrauensbereichs zu:

$$\nu - k_{1-\gamma/2} \cdot \sqrt{\nu} \leq N \leq \nu + k_{1-\gamma/2} \cdot \sqrt{\nu} \qquad (8.10)$$

In der Praxis ist in der Regel die umgekehrte Fragestellung nach dem Vertrauensbereich gegeben, innerhalb dessen die zum Meßwert N gehörenden Erwartungswerte bei einem geforderten Vertrauensniveau liegen könnten. Falls normalverteilte Meßwerte ($N > 10$) vorliegen, ergeben sich dafür praktisch zumeist dieselben Abweichungsspannen wie in (8.10) für die Meßwerte bei gegebenem Erwartungswert, wobei $\sqrt{N}$ in der Regel als ein ausreichend genauer Schätzwert für $\sqrt{\nu}$ angesehen werden kann. Damit folgt für die Grenzen des Vertrauensbereichs, in denen der Erwartungswert ν zum Meßwert N mit einem Vertrauensniveau $1 - \gamma$ zu erwarten ist, in der für Meßwerte üblichen Angabe als Absolutwert ($N \pm \Delta N$) oder als Relativwert ($N \pm \Delta N/N \cdot 100\ \%$) näherungsweise:

$$\nu = N \pm k_{1-\gamma/2} \cdot \sqrt{N} \qquad (8.11a)$$

$$\nu = N \pm k_{1-\gamma/2} \cdot \frac{100}{\sqrt{N}}\,\% \qquad (8.11b)$$

Für den Erwartungswert der Impulsrate ρ (= ν/t) ergeben sich die Vertrauensbereichsgrenzen bei gegebenem Meßwert R (= N/t) entsprechend gemäß ($R \pm \Delta R = R \pm \Delta N/t$) bzw. ($R \pm \Delta R/R = R \pm \Delta N/N \cdot 100$ %).

Anmerkung: Bei der Bewertung dieser Formeln ist zu bedenken, daß sie lediglich die Spannen angeben, innerhalb derer die zugehörigen Erwartungswerte liegen können, ohne daß $\nu = N$ bzw. $\rho = R$ bevorzugt auftritt. Da die Standardabweichung σ nur von der Gesamtimpulszahl ν abhängt, kann die Unterteilung einer Zählreihe in mehrere Meßzeitintervalle keine Verkleinerung des Vertrauensbereichs („statistischen Fehlers") bewirken. Die Fraktionierung der Meßzeit ist nur dann sinnvoll, wenn vermutet wird, daß die Meßbedingungen während der Messung nicht konstant bleiben.

Falls Verdacht besteht, daß apparative und präparative Schwankungen wesentlichen Einfluß auf die Meßwerte haben könnten, und σ nicht mehr allein durch die Impulszahl bestimmt wird, ist durch eine größere Anzahl gleichartiger Messungen zu prüfen, ob die Häufigkeitsverteilung der Meßwerte N_i noch der mit den radioaktiven Kernprozessen verknüpften Poissonverteilung entspricht. Wird als Schätzwert für den Erwartungswert ν das aus n Messungen N_i ermittelte arithmetische Mittel:

$$\bar{N} = \frac{1}{n} \cdot \sum_{i=1}^{n} N_i \tag{8.12}$$

und als Schätzwert für σ der aus n Messungen ermittelte mittlere quadratische Fehler s_n der Einzelmessung:

$$s_n = \sqrt{\frac{1}{n-1} \cdot \sum_{i=1}^{n} (N_i - \bar{N})^2} \tag{8.13}$$

angesehen, so kann wegen $\sigma = \sqrt{\nu}$ im allgemeinen stets dann mit einer Poissonverteilung gerechnet werden, wenn s_n annähernd gleich der Wurzel aus dem arithmetischen Mittel $\bar{N}$ ist. Abweichungen des Fehlers s_n von $\sqrt{\bar{N}}$ um den Faktor 2 oder mehr müssen (bei nicht zu kleinem n) als deutlicher Hinweis dafür gewertet werden, daß keine Poissonverteilung vorliegt. Die Prüfung der Häufigkeitsverteilung der N_i kann auch graphisch durch Eintragen der intervallweise aufaddierten Meßwerte in ein sogenanntes spezielles Wahrscheinlichkeitsnetzpapier erfolgen. Falls sich dabei trotz Ungleichheit zwischen s_n und $\sqrt{\bar{N}}$ eine Normalverteilung ergibt, so zeigt dies, daß neben dem Kernzerfall noch andere (normalverteilte) statistische Ereignisse, etwa bei der Präparatpositionierung, die Messungen beeinflußt haben. Die in diesem Fall geltenden Formeln zur Berechnung des zum Mittelwert $\bar{N}$ gehörenden Vertrauensbereiches sowie die für genauere Überprüfungen der Meßwerteverteilungen speziell entwickelten Testverfahren sind der Fachliteratur zu entnehmen [chu78, har87, wei71].

Bei nichtnormalverteilten Meßwerten ist zu prüfen, ob sie durch eine andere Verteilung wiedergegeben werden können, für die spezielle statistische Auswerteverfahren entwickelt worden sind. Als besonders geeignet hat sich oftmals die „negative Binomialverteilung" erwiesen. Besondere Auswerteverfahren sind außerdem bei kleinen Impulszahlen (< 10) erforderlich, bei denen die unsymmetrische Poissonverteilung zu berücksichtigen ist [n25482.1/6].

In der Praxis ist mit der Poisson- bzw. Normalverteilung nur dann zu rechnen, wenn außer der Stochastik der radioaktiven Kernprozesse keine zusätzlichen Schwankungen mit anderen Verteilungsfunktionen merklich auf die gemessene Impulsrate einwirken, wie z. B. Instabilitäten der Meßanordnung, zufällige Abweichungen bei der Kalibrierung der Meßgeräte oder bei der Probenbehandlung sowie bei der Positionierung der Proben. Unter dieser häufig gegebenen Voraussetzung gilt für die mit dem Kalibrierfaktor berechnete Aktivität der gleiche Relativfehler wie für die gemessene Impulsrate, soweit mögliche Fehler des Kalibrierfaktors vernachlässigt werden können.

8.5.2 Messung bei Berücksichtigung des Nulleffekts

Bei fast allen Messungen werden neben den durch die zu untersuchende radioaktive Substanz verursachten Impulsen auch davon unabhängige zusätzliche Impulse registriert, der sogenannte Nulleffekt. Ursache dafür können apparative Störungen, radioaktive Substanzen und andere Strahlungsgeneratoren in der Umgebung sowie durchdringende Höhenstrahlungsteilchen sein. Der Vertrauensbereich eines Impulsratenmeßwertes wird dementsprechend nicht nur durch die von der Probe herrührenden Impulse, sondern zusätzlich auch durch den Nulleffekt bestimmt.

Üblicherweise werden die Nulleffektzählrate $R_0 = N_0/t_0$ und die Bruttoeffektzählrate $R_b = N_b/t_b$ durch separate Messungen ermittelt. Dabei ist grundsätzlich zwischen Messungen der Impulszahlen $N_0 = R_0 \cdot t_0$ und $N_b = R_b \cdot t_b$ bei vorgegebenen Zeiten t_0 und t_b (Zeitvorwahl) und Messungen der Meßzeiten t_0 und t_b bei vorgegebenen Impulszahlen N_0 und N_b (Impulsvorwahl) zu unterscheiden.

Bei Zeitvorwahl gilt mit der gemessenen Nettoimpulsrate R_n (= $R_b - R_0$) für die Vertrauensbereichsgrenzen des Erwartungswertes ρ_n in der üblichen Schreibweise ($R_n \pm \Delta R$):

$$\rho_n = \left(\frac{N_b}{t_b} - \frac{N_0}{t_0}\right) \pm k_{1-\gamma/2} \cdot \sqrt{\frac{N_0}{t_0^2} + \frac{N_b}{t_b^2}} \tag{8.14}$$

Dabei werden für die Meßwerteverteilungen des Netto- und des Nulleffekts jeweils Poissonverteilungen angenommen (Kap. 8.5.1). Außerdem wird vorausgesetzt, daß die Meßzeiten jeweils klein gegenüber den Halbwertzeiten der beteiligten Radionuklide sind und apparative Totzeiten vernachlässigt werden können. Bei Schreibweise der Vertrauensbereichsgrenzen als Relativwert gilt dementsprechend: $R_n \pm \Delta R/R_n \cdot 100$ %.

Anmerkung: Die mit dieser Formel verknüpfte Aussage besteht in der Behauptung, daß der tatsächliche Erwartungswert ρ_n der Nettoimpulsrate innerhalb des Vertrauensbereichs $R_n \pm \Delta R$ liegt und daß bei einer Überprüfung in $(1 - \gamma) \cdot 100$ % aller Fälle eine richtige Aussage zu erwarten ist. Für eine eindeutige Fehleraussage muß daher die zahlenmäßige Angabe des Vertrauensbereichs stets durch die Angabe des Vertrauensniveaus $1 - \gamma$ ergänzt werden. Die Wahl des Niveaus ist durch Übereinkunft festzulegen. Vielfach hat sich ein Wert von 95% bewährt.

Die Formel (8.14) gilt nicht nur für kontinuierlich zählende sondern auch für zyklisch arbeitende Meßgeräte, bei denen der Zählerstand nach jedem Meßzyklus in die Impulsrate umgerechnet und analog oder digital angezeigt wird. Die Vertrauensbereichsgrenzen bei analog-elektronisch arbeitenden Ratemetern können gemäß [n25482.3] ermittelt werden. Näherungsweise ist die Formel auch für Messungen mit Impulsvorwahl verwendbar.

8.6 Erkennungsgrenze und Nachweisgrenze

Wenn bei Impulszählungen an einer radioaktiven Probe der Erwartungswert ν_n für den gesuchten Nettoeffekt der Strahlungsquelle von vergleichbarer Größenordnung oder kleiner ist als der Nulleffekt ν_0, so ist bei Meßwerten $N_b > \nu_0$ zu entscheiden, ob diese allein vom Nulleffekt verursacht wurden oder bereits auf einen zusätzlichen Nettoeffekt hinweisen. Falls nur ein Nulleffekt vorliegen sollte, würde die Wahrscheinlichkeit für das Auftreten von Meßwerten N_b, die größer als ein Grenzwert N_b^* ausfallen, mit zunehmendem N_b^* abnehmen. Diese Wahrscheinlichkeit entspricht dabei dem in Abb. 8.30a eingetragenen relativen Flächenanteil α unter der Kurve für die Meßwerteverteilung des Nulleffekts. Wenn alle Meßwerte N_b oberhalb der durch α festgelegten „Erkennungsgrenze“ N_b^* als nicht mehr zum Nulleffekt gehörend angesehen werden, obwohl sie vom Nulleffekt verursacht wurden, besteht somit eine Irrtumswahrscheinlichkeit α für die fälschliche Annahme eines Nettoeffekts (Fehler 1. Art).

Ein real vorhandener Nettoeffekt ν_n unmittelbar an der Erkennungsgrenze $N_n^* = N_b^* - \nu_0$ würde für den Nettoeffekt gemäß der rechten Kurve in Abb. 8.30b in 50 % aller Fälle zu Meßwerten $N_b \leq N_b^*$ führen und somit mit einer Irrtumswahrscheinlichkeit $\beta = 0{,}5$ als Nulleffekt gedeutet und nicht erkannt werden. Für einen hinreichend zuverlässigen Nachweis eines Nettoeffekts muß der Erwartungswert ν_n die Erkennungsgrenze N_n^* soweit überschreiten (rechte Kurve in Abb. 8.30c), daß die Irrtumswahrscheinlichkeit β für das Übersehen des Nettoeffekts (Fehler 2. Art) hinreichend klein bleibt. Der zu einem vorgegebenen Wert von β gehörende Erwartungswert $\nu_n^* = \nu_b^* - \nu_0$ wird als „Nachweisgrenze“ für den Nettoeffekt bezeichnet. Sie gibt an, welcher kleinster Nettoeffekt bei der zugelassenen Fehlerwahrscheinlichkeit β noch nachgewiesen werden kann. Meßwerte oberhalb der Erkennungsgrenze N_b^* sind somit bei zugelassenen Irrtumswahrscheinlichkeiten α und β nur dann als Nachweis von Erwartungswerten anzusehen, wenn diese mindestens so groß sind wie die zugehörige Nachweisgrenze ν_b^*. Den Irrtumswahrscheinlichkeiten α bzw. β sind dabei die in Anhang 15.12 eingetragenen Faktoren $k_{1-\alpha}$ bzw. $k_{1-\beta}$ zugeordnet.

Mit der in der Praxis üblichen Schreibweise als Impulsrate gelten für die Erkennungs- bzw. Nachweisgrenze der Nettozählrate bei Messungen mit Zeitvorwahl die folgenden Näherungsformeln, wobei Nulleffekt-Impulszahlen ($R_0 \cdot t_b$ bzw. $\rho_0 \cdot t_b$) > 100 vorausgesetzt werden.

$$R_n^* = k_{1-\alpha} \cdot \sqrt{R_0 \cdot \left(\frac{1}{t_0} + \frac{1}{t_b}\right)} \tag{8.15a}$$

$$\rho_n^* = (k_{1-\alpha} + k_{1-\beta}) \cdot \sqrt{\rho_0 \cdot \left(\frac{1}{t_0} + \frac{1}{t_b}\right)} \tag{8.15b}$$

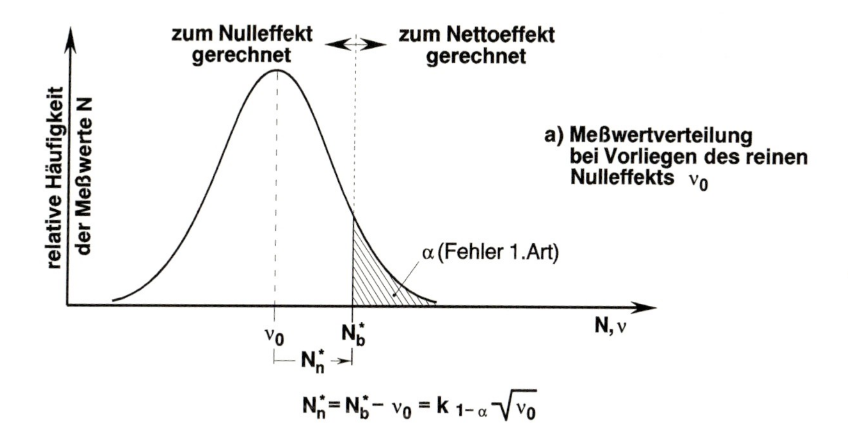

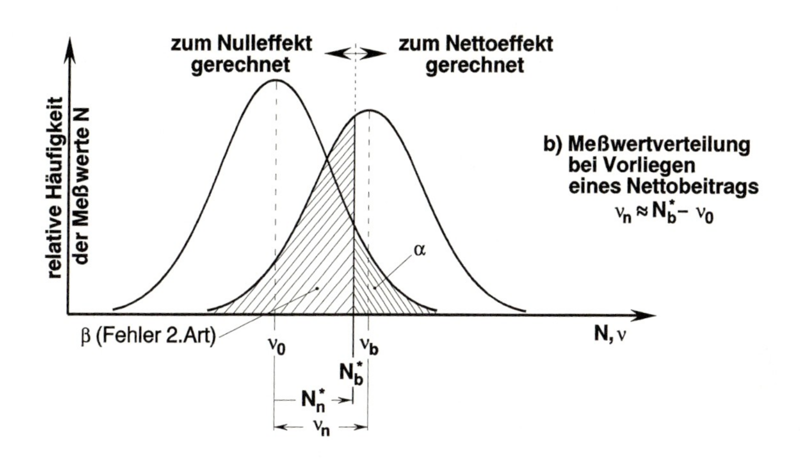

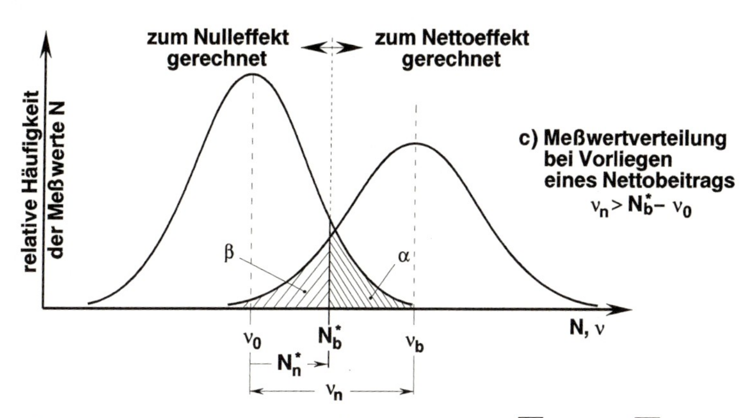

Für vorgegebenes α, β **ist** $\nu_n \rightarrow \nu_n^* = \nu_b^* - \nu_0 = k_{1-\alpha}\sqrt{\nu_0} + k_{1-\beta}\sqrt{\nu_b}$

Abb. 8.30: Veranschaulichung der Irrtumswahrscheinlichkeiten α und β sowie der Erkennungsgrenze N_n^* und der Nachweisgrenze ν_n^* für den Nettoeffekt

Anmerkung: ρ_0 steht hier für einen Schätzwert des Erwartungswertes, der durch Messung in einer mit t_b vergleichbaren Meßzeit t_0 ermittelt wurde. In der Praxis ist deshalb ρ_0 durch R_0 zu ersetzen. Kann der Erwartungswert ρ_0 als bekannt vorausgesetzt werden, z.B. aus einer Messung von R_0 mit $t_0 \gg t_b$, ergeben sich die dann geltenden Formeln aus (8.15a,b) als Grenzfall für $t_0 \to \infty$ und indem für den Meßwert R_0 der Erwartungswert ρ_0 gesetzt wird.

Wird für die Irrtumswahrscheinlichkeiten $\alpha = \beta = 0{,}05$ vereinbart, und ist der Nulleffekt ρ_0 aufgrund einer relativ langen Meßzeit ($t_0 \gg t_b$) als bekannt anzusehen, folgen die in der Praxis häufig verwendeten Formeln:

$$R_n^* = 1{,}65 \cdot \sqrt{\frac{\rho_0}{t_b}} \qquad \rho_n^* = 3{,}3 \cdot \sqrt{\frac{\rho_0}{t_b}} \tag{8.16}$$

Mit der Angabe von Erkennungsgrenze und Nachweisgrenze wird es möglich, auf der Grundlage vorgegebener Fehlerwahrscheinlichkeiten zu entscheiden, ob ein Meßwert zum Nulleffekt zu rechnen ist ($R_n < R_n^*$) oder nicht ($R_n > R_n^*$), und ob ein Meßverfahren den durch bestimmte Richtwerte vorgegebenen Anforderungen zum Nachweis der Erwartungswerte ν_n bzw. ρ_n genügt und damit für den vorgesehenen Einsatz geeignet ist. Soweit nicht anders festgelegt, gilt im vorliegenden Buch bei Angaben von Nachweisgrenzen stets $\alpha = \beta = 0{,}05$.

Die obigen Formeln gelten nicht nur für kontinuierlich zählende sondern auch für zyklisch arbeitende Meßgeräte, bei denen der Zählerstand nach jedem Meßzyklus in die Impulsrate umgerechnet und analog oder digital angezeigt wird. Erkennungs- und Nachweisgrenzen bei analog-elektronisch arbeitenden Ratemetern können gemäß [n25482.3] ermittelt werden. Zur Abschätzung von Erkennungs- und Nachweisgrenzen bei Messungen mit Impulsvorwahl oder Nulleffekt-Impulszahlen ($R_0 \cdot t_b$ bzw. $\rho_0 \cdot t_b$) < 100 sowie bei Berücksichtigung anderer Fehlerquellen oder bei spektrometrischen Strahlungsmessungen muß auf die Fachliteratur verwiesen werden [n25482.1/2/5/6].

Fachliteratur:

[bäc70, bec62, bec76, bmu89b, chu78, deb88, dör79, fac75, fac77, fac79, fac80a/b, fac81, fac82b, fac87a/b, fac90, fac91, fra69, har87, hoe85, iae87a, kas87, kno79, leo87, mau85, mau89, mck81, ncr84, ncr85a, n6802.3, n6816, n6818.1/4/5, n7503, n25423, n25482, n44809, obe72, obe81, rei90, r1503, sch74, sha67, soe77, ssk89a, sto85, wei71, zve88]

9 Schutzmaßnahmen gegen Strahlungsfelder

9.1 Grundregeln für den Schutz gegen Strahlungsfelder

Bei Strahlenexpositionen des menschlichen Körpers ist zu unterscheiden zwischen der äußeren (externen) Bestrahlung, die von außerhalb des Körpers befindlichen Quellen ausgeht, und der inneren (internen) Bestrahlung, die durch in den Körper aufgenommene radioaktive Stoffe entsteht (s. Kap. 10). Um unvermeidliche Strahlenexpositionen durch äußere Bestrahlung so weit wie möglich zu beschränken, sind folgende Maßnahmen geeignet (s. Kap. 9.2 bis 9.6):

a) Verwendung von Strahlungsquellen mit kleiner Quellstärke.
b) Beschränkung der Aufenthaltsdauer im Strahlungsfeld auf kurze Zeiten.
c) Einhaltung großer Abstände von den Strahlungsquellen.
d) Verwendung von Abschirmwänden.

Bei den meisten für spezielle Anwendungszwecke ausgelegten Geräten und Anlagen mit Strahlungsquellen wird der Strahlenschutz bereits weitgehend durch apparative und bauliche Maßnahmen (Abstand, Abschirmung) gewährleistet. Bei labormäßiger Handhabung freistrahlender Quellen muß dagegen vor Aufnahme einer Tätigkeit stets sorgfältig geprüft werden, durch welche Kombination der oben genannten Maßnahmen die Strahlenexposition so gering wie möglich zu halten ist. Dabei zeigt sich vielfach, daß die Einhaltung kurzer Expositionszeiten und großer Abstände von der Strahlungsquelle eine bessere Schutzwirkung ergibt als die Verwendung besonderer Abschirmeinrichtungen. So ist unter Umständen der Aufbau einer Abschirmwand und die Behinderung der Arbeiten durch die Wand mit einer so erheblichen Verlängerung der Arbeitszeit verbunden, daß trotz verringerter Dosisleistung am Arbeitsplatz sogar eine größere Dosis zustande kommt als ohne Abschirmwand.

In den folgenden Abschnitten sind einige wichtige Regeln und Methoden zusammengestellt, die eine Abschätzung von Strahlenexpositionen in der beruflichen Strahlenschutzpraxis ermöglichen sollen. Für ingenieurmäßige Auslegungen von Strahlenschutzeinrichtungen oder spezielle Probleme der Strahlungsausbreitung, wie z. B. die indirekte Strahlenexposition durch Streustrahlung aus dem Luftraum außerhalb eines nicht ausreichend abgeschirmten Gebäudes (skyshine), müssen vielfach komplexere Rechenverfahren eingesetzt werden [chi84, jae68, kas87].

9.2 Begrenzung der Quellstärke

Ein Maß für die Ergiebigkeit einer Strahlungsquelle ist die Quellstärke. Darunter ist das Verhältnis aus der in einem Zeitintervall emittierten Anzahl an Strahlungsteilchen und dem Zeitintervall zu verstehen. Zur Vermeidung unnötiger Strahlenexpositionen sollte stets die mit der Aufgabenstellung zu vereinbarende kleinstmögliche Quellstärke gewählt werden, d. h., bei radioaktiven Stoffen ist die kleinste ausreichende Aktivität einzusetzen, und bei Röntgenröhren und anderen Teilchenbeschleunigern ist die kleinste ausreichende Stromstärke einzuhalten.

9.3 Beschränkung der Aufenthaltsdauer

Bei jeder Tätigkeit in einem Strahlungsfeld nimmt die erhaltene Dosis gemäß den Formeln (6.3a, b) mit wachsender Aufenthaltsdauer zu. Diese sollte daher so kurz wie irgendmöglich bemessen werden. Es empfiehlt sich bei komplizierten Manipulationen, diese vorher unter den gleichen Bedingungen ohne Strahlung zu erproben.

9.4 Einhaltung großer Abstände zur Quelle

Die Ortsdosisleistung in der Umgebung einer Strahlungsquelle nimmt mit wachsendem Abstand ab. Dieser Abfall ist besonders stark, wenn es sich um eine Punktquelle handelt. Auch bei ausgedehnten Strahlungsquellen nimmt die Ortsdosisleistung nahezu wie bei Punktquellen ab, wenn der Abstand größer als etwa das Doppelte der Quellenabmessungen ist. Bei kleineren Abständen ist hier dagegen mit einer geringeren Abnahme der Ortsdosisleistung bei wachsendem Abstand zu rechnen.

Falls sich die Strahlungsteilchen geradlinig ausbreiten können und durch keine Wechselwirkungen aus ihrer Bahn abgelenkt werden, fällt die Ortsdosisleistung in der Umgebung einer Punktquelle umgekehrt proportional zum Quadrat des Abstandes ab. Diese Gesetzmäßigkeit folgt daraus, daß die gemäß Abb. 9.1a von einem Strahlenbündel durchsetzte Oberfläche einer Kugel um den Quellpunkt quadratisch mit dem Abstand r zunimmt. Dementsprechend nimmt die pro Flächenelement und Zeitintervall auftreffende Teilchenzahl, d. h. die Flußdichte, und die zugehörige Ortsdosisleistung gemäß Abb. 9.1b im umgekehrten Verhältnis ab (Abstandsgesetz).

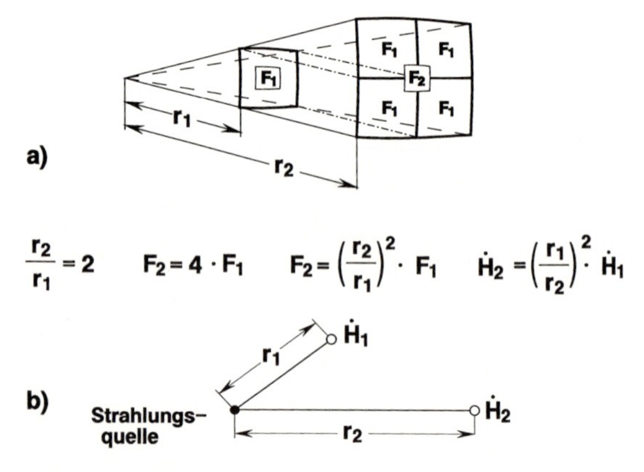

Abb. 9.1: Abstandsgesetz
a) Veranschaulichung
b) Berechnung von Dosisleistungen

Eine punktförmige Strahlungsquelle, die in alle Richtungen gleichmäßig (isotrop) Strahlungsteilchen emittiert, erzeugt im Abstand r eine Flußdichte φ, die gleich dem Verhältnis aus der Quellstärke Q und der Kugeloberfläche $4 \cdot \pi \cdot r^2$ beim Radius r ist:

$$\varphi = \frac{Q}{4 \cdot \pi \cdot r^2} \tag{9.1a}$$

Liegt eine nicht isotrope Strahlungsquelle vor, so gilt für die Flußdichte $\varphi\,(\Theta)$ in einem unter dem Emissionswinkel Θ zu einer Bezugsrichtung ($\Theta = 0°$) betrachteten Aufpunkt die Formel:

$$\varphi(\Theta) = \frac{Q_\Omega(\Theta)}{r^2} \tag{9.1b}$$

$Q_\Omega(\Theta)$ bezeichnet darin die Quellstärke pro Raumwinkel in der durch den Winkel Θ gegenüber der Bezugsrichtung gegebenen Richtung.

Unter dem Raumwinkel Ω wird das Verhältnis aus dem vom Strahlenbündel getroffenen Teil einer Kugeloberfläche und dem Quadrat des Abstandes zwischen dieser Fläche und der Quelle im Kugelmittelpunkt verstanden (jeweils in gleichen Einheiten gemessen). Die zumeist weggelassene Einheit des Raumwinkels ist der Steradiant (sr).

Die Quellstärken Q bzw. $Q_\Omega(\Theta)$ der Strahlungsteilchen können je nach Art der Strahlungsquelle bei einer radioaktiven Substanz aus der Aktivität A bzw. bei einem Strahlungsgenerator aus der Stromstärke i der beschleunigten Teilchen ermittelt werden. Für isotrope Strahlungsquellen gilt:

$$Q = p \cdot A \qquad Q = p \cdot i \tag{9.2a}$$

Darin bezeichnet p die sogenannte Teilchenausbeute, die bei radioaktiven Stoffen aus der Anzahl der emittierten Strahlungsteilchen pro radioaktiven Kernprozeß (s. Kap. 4.1.2) erhalten wird und zumeist die Einheit $s^{-1}\,Bq^{-1}$ trägt. Bei Strahlungsgeneratoren ist p die Anzahl der emittierten Strahlungsteilchen pro Zeitintervall und Stromstärke der beschleunigten Teilchen (Einheit: $s^{-1}\,\mu A^{-1}$). Letztere Strahlungsquellen weisen zumeist eine nicht isotrope Teilchenemission auf. In diesem Fall gilt:

$$Q_\Omega(\Theta) = p_\Omega(\Theta) \cdot i \tag{9.2b}$$

$p_\Omega(\Theta)$ ist dabei die Teilchenausbeute pro Raumwinkel in der durch den Winkel Θ gegenüber der Bezugsrichtung ($\Theta = 0°$) gegebenen Richtung. Sie gibt die Anzahl der emittierten Strahlungsteilchen pro Zeitintervall, Stromstärke und Raumwinkelbereich an (Einheit: $s^{-1}\,\mu A^{-1}\,sr^{-1}$). Soweit keine Angaben vorliegen, kann $p_\Omega(\Theta)$ häufig aus anderen verfügbaren Ausbeutedaten, wie z. B. $p_\Omega(0°)$ oder p, abgeschätzt werden:

$$p_\Omega(\Theta) = p_\Omega(0°) \cdot f(\Theta) \qquad p_\Omega(\Theta) = \frac{p}{4 \cdot \pi}\, g\,(\Theta) \tag{9.3}$$

Der Richtungsfaktor $f(\Theta)$ berücksichtigt die Abweichung der Teilchenausbeute in Emissionsrichtung Θ gegenüber derjenigen in der zugrundegelegten Bezugsrichtung (0°), für die $f(0°) = 1$ anzusetzen ist. Als Bezugsrichtung ist z. B. bei Röntgenröhren die Richtung des Nutzstrahlenbündels, bei Teilchenbeschleunigern die der beschleunigten Teilchen anzunehmen. $g(\Theta)$ bezeichnet dementsprechend den Richtungsfaktor für die Emissionsrichtung Θ gegenüber isotroper Emission.

Die in den Formeln (9.1, 9.2, 9.3) wiedergegebenen Zusammenhänge gelten ebenso für die Teilflußdichten φ_j von Strahlungsteilchen, die mit unterschiedlichen Energien E_j mit den Teilausbeuten p_j bzw. Teilquellstärken Q_j aus der Quelle emittiert werden, wobei die Gesamtflußdichte aus der Summe der Teilflußdichten ($\varphi = \Sigma\, \varphi_j$), die Gesamtausbeute aus der Summe der Teilausbeuten ($p = \Sigma\, p_j$) und die Gesamtquellstärke aus der Summe der Teilquellstärken ($Q = \Sigma\, Q_j$) erhalten wird. Dabei bezeichnet p_j bei radioaktiven Stoffen die Ausbeute an Strahlungsteilchen, die mit der Energie E_j emittiert werden. Bei Strahlungsgeneratoren ist p_j die Ausbeute an Sekundärteilchen, die in einem Energieintervall mit dem Mittelwert E_j erzeugt werden.

Die Ortsdosisleistung $\dot{H}$ in der Umgebung einer Quelle ergibt sich durch Summation der mit Umrechnungsfaktoren k_j gewichteten Flußdichten φ_j über die Beiträge aller vorkommenden Teilchenenergien E_j gemäß:

$$\dot{H} = k_1 \cdot \varphi_1 + k_2 \cdot \varphi_2 + \ldots\ldots = \sum_{(j)} k_j \cdot \varphi_j \qquad (9.4)$$

Der Faktor k_j zur Umrechnung der Flußdichte in eine Dosisleistung hängt dabei sowohl von der Art der Dosis (z. B. Photonen-Äquivalentdosis) und von dem getroffenen Medium als auch von der Art und Energie der Strahlungsteilchen ab. Die Formel gilt auch für unabhängig von Strahlungsquellen vorgegebene Teilchenflußdichten φ_j in einem Strahlungsfeld.

In der Praxis wird zur Berechnung der Ortsdosisleistung bei *radioaktiven Stoffen* zumeist die folgende Formel verwendet, in die unmittelbar die Aktivität A der Quelle eingesetzt werden kann:

$$\dot{H} = K \cdot \frac{A}{r^2} \qquad (9.5)$$

Darin bedeutet K eine spezifische Strahlungskonstante der Punktquelle, zumeist Dosisleistungskonstante (genauer Punktquellen-Dosisleistungskonstante) genannt, die für jedes Radionuklid einen bestimmten von der Art der emittierten Strahlung und der Dosis abhängigen Wert annimmt. K hängt außer von k_j noch von der radioaktiven Teilchenausbeute p_j ab. Bei isotroper Teilchenemission gilt:

$$K = \frac{1}{4 \cdot \pi} \sum_{(j)} k_j \cdot p_j = \sum_{(j)} K_j \qquad (9.6)$$

Wenn bei der Verwendung von Formel (9.5) für A und r dieselben Einheiten gewählt werden wie sie bei K angegeben sind, ergibt sich $\dot{H}$ in der bei K verwendeten Einheit der Dosisleistung.

Eine Formel (9.5) entsprechende Formel kann auch bei *Röntgenröhren* und *Teilchenbeschleunigern* zur näherungsweisen Berechnung der Ortsdosisleistung im Bereich des Nutzstrahlenbündels angewendet werden, wenn die Aktivität A durch die Stromstärke i in der Röhre bzw. im Beschleuniger ersetzt wird:

$$\dot{H} = K \cdot \frac{i}{r^2} \qquad (9.7)$$

Die hier für eine bestimmte Emissionsrichtung geltende Dosisleistungskonstante K hängt sowohl von der Spannung der Röntgenröhre bzw. der Energie der beschleunigten Teilchen als auch von den konstruktiven Merkmalen der Strahlungsquelle ab. Da die austretende Sekundärstrahlung über einen Energiebereich verteilt ist, ergibt sich K entsprechend Formel (9.6) auch hier als Summe von Einzelwerten K_j für alle Energien E_j des gesamten Energiebereichs. Dabei bezeichnet p_j in diesem Fall die Ausbeute an Strahlungsteilchen, die auf die Stromstärke der beschleunigten Teilchen bezogen ist. Der Hinweis nach Formel (9.6) gilt sinngemäß auch für Formel (9.7).

Falls bei der Berechnung der Dosisleistungskonstanten gemäß Formel (9.6) die Teilchenausbeuten p_j für die einzelnen Energien oder Energieintervalle nicht bekannt sind, sondern nur der Summenwert p $(= \Sigma\, p_j)$, kann in vielen Fällen mit ausreichender Genauigkeit k_j durch einen gewichteten Mittelwert von k ersetzt werden, der sich aus dem Vergleich der Teilchenausbeuten im gesamten Energiebereich der Strahlung ergibt.

Ist gemäß Abb. 9.1b die Dosisleistung $\dot{H}_1$ im Abstand r_1 von einer punktförmigen Strahlungsquelle vorgegeben, so folgt aus dem Abstandsgesetz für die Dosisleistung $\dot{H}_2$ im Abstand r_2 von der Quelle die Beziehung:

$$\dot{H}_2 = \dot{H}_1 \cdot \left(\frac{r_1}{r_2}\right)^2 \tag{9.8}$$

Dabei sind sowohl für die beiden Dosisleistungen als auch für die beiden Abstände jeweils gleiche Einheiten zu verwenden.

Bei Anwesenheit mehrerer Strahlungsquellen überlagern sich deren Strahlungsfelder am betrachteten Ort. Deshalb sind zur Berechnung der Ortsdosisleistung von mehreren punktförmigen Strahlern die Beiträge jeder einzelnen Quelle gemäß dem Abstandsgesetz für sich zu berechnen und aufzusummieren.

Für praktische Arbeiten in der Nähe punktförmiger Quellen sollte man sich merken, daß eine Verkürzung des Abstandes von 100 cm auf 30 cm bereits etwa die 10fache Ortsdosisleistung ergibt. Eine weitere Annäherung auf 10 cm ergibt die 100fache Ortsdosisleistung gegenüber der Ortsdosisleistung in 1 m Abstand. Deshalb sollten auch schwach radioaktive Quellen niemals mit der Hand angefaßt werden. Beim Manipulieren mit üblichen Zangen können die Hände (Abstand ca. 5 cm) eine etwa 100mal so große Dosis wie der übrige Körper (Abstand ca. 50 cm) erhalten, so daß die zulässige Handhabungsdauer zumeist entscheidend durch die Dosis an den Händen bestimmt wird. Nach Möglichkeit sollten deshalb die im Strahlenschutz üblichen Spezialzangen (Handabstand etwa 25 cm) verwendet werden, mit denen die Hände nur noch viermal so stark belastet werden wie der Körper (s. Abb.12.1).

9.4.1 Alphastrahlung

Die Bahnlänge von Alphateilchen beträgt in Luft nur wenige cm. Eine Gefährdung durch diese Strahlung ist daher praktisch nur bei Kontamination der Körperoberfläche oder bei Inkorporation möglich, so daß im praktischen Strahlenschutz die Anwendung des Abstandsgesetzes entfällt.

9.4.2 Beta- und Elektronenstrahlung

Bei Betastrahlung kann die Ortsdosisleistung einer Punktquelle näherungsweise mit den Formeln (9.5, 9.8) unter Verwendung einer entfernungsabhängigen Dosisleistungskonstanten K_β berechnet werden, solange die Entfernung zur Quelle kleiner bleibt als die maximale Reichweite der Strahlung (siehe Kap. 9.5.2). Diese beträgt in Luft bei der Betaenergie 0,1 MeV nur etwa 10 cm und bei 3 MeV etwa 11 m. In Anhang 15.13 sind die aus den unterschiedlichen Reichweiten der einzelnen Betateilchen und der unterschiedlichen Ionisierungsdichte folgenden Dosisleistungskonstanten in Abhängigkeit von der Betaenergie für einige Entfernungen wiedergegeben. Die Betaenergien können für die verschiedenen Radionuklide aus Anhang 15.5 entnommen werden. Für Betaenergien oberhalb von 3 MeV kann sicherheitshalber mit dem höchsten Wert bei 3 MeV gerechnet werden. Bei Energien unter 0,7 MeV ist die Verwendung von Dosisleistungskonstanten wegen der starken Selbstabsorption in der Quelle im allgemeinen wenig sinnvoll. Die Dosisleistungskonstanten ergeben mit Formel (9.5) die Äquivalentdosisleistung $\dot{H}$ einer Punktquelle in der Haut in mSv/h, wenn der Abstand r in m und die Aktivität A in GBq eingesetzt werden.

Die Formeln (9.1, 9.5, 9.8) können nicht mehr angewendet werden, wenn die Abmessungen der Quelle größer als etwa die Hälfte des Abstandes zum Aufpunkt werden. Für den Fall einer unendlich ausgedehnten Scheibenquelle mit der flächenbezogenen Aktivität a_F (Aktivität pro Fläche) ergibt sich die Ortsdosisleistung in Luft mit der in Anhang 15.14 angegebenen Dosisleistungsfunktion f_β gemäß:

$$\dot{H} = f_\beta \cdot a_F \tag{9.9}$$

Mit den f_β-Werten aus Anhang 15.5 liefert Formel (9.9) die Äquivalentdosisleistung in der Haut (gemittelt über 50 – 100 µm Tiefe) bei oberflächlicher Hautkontamination, wobei außer Beta- und Elektronenstrahlung auch die zumeist nur geringfügig beitragende Gammastrahlung berücksichtigt ist (siehe auch Kap. 12.3.3).

Bei anderen nicht radioaktiven Elektronenquellen, die näherungsweise isotrop emittieren, kann die Ortsdosisleistung mit Formel (9.4) in Verbindung mit Formel (9.1a) berechnet werden, wenn die Quellstärken Q_j bei den Elektronenenergien E_j bekannt sind. Zur Berücksichtigung der Anisotropie ist die in Formel (9.1b) einzusetzende Quellstärke $Q_\Omega(\Theta)$ gemäß den Formeln (9.2b) und (9.3) zu bestimmen. Die benötigten k_j-Werte für monoenergetische Elektronen können Anhang 15.15 für ein paralleles, senkrecht auftreffendes Strahlenbündel entnommen werden. Die Umrechnungsfaktoren ermöglichen die Ermittlung der maximalen Äquivalentdosisleistung $\dot{H}(max)$ im Gewebe und der Äquivalentdosisleistung in 10 mm bzw. 0,07 mm Gewebetiefe ($\dot{H}(10)$ bzw. $\dot{H}(0{,}07)$).

9.4.3 Gammastrahlung und monoenergetische Photonenstrahlung

Bei kleinen Gammastrahlungsquellen, die Photonen mit Energien von mehr als 0,05 MeV emittieren, gilt das Abstandsgesetz (9.1, 9.5, 9.8) für Punktquellen in Luft näherungsweise bis mindestens etwa 15 m Entfernung. Für Photonenenergien um 1 MeV beträgt der entsprechende Grenzabstand etwa 50 m. In Spalte 5 von Anhang 15.5 sind die Zahlenwerte der Dosisleistungskonstanten K_γ für einige praktisch bedeutsame Radionuklide eingetragen, wobei außer der unmittelbar aus dem Kern emittierten Gammastrahlung (Energien > 20 keV) auch noch die bei möglichen Folgeprozessen in der Atomhülle freigesetzten energiereichen Photonen, soweit erforderlich, berücksichtigt sind. Bei einigen Radionukliden mit radioaktiven Folgeprodukten, die kleinere Halbwertzeiten als das Mutternuklid aufweisen, sind auch die Beiträge der Folgeprodukte im Gleichgewichtszustand mit einbezogen. K_γ wird oft auch mit dem Symbol Γ_H bezeichnet [n6814.3]. Die Zahlenwerte in Spalte 5 ergeben beim Einsetzen in Formel (9.5) die Photonen-Äquivalentdosisleistung in mSv/h wenn der Abstand r in m und die Aktivität A in GBq eingesetzt werden.

Falls für den radioaktiven Stoff kein K_γ-Wert angegeben ist, kann dieser gemäß Formel (9.6) berechnet werden. Die dazu benötigten k_j-Werte für monoenergetische Photonen sind Anhang 15.16 zu entnehmen, wobei die für die Photonen-Äquivalentdosis H_X geltenden Werte zu wählen sind. Zusätzlich sind in diesem Anhang noch weitere Umrechnungsfaktoren k_j zur Ermittlung der effektiven Dosis H_E bei verschiedenen Einfallsrichtungen der Strahlung angegeben. Für Photonenenergien oberhalb von 10 MeV gelten die Umrechnungsfaktoren für die maximale Äquivalentdosis H(max) in einem Schichtenphantom von 30 cm Dicke.

Für die Berechnung von K_γ müssen außer den k_j-Werten auch die radioaktiven Teilchenausbeuten p_j der bei den vorkommenden Energien emittierten Photonen bekannt sein (siehe Anhang 15.5). Bei anderen, nicht radioaktiven isotropen Photonenquellen kann die Ortsdosisleistung gemäß Formel (9.4) in Verbindung mit Formel (9.1a) ermittelt werden, wenn die Quellstärken Q_j bei den Photonenenergien E_j bekannt sind. Liegt eine anisotrope Photonenquelle vor, so ist die in Formel (9.1b) einzusetzende Quellstärke $Q_\Omega(\Theta)$ gemäß den Formeln (9.2b) und (9.3) zu bestimmen.

Die Formeln (9.1, 9.5, 9.8) können nicht mehr angewendet werden, wenn die Abmessungen der Quelle größer als etwa die Hälfte des Abstandes werden und wenn die Strahlung in der Quelle bereits eine merkliche Absorption erfährt (Eigenabsorption). Einfache Berechnungsformeln lassen sich für den Fall angeben, daß die Quelle eine einfache Geometrie aufweist und die Aktivität gleichmäßig im Quellenbereich verteilt ist.

Bei stabförmigen Quellen der Länge L (s. Abb. 9.2a), die so dünn sind, daß die Eigenabsorption zu vernachlässigen ist, gilt für die Ortsdosisleistung im Abstand r von der Stabmitte die Formel:

$$\dot{H} = K_\gamma \cdot a_L \cdot \frac{1}{L} \cdot y_L(r) \tag{9.10}$$

Darin bedeutet a_L die Aktivität pro Länge. Die Funktion $y_L(r)$ kann in Anhang 15.17 für vorgegebene Werte von L und r abgelesen werden. Bei kleinen Abständen r gegenüber L fällt die Dosisleistung proportional 1/r ab. Für Abstände r größer als 2 · L kann hinreichend genau mit der Punktquellenformel (9.5) gerechnet werden, wenn für die Aktivität A der Ausdruck $a_L \cdot L$ eingesetzt wird. Es ist darauf zu achten, daß für a_L, L und r dieselben Einheiten verwendet werden, wie sie bei K_γ angegeben sind.

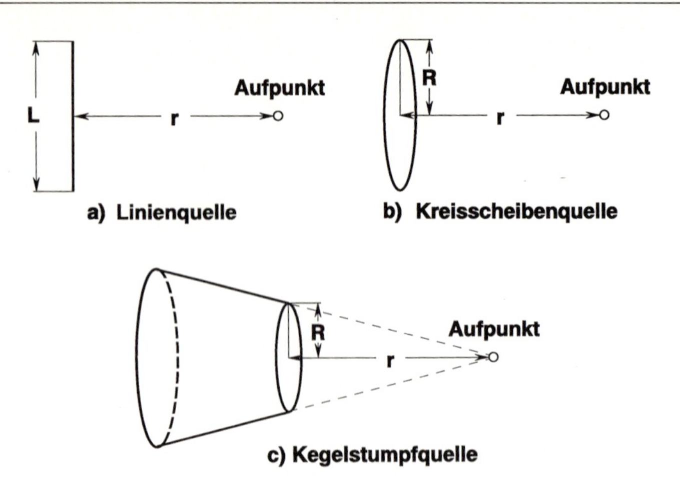

Abb. 9.2: Veranschaulichung verschiedener Quellengeometrien

Bei ebenen flächenförmigen Quellen ohne Selbstabsorption, die durch eine Kreisscheibe mit dem Radius R angenähert werden können (s. Abb. 9.2b), gilt für die Ortsdosisleistung an einem Ort im Abstand r von der Scheibenmitte die Formel:

$$\dot{H} = K_\gamma \cdot a_F \cdot y_F(r) \tag{9.11}$$

Darin bedeutet a_F die Aktivität pro Fläche. Die Funktion $y_F(r)$ kann in Anhang 15.18 für vorgegebene Werte von R und r abgelesen werden. Für Abstände r größer als $4 \cdot R$ kann hinreichend genau mit der Punktquellenformel (9.5) gerechnet werden, wenn für die Aktivität A der Ausdruck $a_F \cdot R^2 \cdot \pi$ eingesetzt wird. Bezüglich der zu verwendenden Einheiten gilt der Hinweis bei Formel (9.10).

Bei volumenförmigen Quellen, deren dem Aufpunkt zugewandte Oberfläche durch eine ebene Kreissscheibe mit dem Radius R und deren Form durch einen dahinterliegenden Kegelstumpf mit der Spitze im Aufpunkt angenähert werden kann (Abb. 9.2c), gilt für die Ortsdosisleistung am Aufpunkt im Abstand r von der Scheibenmitte die Formel:

$$\dot{H} = K_\gamma \cdot a_V \cdot B_V \cdot 1{,}5 \cdot d_h \cdot y_V(r) \tag{9.12}$$

Darin bedeutet a_V die Aktivität pro Volumen. Die Funktion $y_V(r)$ kann in Anhang 15.18 für vorgegebene Werte von R und r abgelesen werden. Die Formel überschätzt die Ortsdosisleistung um weniger als 10%, wenn die Dicke der Quellenschicht mindestens 4 Halbwertschichtdicken d_h der Strahlung in der Quellensubstanz entspricht (siehe Kap. 9.5.3). Der Faktor B_V berücksichtigt die im Quellenvolumen entstehende Streustrahlung. Zahlenwerte von B_V sind in Anhang 15.19 für Wasser-, Beton- und Eisenfüllungen in Abhängigkeit von der Photonenenergie zusammengestellt. Bei kleinen Abständen r gegenüber R bleibt die Ortsdosisleistung der Volumenquelle nahezu konstant. Für Abstände r größer als $4 \cdot R$ kann hinreichend genau mit der Punktquellenformel (9.5) gerechnet werden, wenn für die Aktivität A der Ausdruck $a_V \cdot B_V \cdot 1{,}5 \cdot d_h \cdot R^2 \cdot \pi$ eingesetzt wird. Bezüglich der zu verwendenden Einheiten gilt der Hinweis bei Formel (9.10).

9.4.4 Röntgen- und Bremsstrahlung

Bei Röntgenröhren ist das Abstandsgesetz (9.7, 9.8) bei schwach gefilterter Strahlung nur begrenzt anwendbar, weil die Ortsdosisleistung beispielsweise mit 1,5 mm Berylliumfilter bei 200 kV Röhrenspannung in 1,80 m Abstand – bei 50 kV schon in 1 m Abstand – durch die Absorption niederenergetischer Photonen in Luft auf die Hälfte gegenüber dem Wert im luftleeren Raum abgefallen ist. Mit einem nur 0,2 mm dicken Kupferfilter wird die Strahlung jedoch bereits so gehärtet, daß das Abstandsgesetz im Bereich von 50 bis 200 kV bis etwa 5 m Abstand gültig ist.

Für die in der Praxis gebräuchlichen Röntgenröhren mit Antikathoden aus Wolfram kann die zu verschiedenen Betriebsbedingungen gehörende Dosisleistungskonstante K_X für das Nutzstrahlenbündel näherungsweise aus Anhang 15.20 entnommen werden. Die Kurven geben die Abhängigkeit von K_X von der Röhrenspannung bei verschiedenen zusätzlich in den Strahlengang eingebrachten Filtern wieder. Die Zahlenwerte sind im Spannungsbereich unterhalb von 50 kV aus Messungen in 10 cm Abstand vom Fokus hervorgegangen. Oberhalb von 50 kV liegen Messungen in 100 cm Abstand vom Fokus zugrunde. Mit den abgelesenen Werten von K_X ergibt Formel (9.7) die Photonen-Äquivalentdosisleistung in Sv/h, wenn der Abstand vom Fokus r in m und die Stromstärke i in mA angegeben werden.

Zur Berechnung der Ortsdosisleistung der in dicken Targets von Elektronenbeschleunigern entstehenden Bremsstrahlung kann bei Verwendung von Formel (9.7) die Dosisleistungskonstante K_X aus Anhang 15.21 eingesetzt werden. Die Zahlenwerte gelten für Targets hoher Ordnungszahl (> 73), wobei sich $K_X(0°)$ auf die Richtung der beschleunigten Elektronen ($\Theta = 0°$) und K_X (90°) auf den Emissionswinkel $\Theta = 90°$ bezieht. Bei Targets kleinerer Ordnungszahl sind die Dosisleistungskonstanten mit Reduktionsfaktoren f zu multiplizieren, die in den Erläuterungen zu Anhang 15.21 angegeben sind.

Die Ortsdosisleistung der bei der Abbremsung von Betateilchen in der Umgebung einer Betastrahlungsquelle entstehenden Bremsstrahlung kann gemäß Formel (9.5) abgeschätzt werden, wenn die Ausdehnung der Betastrahlungsabschirmung so klein ist, daß sie als Punktquelle für die Bremsstrahlung aufgefaßt werden kann. Für A ist dabei die Aktivität der Betastrahlungsquelle einzusetzen. Der Wert der entsprechenden Dosisleistungskonstanten K_X nimmt etwa proportional zur Kernladungszahl Z des Materials zu, in dem die Betastrahlung absorbiert wird. Sichere Werte von K_X für häufig benutzte Betastrahlungsquellen können aus Anhang 15.5 ermittelt werden, indem der dort angegebene Zahlenwert von K_X/Z mit der Kernladungszahl Z des Betastrahlungs-Absorbers multipliziert wird. Z-Werte sind für einige Materialien in Anhang 15.1 aufgeführt.

9.4.5 Neutronenstrahlung

In Analogie zu den oben genannten Strahlungsarten kann auch für kleine, als punktförmig anzusehende Neutronenquellen unter bestimmten Voraussetzungen (s. u.) eine Dosisleistungskonstante K_n definiert werden. In Anhang 15.22 sind einige Zahlenwerte von K_n für radioaktive Neutronenquellen zusammengestellt, die mit Formel (9.6) unter Verwendung der mittleren Energie $\bar{E}_n$ des Neutronenspektrums ermittelt wurden. Damit ergibt sich in Formel (9.5) die Äquivalentdosisleistung in mSv/h in 10 mm Tiefe der ICRU-Kugel (siehe Kap. 6.2.3), wenn die Aktivität A der radioaktiven Substanz in GBq und der Abstand r in m eingesetzt werden. Die Ortsdosisleistung der begleitenden Gammastrahlung läßt sich entsprechend mit der zusätzlich angegebenen Dosisleistungskonstanten K_γ abschätzen.

Die für die Berechnung der Dosisleistungskonstanten K_n mit Formel (9.6) benötigten k_j-Werte sind in Anhang 15.23 in Abhängigkeit von der Neutronenenergie wiedergegeben. Die dort angegebenen Umrechnungsfaktoren beziehen sich auf die Umgebungs-Äquivalentdosis H*(10) in 10 mm Tiefe der ICRU-Kugel sowie auf die effektive Dosis bei verschiedenen Einfallsrichtungen der Strahlung. Für die Faktoren p_j sind die radioaktiven Neutronenausbeuten der Quelle einzusetzen.

Bei anderen nicht radioaktiven isotropen Strahlungsquellen, kann die Ortsdosisleistung mit Formel (9.4) in Verbindung mit Formel (9.1a) berechnet werden, wenn die Quellstärken Q_j bei den Neutronenenergien E_j bekannt sind. Liegt eine anisotrope Neutronenquelle vor, so ist die in Formel (9.1b) einzusetzende Quellstärke $Q_\Omega(\Theta)$ gemäß den Formeln (9.2b) und (9.3) zu bestimmen [gri90, iae87a].

Die an Beschleunigern freigesetzten Neutronen werden im allgemeinen nur bei Teilchenenergien dicht oberhalb der Schwellenenergie der Kernreaktion annähernd isotrop emittiert, während bei höheren Teilchenenergien eine komplizierte Abhängigkeit der Richtungsverteilung von der Energie und dem Targetmaterial besteht. In Anhang 15.24a, b,c,d sind für grobe Abschätzungen Neutronenausbeuten in dicken Targets für verschiedene Kernreaktionen mit mehreren Targetmaterialien wiedergegeben.

Anhang 15.24a zeigt die Gesamtausbeute p an Neutronen über alle Richtungen und Energien aus (X,n)-Reaktionen von Bremsstrahlung in verschiedenen Targetmaterialien von Elektronenbeschleunigern in Abhängigkeit von der Elektronenenergie. Zur Abschätzung der Neutronenausbeuten $p_\Omega(\Theta)$ pro Raumwinkel mit Formel (9.3) sind die unter der Abbildung angegebenen Richtungsfaktoren zu verwenden. Bezugsrichtung ($\Theta = 0°$) ist die Richtung der beschleunigten Elektronen.

In Anhang 15.24b sind Neutronenausbeuten $p_\Omega(0°)$ pro Raumwinkel für (p,n)-Reaktionen in Targets von Protonenbeschleunigern in Abhängigkeit von der Protonenenergie wiedergegeben. Die Zahlenwerte beziehen sich auf die Richtung der beschleunigten Protonen ($\Theta = 0°$). Die unter der Abbildung aufgeführten Richtungsfaktoren f(90°) sind von der Protonenenergie E_p abhängig. Dies gilt auch für die Gesamtausbeute p an Neutronen über alle Richtungen und Energien, die mittels Formel (9.3) aus den angegebenen Richtungsfaktoren g(0°) abgeschätzt werden kann.

In Anhang 15.24c ist die Gesamtausbeute p an Neutronen für (d,n)-Reaktionen in dicken Targets von Deuteronenbeschleunigern in Abhängigkeit von der Deuteronenenergie dargestellt. Zur Abschätzung der Neutronenausbeute $p_\Omega(0°)$ pro Raumwinkel in der Bezugsrichtung der beschleunigten Deuteronen mit Formel (9.3) ist der unter der Abbildung angegebene Richtungsfaktor g(0°) zu verwenden. Der Richtungsfaktor f(90°) gilt näherungsweise auch für benachbarte Richtungen. Beispielhaft ist in Anhang 15.24d die Neutronenausbeute $p_{\Omega E}(\Theta)$ pro Raumwinkel- und Energieintervall bei (d,n)-Reaktionen von 40 MeV-Deuteronen in Be wiedergegeben, aus der die charakteristische Winkelabhängigkeit des Neutronenspektrums ersichtlich ist.

Bezüglich der Neutronenausbeuten bei schweren Ionen sei auf die Fachliteratur verwiesen [iae87a, ncr79, tho88]. Falls an anderer Stelle zitierte Teilchenausbeuten p auf die Leistung $L = i \cdot E_b$ und nicht auf die Teilchenstromstärke i der beschleunigten Teilchen mit der Energie E_b bezogen sind, gilt: $p_i(\text{in } s^{-1} \cdot mA^{-1}) = p_L(\text{in } s^{-1} \cdot kW^{-1}) \cdot E_b(\text{in MeV})$.

Zur Berechnung der Ortsdosisleistung durch die im Beschleunigertarget erzeugten Neutronen sind gemäß Formel (9.1b) die Flußdichten aller Komponenten des Energiespektrums der Neutronen zu ermitteln und gemäß Formel (9.4) aufzusummieren. Soweit nicht wie in Anhang 15.24d genauere Angaben über die Teilausbeuten $p_{\Omega j}$ $(= p_{\Omega E} \cdot \Delta E_j)$ in verschiedenen Energieintervallen (ΔE_j) vorliegen, kann bei Anwendung von Formel (9.4) näherungsweise mit einer einzigen Energie und der Gesamtausbeute p_Ω gerechnet werden, wobei für den Umrechnungsfaktor k_j entweder der Höchstwert oder ein geeigneter Mittelwert im gesamten Energiebereich der Neutronen einzusetzen ist. Eine sichere Abschätzung der höchsten vorkommenden Neutronenenergie E_n ist bei den (X,n)-Reaktionen an Elektronenbeschleunigern: $E_n = E_X - E_S$. Für die Energie E_X der Bremsstrahlung ist dabei die Grenzenergie zu wählen. E_S bezeichnet die Schwellenenergie für die Kernreaktion (siehe Anhang 15.9a). Bei Ionenbeschleunigern kann die Energie der erzeugten Neutronen bei exothermen Reaktionen die der beschleunigten Teilchen erheblich überschreiten. Bei endothermen Reaktionen entspricht die maximale Neutronenenergie der um die Schwellenenergie verminderten Energie der beschleunigten Teilchen (siehe Anhang 15.9c).

Da sich bei der Ausbreitung von Neutronen in Luft stets ein intensives Streustrahlungsfeld ausbildet, ist das nur für die ungestreute Strahlung gültige Abstandsgesetz zur Ermittlung der Ortsdosisleistung im ausgedehnten freien Luftraum allein nicht ausreichend. Die Anwendung beschränkt sich vielmehr auf Räume, die von massiven Wänden umgeben sind, in denen die auftreffende Streustrahlung relativ stark absorbiert wird. Die Flußdichte und Ortsdosisleistung der an den Wänden entstehenden Streustrahlung kann vielfach mit Hilfe von Formel (9.22) abgeschätzt werden.

9.5 Abschirmung von Strahlungsfeldern

Neben der Vergrößerung des Abstandes zur Quelle kann als weitere Möglichkeit zur Verringerung der Ortsdosisleistung am Arbeitsplatz die Verwendung von Abschirmungen vorgesehen werden, indem Schichten aus geeigneten Abschirmungsmaterialen in den Strahlengang zwischen Quelle und Arbeitsplatz eingefügt werden. Den Wechselwirkungsprozessen entsprechend wird die Strahlung beim Durchgang durch die Materie in verschiedener Weise beeinflußt. Außer einer Anlagerung oder vollständigen Auslöschung der Strahlungsteilchen (Absorption) können Energie und Richtung der Teilchen geändert werden (Streuung) oder andere Strahlungsteilchen entstehen [chi84, dim72, gol59, jac62, jae68, lin63, sau76, sau85].

Abschirmwände aus verschiedenen Materialien verringern den Anteil der ungestreut durch eine Abschirmung hindurchtretenden Photonen in vielen Fällen nahezu gleich stark, wenn sie bei gleich großer Wandfläche gleich schwer sind. Als Maß für die Dicke einer Abschirmwand wird deshalb häufig nicht das Längenmaß sondern die flächenbezogene Masse m_F, auch Massenbelegung genannt, verwendet. Zwischen der Schichtdicke d und der flächenbezogenen Masse m_F der Schicht bestehen folgende Beziehungen:

$$m_F = d \cdot \rho \qquad d = \frac{m_F}{\rho} \tag{9.13}$$

Darin bedeutet ρ die Dichte des Abschirmwandmaterials. Wird die Dichte ρ in g/cm^3 und die Dicke d in cm angegeben, so ergibt sich die Massenbelegung m_F in g/cm^2.

9.5.1 Alphastrahlung und schnell bewegte Atomkerne

Die große Ionisierungsdichte entlang der Bahn von schnell bewegten schweren Kernteilchen (Protonen, Deuteronen, Heliumkerne, usw.) bewirkt eine sehr kurze Reichweite dieser Strahlungsteilchen. In Anhang 15.25a ist die Reichweite von Protonen als flächenbezogene Masse in Abhängigkeit von der Teilchenenergie wiedergegeben. Zusätzlich sind dort Regeln für die Ermittlung der Reichweiten von Deuteronen, Tritonen (t, Atomkerne des Tritiums) sowie Heliumkernen bzw. Alphateilchen angegeben.

Als Näherungsregel kann gelten, daß die Reichweite von Alphateilchen in Luft in cm etwa ebenso groß ist wie ihre Energie in MeV. In Gewebe beträgt die Reichweite gemäß dem Verhältnis der Dichten von Luft und Gewebe etwa 1/1000 der Reichweite in Luft, d. h. weniger als 0,1 mm, da die Energien von Alphateilchen kleiner als 10 MeV sind. Daraus folgt, daß schon dünne Kunststoff- oder Hornhautschichten völlig ausreichen, um alle vorkommenden Alphateilchen abzuschirmen. Auf den Körper einfallende Alphastrahlung kann daher stets nur in die obersten Gewebeschichten eindringen. Falls Alphastrahlung auf ungeschütztes Gewebe trifft, können allerdings wegen der großen Ionisierungsdichte schwere Schäden entstehen.

9.5.2 Beta- und Elektronenstrahlung

Da die Ionisierungsdichte entlang der Teilchenspur bei Elektronen sehr viel geringer ist als bei schweren Kernteilchen, entspricht die Reichweite dieser Teilchen einer wesentlich größeren flächenbezogenen Masse als etwa der der Protonen (s. Anh. 15.25a).

Bei Betastrahlung mit der Betaenergie E_{max} in MeV gilt als Faustregel für einen zuverlässigen Wert der maximalen Reichweite in cm in einem Material der Dichte ρ in g/cm^3 die Zahlenwertgleichung (nur gültig für die angegebenen Einheiten):

$$d = \frac{E_{max}}{2 \cdot \rho} \tag{9.14}$$

Mit abnehmender Betaenergie liefert diese Faustregel zunehmend größere Überschätzungen der tatsächlichen Reichweite. Genauere Werte der maximalen Reichweite bei verschiedenen Materialien und Betaenergien können aus Anhang 15.25b entnommen werden.

Bei der Bemessung von Schutzschilden gegen Beta- und Elektronenstrahlung ist allerdings zu beachten, daß direkt ionisierende Teilchen in gewissem Umfang auch Photonenstrahlung, vor allem Bremsstrahlung, erzeugen, welche unter Umständen noch zusätzlich geschwächt werden muß. Da Bremsstrahlung bevorzugt in Materialien mit hoher Kernladungszahl (schwere Materialien) entsteht, sind zur Abschirmung von Beta- und Elektronenstrahlung leichte Materialien (z. B. Acrylglas) besonders geeignet. Für die Schwächung der auch dann noch entstehenden Bremsstrahlung empfiehlt sich eine zusätzliche dünne Schicht aus einem schweren Material (z. B. Blei) an der Außenseite der Abschirmung (siehe Kap. 9.5.4).

9.5.3 Gammastrahlung und monoenergetische Photonenstrahlung

Photonenstrahlung besitzt im Gegensatz zu Beta- und Alphastrahlung keine endliche maximale Reichweite. Bei Photonen verringert sich die Anzahl der Teilchen, die eine bestimmte Schichtdicke ohne Wechselwirkung durchlaufen haben, in gleichen Schichtdicken stets um den gleichen Bruchteil. Die Schichtdicke, in der die Anzahl der ungestreuten Strahlungsteilchen und damit deren Dosisleistung, jeweils auf die Hälfte abnimmt, wird als Halbwertschichtdicke d_h bezeichnet. Nach Durchlaufen von n Halbwertschichtdicken wird die Dosisleistung der ungestreuten Strahlung dementsprechend auf den Bruchteil $1/2^n$ der Anfangsdosisleistung verringert. Das Verhältnis aus der Dosisleistung $\dot{H}_0$, die ohne Schwächungsmaterial im Strahlengang zwischen Quelle und Aufpunkt ermittelt wird, und der Dosisleistung $\dot{H}_u$ der ungestreuten Strahlung am gleichen Ort mit Schwächungsmaterial der Dicke d wird als (materieller) Schwächungsfaktor der ungestreuten Strahlung bezeichnet:

$$S_u = \frac{\dot{H}_0}{\dot{H}_u} \qquad (9.15a)$$

Entsprechend gilt für die Dosisleistung $\dot{H}_u$, hinter der Abschirmung:

$$\dot{H}_u = \frac{1}{S_u} \cdot \dot{H}_0 \qquad (9.15b)$$

Zahlenwerte der relativen Abnahme der Dosisleistung bzw. des reziproken Schwächungsfaktors $1/S_u$ der ungestreuten Strahlung können für ganzzahlige n (= d/d_h) aus Anhang 15.6 entnommen werden. Allgemein gilt, auch bei nicht ganzzahligem n, die Formel:

$$\frac{1}{S_u} = \frac{\dot{H}_u}{\dot{H}_0} = 2^{-d/d_h} = e^{-\mu \cdot d} \qquad (9.16)$$

Darin bezeichnet μ den Schwächungskoeffizienten (s. Kap. 5.1), der zugleich ein Maß für die Wahrscheinlichkeit einer Wechselwirkung pro zurückgelegte Wegstrecke ist. Für ein Abschirmmaterial der Dichte ρ (Element, chemische Verbindung, Mischung von Substanzen) gilt dabei im Energiebereich oberhalb von 10 keV die Beziehung $\mu = \Sigma (\mu/\rho)_i \cdot l_i \cdot \rho$, wenn $(\mu/\rho)_i$ den Massenschwächungskoeffizienten und l_i den Massenanteil des i-ten beteiligten Elementes angibt. Zahlenwerte des Massenschwächungskoeffizienten können für praktisch alle vorkommenden Elemente in Abhängigkeit von der Photonenenergie der Fachliteratur entnommen werden [hub82, sto70]. Mit Hilfe der Beziehung $\mu = 0{,}693/d_h$ kann μ für einige Abschirmmaterialien auch anhand der Halbwertschichtdicken in Anhang 15.26 berechnet werden. Erwähnt sei noch, daß anstelle der Halbwertschichtdicke in der Literatur auch andere charakteristische Schichtdicken, z. B. Zehntelwertschichtdicken oder Relaxationslängen verwendet werden, in denen die Dosisleistung auf einen anderen Bruchteil, z. B. auf 1/10 oder 1/e = 0,3678 des Anfangswertes geschwächt wird. Eine Zehntelwertschichtdicke entspricht 3,32 Halbwertschichtdicken und eine Relaxationslänge 1,44 Halbwertschichtdicken.

Abb. 9.3 zeigt die relative Abnahme der Dosisleistung $\dot{H}_u$ in Abhängigkeit von der durchstrahlten Dicke einer Betonschicht für Photonenstrahlung der Energien 0,5 MeV und 5 MeV. Nach 10,5 cm Beton ist die Dosisleistung der 5-MeV-Strahlung auf die Hälfte abgefallen, während die Dosisleistung der 0,5-MeV-Strahlung nur noch 1/8 der Anfangsdosisleistung beträgt. Wie ein Vergleich der beiden Diagramme zeigt, ergeben sich bei logarithmischer Skala des Schwächungsfaktors geradlinige Abfälle, die eine besonders einfache Darstellung und genaue Ablesung auch bei kleinen Werten ermöglichen.

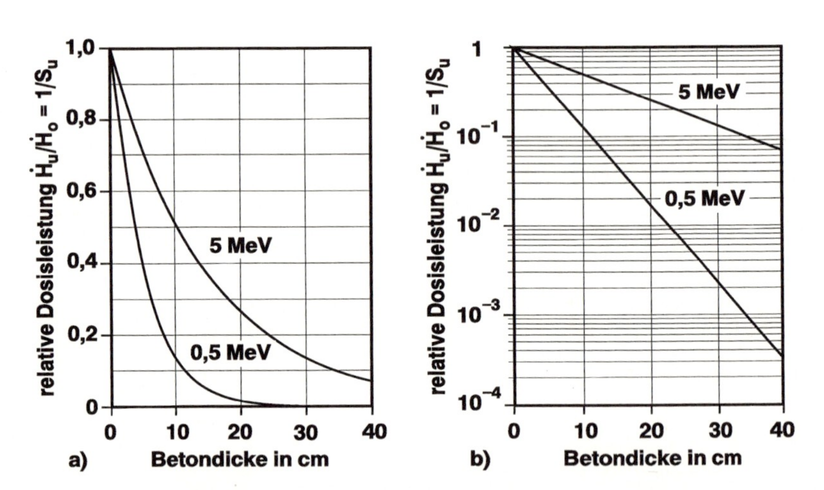

Abb. 9.3: Schwächung von Photonenstrahlung in Beton bei den Energien 0,5 MeV (d_h = 3,5 cm) und 5 MeV (d_h = 10,5 cm)
a) linearer Maßstab und b) logarithmischer Maßstab der relativen Dosisleistung

Die Schwächungsfaktoren S_u der ungestreuten Strahlung dürfen nur auf schmale Strahlenbündel angewendet werden (Schmalstrahlgeometrie), weil in breiten Strahlenbündeln auch die in der Abschirmwand erzeugte Streustrahlung gemäß Abb. 9.4b zur Dosisleistung am Aufpunkt im Strahlenbündel beiträgt (Breitstrahlgeometrie).

Der Dosisbeitrag der Streustrahlung kann durch den sogenannten Dosiszuwachsfaktor B berücksichtigt werden, der angibt, um wievielmal größer die Gesamtdosisleistung ist als

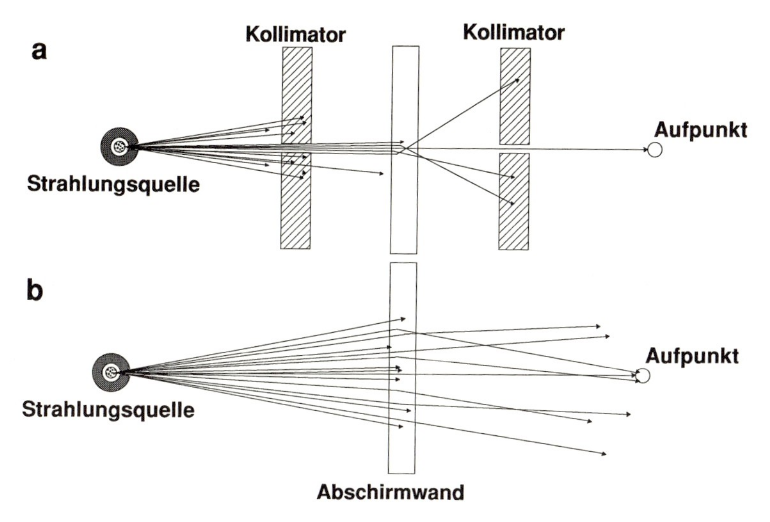

Abb. 9.4: Schwächung von Photonenstrahlung im breiten und schmalen Strahlenbündel
a) Schmalstrahlgeometrie
b) Breitstrahlgeometrie

die Dosisleistung der ungestreuten Strahlung allein. In breiten Strahlungsfeldern, wie sie in der Praxis vorherrschen, ist deshalb nicht mit dem Schwächungsfaktor S_u zu rechnen, der unmittelbar aus der Anzahl der Halbwertschichtdicken folgt, sondern mit einem korrigierten Schwächungsfaktor für die Gesamtstrahlung $S_g = S_u/B$. Zahlenwerte von B können aus der Fachliteratur für verschiedene Quellen- bzw. Strahlungsfeldgeometrien, Abschirmmaterialien, Schichtdicken und Photonenenergien entnommen werden, wobei zu beachten ist, daß sich die Angaben auch auf verschiedene Strahlungsfeldgrößen beziehen können (Energie-, Ionen- Ortsdosis, Teilchenzahl usw.) [sak88, tru88]. In Anhang 15.27 sind Kurven für die Abhängigkeit des Schwächungsfaktors S_g von Energie, Material und Schichtdicke wiedergegeben, bei denen der Dosiszuwachsfaktor für Punktquellen mit Bezug auf die Photonen-Äquivalentdosis berücksichtigt wurde. Für die gesamte Dosisleistung in einem breiten Strahlungsfeld hinter einer Abschirmung gilt damit:

$$\dot{H}_g = \frac{1}{S_g} \cdot \dot{H}_0 \tag{9.17}$$

Zur Bestimmung von S_g sucht man in Anhang 15.27 zunächst auf der horizontalen Skala die Energie auf und geht von dort aus vertikal bis zu der Kurve mit der vorgegebenen Schichtdicke, wobei unter Umständen zwischen zwei Kurven interpoliert werden muß. Der zu diesem Schnittpunkt gehörende reziproke Schwächungsfaktor $1/S_g$ ist auf der linken Skala abzulesen.

Als Schwächungsmaterialien wurden in Anhang 15.27 einige häufig in der Praxis vorkommende Stoffe ausgewählt (Wasser, Normalbeton, Barytbeton, Bleiglas, Eisen, Blei, Wolframlegierung), wobei zu jedem Material die zugehörige Dichte ρ angegeben ist. Wenn die Dichte des vorliegenden Werkstoffs ρ* von ρ abweicht, ist eine andere Schichtdicke erforderlich, um den gleichen Schwächungsfaktor zu erzielen. Da Schichten mit gleicher flächenbezogener Masse m_F bei ähnlicher atomarer Zusammensetzung etwa gleich stark schwächen (vgl. Formel 9.13), gilt für die dann erforderliche Schichtdicke d*:

$$d^* = d \cdot \frac{\rho}{\rho^*} \tag{9.18a}$$

Wenn dagegen eine Materialschicht der Dicke d* und der Dichte ρ* vorliegt, ist die Schwächung aus den für die Dichte ρ vorliegenden Kurven bei der Schichtdicke d abzulesen, die wie folgt erhalten wird:

$$d = d^* \cdot \frac{\rho^*}{\rho} \tag{9.18b}$$

Da Luft, abgesehen vom Dichteunterschied, vergleichbare Schwächungseigenschaften hat wie Wasser, läßt sich z. B. in dieser Weise auch die Schwächung in einer Luftschicht d* ermitteln, indem mit Formel (9.18b) die gleich stark schwächende Wasserschicht d berechnet wird.

Die voranstehenden Überlegungen gelten nur für Photonenstrahlung einer einzigen Energie (monoenergetische Strahlung). Falls ein radioaktiver Stoff oder ein radioaktives Stoffgemisch Gammastrahlung verschiedener Energien emittiert (s. Abb. 4.4b), ist für jede Energie eine getrennte Schwächungsrechnung durchzuführen. Dazu wird zunächst für jede vorkommende Energie E_1, E_2 ..... die Dosisleistung $\dot{H}_{01}$, $\dot{H}_{02}$, ... am nicht abgeschirmten Ort gemäß Formel (9.4, 9.5) berechnet. Da die Dosisleistungen $\dot{H}_{01}$, $\dot{H}_{02}$, ... in Abschirmmaterialien verschieden stark geschwächt werden, muß für jede Energie getrennt der Schwächungsfaktor S_g ermittelt und mit Formel (9.17) die jeweilige Dosisleistung $\dot{H}_{g1}$, $\dot{H}_{g2}$, ... bestimmt werden. Die Gesamtdosisleistung hinter der Abschirmung ergibt sich dann als Summe der einzelnen Dosisleistungen:

$$\dot{H}_g = \sum_{(i)} \dot{H}_{gi} \tag{9.19}$$

Die voranstehende Berechnung für einzelne Energiekomponenten erübrigt sich bei den Radionukliden, für die in Anhang 15.28 reziproke Gesamtschwächungsfaktoren der Gammastrahlung wiedergegeben sind, die für breite Strahlenbündel gelten und auf die Photonen-Äquivalentdosis bezogen sind.

Um $1/S_g$ aus diesen Schwächungskurven für ein bestimmtes Material zu bestimmen, sucht man auf der horizontalen Skala die Schichtdicke auf und geht vertikal bis zum Schnittpunkt mit der Kurve für das in Frage kommende Radionuklid. Mit dem seitlich abzulesenden Zahlenwert von $1/S_g$ erhält man gemäß Gleichung (9.17) unmittelbar die durch die Abschirmung geschwächte Dosisleistung.

Besteht eine Abschirmung aus zwei Schichten unterschiedlicher Materialzusammensetzung, z. B. Beton und Blei, mit den Dicken d_1 und d_2, so ist der Gesamtschwächungsfaktor S_g bei monoenergetischer Strahlung zumeist größer als das Produkt aus den beiden Schwächungsfaktoren der einzelnen Schichten allein:

$$S_g \geq S_g(d_1) \cdot S_g(d_2) \tag{9.20}$$

Diese Formel stellt daher eine in vielen Fällen ausreichende Faustregel zur Bemessung einer zusätzlichen Abschirmungsschicht dar, wenn die Schwächung durch eine vorhandene Wand nicht ausreicht [chi84, dim72].

Streng genommen gelten die hier für Punktquellen angegebenen Schwächungsfaktoren nur, wenn sich sowohl Quelle als auch Aufpunkt innerhalb eines „unendlich" ausgedehnten Abschirmmediums befinden. Bei plattenförmigen Abschirmschichten, deren Dicke dem Abstand zwischen Quelle und Aufpunkt entspricht, ergeben sich in der Regel größere Schwächungsfaktoren als für die ausgedehnte Geometrie. Größere Schwächungsfaktoren als bei Punktquellengeometrie ergeben sich auch für den Fall, daß der Abstand zwischen Punktquelle und Abschirmwand mehr als etwa 2 bis 3 m beträgt, da dann im allgemeinen mit den Zuwachsfaktoren für ein paralleles Strahlenbündel gerechnet werden kann, die bei senkrechtem Auftreffen auf dickere Schichten stets kleiner sind als die für isotrope Punktquellen.

Bei ausgedehnten Quellen kann die Dosisleistung im Aufpunkt angenähert in der Weise berechnet werden, daß die Quelle in kleine Bereiche unterteilt wird, deren Einzelbeiträge zur Dosisleistung mit den Formeln für Punktquellen zu ermitteln sind. Dabei ist als Schichtdicke jeweils die von der ungestreuten Strahlung auf dem Weg vom Quellenbereich zum Aufpunkt in der Abschirmung durchsetzte Strecke zugrunde zulegen. Bei Volumenquellen ist außerdem die jeweils im Quellenmaterial durchlaufende Wegstrecke mit zu berücksichtigen. Für typische Geometrien der Quelle bzw. des Strahlungsfeldes und der Abschirmung sind in der Fachliteratur spezielle Lösungen angegeben [chi84, gol59, jae68].

9.5.4 Röntgen- und Bremsstrahlung

Röntgenstrahlung bzw. Bremsstrahlung aus Röntgenröhren oder Elektronenbeschleunigern ist stets über ein Energiespektrum verteilt. Um aufwendige Rechnungen für sehr viele Energiegruppen zu vermeiden, empfiehlt es sich daher, gemessene Schwächungskurven zu verwenden, wie sie in Anhang 15.29 für Acrylglas, Glas, Aluminium, Normalbeton, Eisen und Blei bei breitem Strahlenbündel, bezogen auf die Photonen-Äquivalentdosis, dargestellt sind. Diese Kurven liefern wegen der verschiedenen möglichen Betriebsweisen (Vorfilterung, Kurvenform der Röhrenspannung) bei Beschleunigungsspannungen von weniger als 500 kV nur Anhaltswerte für die in der Praxis zu erwartenden Schwächungsfaktoren, mit denen gemäß Gleichung (9.17) die Dosisleistung hinter der Abschirmung zu berechnen ist.

Aus dem geradlinigen Verlauf solcher Schwächungskurven bei großen Schichtdicken wurden die in Anhang 15.30 zusammengestellten Zehntelwertschichtdicken abgeleitet, die von Röhrentypen und Filtern weitgehend unabhängig sind. Diese Werte dürfen jedoch im allgemeinen nur für die Bemessung einer zusätzlichen Materialschicht hinter einer Abschirmwand verwendet werden, die einen Schwächungsfaktor von mindestens 100 aufweist. Nur für Blei und Beschleunigungsspannungen von mehr als etwa 2 MV sind sie auch bei kleinen Schichtdicken anwendbar.

Wenn bei der Abschirmung von Röntgenstrahlung Abschirmwände aus anderen als den in Anhang 15.29 angegebenen Materialien errichtet werden sollen, genügt es im allgemeinen, zunächst die erforderliche Bleidicke aus Anhang 15.29f zu bestimmen und dann die gleich wirksame Dicke des gegebenen Materials (Bleigleichwert) aus Anhang 15.31 zu entnehmen. Die Tabellenwerte beziehen sich auf Röntgenstrahlung, die so gefiltert ist, daß sie in einer dünnen Schicht ebenso geschwächt wird wie monoenergetische Photonenstrahlung mit der halben Maximalenergie (Normalstrahlung).

Für die Bemessung von Schutzschichten gegen Bremsstrahlung, die bei der Abschirmung von Betastrahlung entsteht, können die Schwächungskurven für Röntgenstrahlung nur zu groben Abschätzungen verwendet werden, weil die Bremsstrahlung hier nicht von monoenergetischen Elektronen erzeugt wird, sondern von Elektronen mit unterschiedlichen Energien (Betaspektrum). In Anhang 15.32 sind Schwächungskurven für die bei der Abbremsung von Betastrahlung in einem Medium der Ordnungszahl 26 entstehende Bremsstrahlung für verschiedene Materialien und Radionuklide wiedergegeben. Dabei handelt es sich entweder um sogenannte reine Betastrahler oder um Radionuklide, bei denen der Dosisbeitrag der Bremsstrahlung gegenüber dem Beitrag der Gammastrahlung nicht vernachlässigbar ist. Die durch Betastrahlung erzeugte Bremsstrahlung kann insbesondere bei großen Betaenergien (im Vergleich zu Gammaenergien) in Verbindung mit dicken Abschirmungsschichten einen merklichen Anteil zur Dosisleistung der Photonen beitragen. Im Zweifelsfall ist daher nicht nur bei reinen Betastrahlern der Dosisbeitrag der Bremsstrahlung anhand der in der Literatur angegebenen Energien und Teilchenausbeuten des Betazerfalls zu ermitteln.

Besteht eine Abschirmung aus zwei Schichten unterschiedlicher Materialzusammensetzung, so ist der Schwächungsfaktor der quellseitigen Schicht aus den Kurven für Energiespektren (Anhang 15.29) zu entnehmen. Für den Schwächungsfaktor der zweiten Schicht kann für grobe Abschätzungen monoenergetische Strahlung mit der höchsten im Primärspektrum vorkommenden Energie angesetzt werden (Anhang 15.27).

Die Ablesung von Zahlenwerten $1/S_g$ in Anh. 15.29 und 15.32 erfolgt analog zu den in Kap. 9.5.3 hinter Formel (9.19) gegebenen Hinweisen.

9.5.5 Neutronenstrahlung

Neutronen verlieren ihre Energie nur durch gelegentliche Stöße mit Atomkernen. Sie haben deshalb ebenso wie Photonen, im Gegensatz zu geladenen Teilchen, keine endliche Reichweite. Dennoch läßt sich die Schwächung der Neutronenstrahlung häufig nicht durch Halbwertschichtdicken beschreiben, da sich die Streustrahlung oft noch bis zu Entfernungen ausbreitet, in denen die ungestreute Strahlung vergleichsweise kaum noch ins Gewicht fällt.

Eine Ausnahme ist lediglich dann gegeben, wenn die Abschirmwand wenigstens einige Prozent Wasser enthält oder wenn hinter einer wasserlosen Abschirmwand eine weitere Wand mit einem Wassergehalt folgt, der ebenfalls einige Prozent der Masse beider Schichten ausmacht. In diesem Fall kann die Schwächung auch hier in Analogie zur Photonenstrahlung mit Schwächungskoeffizienten und Zuwachsfaktoren abgeschätzt werden. Dies beruht darauf, daß Neutronen bei Zusammenstößen mit Atomkernen des Wasserstoffs besonders viel Energie verlieren und sich deshalb ebenfalls nur noch wenig ausbreiten, bevor sie absorbiert werden. Wasser schwächt deshalb Neutronen bei gleicher flächenbezogener Masse zumeist besser als Beton oder Blei.

Da der die Streustrahlung berücksichtigende Zuwachsfaktor bei größeren Materialdicken angenähert exponentiell mit der Eindringtiefe zunimmt, ergibt das Produkt mit dem exponentiell zunehmenden Schwächungsfaktor der ungestreuten Strahlung wiederum einen angenähert exponentiellen Abfall der Dosisleistung (bei größeren Materialdicken), der üblicherweise durch einen effektiven Schwächungskoeffizienten, den sogenannten Removalkoeffizienten, beschrieben wird.

In Anhang 15.33a, b, c sind die auf Rechnungen basierenden Schwächungskurven für breite, parallele Strahlenbündel monoenergetischer Neutronen für Wasser, Polyethylen und Normalbeton wiedergegeben. Bei der Anwendung dieser für ebene Abschirmschichten geltenden Zahlenwerte ist zu beachten, daß Schwächungsfaktoren für Neutronen besonders stark von den geometrischen Gegebenheiten von Quelle und Abschirmung abhängen. Falls die Quelle abweichend von Abb. 9.4 im Abschirmmaterial eingebettet ist oder sich in einem allseitig abgeschirmten Raum befindet, ergibt die Rechnung allein mit Abstandsgesetz und materiellem Schwächungsfaktor (siehe Formeln 9.1, 9.5, 9.17) wegen der weitreichenden Ausbreitung der Streustrahlung nur noch grobe Richtwerte. In diesen Fällen sind daher vielfach Messungen oder aufwendigere Rechnungen des Strahlungstransports erforderlich [chi84].

Bei den in der Praxis üblicherweise auftretenden Neutronenstrahlungsfeldern sind die Neutronen zumeist über einen großen Energiebereich verteilt, so daß die Gesamtdosisleistung hinter einer Abschirmung mit Hilfe der Formeln (9.17) und (9.19) als Summe der Dosisleistungen für die einzelnen Energiekomponenten zu ermitteln ist. Falls das Energiespektrum der abzuschirmenden Neutronen nicht genau bekannt ist, kann u. U. die Flußdichte bzw. Dosisleistung einer einzigen gewichteten Energie zugeordnet werden, bei der die Schwächungsrechnung durchzuführen ist. Bei der Abschätzung der gewichteten Energie sind Dosisumrechnungsfaktor k und Schwächungsfaktor S_g aller vorkommenden Energiekomponenten zu berücksichtigen. In vielen Fällen des praktischen Strahlenschutzes ist die Rechnung mit der maximalen Neutronenenergie ausreichend (siehe Anhang 15.22). Bei den in Anhang 15.33d wiedergegebenen Schwächungskurven ist die komponentenweise Berechnung des Schwächungsfaktors für das Energiespektrum von Spaltneutronen durchgeführt worden. Die Abbildung zeigt den Gesamtschwächungsfaktor für breite parallele Strahlenbündel und ebene Abschirmschichten. Schwächungsfaktoren für die an Elektronen- und Ionenbeschleunigern entstehenden Neutronen sind der Fachliteratur zu entnehmen [ncr79, swa79, tho88].

Die Ablesung von Zahlenwerten $1/S_g$ in Anh. 15.33 erfolgt analog zu den in Kap. 9.5.3 hinter Formel (9.19) gegebenen Hinweisen.

In Anhang 15.34a sind die aus den zuvor genannten Schwächungskurven abgeleiteten Zehntelwertschichtdicken wiedergegeben, die für die Bemessung zusätzlicher Schichten hinter Abschirmungen mit einem Schwächungsfaktor von mehr als 100 angewendet werden können. Die auf Messungen beruhenden Zehntelwertschichtdicken in Anhang 15.34b sind demgegenüber Effektivwerte unter Einbeziehung der Streustrahlung, die auch für die beiden ersten Zehntelwertschichtdicken einer Abschirmung gelten.

Ein bei dicken Abschirmungen nicht zu vernachlässigender Effekt ist die Entstehung von Photonen bei (n, γ)-Einfangprozessen an Atomkernen des Abschirmmaterials. Hierbei kann ein erheblicher Energiebetrag in prompte Gammastrahlung umgesetzt werden, der sich aus der Bewegungs- und der Bindungsenergie des Neutrons zusammensetzt. Da die Bindungsenergien zwischen etwa 2,2 MeV bei H und etwa 11 MeV bei Si liegen, muß bereits bei langsamen Neutronen in allen üblichen Abschirmmaterialien einschließlich Wasser mit einer sehr durchdringungsfähigen Einfang-Gammastrahlung gerechnet werden (s. Anhang 15.9b). Andererseits werden die meisten Neutronen auch erst bei thermischen Energien eingefangen, so daß für die Berechnung der Einfang-Gammastrahlung insbesondere die Flußdichte der langsamen Neutronen ermittelt werden muß. Auch bei inelastischen Stößen von Neutronen mit Atomkernen können energiereiche Photonen (einige MeV) freigesetzt werden, die zusätzlich abgeschirmt werden müssen. Dazu sollten Neutronenabschirmwände außer leichtatomigen Materialien auch einige schweratomige Materialien enthalten. Eine besonders gute Abschirmwirkung entsteht, wenn abwechselnd leichte und schwere Materialschichten angeordnet werden, z. B. etwa gleich dicke Eisen- und Polyethylen- bzw. Holzschichten von einigen cm Dicke. Bei den in Anhang 15.33c wiedergegebenen Schwächungskurven für Normalbeton und den entsprechenden Zehntelwertschichtdicken (NB 2.31*) in Anhang 15.34a ist die in der Abschirmung entstehende sekundäre Gammastrahlung mit berücksichtigt. Bei Wasser wird für 14 MeV-Neutronen zur Abschirmung der sekundären Gammastrahlung die Berücksichtigung einer zusätzlichen Halbwertschichtdicke empfohlen.

Ferner ist zu beachten, daß durch die Anlagerung von Neutronen an Atomkerne radioaktive Folgekerne entstehen können, die energiereiche Beta- und Gammastrahlung emittieren. Es ist deshalb günstig, wenn das Abschirmmaterial möglichst wenig Atomkernarten enthält, aus denen langlebige radioaktive Tochterkerne hervorgehen, die die Abschirmwand für lange Zeit radioaktiv und schwer manipulierbar machen würden. Um solche Aktivierungen zu vermeiden, wird der Abschirmwand häufig noch ein Material zugesetzt, in dem die Neutronen mit großer Wahrscheinlichkeit absorbiert werden, ohne daß ein radioaktiver Folgekern entsteht. Dazu eignen sich vor allem Bor- und Cadmium-Zusätze (s. Anhang 15.9b).

9.6 Schutz gegen Oberflächenstreustrahlung

Beim Auftreffen von Strahlung auf Wände oder Objekte wird ein Teil infolge von Wechselwirkungen mit den Atomen der Materie zurückgestreut. Dadurch kann bei wiederholter Streuung an Wänden (Mehrfachstreuung) u. U. in einem Bereich hinter einer Abschirmung auch dann noch eine unzulässige Ortsdosisleistung auftreten, wenn die direkte Strahlung durch die Abschirmung ausreichend geschwächt ist (s. Abb.5.1). Außer der von der Quelle ausgehenden Strahlung muß daher im praktischen Strahlenschutz häufig auch noch die von Oberflächen zurückgestreute Strahlung berücksichtigt werden. Diese

Strahlungsbeiträge lassen sich dadurch verringern, daß möglichst große Abstände zwischen Quelle und Streuflächen eingehalten, Wandmaterialien mit geringem Rückstreuvermögen ausgewählt und die Nutzstrahlenbündel mit Abschirmblenden auf den unbedingt erforderlichen Querschnitt begrenzt werden. Falls dies nicht ausreicht, ist eine zusätzliche Abschirmung des Arbeitsplatzes gegen die zurückgestreute Strahlung erforderlich.

Als Maß für das Rückstreuvermögen eines Materials dient der Rückstreufaktor R, mit dem die Dosisleistung $\dot{H}_s$ der von einem Streukörper zurückgestreuten Strahlung aus der Dosisleistung $\dot{H}_0$ der auftreffenden Strahlung gemäß

$$\dot{H}_s = \dot{H}_0 \cdot R \cdot \frac{F}{s^2} \tag{9.21}$$

abgeschätzt werden kann. Darin bezeichnet F die im Abstand r vom Strahler durch das Strahlenbündel getroffene Streufläche und $\dot{H}_0$ die Dosisleistung der dort auftreffenden Strahlung, die gemäß Formel (9.4, 9.5, 9.7) berechnet werden kann. $\dot{H}_s$ ist die Dosisleistung der zurückgestreuten Strahlung in der Entfernung s von der Streufläche (Abb. 9.5).

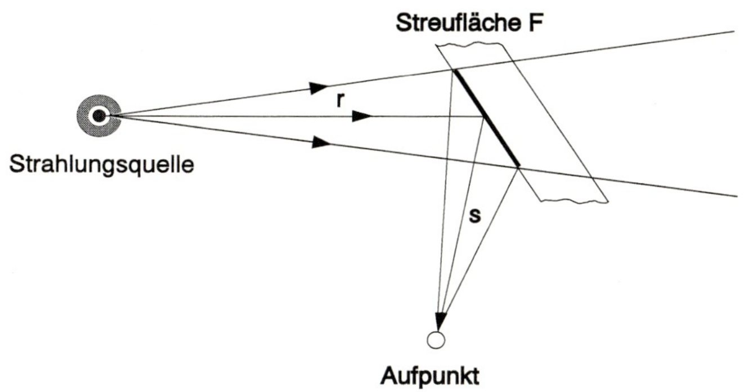

Abb. 9.5: Streuung von Strahlenbündeln

Als Streuflächen kommen alle von Nutzstrahlenbündel getroffenen Flächen von bestrahlten Objekten, Wänden, Fußböden und Decken in Frage. Wesentliche Beiträge zur Streustrahlung können außerdem in deren Nähe befindliche Oberflächen liefern, die von der Sekundärstrahlung getroffen werden.

Es ist zu beachten, daß Formel (9.21) nur für relativ kleine Streuflächen anwendbar ist, deren Ausdehnung etwa 1/4 der Entfernung zum Aufpunkt nicht überschreitet. Bei größeren Streuflächen muß die Oberfläche in Teilstücke zerlegt werden, deren einzelne Beiträge dann zur gesamten Streudosisleistung aufzusummieren sind. Die praktische Anwendung dieser Formel wird oft dadurch eingeschränkt, daß wiederholte Rückstreuungen an den Wänden und Einrichtungen des Arbeitsraumes zu berücksichtigen sind und die Schwächung in der Luft nicht mehr vernachlässigbar ist.

Im folgenden wird nur auf die Rückstreuung von Photonen und Neutronen eingegangen, da intensive Alpha- , Protonen- oder Elektronenstrahlenbündel, die sich in zugänglichen Bereichen frei ausbreiten, in der Praxis kaum vorkommen.

9.6.1 Photonenstrahlung

Der Rückstreufaktor von Photonen hängt in wenig übersichtlicher Weise sowohl von der Ein- und Ausfallsrichtung der Strahlung als auch von Photonenenergie und Streumaterial ab. Die Energie- und Materialabhängigkeit läßt sich in grober Näherung aus Anhang 15.35 entnehmen, in dem der Rückstreufaktor für Ein- und Ausfallswinkel von je 45° über der Energie der Photonen aufgetragen ist. Danach nimmt das Rückstreuvermögen mit zunehmender Ordnungszahl ab, während bei der Energieabhängigkeit keine einheitliche Tendenz erkennbar ist. In Anhang 15.36 ist der Rückstreufaktor von Röntgenstrahlung bei den gleichen Streuwinkeln in Abhängigkeit von der Beschleunigungsspannung aufgetragen. Die Kurven beziehen sich auf Normalstrahlung (s. Kap. 9.5.4).

Erfahrungsgemäß ergeben Berechnungen mit diesen Rückstreufaktoren auch bei anderen, insbesondere kleineren Winkeln gute Anhaltswerte für die Dosisleistung der Streustrahlung. Bei größeren Streuwinkeln, die kleiner als 60° bleiben, ist im allgemeinen höchstens mit einer Verdopplung der angegebenen Rückstreufaktoren, bei Energien (Beschleunigungsspannungen) unter 0,5 MeV (0,8 MV) auch mit einer Verdreifachung zu rechnen.

Um die Oberflächenrückstreuung in Räumen wirksam zu verringern, genügt im allgemeinen die Verkleidung der Wandflächen mit einer Schicht von nur 0,5 Halbwertschichtdicken eines besonders schwach rückstreuenden Materials. Dies gilt insbesondere für den vom Nutzstrahlenbündel getroffenen Wandbereich, vor dem unter Umständen ein besonders konstruierter Strahlungsfänger aufzustellen ist. Ferner kann es vorteilhaft sein, in der Nähe des bestrahlten Objekts befindliche Oberflächen ebenfalls mit einem schwach rückstreuenden Material zu verkleiden.

Strahlung kann infolge mehrfacher Rückstreuung an Oberflächen auch durch gekrümmte Schlitze, Rohrdurchführungen und Kanäle in Abschirmwänden weitergeleitet werden. Bei der konstruktiven Auslegung von Abschirmwänden ist deshalb die erhöhte Durchlässigkeit an derartigen Öffnungen durch Abdeckungen über Schlitzen sowie eine ausreichende Anzahl von Knicken in Kanälen und anderen Durchführungen so gering wie möglich zu halten.

Da die gestreute Strahlung zumeist eine geringere Energie hat als die auftreffende Strahlung, wird sie in Abschirmungen in der Regel stärker geschwächt als die von der Quelle ausgehende Primärstrahlung. Die bei der Abschirmung der gestreuten Strahlung zu berücksichtigende Energie kann näherungsweise aus Anhang 15.37 entnommen werden, in dem die Abhängigkeit der Energien von auftreffendem und gestreutem Photon vom Ablenkwinkel beim Comptoneffekt wiedergegeben ist.

9.6.2 Neutronenstrahlung

Die Rückstreuung von Neutronen hängt, ebenso wie bei Photonen, in komplizierter Weise von der Energie der Neutronen, vom Ein- und Ausfallswinkel und vom Streumaterial ab. In grober Näherung kann davon ausgegangen werden, daß der Dosis-Rückstreufaktor bei Neutronenenergien zwischen etwa 0,1 MeV und 3 MeV und bei schweratomigen Materialien am größten ist.

Beispielhaft ist in Anhang 15.38 der Rückstreufaktor für schmale Strahlenbündel bei Ein- und Ausfallswinkeln von je 45° in Abhängigkeit von der Energie für Beton und Eisen wiedergegeben. Vergleichbare Werte gelten bei demselben Ausfallswinkel auch für den Einfallswinkel 0°. Für Blei werden um bis zu eine Größenordnung höhere Zahlenwerte empfohlen [ncr79].

In einem von dicken Betonwänden umschlossenen Raum mit einer Quelle schneller Neutronen baut sich erfahrungsgemäß durch Vielfachstreuung an den Raumwänden ein im gesamten Raum annähernd homogenes Strahlungsfeld gestreuter Neutronen auf. Die gesamte Neutronenflußdichte setzt sich unter diesen Bedingungen zusammen aus der direkt aus der Quelle emittierten Komponente, die dem Abstandsgesetz (siehe Formel 9.1) genügt und einer Streustrahlungskomponente φ_S aus langsamen und intermediären Neutronen, die annähernd durch die Formel:

$$\varphi_S = f_R \cdot \frac{Q_s}{F} \tag{9.22}$$

beschrieben werden kann. Darin ist Q_s die Gesamtquellstärke primärer, schneller Neutronen und F die Fläche aller Wände und Decken des Raumes. Für die dimensionslose Zahl f_R werden bei Räumen mit Betonwänden die Werte 1,25 für den Fall langsamer Neutronen und 5,6 für intermediäre Neutronen (Energien > 0,41 eV) angegeben, die jeweils auf Rechnungen und Erfahrungen an Beschleunigern beruhen [ncr84, pat73].

Zur Berechnung der Ortsdosisleistung der Streustrahlung mit den Formeln (9.4) und (9.22) ist im allgemeinen die Kenntnis der mittleren Energie des Neutronenspektrums ausreichend. So erzeugen beispielsweise die an medizinischen Elektronenbeschleunigern (Betatron, Linearbeschleuniger, Mikrotron) erzeugten Neutronen durch Streuung an den Raumwänden eine Streustrahlungskomponente, deren mittlere Energie bei etwa 1/4 der mittleren Energie der aus dem Strahlerkopf austretenden Neutronen liegt (s. Kap. 12.2.2). Diese Energie kann allerdings nicht für Abschirmungsrechnungen zugrunde gelegt werden. Hierbei muß vielmehr das gesamte Neutronenspektrum berücksichtigt werden, wenn nicht sicherheitshalber mit der Energie der primären Neutronen gerechnet wird [ncr84, n6847.2].

Aufgrund der Vielfachstreuung können sich Neutronen selbst durch mehrfach geknickte Kanäle gut ausbreiten, falls die Kanalwände nicht mit besonders stark neutronenabsorbierenden Materialien ausgekleidet sind. Solche Materialien sind z. B. Werkstoffe mit Cadmium- oder Borgehalt und bei höheren Energien auch Eisen. Dagegen ist das bei Photonen günstige Blei hier weniger wirksam.

Fachliteratur:

[att68, b4094.2, chi84, cie83, dim72, dor86, fas90, gol59, gri90, hub82, iae87a, icp76, icp87b, icu84, jac62, jae68, jae74, jan82, kas87, lin63, nac71, ncr71, ncr79, ncr84, n6814.3, n6847.2, n8529, pat73, sau76, sau85, ssk86a, sto67, sto70, swa79, tho88, tro75, tru88, zie81]

10 Schutzmaßnahmen gegen Kontaminationen

10.1 Gefährdung durch Kontaminationen

Die Erzeugung von offenen radioaktiven Stoffen sowie der Umgang mit diesen Substanzen erfordern wegen der Möglichkeit ihrer Verschleppung durch Abrieb, Leckverluste, Zerstäubung, Verdampfung oder Vergasung besondere Vorsicht. Die Ansammlung von radioaktiven Stoffen in Gasen, Flüssigkeiten, Feststoffen und biologischem Gewebe oder an Oberflächen wird Kontamination genannt. Diese führt zu einer äußeren Bestrahlung, wenn sich die Quellen außerhalb des Körpers befinden und zu einer inneren Bestrahlung, wenn die radioaktiven Stoffe in den Körper aufgenommen werden.

Zum Schutz gegen die äußere Bestrahlung, die von kleinen kontaminierten Gegenständen oder Flächen ausgeht, können grundsätzlich dieselben Regeln angewendet werden wie bei umschlossenen kleinen Strahlungsquellen. Bei ausgedehnten kontaminierten Flächen ist allerdings die geringere Abnahme der Dosisleistung in der Nähe der Fläche zu beachten (s. Kap.9.4). Wenn die Kontamination gleichmäßig in der Umgebung verteilt ist, z. B. in der Luft oder an den Wänden, sind keine wesentlichen örtlichen Unterschiede in der Strahlenexposition zu erwarten.

Im Gegensatz zur äußeren Strahlenexposition, die nur während der Dauer der Bestrahlung wirksam ist, verursachen inkorporierte radioaktive Stoffe eine auch nach der Aufnahme fortdauernde Strahlenexposition. Diese hängt wesentlich von der zugeführten Aktivität und der Art der emittierten Strahlung sowie von der Verteilung und Verweilzeit der radioaktiven Stoffe im Organismus ab. Grundsätzlich sind drei Inkorporationswege zu berücksichtigen: Einatmen kontaminierter Luft (Inhalation), Aufnahme kontaminierter Stoffe durch Verschlucken (Ingestion) und Eindringen radioaktiver Stoffe durch die intakte oder verletzte Haut (Permeation). Unter zugeführter Aktivität wird dabei stets die durch die Körperöffnungen oder die Körperoberfläche eintretende Aktivität (Bruttozufuhr) verstanden. Sie umfaßt somit bei der Inhalation auch die mit der Atemluft wieder ausgeatmete Aktivität.

Bei allen drei Inkorporationspfaden werden die Radionuklidverbindungen zunächst von den Körperflüssigkeiten, insbesondere dem Blut, aufgenommen und gelangen mit diesen zu den verschiedenen Organen und Körperteilen. In den einzelnen Körpergeweben werden die radioaktiven Stoffe entsprechend ihrer biochemischen Eigenschaften unterschiedlich intensiv und dauerhaft gespeichert, bis sie im Verlauf der biologischen Stoffwechselprozesse überwiegend über den Urin wieder ausgeschieden werden. Abb. 10.1 zeigt einen Überblick über die verschiedenen Wege der Zufuhr, des inneren Transports und der Ausscheidung radioaktiver Stoffe.

In Abb. 10.2 ist das daraus entwickelte, vereinfachte Modell zur mathematischen Beschreibung des biokinetischen Verhaltens der radioaktiven Stoffe im Körper wiedergege-

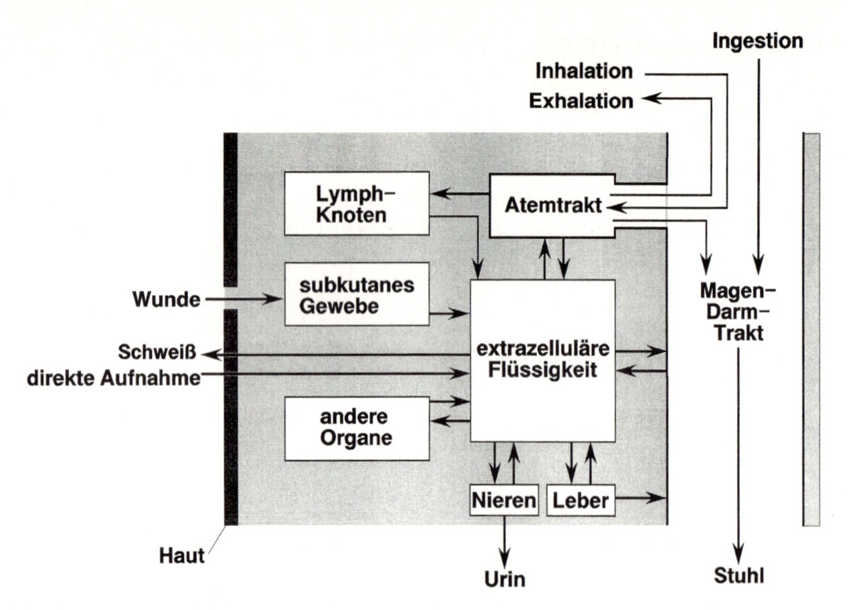

Abb. 10.1: Zufuhr, Transport und Ausscheidung radioaktiver Stoffe [icp88c]

ben, das die beobachteten Verhältnisse befriedigend wiedergibt. Dabei wird der Körper aus einzelnen Kompartimenten aufgebaut betrachtet [fac82a, icp87d, ncr85b]. Jedes Organ oder Gewebe kann aus einem oder mehreren Kompartimenten bestehen.

Die Körperflüssigkeiten repräsentieren das sogenannte Transferkompartiment, aus dem die Radionuklide nach Übertritt aus dem Atmungs- bzw. Magen-Darmtrakt zu den verschiedenen Gewebekompartimenten gelangen, wo sie sich mit einem bestimmten Bruchteil ablagern (siehe f_a in Anh. 15.39). Hinsichtlich des Ablagerungsverhaltens wird dabei unterschieden zwischen Stoffen, die sich vorzugsweise ablagern in Knochen (z. B. Ca, Sr, Ba, Ra), in Knochenhäuten (F, Pu, Am), in allen Weichteilgeweben (z. B. H, K, Na, Cs, Rb) bzw. in speziellen Geweben, wie der Schilddrüse (z. B. J), oder als schwer lösliche Partikel in Leber, Milz und Niere verbleiben.

Infolge der Transport- und Speichervorgänge ergeben sich durch die emittierte ionisierende Strahlung in den verschiedenen Organen und Geweben mit der Zeit variierende Dosisleistungen, die im wesentlichen von Menge und Art der Radionuklidverbindung sowie vom Inkorporationspfad abhängig sind. Im Laufe der Zeit nach der Inkorporation kommen dadurch je nach der Verweilzeit der Radionuklide im Organismus unterschiedliche Äquivalentdosen zustande. Bei bekannten und genau definierten Inkorporationsbedingungen kann somit die zugeführte Aktivität einer Radionuklidverbindung als ein Maß für die in der Folgezeit erhaltene Körperdosis angesehen werden. Diese Körperdosis wird als die zu der inkorporierten Aktivität gehörende Folgedosis bezeichnet. Sie kann als effektive Dosis oder als Teilkörperdosis gemäß Formel (6.3b) berechnet werden, wenn die Zeitabhängigkeit der mittleren Dosisleistung im jeweils betroffenen Körpergewebe bekannt ist.

Inkorporation

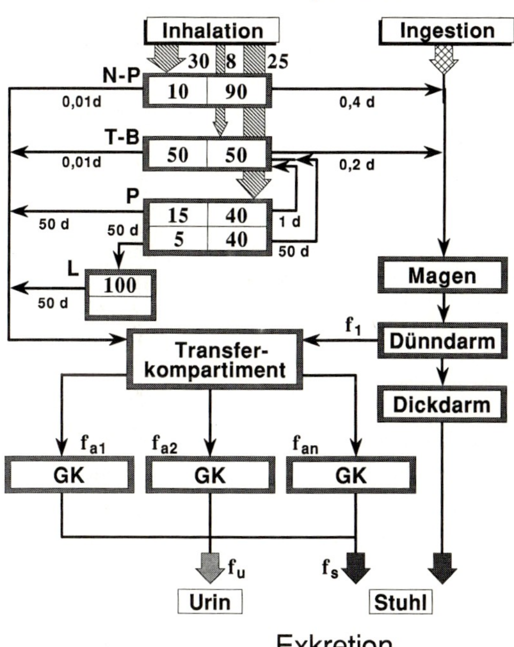

Abb. 10.2: Modell zur Beschreibung des biokinetischen Verhaltens radioaktiver Stoffe im menschlichen Körper [icp85b]

N-P Nasen-Rachenraum

T-B Luftröhren-Bronchienraum

P Lungenbläschenbereich

L Lymphknoten

GK Gewebe-Kompartiment

f_a Anteil der vom Transferkompartiment aufgenommenen Aktivität, der in ein Ablagerungsorgan gelangt

f_1 Anteil der vom Transferkompartiment aus dem Dünndarm aufgenommenen Aktivität (Resorptionsfaktor)

f_u Anteil der vom Transferkompartiment aufgenommenen Aktivität, der aus den Ablagerungsorgan über den Urin ausgeschieden wird

f_s Anteil der vom Transferkompartiment aufgenommenen Aktivität, der aus den Ablagerungsorgan über den Stuhl ausgeschieden wird

Zahlenwert am Inhalationsweg: prozentualer Anteil der inhalierten Aktivität, der sich bei einer Aerosolverteilung von 1 μm AMAD ablagert

Zahlenwert im Kompartiment: prozentualer Anteil der inhalierten Aktivität, der bei einer chemischen Verbindung der Lungenretentionsklasse W in Pfeilrichtung übertritt

Zahlenwert am Übergangspfeil: Halbwertzeit des Übertritts in Transferkompartiment/Magen-Darmtrakt

Die Abnahme der Aktivität im Organismus ergibt sich aus dem Aktivitätsverlust durch radioaktiven Zerfall sowie die Rückhaltung (Retention) im Körper bzw. Ausscheidung (Exkretion) aus dem Körper durch Urin und Stuhl bei Stoffwechselvorgängen. Der Ausscheidungsprozeß kann dabei zeitlich häufig durch eine Exponentialfunktion (s. Abb. 4.5) oder eine Überlagerung mehrerer Exponentialfunktionen angenähert werden. Dementsprechend ist analog zur physikalischen Halbwertzeit T beim radioaktiven Zerfall, eine sogenannte biologische Halbwertzeit T_b eingeführt worden, die das Zeitintervall angibt, in dem sich die Menge des radioaktiven Stoffes durch Ausscheidung aus dem Körper oder aus einem Organ auf die Hälfte verringert hat.

Die Retentionfunktion $r_a(t)$, d. h. der zur Zeit t nach der Aufnahme in die Körperflüssigkeiten (Transferkompartiment) allein aufgrund der Ausscheidung noch in den Ablagerungsorganen vorhandene Bruchteil der aufgenommenen Aktivität, kann auf der Basis des oben beschriebenen Stoffwechselmodells in vielen Fällen durch den Ausdruck:

$$r_a(t) = \sum_{(n)} \alpha_n \cdot 2^{-t/T_{bn}} \qquad (10.1)$$

beschrieben werden. Darin gibt der Koeffizient α_n den relativen Anteil des betrachteten Radionuklids an, mit dem dieses sich auf diejenigen Gewebe und Organe verteilt hat, die durch eine gemeinsame biologische Halbwertzeit T_{bn} bei der Ausscheidung gekennzeichnet sind. Dabei wird die biologische Halbwertzeit für das Transferkompartiment zumeist relativ kurz (0,25 Tage) angenommen. Als Exkretionsfunktion $\dot{e}_a(t)$ kann im Prinzip die zeitliche Ableitung der Retentionsfunktion $r_a(t)$ verwendet werden (siehe Anhang 15.0), soweit keine speziellen Exkretionsfunktionen gegeben sind. $\dot{e}_a(t)$ bezeichnet dabei den Bruchteil der anfänglich vom Transferkompartiment aufgenommenen Aktivität, der zur Zeit t nach der Aufnahme pro Zeitintervall aus den Ablagerungsorganen ausgeschieden wird, wobei der radioaktive Zerfall unberücksichtigt bleibt und zwischen dem Anteil f_u über Urin und f_s ($\approx 1 - f_u$) über Stuhl zu unterscheiden ist. In Anhang 15.39 sind für einige chemische Elemente Zahlenwerte α_n, T_{bn} und f_u aufgeführt, mit denen die Retention und Exkretion für den gesamten Körper bzw. für einen Körperteil abgeschätzt werden kann. Angaben für weitere Radionuklide sind der Fachliteratur zu entnehmen [icp85b, icp79b, icp87c, icp88c].

Falls die Ausscheidung im wesentlichen nur durch eine einzige biologische Halbwertzeit bestimmt wird, kann auch die gesamte Abnahme von Aktivität und Dosisleistung in einem Organ oder im ganzen Körper annähernd durch eine einzige Halbwertzeit, die sogenannte effektive Halbwertzeit T_{eff} beschrieben werden, die sich zu $1/T_{eff} = 1/T + 1/T_b$ ergibt. Mit den in Anhang 15.39 für einige chemische Elemente angegebenen biologischen Halbwertzeiten ergeben sich bei vielen Radionukliden effektive Halbwertzeiten von erheblich weniger als 1 Jahr, so daß die Folgedosis in diesen Fällen praktisch im Verlauf von höchstens einem Jahr nach der Inkorporation zustandekommt. Bei den Radionuklidverbindungen mit wesentlich größeren effektiven Halbwertzeiten, insbesondere knochensuchenden Stoffen, ergibt sich die Folgedosis aus der nach der Inkorporation verbleibenden Lebensdauer. Im praktischen Strahlenschutz werden für die Berechnung der Folgedosis üblicherweise Zeiträume von 50 Jahren bei Erwachsenen und 70 Jahren bei Kindern angesetzt. Wenn die effektive Dosis bestimmt werden soll, sind die Folgedosen für alle der nach Tab. 6.2 betroffenen Organe einzeln zu ermitteln und unter Verwendung der Gewebe-Wichtungsfaktoren aufzusummieren (s. Kap. 6.2.2.).

Falls sich die zur Folgedosis beitragende Strahlenexposition über mehrere Jahre erstreckt, läßt sich der Dosisbeitrag im n-ten Jahr nach der Inkorporation bei bekannter effektiver Halbwertzeit T_{eff} in Jahren und bekannter 50 Jahre-Folgedosis H_{50} gemäß folgender Zahlenwertgleichung berechnen:

$$H_n = H_{50} \cdot \frac{w^{n-1} - w^n}{1 - w^{50}} \qquad \text{mit } w = 2^{-1/T_{eff}} \tag{10.2}$$

Für effektive Halbwertzeiten von $T_{eff} < 1/3$ a können die Dosisbeiträge aus späteren Jahren ($n > 1$) praktisch vernachlässigt werden.

10.2 Grundregeln für den Schutz gegen Kontaminationen

Um unvermeidliche Strahlenexpositionen durch Kontaminationen so weit wie möglich zu beschränken, sind folgende Maßnahmen geeignet:

a) Anwendung kontaminationsbegrenzender Arbeitsmethoden
b) Kontaminationsbegrenzende Verhaltensweise
c) Einsatz kontaminationsbegrenzender Barrieren
d) Beschränkung der Aktivitätskonzentration in der Atemluft
e) Beschränkung der Aufenthaltsdauer in kontaminierter Umgebung
f) Dekontamination von Medien und Oberflächen
g) Beschränkung der Aufnahme von kontaminierten Feststoffen und Flüssigkeiten
h) Begrenzung der Abgabe radioaktiver Stoffe in Arbeitsbereiche und Umwelt

Die aus diesen Regeln resultierenden praktischen Schutzmaßnahmen und Schutzeinrichtungen hängen entscheidend von der Art des Mediums ab, das kontaminiert wird und eine Inkorporation verursachen kann.

10.2.1 Kontamination der Luft

Eine Kontamination der Atemluft kann sich u. a. ergeben durch die Verteilung von Schwebstoffen (Aerosole, Stäube), die bei der Bearbeitung von radioaktiven Stoffen entstehen, durch Leckstellen an umschlossenen gasförmigen Strahlern, durch Verdampfen oder Vergasen radioaktiver Flüssigkeiten oder Feststoffe in radiologischen Laboratorien, beim Betrieb von Beschleunigern und kerntechnischen Anlagen sowie bei der Ableitung radioaktiver Stoffe mit der Abluft.

Zum Schutz gegen die Aufnahme radioaktiver Stoffe durch Mund, Nase oder die Hautoberfläche können entweder die möglichen Kontaminationsquellen nebst Arbeitseinrichtungen (Laboraufbauten, Bearbeitungs- und Verfahrensanlagen, Kernreaktoren) oder das bedienende Personal mit staub- bzw. gasdichten Schutzhüllen umgeben werden. Kontaminationsquellen geringer Ausdehnung, die lediglich Alpha- oder Betastrahlung emittieren, werden je nach Inkorporationsrisiko entweder in Radionuklidabzügen (Abb. 12.8) oder in sogenannten Handschuhkästen bearbeitet, die eine direkte Handhabung von außen mittels gasdicht in der Wand montierter Gummistulpenhandschuhe erlauben (Abb. 12.9). Kontaminationsquellen mit größeren Abmessungen oder intensiver Gammastrahlung werden nebst Arbeitseinrichtungen in sogenannten Heißen Zellen untergebracht, bei denen eine Fernbedienung mittels Manipulatoren hinter einer Abschirmung möglich ist (Abb. 12.10).

Um das Entweichen von radioaktiven Stoffen durch Leckstellen zu verhüten, wird innerhalb der Schutzhülle dieser Einrichtungen in der Regel ein Unterdruck aufrecht erhalten. Dabei wird die abgesaugte Luft durch Filteranlagen geleitet, in denen die radioaktiven Stoffe weitgehend zurückgehalten werden. Eine weitere Maßnahme zur Verringerung der Kontamination der Luft besteht darin, daß die Abluft solange gespeichert wird, bis sich die Aktivität, insbesondere der durch Filter schlecht zurückzuhaltenden Edelgase, durch radioaktiven Zerfall merklich verringert hat. Um die dann noch verbleibende Konzentration radioaktiver Stoffe weiter zu verdünnen, erfolgt die Abgabe in die Umgebung zumeist über hohe Kamine.

Für die durch Entlüftung und radioaktivem Zerfall in der Zeit t bedingte Abnahme der Aktivitätskonzentration a_{VL} in der Raumluft eines Arbeitsraumes gilt bei Annahme einer gleichmäßigen Aktivitätsverteilung die Formel:

$$a_{VL} = a_V \cdot e^{-(\lambda + \omega) \cdot t} \qquad (10.3)$$

Darin bedeutet a_V die anfängliche Aktivitätskonzentration ($t = 0$), λ die Zerfallskonstante (s. Kap. 4.1.3) und ω die Luftwechselzahl, die durch das abgeführte Luftvolumen pro Raumvolumen und Zeit gegeben ist.

Bei Arbeiten in Räumen, in denen sich die Aktivitätskonzentration durch verfahrenstechnische Maßnahmen nicht ausreichend vermindern läßt, können Atemschutzgeräte eingesetzt werden. Dabei ist zu unterscheiden zwischen Filtergeräten, bei denen die Schadstoffe durch geeignete Filter (für Gase, Partikel) zurückgehalten werden und Isoliergeräten, bei denen der Träger durch Fremdluftversorgung zumeist in Verbindung mit gasdichten Vollschutzanzügen von der Umgebungsatmosphäre unabhängig ist (Abb. 12.13) [gbg81].

10.2.2 Kontamination des Wassers

Eine Kontamination der natürlichen Wasservorkommen, insbesondere des Trinkwassers, ergibt sich vor allem, wenn kontaminierte Abwässer in die Umgebung gelangen, wie sie z. B. bei Anwendung radioaktiver Stoffe in wissenschaftlichen oder technischen Laboratorien, in der Nuklearmedizin, bei der Reinigung kontaminierter Personen, Geräte und Räumlichkeiten sowie bei Undichtheiten in den Kreisläufen von Kernreaktoren oder in anderen kerntechnischen Anlagen anfallen.

Möglicherweise kontaminiertes Wasser ist in der Regel zunächst in speziellen Behältern zu sammeln, aus denen es nach Abklingen der Aktivität nur abgelassen werden darf, wenn durch Messungen sichergestellt ist, daß keine unzulässige Kontamination des Abwassersystems eintritt. Andernfalls ist entweder unmittelbar eine Dekontaminierung (z. B. Filterung, chemische Fällung, Ionenaustausch) oder der Abtransport zu einer zentralen Dekontaminationsstelle erforderlich. In besonderen Fällen können normalerweise nicht kontaminierte Abwässer, z. B. aus einem Kühlkreislauf, auch kontinuierlich abgelassen werden, wenn die Aktivitätskonzentration ständig überwacht wird und eine automatische Absperreinrichtung vorhanden ist.

10.2.3 Kontamination von Oberflächen

Oberflächenkontamination bedeutet die Verunreinigung von Oberflächen durch radioaktive Stoffe z. B. in Form von Staubablagerungen, Flüssigkeitsfilmen und fest haftenden Schichten. Sie ist nahezu bei jedem Umgang mit offenen radioaktiven Stoffen zu erwarten, z. B. durch Abrieb von radioaktiven Feststoffen auf Geräte und Unterlagen, durch zurückbleibende Flüssigkeitsfilme in entleerten Behältern oder nach Leckagen sowie durch Versprühen, Zerstäuben und Verdampfen radioaktiver Stoffe in die Umgebung.

Besondere Beachtung erfordern Kontaminationen an Arbeitsgeräten und Einrichtungsgegenständen sowie an der Hautoberfläche und der Kleidung von Personen, weil solche Kontaminationen leicht verbreitet bzw. die radioaktiven Substanzen durch Abrieb auf andere Gegenstände, insbesondere auch Genußmittel, übertragen und mit letzteren inkorporiert werden können. Teilweise gelangen die Substanzen auch direkt durch die Hautoberfläche in den Körper.

Beim Umgang mit offenen radioaktiven Stoffen ist dementsprechend zum Schutz gegen Oberflächenkontaminationen grundsätzlich so zu arbeiten, daß kein direkter Kontakt zwischen dem Körper und der zu handhabenden radioaktiven Substanz entstehen kann. Dies läßt sich erreichen mit Hilfsgeräten wie Greifwerkzeugen, Pipettierhilfen usw. sowie mit Schutzkleidung, die außer Schutzkittel je nach Kontaminationsrisiko flüssigkeitsundurchlässige Handschuhe, Überschuhe oder Schuhe sowie Schutzanzüge umfassen kann. Hinzu kommen die in Kap. 10.2.1 genannten baulichen Kontaminationsbarrieren.

Um eine wirksame Kontaminationsbegrenzung erreichen zu können, sind nicht nur geeignete technische Schutzeinrichtungen notwendig – es müssen vielmehr auch bestimmte Verhaltens- und Arbeitsregeln eingehalten werden. Beispiele für Verhaltensregeln sind: Gegenstände, die ohne Handschuhe angefaßt werden, sollten nicht auch mit Handschuhen berührt werden (Telefon, Schalter, Türgriffe usw.). Die Schutzkleidung ist stets getrennt von der Zivilkleidung aufzubewahren. Kontaminierte Schutzkleidung ist so zu wechseln, daß eine Verschleppung der Kontamination vermieden wird. Das bedeutet z. B., daß beim Abstreifen der Schutzhandschuhe, die Hände nicht mit der Außenseite der Handschuhe in Berührung kommen dürfen. Kontaminierte Kleidungsstücke sind an dafür vorgesehenen Plätzen abzulegen und gesondert zu sammeln. Falls eine Dekontaminierung nicht möglich ist, sind sie wie radioaktiver Abfall zu behandeln. Auf die besonderen Arbeitsregeln wird in Kap. 12.3.3 näher eingegangen.

Ferner sind organisatorische Schutzmaßnahmen zu treffen, um die Verbreitung von Oberflächenkontaminationen zu verhindern: Beim Verlassen möglicherweise kontaminierter Räume sind mindestens Hände und Schuhe sowie gegebenenfalls auch die Kleidung mit Kontaminationsmonitoren zu prüfen (s. Abb. 8.20). Wird dabei eine Kontamination festgestellt, so darf der kontaminierte Bereich nur nach Kleidungswechsel bzw. nach ausreichender Dekontaminierung der Körperoberfläche und Freigabe bei anschließender nochmaliger Kontaminationskontrolle verlassen werden.

Da Gegenstände des persönlichen Bedarfs, wie Schriftstücke, Schreibunterlagen und Taschenrechner, im allgemeinen nur schwer dekontaminierbar sind, ist das Mitnehmen solcher Gegenstände in kontaminationsverdächtige Bereiche möglichst zu vermeiden. In Räumen, in denen mit offenen radioaktiven Stoffen gearbeitet wird, ist Rauchen, Essen, Trinken und die Anwendung von Gesundheitspflegemitteln und Kosmetika zu verbieten. Bei Erkrankungen der Haut sowie bei offenen Wunden, insbesondere an den Händen, ist ein ermächtigter Arzt zu Rate zu ziehen.

10.2.4 Kontamination von Nahrungsmitteln

Über Kontaminationen am Arbeitsplatz sowie an der Kleidung und am Körper von Personen, die mit radioaktiven Stoffen umgehen, können auch Nahrungs- und Genußmittel, d. h. insbesondere Speisen und Getränke kontaminiert werden. Zum Schutz gegen solche Kontaminationen ist einerseits Essen und Trinken am Arbeitsplatz zu untersagen und andererseits eine Kontaminationsverschleppung nach außen durch Personen- und Materialkontrollen zu verhüten.

Falls betriebsbedingte Abgaben radioaktiver Stoffe über die Abluft oder über das Abwasser nicht zu vermeiden sind, muß mit einer Kontamination des Erdbodens und der Gewässer in der Umgebung gerechnet werden. Daraus ergeben sich in diesen Bereichen zwangsläufig Kontaminationen der Pflanzen, Tiere und des Trinkwassers, die zur Ernährung herangezogen werden, so daß in Betrieben, aus denen radioaktive Stoffe freigesetzt werden können, eine Überwachung von Abluft und Abwasser notwendig ist.

10.3 Abschätzung der Folgedosis

Die nachfolgenden Überlegungen und Berechnungen beziehen sich auf die Folgedosis, die durch die einmalige Zufuhr einer radioaktiven Substanz verursacht wird. Bei wiederholter Zufuhr von Aktivitäten sind die entsprechenden einzelnen Folgedosen zu einer Gesamtfolgedosis zu addieren.

10.3.1 Inhalation

Bei der Inhalation können radioaktive Aerosole über den Atemtrakt und die Lungenbläschen in den Blutkreislauf bzw. das Lymphsystem gelangen. Zur Berechnung der Folgedosen wird die Lunge bei dem hier zugrunde gelegten Modell (s. Abb. 10.2), in den Nasen-Rachenraum, den Luftröhren-Bronchienraum und den Lungenbläschenbereich unterteilt [cha91, icp79b, icp85b]. Dort lagern sich die Aerosole mit unterschiedlichen Wahrscheinlichkeiten ab, die von verschiedenen Parametern, insbesondere auch von Durchmesser und Dichte der Teilchen, abhängen. Zur Kennzeichnung eines Aerosolgemischs wird üblicherweise ein effektiver Durchmesser, der sogenannte AMAD-Wert (s. Anhang 15.0), angegeben. Für die vielfach angenommene Aerosolverteilung mit 1 µm AMAD wird dabei mit Ablagerungen von 30% im Nasen-Rachenraum, 8% im Luftröhren-Bronchienraum und 25% im Lungenbläschenbereich gerechnet, während 37% der inhalierten Stoffe unmittelbar wieder ausgeatmet werden. Je nach den chemischen Eigenschaften der Nuklidverbindung verbleiben die Aerosole unterschiedlich lange in den verschiedenen Lungenbereichen, bevor sie entweder von den Körperflüssigkeiten aufgenommen werden oder in den Magen-Darmtrakt gelangen. Zur Beschreibung der Aufenthaltsdauer werden die Substanzen in die 3 Lungenretentionsklassen D (days), W (weeks) und Y (years) eingeteilt, die durch verschiedene Halbwertzeiten T_L für den Aufenthalt im Lungenbläschenbereich gekennzeichnet sind (D: $T_L \leq 10$ Tage, W: 10 Tage $< T_L \leq 100$ Tage, Y: $T_L > 100$ Tage). Für einige praktisch bedeutsame Elemente kann die Zuordnung chemischer Verbindungen zu Lungenretentionsklassen aus Anhang 15.39 entnommen werden.

Auf der Basis dieses Lungenmodells liefern spezielle Rechenverfahren unter Berücksichtigung der anatomischen Gegebenheiten (Lebensalter) die aus einer inhalierten Aktivität resultierende Aktivitätsverteilung sowie die in den verschiedenen Organen entstehenden Folgedosen. Die Ergebnisse solcher Rechnungen sind zumeist in Form sogenannter Inhalationsdosisfaktoren g_h für die einzelnen Organe bzw. für die effektive Dosis tabelliert. Die Folgedosis H_h nach der Bruttozufuhr einer Aktivität A_h über Inhalation ergibt sich damit gemäß:

$$H_h = g_h \cdot A_h \tag{10.4}$$

In Anhang 15.40 sind für einige Radionuklide die Inhalationsdosisfaktoren g_h für Erwachsene zur Berechnung der effektiven Dosis bzw. der Teilkörperdosis in dem am höchsten exponierten Körperteil angegeben. Sie gelten für einen AMAD-Wert von 1 µm. Weitere Zahlenwerte von g_h für andere Radionuklide, Personengruppen und Gewebe sowie die Regeln zur Umrechnung für andere AMAD-Werte sind der Fachliteratur zu entnehmen [bmu89a, hen85a, icp85b, jac89c, noß85]. Bei Kleinkindern kann g_h, vor allem aufgrund der geringeren Körpermasse, bis zum Faktor 10 größere Werte erreichen.

10.3.2 Ingestion

Die bei der Nahrungsaufnahme, beim Trinken oder beim Verschlucken eingeatmeter Aerosole in den Magen-Darmtrakt gelangenden Radionuklidverbindungen werden fast ausschließlich im Dünndarm von den Körperflüssigkeiten aufgenommen. Der aufgenommene Bruchteil (Resorptionsfaktor f_l) hängt dabei wesentlich von den chemischen Eigenschaften der Stoffe ab, die auf dem Wege durch den Magen-Darmtrakt durch Verdauungssäfte noch erheblich verändert werden können. Analog zur Inhalation lassen sich mit

Modellrechnungen hier Ingestionsdosisfaktoren g_g für die verschiedenen Körperbereiche in Abhängigkeit von der chemischen Verbindung bestimmen. Dabei werden unter Bezugnahme auf den Resorptionsfaktor f_1 bis zu 3 Ingestionsklassen je Element unterschieden. Die Zuordnung chemischer Verbindungen zu Ingestionsklassen kann für einige praktisch bedeutsame Elemente aus Anhang 15.39 entnommen werden. Für eine durch Ingestion zugeführte Aktivität A_g ergibt sich damit die Folgedosis H_g gemäß:

$$H_g = g_g \cdot A_g \qquad (10.5)$$

In Anhang 15.40 sind für einige Radionuklide die Ingestionsdosisfaktoren für Erwachsene zur Berechnung der effektiven Dosis bzw. der Teilkörperdosis in dem am höchsten exponierten Körperteil angegeben. Weitere Zahlenwerte von g_g für andere Radionuklide und Personengruppen sind der Fachliteratur zu entnehmen [bmu89a, hen85a, noß85]. Bei Kleinkindern kann g_g bis zum Faktor 10 größere Werte erreichen.

10.3.3 Permeation

Durch die unverletzte Haut können praktisch nur einige radioaktive Gase (z. B. Tritium, Jod) in den Organismus eintreten und eine Folgedosis verursachen. Bei anderen Stoffen führen Kontaminationen der Haut daher nur zu Inkorporationen, wenn die Haut verletzt oder durch agressive Substanzen (Lösungsmittel, Dekontaminationsmittel) geschädigt worden ist. In diesem Fall können Radionuklidverbindungen, je nach chemischer Beschaffenheit, entweder schnell in den Blutkreislauf aufgenommen und in andere Körperbereiche transportiert werden oder an der Eintrittsstelle durch physikalisch-chemische Prozesse vorübergehend festgehalten werden und ein Depot bilden, aus dem sie nur langsam in die Körperflüssigkeiten übertreten. Eine direkte Abschätzung der Folgedosis aufgrund einer Hautkontamination ist wegen der schwer ermittelbaren Aktivitätszufuhr von der kontaminierten Oberfläche in den Organismus im allgemeinen kaum möglich. Die tatsächliche Aktivitätszufuhr kann daher lediglich durch Inkorporationsmessungen (s. Kap. 10.4.2/3) abgeschätzt werden, wobei sich eine baldige Blutprobennahme empfiehlt. Ebenso unsicher ist auch die Berechnung der Folgedosis aus der durch Hautkontamination über Wunden zugeführten Aktivität gemäß einer (10.5) entsprechenden Formel, weil sowohl die zugeführte Aktivität als auch die erforderlichen Wunddosisfaktoren nur schwer zu ermitteln sind. Für den Fall der unverletzten Haut werden Daten für die aus einer Kontamination resultierende Folgedosis praktisch nur für die Benetzung verschiedener Körperteile mit tritiumhaltigem Wasser oder bei Aufenthalt in einer mit tritiiertem Wasser kontaminierten Atmosphäre (s. Kap. 10.4.1) angegeben [sau83].

10.4 Abschätzung der zugeführten Aktivität

Die bei einer Inkorporation zugeführten Aktivitäten A_h bzw. A_g können indirekt abgeschätzt werden, wenn, je nach Inkorporationsart, entweder die mittlere Aktivitätskonzentration in der Atemluft oder die spezifische Aktivität (Aktivitätskonzentration) in den aufgenommenen Feststoffen (Flüssigkeiten) bekannt ist. Andernfalls müssen nachträgliche Messungen der Körperaktivität oder der Aktivität von Körperausscheidungen durchgeführt werden, aus denen sich die vorausgegangene Aktivitätszufuhr berechnen läßt. Für die Bestimmung der Körperaktivität werden dabei Ganzkörper- und Teilkörperzähler (Lungen-, Schilddrüsenzähler) eingesetzt. Ausscheidungsmessungen erfolgen vor allem an Proben von Urin und Stuhl, gelegentlich auch an Ausatemluft sowie an Nasenschleim und Rachenspeichel. Bei kontinuierlichen Überwachungen sollten die Messungen in regelmäßigen Zeitabständen durchgeführt werden, wobei die Häufigkeit durch die Halbwertzeit des Radionuklids, das Speicher- und Ausscheidungsverhalten des Körpers für die jeweilige Nuklidverbindung, das Ansprechvermögen des Meßsystems sowie durch die geforderte Meßgenauigkeit bestimmt wird [bmi78b]. Zusätzliche Messungen werden bei akuten Inkorporationen erforderlich.

Die Verfahren zur Bestimmung der Aktivitätszufuhren werden hier nur im Prinzip und beispielhaft für den akuten Inkorporationsfall erläutert. Im Rahmen von regelmäßigen Inkorporationsmessungen empfiehlt es sich, bei unbekanntem Zeitpunkt der Aktivitätszufuhr, zur Sicherheit davon auszugehen, daß die Aktivitätszufuhr unmittelbar nach der vorausgegangenen Messung stattgefunden hat. In den Formeln (10.8 bis 10.11) ist dann für t das Zeitintervall t_M zwischen den beiden Messungen einzusetzen.

Die erheblichen Unsicherheiten der zugrundeliegenden Rechenmodelle und der verwendeten Zahlenwerte sowie andere gebräuchliche Verfahren können hier nicht näher erläutert werden. Ausführlichere Darstellungen sind der Fachliteratur zu entnehmen [hen85c, icp88c].

10.4.1 Messung von Aktivitätskonzentration und spezifischer Aktivität

Die Aktivitätszufuhr A_h über Inhalation ergibt sich aus der mittleren Aktivitätskonzentration a_V in der Atemluft und der mittleren Atemrate $\dot{V}_h$ während der Inhalationszeit t gemäß:

$$A_h = a_V \cdot \dot{V}_h \cdot t \tag{10.6}$$

Bei Aufenthalt in einer mit tritiiertem Wasser kontaminierten Atmosphäre erfolgt neben der Inhalation auch eine Aufnahme des Tritiums durch die intakte Haut. Diese Resorption kann bei der Ermittlung der zugeführten Aktivität gemäß Formel (10.6) überschlägig durch eine Erhöhung der Atemrate um 0,6 m^3/h berücksichtigt werden.

Entsprechend folgen für die Aktivitätszufuhr A_g über Ingestion aus der spezifischen Aktivität a_M in den Nahrungsmitteln bzw. der Aktivitätskonzentration a_V in den Getränken in Verbindung mit der mittleren Verbrauchsrate $\dot{M}_g$ (Masse/Zeit) bzw. $\dot{V}_g$ (Volumen/Zeit) während der Zeit t die Formeln:

$$A_g = a_M \cdot \dot{M}_g \cdot t \qquad A_g = a_V \cdot \dot{V}_g \cdot t \tag{10.7}$$

Richtwerte für die Atemrate $\dot{V}_h$ sowie für die Verbrauchsraten $\dot{M}_g$ und $\dot{V}_g$ bei verschiedenen Nahrungsmitteln und Getränken sind in Anhang 15.41 wiedergegeben.

10.4.2 Ganzkörper- und Teilkörpermessung

Aus dem Ganzkörper- bzw. Teilkörperaktivitäts-Meßwert $A_{GK}(t)$ zur Zeit t nach Zufuhr eines Radionuklids über Inhalation berechnet sich die zugeführte Aktivität A_h näherungsweise gemäß:

$$A_h = \frac{A_{GK}(t)}{r_h(t)} \qquad (10.8a)$$

Darin bezeichnet die Retentionsfunktion $r_h(t)$ den zur Zeit t nach der Inhalation im gesamten Körper oder im ausgemessenen Körperteil verbliebenen Bruchteil der durch Inhalation zugeführten Aktivität, wobei die Aktivitätsabnahme durch radioaktiven Zerfall bereits berücksichtigt ist. In Anhang 15.42a, b, c sind Funktionen $r_h(t)$ für einige Radionuklide mit Aerosolverteilungen von 1 µm AMAD angegeben, die sich auf die Aktivität im gesamten Körper beziehen. Weitere Zahlenwerte von $r_h(t)$ für andere Radionuklide und Aerosoldurchmesser (AMAD) sind der Fachliteratur zu entnehmen [icp88c].

Bei Inhalation läßt sich die zugeführte Aktivität A_h auch aus Messungen der Lungenaktivität $A_L(t)$ zur Zeit t nach der Inhalation gemäß folgender Formel abschätzen:

$$A_h = \frac{A_L(t)}{r_L(t)} \cdot 2^{t/T} \qquad (10.8b)$$

Darin bedeutet T die physikalische Halbwertzeit und $r_L(t)$ den zur Zeit t nach der Inhalation noch in der Lunge (außer Nasen-Rachenraum) verbliebenen Bruchteil der zugeführten Aktivität, der nach dem oben beschriebenen Lungenmodell in Abhängigkeit vom AMAD-Wert und von der Lungenretentionsklasse berechnet werden kann. In Anhang 15.42d sind Zahlenwerte von $r_L(t)$ für Aerosolverteilungen von 1 µm AMAD angegeben [fac82b].

Falls die Aktivitätszufuhr über Ingestion erfolgt ist, kann die zugeführte Aktivität A_g aus dem Ganz- oder Teilkörpermeßwert $A_{GK}(t)$ gemäß:

$$A_g = \frac{1}{f_1} \cdot \frac{A_{GK}(t)}{r_a(t)} \cdot 2^{t/T} \qquad (10.9)$$

ermittelt werden. Darin bedeutet $r_a(t)$ die Retentionsfunktion gemäß Formel (10.1), wobei strenggenommen $r_a(t-t_{TK})$ eingesetzt werden müßte, damit die Zeit t_{TK} nach der Inkorporation bis zur Aufnahme in das Transferkompartiment berücksichtigt wird. T ist die physikalische Halbwertzeit und f_1 der vom Magen-Darmtrakt in die Körperflüssigkeiten aufgenommene Aktivitätsanteil. Die Formel ist nur gültig, wenn wenigstens 1 bis 3 Tage seit der Inkorporation vergangen sind und der radioaktive Stoff den Magen-Darmtrakt durchlaufen hat. Außerdem wird eine so kurze Zeitdauer für die Zufuhr angenommen, daß sich die Retentionsfunktion während dieser Zeit praktisch nicht ändert.

10.4.3 Ausscheidungsmessung

Bei Radionukliden, die keine Gammastrahlung bzw. nur niederenergetische Gamma- oder Betastrahlung emittieren, muß die zugeführte Aktivität über Ausscheidungsmessungen abgeschätzt werden. Dazu sind nach einer Inkorporation regelmäßig die pro Zeitintervall mit dem Urin oder Stuhl ausgeschiedenen Aktivitäten (Ausscheidungsraten) oder die Aktivitätskonzentration bzw. spezifische Aktivität zu messen, so daß der systematische Zusammenhang zwischen der Ausscheidung zur Zeit t nach der Aktivitätszufuhr und der zugeführten Aktivität erfaßt wird. Da die Ausscheidungen starken individuellen Schwankungen unterliegen, müssen bei der Zuordnung der Aktivitätsmeßwerte zu entsprechenden Zeitintervallen in der Regel erhebliche Unsicherheiten in Kauf genommen werden. Dies gilt insbesondere dann, wenn infolge geringer Empfindlichkeit des Meßverfahrens besonders große Meßproben benötigt werden. Ausscheidungsanalysen werden überwiegend an Urinproben durchgeführt. Nur bei Radionukliden, die vorwiegend über den Stuhl ausgeschieden werden bzw. der Retentionsklasse Y zuzuordnen sind, können vorzugsweise Stuhlanalysen erforderlich werden. Üblicherweise werden als Untersuchungsmaterial 24-Stunden-Urin- oder Stuhlproben verwendet.

Mit der gemessenen Ausscheidungsrate $\dot{A}_U(t)$ bzw. Aktivitätskonzentration $a_{VU}(t)$ im Urin zur Zeit t nach der Aktivitätszufuhr ergibt sich die über Inhalation zugeführte Aktivität A_h näherungsweise zu:

$$A_h = \frac{\dot{A}_U(t)}{\dot{e}_{hu}(t)} \qquad A_h = \frac{a_{VU}(t)}{k_{hu}(t)} \tag{10.10}$$

Darin bezeichnet die Exkretionsfunktion $\dot{e}_{hu}(t)$ den mit dem oben beschriebenen Stoffwechselmodell berechneten Bruchteil der inhalierten Aktivität, der zur Zeit t nach der Aktivitätszufuhr pro Zeitintervall über Urin ausgeschieden wird. In Anhang 15.42e, f, g ist die Exkretionsfunktion $\dot{e}_{hu}(t)$ für Urin nach Inhalation von Aerosolverteilungen von 1 µm AMAD für einige Radionuklide wiedergegeben. Die Funktionswerte werden dort, ebenso wie es auch für die Ausscheidungsrate $\dot{A}_U(t)$ üblich ist, als Mittelwerte der Aktivität pro Tag angegeben. Die aus $\dot{e}_{hu}(t)$ abzuleitende Funktion $k_{hu}(t)$ gibt die Aktivitätskonzentration im Urin als Bruchteil der inhalierten Aktivität an. In Anhang 15.42e sind Zahlenwerte von $k_{hu}(t)$ für HTO wiedergegeben (Einheit: 1/ml).

Falls die Aktivitätszufuhr über Ingestion erfolgt ist, kann die zugeführte Aktivität A_g aus dem Meßwert $\dot{A}_U(t)$ zur Zeit t nach der Ingestion gemäß:

$$A_g = \frac{1}{f_1} \cdot \frac{\dot{A}_U(t)}{\dot{e}_a(t) \cdot f_u} \cdot 2^{t/T} \tag{10.11}$$

abgeschätzt werden. Darin bedeutet $\dot{e}_a(t)$ die gegebenenfalls aus der Retentionsfunktion (10.1) abzuleitende Exkretionsfunktion (s. Anhang 15.0), wobei strenggenommen $\dot{e}_a(t\text{-}t_{TK})$ eingesetzt werden müßte, damit die Zeit t_{TK} nach der Inkorporation bis zur Aufnahme in das Transferkompartiment berücksichtigt wird. T ist die physikalische Halbwertzeit, und f_u gibt den über Urin ausgeschiedenen Aktivitätsanteil an (siehe Anhang 15.39). Die bei Formel (10.9) genannten Gültigkeitsvoraussetzungen sind auch für Formel (10.11) zutreffend.

Den Formeln (10.10, 10.11) entsprechende Gleichungen gelten mit den Größen $\dot{A}_S(t)$, $\dot{e}_{hs}(t)$ und f_s auch für die Ausscheidung über Stuhl. Bezüglich entsprechender Zahlenangaben sei auf die Fachliteratur verwiesen [icp88c].

10.5 Strahlenexposition bei kontaminierter Umgebung

10.5.1 Submersion und Immersion

Als Submersion wird die Strahlenexposition von Personen bezeichnet, die sich an der Trennfläche eines aktivitätshaltigen Halbraumes (Luftraum über Erdboden, Wasseroberfläche) aufhalten. Erfolgt die Strahlenexposition dagegen aus allen Richtungen, z. B. beim Tauchen oder Fliegen, wird von Immersion gesprochen.

Bei bekannter homogener Aktivitätskonzentration a_V in einem als unendlich ausgedehnt anzusehenden Halbraum läßt sich die Submersionsdosisleistung durch die Formel:

$$\dot{H}_S = a_V \cdot g_S^{\infty} \tag{10.12}$$

ausdrücken. Darin bezeichnet g_S^{∞} den Dosisleistungsfaktor für Submersion aus dem unendlichen Halbraum. Praktisch liegt ein unendlich ausgedehnter Halbraum vor, wenn der bei halbkugelförmig angenäherter Geometrie resultierende effektive Radius, je nach der zu betrachtenden Strahlungsart, größer ist als die Reichweite (β) bzw. 5 Halbwertschichtdicken (γ). Bei kleineren effektiven Halbraumradien wird die Dosisleistung um so mehr überschätzt, je kleiner die Raumabmessungen sind. Für grobe Abschätzungen ist in diesem Fall der Raum in eine Anzahl von Teilvolumina mit entsprechenden Aktivitäten zu zerlegen, deren Dosisbeiträge am Aufpunkt mit der Formel für Punktquellen zu berechnen und zu addieren sind. In Anhang 15.43 sind für einige Radionuklide Zahlenwerte g_S^{∞} für Luft wiedergegeben, die sich auf die durch Gammastrahlung verursachte effektive Dosis einer auf dem Erdboden stehenden Person beziehen. Bei den zusätzlich für einige Betastrahler angegebenen Dosisleistungsfaktoren ist für die Berechnung der effektiven Dosis lediglich die Hautdosis mit dem Wichtungsfaktor 0,01 berücksichtigt.

Die Dosisleistung $\dot{H}_I$ bei Immersion läßt sich analog zu Formel (10.12) berechnen, indem g_S^{∞} durch den Dosisleistungsfaktor g_I^{∞} für Immersion ersetzt wird, der für Luft annähernd doppelt so groß ist wie g_S^{∞}. In Anhang 15.43 sind für einige Radionuklide Zahlenwerte g_I^{∞} für Wasser wiedergegeben, die sich auf die durch Photonen und Elektronen verursachte effektive Dosis einer im Wasser befindlichen Person beziehen.

10.5.2 Bodenkontamination

Falls eine als unendlich ausgedehnt anzusehende, ebene Bodenoberfläche gleichmäßig mit der flächenbezogenen Aktivität a_F kontaminiert ist, läßt sich die Dosisleistung für eine dort befindliche Person durch die Formel:

$$\dot{H}_B = a_F \cdot g_B^{\infty} \tag{10.13}$$

ausdrücken. Darin bezeichnet g_B^{∞} den Dosisleistungsfaktor für Bodenstrahlung über der unendlichen Oberfläche. In der Praxis kann die Kontamination als unendlich weit ausgedehnt angesehen werden, wenn sie sich auf Entfernungen von der Person erstreckt, die, je nach der zu betrachtenden Strahlungsart, größer sind als die Reichweite (β) bzw. 5 Halbwertschichtdicken (γ). Die in Anhang 15.43 für einige Radionuklide wiedergegebenen Zahlenwerte von g_B^∞ beziehen sich auf die durch Gammastrahlung verursachte effektive Dosis einer auf dem Erdboden stehenden Person. Bei den zusätzlich für einige Betastrahler angegebenen Dosisleistungsfaktoren ist für die Berechnung der effektiven Dosis lediglich die Hautdosis mit dem Wichtungsfaktor 0,01 berücksichtigt. Dabei muß bei Betaenergien unter 1 MeV mit Fehlern von mehr als einem Faktor 2 gerechnet werden.

10.6 Strahlenexposition nach Aktivitätsfreisetzung in die Umgebung

In die Umwelt freigesetzte radioaktive Stoffe können dort, je nach Art der Ausbreitung und Einwirkungsweise sehr unterschiedliche Expositionen der Bevölkerung verursachen. Die Ausbreitung kann durch Transporte in Atmosphäre, Gewässersystem und Erdboden sowie durch Verschleppen bei Ortsveränderungen und im Verlauf der Nahrungskette über Pflanzen, Tiere bis zum Menschen erfolgen. Bezüglich der Expositionsweise ist zu unterscheiden zwischen äußeren Bestrahlungen (Submersion, Immersion, Aufenthalt über Ablagerungen) oder innerer Bestrahlung aufgrund von Inkorporationen (Inhalation, Ingestion, Permeation). Abb. 10.3 zeigt eine schematische Darstellung der einzelnen Expositionspfade.

Im folgenden wird ausführlicher nur auf kurzfristig auftretende Expositionen in kontaminierter Luft durch Inhalation, Submersion und beim Aufenthalt über radioaktiven Ablagerungen eingegangen, die aufgrund der Ableitung radioaktiver Stoffe mit Abluft zu erwarten sind. Die verzögert wirksam werdenden Gefährdungen über die Expositionspfade

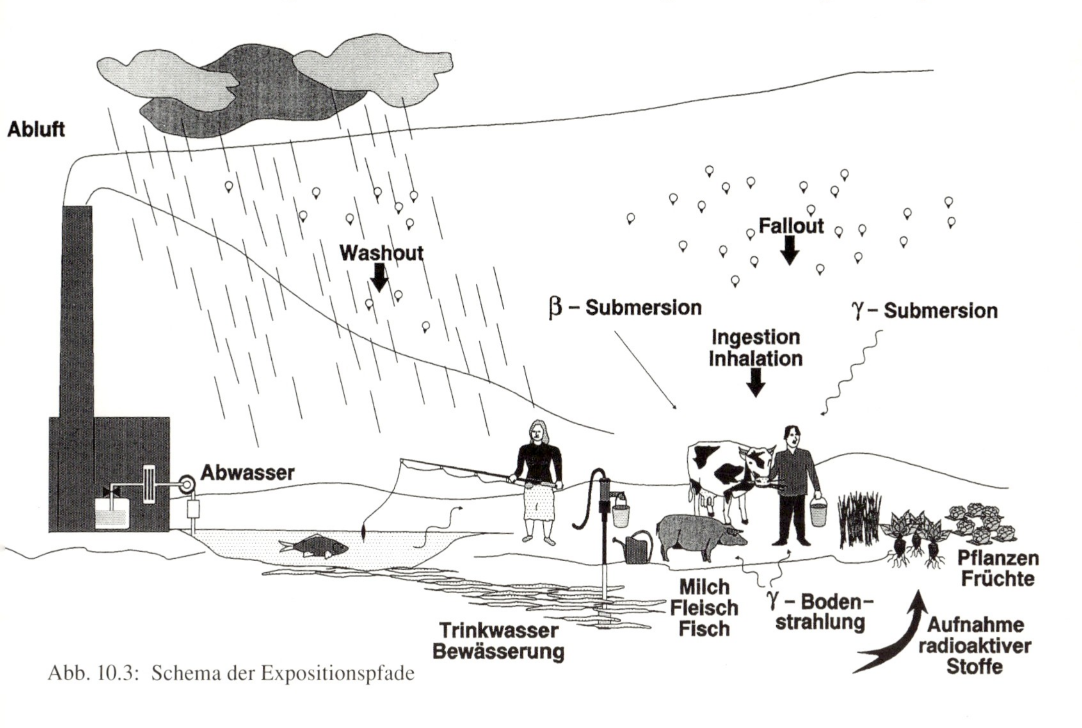

Abb. 10.3: Schema der Expositionspfade

der Ingestion (z. B. Luft → Pflanze, Luft → Futterplanze → Tier → Fleisch, Trinkwasser, Wasser → Fisch) werden nur kurz erwähnt. Ausführlichere Darstellungen, insbesondere auch hinsichtlich der Strahlenexposition aufgrund der Ableitung mit Abwasser, sind der Fachliteratur zu entnehmen [bon82, ssk88b].

10.6.1 Kurzzeitige Ausbreitung in der Atmosphäre

10.6.1.1 Aktivitätsverteilung in der Luft

Obwohl die Ausbreitungsabläufe von Schadstoffen in der Atmosphäre durch im einzelnen nicht berechenbare turbulente Luftbewegungen erfolgen, lassen sich für Zeitintervalle von mehr als etwa einer halben Stunde und Transportwege bis zu 20 km für die Praxis ausreichend genaue statistische Mittelwerte der Konzentration angeben. Die nach Emission radioaktiver Schadstoffe zu erwartende mittlere Aktivitätskonzentration in der Luft hängt dabei sowohl von der Art der Quelle (Ausdehnung, Emissionshöhe, Emissonsdauer, Partikelgröße) als auch vom Zustand der Atmosphäre (Windrichtung, Windgeschwindigkeit, Turbulenz, Temperaturschichtung) ab. Im Prinzip können Ausbreitungsabläufe stets durch geeignete Überlagerungen von Schadstoffwolken angenähert werden, die kurzzeitig aus kleinen Quellen (Punktquellen) ausgestoßen wurden und mit dem Wind transportiert werden. Diese Schadstoffwolken lassen sich zumeist durch Konzentrationsverteilungen um den mit dem Wind transportierten Wolkenschwerpunkt beschreiben, die statistischen Normalverteilungen, auch Gaußverteilungen genannt, ähneln. Die Ausdehnung der Schadstoffwolken wird, wie bei diesen Verteilungsfunktionen üblich, durch spezielle Standardabweichungen σ_x, σ_y, σ_z (s. Kap. 8.5) gekennzeichnet, wobei die Koordinate x zumeist in die Richtung des Windes, y quer dazu in die horizontale, z in die vertikale Richtung und die Quelle in den Koordinatenursprung gelegt wird (s. Abb. 10.4).

Durch die turbulente Durchmischung dehnt sich die Wolke während des Transports mit der Windgeschwindigkeit u in der Zeit t_t entlang des Laufwegs $x = u \cdot t_t$ allmählich aus. Wegen der angenäherten Zunahme der turbulenten Durchmischung in Bodennähe proportional zur Windgeschwindigkeit ergeben sich bei bestimmten Entfernungen x von der Quelle, unabhängig von der Geschwindigkeit u, stets nahezu gleich große Werte $\sigma_x(x)$, $\sigma_y(x)$, $\sigma_z(x)$, sofern dabei in der Atmosphäre gleiche Turbulenzneigung (Stabilität) und gleiche Geschwindigkeitsverteilung in vertikaler Richtung bestehen bleibt.

Bezüglich der Turbulenzneigung in der Atmosphäre wird üblicherweise zwischen 6 verschiedenen Stabilitätsklassen (auch Diffusionskategorien genannnt) unterschieden, mit denen verschieden große $\sigma_y(x)$ und $\sigma_z(x)$ in gleichen Entfernungen x verknüpft sind. Bei einer häufig gebrauchten Einteilung bezeichnen die Klassen A und B instabile, C und D neutrale sowie E und F stabile Zustände der Atmosphäre, wobei die σ-Werte und damit die seitliche Ausdehnung der Schadstoffahne von A bis F stufenweise abnehmen, während die Schadstoffkonzentration bei bodennaher Emission in umgekehrter Reihenfolge zunimmt (s. auch Anhang 15.45a). Die Stabilitätsklasse hängt entscheidend von der vertikalen Temperaturschichtung (Temperaturprofil) in der Atmosphäre ab. Sie kann näherungsweise auch ohne direkte Temperaturmessung anhand bestimmter Kriterien abgeschätzt werden, wie beispielhaft aus Anhang 15.44 zu ersehen ist. In der gemäßigten Zone ist überwiegend mit den neutralen Stabilitätsklassen C und D zu rechnen [sla68].

Bei Emission radioaktiver Stoffe aus einer punktförmigen Quelle mit gleichbleibender Aktivitäts-Freisetzungsrate $\dot{A}_e$ (emittierte Aktivität pro Zeitintervall) gilt für den Höchstwert der bodennahen Aktivitätskonzentration $a_V(x)$ im Wolkenschwerpunkt in der Entfernung x von der Quelle (in Windrichtung) die Formel:

$$a_V(x) = \dot{A}_e \cdot \chi(x) \tag{10.14}$$

Darin wird $\chi(x)$ als Ausbreitungsfaktor für die Konzentration entlang des Weges des Wolkenschwerpunkts (Windtrajektorie) bezeichnet. In Anhang 15.45a sind Kurven des normierten Ausbreitungsfaktors $\hat{\chi}(x) = u \cdot \chi(x)$ für bodennahe Emission bei den Stabilitätsklassen A bis F wiedergegeben, die für Berechnungen bei ebenem, rauhen Gelände in der Bundesrepublik Deutschland empfohlen werden. Zur Ermittlung von $\chi(x)$ müssen die aus den Diagrammen abgelesenen Werte $\hat{\chi}(x)$ noch durch die aktuelle Windgeschwindigkeit u (in m/s) geteilt werden. Generell läßt sich der Ausbreitungsfaktor $\chi(x)$ für bodennahe Emmission an Hand von bekannten σ-Werten mittels der Formel $\chi(x) = 1/(\pi \cdot u \cdot \sigma_y(x) \cdot \sigma_z(x))$ berechnen [bmu90b, gei83, sch86].

Bei Emission aus einer nicht bodennahen Quelle in der Höhe h_e über dem Erdboden wird die Wolkenausbreitung durch merklich andere Turbulenzfelder als in Bodennähe verursacht. Außerdem bewirkt die vertikale Verteilung der Schadstoffwolke, daß die Konzentration am Boden unterhalb der Bahn des Wolkenschwerpunkts erst in einer Entfernung bemerkbar wird, in der die vertikale Ausdehnung der Schadstoffwolke annähernd gleich der halben Emissionshöhe geworden ist ($\sigma_z(x) \approx h_e/2$). Wie aus Anhang 15.45b beispielhaft für die Emissionshöhe 50 m zu ersehen ist, erfolgt am Erdboden anschließend mit zunehmender Entfernung von der Quelle ein steiler Anstieg des Ausbreitungsfaktors, d. h. der Konzentration ($= \hat{\chi} \cdot \dot{A}_e/u$), bis zu einem Maximalwert bei der Entfernung x_{max}. Der Wert im Maximum bleibt dabei jedoch unter dem Wert $\hat{\chi}(x_{max})$ für bodennahe Emission ($h_e = 0$) in der gleichen Entfernung $x = x_{max}$ (s. Anhang 15.45a). Anschließend verringert sich der durch die Emissionshöhe h_e bedingte Unterschied mit zunehmendem Abstand. In Anhang 15.47 sind die Entfernungen x_{max} und die Konzentrationsmaxima $\hat{\chi}_{max}$ für die Emissionshöhen 20 m, 50 m, 100 m und 150 m in Abhängigkeit von der Stabilitätsklasse zusammengestellt. Dabei ist zu unterscheiden zwischen Ergebnissen über rauhem Gelände, wie es in Mitteleuropa überwiegt (Anh. 15.47a) und denen über ebenem, glatten Gelände (Anh. 15.47b). Zur Ermittlung von $\chi(x)$ müssen die aus den Diagrammen abgelesenen Werte $\hat{\chi}(x)$ noch durch die aktuelle Windgeschwindigkeit u_e (in m/s) in Emissionshöhe h_e geteilt werden, die gemäß Anhang 15.46 aus der gemessenen Geschwindigkeit u_m in der Höhe h_m bestimmt werden kann. Weitere Zahlenangaben sind der Fachliteratur zu entnehmen [bmu90b, ssk89a].

Falls die Emissionshöhe kleiner ist als etwa die doppelte Höhe von in unmittelbarer Nähe befindlichen Gebäuden, wird der Schadstoff bei Windstärken von mehr als etwa 3 m/s sofort nach der Emission durch große Wirbel auf ein Volumen verdünnt, das durch die Gebäudeabmessungen bestimmt wird. Bezeichnet b_G den kleineren Wert von Gebäudehöhe oder Gebäudebreite (quer zur Windrichtung), so kann sicherheitshalber bis zu Entfernungen von dieser Größenordnung hinter der Quelle mit dem Ausbreitungsfaktor $\chi_0 = 1/(u \cdot b_G^2)$ gerechnet werden. Für den weiteren Verlauf ist der Ausbreitungsfaktor nach Anhang 15.45a bei der jeweiligen Stabilitätsklasse für bodennahe Emission zu verwenden, wobei die Entfernung x von demjenigen Wert x* an zu zählen ist, für den $\chi(x^*)$ kleiner als χ_0 wird. Berechnungen für kleinere Windgeschwindigkeiten sind nur bei Berücksichtigung der lokalen Gegebenheiten möglich.

10.6.1.2 Wirkung von Aktivitätskonzentrationen

Bei zeitlich konstanter Aktivitätskonzentration $a_V(x)$ in einer Abluftwolke an einem Ort in der Entfernung x von der Quelle kann die dort zu erwartende Schadstoffwirkung durch die Formel:

$$W_e(x) = g \cdot a_V(x) \cdot t_e \qquad (10.15)$$

ausgedrückt werden. Darin bezeichnet g einen von der zu berechnenden Wirkungsgröße W_e (inhalierte Aktivität, Inhalationsfolgedosis, Submersionsdosis, flächenbezogene Aktivität bei Bodenablagerungen, usw.) abhängigen Proportionalitätsfaktor und t_e die Einwirkungsdauer der Konzentration. In der Praxis ist zumeist eine zeitlich veränderliche Konzentration $a_V(x,t)$ zu erwarten. In diesem Fall ist das Produkt $a_V(x) \cdot t_e$ in Formel (10.15) durch das Konzentrations-Zeit-Integral $I_e(x)$ bzw. näherungsweise durch die Summe der Teilprodukte ($I_e(x) \approx \Sigma\, a_V(x, t_i) \cdot \Delta t_i$) für alle Zeitintervalle Δt_i während der Einwirkungsdauer t_e zu ersetzen. Falls die gesamte Schadstoffwolke am betrachteten Ort vorbeigezogen ist, gilt unabhängig vom zeitlichen Emissionsablauf: $I_e(x) = A_e \cdot \chi(x)$. Dabei ist A_e die insgesamt freigesetzte Aktivität, falls die Aufenthaltsdauer merklich länger ist als die Summe aus Emissions- und Transportdauer. Bei Aufenthaltsdauern, die kürzer als die Emissionsdauer sind, entspricht A_e der Aktivität, die während einer der Aufenthaltsdauer entsprechenden Zeitspanne emittiert wurde, die zu einem um die Transportdauer der Wolke ($t_t = x/u$) früheren Zeitpunkt einsetzte. Bei bekanntem zeitlichen Verlauf der Emission $\dot{A}_e(t)$ und gegebenem Ausbreitungsfaktor $\chi(x)$ folgt dementsprechend für die Wirkungsgröße W_e die Formel:

$$W_e(x) = g \cdot I_e(x) = g \cdot A_e \cdot \chi(x) \qquad (10.16)$$

Zur Berechnung inhalierter Aktivitäten ($W_e = A_h$) ist in den Formeln (10.15, 10.16) für den Proportionalitätsfaktor g die mittlere Atemrate einzusetzen ($g = \dot{V}_h$, siehe Anhang 15.41a). Anhand von A_h wird die Inhalationsfolgedosis H_h gemäß Formel (10.4) erhalten. Mit dem Dosisleistungsfaktor für Betasubmersion aus der Wolke ($g = g_{S\beta}$) aus Anhang 15.43 ergibt sich entsprechend die Betasubmersionsdosis ($W_e = H_{S\beta}$) für die Haut in 0,07 mm Tiefe.

Bei der Ermittlung der Gammasubmersionsdosis muß wegen der weitreichenden, energieabhängigen Strahlungsausbreitung in der Luft die Geometrie der Schadstoffwolke berücksichtigt werden. Dementsprechend wird diese Dosis üblicherweise mit einem speziellen, energieabhängigen Ausbreitungsfaktor χ_γ für Gammasubmersion und dem sogenannten Dosisleistungsfaktor $g_{S\gamma}$ für Gammasubmersion aus der Wolke beschrieben:

$$H_{S\gamma}(x) = g_{S\gamma} \cdot A_e \cdot \chi_\gamma(x) \quad (10.17)$$

Die in Anhang 15.43 wiedergegebenen Dosisleistungsfaktoren $g_{S\gamma}$ beziehen sich auf die effektive Dosis. In Anhang 15.48 sind normierte Ausbreitungsfaktoren für Gammasubmersion $\hat{\chi}_\gamma = u \cdot \chi_\gamma(x)$ für die Emissionshöhen 50 m und 100 m bei der Photonenenergie 1 MeV wiedergegeben, die zur Bestimmung von χ_γ noch durch die aktuelle Windgeschwindigkeit $u = u_e$ (in m/s) in Emissionshöhe (s. Anhang 15.46) geteilt werden müssen. Damit ergeben sich bei kleineren Energien stets Überschätzungen der Submersionsdosis. Bei höheren Energien wird die Unterschätzung der Dosis erst bei wesentlich größeren Entfernungen als x_{max} (s. Kap. 10.6.1.1) deutlich bemerkbar. Berechnungen des Ausbreitungsfaktors für andere Emissionshöhen bzw. Photonenenergien sind nach den in der Fachliteratur beschriebenen Methoden vorzunehmen [bmu90b].

Bei der Ablagerung von Schadstoffen aus einer Wolke auf dem Erdboden ist im wesentlichen zu unterscheiden zwischen der trockenen Ablagerung durch Absinken und Haftenbleiben (Fallout) und der nassen Ablagerung durch Regen, der die Schadstoffwolke durchsetzt (Washout). Zur Berechnung der durch Fallout abgelagerten flächenbezogenen Aktivität ($W_e = a_F$) ist für den Proportionalitätsfaktor g in Formel (10.16) die effektive Ablagerungsgeschwindigkeit v_d einzusetzen. Das Produkt $\chi(x) \cdot v_d$ wird auch als Fallout-Faktor F(x) bezeichnet. v_d hängt wesentlich vom sogenannten hydrodynamischen Durchmesser der Aerosole und ihrer Dichte ab. In Anhang 15.49 sind einige häufig vorkommende Zahlenwerte v_d in m/s eingetragen. Die von der Kontamination ausgehende Strahlenexposition über dem Erdboden kann mit Formel (10.13) ermittelt werden. Bei Abschätzungen der Dosis nach längerdauernder Emission oder Aufenthaltsdauer im Gelände ist zusätzlich die Aktivitätsabnahme durch radioaktiven Zerfall und Einlagerung in tiefere Bodenschichten bzw. Abtransport von landwirtschaftlichen Produkten zu berücksichtigen.

Für den Washout ist nicht die Konzentration in Bodennähe sondern die gesamte über einer Bodenfläche in der Wolke schwebende Schadstoffmenge entscheidend, von der pro Zeitintervall der Bruchteil Λ (Washoutkoeffizient) auf der darunterliegenden Bodenfläche abgelagert wird. Der Wert von Λ hängt im wesentlichen von den Aerosoleigenschaften sowie von der Intensität und Tropfengröße des Regens ab. Da über Art, Dauer und räumliche Ausdehnung von einzelnen Regenschauern im voraus kaum ausreichend genaue Angaben gemacht werden können, lassen sich zu Fallout-Faktoren analoge Washout-Faktoren im allgemeinen nur als Mittelwerte bei langzeitigen Emissionen angeben.

Die mit den Ausbreitungsfaktoren nach Anhang 15.45, 15.47 und 15.48 ermittelten Wirkungsgrößen beziehen sich jeweils auf die am stärksten exponierten Ortspunkte (x,0) entlang des Weges des Wolkenschwerpunkts. Zur Beurteilung der Ortsabhängigkeit der Konzentrationen radioaktiver Stoffe in der Luft und der davon abhängigen Wirkungen in der Umgebung einer Quelle müssen die Konzentrationswerte jedoch auch für seitlich des Schwerpunkts liegende Punkte (x,y) der Ausbreitungsebene ermittelt werden. Eine besonders übersichtliche Darstellung ergibt sich dabei mit Hilfe der sogenannten Isoplethen (s. Abb. 10.4). Dieses sind gedachte Linien am Erdboden, entlang derer dieselben Werte der Aktivitätskonzentration, Submersionsdosis, Bodenablagerung, usw. gegeben sind. Sie ähneln bei bodennaher Emission tropfenartigen Kurven, die vom Emissionsort ausgehen und deren Abstände in y-Richtung durch eine Gaußverteilung mit $\sigma_y(x)$ bestimmt werden. Bei erhöhten Emissionsorten sind die Isoplethen zumeist ellipsenähnliche Kurven, die quellseitig eng um den Ort des Maximums gebündelt sind. Die Längsausdehnung ist um so größer und die Querausdehnung um so kleiner, je stabiler der Zustand der Atmosphäre ist, wobei für Gammasubmersion auch der Luvbereich des Emissionsortes betroffen ist [ssk89a].

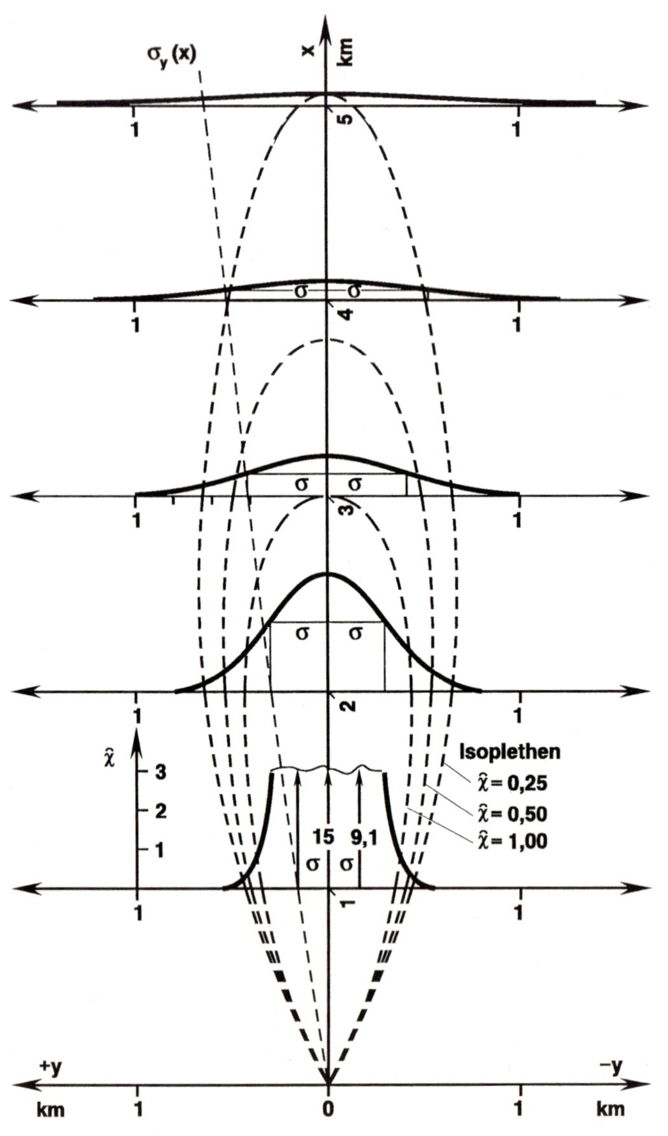

Abb. 10.4: Veranschaulichung der Isoplethen des Ausbreitungsfaktors $\hat{\chi} = u \cdot \chi$ bei bodennaher Emission über ebenem, glattem Gelände bei Stabilitätsklasse B gemäß [sla68] (Zahlenwerte $\hat{\chi}$ in 10^{-6} m^{-2})

10.6.2 Langzeitige Ausbreitung in der Atmosphäre

Bei Emissionsdauern von mehr als einer Stunde verursachen die unvermeidlichen Schwankungen des Windes und der Turbulenzneigung in der Atmosphäre nahezu immer von den Kurzzeitisoplethen abweichende Verteilungen, die rechnerisch durch Überlagerung der in kürzeren Zeitabständen ermittelten stationären Kurzzeitisoplethen erfaßt werden können. Für Entfernungen von mehr als 20 km vom Quellort müssen dabei auch noch die sich während der Ausbreitung ändernden Ausbreitungsbedingungen entlang der Trajektorien berücksichtigt werden. Die resultierenden Isoplethen hängen jedoch zumeist so sehr von zufälligen Wetteränderungen ab, daß brauchbare Ergebnisse zur Abschätzung möglicher Schadstoffwirkungen praktisch nur für langfristige Daueremissionen über Jahre gewonnen werden können. Dazu werden die zu verschiedenen Wetterlagen gehörenden Kurzzeitisoplethen in verschiedenen Richtungen mit ihrer durchschnittlichen relativen Häufigkeit gewichtet und überlagert. Wegen der erheblichen Verdünnung durch die Wetterschwankungen ergeben sich dabei wesentlich kleinere Höchstwerte des mittleren Ausbreitungsfaktors als bei stationären Kurzzeitemissionen in gleicher Höhe zu erwarten sind. Geeignete Rechenverfahren sind der Fachliteratur zu entnehmen [bmu90b].

10.6.3 Ausbreitung über die Nahrungskette

Durch die vom Erdboden und vom Gewässersystem aufgenommenen Aktivitäten werden Pflanzen und über die Nahrungsaufnahme auch Tiere und Menschen kontaminiert. Die daraus resultierende Strahlenexposition der Bevölkerung hängt erheblich davon ab, welche Radionuklidverbindungen freigesetzt wurden, wie sie sich in Luft, Wasser und Erdboden ausgebreitet haben, welche Nahrungsketten bis zum Verbraucher durchlaufen wurden und welche Ernährungsgewohnheiten in der Bevölkerung bestehen. Abschätzungen noch zulässiger Emissionen sind daher nur bei Kenntnis verschiedener Einflußgrößen möglich. Dazu gehören insbesondere der Fallout-Faktor bzw. Washout-Faktor (Verhältnis aus der trocken bzw. naß abgelagerten flächenbezogenen Aktivität zur emittierten Aktivität), ferner der Anteil der durch Niederschlag oder Beregnung auf der Pflanze abgelagerten Aktivität gegenüber der gesamten Ablagerung sowie die Verweilkonstanten für das Verbleiben des Radionuklids auf der Pflanze bzw. in ihrem Wurzelbereich und und die sogenannten Transferfaktoren für den Übergang zwischen den verschiedenen Gliedern der Nahrungskette bis hin zum Menschen (z. B. Verhältnis aus der spezifischen Aktivität in der Pflanze zu der im Boden, Verhältnis aus der spezifischen Aktivität in der Milch zu der im Futter bezogen auf die Verbrauchsrate an Futter, usw.). Ferner werden quantitative Angaben über die mittleren Verbrauchsraten aller wichtigen Nahrungsmittel und Getränke benötigt.

Zur Ermittlung der Strahlenexposition müssen die schrittweisen Änderungen der spezifischen Aktivität im Verlauf der Nahrungskette von der Ablagerung auf Böden und Gewässern bis hin zu den für den Menschen bestimmten Nahrungsmitteln verfolgt werden. Die dabei anzuwendenden Rechenverfahren und die notwendigen Daten können hier nicht beschrieben werden. Es sei auf die Fachliteratur und die entsprechenden Richtlinien verwiesen [aur82, bmu90b, bon82, fac91, jac89a].

10.6.4 Ausbreitung durch Verschleppen bei Ortsveränderungen

Beim Umgang mit radioaktiven Stoffen ist immer damit zu rechnen, daß kleinste Mengen dieser Stoffe trotz sorgfältiger Kontrollen unbemerkt durch den Ortswechsel von Personen oder beim Transport von Material und Geräten in die Umgebung verschleppt werden. Wenngleich solche Mengen im Einzelfall harmlos sein können, ist doch nicht auszuschließen, daß sich dort bei langlebigen Radionukliden bei Wiederholung auf die Dauer eine Kontamination einstellt, die zu Schutzvorkehrungen zwingt. Mit Rücksicht auf die uneingeschränkte Begehbarkeit der Umgebung und der Anlagen ist deshalb allergrößte Aufmerksamkeit auf die Verhütung von Verschleppungen auch kleinster radioaktiver Stoffmengen zu legen. Dies gilt insbesondere für extrem langlebige Stoffe mit sehr hohem Gefährdungspotential, wie z. B. Plutonium, die sich durch große Haftfähigkeit am Erdboden auszeichnen.

Fachliteratur:

[aur82, bmi78b, bmu89a, bmu90b, bon82, cha91, fac82a/b, fac91, gbg81, gei83, hen85a, hen85c, icp73, icp74, icp79b/c, icp85b, icp87c, icp88b/c, jac89a, jac89b/c, koc83, ncr85b, noß85, sau83, sch86, sla68, ssk88b, ssk89a]

11 Rechtsvorschriften im Strahlenschutz

11.1 Grundlagen

Angesichts der zunehmenden Verwendung von Strahlungsquellen sind in vielen Ländern spezielle Gesetze und Verordnungen zum Schutz gegen Gefahren durch ionisierende Strahlung erlassen worden. Diese Regelungen stützen sich zumeist auf die Empfehlungen der internationalen Strahlenschutzkommission ICRP, aus denen allerdings für die Praxis in den verschiedenen Ländern oft unterschiedliche Einzelvorschriften abgeleitet wurden. Auch die EURATOM-Grundnormen und die OECD-Grundnormen gehen auf ICRP-Empfehlungen zurück (s. Anh. 15.0) [EGGn-84, EGGn-89, OECD-70].

Das Ziel der Strahlenschutzregelungen ist es, einerseits die mit Strahlungsquellen umgehenden Personen und ungeborenes Leben ausreichend gegen kurzfristige und langfristige somatische Strahlenschäden zu schützen und andererseits eine bedenkliche Zunahme der Häufigkeit von Mutationen des Erbgutes in der Gesamtbevölkerung infolge der Anwendung von Strahlungsquellen zu verhüten. Die Strahlenschutzregelungen gehen dementsprechend davon aus, daß nur solche künstlichen Strahlenexpositionen gerechtfertigt werden können, die letztlich einen Nutzen bringen. Dazu sind die Strahlenexpositionen so zu begrenzen, wie dieses unter Berücksichtigung der Verhältnismäßigkeit des Schutzaufwandes zu der damit verknüpften Risikoverminderung vernünftigerweise erreichbar und sinnvoll ist, wobei zugleich bestimmte Dosisgrenzwerte für Einzelpersonen nicht überschritten werden dürfen [iae86, icp78b, icp83a, icp86b, icp89a/b, icp91a].

In der Systematik der Grenzwerte kann unterschieden werden zwischen den (nicht direkt meßbaren) primären Grenzwerten (Effektive Dosis, Teilkörperdosen), den sekundären Grenzwerten (Jahresaktivitätszufuhren), die für Kalibriermessungen und Modellrechnungen zugrundegelegt werden, und den (direkt meßbaren) operationellen Grenzwerten (Ortsdosis, Personendosis). Hinzu kommen weitere abgeleitete Grenzwerte z. B. im Zusammenhang mit Betriebs- und Umgangsgenehmigungen oder mit betriebsinternen Regelungen, die als Richtwerte oder Schwellenwerte (Aufzeichnungs-, Melde-, Überwachungsschwellen) den praktischen Strahlenschutz vor Ort bestimmen.

Die heutigen Festlegungen der primären Grenzwerte von Beschäftigten stützen sich weitgehend auf die Forderung der ICRP, diese Werte so zu bemessen, daß einerseits deterministische Strahlenschäden mit Sicherheit verhindert werden und andererseits das rechnerische Risiko für stochastische Strahlenwirkungen noch akzeptabel ist. Dieses Strahlenschutzkonzept wird in den verschiedenen Ländern in der Regel dadurch realisiert, daß außer Grenzwerten für Teilkörperdosen auch solche für die effektive Dosis festgelegt werden.

Für die Begrenzung der effektiven Dosis ist es wesentlich, welche Kriterien für die Definition der mit der Strahlenexposition verknüpften stochastischen Schadenserwartung herangezogen werden (s. Kap. 6.2.2). Der Schadenskoeffizient wurde bislang zumeist allein auf das Risiko für die Auslösung eines stochastischen Strahlenschadens in Form von Leukämie *oder Krebs (mit Todesfolge) und von Erbschäden bei der Nachkommenschaft bezogen, und es galt die (inzwischen als nicht allein ausreichend angesehene) Forderung, daß diese Risiken bei einer Strahlenexposition nicht größer sein sollten als das in anderen Berufszweigen beobachtete, berufsbedingte Todesfallrisiko (siehe Tab. 11.1). Für letzteres werden Mittelwerte in der Größenordnung von 100 Todesfällen pro 1 Million Personen und Jahr ($1 \cdot 10^{-4}$) angegeben, wobei in Einzelfällen Risikowerte um $1 \cdot 10^{-3}$ pro Jahr vorkommen, was von der ICRP etwa als das von einem Arbeitnehmer maximal akzeptierte Risiko angenommen wird [icp79a, icp85a].*

Tab. 11.1: Allgemeine und berufliche Sterbefallhäufigkeiten [bei90, icp85a, gbg90, sba90]
A Gesundheitswesen; B Mittelwert über alle Wirtschaftszweige; C Bergbau

Todesursache		Zahl pro 1 Million Personen und pro Jahr		
		Frauen		Männer
Lungenkrebs 1986	BRD	160		730
	Schweiz	127		756
	USA	327[a]		644[b]
Bösartige Erkrankungen	BRD 1989	2638		2860
Todesfälle insgesamt	BRD 1989	11541		10905
Unfälle BRD 1989		278		372
Straßenverkehr		72		188
Häuslicher Bereich		109		69
Sport		2		8
Arbeitsunfälle		A[c]	B	C[c]
BRD 1980		12	116	469
BRD 1989		8	45	191
Schweden 1979/1980		12	90	255
USA 1982			113	550

a Mittelwert aus der Zahl von Nichtrauchern (79) und Rauchern (762)
b Mittelwert aus der Zahl von Nichtrauchern (161) und Rauchern (1765)
c bezogen auf die Zahl vollbeschäftigter Personen im Wirtschaftszweig

In den neuen ICRP-Empfehlungen wird der Schadenskoeffizient für stochastische Wirkungen nicht mehr allein durch das Todesfall- und Erbschadensrisiko repräsentiert, sondern auch durch den Schweregrad der Wirkung bestimmt. Der Schadenskoeffizient setzt sich danach aus 4 Komponenten zusammen: – Todesfallrisiko durch Leukämie und Krebs in den risikorelevanten Geweben und Organen, – gewichtetes Risiko für bösartige Wirkungen ohne tödlichen Ausgang, – gewichtetes Schadensrisiko für schwere Erbschäden bei allen folgenden Generationen, – Verlust an Lebenszeit bei Schadenseintritt [icp91a]. Der Gesamtwert des Schadenskoeffizienten wird für berufstätige Erwachsene mit $g_d = 5{,}6\%$ pro Sv und für die Gesamtbevölkerung mit $g_d = 7{,}3\ \%$ pro Sv angegeben, was im Vergleich zu sehen ist mit $r_S = 1{,}65\ \%$ pro Sv der bisherigen ICRP-Empfehlung [icp78b] (s. Kap. 6.2.2).

Die ICRP hat bislang für berufliche strahlenexponierte Personen 50 mSv als Grenzwert der effektiven Dosis im Jahr empfohlen, wobei jedoch davon ausgegangen wurde, daß die tatsächliche berufliche Strahlenexposition in den meisten Fällen im langzeitigen Mittel erheblich niedriger liegt. Mit dem bisher angenommenen Todesfallrisiko-Koeffizienten von 1,25% pro Sv ergibt sich für eine Person, die während eines 40jährigen Berufslebens Jahr für Jahr effektiven Dosen nahe diesem Grenzwert ausgesetzt war, d. h. 2 Sv erhalten hat, ein Lebenszeitrisiko (an einer strahlungsbedingten bösartigen Erkrankung zu sterben) von $2{,}5 \cdot 10^{-2}$ (2,5%) ($= 1{,}25 \cdot 10^{-2}\ Sv^{-1} \cdot 2\ Sv$) zusätzlich zum allgemeinen Krebsrisiko von etwa 24%. Unter Berücksichtigung des neuen Todesfallrisiko-Koeffizienten von 4% pro Sv bei berufstätigen Erwachsenen (s. Kap.7.3) empfiehlt die ICRP nunmehr für die effektive Dosis beruflich strahlenexponierter Personen den Grenzwert von 100 mSv in 5 Jahren unter Beibehaltung von höchstens 50 mSv pro Jahr [icp91a]. Mit dem jährlichen Durchschnittswert von 20 mSv folgt damit bei Vernachlässigung der Altersabhängigkeit des Risikokoeffizienten für ein 40jähriges Berufsleben näherungsweise ein Lebenszeitrisiko von $3{,}2 \cdot 10^{-2}$ (3,2%). In der Bundesrepublik Deutschland ist der erhöhte Risikokoeffizient durch Einführung des Grenzwertes von 400 mSv für die gesamte effektive Dosis, die im Laufe eines Berufslebens nicht überschritten werden darf, berücksichtigt worden, wobei die Jahresdosis von höchstens 50 mSv beibehalten wird [ssk88c]. Bezogen auf 40 Berufsjahre ergibt sich daraus eine mittlere jährliche Strahlenexposition von 10 mSv, was bei Vernachlässigung der Altersabhängigkeit des Risikokoeffizienten einem jährlichen Todesfallrisiko von $4 \cdot 10^{-4}$ und einem Lebenszeitrisiko von grob $1{,}6 \cdot 10^{-2}$ (1,6%) entspricht.

Für ein Mitglied der Bevölkerung empfiehlt die ICRP als Grenzwert für Strahlenexpositionen, die weder medizinisch noch natürlich oder unfallbedingt sind, aufgrund der neuen Risikostudien eine effektive Dosis von 1 mSv pro Jahr (gemittelt über 5 Jahre). In der Bundesrepublik Deutschland wird praktisch eine zusätzliche effektive Dosis, die aus dem durch Rechtsvorschriften geregelten Umgang mit ionisierender Strahlung hervorgeht, bis zu 0,6 mSv im Jahr zugelassen [bmi85a, § 45 StrlSchV-89]. Das entspricht der Größenordnung der Schwankungsweiten der natürlichen Strahlenexposition. Das daraus resultierende tödliche Leukämie- und Krebsrisiko von etwa $3 \cdot 10^{-5}$ ($= 5 \cdot 10^{-2}\ Sv^{-1} \cdot 6 \cdot 10^{-4}\ Sv$) im Jahr liegt nach Auffassung der ICRP in der von der allgemeinen Bevölkerung akzeptierten Größenordnung. Im Vergleich dazu ist das allgemeine Risiko, durch einen Unfall zu sterben, etwa 10mal größer (s. Tab. 11.1).

11.2 Rechtsvorschriften in der Bundesrepublik Deutschland

Die Grundlage des Strahlenschutzrechtes bildet das Atomgesetz [AtG-85]. Aufgrund von Ermächtigungen in diesem Gesetz wurden für die nähere Regelung des Strahlenschutzes in der Praxis spezielle Rechtsverordnungen erlassen. Die am 13.10.1976 verkündete „Verordnung über den Schutz vor Schäden durch ionisierende Strahlen" (Strahlenschutzverordnung, [StrlSchV-89]) bezieht sich auf radioaktive Stoffe sowie auf Anlagen zur Erzeugung ionisierender Strahlung (z. B. Kernreaktoren, Beschleuniger). Bei den radioaktiven Stoffen unterscheidet das AtG zwischen Kernbrennstoffen und sonstigen radioaktiven Stoffen (§ 2 AtG, § 2 StrlSchV). Nicht erfaßt in der StrlSchV sind Röntgeneinrichtungen und Störstrahler, in denen die Elektronen auf höchstens 3 MeV beschleunigt werden können. Der Betrieb dieser Anlagen ist durch die seit dem 1.1.1988 geltende Neufassung der „Verordnung über den Schutz vor Schäden durch Röntgenstrahlen“ (Röntgenverordnung, [RöV-87]) besonders geregelt.

Außer diesen Rechtsvorschriften müssen beim Umgang mit Quellen ionisierender Strahlung in bestimmten Bereichen des öffentlichen Lebens auch noch die dort gültigen Sonderregelungen beachtet werden, wie z. B. die Lebensmittel-Bestrahlungs-Verordnung [LBV-75], das Arzneimittelgesetz [AMRadV-87], das Gesetz über die Beförderung gefährlicher Güter [GGG-75], die Postordnung [PostO-63] oder das Strahlenschutzvorsorgegesetz [StrVG-86], das dem Schutz der Bevölkerung vor Strahlenexpositionen und Kontaminationen durch Ereignisse wie die Tschernobyl-Katastrophe dient. Darüber hinaus sind die amtlichen Durchführungsrichtlinien einzuhalten und die Empfehlungen der Publikationen des Deutschen Instituts für Normung (DIN), der Berufsgenossenschaften und anderer Fachorganisationen (VDE, VDI) zu berücksichtigen. Die nachfolgenden Ausführungen zu Strahlenschutz- und Röntgenverordnung, Gefahrgutverordnung Straße und Eichordnung sollen einen orientierenden Überblick über die in den Verordnungen getroffenen Regelungen und Forderungen geben. Bei der Anwendung sind in jedem Fall die Originaltexte heranzuziehen [bäc64, ede90, kra88a, kra90, sch77, sch87b].

11.3 Gliederung von StrlSchV und RöV

In den beiden ersten Paragraphen von StrlSchV und RöV werden Geltungsbereiche aufgeführt und Begriffe definiert. Es folgen Überwachungsvorschriften, wie Genehmigungs- und Anzeigeregelungen, die bei Umgang, Beförderung, Ein- und Ausfuhr radioaktiver Stoffe sowie bei der Errichtung und dem Betrieb von Anlagen zur Erzeugung ionisierender Strahlung zu beachten sind (§§ 3 – 21 StrlSchV, §§ 3 – 7 RöV). Weitere Paragraphen enthalten die Vorschriften, die erfüllt werden müssen, damit für ein Gerät oder eine Anlage eine Bauartzulassung erteilt werden kann, wodurch die Strahlenschutzmaßnahmen vereinfacht werden (§§ 22 – 27 StrlSchV, §§ 8 – 12 RöV). Der Hauptteil der Verordnungen mit den Schutzvorschriften für den Umgang mit radioaktiven Stoffen bzw. den Betrieb von Strahlungsgeneratoren ist in den §§ 28 – 86 StrlSchV, §§ 13 – 42 RöV enthalten.

Die übrigen Paragraphen betreffen im wesentlichen Übergangsregelungen sowie Bußgeld- und Schlußvorschriften (§§ 87 – 90 StrlSchV, §§ 43 – 48 RöV).

11.4 Personengruppen

Die Rechtsvorschriften unterscheiden entsprechend den verschiedenen Tätigkeiten, Verantwortlichkeiten und der möglichen Strahlengefährdung zwischen folgenden Personengruppen: Strahlenschutzverantwortliche, Strahlenschutzbeauftragte, beruflich strahlenexponierte Personen, Personen, die nicht beruflich strahlenexponiert sind und allgemeine Bevölkerung.

Strahlenschutzverantwortliche sind in der Regel die Besitzer von radioaktiven Stoffen und die Betreiber von Anlagen, in denen ionisierende Strahlung erzeugt wird (§ 29 StrlSchV, § 13 RöV). Sie können einen Teil ihrer Pflichten auf von ihnen eingesetzte und schriftlich gegenüber den Behörden benannte Personen übertragen, die als Strahlenschutzbeauftragte bezeichnet werden (§ 31 StrlSchV, § 15 RöV).

Im Unterschied zum Strahlenschutzverantwortlichen sind Strahlenschutzbeauftragte nur im Rahmen ihres ausdrücklich festgelegten, innerbetrieblichen Entscheidungsbereichs verantwortlich (§§ 30 StrlSchV, § 14 RöV). Sie müssen neben der erforderlichen Fachkunde im Strahlenschutz [bmi82, bma91b, bma91c, spa89] auch über die notwendigen Befugnisse und Hilfsmittel zur praktischen Wahrnehmung ihrer Strahlenschutzaufgaben verfügen. In Schulen dürfen nur Lehrer mit radioaktiven Stoffen oder Röntgeneinrichtungen umgehen, die zu Strahlenschutzbeauftragten bestellt worden sind. Die Pflichten und Aufgaben der Verantwortlichen und Beauftragten sind in Kap. 13 dieses Buches zusammengestellt.

Sonst tätige Personen werden von den Rechtsvorschriften im Strahlenschutz nur in wenigen Fällen unmittelbar betroffen. Beruflich strahlenexponierte Personen müssen die zur Bestimmung der Körperdosis bzw. der Kontamination erforderlichen Maßnahmen und Messungen dulden (§ 65 StrlSchV, § 35 RöV). Dazu gehört insbesondere das Tragen von Personendosimetern und die Ermittlung von inkorporierten radioaktiven Stoffen. Ferner müssen diese Personen sich den vorgeschriebenen ärztlichen Untersuchungen unterziehen (§§ 67, 70 StrlSchV, § 37 RöV). Schließlich ist jede Person, die radioaktive Stoffe findet und darüber verfügen kann, verpflichtet, diese unverzüglich der zuständigen Behörde anzuzeigen, sobald sie erkannt hat, daß es sich um radioaktive Stoffe handelt (§ 80 StrlSchV).

Bei beruflich strahlenexponierten Personen wird je nach möglicher Strahlenexposition zwischen Personen der Kategorie A und B unterschieden, wobei für Kategorie B nur 3/10 der Dosisgrenzwerte der Kategorie A zugelassen sind (s. Tab. 11.2).

11.5 Grenzwerte der zugelassenen Strahlenexpositionen

Für beruflich strahlenexponierte Personen sind Grenzwerte der effektiven Dosis und Grenzwerte für verschiedene Teilkörperdosen festgelegt, die in bestimmten Zeiträumen nicht überschritten werden sollen.

In Tab. 11.2 sind die für das Kalenderjahr geltenden Dosisgrenzwerte angegeben (s. Anlage X Tab. X 1 StrlSchV, Anlage IV Tab. 1 RöV). Für 3 aufeinanderfolgende Monate gelten halb so große Werte. Die Summe der im Laufe eines Berufslebens ermittelten effektiven Dosen darf 400 mSv nicht überschreiten[1] (§ 49 StrlSchV, § 31 RöV). Werden die Grenzwerte für das Kalenderjahr überschritten, so müssen die nachfolgenden Strahlenexpositionen so begrenzt werden, daß die Körperdosen jeweils im Zeitraum von 3 aufeinanderfolgenden Monaten kleiner als die in Tab. 11.2 Spalte 4 wiedergegebenen Jahresgrenzwerte

[1] siehe auch § 88 Abs. 9 StrlSchV, § 45 Abs. 8 RöV (Übergangsvorschriften)

Tab. 11.2: Grenzwerte der Körperdosen im Kalenderjahr gemäß StrlSchV/RöV
Ref. Referenzperson gemäß StrlSchV

Körperdosis	Grenzwerte der Körperdosis in mSv			
	Kat. A	Kat. B	1/10 Kat. A	Ref.
1	2	3	4	5
effektive Dosis, Teilkörperdosis: Keimdrüsen, Gebärmutter, rotes Knochenmark	50	15	5	0,3
Teilkörperdosis: Hände, Unterarme, Füße, Knöchel, Unterschenkel einschließlich der dazugehörigen Haut	500	150	50	
Teilkörperdosis: Schilddrüse, Knochenoberfläche, Haut, soweit nicht zuvor aufgeführt	300	90	30	1,8 *
Teilkörperdosis: Alle Organe und Gewebe, soweit nicht zuvor aufgeführt	150	45	15	0,9

* außer Schilddrüse

bleiben. Diese Begrenzung ist solange einzuhalten, bis die Körperdosis für den abgelaufenen Zeitraum einschließlich des Jahres der Überschreitung kleiner ist als der insgesamt zulässige Wert, der sich als Produkt aus der Anzahl der Jahre und dem Jahresgrenzwert ergibt. Bei gebärfähigen Frauen darf die über einen Monat aufsummierte Teilkörperdosis an der Gebärmutter 5 mSv nicht überschreiten.

Personen, die nicht beruflich strahlenexponiert sind, dürfen beim Aufenthalt im betrieblichen Überwachungsbereich oder im Kontrollbereich im Kalenderjahr keine größeren Körperdosen erhalten als die in Tab. 11.2 Spalte 4 wiedergegebenen Grenzwerte.

Für eine geplante Strahlenexposition aus besonderem Anlaß (Beseitigung von Personengefährdungen oder Störfallfolgen) können grundsätzlich nur beruflich strahlenexponierte Personen der Kategorie A, über 18 Jahre, eingesetzt werden. Die Körperdosen dürfen dabei geplant in einem Jahr das 2fache, im Laufe des Lebens insgesamt das 5fache der in Tab. 11.2 für Kategorie A-Personen wiedergegebenen Jahresgrenzwerte nicht überschreiten. Werden infolge einer solchen Strahlenexposition die Jahresgrenzwerte überschritten, so ist die Überschreitung ebenso wie oben beschrieben auszugleichen (§ 50 StrlSchV).

Da die Dosisgrenzwerte auch für die Strahlenexposition durch inkorporierte radioaktive Stoffe gelten, sind auch für die Aktivitätszufuhr durch Inhalation und Ingestion Jahresgrenzwerte festgesetzt (§ 52 StrlSchV). In Anlage IV Tab. IV 1,2,3 StrlSchV sind für zahlreiche Radionuklide Grenzwerte der Aktivitätszufuhr angegeben, bei deren Einhaltung sichergestellt ist, daß die für beruflich strahlenexponierte Personen der Kategorie A zugelassenen Grenzwerte sowohl bezüglich der effektiven Dosis als auch der Teilkörperdosen in Tab.11.2 nicht überschritten werden. Das gleiche gilt für die in Anlage IV Tab. IV 4 StrlSchV enthaltenen Angaben über die Grenzwerte der mittleren jährlichen Aktivitätskonzentration in der Atemluft in Kontrollbereichen, wobei zwischen Exposition durch Inhalation und Submersion unterschieden wird. Für Personen der Kategorie B sind jeweils 3/10 und für nicht beruflich strahlenexponierte Personen in den betrieblichen

Strahlenschutzbereichen jeweils 1/10 der angegebenen Grenzwerte der Aktivitätszufuhr zugelassen (§ 52 StrlSchV).

Falls neben innerer auch eine äußere Strahlenexposition bestimmter Körperbereiche zu erwarten ist, muß dafür gesorgt werden, daß die Summe aus der Dosis durch äußere Exposition und der Folgedosis der Inkorporation die Grenzwerte der Tab. 11.2 nicht überschreitet.

Da aus den Tabellen der Anlage IV StrlSchV nicht ersichtlich ist, ob die effektive Dosis oder eine Teilkörperdosis gemäß Tab. 11.2 grenzwertbestimmend ist, sind genauere Berechnungen von Körperdosen, wie sie gemäß § 63 StrlSchV bei Verdacht einer Grenzwertüberschreitung gefordert werden, anhand dieser Daten nicht möglich. In diesem Fall müssen vielmehr, wie in Kap. 9.4 bis 9.6 und Kap. 10.3 bis 10.5 erläutert, die durch äußere und innere Strahlenexpositionen erzeugten Teilkörperdosen einzeln ermittelt und nach Multiplikation mit den Wichtungsfaktoren der Tab. 6.2 zur Berechnung der effektiven Dosis gemäß Formel (6.1) aufsummiert werden. Geeignete Berechnungsunterlagen sind die Veröffentlichungen [bmu89a, hen85a/b, noß85, jac89a/b, ssk86a].

11.6 Strahlenschutzbereiche

Um die Dosisgrenzwerte für die verschiedenen Personengruppen einhalten zu können, werden in der Umgebung von Strahlungsquellen entsprechend den zu erwartenden Strahlenexpositionen verschiedene Schutzbereiche abgegrenzt. Die StrlSchV unterscheidet je nach Gefährdung zwischen Sperrbereichen, Kontrollbereichen, betrieblichen und außerbetrieblichen Überwachungsbereichen, wobei der Sperrbereich als Teil des Kontrollbereichs anzusehen ist (§§ 57 – 60 StrlSchV). Die RöV kennt lediglich Kontrollbereiche und betriebliche Überwachungsbereiche (§ 19 RöV). Die Grenzen dieser Bereiche sind so festgelegt, daß außerhalb von ihnen die in Abb. 11.1 und 11.2 in den Grenzlinien eingetragenen Dosis- bzw. Dosisleistungswerte beim vorgesehenen Betrieb nicht überschritten werden.

Im Kontrollbereich dürfen sich normalerweise nur Personen aufhalten, die dort tätig werden müssen und einer regelmäßigen Personenkontrolle durch Personendosismessung und ärztliche Überwachung (Kat. A-Personen) unterliegen. Nur unter bestimmten Voraussetzungen können sich in diesem Bereich auch Personen aufhalten, die dort nicht beruflich tätig werden, z. B. zu Informations- oder Ausbildungszwecken. Die Zutritts- und Tätigkeitsbeschränkungen für die verschiedenen Strahlenschutzbereiche sind in Abb. 11.3 zusammengestellt.

Die Anwendung dieses Diagramms erfolgt in der Weise, daß je nach Beantwortung der in den Kästchen gestellten Fragen in der mit JA oder NEIN bezeichneten Pfeilrichtung fortgeschritten wird, bis die Ergebnislinie „Aufenthalt ist erlaubt“ bzw. „Aufenthalt ist nicht erlaubt“ erreicht ist.

Eine wesentliche Aufgabe des Aufsichtspersonals besteht darin, sicherzustellen, daß die für die Strahlenschutzbereiche vorgeschriebenen Zutrittsbeschränkungen sowie die er-

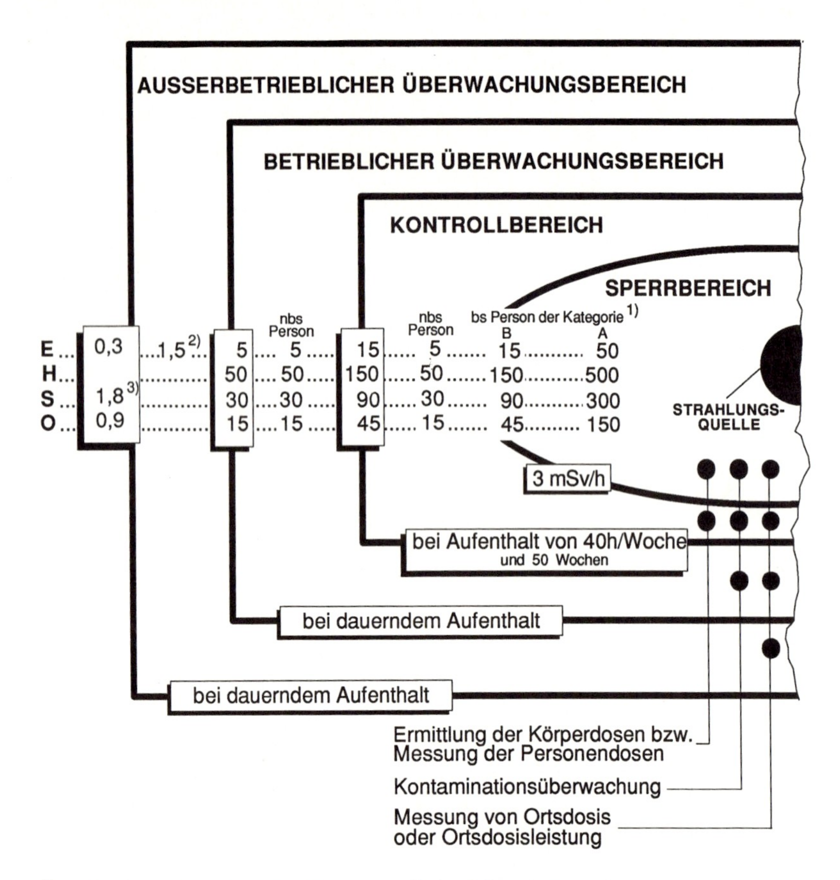

[1] in 3 aufeinanderfolgenden Monaten: 1/2 der Jahreswerte
Person unter 18 Jahren: 1/10 der Kategorie A-Werte
gebärfähige Frau: 5 mSv an der Gebärmutter im Monat
Lebensarbeitszeitdosis: 400 mSv

[2] effektive Dosis in Einzelfällen bis 5 mSv

[3] außer Schilddrüse

Abb. 11.1: *E* effektive Dosis, Teilkörperdosis für Keimdrüsen, rotes Knochenmark, Gebärmutter
H Teilkörperdosis für Hände, Unterarme, Füße, Knöchel, Unterschenkel einschließlich zugehöriger Haut
S Teilkörperdosis für Schilddrüse, Knochenoberfläche, Haut
O Teilkörperdosis für andere Organe und Gewebe
bs beruflich strahlenexponiert
nbs nicht beruflich strahlenexponiert

Strahlenschutzbereiche, Dosisgrenzwerte und Überwachungsmaßnahmen gemäß StrlSchV
(Zahlenwerte: Grenzwerte der Körperdosen in Bereichen und an Bereichsgrenzen in mSv im Kalenderjahr)

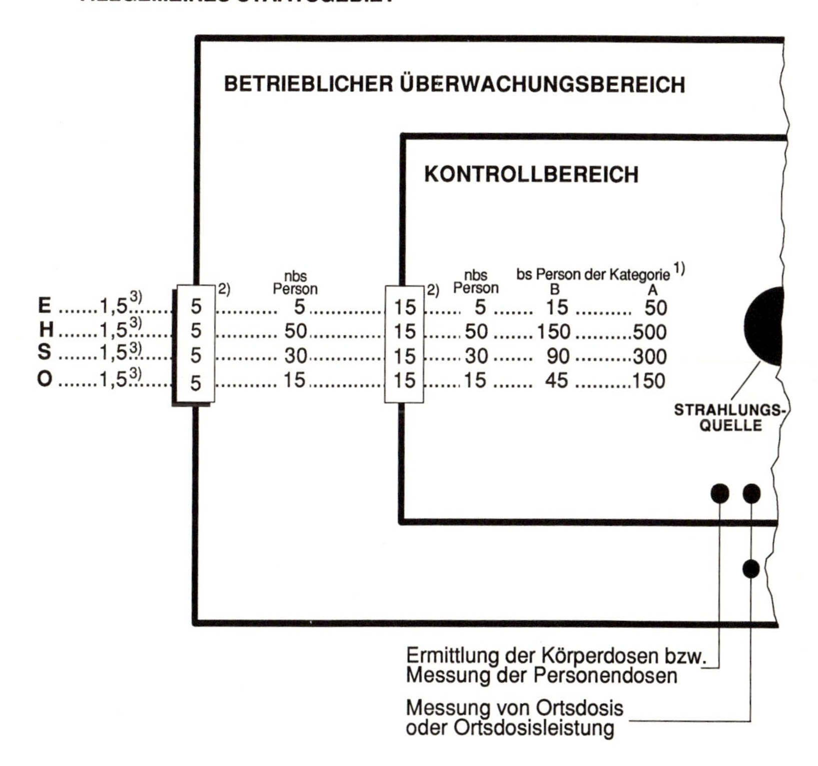

[1] in 3 aufeinanderfolgenden Monaten: 1/2 der Jahreswerte
Person unter 18 Jahren: 1/10 der Kategorie A-Werte
gebärfähige Frau: 5 mSv an der Gebärmutter im Monat
Lebensarbeitszeitdosis: 400 mSv

[2] aus Ganzkörperexposition

[3] aus Ganzkörperexposition; in Einzelfällen bis 5 mSv

Abb. 11.2: *E* effektive Dosis, Teilkörperdosis für Keimdrüsen, rotes Knochenmark, Gebärmutter
H Teilkörperdosis für Hände, Unterarme, Füße, Knöchel, Unterschenkel einschließlich zugehöriger Haut
S Teilkörperdosis für Schilddrüse, Knochenoberfläche, Haut
O Teilkörperdosis für andere Organe und Gewebe
bs beruflich strahlenexponiert
nbs nicht beruflich strahlenexponiert

Strahlenschutzbereiche, Dosisgrenzwerte und Überwachungsmaßnahmen gemäß RöV
(Zahlenwerte: Grenzwerte der Körperdosen in Bereichen und an Bereichsgrenzen in mSv im Kalenderjahr)

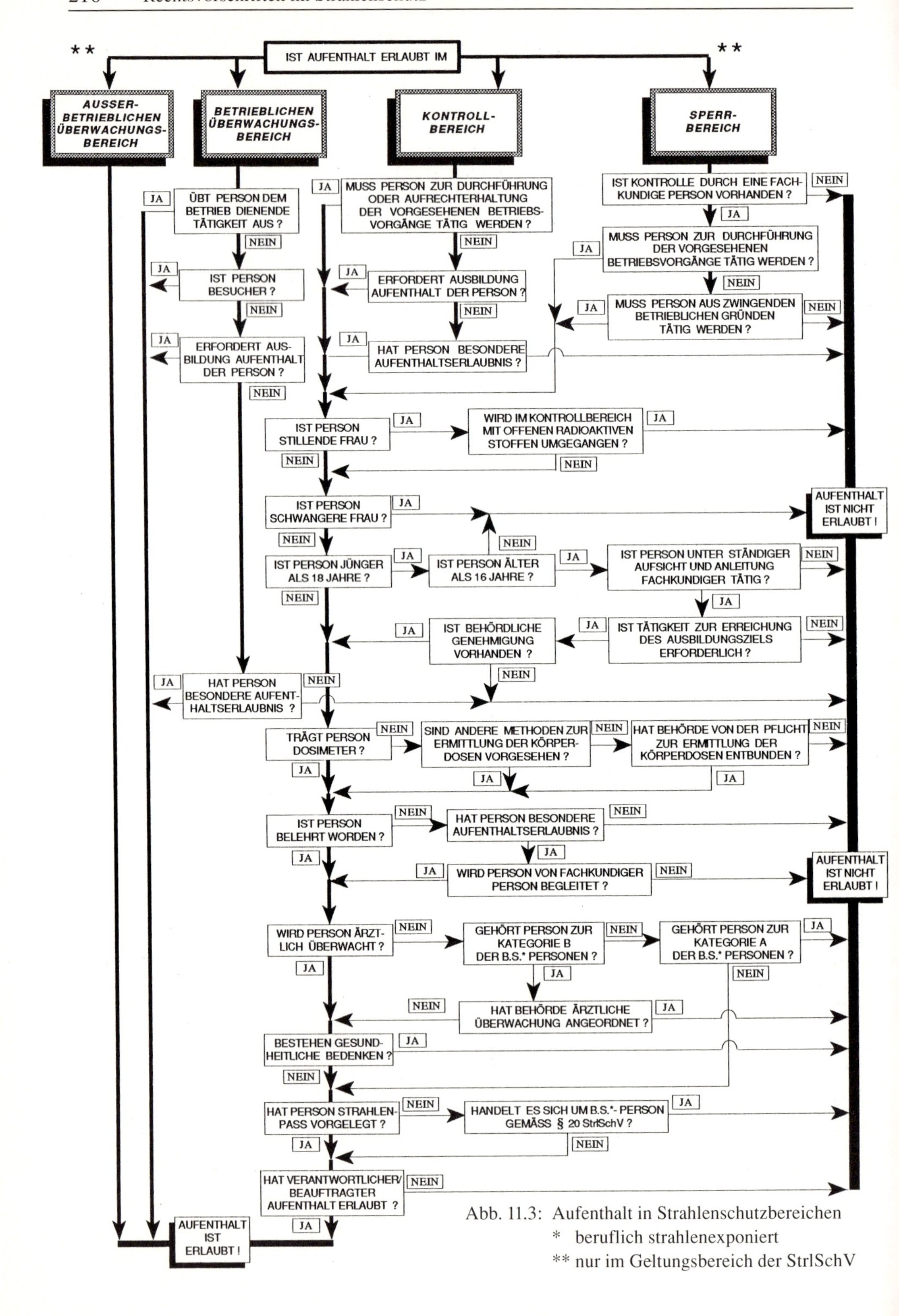

Abb. 11.3: Aufenthalt in Strahlenschutzbereichen
* beruflich strahlenexponiert
** nur im Geltungsbereich der StrlSchV

forderlichen Überwachungsmaßnahmen eingehalten werden. Dazu gehören neben der Ermittlung der Körperdosen (§§ 62, 63 StrlSchV, § 35 RöV) und der ärztlichen Überwachung (§§ 67, 68, 70 StrlSchV, §§ 37, 38, 40 RöV) auch Messungen der Ortsdosis oder der Ortsdosisleistung (§ 61 StrlSchV, § 34 RöV) und gegebenenfalls Kontaminationsmessungen (§ 64 StrlSchV).

Die Grenzen eines Sperr- und Kontrollbereichs müssen deutlich erkennbar sein. Im Bereich der StrlSchV ist die Kennzeichnung mit dem Strahlenzeichen (Abb. 11.4) unter Verwendung der jeweils zutreffenden Zusätze: „SPERRBEREICH – KEIN ZUTRITT", „KONTROLLBEREICH", „VORSICHT – STRAHLUNG", „RADIOAKTIV", „KERNBRENNSTOFFE" oder „KONTAMINATION" vorgeschrieben (§§ 35, 57, 58 StrlSchV, [n25400, n25430]). Im Bereich der RöV ist die Bezeichnung „KEIN ZUTRITT – RÖNTGEN" erforderlich (§ 19 RöV).

Abb. 11.4: Strahlenzeichen (gelber Untergrund)

Bei Personen in Überwachungsbereichen sind individuelle Messungen der Personendosis und die regelmäßige ärztliche Überwachung nicht notwendig. Hier können lediglich Messungen der Ortsdosis bzw. Kontamination erforderlich werden, um zu prüfen, ob die sich dort aufhaltenden Personen im Laufe eines Kalenderjahres mehr als die für sie

Tab. 11.3: Grenzwerte der flächenbezogenen Aktivität für Schutzmaßnahmen bei Oberflächenkontaminationen gemäß StrlSchV
KB Kontrollbereich, BÜB Betrieblicher Überwachungsbereich

Radionuklid Art	Grenzwerte der Flächenkontamination[1] in Bq/cm^2		
	Arbeitsplätze[2], Außenseite der Schutzkleidung im KB	Gegenstände Kleidung Wäsche im BÜB	Gegenstände Kleidung Wäsche außerhalb des BÜB
Alphastrahler, für die eine Freigrenze von von $5 \cdot 10^3$ Bq festgelegt ist	5	0,5	0,05
Betastrahler und Elektroneneinfangstrahler, für die eine Freigrenze von $5 \cdot 10^6$ Bq festgelegt ist. C 14, P 33, S 35, Ca 45, Fe 55, Ni 63, V 48, Pm 147	500	50	5
Sonstige Radionuklide	50	5	0,5

[1] gemittelt über eine Fläche von 100 cm^2

[2] Werte schließen festhaftende Aktivität nicht ein, sofern sichergestellt ist, daß dadurch keine Gefährdung durch Weiterverbreitung oder Inkorporation möglich ist

festgelegten Grenzwerte von Dosen bzw. Aktivitäten aufnehmen können. Gegebenenfalls sind entweder geeignete Regelungen für den Personenverkehr zu erlassen oder die mittleren Strahlenexpositionen in diesen Bereichen durch Verlagerung der Bereichsgrenzen oder bessere Abschirmung zu verringern. Können beim Umgang mit offenen radioaktiven Stoffen die in Tab. 11.3 angegebenen Grenzwerte von Oberflächenkontaminationen nicht eingehalten werden, so sind die in den betreffenden Bereichen tätigen Personen durch besondere Maßnahmen zu schützen (§ 64 StrlSchV).

11.7 Personenüberwachung

Bei Personen in Kontrollbereichen müssen die erhaltenen Körperdosen ermittelt werden. Falls sichergestellt ist, daß aufgrund der Anlage, der Sicherheitseinrichtungen oder der Aufenthaltsdauer die in Tab. 11.2 Spalte 4 angegebenen Grenzwerte nicht überschritten werden können, sind Ausnahmen möglich. In der Regel wird zur Ermittlung der Körperdosis die Personendosis gemessen, indem ein Personendosimeter an einer für die Strahlenexposition repräsentativen Stelle der Körperoberfläche (zumeist Vorderseite des Rumpfes) getragen und der Meßwert als effektive Dosis gewertet wird. Ist aufgrund einer ungleichförmigen Strahlenexposition vorauszusehen, daß die Körperdosis an Händen, Unterarmen, Füßen, Unterschenkeln oder Knöcheln größer ist als 1/3 der in Tab. 11.2 Spalte 2 für diese Körperteile zugelassenen Grenzwerte, muß die Personendosis auch an diesen Körperteilen gemessen werden. Je nach den möglichen Strahlenexpositionen und den behördlichen Auflagen können ersatzweise oder zusätzlich Abschätzungen des Strahlungsfeldes oder Messungen erforderlich werden. Vorgesehen sind dazu Messungen von Ortsdosis bzw. Ortsdosisleistung, Messungen der Aktivitätskonzentration in der Luft oder der Kontamination des Arbeitsplatzes sowie Messungen der Körperaktivität oder der Aktivität der Ausscheidungen (§ 63 StrlSchV, § 35 RöV, s. auch [bmi78b, bmi81b, ssk86a, ssk88a]). Die von den zuständigen Meßstellen festgestellten Ergebnisse der Personendosisermittlung und der Inkorporationsmessungen werden vom Bundesamt für Strahlenschutz in einem personenbezogenen Strahlenschutzregister erfaßt (§ 63a StrlSchV, § 35a RöV, [StrRV-90]).

Eine regelmäßige gesundheitliche Beurteilung oder Untersuchung durch einen ermächtigten Arzt ist nur für berufliche strahlenexponierte Personen der Kategorie A vorgeschrieben, die in Kontrollbereichen tätig werden (§ 67 StrlSchV, § 37 RöV) [die88, lad85, ohl 77]. Die Behörde kann anordnen, daß u. U. auch Personen der Kategorie B wiederholt ärztlich überwacht werden.

11.8 Schutz der Bevölkerung

In einem außerbetrieblichen Überwachungsbereich darf, bis auf Einzelfälle, keine Person eine höhere effektive Dosis als 1,5 mSv im Kalenderjahr erhalten (§ 44 StrlSchV). Denselben Grenzwert läßt auch die RöV für Personen zu, die sich außerhalb von Kontroll- oder betrieblichen Überwachungsbereichen aufhalten (§ 32 RöV).

Besondere Vorschriften sind für Tätigkeiten erlassen worden, bei denen die Möglichkeit einer Umweltkontamination besteht (§§ 46, 48 StrlSchV). Unumgängliche Ableitungen radioaktiver Stoffe in Luft und Wasser müssen überwacht und nach Art und Aktivität den zuständigen Behörden angezeigt werden. Die im Verlauf eines Kalenderjahres über Luft oder Wasser abgegebene Aktivität ist so zu bemessen, daß die dadurch bedingte Strahlenexposition höchstens die in Tab. 11.2 Spalte 5 angegebenen Grenzwerte (jeweils getrennt für Wasser und Luft) erreichen kann. Für die Berechnung der möglichen Strahlenexposition der Bevölkerung sind die in Anlage XI StrlSchV angegebenen Expositionspfade und Daten über Lebensgewohnheiten (einer Referenzperson) zugrundezulegen (0,3 mSv-Konzept, §§ 45, 46 StrlSchV, [bmu90b][2]).

Radioaktive Abfälle, die aus genehmigungspflichtigem Umgang mit radioaktiven Stoffen hervorgehen, müssen grundsätzlich an behördlich zugelassene Sammelstellen oder Einrichtungen zur Sicherstellung und zur Endlagerung radioaktiver Abfälle abgeliefert werden, soweit von den zuständigen Behörden keine anderen Regelungen genehmigt worden sind. Bei genehmigungsfreiem oder nur anzeigebedürftigem Umgang können Abfälle, deren spezifische Aktivität das 10^{-4} fache der Freigrenzen der Anlage IV Tab. IV 1 StrlSchV nicht überschreitet, wegen geringfügiger Aktivität als normaler Abfall behandelt werden [bmi79b]. Es ist jedoch nicht gestattet, die Abfälle so zu verdünnen, oder auf Mengen aufzuteilen, daß die Vorschriften für Freigrenzen in Anspruch genommen werden könnten und eine Ablieferung nicht erforderlich erscheint (§§ 81 – 86 StrlSchV).

11.9 Besondere Schutzmaßnahmen

An allen Stellen, an denen es der Arbeitsablauf erlaubt, müssen beruflich strahlenexponierte Personen durch Dauereinrichtungen gegen äußere Strahlenexpositionen, z. B. mittels Abschirmung oder Abstandhaltung, so geschützt werden, daß sie bei ihrer Tätigkeit unter Berücksichtigung der Aufenthaltszeit keine höheren Körperdosen als 1/5 der Werte der Tab. 11.2 Spalte 2 erhalten können (§ 54 StrlSchV, § 21 RöV). Personen, die erstmalig Sperr- oder Kontrollbereiche betreten oder genehmigungsbedürftig mit radioaktiven Stoffen umgehen bzw. ionisierende Strahlung anwenden wollen, sind vorher insbesondere über die Arbeitsmethoden, die möglichen Gefahren und Schutzmaßnahmen und die wichtigen Inhalte von StrlSchV bzw. RöV und Genehmigung zu belehren (§ 39 StrlSchV, § 36 RöV). Die Belehrung ist halbjährlich zu wiederholen und jeweils zu dokumentieren. Personen, für die eine besondere Aufenthaltserlaubnis erteilt ist, können den Kontrollbereich auch ohne Belehrung betreten, wenn sie von einer fachkundigen Person begleitet werden.

Von den zuständigen Behörden kann gefordert werden, daß eine Strahlenschutzanweisung erlassen wird, in der die im jeweiligen Betrieb besonders zu beachtenden Schutzmaßnahmen aufgeführt sind (§ 34 StrlSchV).

---

[2] siehe auch § 88 Abs. 7 StrlSchV (Übergangsvorschriften)

Betreiber von kerntechnischen Einrichtungen und Anlagen, in denen mit Kernbrennstoffen oder sonstigen radioaktiven Stoffen oberhalb bestimmter Vielfacher der Freigrenzen (Anlage IV StrlSchV) umgegangen wird, sind verpflichtet, speziell für den Umgang mit radioaktiven Stoffen ausgebildetes Personal zur Beseitigung der durch Unfälle und Störfälle entstandenen Gefahren bereit zu halten (§ 38 StrlSchV). Ferner sind besondere Maßnahmen bezüglich der Brandbekämpfung vorzusehen (§ 37 StrlSchV). Beruflich strahlenexponierte Personen, die im Kontrollbereich einer fremden Anlage oder Einrichtung tätig werden, müssen mit einem Strahlenpaß[3] ausgestattet sein, in dem insbesondere alle erhaltenen Dosisbeträge und inkorporierten Aktivitäten festgehalten werden (§§ 20, 62 StrlSchV) [bmu90c, bmu90f].

11.10 Beförderung radioaktiver Stoffe

Grundsätzlich ist für die Beförderung von radioaktiven Stoffen auf öffentlichen Verkehrswegen eine besondere Genehmigung nach AtG (Kernbrennstoffe) oder StrlSchV (sonstige radioaktive Stoffe und kernbrennstoffhaltige Abfälle) erforderlich, soweit nicht Ausnahmen zugelassen sind für bestimmte Gegenstände (Anlage III StrlSchV) oder bestimmte Beförderungsvoraussetzungen eingehalten werden (Beförderung nach Klasse 7, Blatt 1 bis 4 der Anlage A der Gefahrgutverordnung Straße [GGVS-90]). Eine genehmigungsfreie Beförderung ist auch mit bestimmten Verkehrsträgern möglich (Eisenbahn, Seeschiffe, Luftfahrzeuge), wenn die jeweils dafür geltenden Rechtsvorschriften eingehalten werden (s. § 9 StrlSchV): Gefahrgutverordnung Eisenbahn [GGVE-91], Gefahrgutverordnung See [GGVSee-91], Luftverkehrsgesetz in Verbindung mit den Vorschriften des internationalen Lufttransport-Verbandes [IATA-91] in der jeweils gültigen Fassung.

Für die innerstaatliche Beförderung radioaktiver Stoffe auf der Straße sind die Vorschriften der Gefahrgutverordnung Straße [GGVS-90] mit den zugehörigen Anlagen A und B sowie gegebenenfalls die Auflagen des Genehmigungsbescheides einzuhalten. Bei grenzüberschreitendem Verkehr gilt außerdem das Europäische Übereinkommen vom 30.9.1957 über die internationale Beförderung gefährlicher Güter auf der Straße (ADR-Übereinkommen) mit Anlagen, die weitgehend denen der GGVS entsprechen. Im folgenden Text werden Vorschriften aus diesen Anlagen durch ihre Randnummern (Rn.) zitiert.

Radioaktive Stoffe bilden gemäß GGVS und ADR die Klasse 7 der gefährlichen Güter, bei der zwischen 13 Arten von Sendungen unterschieden wird. Die Beförderungsregeln für die verschiedenen Sendungen sind in sogenannten „Blättern" zusammengestellt:

Blatt 1: Begrenzte Mengen von radioaktiven Stoffen in freigestellten Versandstücken;
Blatt 2: Instrumente oder Fabrikate in freigestellten Versandstücken;
Blatt 3: Fabrikate aus Natururan oder abgereichertem Uran oder Naturthorium als freigestellte Versandstücke;
Blatt 4: Leere Verpackungen als freigestellte Versandstücke;

[3] siehe auch § 88 Abs. 8 StrlSchV (Übergangsvorschriften)

Blatt 5 – 7: Stoffe mit geringer spezifischer Aktivität;
Blatt 8: Oberflächenkontaminierte Gegenstände;
Blatt 9: Radioaktive Stoffe in Typ A-Versandstücken;
Blatt 10: Radioaktive Stoffe in Typ B-(U)[4]-Versandstücken;
Blatt 11: Radioaktive Stoffe in Typ B(M)[5]-Versandstücken;
Blatt 12: Spaltbare Stoffe;
Blatt 13: Radioaktive Stoffe, die gemäß einer Sondervereinbarung befördert werden;

In den Blättern werden in Abhängigkeit von der Beförderungsart (Stückgut, Tank, Container) insbesondere folgende Punkte geregelt: Beschränkung von Art und Aktivität der radioaktiven Substanz, Verpackungs- bzw. Versandstückart, Grenzwerte von Ortsdosisleistung und Oberflächenkontamination, Dekontamination, Zusammenpackung und -ladung, Kennzeichnung und Gefahrzettel, Zwischenlagerung sowie Beförderungspapiere.

Je nach den Gefährdungsmöglichkeiten, die bei routinemäßigen Tansportbedingungen, kleinen Zwischenfällen oder Unfällen gegeben sind, ist ein abgestuftes System an Anforderungen an die Versandstücke vorgesehen [bfs91, bmv89]. Im einzelnen wird unterschieden zwischen sogenannten freigestellten Versandstücken, an die lediglich einige grundlegende Sicherheitsanforderungen gestellt werden, 3 Typen von Industrieversandstücken (IP1, IP2, IP3) mit erhöhten Anforderungen sowie Typ A-, Typ B(U) – und Typ B(M) – Versandstücken, die auch Unfallbedingungen standhalten sollen. So muß ein Typ A-Versandstück derart beschaffen sein, daß der radioaktive Stoff auch dann nicht entweichen oder sich verstreuen kann und die strahlungsabschirmende Wirkung erhalten bleibt, wenn es bestimmten, genau festgesetzten Beanspruchungen ausgesetzt ist (Fall, Druck, Stoß, Rn. 3737). Bei flüssigen Stoffen kann z. B. der Einbau eines Saugstoffs erforderlich sein, der bei beschädigter innerer Umschließung den flüssigen Inhalt aufsaugt.

Die Begrenzung der Aktivität in einem Versandstück erfolgt in einigen Blättern (1, 2, 5, 6, 7, 9) über Vielfache des sogenannten A_1- bzw. A_2-Wertes (Rn. 3700), der die maximale Aktivität angibt, die in einem Typ A-Versandstück befördert werden darf, wenn der radioaktive Stoff in besonderer Form (dicht verschlossene Kapsel, [n25426.2]) bzw. nicht in besonderer Form vorliegt. So dürfen in einem Typ A-Versandstück gemäß Blatt 9 z. B. maximal bis zu 2 TBq Cs 137 oder 1 TBq Ir 192 in besonderer Form befördert werden. In anderer als besonderer Form sind jeweils nur 0,5 TBq erlaubt. Dagegen ist die Gesamtaktivität in einem Typ B(U)-Versandstück (Rn. 3739) bei Beförderung gemäß Blatt 10 nur durch den in der Zulassung des Versandstückmusters festgesetzten Höchstwert begrenzt, da dieser Typ erhöhten und weiteren Beanspruchungen standhält.

Um das Gewicht und die Außenabmessungen eines Versandstückes auf praktikable Werte zu begrenzen, werden an der Oberfläche häufig Ortsdosisleistungen zugelassen, die einen Daueraufenthalt nicht erlauben. Zur Kennzeichnung der Strahlenexposition und zur Beurteilung der Kritikalitätssicherheit dient die sogenannte Transportkennzahl (TI).

---

[4] U: unilaterale Zulassung des Versandstückmusters allein durch die zuständige Behörde des Ursprungslandes

[5] M: multilaterale Zulassung des Versandstückmusters durch die zuständigen Behörden des Ursprungslandes und aller von der Beförderung betroffenen Länder

Darunter wird bei einem Versandstück der mit 100 multiplizierte Zahlenwert der höchsten Ortsdosisleistung in mSv/h in einem Abstand von 1 m von den Außenflächen des Versandstücks verstanden, sofern darin keine spaltbaren Stoffe (U 233, U 235, Pu 238, Pu 239, Pu 241) enthalten sind. Bei spaltbaren Stoffen oder anderen Beförderungsarten (Tank, Container) gelten andere Definitionen (siehe Rn. 3715). Mit Hilfe der Transportkennzahl kann dementsprechend die Ortsdosisleistung in der Umgebung von Versandstücken auch ohne Dosisleistungsmeßgerät häufig allein aus der Summe aller TI-Werte auf den Versandstücken abgeschätzt werden. Ferner läßt sich damit auch die zulässige Anzahl von Versandstücken bei der Beförderung oder Zwischenlagerung überwachen.

Jedes Versandstück muß einer von insgesamt 3 sogenannten Kategorien zugeordnet werden. Es gehört zur Kategorie I-WEISS, wenn die Ortsdosisleistung an keiner Stelle der Außenflächen 5 µSv/h überschreitet (Rn. 3718). Es ist der Kategorie II-GELB zuzuordnen, wenn der Höchstwert der Ortsdosisleistung an den Außenflächen zwischen 5 µSv/h und 500 µSv/h liegt und die Transportkennzahl 1 nicht überschritten wird. Kategorie III-GELB liegt vor, wenn die Ortsdosisleistung an den Außenflächen mehr als 500 µSv/h bis 2 mSv/h beträgt und die Transportkennzahl 10 nicht überschritten wird. Die entsprechende Bezettelung (Rn. 3902) des Versandstücks, die bei Beförderung nach den Blättern 5 bis 13 erforderlich wird, ist auf 2 gegenüberliegenden Seiten des Behältnisses vorzunehmen. Auf gelben Zetteln muß dabei auch die Transportkennzahl angegeben werden.

Die maximal zugelassenen Ortsdosisleistungen an einem Versandstück betragen 2 mSv/h an der Versandstückoberfläche und 0,1 mSv/h in 1 m Abstand (TI = 10), sofern nicht besondere Beförderungsbedingungen eingehalten werden. Dies gilt ebenso für Behältnisse, in denen mehrere Versandstücke zusammen verstaut sind (Umpackung). Die Ortsdosisleistung an den Außenflächen eines Versandstückes darf mehr als 2 mSv/h bis maximal 10 mSv/h betragen, wenn die Beförderung unter „ausschließlicher Verwendung“ (Rn. 2700, 2703) erfolgt, d. h. mit einem Fahrzeug eines einzelnen Absenders, wobei sämtliche Be- und Entladevorgänge nach den Anweisungen des Absenders oder Empfängers erfolgen. Außerdem muß in diesem Fall sichergestellt sein, daß während der Beförderung die Lage des Versandstücks unverändert bleibt, Unbefugten der Zugang durch eine Umhüllung verwehrt wird und keine Be- und Entladearbeiten vorgenommen werden.

Soweit keine Personendosimeter getragen werden, darf die Ortsdosisleistung an allen Stellen im Fahrzeug, die normalerweise der Fahrzeugbesatzung vorbehalten sind, 20 µSv/h nicht überschreiten. An den Außenflächen des Fahrzeugs ist die Ortsdosisleistung auf maximal 2 mSv/h und in 2 m Abstand von den senkrechten Flächen, die von den Außenflächen des Fahrzeugs gebildet werden, auf maximal 0,1 mSv/h begrenzt. Unter Umständen sind zusätzliche Abschirmungen zwischen den Versandstücken und der Fahrzeugbesatzung bzw. den Fahrzeugaußenflächen oder eine Versetzung des Behältnisses mit den Versandstücken vorzusehen (siehe auch Rn. 2711).

Versandstücke, Umpackungen, Fahrzeuge, Container und Tanks gelten als kontaminiert, wenn an ihren Oberflächen flächenbezogene Aktivitäten von mehr als 0,4 Bq/cm^2 eines Beta- oder Gammastrahlers oder eines Alphastrahlers geringer Toxizität (z. B. U 238, Th

232, Rn. 2700) festgestellt werden. Für andere Alphastrahler gilt der Grenzwert 0,04 Bq/cm^2. Bei freigestellten Versandstücken darf die nicht festhaftende Kontamination diese Grenzwerte nicht überschreiten. Für andere Sendungen können bis zum Faktor 10 höhere flächenbezogene Aktivitäten zugelassen werden.

Sofern die Beförderung der radioaktiven Stoffe nicht nach einem der Blätter 1 bis 4 erfolgt, ist das Fahrzeug an beiden Seitenwänden und an der Rückwand jeweils mit einem speziellen Gefahrzettel (Rn. 3902, Nr. 7D) zu kennzeichnen, der bei Fahrten ohne radioaktive Stoffe zu entfernen ist.

Die mit der Durchführung der (genehmigungsbedürftigen) Beförderung befaßten Personen müssen Kenntnisse über die mögliche Strahlengefährdung und die anzuwendenden Schutzmaßnahmen besitzen. Fahrzeugführer, die radiaoktive Stoffe gemäß den Blättern 5 bis 13 befördern, sind ferner in regelmäßigen Abständen (alle 3 Jahre) hinsichtlich der besonderen Anforderungen bei der Beförderung gefährlicher Güter zu schulen (Rn. 10 315). Außerdem muß unter bestimmten Voraussetzungen außer der für die Einhaltung der Genehmigungsvorausetzungen verantwortlichen Person ein Gefahrgutbeauftragter benannt bzw. bestellt sein [GbV-89].

Zu den bei der Beförderung gegebenenfalls mitzuführenden Begleitpapieren gehören: die Beförderungsgenehmigung bzw. der Bescheid über die Ausnahmegenehmigung, die (das Transportgut spezifizierenden) Beförderungspapiere, – die Bescheinigung über die Schulung des Fahrzeugführers (GGVS), – die Erklärung über die Belehrung des Fahrzeugpersonals innerhalb der letzten 6 Monate (StrlSchV), – die schriftlichen Weisungen (Unfallmerkblätter) sowie Zulassungsscheine (für Versandstück-Bauart, Strahlerkapsel), Fahrwegbestimmungen und die Prüfbescheinigung für das Fahrzeug.

Auf die Vielzahl der weiteren Vorschriften bei der Beförderung radioaktiver Stoffe kann hier nicht eingegangen werden [bus89, vog91, zie81]. Es sei noch auf die speziellen Vorschriften der GGVS bezüglich Kennzeichnung (Rn. 2705), Zwischenlagerung (Rn. 2714), Fahrzeugausrüstung und Betriebsweise (Rn. 10204 bis 10599 sowie Rn. 71000 bis 71507) verwiesen.

11.11 Eichung von Strahlenschutzmeßgeräten

Nach der Eichordnung [EO-88] müssen in der Bundesrepubklik Deutschland Strahlenschutzmeßgeräte für Photonenstrahlung, deren Energie-Nenngebrauchsbereich ganz oder teilweise zwischen 5 keV und 3 MeV liegt, geeicht sein, wenn sie für folgende Meßaufgaben eingesetzt werden: physikalische Strahlenschutzkontrolle (Messung der Personendosis, Ortsdosis, Ortsdosisleistung), Abgrenzung von Strahlenschutzbereichen, Abschätzung der Aufenthaltszeiten (von Personen in Strahlenschutzbereichen), Qualitätssicherung medizinischer Röntgendiagnostikeinrichtungen und amtliche Überwachungsaufgaben. Im einzelnen sind folgende Meßsysteme betroffen:

Personendosimeter zur Bestimmung der Personendosis im
Meßbereich zwischen 10 µSv und 10 Sv

Ortsveränderliche Dosimeter zur Bestimmung der Ortsdosisleistung im Meßbereich zwischen 0,1 µSv/h und 10 Sv/h und der Ortsdosis im Meßbereich zwischen 0,1 µSv und 10 Sv

Ortsfeste Dosimeter zur Bestimmung der Ortsdosisleistung im Meßbereich zwischen 0,1 µSv/h und 100 Sv/h und der Ortsdosis im Meßbereich zwischen 0,1 µSv und 10 Sv

Diagnostikdosimeter zur Bestimmung der Luftkermaleistung im Meßbereich zwischen 0,1 µGy/s und 10 mGy/s und der Luftkerma im Meßbereich zwischen 1 µGy und 0,3 Gy

Von der Eichpflicht ausgenommen sind einige Dosimeter, die von anerkannten Dosimetriestellen ausgegeben und ausgewertet werden (Filmdosimeter, Thermo- und Radiophotolumineszenzdosimeter, Exoelektronendosimeter). Nicht eichpflichtig sind ferner Dosimeter, die ausschließlich zur Konstanzprüfung nach § 16 RöV verwendet werden, wenn sie zugelassen sind und die Übereinstimmung mit der Zulassung bescheinigt ist.

Bei der Eichung von Dosimetern dürfen die von amtlichen Stellen festgelegten Höchstbeträge der positiven und negativen Abweichung vom richtigen Wert der Referenzmeßeinrichtung nicht überschritten werden. Diese Eichfehlergrenzen betragen z. B. bei Personen- und ortsveränderlichen Ortsdosimetern im Meßbereich < 10 µSv (10 µSv/h) jeweils 30% und für größere Meßwerte jeweils 20%. Die bei der praktischen Verwendung während der Gültigkeitsdauer der Eichung zugelassenen Fehler (Verkehrsfehlergrenzen) dieser Geräte gelten als eingehalten, wenn die Abweichungen vom richtigen Wert unter Eichbedingungen das 1,2-fache der Eichfehlergrenzen nicht überschreiten.

Bei den allgemein zur Eichung zugelassenen ortsfesten Dosimetern beträgt die Gültigkeitsdauer der Eichung 1 Jahr. Für die übrigen Strahlenschutzmeßgeräte ist die Gültigkeitsdauer der Eichung im allgemeinen auf 2 Jahre begrenzt. Die Nacheichung hat im Laufe des im Hauptstempel auf dem Gerät eingetragenen Kalenderjahres zu erfolgen. Die Gültigkeitsdauer der Eichung ist nicht befristet, wenn der Anwender in jedem Meßbereich des Gerätes Kontrollmessungen mit einer von der Physikalisch-Technischen Bundesanstalt zugelassenen Kontrollvorrichtung ausführt, die Ergebnisse aufgezeichnet werden und innerhalb der Verkehrsfehlergrenzen liegen. Üblicherweise sind im Prüfschein der Kontrollvorrichtung die Grenzen angegeben, in denen sich die Kontrollanzeige ändern darf, ohne daß die Verkehrsfehlergrenzen überschritten werden. Die Kontrollmessungen müssen spätestens ein halbes Jahr nach einer Eichung einsetzen und danach mindestens in halbjährlichem Abstand durchgeführt werden. Die Aufzeichnungen der Ergebnisse sind bis zur Aussonderung des Dosimeters aufzubewahren. Die Gültigkeitsdauer der Eichung ist auf 6 Jahre begrenzt, wenn die zuvor genannten Kontrollmessungen durch den Anwender nur in einem Meßbereich durchgeführt werden.

Soweit Strahlenschutzmessungen mit nicht eichpflichtigen Meßgeräten durchgeführt werden, z. B. zur Ermittlung der Oberflächenkontamination, sollten die Geräte regelmäßig Kontrollmessungen unterzogen werden, damit unerwünschte Einflüsse auf die Meßwertanzeige erkannt und im Ansprechvermögen berücksichtigt werden.

Fachliteratur:

[AMRadV-87, AtG-85, bäc64, bma91b, bma91c, bmi78b, bmi79b, bmi81b, bmi82, bmi85a, bmu89a, bmu90b/c/f, bmv89, bus89, die88, ede90, EGGn-84, EGGn-89, EO-88, GbV-89, GGG-75, GGVS-90, GGVE-85, GGVSee-87, hen85a/b, iae86, IATA-91, icp78b, icp79a, icp83a, icp85a, icp86b, icp89a/b, icp91a, jac89a/b, kra88a, kra90, lad85, LBV-75, noß85, n25400, n25430, OECD-70, ohl77, PostO-63, RöV-87, sba90, sch77, sch87b, spa89, ssk86a, ssk88a/c, StrlSchV-89, StrRV-90, StrVG-86, vog91, zie81]

12 Strahlenschutz in speziellen Tätigkeitsbereichen

Der Umgang mit radioaktiven Stoffen sowie der Betrieb von Anlagen, die ionisierende Strahlung erzeugen, führt zu unvermeidlichen Strahlenexpositionen, die jedoch durch geeignete Strahlenschutzmaßnahmen so weit wie möglich beschränkt werden müssen. Dabei kann es sich um organisatorische und administrative, bauliche und apparative sowie operationelle Maßnahmen handeln. Diese werden u.a. bestimmt durch grundlegende Strahlenschutzregeln (Kap. 9, 10), Rechtsvorschriften (Kap. 11) sowie spezielle Erfordernisse, die durch die Konstruktion und den Anwendungszweck der Geräte und Anlagen bedingt sind. Im folgenden werden diese anwendungsspezifischen Regeln beispielhaft für einige Tätigkeitsbereiche aufgeführt. Dabei ist im Einzelfall zu prüfen, inwieweit die hier gegebenen Empfehlungen verbindlich sein können. Zur Vertiefung des Stoffes sind insbesondere DIN-Normen heranzuziehen, durch deren Anwendung auch die Einhaltung der Rechtsvorschriften häufig wesentlich erleichtert wird. Ausführlichere Darstellungen sind der Fachliteratur zu entnehmen.

12.1 Umgang mit umschlossenen radioaktiven Stoffen

12.1.1 Allgemeine Gesichtspunkte

Umschlossene radioaktive Stoffe werden in der Technik u. a. für Dicken-, Dichte- und Feuchtemessungen, Füllstandskontrollen, geophysikalische Untersuchungen und bei der zerstörungsfreien Materialprüfung verwendet [han76, men72, sto78]. Sie finden ferner Anwendung in der Forschung, für Sterilisierungs- und Konservierungszwecke [jos82], in Rauchmeldern und als Prüfstrahler in Meßgeräten zur Kalibrierung oder Funktionskontrolle sowie für Leuchtanzeigen. Nach den Begriffsbestimmungen der StrlSchV werden radioaktive Stoffe nur dann als umschlossen eingestuft, wenn sie bestimmten Sicherheitsanforderungen genügen. Bei Verdacht auf Undichtheit der Umschließung der radioaktiven Substanz ist deshalb eine Dichtheitsprüfung zu veranlassen [n25426, bmi79a].

Beim Umgang mit Vorrichtungen und Geräten, die radioaktive Stoffe enthalten, ist grundsätzlich zu beachten, daß die Strahlungsquellen selbst keinesfalls mit der bloßen Hand, sondern stets nur mit Zangen oder anderen Fernbedienungsgeräten gehandhabt werden, wenn sie für die Anwendung oder bei Wartungs- bzw. Reparaturarbeiten dem Schutzgehäuse oder Arbeitsbehälter entnommen werden.

Die Verwendung von freistrahlenden Quellen verlangt ein besonders umsichtiges Arbeiten. Es empfiehlt sich deshalb, insbesondere bei routinemäßiger Anwendung, feste Pläne für den Arbeitsablauf aufzustellen. Vor Manipulationen, bei denen die Strahlenexposition noch unbekannt ist, sollte eine sorgfältige Berechnung der zu erwartenden Ortsdosis unter Berücksichtigung aller Schutzmöglichkeiten vorgenommen werden. Zur Kontrolle sind möglichst Messungen der Ortsdosisleistung an eventuell gefährdeten Orten durchzuführen, wobei geprüft werden muß, ob das verwendete Strahlungsmeßgerät für die jeweilige Strahlungsart geeignet ist. Da Strahlenexpositionen vor allem beim Herausnehmen der Quellen aus dem Abschirmbehälter und bei der Positionierung für die Bestrahlung, sowie beim Zurücksetzen der Quellen zu erwarten sind, sollten diese Handhabungen zügig erfolgen und die Strahlungsquellen möglichst erst in unmittelbarer Nähe des Anwendungsorts dem Transportbehälter entnommen werden. Bei der Wahl des Transport- oder Arbeitsbehälters ist zu berücksichtigen, daß sich mit steigendem Gewicht die Zeitdauer des Transports und des Aufbaus so vergrößern kann, daß der Vorteil der größeren Abschirmung durch eine längere Aufenthaltsdauer in der Nähe des Behälters aufgehoben wird. Für die Praxis ist es nützlich, Tabellen oder Diagramme zu erarbeiten, die für die häufigsten Arbeitsabstände von der Strahlungsquelle die Aufenthaltszeiten angeben, bei denen ein regelmäßiges Arbeiten möglich bleibt.

In schwierigen Fällen ist die geplante Manipulation vorher in einem Versuch ohne Strahlenexposition zu üben. Als Hilfsmittel stehen neben Fernbedienungsgeräten, wie Zangen, Greifern und Spezialpinzetten (Abb. 12.1) spezielle Bleibausteine zur Verfügung (Abb. 12.2), die auch bei Verwendung von Greifwerkzeugen einen fugenlosen Aufbau von Abschirmwänden ermöglichen [n25407].

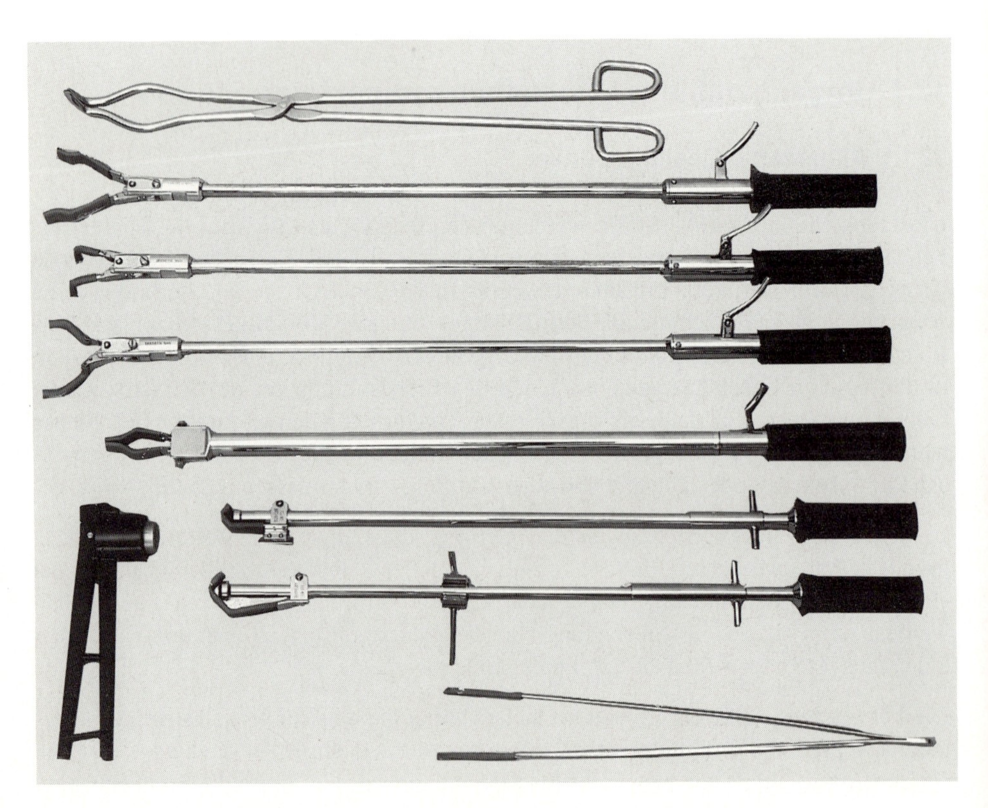

Abb. 12.1: Zangen, Ferngreifer, Flaschenöffner zum Arbeiten mit radioaktiven Stoffen (Steuerungstechnik & Strahlenschutz)

Abb. 12.2: Bleibausteine mit prismatischen Nuten und Federn (Steuerungstechnik & Strahlenschutz)

Eine Verminderung der Strahlenexposition bei Quellenmanipulationen kann ferner durch den Einsatz von Bleiglasscheiben oder, in manchen Fällen, durch geeignete Anordnung von Spiegeln zur indirekten Beobachtung erreicht werden. Bei Betastrahlung bietet häufig bereits eine Sichtblende aus Acrylglas ausreichenden Schutz.

Bei Nichtbenutzung sind die Quellen in geeigneten Abschirmbehältern aufzubewahren oder in die dafür vorgesehenen Schutzbehälter einzufahren. Für die Lagerung radioaktiver Stoffe sollen diebstahl- und brandgeschützte Behälter, Schränke und Räume verwendet werden [n25422, n25425.3].

Vor Beginn der Arbeiten mit Strahlungsquellen ist stets zu prüfen, ob und inwieweit ein Kontrollbereich abgegrenzt und ein Überwachungsbereich festgelegt werden muß. Dafür ist entscheidend, wie lange die verschiedenen Betriebszustände der Strahlungsquelle andauern und welche Ortsdosisleistungen dabei jeweils in der Umgebung vorhanden sind. Falls bereits vom Hersteller Anhaltswerte angegeben worden sind oder eigene Erfahrungswerte vorliegen, genügt es im Prinzip, die Bereichsgrenzen durch Messungen der Ortsdosis zu überprüfen, indem z. B. Ortsdosimeter unmittelbar an den Grenzmarkierungen angebracht werden. Zumeist ist jedoch eine Festlegung der Grenzen auf Grund von Ortsdosisleistungsmessungen zweckmäßiger, da dann eine jederzeitige Kontrolle durch Meßgeräte möglich ist.

Falls ein nahezu konstantes, dauerndes Strahlungsfeld vorhanden ist, ergibt sich an der Kontrollbereichsgrenze mit der bei gleichförmiger Ganzkörperexposition dort praktisch zulässigen Ortsdosis von 15 mSv im Kalenderjahr und der anzusetzenden Einwirkungszeit von 2000 Stunden die Ortsdosisleistung 7,5 µSv/h. Entsprechend folgt für die Grenze des betrieblichen Überwachungsbereichs mit der dort praktisch zulässigen Ortsdosis von 5 mSv im Kalenderjahr bei der möglichen Einwirkungszeit von 8760 Stunden (24 h pro Tag) die Ortsdosisleistung 0,57 µSv/h.

Ist das Strahlungsfeld aufgrund verschiedener Betriebszustände der Strahlungsquelle, z. B. „Abschirmblende geöffnet", bzw. „Strahler aus Schutzgehäuse ausgefahren" (Arbeitsstellung), „Abschirmblende geschlossen", „Strahler in Schutzgehäuse eingefahren", (Ruhestellung), stark veränderlich, so braucht bei der Abgrenzung eines für alle Betriebszustände einheitlich geltenden Kontrollbereichs nicht allein von dem am meisten belastenden Betriebszustand ausgegangen zu werden. Soweit keine besonderen Regelungen für spezielle Anwendungsbereiche gelten, können vielmehr Ortsdosisleistung und Zeitdauer bei den verschiedenen Betriebszuständen berücksichtigt werden. Wenn beispielsweise die Strahlungsquelle für Anwendungszwecke nur kurzzeitig dem Schutzbehälter entnommen wird, kann die Ortsdosisleistung an der Kontrollbereichsgrenze entsprechend der kürzeren Anwendungsdauer wie folgt erhöht werden: Beträgt die gesamte Anwendungsdauer in Arbeitsstellung t Stunden während eines Zeitraums von N Arbeitstagen, so ergibt sich für die Ortsdosisleistung $\dot{H}_K$ (in µSv/h) an der Grenze des Kontrollbereichs die Zahlenwertgleichung:

$$\dot{H}_K = \frac{60 \cdot N}{t} \tag{12.1}$$

Aus Sicherheitsgründen sollte für t mindestens N/3 Stunden, höchstens jedoch N · 8 Stunden angenommen werden. Für N sind höchstens 250 Arbeitstage pro Jahr auch dann einzusetzen, wenn die tatsächliche Anwendungsdauer oder die tatsächliche Anzahl an Arbeitstagen größer sein sollte. Demnach kann die Grenzdosisleistung bei Bestrahlungszeiten von weniger als 8 h am Tag von 7,5 µSv/h auf maximal 180 µSv/h heraufgesetzt werden.

Eine analoge Überlegung ergibt für die Ortsdosisleistung an der Grenze des betrieblichen Überwachungsbereichs bei nicht ständiger Strahlungsanwendung die Zahlenwertgleichung:

$$\dot{H}_Ü = \frac{13{,}7 \cdot N}{t} \tag{12.2}$$

$\dot{H}_Ü$ ergibt sich in µSv/h, wobei für t mindestens N/3 Stunden anzusetzen ist.

Allerdings ist die obige Berechnung nur zulässig, falls die von anderen Betriebszuständen (z. B. Ruhestellung des Strahlers) herrührenden Dosisbeiträge an den gemäß Gleichung (12.1) bzw. (12.2) festgelegten Bereichsgrenzen praktisch zu vernachlässigen sind (kleiner als 10% der bei gleichmäßiger Betriebsweise an den Grenzen von Kontroll- bzw. betrieblichen Überwachungsbereich zulässigen Dosis pro Tag – entsprechend 6 µSv/d bzw. 1,37 µSv/d). Falls diese Voraussetzungen nicht bestehen, sind Ortsdosismessungen bei den verschiedenen Betriebszuständen zur Festlegung der Bereichsgrenzen heranzuziehen. Andernfalls verbleibt nur die Möglichkeit, den am meisten belastenden Betriebszustand als Dauerzustand anzunehmen. Werden dazu in Gleichung (12.1) bzw. (12.2) die maximal vorgesehenen Zeiten von t = N · 8 h bzw. t = N · 24 h eingesetzt, ergeben sich die oben für ein konstantes, dauerndes Strahlungsfeld angegebenen Grenzdosisleistungen hier als Spezialfälle.

Wenn beim ortsveränderlichem Einsatz von radioaktiven Strahlungsquellen Kontrollbereiche nur für kurze Zeit in verschiedener Umgebung abgegrenzt werden müssen, kann bei der Bestimmung der Grenzdosisleistungen ebenso verfahren werden, wie es oben für den ortsfesten zeitweiligen Einsatz beschrieben wurde. In der zerstörungsfreien Materialprüfung darf dabei die angenommene Strahlzeit den Mindestwert von 1,5 Stunden am Tag nicht unterschreiten (Kap. 12.1.3, 12.2.1).

Im Zusammenhang mit Abgrenzungsmaßnahmen ist stets zu bedenken, daß allein durch die Abgrenzung der Strahlenschutzbereiche noch nicht sichergestellt ist, daß die Körperdosis-Grenzwerte für die dort anwesenden nicht beruflich strahlenexponierten Personen nicht überschritten werden (s. Abb. 11.1). Dementsprechend sind bei ortsfest in Räumen installierten Einrichtungen mit radioaktiven Stoffen die Abschirmungen möglichst so zu bemessen, daß dadurch nicht nur die Vorschriften zur Abgrenzung sondern auch die bezüglich der Körperdosis-Grenzwerte eingehalten werden. In der Regel sind Dauereinrichtungen zu erstellen, in deren Umgebung eine Person bei gleichförmiger Ganzkörperexposition praktisch keine höheren Körperdosen als 10 mSv im Kalenderjahr erhalten darf. Bei zeitlich nahezu konstantem Strahlungsfeld und einer angenommenen jährlichen Arbeitszeit von 2000 Stunden führt dies zu einer Ortsdosisleistung von 5 μSv/h.

Vorrichtungen mit Bauartzulassung können häufig ohne Genehmigung betrieben werden, nachdem die Inbetriebnahme der zuständigen Behörde angezeigt wurde. Trotz der Genehmigungsfreiheit wird u. U. verlangt, daß das Aufsichtspersonal über eine ausreichende Fachkunde im Strahlenschutz verfügt. Die Ermittlung von Körperdosen und die ärztliche Überwachung entfallen zumeist, da im allgemeinen kein betretbarer Kontrollbereich entsteht. Für den praktischen Einsatz von Strahlungsquellen ist es dementsprechend vorteilhaft, Vorrichtungen ohne betretbaren Kontrollbereich zu verwenden.

12.1.2 Meß- und Regeltechnik

Bei Dicken-, Dichte-, Füllstands- und Feuchtemessungen wird die Strahlungsschwächung und -rückstreuung an einem bestrahlten Objekt für die Ermittlung bestimmter Eigenschaften (Dichte, Feuchte) oder Abmessungen (Dicke, Füllstand) des kontrollierten Meßgutes verwendet. Änderungen der Impulsrate oder der Dosisleistung zeigen dabei Abweichungen der überwachten Meßgröße vom Sollwert an, die gegebenenfalls zu einer automatischen Prozeßregelung genutzt werden können. Anlagen dieser Art erfordern im allgemeinen nur bei Gammastrahlern besondere Abschirmungsmaßnahmen, wobei sich mit den verwendeten Aktivitäten bis zu etwa 500 GBq aufgrund der Konstruktion zumeist nur kleine oder keine Kontrollbereiche ergeben. Bei der Verwendung von Betastrahlern ist zu beachten, daß die Umschließung der Quelle im Bereich des Austrittsfensters sehr dünn ist und leicht beschädigt werden kann, wodurch die Gefahr einer Kontamination entsteht.

Anlagen zur Dicken- und Füllstandsmessung arbeiten zumeist stationär mit Strahlungsquellen und -detektoren, die derart abgeschirmt und angeordnet sind, daß im Normalbetrieb kein betretbarer Kontrollbereich entsteht. In diesem Fall brauchen deshalb die für Kontrollbereiche vorgeschriebenen Strahlenschutzmaßnahmen zumeist nur bei Wartungs- und Reparaturarbeiten an der Anlage (z. B. Quellenwechsel, Materialjustierung) durchgeführt zu werden. Soweit auch Feuchtemessungen und insbesondere Dichtemessungen in stationären Anlagen erfolgen, sind im Normalbetrieb zumeist ebenfalls keine besonderen Schutzvorkehrungen erforderlich.

Transportable Feuchte- oder Dichtemeßgeräte, die zur Meßstelle (Straßenbelag, Bohrloch) transportiert werden, können aus Gewichtsgründen teilweise nicht so stark abgeschirmt werden, daß kein Kontrollbereich entsteht. Eine erhöhte Strahlenexposition in der Umgebung ist hier insbesondere auch während der Zeit zu erwarten, in der entweder der Strahler aus dem Schutzgehäuse ausgefahren wird oder das Nutzstrahlenbündel freigegeben werden muß, bevor das Gerät in der Arbeitsposition ist.

Ist ein betretbarer Kontrollbereich nicht vermeidbar, so muß aufgrund der Arbeitsabläufe im Einzelfall geprüft werden, welche Personen der Personendosimetrie und der ärztlichen Überwachung unterliegen. Da es sich bei stationären Anlagen um Dauereinrichtungen handelt, kann für ständig besetzte Arbeitsplätze in der Nähe der Anlagen, z. B. für das Bedienungspersonal, nur eine Ortsdosisleistung von höchstens 5 μSv/h zugelassen werden.

Besondere Vorsicht ist beim Auswechseln des Strahlers geboten. Ferner muß darauf geachtet werden, daß bei Reparatur- und Wartungsarbeiten die Nutzstrahlung durch die vorgesehene Abschirmkappe abgeschirmt ist.

12.1.3 Zerstörungsfreie Materialprüfung

In der zerstörungsfreien Prüfung mit radioaktiven Stoffen werden Materialfehler (Risse, Fremdstoffeinschlüsse, Hohlräume) in einem zu prüfenden Objekt (Werkstoff, Werkstück, Schweißnaht) mit Hilfe durchdringender Gammastrahlung als Helligkeitsunterschiede (Kontraste) auf hinter dem Objekt angeordneten Filmfolien sichtbar gemacht (Radiographie). Dabei kommen im ortsveränderlichen Betrieb Aktivitäten bis zu etwa 10 TBq und bei ortsfestem Betrieb bis zu mehr als 1 PBq zum Einsatz, was zur Entwicklung spezieller Arbeitseinrichtungen, sogenannter Strahlengeräte, geführt hat [n54115.4].

Bei ortsveränderlich eingesetzten Geräten kann hinsichtlich der Bewegbarkeit zwischen 3 Klassen unterschieden werden (P: tragbar bis 50 kg, M: mit Vorrichtung bewegbar, F: normalerweise fest installiert). Zusätzlich ist je nach Arbeitstechnik eine Unterteilung der Behälter in 3 Kategorien gebräuchlich (1: Strahler befindet sich bei Anwendung im Behälter, 2: Strahler wird fernbedient in einer Strahlerführung in die Arbeitsposition ausgefahren, 3: Strahler ist manuell in Arbeitsposition zu bringen). Ferner werden die Arbeitsbehälter eingeteilt in solche, die nur innerbetrieblich eingesetzt werden können und solche, die auch für die außerbetriebliche Beförderung zugelassen sind (Typ A-, Typ B-Behälter, s. Kap. 11.10). Falls der Arbeitsbehälter nicht den Beförderungsvorschriften genügt, muß entweder der Strahler oder der Arbeitsbehälter vor Transporten in einen zugelassenen Transportbehälter umgeladen werden. In den meisten Fällen werden so große Aktivitäten benötigt, daß nach den Beförderungsvorschriften ein Behälter vom Typ B erforderlich ist [bmi78a].

Abb. 12.3 zeigt Arbeitsbehälter der Ausführungsform M2 (selbstfahrend) sowie P2 mit Bowdenzug und flexiblem Ausfahrschlauch, mit dem Abstände bis zu 30 m zwischen Strahler und Bedienungsort eingehalten werden können.

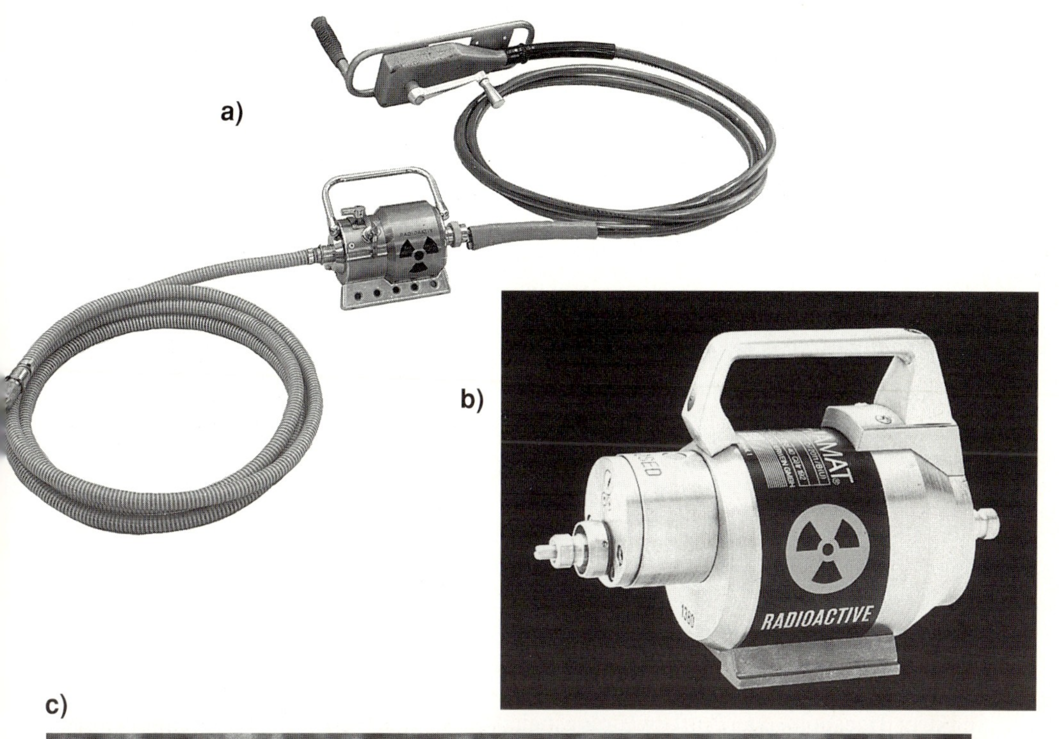

Abb. 12.3: a) Strahlengerät für die Gammaradiographie mit flexiblem Ausfahrschlauch, Fernsteuerungskabel und Handkurbel (Gammavolt SV 100, Seifert)
b) Abschirmbehälter aus abgereichertem Uran, Ladekapazität: 1,48 TBq Ir 192; Gewicht: 12,3 kg (Gammamat TI, Isotopentechnik Dr. Sauerwein)
c) Selbstfahrendes Prüfgerät (Molch) für Schweißnahtprüfungen im Rohrleitungsbau, Fahrwagen, Kommandogerät, Ortungs- und Warngerät, Ladekapazität: 3,7 TBq Ir 192; Gewicht: 81 kg (Gammamat M, Isotopentechnik Dr. Sauerwein)

Beim Einsatz solcher Geräte wird die Stellung des Strahlers durch die sogenannte Ausfahrspitze am Ende des Ausfahrschlauchs (-rohrs) fixiert, die soweit möglich mit kollimierenden Blenden und rückwärtiger Abschirmung ausgestattet sein sollte. Nach Betätigen des Rückholmechanismus ist stets zu prüfen, ob der Strahler wieder ordnungsgemäß in den Arbeitsbehälter eingefahren ist. Soweit dies nicht automatisch angezeigt wird, ist dazu eine Ortsdosisleistungsmessung vorzunehmen. Ferner ist bei Verdacht auf Beschädigung des Strahlers, z. B. infolge von Quetschungen des Ausfahrschlauches, eine Dichtheitsprüfung zu veranlassen [n25426.4]. In jedem Fall sollten auffällige Abweichungen von der normalen Funktion der Bedienungsgeräte (z. B. schwergängiger Antrieb) auch als Hinweis auf eine möglicherweise erhöhte Strahlenexposition gewertet werden, da die Gefahr besteht, daß der Strahler abgerissen wird und verlorengeht. Damit das Betreten von Bereichen mit erhöhter Ortsdosisleistung sofort erkannt wird, sind die Beschäftigten bei ortsveränderlichem Umgang zusätzlich zu den Personendosimetern mit Dosisleistungswarngeräten auszurüsten, womit gegebenenfalls auch Beiträge fremder Strahlungsquellen automatisch erfaßt werden.

Bei den früher häufig verwendeten sogenannten Keulengeräten, die der Behälterkategorie 3 zuzuordnen sind, wird durch die besondere Konstruktion der Abschirmung (Keule) eine einfache Handhabung ermöglicht. Die Keule kann zur Durchstrahlung auf spezielle magnethaftende Halterungen aufgesetzt werden und dient zugleich als Verschlußkappe für den Transportbehälter. Gelegentlich werden Materialprüfungen innerbetrieblich auch ohne besondere Vorrichtungen durchgeführt, wobei der Strahler z. B. mit Zangen manuell dem Transport- oder Aufbewahrungsbehälter entnommen und in die Bestrahlungsposition gebracht wird.

Wenn die Durchstrahlungsprüfungen ausschließlich an einem festen Platz stattfinden (ortsfester Umgang), ist der Kontrollbereich so abzugrenzen, daß an der Grenze eine Ortsdosisleistung von 7,5 µSv/h nicht überschritten wird. Werden solche Arbeiten nur gelegentlich an einem in der Regel nicht strahlenexponierten Ort durchgeführt (ortsveränderlicher Umgang), kann an der Grenze des Kontrollbereichs die Ortsdosisleistung 40 µSv/h zugelassen werden, die auf einer angenommenen Strahlzeit von 1,5 Stunden am Tag basiert. Allerdings muß dann sichergestellt sein, daß dort innerhalb einer Woche keine höhere Ortsdosis als 300 µSv bzw. längere Strahlzeit als 7,5 Stunden zu erwarten ist. Das Aus- bzw. Zurückfahren der Quelle in die Arbeits- bzw. Ruhestellung kann bei der Festlegung des Kontrollbereichs unberücksichtigt bleiben, wenn diese Arbeitsvorgänge nicht länger als je 10 s dauern. Bei Prüfungen in der Nähe öffentlicher Verkehrswege sind gegebenfalls Sonderregelungen mit der zuständigen Behörde zu treffen. Grundsätzlich ist bei ortsveränderlichem Umgang zu beachten, daß die Kontrollbereichsgrenze bereits vor Aufnahme der Durchstrahlungsarbeiten aufgrund vorgegebener Meß- und Rechenergebnisse festgelegt werden muß und daß die Nutzstrahlung keineswegs lediglich zum Zweck der Bereichsabgrenzung freigegeben werden darf. Die Abgrenzung und Kennzeichnung eines Sperrbereichs kann in der Regel entfallen, sofern die dort geltenden Rechtsvorschriften auch durch die Abgrenzung des Kontrollbereichs erfüllt werden [n54115.1].

Bei ortsfest in Räumen betriebenen Anlagen lassen sich wesentlich höhere Aktivitäten einsetzen als bei ortsveränderlichen Strahlengeräten, weil massive Abschirmwände zur

Begrenzung des Kontrollbereichs eingesetzt werden können [n54115.5]. Die Bedienungseinrichtungen sind dann in der Regel außerhalb des Durchstrahlungsraumes untergebracht. Das Nutzstrahlenbündel darf hier stets nur auf ausreichend abgeschirmte Wände (Decken, Böden) gerichtet werden, wobei bezüglich der Auslegung sowohl die Häufigkeit der Bestrahlungen des Wandbereichs als auch die Aufenthaltsdauer von Personen hinter diesem Wandbereich berücksichtigt werden kann. Wegen der Rückstreuung am getroffenem Objekt und an der bestrahlten Wand muß allerdings auch in den übrigen Richtungen für ausreichenden Abstand und Abschirmung gesorgt werden. Damit außerhalb des Bestrahlungsraums kein Kontrollbereich entsteht, sind auch Türschlitze, Stoßfugen und sonstige Öffnungen durch geeignete Überlappungen ausreichend abzuschirmen. Mit Blockierungen ist ferner sicherzustellen, daß die Strahlungsquelle bei geöffneter Tür nicht aus dem Schutzgehäuse ausgefahren bzw. die Tür bei ausgefahrener Quelle nicht geöffnet werden kann. Derart ausgestattete Anlagen werden auch für Materialbestrahlungen (z. B. Sterilisierung von Verbandszeug) eingesetzt.

Wenn Durchstrahlungsprüfungen nicht in abgeschirmten Räumen, sondern z. B. auf Baustellen, in Montagehallen usw. durchgeführt werden, können sich ausgedehnte Kontrollbereiche ergeben, so daß besonders sorgfältig darauf geachtet werden muß, daß nicht unbeteiligte Personen in sie hineingelangen. Aufgabe des Strahlenschutzbeauftragten ist es daher, bei jedem Einsatz dafür zu sorgen, daß alle erforderlichen Schutzmaßnahmen getroffen sind. Dazu gehören: Wahl eines geeigneten Zeitpunkts (möglichst außerhalb der normalen Arbeitszeit), Wahl einer günstigen Strahlrichtung, Abschirmung des Nutzstrahlenbündels hinter dem Aufnahmeobjekt (falls nötig), Ausblendung möglichst schmaler Strahlenbündel, Abgrenzung und deutliche Kennzeichnung des Kontrollbereiches. Der Arbeitsplatz für das Bedienungspersonal ist im größtmöglichen Abstand, gegebenenfalls unter Ausnutzung abschirmender Gebäude- oder Bauteile einzurichten, wobei durch akustische oder optische Warnsignale der Betriebszustand jederzeit deutlich erkennbar sein muß [n54115.4].

Mit den Durchstrahlungsarbeiten in der Materialprüfung dürfen nur Personen betraut werden, die die notwendigen Kenntnisse im Strahlenschutz haben. In der Regel ist sowohl ein amtliches als auch ein selbst ablesbares Dosimeter zu tragen. Beim Wechsel des Strahlers oder des Strahlerhalters, der besonderer Schutzvorkehrungen und Genehmigungen bedarf, sollte zusätzlich auch ein Dosimeter an der Hand getragen werden. Üblicherweise unterliegen die Personen auch der ärztlichen Überwachung. Als Aufsichtspersonal wird neben dem Strahlenschutzbeauftragten für den gesamten Umgang auch ein Strahlenschutzbeauftragter für den Umgang vor Ort mit der entsprechenden Fachkunde verlangt. Bei ortsveränderlichem Umgang sind Art und Umfang jeweils vor Aufnahme der Tätigkeit der zuständigen Behörde mitzuteilen und alle personellen und gerätetechnischen Daten im Rahmen einer Buchführung festzuhalten [n54115.3]. Falls Tätigkeiten in fremden Anlagen (§ 20 StrlSchV) geplant sind, müssen spezielle Strahlenschutzregelungen getroffen werden (Strahlenpaß, Vereinbarung über organisatorische und administrative Maßnahmen, [bmi78c]). Es ist zu beachten, daß Strahlengeräte für die Gammaradiographie jährlich mindestens einmal gewartet und zwischen den Wartungen von einem behördlich bestimmten Sachverständigen überprüft werden müssen. Die Frist für die Überprüfung kann bis auf 3 Jahre verlängert werden.

12.2 Strahlungsgeneratoren

12.2.1 Röntgeneinrichtungen

Röntgeneinrichtungen dienen in Industrie und Forschung vorwiegend zur zerstörungsfreien Materialprüfung sowie gelegentlich zur Materialbestrahlung. Bei Grobstrukturuntersuchungen werden Objekte (Werkstücke, Schweißnähte, elektronische Bauteile, Gepäckstücke) mit Röntgenaufnahmen oder -durchleuchtungen auf Fehlstellen oder auf ihren Inhalt überprüft. Die Spektral- oder Röntgenfluoreszenzanalyse benutzt die Röntgenstrahlung zur Identifizierung von Elementen, indem die in bestrahlten Substanzproben angeregte und für die Elemente charakteristische Fluoreszenzstrahlung untersucht wird. Mit der Feinstrukturanalyse werden anhand von Interferenzerscheinungen, die durch Beugung der Röntgenstrahlung entstehen, Aussagen über Aufbau und Struktur von Kristallgittern erhalten. In den Anlagen zur Materialbestrahlung, die mit Röntgenröhren arbeiten, dient die Röntgenstrahlung vorzugsweise zu Sterilisierungs- und Pasteurisierungszwecken.

Im Gegensatz zum Umgang mit radioaktiven Stoffen sind beim Betrieb von Röntgeneinrichtungen Genehmigungen nur ausnahmsweise erforderlich, weil die für den genehmigungsfreien Betrieb (§ 4 RöV) notwendige Voraussetzung der Bauartzulassung (Anlage II bzw. III RöV) im allgemeinen erfüllt werden kann. Diese verlangt bei den sogenannten Hoch- bzw. Vollschutzgeräten, bei denen außer dem Strahler auch das bestrahlte Objekt vollständig vom Schutzgehäuse umschlossen ist, daß die Ortsdosisleistung in 10 cm Abstand von der äußeren berührbaren Oberfläche des Gehäuses 25 µSv/h bzw. 7,5 µSv/h nicht überschreitet. Bei anderen bauartzugelassenen Geräten, die das bestrahlte Objekt nicht umschließen, darf die Ortsdosisleistung bei geschlossenem Strahlenaustrittsfenster je nach Gerätetyp bis zu 10 mSv/h in 1 m Abstand vom Brennfleck betragen.

Die für *Spektral- und Feinstrukturuntersuchungen* gebrauchte weiche Röntgenstrahlung (Spannungen bis etwa 60 kV, Röhrenstrom bis etwa 40 mA) kann zumeist durch die Wände des Schutzgehäuses ausreichend abgeschirmt werden, so daß diese Geräte häufig als Hoch- bzw. Vollschutzgeräte ausgelegt sind. In diesem Fall sind bei bestimmungsgemäßem Betrieb keine speziellen Schutzmaßnahmen erforderlich, auch wenn das Schutzgehäuse während des Betriebs des Strahlers geöffnet werden muß. Bei Geräten, die das bestrahlte Objekt nicht umschließen, müssen dagegen in der Regel zusätzliche apparative oder bauliche Schutzmaßnahmen getroffen werden (Schutzhaube, Röntgenraum).

Grundsätzlich ist zu beachten, daß die Ortsdosisleistungen an den geöffneten Strahlenaustrittsfenstern so groß sein können (mehr als 10^4 Sv/h), daß bereits durch eine Bestrahlung von wenigen Sekunden schwere Strahlenschäden verursacht werden. Dementsprechend müssen alle Justierarbeiten, die bei geöffnetem Austrittsfenster erfolgen müssen, mit Hilfsgeräten, wie Schraubenzieher, Pinzette oder anderen Haltevorrichtungen, durchgeführt werden, wobei zur Kontrolle der Strahlenexposition an der Hand zusätzliche Dosimeter (z. B. Fingerringdosimeter) zu tragen sind. Außerdem sind die kleinstmöglichen Betriebsdaten der Röhrenspannung und des Röhrenstroms zu wählen. Es ist zügig und sorgfältig zu arbeiten. Bereits das Abrutschen des Schraubenziehers, das ein kurzzeitiges Hineingelangen von Finger oder Hand in den Strahlengang nach sich zieht, kann zu einem Strahlenunfall führen. Auch seitlich vom Nutzstrahlenbündel muß mit einer merklichen Strahlenexposition gerechnet werden, die durch Streuung des Strahls in der Luft, an Gegenständen und Wänden verursacht wird. Da diese Strahlung durch Vielfachstreuung auch kleinste Ritzen der Abschirmung durchsetzen kann, sollten insbesondere für Umbauarbeiten stets dünne Bleibleche oder entsprechende Bleiglasabschirmungen verfügbar sein, um eine eventuell auftretende Leckstrahlung unmittelbar abschirmen zu können.

Bei Strahlenschutzberechnungen ist zu berücksichtigen, daß die gemäß Formel (9.7) ermittelten Ortsdosisleistungen nur grobe Abschätzungen darstellen, da die Dosisleistungskonstante K bei den hier gegebenen Photonenenergien in komplizierter Weise von den konstruktiven Merkmalen des Strahlers sowie auch von der Entfernung zur Quelle abhängig ist. Zur sicheren Abschätzung der Strahlenexposition müssen daher stets Messungen vorgenommen werden. Dabei sind Meßgeräte zu verwenden, die im fraglichen Energiebereich (ab etwa 10 keV) ein ausreichendes Ansprechvermögen haben.

Erfordernis und Umfang der dosimetrischen oder ärztlichen Überwachung richten sich im Einzelfall nach den geräte- und arbeitstechnischen Gegebenheiten. Bei Vollschutzgeräten ist eine Bestellung von Strahlenschutzbeauftragten nicht erforderlich.

Für *Durchstrahlungsprüfungen mit Röntgeneinrichtungen* sind wegen der üblichen Hochspannungen bis 500 kV und Röhrenströme bis über 20 mA nach Möglichkeit stets besonders abgeschirmte Arbeitsräume einzurichten. Grundsätzlich ist zu unterscheiden zwischen Geräten, die beweglich sowohl in Röntgenräumen als auch im ortsveränderlichen Betrieb eingesetzt werden und Kompaktsystemen, bei denen Strahler und Objekt von einem Schutzgehäuse umschlossen sind. Letztere Einrichtungen können zumeist wie Vollschutzgeräte eingestuft werden, so daß weitere Schutzmaßnahmen für den Betreiber kaum erforderlich sind.

Bei den in Röntgenräumen betriebenen Geräten ist zu beachten, daß der Abschirmungsaufwand wesentlich von der im voraus festzulegenden Einschaltzeit der Anlagen abhängig ist und somit deren Unterschätzung zu Betriebsbehinderungen führen kann. Die Bemessung der Abschirmung ist dabei nicht allein auf die Kontrollbereichsabgrenzung abzustimmen, sondern so vorzunehmen. daß die Körperdosis-Grenzwerte der zu schützenden Personen nicht überschritten werden. Die notwendigen apparativen und baulichen Maßnahmen sind im einzelnen den entsprechenden DIN-Normen zu entnehmen [n54113.2/3]. Dazu gehören insbesondere Sicherungssysteme, wie z. B. Türkontakte, die dafür sorgen, daß beim Öffnen der Türen die Röntgeneinrichtung abgeschaltet wird. Entsprechend ausgestattete Anlagen werden auch für Materialbestrahlungszwecke eingesetzt. Nach baulichen Veränderungen des Röntgenraums ist stets eine Überprüfung des Strahlenschutzes vorzunehmen.

Grundsätzlich gelten die in Kap. 12.1.3 erläuterten Strahlenschutzhinweise sinngemäß auch bei der Durchstrahlungsprüfung mit Röntgeneinrichtungen. Zu beachten ist jedoch, daß wegen des besonders großen Rückstreufaktors von Röntgenstrahlung zusätzliche Maßnahmen erforderlich werden können, um die Entstehung von Streustrahlung zu unterdrücken oder ihren Beitrag zur Strahlenexposition zu vermindern. Dazu gehört z. B.

die Wahl geeigneter Filter zur Verminderung des niederenergetischen Strahlungsanteils oder die Auskleidung der Innenwände mit Materialien geringen Rückstreuvermögens (Bleiblech, Barytputz). Bei Durchstrahlungsarbeiten außerhalb von Röntgenräumen kann die vom durchstrahlten Objekt ausgehende Streustrahlung u.U. den Einsatz von Abschirmwänden erforderlich machen, wenn der Abstand zwischen dem streuenden Objekt und der Bedieneinrichtung nicht ausreicht oder keine Bau- bzw. Gebäudeteile als Abschirmung genutzt werden können. Die Wahl der Schutzmaßnahmen muß sich ferner danach richten, ob die Strahlung kegelförmig nur in eine Richtung (Kegelstrahler) oder ringförmig um die Röhrenachse (Ringstrahler) emittiert wird. In Abb. 12.4 ist die typische Ausführung einer Röntgeneinrichtung für den ortsfesten Einsatz wiedergegeben.

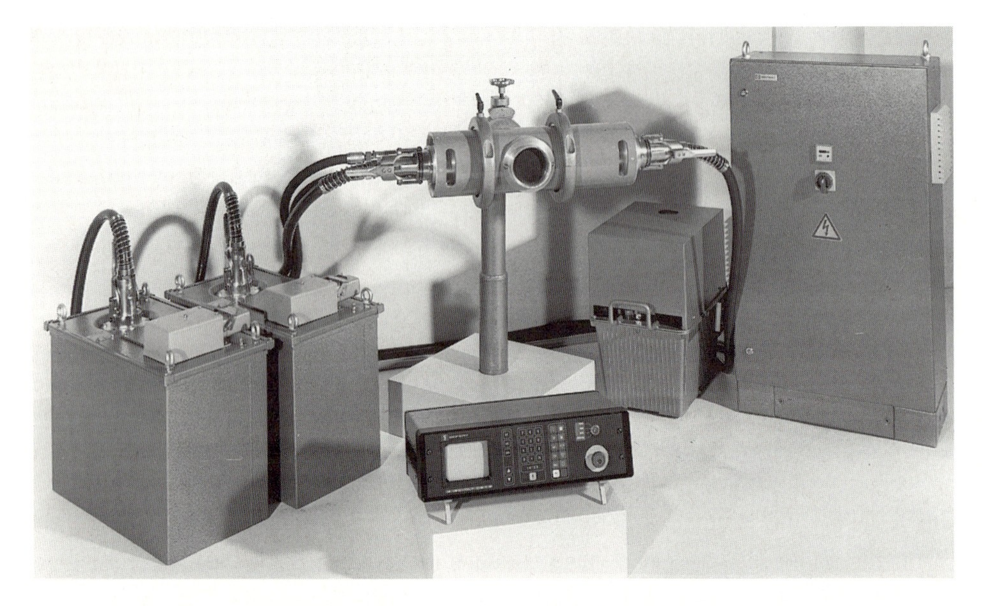

Abb. 12.4: Gleichspannungs-Röntgenanlage mit 320 kV Metallkeramik-Röntgenröhre, Hochspannungsgeneratoren, Kühlaggregat, Leistungs- und Bedienmodul (Isovolt 320, Seifert)

Die im letzten Absatz von Kap. 12.1.1 angegebenen administrativen Regelungen gelten sinngemäß auch bei der Durchstrahlungsprüfung mit Röntgeneinrichtungen. Röntgeneinrichtungen müssen davon abweichend jedoch nur in Zeitabständen von längstens 5 Jahren durch einen Sachverständigen geprüft werden.

Die grundsätzlichen Strahlenschutzregeln bei der *Prüfung, Erprobung, Wartung und Instandsetzung* von technischen oder medizinischen Röntgeneinrichtungen entsprechen weitgehend denen, die beim zweckbestimmten Betrieb dieser Anlagen zu beachten sind. Allerdings besteht hier die Gefahr einer unerwarteten Strahlenexposition, wenn bei den Arbeiten bestimmte für den Normalbetrieb vorgesehene Schutzvorkehrungen außer Funktion gesetzt werden müssen. In diesem Fall kann durch die bei Röntgenröhren gegebene Möglichkeit des Ausschaltens der Strahlungsquelle ein falsches Sicherheitsgefühl vorgetäuscht werden, weil bei wiederholtem Ein- und Ausschalten Verwechselungen des

Betriebszustands nicht ausgeschlossen werden können. Die Arbeiten sollten daher soweit möglich ohne Strahlung oder zumindest bei den kleinstmöglichen Betriebsdaten der Röhre erfolgen. Bei unvermeidlichen Arbeiten mit Strahlung (an medizinischen Anlagen) ist stets Schutzkleidung (Bleigummischürze) zu tragen und die Aufenthaltszeit im Röntgenraum so kurz wie möglich zu halten. Dabei ist das Strahlenbündel jeweils so klein wie möglich einzublenden; gegebenenfalls sollte die Blende geschlossen werden. Strahler sind niemals bei „eingeschalteter Strahlung" zu justieren und soweit möglich in die von der Person abgewandte Richtung zu drehen. Als selbstverständlich verstehen sich die Verbote, in das Nutzstrahlenbündel zu fassen oder zu treten sowie bei medizinischen Röntgeneinrichtungen, Probeaufnahmen oder -durchleuchtungen von Personen zu machen.

Die im einzelnen bei Prüfung, Erprobung, Wartung und Instandsetzung durchzuführenden Arbeiten sind geräte- und problemabhängig. Nur bei den nach RöV vorgesehenen Prüfungen ist ein Prüfprogramm allgemein festgelegt [bma91d]. Dabei ist zu unterscheiden zwischen der Sachverständigenprüfung (§§ 4,18,45 RöV), bei der geprüft wird, ob der für den geplanten Betrieb erforderliche Strahlenschutz gewährleistet ist, sowie der Abnahme- und der Konstanzprüfung (§ 16), die im Rahmen der Qualitätssicherung bei Röntgeneinrichtungen zur Untersuchung von Menschen gefordert werden. Wegen des Umfangs dieser Prüfungen kann hier nur auf die entsprechenden Empfehlungen (DIN 6811 – 6815, 6868) und die Fachliteratur verwiesen werden [ewe75, ewe90, lau90, ste86, ste90].

Die mit der Durchführung von Prüfung, Erprobung, Wartung und Instandsetzung betrauten Personen müssen in der Regel die sogenannte fachliche Eignung im Strahlenschutz besitzen [bma91c]. Zumeist werden sowohl amtliche als auch selbst ablesbare Dosimeter gefordert. Üblicherweise unterliegen die Personen auch der ärztlichen Überwachung. Im Zusammenhang mit der Herstellung von Röntgeneinrichtungen müssen für die Leitung und Beaufsichtigung der Tätigkeiten Strahlenschutzbeauftragte bestellt werden.

Die Kontrollbereichsgrenze ist beim Betrieb von Röntgeneinrichtungen praktisch dadurch festgelegt, daß die dort vorhandene Ortsdosisleistung $\dot{H}_K$ multipliziert mit der gesamten Betriebszeit t während eines Jahres nicht mehr als 15 mSv ergeben darf. Für kleine Betriebszeiten t, insbesondere bei kurzzeitigen Einsätzen an einem Ort, sind hiernach Grenzdosisleistungen möglich, die u. U. zu unerwünschten Strahlenexpositionen bei unbeteiligten Personen führen können. Aus Sicherheitsgründen ist daher entweder eine tägliche Mindestbetriebszeit für die Berechnung von $\dot{H}_K$ anzusetzen, oder es wird trotz Einsatzzeiten von nur wenigen Tagen auch für die restliche Zeit eines Jahres rein rechnerisch die Existenz eines Kontrollbereichs mit der gleichen durchschnittlichen Strahlenexposition pro Tag an der Grenze angenommen. Bei einer tatsächlichen Bestrahlungszeit von t Stunden während eines Zeitraums von N Arbeitstagen ergibt sich die Ortsdosisleistung $\dot{H}_K$ in μSv/h an der Grenze des Kontrollbereichs gemäß Zahlenwertgleichung (12.1). Dabei sollten für N höchstens 250 Tage und für t mindestens N/3 Stunden angesetzt werden. Falls die Anzahl N der Arbeitstage 250 überschreitet, ist die gemäß Gleichung (12.1) ermittelte Ortsdosisleistung mit dem Faktor 250/N zu multiplizieren. In der zerstörungsfreien Materialprüfung ist es üblich, bei ortsveränderlichem Betrieb mit nicht genau bekannten Bestrahlungszeiten, Bereiche, in denen eine höhere Ortsdosisleistung als 40 μSv/h auftreten kann, als Kontrollbereiche zu behandeln.

Die Ortsdosisleistung an der Grenze des Überwachungsbereichs wird durch Multiplikation der Ortsdosisleistung $\dot{H}_K$ an der Kontrollbereichsgrenze mit dem Faktor 1/3 erhalten.

12.2.2 Teilchenbeschleuniger

Teilchenbeschleuniger werden in der Industrie vor allem zur Materialbestrahlung sowie zur zerstörungsfreien Materialprüfung und in der Forschung zur Herstellung von Radionukliden und für Experimente in der Kern- und Elementarteilchenphysik eingesetzt. In Bestrahlungsanlagen finden vorzugsweise Gleichspannungsfeld-Beschleuniger Anwendung, in denen die beschleunigten Elektronen bzw. Ionen Änderungen von Materialeigenschaften bewirken (Härtung von Lacken, Vernetzung von Polyethylenfolien, Vulkanisierung von Klebstoffen, Dotierung von Halbleitern, usw.). Verschiedentlich wird an solchen Beschleunigern auch die in einem Target erzeugte Bremsstrahlung zur Sterilisierung von medizinischen Artikeln, usw. benutzt. In der zerstörungsfreien Materialprüfung wurde früher für die Fehlersuche in dicken Werkstücken vorzugsweise das Betatron eingesetzt, während heute praktisch nur noch der Elektronen-Linearbeschleuniger (Linac) verwendet wird. Im Bereich der wissenschaftlichen Forschung werden sowohl Gleichspannungsfeld-Beschleuniger wie auch Betatrons, Zyklotrons, Synchrotrons und Mikrotrons genutzt. Zyklotrons dienen dabei vor allem der Herstellung von kurzlebigen Radionukliden, insbesondere von Positronenstrahlern, sowie von Neutronen, die in der Nuklearmedizin sowie in Strahlenbiologie, -chemie und -physik Anwendung finden. Driftröhren-Beschleuniger sind vielfach Vorbeschleuniger für Synchrotrons, mit denen besonders hohe Teilchenenergien erreicht werden können [rei92].

Beschleunigeranlagen sind aufgrund von Funktionsweise und Anwendungsart sehr unterschiedlich aufgebaut. Während für die industrielle Materialprüfung und -bestrahlung zumeist nur ein einziger Raum oder eine Halle für relativ kompakte, teilweise transportable Geräte bereitgestellt werden muß, handelt es sich in der Forschung häufig um Großanlagen, bei denen verschiedene Experimentierstationen in mehreren Räumen oder Hallen über entsprechende Strahlrohre an den Beschleuniger angeschlossen sind. Es ergeben sich dementsprechend große Unterschiede im Umfang der Strahlenschutzmaßnahmen, die beim Betrieb und gegebenenfalls auch bei der Errichtung der Anlagen zu treffen sind. Auf den organisatorischen, administrativen und apparativen Strahlenschutz wird hier nicht eingegangen [bmi78d, bmi80]; vielmehr sollen stichwortartig einige ausgesuchte Aspekte des physikalisch-technischen und baulichen Strahlenschutzes angedeutet werden.

Der praktische Strahlenschutz beim Betrieb von Beschleunigern wird vor allem bestimmt durch Art, Energie und Flußdichte der durch die beschleunigten Teilchen bei Wechselwirkungsprozessen erzeugten Photonen und Neutronen sowie durch die bei Kernprozessen entstehenden Aktivitäten. Die erzeugte Strahlung ist dabei entscheidend für den Abschirmungsaufwand, der während des Betriebs erforderlich ist. Teilchenbeschleuniger mit hohen Beschleunigungsenergien erfordern teilweise bis zu mehrere Meter dicke Abschirmwände aus Beton. Die Aktivitäten in den Beschleunigerkomponenten, Gebäudeteilen, Anlagenflüssigkeiten und in der Luft können auch für die Zeit nach Abschalten des Beschleunigers bedeutsam bleiben. Für die Praxis stellt sich deshalb vor allem die Frage, ob der Beschleunigerraum unmittelbar nach Abschalten strahlungslos ist oder ob durch Aktivierung radioaktive Substanzen entstanden sind, die Schutzmaßnahmen gegen Kontaminationen und Inkorporationen sowie Wartezeiten bis zum Betreten des Beschleunigerraums erzwingen. Falls Aktivierung möglich ist, müssen die Strahlenschutzregeln für den Umgang mit offenen radioaktiven Stoffen beachtet werden (s. Kap. 10).

Bei *Elektronenbeschleunigern* muß im allgemeinen erst bei Energien > 8 MeV über (X,n)-Reaktionen der in den Targets oder in der bestrahlten Materie entstehenden Bremsstrahlung mit merklicher Aktivierung gerechnet werden (s. Schwellenenergien E_S in Anhang 15.9, [swa79]). Typische Aktivierungsprodukte sind Be 7 und C 11 in Kunststoffen, F 18, Na 22, Na 24 in Aluminiumlegierungen, O 15, Si 27 in Beton, Cr 51, Mn 54, Fe 53, Co 57, Co 60 in Stahl und Cu 62, Cu 64 in Kupfer. Bei wenigen Nukliden, wie etwa Be 9 bzw. H 2, setzen (X,n)-Reaktionen schon bei niedrigeren Energien ein (Be 9: 1,67 MeV, H 2: 2,23 MeV), wobei hier die Aktivierung durch die freigesetzten Neutronen verursacht wird. Allgemein können die bei Kernphotoeffekten in den Beschleunigerkomponenten, insbesondere im Strahlerkopf, erzeugten Neutronen zu einer merklichen Aktivierung von Bauteilen und Atemluft führen. Außerdem müssen diese Neutronen bei der Auslegung der Abschirmungswände mit berücksichtigt werden. Typische Neutronenausbeuten sind in Anhang 15.24a wiedergegeben. Die Energien E_n der erzeugten Neutronen hängen sowohl von der Energie E_X des auslösenden Bremsphotons als auch von dem getroffenen Targetnuklid ab. Bei Berechnungen der Ortsdosisleistung der Neutronen bzw. bei der Bemessung von Abschirmungen (s. Kap. 9.4.5, 9.5.5) kann zur Sicherheit in der Praxis $E_n = E_X - E_S$ gesetzt werden, soweit keine Angaben über das Neutronenspektrum vorliegen.

An *Protonenbeschleunigern*, insbesondere Zyklotrons, ist mit merklichen Aktivitäten bei Energien oberhalb von etwa 1 MeV zu rechnen. Bei *Deuteronenbeschleunigern* sind, ebenso wie bei allen für die Neutronenerzeugung eingesetzten Generatoren, schon von kleinsten Energien an Aktivierungen durch die erzeugten Neutronen zu erwarten. Typische Aktivierungsprodukte in den Targets, Ablenk- und Blendensystemen sind: Zn 65, Cu 64, Cu 66, Ta 182, Mn 56 und Mn 52.

Zusätzliche Schutzmaßnahmen werden an sogenannten *Neutronengeneratoren* erforderlich [ncr83]. Dabei handelt es sich zumeist um Gleichspannungsfeld-Beschleuniger, bei denen als Target wegen der großen Ausbeute der T(d,n)-Reaktion zumeist auf Metall adsorbiertes Tritiumgas verwendet wird. Durch den Beschuß mit Deuteronen werden große Tritiumaktivitäten aus dem Target freigesetzt, die insbesondere in das Vakuumsystem und bei Leckagen auch in die Raumluft gelangen oder zu einer inneren Kontamination des Beschleunigers führen, falls das Target nicht gekapselt ist. Dementsprechend muß insbesondere bei Wartungsarbeiten, wie Austausch von Targets oder Vakuumpumpen, mit Tritium-Kontaminationen gerechnet werden.

Die im Target von Neutronengeneratoren erzeugten Neutronen führen dort zu einer erheblichen Aktivierung. Bei Aluminium-Bauteilen ist mit Na 24- und Mg 27-Aktivitäten, bei Kupferbauteilen mit Cu 62- und Cu 64-Aktivitäten zu rechnen (s. Anhang 15.9). Aufgrund der kurzen Halbwertzeiten von Mg 27 und Cu 62 (<10 Minuten) werden bei diesen Radionukliden schon nach kurzen Betriebszeiten des Beschleunigers die Sättigungsaktivitäten erreicht. Allerdings genügen dadurch auch schon kurze Wartezeiten nach Abschalten des Beschleunigers, um die Strahlenexposition bei Wartungsarbeiten erheblich zu vermindern. Auch in den Abschirmwänden des Beschleunigerraumes ist eine Aktivierung zu erwarten, die vor allem durch die Absorption der nach vielen Streuungen an den Wänden thermalisierten Neutronen zustande kommt. Typische Radionuklide hierfür sind: Al 28, Ca 49 und Na 24 (s. Anhang 15.9).

Weiterhin ist zu berücksichtigen, daß beim Betrieb von Beschleunigern außer der Aktivierung von Bauteilen und Schutzwänden auch die Raumluft merklich aktiviert werden kann. Dabei ist an Elektronenbeschleunigern vor allem die Erzeugung von O 15 und N 13 im Nutzstrahlenbündel der Bremsstrahlung und an Ionenbeschleunigern zusätzlich noch die Erzeugung von N 16 durch die im Target entstehenden Neutronen von Bedeutung. Außerdem kann bei beiden Beschleunigertypen durch thermische Neutronen Ar 41 entstehen (s. Anhang 15.9b). Die Aktivitätskonzentration in der Raumluft läßt sich entscheidend durch den Einsatz leistungsfähiger Lüftungsanlagen vermindern. Bezeichnet a_{VS} die während des Betriebs erreichte Sättigungs-Aktivitätskonzentration in der Luft des Beschleunigerraumes, so folgt für die entsprechende Konzentration a_{VSL} bei eingeschalteter Lüftung der Ausdruck:

$$a_{VSL} = \frac{\lambda}{\lambda + \omega} a_{VS} \tag{12.3}$$

Darin ist λ die Zerfallskonstante des betreffenden Radionuklids und ω die Luftwechselzahl (s. Kap. 4.1.3, 10.2.1). a_{VS} kann bei Annahme einer gleichmäßigen Aktivitätsverteilung im Raumvolumen V näherungsweise mit den Formeln (5.3) für die Reaktionsrate $\dot{N}$ zu $a_{VS} = \dot{N}/V$ ermittelt werden. Eine schnellere Begehbarkeit des Beschleunigerraums wird erreicht, wenn die Entlüftung nach Betriebsende, u. U. mit erhöhter Abluftleistung, fortgesetzt wird. Die Abnahme der Aktivitätskonzentration kann dabei näherungsweise mit Formel (10.3) abgeschätzt werden.

Bei der Auslegung der Abschirmungen von Beschleunigerräumen und -bunkern muß sowohl die Nutzstrahlung als auch die begleitende Störstrahlung berücksichtigt werden. Besondere Vorsicht ist geboten, wenn dabei Materialien eingesetzt werden, die für die beteiligten Strahlungsarten extrem unterschiedliche Schwächungseigenschaften oder große Erzeugungswirkungsquerschnitte ((X,n), (n,γ)) aufweisen (z. B. Blei bei Photonen und Neutronen). Die notwendige Abschirmdicke richtet sich danach, ob der jeweils abzuschirmende Platz nur von Nutz- oder auch von Sekundär- bzw. Tertiärstrahlung getroffen werden kann, ferner danach, wie häufig das Nutzstrahlenbündel auf diesen Platz gerichtet ist und welche Aufenthaltszeiten von Personen dort zu erwarten sind. Als zulässige Ortsdosis wird dabei üblicherweise der Grenzwert der effektiven Dosis für die jeweilige Personengruppe angenommen (s. Tab. 11.2). Ausführlichere Darstellungen sind der Fachliteratur zu entnehmen [ewe85, n6847.2, pat73, tho88].

Besondere Bedeutung hat an Beschleunigern das System der Sicherheitseinrichtungen, das logisch konsequent, durchschaubar und praktikabel sein sollte, damit nicht Wege zur

Umgehung der Schutzmaßnahmen gesucht werden. Dazu gehören neben Leuchttransparenten zur Kennzeichnung von Strahlenschutzbereichen und Betriebzuständen insbesondere automatische Zugangsverriegelungen an den Türen (Interlock-System). Dabei können außer einfachen Türkontakten, die den Strahlstrom unterbrechen, (bei möglicher Aktivierung) zusätzliche Zwangsverzögerungen notwendig werden, die durch Zeitschaltuhren oder den Abfall der Ortsdosisleistung unter einen Toleranzpegel gesteuert werden. Das Einschalten des Beschleunigers darf stets nur über einen Warnvorgang ablaufen, bei dem durch akustische und optische Warnsignale (Hupe, Sirene, Signallampe) einer eventuell im Beschleuniger- oder Targetraum verbliebenen Person die Möglichkeit zum Verlassen oder zur Betätigung eines Notausschalters gegeben wird (s. Abb. 12.7). Bei nicht übersehbaren Räumen ist ein Kontrollgang zu erzwingen, bei dem innerhalb einer vorgegebenen Zeit eine Reihe von Tastschaltern zu betätigen sind. Durch festinstallierte Ortsdosisleistungsmeßgeräte kann eine kontinuierliche Überwachung des Strahlungspegels innerhalb und außerhalb der Anlage sichergestellt werden. An Beschleunigern mit sehr kurzen Strahlzeitintervallen ist dabei auf Übersteuerungseffekte zu achten (s. Kap. 8.3.3.4, [icu82]). Auch muß bedacht werden, daß für Ortsdosisleistungsmessungen bei hochenergetischer Photonenstrahlung geeignet kalibrierte Meßgeräte mit den vorgesehenen Aufbaukappen einzusetzen sind [n6818.1].

In Beschleunigeranlagen mit hohen Elektronen-, Photonen- oder Neutronenstrahlungsflußdichten muß mit einer erheblichen Ozonproduktion durch die Strahlung gerechnet werden, so daß zumeist leistungsfähige Lüftungsanlagen (Luftwechselzahlen von 10 h^{-1} und mehr) erforderlich werden [bma91a, hol80, ncr79]. In die Formeln (10.3, 12.3) können sinngemäß auch Ozonkonzentrationen eingesetzt werden, wobei für den Ozonzerfall die Zerfallskonstante $\lambda = 1{,}2\ h^{-1}$ zu setzen ist.

Falls aufgrund der Art und Energie der Strahlungsteilchen mit Aktivierung gerechnet werden muß, ist vor Aufnahme von Arbeiten im Beschleunigerraum sicherzustellen, daß die notwendigen Hilfsmittel (Schutzhandschuhe, Abdeckfolien, usw.) und die geeigneten Strahlungsmeßgeräte für den Umgang mit offenen radioaktiven Stoffen vorhanden sind. Arbeiten an Targets oder Strahlablenksystemen (Deflektor) verlangen häufig zusätzliche Bleiabschirmungen. Ferner ist zu prüfen, ob nicht durch Einhaltung bestimmter Mindestwartezeiten nach Abschalten der Anlage die Strahlenexposition sowie das Kontaminations- und Inkorporationsrisiko entscheidend vermindert werden können. Aktivierungen treten nicht nur in Targets sondern insbesondere auch an Strahlrohrverengungen, Strahlumlenkeinrichtungen, Strahlrohrverschlüssen und an Strahlungsfängern auf. Ferner ist auch in Kühl- und Pumpenflüssigkeiten mit Aktivitäten zu rechnen. Bei Ionenbeschleunigern kann in der Umgebung der Ionenquelle durch rückläufige Elektronen ein intensives Bremsstrahlungsfeld erzeugt werden.

Arbeiten an Beschleunigern erfordern besondere Vorsicht gegenüber Strahlungsfeldern, wenn nicht die gesamte Anlage abgeschaltet ist (z. B. van-de-Graaff-Maschine bei laufendem Band, aber abgestellter Quelle) oder wenn Arbeiten unmittelbar nach Abschalten der Maschine durchgeführt werden sollen. In diesen Fällen empfiehlt es sich, den betreffenden Raumbereich stets nur mit eingeschalteten Strahlungsmeßgeräten zu betreten, um jederzeit etwa vorhandene Strahlungsfelder feststellen zu können.

Die in der *Materialbestrahlung* eingesetzten Gleichspannungsfeld-Beschleuniger (van-de-Graaff-, Kaskaden-, ICT-Beschleuniger, Dynamitron) arbeiten überwiegend mit Elektronen bzw. Ionen von einigen 100 keV. Abb. 12.5 zeigt schematisch einen typischen Elektronenbeschleuniger, bei dem der Elektronenstrahl zur Aufweitung des Bestrahlungsfeldes durch ein Magnetfeld periodisch abgelenkt wird (Scanner). Dabei werden in dem unmittelbar unter dem Strahlenaustrittsfenster auf einer Transporteinrichtung vorbeilaufenden Material Elektronen-Kermaleistungen von einigen 100 kGy/s erreicht, wodurch sich eine besonders intensive Ozonproduktion ergibt.

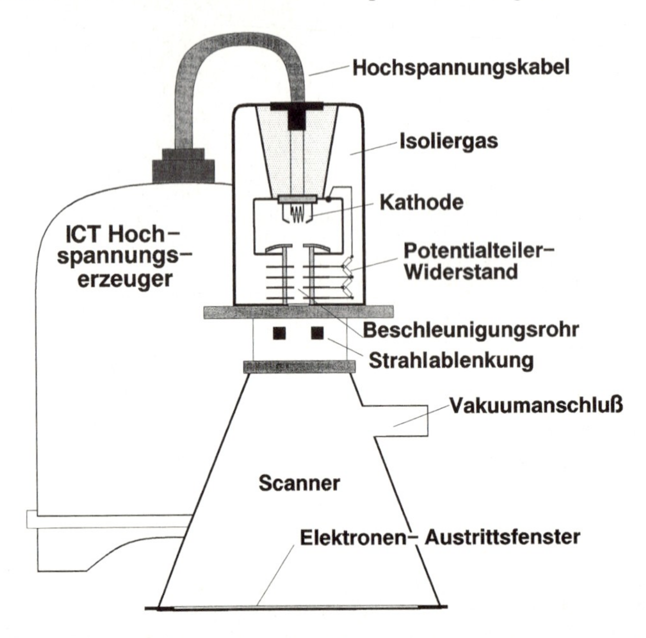

Abb. 12.5: Schematische Darstellung eines Elektronenbeschleunigers für die Materialbestrahlung

Da bei den niedrigen Teilchenenergien keine Aktivierung zu erwarten ist, beschränken sich die Strahlenschutzmaßnahmen auf die Abschirmung der in der bestrahlten Unterlage entstehenden Bremsstrahlung. Vielfach kann sogar auf Aufenthaltsbeschränkungen an solchen Anlagen verzichtet werden. Der Betrieb dieser Beschleuniger wird von der RöV erfaßt, wobei sie als (genehmigungsbedürftige) Störstrahler anzusehen sind (s. Kap.12.2.3). Falls die in einem Target innerhalb des Beschleunigers erzeugte Bremsstrahlung genutzt wird, ist der Beschleuniger als Röntgeneinrichtung einzustufen (s. Kap.12.2.1). Wird die Beschleunigungsenergie von 3 MeV überschritten oder werden anstelle von Elektronen Ionen beschleunigt, ist die StrlSchV zuständig.

In der *zerstörungsfreien Materialprüfung* werden nach dem Steh- oder Wanderwellenprinzip (etwa 3000 MHz) arbeitende Elektronen-Linearbeschleuniger eingesetzt, die üblicherweise im Energiebereich zwischen 4 und 18 MeV arbeiten, wobei Bremsstrahlungs-Kermaleistungen von mehr als 5 kGy/h in 1 m Abstand vom Target erreicht werden. Bei Werkstücken aus Stahl kann die hier im Prinzip mögliche Aktivierung in der Regel vernachlässigt werden. Abb. 12.6a zeigt ein typisches Linac-Gerät, das durch die Montage

Abb. 12.6: a) Linearbeschleuniger für die zerstörungsfreie Prüfung (Varian)

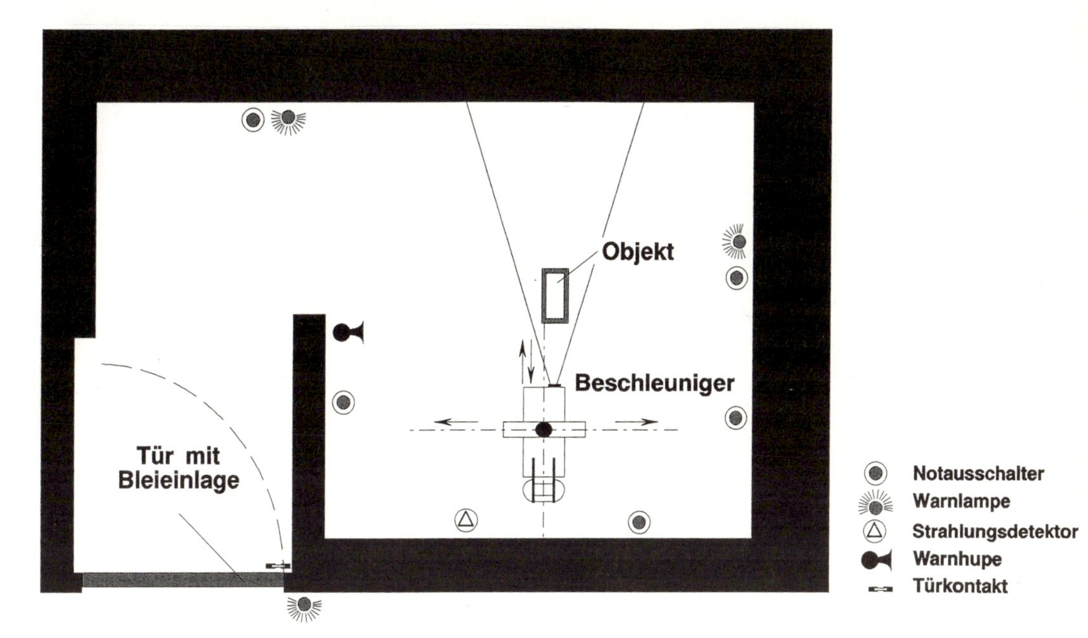

Abb. 12.6: b) Schematische Darstellung eines Beschleunigerraums für die zerstörungsfreie Prüfung

an einem Manipulatorkran besonders variabel einsetzbar ist. In Abb. 12.6b ist ein für den Betrieb solcher Geräte geeigneter Beschleunigerraum wiedergegeben. Die Genehmigung für den Betrieb dieser Anlagen erfolgt gemäß StrlSchV.

Auf *Beschleunigeranlagen in der wissenschaftlichen Forschung,* die praktisch alle Bauarten umfassen, kann hier nicht näher eingegangen werden. Zur Veranschaulichung soll in Abb. 12.7 beispielhaft das typische Raumkonzept wiedergegeben werden, das für eine

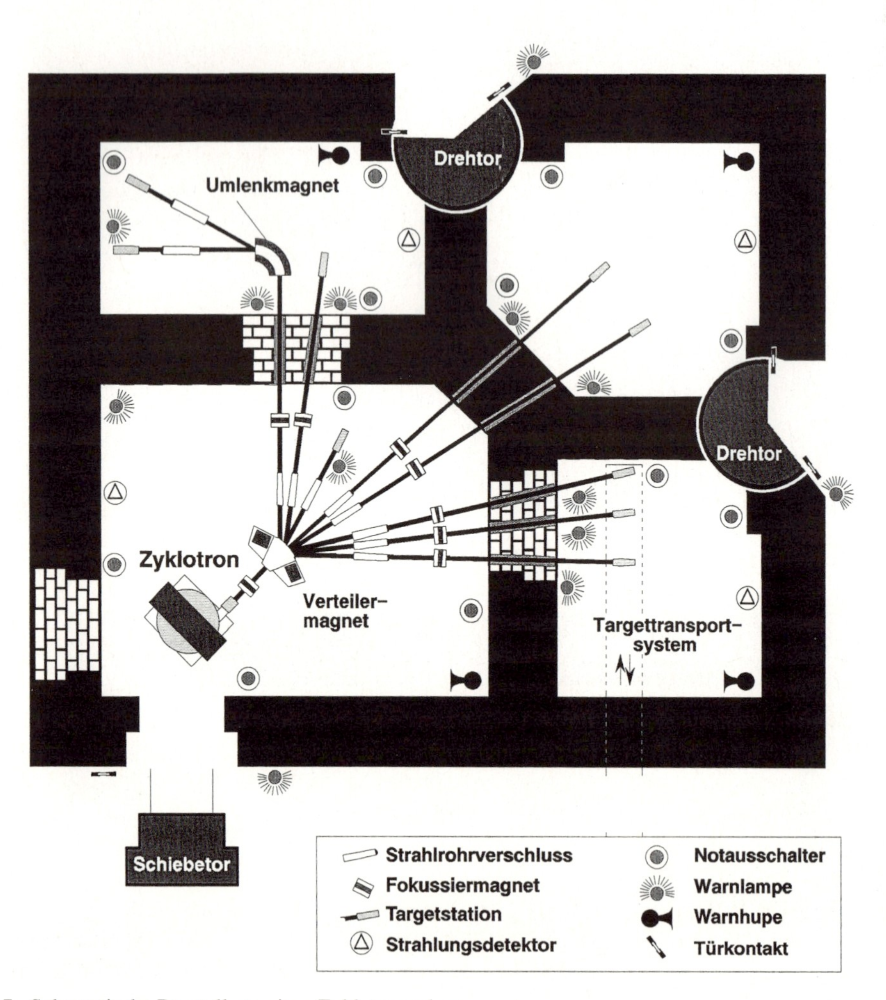

Abb. 12.7: Schematische Darstellung einer Zyklotronanlage

kleine Zyklotronanlage mit 3 getrennten Targeträumen denkbar ist, die für experimentelle Untersuchungen oder die Herstellung von Radionukliden eingesetzt werden könnte. Besondere Sicherheitsvorkehrungen sind hier notwendig, damit an Targetstationen, an denen Umbauarbeiten stattfinden sollen, weitergearbeitet werden kann, wenn andere mit Teilchenstrom versorgt werden. Üblicherweise werden dazu Strahlrohrverschlüsse vorgesehen, die nur im Rahmen eines für alle Targeträume geltenden Entriegelungskonzepts geöffnet werden können und die bei dessen Durchbrechen automatisch schließen (z. B. Öffnen eines Strahlrohrverschlusses nur möglich, wenn alle anderen geschlossen). Anlagen dieser Art entfallen auf den Geltungsbereich der StrlSchV.

12.2.3 Störstrahler

Nach den Vorschriften von StrlSchV und RöV werden Störstrahler, in denen Elektronen auf Energien ≥ 5 keV und ≤ 3 MeV beschleunigt werden können, von der RöV erfaßt, soweit sie nicht zur Erzeugung von Materiestrahlung betrieben werden und in den Geltungsbereich der StrlSchV fallen. Letzteres gilt insbesondere für Elektronenbeschleuniger mit Beschleunigungsenergien > 3 MeV bzw. Ionenbeschleuniger mit Beschleunigungsenergien ≥ 5 keV, die ebenfalls als Störstrahler wirken können. Die im folgenden gegebenen Hinweise beziehen sich lediglich auf Störstrahler im Geltungsbereich der RöV, wobei als kennzeichnendes Merkmal für den Strahlenschutz das Ausbleiben von Aktivierung anzusehen ist. Soweit Störstrahler gemäß ihrer Funktionsweise als Beschleuniger gelten oder als solche von der StrlSchV erfaßt werden, sind die Ausführungen in Kap. 12.2.2 zu berücksichtigen.

Gemäß RöV ist bei Störstrahlern, die genehmigungsfrei betrieben werden (Typ 1, Kap. 4.2.4), in 10 cm Abstand von der Oberfläche eine Ortsdosisleistung von höchstens 1 µSv/h zu erwarten. Diese Bedingung ist bei bauartzugelassenen Störstrahlern und bei sogenannten eigensicheren Kathodenstrahlröhren, wie sie z. B. für Bildschirme verwendet werden [doe85, fac85], erfüllt. In diesem Fall müssen vom Betreiber keine besonderen Strahlenschutzmaßnahmen getroffen werden.

Störstrahler, bei denen die Bedingung für den genehmigungsfreien Betrieb nicht eingehalten werden können (Typ 2), insbesondere bei Hochspannungen über 20 kV, erfordern zumeist apparative und bauliche Schutzmaßnahmen [eur70]. Für den Betrieb solcher Störstrahler sind dann Strahlenschutzbeauftragte notwendig, um zu gewährleisten, daß die zutreffenden Schutzvorschriften der RöV eingehalten werden. Ein typisches Beispiel sind Materialbestrahlungsanlagen mit Elektronenbeschleunigern, die zur Vernetzung von Kabelisolierungen eingesetzt werden (s. Kap.4.2.2.1 und 12.2.2).

Grundsätzlich gelten beim Betrieb von Störstrahlern dieselben Strahlenschutzregeln wie bei Röntgeneinrichtungen. Es ist jedoch darauf hinzuweisen, daß Strahlenschutzberechnungen mit Formel (9.7) bei Beschleunigungsspannungen < 50 kV nur grobe Näherungswerte der Ortsdosisleistung liefern, so daß stets auch Messungen vorgenommen werden müssen. Dabei ist zu beachten, daß bei Störstrahlern häufig Hochfrequenzspannungen anliegen, die zur Ausstrahlung nichtionisierender elektromagnetischer Wellenstrahlung führen. Da Strahlungsmeßgeräte durch diese Hochfrequenzfelder beeinflußt werden können, sind nur Geräte zu benutzen, deren Ansprechvermögen für solche Störungen geprüft ist. Falls der Störstrahler die Strahlung pulsweise abgibt (z. B. Radaranlage), muß außerdem bedacht werden, daß die gemessene Ortsdosisleistung nur bis zu dem gemäß Formel (8.1) gegebenen Höchstwert zuverlässig ist.

12.3 Umgang mit offenen radioaktiven Stoffen

12.3.1 Allgemeine Gesichtspunkte

Der Umgang mit offenen radioaktiven Stoffen verlangt grundsätzlich neben Schutzmaßnahmen gegen die äußere Strahlenexposition zusätzliche Schutzmaßnahmen gegen die Kontaminations- und Inkorporationsgefahr durch nicht fest haftende Oberflächenkontamination oder kontaminierte Atemluft. Der Umfang der gemäß Kap. 10 zu ergreifenden Schutzmaßnahmen richtet sich dabei wesentlich nach der Art, dem Zweck und dem Ort der Anwendung. Spezielle Schutzmaßnahmen sind im allgemeinen nicht erforderlich,

Abb. 12.8: Labor mit Radionuklidabzügen (HWM C 150, H. Wälischmiller)

wenn kleinste Aktivitäten als Indikatoren, beispielsweise für den Stofftransport in der Biosphäre oder bei industriellen Verfahren, verwendet werden. Falls offene radioaktive Stoffe zu Meß- oder Regelzwecken fest in Apparaturen eingebaut sind, und eine Kontaminationsgefährdung lediglich aufgrund möglicher Korrosion gegeben ist, können Absaugeinrichtungen zum Schutz gegen Inkorporationen ausreichend sein (z. B. bei Ni 63-Präparaten in Gas-Chromatographen).

Beim Umgang mit offenen radioaktiven Stoffen, deren Aktivitäten die in der StrlSchV festgelegten Freigrenzen überschreiten, müssen besondere Arbeitsverfahren angewendet und Schutzausrüstungen, insbesondere Schutzkleidung, eingesetzt werden (§ 53 StrlSchV). Dazu sind vielfach spezielle Radionuklidlaboratorien einzurichten, die Schutz gegen äußere und innere Strahlenexposition bieten. Ein Radionuklidlaboratorium umfaßt

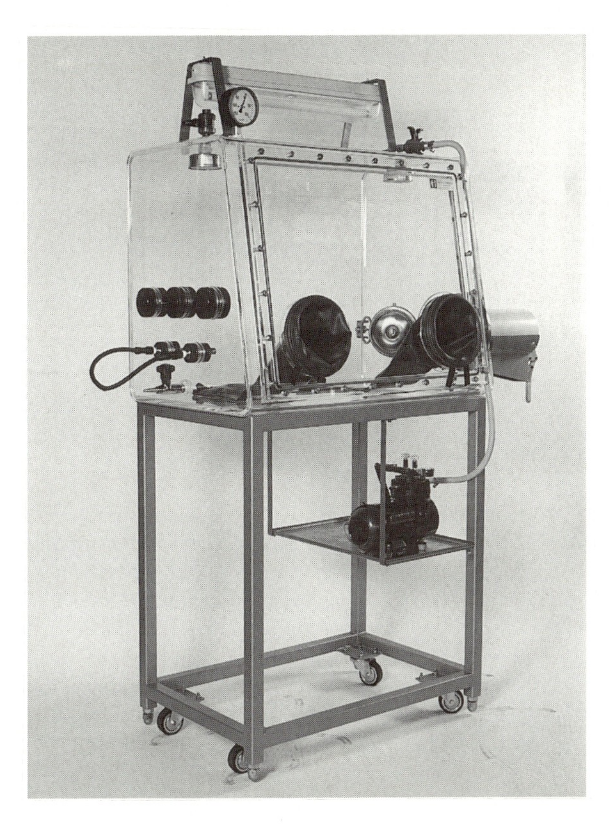

Abb. 12.9: Handschuhkasten aus Plexiglas, abnehmbare Frontscheibe mit eingeklebten Handschuhstutzen, Vakuumpumpe (B45, Draht & Schrader)

in der Regel in einem zusammenhängenden zentralen Bereich außer dem Laborraum eine Personenschleuse (Umkleidegarderobe, Waschgelegenheit, Personen-Kontaminationsmonitor), Räume für Messungen und Büroarbeiten, Raumbereiche für das Vorratslager an radioaktiven Stoffen und für die Zwischenlagerung oder Behandlung radioaktiver Abfälle sowie einen Bereitstellungsraum für Geräte und Strahlenschutzausrüstung. Zur Dekontaminierung von Personen oder zur Reinigung der Schutzkleidung können u. U. weitere Sonderräume erforderlich werden. Um die kontrollierte Führung von Abluft, Abwasser und Abfällen zu gewährleisten, sind zusätzlich Räume für die Lagerung radioaktiver Abfälle, die Abwasseranlage und die Abluftanlage einzurichten [n6844, n25425.1].

Radionuklidlaboratorien sind häufig nach den zulässigen Verarbeitungsaktivitäten (in Vielfachen der Freigrenzen nach StrlSchV) in die drei Klassen A, B und C eingeteilt, wobei der Umfang der Strahlenschutzvorkehrungen von C bis A ansteigt. Für Labortyp C ($\leq 10^2$-fache Freigrenze) genügt eine normale Laborausstattung mit widerstandsfähigen und leicht dekontaminierbaren Oberflächen. Die Typen B ($\leq 10^5$-fache Freigrenze) und A

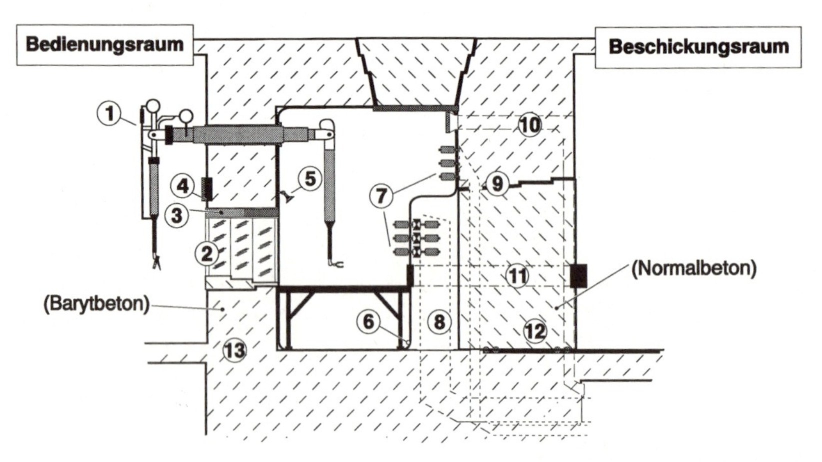

Abb. 12.10: a) Schematischer Querschnitt durch eine kleine Heiße Zelle aus Beton
1 Parallel-Manipulator, 2 Bleiglasfenster, 3 Hilfsöffnung mit Abschirmstopfen, 4 Differenzdruck-Meßgerät, 5 Feuerlöschanlage, 6 Stahlblechauskleidung, 7 Feinfilter, 8 Abluftkanal mit Vorfilter, 9 Zusatzabluftkanal (für Lüftung bei geöffneter Tür), 10 Zuluftkanal mit Vorfilter, 11 Durchführungsrohr mit Schleusensystem, 12 fahrbare Tür, 13 Bedienungswand

($> 10^5$-fache Freigrenze) sind in der Regel mindestens mit Radionuklidabzügen (s. Abb. 12.8) [n25466] sowie mit den notwendigen speziellen Einrichtungsgegenständen ausgerüstet, deren Art und Ausführung von den geplanten Arbeitsvorgängen und Verfahren abhängen. In Labortyp A werden die radioaktiven Stoffe zur Verhinderung von Raumluftkontaminationen zumeist in abgeschlossenen Arbeitszellen, z. B. Handschuhkästen (Abb. 12.9) oder – bei erhöhtem Abschirmungsbedarf – in Heißen Zellen (Abb. 12.10), gehandhabt [n25412, n25420].

Zusätzlich zu der durch die Strahlenschutzverordnung vorgeschriebenen Einteilung in Strahlenschutzbereiche kann es zweckmäßig sein, die Räume oder Bereiche einer Anlage, in der mit offenen radioaktiven Stoffen umgegangen wird, auch noch in Zonen mit unterschiedlichem Kontaminationsrisiko einzuteilen. Die Einschätzung von Risiken und die Beachtung der Sicherheitsvorschriften kann dabei durch geeignete farbliche Kennzeichnung von Räumen und Hinweisschildern erleichtert werden, z. B. weiß (ohne radioaktive Stoffe), grau, gelb, orange, rot (hohe Dauerkontamination).

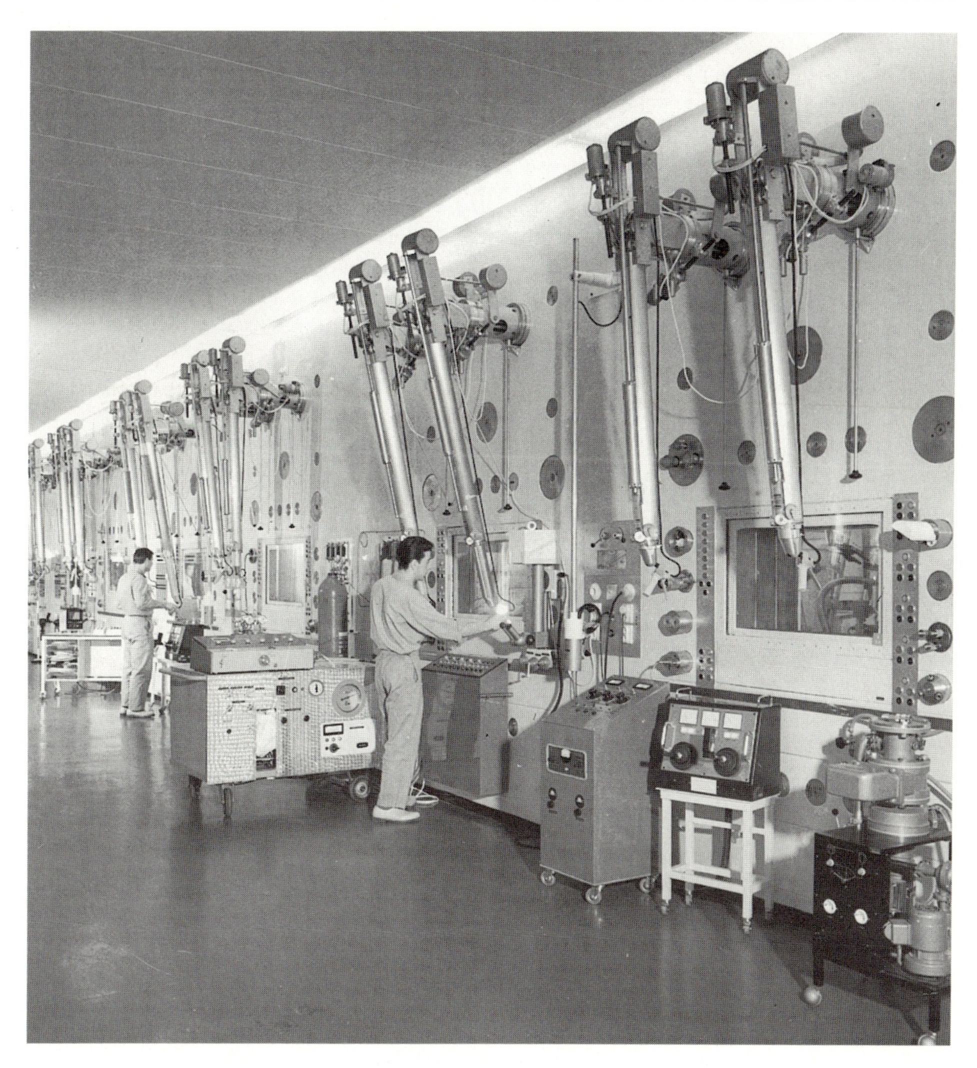

Abb. 12.10: b) Heiße-Zellen-Anlage mit Parallel-Manipulatoren in Teleskopbauart (HWM A 100, H. Wälischmiller)

12.3.2 Arbeitsplanung

Da der Arbeitsablauf beim Umgang mit offenen radioaktiven Stoffen im Labor häufig, anders als bei den meisten Anwendungen umschlossener Strahler (Meß- und Regeltechnik, zerstörungsfreie Materialprüfung), nicht von fest vorgegebenen Schutzvorkehrungen abhängt, sondern frei wählbar wesentlich von den Kenntnissen der ausführenden Person bestimmt wird, ist hier in der Regel jeweils eine sorgfältige Planung der einzelnen Arbeitsschritte erforderlich. Dazu gehört vor allem die vorhergehende Abschätzung der Maximalwerte der äußeren Strahlenexposition (Ortsdosis) und der Inkorporation (Folgedosis), die bei einem geplanten Vorhaben zu erwarten sind. Dies muß im Zusammenhang mit der Festlegung der notwendigen baulichen Schutzeinrichtungen (Radionuklidabzug, Handschuhkasten, Abschirmsteine usw.) und der persönlichen Schutzausrüstung (Schutzkleidung, Atemschutzgerät, Meßgeräte usw.) erfolgen. Dabei sind auch Unfallsituationen zu berücksichtigen, wofür die Eigenschaften der verwendeten Substanzen und die möglichen chemischen Reaktionen von entscheidender Bedeutung sind. Insbesondere ist zu prüfen, ob die auftretenden Substanzen flüchtig, brennbar, agressiv, entzündlich oder explosiv sind, ob Stäube oder Aerosole entwickelt werden und ob Wärmetönungen (mit Temperaturänderungen) auftreten. Die gewissenhafte Vorbereitung der Tätigkeit verlangt ferner, daß alle erforderlichen Arbeitsgeräte und Meßgeräte zur Arbeitsplatzüberwachung vor Beginn der Arbeiten bereitgestellt bzw. installiert sind.

Für die Durchführung der Arbeiten ist eine überlegte und zügige Arbeitsweise sowie die konsequente Einhaltung der Verhaltens- und Arbeitsregeln zu fordern. Nach Beendigung der Tätigkeit muß vor Verlassen des Arbeitsplatzes sichergestellt werden, daß keine andere Person unbeabsichtigt einer Strahlenexposition ausgesetzt wird oder eine Verschleppung von Kontaminationen verursachen kann.

12.3.3 Arbeitsregeln

Beim labormäßigen Umgang mit offenen radioaktiven Stoffen müssen alle wesentlichen Strahlenschutzmaßnahmen in einer Strahlenschutzanweisung schriftlich dokumentiert werden. Hierbei sind neben organisatorischen Regelungen, z. B. zum Betreten und Verlassen des Radionuklidlabors oder bezüglich Kleidung, Personendosimetern, Kontaminationsmessungen und Reinigungsprozeduren, auch die den Strahlenschutz betreffenden Arbeitsregeln aufzuführen.

Grundsätzlich sind Arbeitstechniken zu wählen, bei denen die Bildung von Gasen, Aerosolen, Dämpfen, Stäuben und Spänen vermieden wird und die Menge des erzeugten (radioaktiven) Abfalls so gering wie möglich ist. Zum Schutz gegen die trotzdem entstehenden, unvermeidlichen Oberflächenkontaminationen sind Arbeitsflächen und Hilfseinrichtungen möglichst mit Folien oder saugfähigen Auflagen abzudecken. Das Umfüllen von Flüssigkeiten sollte über Auffangbehältern erfolgen, welche notfalls die gesamte Flüssigkeit aufnehmen können und die ebenfalls mit saugfähigem Material auszulegen sind. Naßverfahren sind im allgemeinen Trockenverfahren vorzuziehen. Bei Arbeiten mit Feststoffen sind Geräte und Schutzmittel zu vermeiden, die elektrostatische Aufladungen verursachen können. Die Verarbeitung von pulverförmigem Material und die Erhitzung von Flüssigkeiten sollten in Radionuklidabzügen oder geschlossenen Arbeitszellen erfolgen. Das Umfüllen von Flüssigkeiten sowie auch von Pulvern ist wegen der Zerstäubungsgefahr stets auf ein Mindestmaß zu beschränken. Schwierige Arbeitsvorgänge sind vorher mit entsprechendem inaktiven Material zu erproben. Arbeitsplätze und -geräte für aktive und inaktive Arbeiten sind zu trennen. Kontaminierte Gegenstände dürfen nur an dafür besonders reservierten Orten abgelegt werden. Für vergleichbare Arbeitsabläufe sollten möglichst jeweils dieselben Arbeitsplätze vorgesehen werden. Eine spezielle Kennzeichnungspflicht besteht für alle Vorratsbehälter (§ 35 StrlSchV). Vor Verlassen des Arbeitsplatzes müssen auch kontaminierte Behältnisse, Arbeitsgeräte und -bereiche bis zur Durchführung einer fachgerechten Dekontamination als kontaminiert gekennzeichnet und die Geräte gesichert aufbewahrt werden.

Anmerkung: Grundsätzlich ist darauf hinzuweisen, daß Arbeitsregeln stets auf die jeweils vorliegende Problemstellung abgestimmt sein müssen. Die hier gegebenen Hinweise sind in diesem Sinn als eine (unvollständige) stichwortartige Sammlung von Grundregeln anzusehen. Die Nützlichkeit der angegebenen Regeln ist im Einzelfall zu prüfen. Zur Ermittlung und Weitergabe der problemspezifischen Regeln, die sich vor allem aus Erfahrungen ergeben, kann es zweckmäßig sein, Protokolle von Arbeitsabläufen zu erstellen, anhand derer sich Strahlenschutzplanung und -wirklichkeit vergleichen lassen. Praktische Tätigkeiten (Öffnen von Ampullen usw.) lassen sich dagegen vielfach in Bildern oder kurzen Filmspots besser erläutern.

Die für den Fortgang der Arbeiten nicht unbedingt benötigten radioaktiven Stoffe sind in speziellen, verschließbaren Schutzbehältern am Arbeitsplatz oder in gesicherten Lagerräumen so aufzubewahren, daß sie einzeln, gegebenenfalls mittels eines Greifwerkzeugs, entnommen werden können. Falls der Austritt flüchtiger radioaktiver Stoffe nicht auszuschließen ist, muß auch der Lagerraum an das überwachte Abluftsystem angeschlossen sein.

Außer den Schutzmaßnahmen gegen Kontaminationen sind bei der Handhabung von Beta- und Gammaaktivitäten auch die Schutzmaßnahmen gegen Strahlungsfelder zu beachten. Bei Betastrahlern ist insbesondere die Bedeutung der Bremsstrahlung abzuschätzen und zu prüfen, ob die Strahlenexposition durch eine zusätzliche Abschirmung merklich verringert werden kann.

Auch beim Arbeiten in abgeschlossenen Arbeitszellen können sich Kontaminationsgefahren beim Ein- und Ausschleusen von Materialien und Geräten ergeben, wie etwa beim Auswechseln von Handschuhen bzw. Manipulatoren, bei mangelnder Dichtheit und bei zu geringem Unterdruck in der Zelle, bei unzureichender Wirkung der Abluftfilter sowie bei deren Wechsel.

Ein sauberes Ausschleusen von kontaminierten Gegenständen ist mit der sogenannten Plastiksack-Schleusmethode möglich, die in Abb. 12.11 schematisch erläutert wird [n25420.1/Bbl.1]. Bei geeigneter Ausbildung der Schleusenstutzen können in analoger Weise auch Filtereinsätze und Gummistulpenhandschuhe ausgewechselt werden.

Zum Ausschleusen größerer Gegenstände aus Arbeitszellen ist es zweckmäßig, den für den Abtransport vorgesehenen Behälter mit einer (nur während der Beladung zu öffnenden) Plastikhülle zu umgeben und innerhalb der Zelle mit dem Gegenstand zu beladen. Durch Entfernen der Hülle an der Grenze der Kontaminationszone wird erreicht, daß der Transportbehälter nahezu kontaminationsfrei bleibt.

Sofern keine automatischen Warnsignale gegeben werden, muß zur Sicherstellung der ausreichenden Dichtheit der Arbeitszellen gegenüber der Umgebung regelmäßig kontrolliert werden, ob das Abluftgebläse in Funktion ist, der Differenzdruck über den Abluftfiltern den vorgegebenen Grenzwert nicht überschreitet und gegebenenfalls die Druckdifferenz zum Bedienungsraum den vorgegebenen Grenzwert nicht unterschreitet. Damit

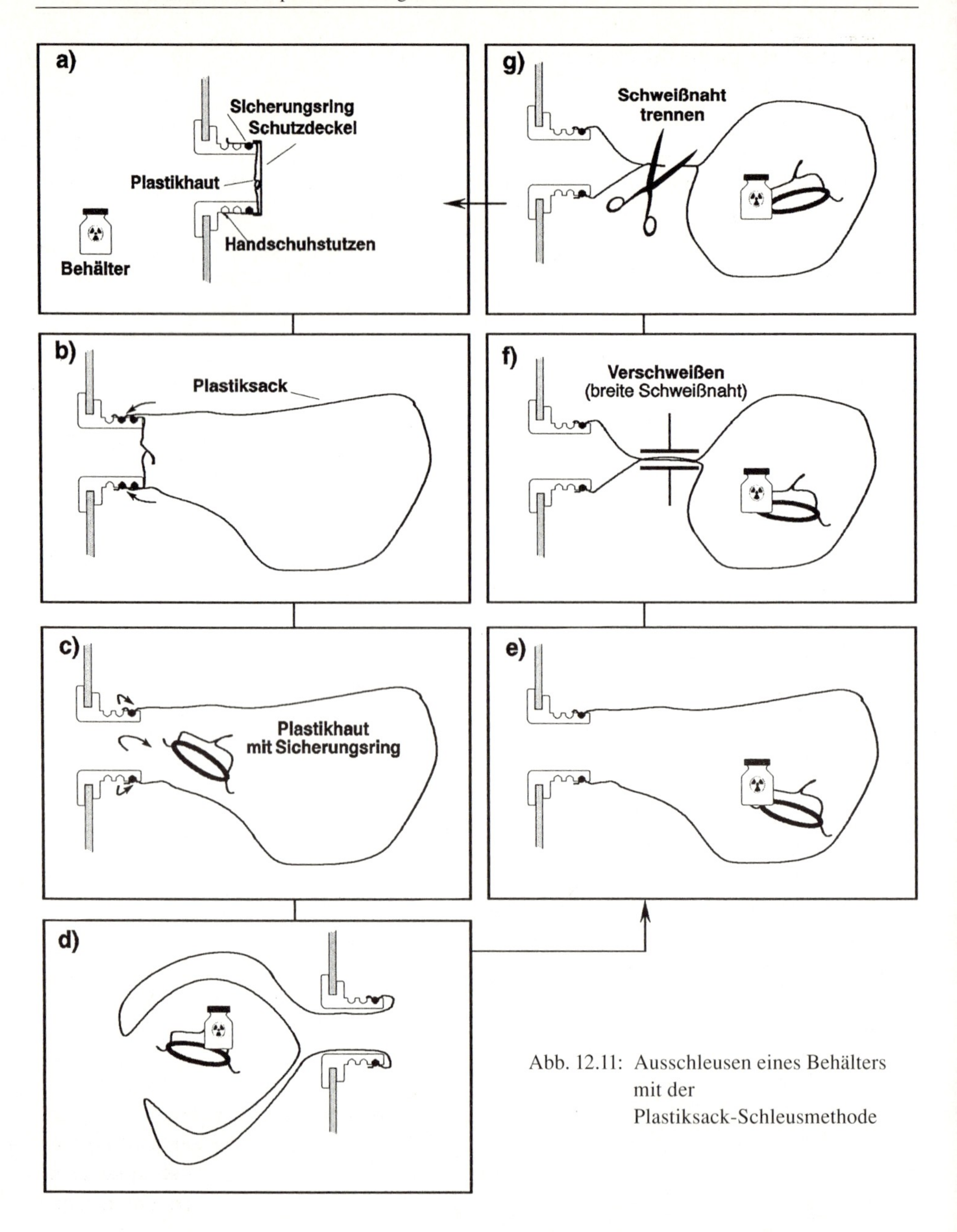

Abb. 12.11: Ausschleusen eines Behälters mit der Plastiksack-Schleusmethode

auch bei Ausfall des Abluftsystems Kontaminationen der Umgebung verhütet werden, sind in regelmäßigen Abständen Dichtheitsprüfungen der Arbeitszellen vorzunehmen [n25412.2].

Besondere Sorgfalt ist bei den von Zeit zu Zeit erforderlich werdenden Filterwechseln in den Abluftsystemen und Abwasseranlagen notwendig, da u. U. erhebliche Aktivitäten gehandhabt werden müssen.

12.3.4 Überwachungsmessungen

Um in einem Radionuklidlabor Gefährdungen durch offene radioaktive Stoffe rechtzeitig erkennen zu können, müssen Geräte zur Messung der Oberflächenkontamination und gegebenenfalls der Raum- bzw. Abluft- sowie der Abwasserkontamination verfügbar sein. Typ und Ausstattung der Geräte sind dabei entsprechend der Meßaufgabe sowie der Art und Energie der vorkommenden Strahlungen zu wählen. Ferner können Messungen zur Ermittlung inkorporierter radioaktiver Stoffe erforderlich werden [fac82b].

Messungen der Oberflächenkontamination sind bei Kontaminationsverdacht sowie aufgrund von Erfahrungen auch nach einzelnen Arbeitsschritten an Personen und Arbeitsplätzen durchzuführen, um festzustellen, ob Personen kontaminiert sind oder ob an Arbeitsplätzen, Gegenständen und Kleidung die in Tab. 11.3 angegebenen Kontaminations-Grenzwerte überschritten werden [n25425.2]. Die Schutzhandschuhe sind häufiger auf Kontamination zu prüfen und gegebenenfalls sofort zu wechseln. Bei der Auswahl der zur Überwachung eingesetzten Monitore ist darauf zu achten, daß die Nachweisgrenzen für die in Frage kommenden Radionuklide soweit unter den Grenzwerten liegen, daß etwas niedriger eingestellte Alarmschwellenwerte noch zuverlässig erfaßt werden können (siehe Kap. 8.6).

Oberflächenkontaminationen können entweder direkt mit einem großflächigen Kontaminationsmeßgerät bzw. -monitor (s. Kap. 8.3.4) bzw. indirekt durch eine Wischprüfung bestimmt werden, bei der eine Wischprobe von der Oberfläche entnommen und in einem Aktivitätsmeßplatz (s. Kap. 8.3.5) ausgemessen wird [n7503]. Falls die Umgebungsstrahlung einen niedrigen Pegel aufweist, wird im allgemeinen zunächst eine direkte Messung vorgenommen, mit der die festhaftende sowie die nicht festhaftende Kontamination erfaßt wird. Bei Kontaminationsverdacht schließt sich daran eine Wischprüfung an, um die nicht festhaftende Kontamination zu ermitteln. Bei der Wischprüfung wird zumeist eine bestimmte Fläche des zu kontrollierenden Bereiches mit einem dünnen Scheibchen aus einem an die Oberfäche angepaßten Material (z. B. Filterpapier bei glatten Oberflächen) unter gleichbleibendem Druck möglichst mit einem Halter abgewischt. Bei ausgedehnten Kontaminationen ist eine Fläche von 100 cm^2 zu erfassen.

Wird eine über den Werten der Tabelle 11.3 liegende Kontamination festgestellt, so ist der betroffene Bereich zu kennzeichnen und zu sichern, bis eine fachgerechte Dekontaminierung durchgeführt ist. Falls dabei die Grenzwerte nicht unterschritten werden können, ist die Kontamination als festhaftend anzusehen. Für diesen Fall muß durch betriebsinterne Regeln festgelegt werden, ob und unter welchen Bedingungen der Gegenstand weiter benutzt werden kann oder als radioaktiver Abfall zu behandeln ist. Vorübergehend kann eine schwer dekontaminierbare Oberfläche, soweit keine mechanischen Beanspruchungen vorhanden sind, mit Folien abgedeckt werden. Unabhängig von den Grenzwerten sollte jede als leicht verschleppbar erkannte Kontamination am Arbeitsplatz umgehend beseitigt werden. Bevor mit der Dekontaminierung begonnen wird, sind geeignete Reinigungs- und Kontrollverfahren zu bestimmen und das Arbeitsprogramm genau festzulegen [fac83, fac91, iae79, n25425.2, sch78, ssk88d, tra91]. Grundsätzlich eignen sich zur Dekontaminierung von Gegenständen alle Reinigungsverfahren, bei denen möglichst wenige und zugleich schonende Reinigungsmittel benötigt werden. Im einzelnen richten sich die Verfahren nach den Eigenschaften der kontaminierten Gegenstände und nach der Art der Kontamination. Zur Erleichterung von Dekontaminierungen sind daher insbesondere Arbeitsflächen möglichst mit glatten und widerstandsfähigen Oberflächen auszustatten.

Für die *Überwachung von Personen* werden an den Schleusen zum Kontrollbereich stationäre Kontaminationsmonitore (s. Kap. 8.3.4.2) eingesetzt, mit denen beim Verlassen üblicherweise mindestens Hände und Schuhe sowie bei festgestellter Kontamination auch Kleidung und Kopfbereich kontrolliert werden. Die Alarmschwelle dieser Geräte ist dabei so einzustellen, daß einerseits Fehlalarme durch Untergrundstrahlung vermieden, andererseits Kontaminationen sicher erkannt werden. Dies wird erreicht, wenn der Schwellenwert größer als die Erkennungsgrenze (siehe Kap. 8.6) eingestellt wird.

Falls bei der Personenkontrolle eine Kontamination der Körperoberfläche festgestellt wird, ist in jedem Fall umgehend eine Verringerung oder Beseitigung der Kontamination mit schonenden Hilfsmitteln (z. B. lauwarmes Wasser mit Waschmittel oder Klebestreifen) zu versuchen, wobei möglichst nur die kontaminierten Stellen zu reinigen sind. Dazu ist zunächst der Absolutwert der Oberflächenkontamination festzustellen. Falls die Kontamination nach dem ersten Dekontaminierungsvorgang nicht beseitigt ist, sind maximal höchstens 2 weitere Dekontaminierungsversuche durchzuführen, wobei der einzelne Waschvorgang 2 Minuten nicht überschreiten sollte. Bei Meßwerten < 10 Bq/cm^2 ist die Reinigung nur zu wiederholen, wenn die Kontamination beim vorhergehenden Reinigungsversuch um mindestens 10% verringert wurde und eine Schädigung der Haut (Hautrötung) nicht erkennbar ist. Bei höheren Anfangswerten der Kontamination muß eine Dokumentation des Dekontaminierungsverlaufs vorgenommen werden. Falls sich herausstellt, daß die Dekontaminierung beendet werden muß, obwohl der Wert von 10 Bq/cm^2 noch nicht unterschritten ist, sollte unter Hinzuziehen des Strahlenschutzbeauftragten und eines ermächtigten Arztes geprüft werden, ob weitere gleichartige Waschvorgänge zweckmäßig sind oder ob aufgrund einer Dosisabschätzung der Einsatz schärferer Waschmittel oder anderer Dekontaminierungsmaßnahmen angeraten erscheint. Ausführlichere Darstellungen von Maßnahmen zur Dekontamination von Haut, Haaren, Augen, Mund, Nase und Ohren geben die Veröffentlichungen [bmu90a, fac89].

Bei einer oberflächlichen Kontamination der Haut mit der flächenbezogenen Aktivität a_F gilt für die während einer Kontaminationsdauer t von der Haut aufgenommene Äquivalentdosis (gemittelt über 50 – 100 µm Tiefe) die Formel:

$$H_H = 1.44 \cdot a_F \cdot f_\beta \cdot T \cdot (1 - 2^{-t/T}) \qquad (12.4)$$

Der in Anhang 15.5 für verschiedene Radionuklide angegebene Dosisleistungsfaktor f_β berücksichtigt Elektronen- und Betastrahlung sowie die zumeist nur geringfügig beitragende Gammastrahlung. Dabei wird zur Berechnung des Gammastrahlungsbeitrags von einer Kontamination der gesamten Haut ausgegangen (siehe auch Formel (9.9) in Kap. 9.4.2). Kontaminationen mit Alphastrahlern bewirken praktisch keine Hautdosen, solange die Kontamination nur oberflächlich ist und die radioaktive Substanz noch nicht tiefer in die Haut eindringen konnte. Bei der Anwendung von Formel (12.4) ist zu berücksichtigen, daß die Erneuerungszeiten für Epidermis bzw. Hornhaut etwa 18 bzw. 13 Tage betragen und daß die eingelagerten Substanzen nach diesen Zeiten abgestoßen werden.

Anmerkung: Für die Berechnung stochastischer Risiken ist anstelle der lokalen Dosis H_H die mittlere Hautdosis anzusetzen, die sich aus H_H durch Multiplikation mit dem Verhältnis aus kontaminierter Fläche zur gesamten Körperoberfläche ergibt (s. Anhang 15.41b).

Zur *Ermittlung von inkorporierten radioaktiven Stoffen* werden je nach Art des Radionuklids und Beschaffenheit der Substanz unterschiedliche direkte oder indirekte Meßeinrichtungen benötigt (s. Kap. 8.3.5.4). Diese Meßverfahren (Ganzkörpermessung, Auswertung von Urinproben, usw.) erfordern häufig einen so erheblichen apparativen Aufwand und besondere Fachkenntnisse, daß dafür speziell eingerichtete Meßstellen, wie z. B. die „Regionalen Strahlenschutzzentren" [gbg82], in Anspruch genommen werden müssen. Die Messungen sind entweder bei Verdacht auf Inkorporation oder in regelmäßigen Zeitintervallen vorzunehmen bzw. zu veranlassen, wenn es aufgrund der Aktivitäten und der Arbeitsweise erforderlich erscheint oder von den entsprechenden Richtlinien vorgeschrieben wird [bmi78b]. Hinweise zur Auswertung der Meßergebnisse werden in Kap. 10.3 und 10.4 gegeben.

Messungen der Raumluftkontamination sind vorzusehen, wenn aufgrund von Erfahrungen oder Abschätzungen bei dem vorgesehenen Umgang mit radioaktiven Stoffen zu erwarten ist, daß die in den Rechtsvorschriften festgelegten Grenzwerte für Inkorporation im Arbeitsbereich überschritten werden können. Vorsorgliche Messungen werden empfohlen, wenn die Möglichkeit besteht, daß 1/10 dieser Grenzwerte überschritten wird. Bei der Auswahl der Meßgeräte ist darauf zu achten, daß sie für die jeweilige Art der Kontamination (Gase, Dämpfe bzw. Aerosole) und der Radionuklide geeignet sind (s. Kap. 8.3.5.3 und [n25423.1/3]). Ferner ist sicherzustellen, daß die Nachweisgrenzen unter den zu messenden Konzentrationswerten liegen und daß bei sammelnden Meßgeräten die Meßwerte rechtzeitig erhalten werden, um Schutzmaßnahmen treffen zu können.

Grundsätzlich ist bei der Bewertung der Meßsysteme zu berücksichtigen, daß direkt und schnell anzeigende Durchflußmeßgeräte aufgrund des kleinen Gasvolumens nur eine vergleichsweise hohe Nachweisgrenze besitzen, während indirekt messende Geräte mit Sammelfiltern bei wesentlich größeren Meßzeiten erheblich niedrigere Nachweisgrenzen erreichen können. Schnell anzeigende Geräte eignen sich demnach vor allem für die Erfassung kurzzeitig auftretender stark überhöhter Luftkontaminationen, die schnelle Schutzmaßnahmen erfordern, z. B. Evakuierung, Absperren der Abluft. Geräte mit größeren Meßzeiten und niedriger Nachweisgrenze werden dagegen benötigt, um Kontaminationswerte zu erkennen, die langfristig zu einer Überschreitung der Grenzwerte der Inhalationsdosis bzw. der Abgabe in die Umwelt führen können [r1503]. Bei der Einrichtung von Radionuklidlaboratorien ist deshalb anhand einer Abschätzung von möglicherweise freiwerdenden Aktivitäten und entstehenden Luftkontaminationen zu entscheiden, welche Meßgeräte den Anforderungen an die Nachweisgrenze und die Ansprechzeit (Zeitdauer zwischen dem Auftreten am Entstehungsort und der Wiedergabe des Meßwertes einschließlich Transport zum Meßgerät) genügen.

Wenn damit zu rechnen ist, daß die Abluft verschiedene Radionuklide in unbekannter Zusammensetzung enthalten kann, sind in geeigneten Zeitabständen spektrometrische

Messungen (siehe Kap. 8.3.6) durchzuführen, um eine Bilanzierung der langfristig abgegebenen Aktivitäten nach Radionukliden zu ermöglichen.

Bei der *Überwachung von Abwassern* aus Radionuklidlaboratorien besteht eine wesentliche Meßaufgabe darin, die Aktivitätskonzentration bzw. die Gesamtaktivität in einem Zwischensammelbehälter zu bestimmen, um über die weitere Abwasserbehandlung entscheiden zu können, wie z. B. Einleitung in getrennte Sammel-, Lager- oder Abklingbehälter für bestimmte Radionuklidgruppen bzw. Aktivitäten. Solche Messungen können entweder indirekt durch Probennahme aus dem Behälter oder direkt durch an oder im Zwischensammelbehälter angeordnete Detektoren erfolgen (siehe Kap. 8.3.5.2, [n25416, n25465]). Bei unbekannter Nuklidzusammensetzung können zusätzlich spektrometrische Messungen erforderlich werden (siehe Kap. 8.3.6), wenn zu entscheiden ist, ob das Abwasser unter Einhaltung der Rechtsvorschriften in die öffentliche Kanalisation abgelassen werden darf.

12.3.5 Abfallbehandlung

Kontaminierte Stoffe oder Gegenstände, die nicht mehr benötigt werden oder deren Dekontaminierung einen zu großen Aufwand erfordert, sind als radioaktive Abfälle gesondert von anderen Abfällen zu sammeln und zu sortieren. Sie müssen je nach Art des Abfalls entweder an eine Anlage des Bundes zur Sicherstellung und zur Endlagerung radioaktiver Abfälle oder an die zuständige Landessammelstelle abgeliefert werden, sofern nicht Ausnahmen von der Ablieferungspflicht bestehen (Kap. 11.8, §§ 81, 82, 83 StrlSchV). Die bei der Sammlung am Arbeitsplatz und bei der betrieblichen Zwischenlagerung im einzelnen zu berücksichtigenden Kriterien sollten sich dementsprechend im wesentlichen nach den Bedingungen der entsprechenden Entsorgungseinrichtung richten (z. B. Benutzungsordnung der zuständigen Landessammelstelle) [bmi81a, her83].

Üblicherweise ist eine getrennte Sammlung von festen und flüssigen Abfällen vorgesehen, wobei alle Behältnisse möglichst unmittelbar dort bereitgestellt werden sollten, wo die Abfälle anfallen. Die festen Abfälle sind getrennt nach brennbar und nicht brennbar in Abfalleimer zu geben, die mit widerstandsfähigen Kunststoffbeuteln ausgekleidet und gegebenenfalls abgeschirmt sind. Staubige Abfälle, spitze und scharfkantige Gegenstände müssen zuvor noch speziell verpackt werden. Flüssige Abfälle sind in dicht verschließbaren und bruchsicheren Behältern zu sammeln. Die Trennungskriterien werden hier vor allem durch chemische Gesichtspunkte bestimmt, wobei insbesondere auf die Beständigkeit des Behälters gegenüber den Flüssigkeiten zu achten ist.

Soweit möglich werden radioaktive Abfälle ferner nach Radionukliden getrennt gesammelt. Abfälle, die Kernbrennstoffe enthalten, müssen getrennt von allen anderen Abfällen aufbewahrt werden. Faul- bzw. gärfähige organische Abfälle sind tiefgekühlt zu lagern. Bei radium- und thoriumhaltigen Abfällen kann u. U. der Einsatz von gasdichten Behältern mit Aktivkohle notwendig werden, damit der Austritt der radioaktiven Folgeprodukte verhindert wird.

Grundsätzlich sind alle Behälter für radioaktive Abfälle deutlich zu kennzeichnen und gegebenenfalls durch besondere Form oder Farbe als solche einprägsam hervorzuheben, damit eine leichte Unterscheidung von anderen Abfallbehältern möglich ist.

12.4 Kerntechnische Anlagen

Besonders umfangreiche Strahlenschutzmaßnahmen sind bei Anlagen mit Kernbrennstoffen (Reaktoren, Wiederaufarbeitungsanlagen, Lagerstätten für Kernbrennstoffe bzw. radioaktive Abfälle) erforderlich, weil sie extrem große Mengen radioaktiver Stoffe enthalten. Diese Maßnahmen, deren Umfang teilweise erheblich größer ist als in den Kap. 12.1.1 und 12.3 erläutert wird, können im folgenden nur angedeutet werden [bfe87, her87, led92, r1301].

Innerhalb des Kontrollbereichs solcher Anlagen müssen in der Regel Sperrbereiche eingerichtet werden, die normalerweise während des Betriebs oder kurz danach nicht betreten werden dürfen. Ein typisches Beispiel dafür ist der Bereich zwischen primärem und sekundärem Abschirmschild an Leichtwasserreaktoren (s. Abb. 12.12), in dem sich die Komponenten des primären Kühlwasserkreislaufs befinden. Die Strahlenschutzbereiche sind hier zumeist durch massive Schutzwände gegeneinander abgegrenzt, die nur durch einige überwachte Schleusen passiert werden können.

In einem Kernreaktor können außer dem Brennelement selbst (im Reaktorkessel oder Lagerbecken) auch Anlageteile, wie Reaktordeckel, Anschwemmbehälter für Filterkonzentrat, Meß- und Steuereinbauten durch Kontaminierung oder Aktivierung im Strahlungsfeld zu intensiven Strahlungsquellen werden. Mit dem Kühlmittel transportierte radioaktive Stoffe können in den Kreislaufkomponenten (Wärmetauscher, Pumpen, Druckhalter, Rohrleitungen, Ventile, Filter) erhebliche Kontaminationen verursachen. Während der Begehung der Anlagen muß daher an vielen Stellen mit örtlich und zeitlich stark schwankenden Ortsdosisleistungen gerechnet werden.

Bei eingeschaltetem Reaktor wird das Strahlungsfeld in der Nähe des Primärschildes im wesentlichen durch die bei der Kernspaltung entstehenden Neutronen und Photonen, durch die Gammastrahlung der radioaktiven Spaltprodukte sowie durch die beim Neutroneneinfang in Strukturmaterialien entstehende Photonenstrahlung bestimmt. In größerer Entfernung, insbesondere hinter dem Sekundärschild, tragen überwiegend aktivierte Substanzen im Kühlmittel und in der Luft mit kurzen Halbwertzeiten zum Strahlungsfeld bei. Einige Minuten nach Abschalten des Reaktors ist dort praktisch nur noch ein Photonenstrahlungsfeld vorhanden, das durch die Gammastrahlung der Spaltprodukte in den Brennelementen sowie durch längerlebige aktivierte Korrosionsprodukte in den Kreislaufkomponenten verursacht wird. Bei Wartungsarbeiten an geöffneten Baukomponenten muß grundsätzlich auch mit Betastrahlung gerechnet werden.

Bei Wiederaufarbeitungsanlagen für Kernbrennstoffe, in denen die radioaktiven Spaltprodukte sowie das Uran und Plutonium aus abgebrannten Brennelementen herausgelöst und konzentriert werden, wird das Strahlungsfeld im wesentlichen durch die Beta- und Gammastrahlung der Spaltprodukte verursacht. Nach sehr langer Brennzeit des Kern-

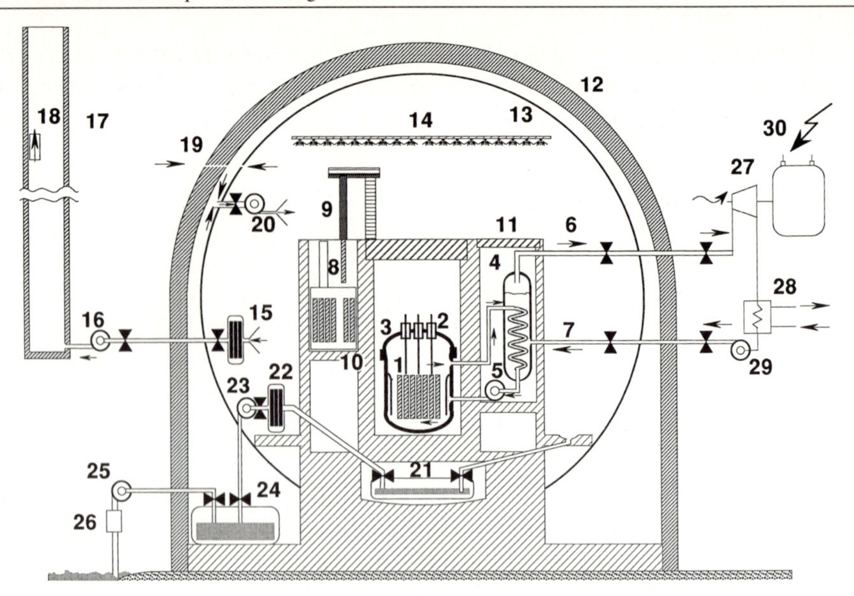

Abb. 12.12: Schematische Darstellung eines Kernreaktors
1 Brennstäbe, 2 Steuerstäbe, 3 Reaktorkessel, 4 Verdampfer, 5 Umwälzpumpe, 6 Dampf, 7 Wasser, 8 Brennelement-Lagerbecken, 9 Brennelement-Wechselmaschine, 10 Betonschild (primär), 11 Betonschild (sekundär), 12 Betonschild (tertiär), 13 Schutzhülle, 14 Sprühanlage, 15 Abluftfilter, 16 Abluftgebläse, 17 Kamin, 18 Abluftüberwachung, 19 Leckstelle, 20 Rückluftgebläse, 21 Abwasser-Sammelbehälter, 22 Abwasserreinigung, 23 Umfüllpumpe, 24 Abwasser-Kontrollbehälter, 25 Abgabepumpe, 26 Abwasserüberwachung, 27 Turbine, 28 Kondensator, 29 Speisewasserpumpe, 30 Generator, ⧗ Absperrventil

brennstoffs ist jedoch auch mit Neutronenstrahlung zu rechnen, die bei (α, n)-Kernprozessen und bei der spontanen Spaltung der im Strahlungsfeld entstehenden schwersten Atomkerne erzeugt wird. Solche Atomkerne (z. B. Cm) werden durch wiederholte Anlagerungen von Neutronen an Urankerne und anschließende β-Emissionen während des Reaktorbetriebes gebildet. In den Prozeßzellen von Wiederaufarbeitungsanlagen können dementsprechend Alpha-, Beta-, Gamma- und auch Neutronenstrahlung auftreten.

Grundsätzlich dürfen in kerntechnischen Anlagen Arbeiten in Bereichen mit erhöhter Strahlenexposition, insbesondere Sperrbereichen, nur nach Freigabe und unter Aufsicht des Strahlenschutzpersonals ausgeführt werden. Unter Umständen ist auch ein ständiger Kontakt zur Überwachungszentrale aufrecht zu erhalten. Dabei kann es erforderlich sein, daß das Strahlungsfeld ständig mit Dosisleistungsmeßgeräten überwacht wird und regelmäßig Wischproben genommen werden. Stabdosimeter sollten entsprechend der erwarteten Strahlenexposition in regelmäßigen Abständen abgelesen werden. Für die Durchführung der Arbeiten muß stets ein genau festgelegter und genehmigter Arbeitsplan vorliegen, bei dem besonders auf die Verhütung von Kontaminationen zu achten ist. So empfiehlt es sich z. B., den Boden mit Kunststoffolien abzudecken, bevor aktivierte Bauteile abgesetzt werden. Besondere Schutzvorkehrungen gegen offene radioaktive Stoffe sind beim Auswechseln von Filtern in Abluftsystemen sowie Ionenaustauschern in Wasserkreisläufen (Kühl-, Abwassersystem) erforderlich. Bei Arbeiten an besonders stark kontaminierten Komponenten oder in kontaminierter Luft müssen in der Regel Atemschutzgeräte getragen werden – bei schwer filterbaren Substanzen von der Raumluft unabhängiger schwerer Atemschutz (Preßluftatemgeräte) (s. Abb. 12.13) [gbg81].

Falls bestimmte Arbeitsschritte mit besonders hohen unvermeidlichen Strahlenexpositionen verbunden sind, muß durch eine Strahlenschutzplanung sichergestellt werden, daß die für die Durchführung der Arbeiten notwendige Anzahl an Personen verfügbar ist, auf die die anfallende Dosis verteilt werden kann. Dabei sind in der Regel auch innerbetrieblich festgelegte Grenzwerte von Tages- oder Wochendosen zu berücksichtigen.

Abb. 12.13: Kontaminationsschutzanzug mit Luftzuführungsschlauch (Uranus, pedi)

Zur Verhütung von Kontaminationsverschleppungen dürfen Personen den Kontrollbereich nur durch Personenschleusen betreten und verlassen, an denen eine Kontaminationskontrolle durchgeführt wird und Einrichtungen zur Dekontaminierung zur Verfügung stehen. Vor dem Betreten ist die Zivilkleidung abzulegen und in vorgeschriebener Weise gegen die Arbeitskleidung auszutauschen, wobei auch spezielles Schuhwerk zu tragen ist. Beim Verlassen muß zunächst ein Kontaminationsmonitor benutzt werden. Falls dieser nicht anspricht, kann die Arbeitskleidung in der dafür vorgesehenen Garderobe abgelegt werden. Wird eine Kontamination festgestellt, ist die Kleidung an einer speziellen Sammelstelle zu deponieren und im Waschraum zu versuchen, eine etwaige Kontamination von Haut oder Haaren in schonender Weise zu beseitigen (siehe Kap.

12.3.3). Erst nach ausreichender Dekontaminierung kann (darf) wie im ersten Fall die Garderobe für Arbeitskleidung passiert und, unter Umständen unter Benutzung eines weiteren Monitors, die Garderobe für Zivilkleidung aufgesucht werden. Besondere Aufmerksamkeit erfordert die Verhütung von Kontaminierungen beim Schuhwechsel zwischen beiden Garderobenbereichen. Für Störfälle sollten die möglichen Fluchtwege und die Aufbewahrungsorte für Schutzgeräte deutlich gekennzeichnet und an den Schleusen gut lesbare Bedienungsanweisungen angebracht sein.

Wegen der Vielzahl möglicher Strahlengefährdungen wird die Strahlenschutzüberwachung von besonders dafür eingesetztem und geschultem Strahlenschutzpersonal wahrgenommen. Dabei ergeben sich u. a. die folgenden Strahlenschutzaufgaben: Kontaminationsüberwachung an den Zu- und Ausgängen von Strahlenschutzbereichen, Überwachung von Dekontaminierungsarbeiten, Kontrolle der Ortsdosisleistungen, Kontaminationskontrolle mit Wischproben, Überwachung der Strahlenschutzmonitore, Aktivitäts- und Inkorporationsmessungen und Dokumentation der Ergebnisse. Für die Organisation des Strahlenschutzdienstes, die Auswertung der Überwachungsergebnisse und die Veranlassung geeigneter Schutzmaßnahmen sind im allgemeinen mehrere Strahlenschutzbeauftragte zuständig.

In Betriebs- und Arbeitsanweisungen ist festzulegen, wie sich das Personal beim Betreten und Verlassen sowie innerhalb von Kontrollbereichen zu verhalten hat und welche Aufgaben vom Strahlenschutzpersonal, insbesondere auch bei Störfällen, wahrgenommen werden. Diesen Anweisungen ist unbedingt Folge zu leisten, damit Überschreitungen der zulässigen Körperdosen verhütet und unvermeidliche Strahlenexpositionen entsprechend den Betriebserfordernissen auf die Betriebsangehörigen verteilt werden. Eine detaillierte Darstellung der einzelnen Strahlenschutzmaßnahmen ist hier aufgrund der unterschiedlichen Gegebenheiten an den Anlagen nicht möglich.

Neben der Überwachung des Betriebs- und Fremdpersonals hat das Strahlenschutzpersonal auch dafür zu sorgen, daß keine unzulässigen Mengen radioaktiver Stoffe in die Umgebung gelangen. Dazu sind die zur Abluftüberwachung installierten Meßgeräte auf Funktion zu prüfen und die Filter zur Staubsammlung in bestimmten Zeitabständen auszuwechseln und auszumessen [n25423.2, r1503]. Das in Sammelbehältern aufgefangene Abwasser muß ebenfalls auf Aktivität geprüft werden, bevor es in die für die Abgabe vorgesehenen Behälter umgefüllt wird. Ferner ist das Überwachungssystem zu kontrollieren, mit dem die Wasserabgabe in die Umgebung laufend überwacht und notfalls automatisch gesperrt wird [n25416, n25465].

Die Ergebnisse der Abluft- und Abwasserüberwachung sind zu dokumentieren, wobei auch die Mengenanteile der verschiedenen radioaktiven Stoffe angegeben werden müssen.

12.5 Beförderung radioaktiver Stoffe

Der Umgang mit radioaktiven Stoffen bedingt zwangsläufig auch ihre Verlagerung, sei es zwischen Räumen innerhalb eines Betriebes oder auf öffentlichen Wegen zwischen verschiedenen Betrieben. Für den Transport umschlossener radioaktiver Stoffe mit kleinen

Alpha-, Beta- oder Gammaaktivitäten (einige MBq) innerhalb von Betrieben werden in der Regel kleine tragbare Bleibehälter eingesetzt. Bei höheren Aktivitäten sind wegen des größeren Abschirmungsgewichtes im allgemeinen besondere Transportwagen erforderlich. Vielfach werden die Behälter so eingesetzt, daß die Ortsdosisleistung in 25 cm Abstand 250 μSv/h nicht überschreitet. Bei offenen radioaktiven Stoffen sind Schutzbehälter zu verwenden, die im Falle des Bruchs die radioaktive Substanz sicher aufnehmen.

Falls radioaktive Stoffe auf öffentlichen Wegen transportiert werden sollen, müssen sowohl die allgemein für die Beförderung gefährlicher Güter als auch die speziell für die jeweiligen Verkehrsträger geltenden Rechtsvorschriften eingehalten werden (s. Kap. 11.10). Diese richten sich weitgehend nach den von der Internationalen Atomenergie-Organisation (IAEO) herausgegebenen Empfehlungen [bfs91, iae87b, iae90c, iae90d]. Die Beförderungsvorschriften werden im einzelnen bestimmt durch Art, Beschaffenheit und Aktivität der radioaktiven Substanz sowie durch die jeweilige Beförderungsart (Stückgut, Container, Tank), wobei nur solche Verpackungen und Behältnisse für die Beförderung zugelassen werden, die den einheitlich festgelegten Anforderungen an die mechanische Festigkeit und die Strahlenabschirmung genügen.

Grundsätzlich kommen beim Transport unter normalen Bedingungen dieselben Grundregeln im Strahlenschutz zur Anwendung, wie sie in den vorangehenden Kapiteln unter den Regeln – Abstand halten, Abschirmungen verwenden und Aufenthaltszeit (Fahrzeit) begrenzen – beschrieben worden sind. Darüber hinaus ist zu beachten, daß radioaktives Transportgut nicht geworfen und möglichst nicht gestoßen werden soll. Versandstücke mit beschädigter Verpackung dürfen nicht zur Beförderung angenommen werden. In Unfallsituationen sind unter Umständen auch Schutzmaßnahmen gegen Kontamination und Inkorporation notwendig, falls aufgrund des Unfallablaufs die Undichtheit der Verpackung befürchtet werden muß. Die Verhaltensregeln sind in solchen Fällen aus den mitzuführenden Unfallmerkblättern zu entnehmen, wobei prinzipiell wie beim Umgang mit offenen radioaktiven Stoffen zu verfahren ist (s. Kap. 10.2). Das Fahrzeugpersonal ist dementsprechend im Gebrauch der notwendigen Schutzausrüstung vorher zu unterweisen. Bei spaltbaren Stoffen können, insbesondere auch bei der Zwischenlagerung, zusätzliche Maßnahmen zur Einhaltung der Kritikalitätssicherheit erforderlich werden (s. Kap. 5.5).

Besondere Regelungen sind bei der Beförderung radioaktiver Stoffe im Rahmen der zerstörungsfreien Materialprüfung zu beachten [bmi78a, bmi81c, bmi84, n54115.3]. Ausführlichere Darstellungen von Empfehlungen und Regeln zur sicheren Beförderung von radioaktiven Stoffen sind in den oben genannten Veröffentlichungen der IAEO zu finden.

12.6 Maßnahmen bei Stör- und Unfällen

Als Störfall wird im Sinne der Rechtsvorschriften ein bei der Auslegung der Anlage oder bei der Planung der Tätigkeiten durch entsprechende Schutzvorkehrungen einbezogener Ereignisablauf bezeichnet, bei dessen Eintreten der Betrieb der Anlage oder die Tätigkeit nicht fortgeführt werden kann. Als Unfall gilt dagegen ein Ereignisablauf, der für eine oder mehrere Personen bestimmte Dosisgrenzwerte überschreitende Strahlenexpositionen oder Inkorporationen radioaktiver Stoffe zur Folge haben kann, soweit es sich dabei nicht um einen Störfall handelt (Anlage I StrlSchV, § 42 RöV).

Damit die Auswirkungen von solchen Ereignisabläufen so gering wie möglich bleiben, ist das Betriebspersonal durch geeignete Schulungsmaßnahmen, etwa im Rahmen der vorgeschriebenen Belehrungen, auf den Eintritt von Stör- und Unfällen vorzubereiten. Dazu kann z. B. die Diskussion realistischer Fallbeispiele gehören (Brand im Radionuklidlabor), durch die die möglichen Gefahren und Gegenmaßnahmen besonders einprägsam erkannt und erklärt werden können. Es sollte erreicht werden, daß betroffene Personen aufgrund ihres Kenntnisstandes überlegt handeln und entscheiden können, ob fremde Hilfe angefordert werden muß oder ob die Situation allein beherrscht werden kann. Durch eine überlegte und schnelle Entscheidung und Handlungsweise läßt sich häufig eine ungewollte Strahlenexposition von Personen verhüten. Art und Umfang der möglichen Schutzvorkehrungen hängen dabei wesentlich davon ab, ob eine äußere Strahlenexposition, eine Kontamination der Hautoberfläche oder die Inkorporation von radioaktiven Stoffen zu befürchten ist.

Eine wesentliche Aufgabe des für den Strahlenschutz verantwortlichen Personals besteht deshalb darin, für eine sorgfältige Information aller eventuell betroffenen Personen zu sorgen und entsprechende schriftliche Unterlagen bereitzustellen. Dazu dient insbesondere die sogenannte Strahlenschutzanweisung (§ 34 StrlSchV) mit den im Betrieb zu beachtenden Schutzmaßnahmen. Im Hinblick auf Unfallsituationen sollte sie stets ein Merkblatt über „Erste Hilfe" und eine Liste mit den Anschriften der technisch und medizinisch sachverständigen Stellen und der organisatorisch zuständigen Personen umfassen [gbg82]. Da sich die Schutzmaßnahmen an den speziellen Gegebenheiten der Anlage oder Einrichtung orientieren müssen, werden in diesem Buch keine ausführlichen Hinweise gegeben, zumal sie sich unter bestimmten Umständen auch als falsch, d. h. möglicherweise gefährlich, erweisen können. Folgender Maßnahmenkatalog ist jedoch bei allen Unfallsituationen gültig:

- Sicherung von Menschenleben;
- Warnung betroffener Personen;
- Sicherung des Unfallortes;
- Meldungen an Aufsichtspersonal und zuständige Behörden;
- Veranlassung der Auswertung der Personendosimeter;
- Überprüfung der Personen auf Kontamination und Inkorporation (bei Verdacht);
- Dokumentation des Vorgangs.

Ausführlichere Darstellungen zur Vorbeugung von Unfällen sowie zu Maßnamen und Verhalten nach Eintritt einer Unfallsituation sind der Fachliteratur zu entnehmen [bre87, fli67, iae88a/b, iae90b, die88, icp80, icp88b, kir87, mes80, ssk86b, ssk89a, möh72, zim87].

Fachliteratur (Zusammenfassungen):

[din88a/b, ewe75, ewe85, jan85, kri89, led92, mar86, nac71, obe68, pet88, rei90, sau83, sha81, spa89, ste81, sto76, sto78, tur86, wac84]

13 Pflichten des Strahlenschutzverantwortlichen und des Strahlenschutzbeauftragten

Nach den in der Bundesrepublik Deutschland geltenden Rechtsvorschriften hat der Strahlenschutzverantwortliche zur Gewährleistung des notwendigen Strahlenschutzes grundsätzlich außer den mit Genehmigung und gegebenenfalls Bauartzulassung verbundenen Überwachungspflichten insbesondere die in § 31 StrlSchV bzw. § 15 RöV angegebenen Schutzvorschriften zu erfüllen. Dazu gehört die Bereitstellung geeigneter Räume, Schutzvorrichtungen, Geräte und Schutzausrüstungen für Personen, die geeignete Regelung des Betriebsablaufs sowie die Bereitstellung ausreichenden und geeigneten Personals und erforderlichenfalls auch die Außerbetriebsetzung der betroffenen Anlage. Ferner hat er dafür zu sorgen, daß die unten aufgeführten Schutzvorschriften von StrlSchV bzw. RöV und insbesondere die im folgenden (verkürzt) wiedergegebenen *Strahlenschutzgrundsätze* (§ 28 StrlSchV, § 15 RöV) eingehalten werden, die jeweils auf *Menschen, Sachgüter und Umwelt* zu beziehen sind:

- Jede unnötige Strahlenexposition oder Kontamination ist zu vermeiden
- Jede Strahlenexposition oder Kontamination ist auch unterhalb der festgelegten Grenzwerte so gering wie möglich zu halten

Der Strahlenschutzverantwortliche kann einen Teil seiner Aufgaben auf Strahlenschutzbeauftragte übertragen, soweit diese die für den Strahlenschutz erforderliche Fachkunde besitzen und gegen ihre Zuverlässigkeit keine Bedenken bestehen. Die Bestellung muß schriftlich mit Angabe des Entscheidungsbereiches sowie dem Nachweis der Fachkunde erfolgen und ist ebenso wie die Abberufung unverzüglich der zuständigen Behörde anzuzeigen (§ 29 StrlSchV, § 13 RöV).

Der Strahlenschutzbeauftragte ist für die Erfüllung der ihm übertragenen Aufgaben im innerbetrieblichen Bereich zusätzlich zum Strahlenschutzverantwortlichen verantwortlich, ohne dessen Gesamtverantwortung zu verringern (§ 30 StrlSchV, § 14 RöV). Er kann im einzelnen mit den unten aufgeführten Aufgaben betraut werden und hat dann auch den ersten Satz der oben genannten Strahlenschutzgrundsätze zu beachten. Ferner kann er beauftragt werden, dafür zu sorgen, daß die Bestimmungen des Genehmigungsbescheides, des Bauartzulassungsscheins oder anderer behördlicher Anordnungen und Auflagen eingehalten werden. Bei dringender Gefahr müssen Strahlenschutzverantwortlicher und -beauftragter dafür sorgen, daß unverzüglich Schutzmaßnahmen zur Abwendung dieser Gefahr getroffen werden. Vorsätzliche oder fahrlässige Zuwiderhandlungen gegen die Vorschriften von StrlSchV und RöV sind grundsätzlich Ordnungswidrigkeiten, die nach § 46 Abs. 2 AtG mit Geldbußen bis zu DM 100.000,– geahndet werden können.

Anmerkung: Zur Erleichterung der organisatorischen Strahlenschutz-Überwachungsarbeiten sind menügeführte Programme für Personal-Computer entwickelt worden, die insbesondere für die Buchführung über radioaktive Stoffe, die Kontrolle von Terminen und die Dosisprotokollierung bei beruflich strahlenexponierten Personen oder beim Schriftwechsel mit Behörden eingesetzt werden können [her91, grü88].

Nach StrlSchV und RöV ist vorgesehen, daß dem Strahlenschutzbeauftragten die im folgenden stichwortartig genannten Aufgaben des Strahlenschutzverantwortlichen übertragen werden können (§ 31 StrlSchV, § 15 RöV):

Aufgaben des Strahlenschutzbeauftragten (Strahlenschutzverantwortlichen)

Im Geltungsbereich von	StrlSchV	RöV
1. Unverzügliche Unterrichtung des Strahlenschutzverantwortlichen über Mängel, die den Strahlenschutz beeinträchtigen.	§ 30 Abs. 1	§ 14 Abs. 1
2. Unverzügliche Unterrichtung des Strahlenschutzverantwortlichen, wenn sich die Behörde in dringenden Fällen direkt an den Strahlenschutzbeauftragten gerichtet hat.	§ 32 Abs. 3	§ 33 Abs. 4
3. Belehrung von Personen, denen der Zutritt zu Kontrollbereichen gestattet wird oder die Röntgenstrahlung anwenden wollen.	§ 39 Abs. 1, 2	§ 36 Abs. 1, 2
Aufbewahrung der Belehrungsaufzeichnungen.	§ 39 Abs. 3	§ 36 Abs. 3
4. Sicherstellen, daß die Dosisgrenzwerte für Personen in außerbetrieblichen Überwachungsbereichen bzw. außerhalb von Strahlenschutzbereichen nicht überschritten werden (s. Abb. 11.1, Abb. 11.2).	§ 44 Abs. 1	§ 32 Abs. 2
5. Sicherstellen, daß die Dosisgrenzwerte für beruflich strahlenexponierte Personen nicht überschritten werden (s. Tab. 11.2).	§ 49	§ 31
6. Einleitung von Maßnahmen, falls Grenzwerte von Körperdosen überschritten werden.	§ 49 Abs. 4 § 50 Abs. 4	§ 31 Abs. 4
7. Sicherstellen, daß die Dosisgrenzwerte bei nicht beruflich strahlenexponierten Personen nicht überschritten werden (s. Tab. 11.2).	§ 51	§ 32
8. Sicherstellen, daß die vorhandenen Dauereinrichtungen den Anforderungen genügen.	§ 54	§ 21 Abs. 1
9. Berücksichtigung anderweitiger Strahlenexpositionen bei der Feststellung, ob die Grenzwerte von Körperdosen eingehalten werden.	§ 55	§ 31 Abs. 5
10. Sicherstellen, daß Tätigkeitsverbote und Tätigkeitsbeschränkungen eingehalten werden.	§ 56	§ 22 Abs. 2

Im Geltungsbereich von	StrlSchV	RöV
11. Sicherstellen, daß die Zutrittsbeschränkungen zu Strahlenschutzbereichen eingehalten werden (s. Abb. 11.3).	§ 57 Abs. 3 § 58 Abs. 3 § 60 Abs. 2, 3	§ 22 Abs. 1 – 3
12. Abgrenzung von Kontrollbereichen.	§ 58 Abs. 2, 5	§ 19 Abs. 1
13. Festlegung von Überwachungsbereichen.	§ 60	§ 19 Abs. 2
14. Messung der Ortsdosis bzw. der Ortsdosisleistung in Strahlenschutzbereichen.	§ 61 Abs. 1	§ 34 Abs. 1
Aufzeichnung und Aufbewahrung der Meßergebnisse.	§ 61 Abs. 3	§ 34 Abs. 2
15. Sicherstellen, daß im Kontrollbereich Körperdosen ermittelt bzw. Personendosen gemessen werden.	§ 62 Abs. 1 § 63	§ 35
a) Anforderung von Dosimetern von der nach Landesrecht zuständigen Meßstelle.		
b) Bereitstellung von weiteren Dosimetern, falls Teilkörperdosen > 1/3 der Kategorie A-Werte.		
c) Bereitstellung von Dosimetern, die auf anderen Meßverfahren beruhen (z. B. zur jederzeitigen Feststellung der Personendosis).		
d) Kontrolle hinsichtlich des Einsatzes der Dosimeter.		
e) Unverzügliche Einsendung des amtlichen Dosimeters nach Ablauf eines Monats an die Meßstelle.		
f) Aufzeichnung der gemessenen Personendosen bzw. ermittelten Körperdosen.	§ 66 Abs. 1	§35 Abs.7
g) Ermittlung der Körperdosen unter Expositionsbedingungen, bei Verdacht auf Überschreitung von Grenzwerten.		
16. Aufbewahrung der Personendosismeßergebnisse und, auf Verlangen, Information der Betroffenen sowie gegebenenfalls Weitergabe an neuen Strahlenschutzverantwortlichen.	§ 66 Abs. 1 § 65 Satz 2	§ 35 Abs. 7
17. Einleitung von Sofortmaßnahmen bei Überschreiten von Grenzwerten der Körperdosen.		
a) Anzeige an die zuständige Behörde.	§ 66 Abs. 3	§ 42
b) Mitteilung an den Betroffenen.	§ 65 Satz 2	§ 35 Abs. 7

Im Geltungsbereich von	StrlSchV	RöV
18. Sicherstellen, daß beruflich strahlenexponierte Personen in vorgeschriebener Weise von einem ermächtigten Arzt überwacht werden.	§ 67 Abs. 1, 2	§ 37 Abs. 1, 2, 8
19. Einleitung von Sofortmaßnahmen bei Strahlenexpositionen aus besonderem Anlaß bzw. mit erhöhter Einzeldosis.	§ 70 Abs. 1	§ 40 Abs. 1
a) Vorstellung des Betroffenen beim ermächtigten Arzt.		
b) Feststellung des Sachverhalts und Anzeige an die zuständige Behörde.	§ 66 Abs. 2	
c) Veranlassen, daß die Personendosis von der zuständigen Meßstelle festgestellt wird.		

Nur im Geltungsbereich der	RöV
20. Sicherstellen, daß bei Röntgendiagnostikeinrichtungen vor Inbetriebnahme oder dosisbeeinflußender Betriebsänderung eine Abnahmeprüfung durchgeführt wird.	§ 16 Abs. 1
21. Sicherstellen, daß bei Röntgendiagnostikeinrichtungen mindestens einmal im Monat eine Konstanzprüfung durchgeführt wird.	§ 16 Abs. 2
22. Aufzeichnung von Abnahme- und Konstanzprüfungen und Aufbewahrung der Ergebnisse.	§ 16 Abs. 4
23. Sicherstellen, daß bei Röntgentherapiegeräten vor Inbetriebnahme oder dosisbeeinflußender Betriebsänderung die Dosisleistung im Nutzstrahlenbündel gemessen wird.	§ 17 Abs. 1
24. Sicherstellen, daß bei Röntgentherapiegeräten mindestens alle 6 Monate vergleichende Dosisleistungsmessungen durchgeführt werden.	§ 17 Abs. 2
25. Aufzeichnung der Dosisleistungsmessungen an Röntgentherapiegeräten und Aufbewahrung der Ergebnisse.	§ 17 Abs. 1, 2, 4
26. Einleitung von Maßnahmen, falls sich die Dosisleistung bei Röntgentherapieeinrichtungen wesentlich ändert.	§ 17 Abs. 2

Nur im Geltungsbereich der	RöV
27. Kennzeichnung von Kontrollbereichen während der Einschaltzeit und der Betriebsbereitschaft mit den Worten „Kein Zutritt – Röntgen“.	§ 19 Abs. 1
28. Berücksichtigung anderer Strahlungsquellen bei der Festlegung der Strahlenschutzbereiche.	§ 19 Abs. 3
29. Sicherstellen, daß die Röntgeneinrichtung, soweit nicht anders zugelassen, nur im Röntgenraum betrieben wird.	§ 20
30. Veranlassen, daß Schutzkleidung getragen wird, soweit nicht durch Dauereinrichtungen ausreichender Schutz gewährleistet ist.	§ 21 Abs. 1
31. Sicherstellen, daß sich während der Einschaltzeit, soweit betriebsmäßig möglich, keine Personen an Arbeitsplätzen, in Umkleidekabinen und auf Verkehrswegen aufhalten, die zum Kontrollbereich von Röntgeneinrichtungen in Räumen gehören.	§ 21 Abs. 2
32. Sicherstellen, daß nur Personen mit den für den Strahlenschutz erforderlichen Kenntnissen Röntgenstrahlung anwenden.	§ 30
33. Unverzügliche Anzeige von Unfällen an die zuständige Behörde.	§ 42

Nur im Geltungsbereich der	StrlSchV
34. Kennzeichnung von Objekten und Bereichen: a) Anlagen, Geräte, Vorrichtungen, Räume, Behälter und Schutzhüllen, in denen sich radioaktive Stoffe befinden. b) Anlagen zur Erzeugung ionisierender Strahlung. c) Sperr- und Kontrollbereiche. d) Bereiche, deren Kontamination die Grenzwerte von Tabelle 11.3 überschreitet.	§ 35 Abs. 1
Es sind Strahlenzeichen (s. Abb. 11.4) und eine der Bezeichnungen „Vorsicht – Strahlung“, „Radioaktiv“, „Kernbrenn-	§ 35 Abs. 4

Nur im Geltungsbereich der		StrlSchV
	stoffe“, oder „Kontamination“ zu verwenden. Bei Behältern oder Vorrichtungen mit radioaktiven Stoffen, die bestimmte Aktivitäten überschreiten, müssen folgende Angaben ersichtlich sein: Radionuklid, chemische Verbindung, Tag der Abfüllung, Aktivität und Zeitpunkt, Strahlenschutzverantwortlicher zur Zeit der Abfüllung.	
	Bei Sperrbereichen ist ferner der Zusatz „Sperrbereich – Kein Zutritt“ und bei Kontrollbereichen der Zusatz „Kontrollbereich“ erforderlich.	§ 57 Abs. 2 § 58 Abs. 2
35.	Unverzügliche Einleitung von Maßnahmen zur Gefahrenbeschränkung bei Unfällen und Störfällen.	§ 36 Satz 1
36.	Unverzügliche Anzeige von Unfällen, Störfällen oder sonstigen sicherheitstechnisch bedeutsamen Ereignissen bei der atomrechtlichen Aufsichtsbehörde und, falls erforderlich, auch bei der für die öffentliche Sicherheit und Ordnung zuständigen Behörde.	§ 36, Satz 2
37.	Unterstützung der zuständigen Behörden bei der Beseitigung von Unfall- oder Störfallfolgen.	§ 38 Abs. 2
38.	Sicherstellen, daß die bei der Anwendung von radioaktiven Stoffen und ionisierender Strahlung in Diagnostik und Therapie verwendeten Geräte, Einrichtungen und Anlagen regelmäßig zur Qualitätssicherung überwacht werden.	§ 42 Abs. 5
39.	Aufzeichnung der Qualitätssicherungsmaßnahmen nach § 42 Abs.5 und Aufbewahrung der Unterlagen.	§ 42 Abs. 5
40.	Sicherstellung der kontrollierten Abgabe von radioaktiven Stoffen in Luft, Wasser und Boden.	§ 46
41.	Sicherstellen, daß nur beruflich strahlenexponierte Personen der Kategorie A mit den geforderten Voraussetzungen einer Strahlenexposition aus besonderem Anlaß ausgesetzt werden.	§ 50
42.	Sicherstellen, daß die infolge Inkorporation dem Körper zugeführten Aktivitäten die zugelassenen Grenzwerte nicht überschreiten.	§ 52

Nur im Geltungsbereich der	StrlSchV
43. Sicherstellen, daß beim Umgang mit offenen radioaktiven Stoffen, deren Aktivität die Freigrenzen nach StrlSchV überschreitet, besondere Arbeitsverfahren sowie Schutzkleidung oder Schutzausrüstungen verwendet werden und Personen nicht essen, trinken, rauchen und keine Gesundheitspflegemittel oder Kosmetika anwenden.	§ 53
44. Abgrenzung von Sperrbereichen.	§ 57 Abs. 2
45. Unverzügliche Anzeige an die zuständige Behörde, falls in einem betrieblichen Überwachungsbereich die Strahlenexposition so hoch ist, daß bei einer nicht beruflich strahlenexponierten Person die im Kalenderjahr erhaltene Körperdosis die Werte der Tab. 11.2 Spalte 4 in 40 Wochenstunden bei 50 Wochen im Jahr erreichen kann.	§ 61 Abs. 2
46. Sicherstellen, daß Personen, soweit erforderlich, mit einem Strahlenpaß ausgestattet sind.	§ 62 Abs. 2
47. Sicherstellen, daß Fremdpersonal (§ 20) im Kontrollbereich nur mit Strahlenpaß und „amtlichem“ Personendosimeter tätig wird.	§ 62 Abs. 3
48. Aushändigung einer schriftlichen Mitteilung über die berufliche Strahlenexposition an betroffene Person, auf Verlangen.	§ 62 Abs. 4
49. Sicherstellen, daß Inkorporationsmessungen bei der zuständigen Meßstelle durchgeführt werden. Information der Meßstelle über Person und Tätigkeit.	§ 63 Abs. 6
50. Ermittlung der Energiedosen an den bestrahlten Körperabschnitten bei unfallbedingten Strahlenexpositionen.	§ 63 Abs. 8
51. Sicherstellen, daß beim Umgang mit offenen radioaktiven Stoffen Kontaminationskontrollen vorgenommen werden. Gegebenenfalls Einleitung von Maßnahmen zur Dekontaminierung oder zum besonderen Schutz von Personen am Arbeitsplatz. Anzeige an die zuständige Behörde, falls Zweckbestimmung des Arbeitsplatzes geändert wird.	§ 64

Nur im Geltungsbereich der	StrlSchV
52. Unverzügliche Anzeige von Überschreitungen der festgesetzten Grenzwerte von inkorporierten Aktivitäten bei der zuständigen Behörde.	§ 66 Abs. 3
53. Aufzeichnung der Ergebnisse von Kontaminationsmessungen nach § 64, soweit Grenzwerte überschritten sind.	§ 66 Abs. 4
54. Aufbewahrung der Aufzeichnungen über die Ermittlung von Kontaminationen.	§ 66 Abs. 4
55. Sicherstellen, daß Strahlungsmeß- und Warngeräte den Anforderungen genügen und in ausreichender Zahl vorhanden sind. Veranlassen, daß Strahlungsmeßgeräte regelmäßig geprüft und gewartet werden. Aufzeichnung und Aufbewahrung der Ergebnisse von Prüfung und Wartung.	§§ 72, 73
56. Veranlassen, daß radioaktive Stoffe bei Nichtverwendung in geschützten Räumen oder oder Schutzbehältern getrennt von anderen Gegenständen gelagert und gegen Abhandenkommen und Zugriff Unbefugter gesichert werden.	§ 74 Abs. 1, 3
Sicherstellen, daß bei der Lagerung von Kernbrennstoffen unter keinen Umständen ein kritischer Zustand entstehen kann.	§ 74 Abs. 2
57. Veranlassen, daß umschlossene radioaktive Stoffe in vorgeschriebenen Abständen bzw. bei Beschädigung oder Korrosion auf die Dichtheit ihrer Umhüllung geprüft werden.	§ 75
58. Veranlassen, daß Anlagen zur Erzeugung ionisierender Strahlung, Strahlengeräte für die Gammaradiographie und Bestrahlungseinrichtungen mit radioaktiven Quellen jährlich mindestens einmal gewartet und fristgerecht überprüft werden.	§ 76
59. Sicherstellen, daß radioaktive Stoffe in vorgeschriebener Weise an andere Personen abgegeben werden.	§ 77
60. Veranlassung des Buchführungs- und Anzeigeverfahrens.	§ 78

Nur im Geltungsbereich der	StrlSchV
61. Unverzügliche Unterrichtung des Strahlenschutzverantwortlichen bei Abhandenkommen radioaktiver Stoffe.	§ 79
62. Sicherstellen, daß radioaktive Abfälle an eine Anlage des Bundes oder Landessammelstelle abgeliefert werden, soweit keine Ausnahmen zugelassen sind.	§§ 81, 82, 83
63. Verbot der Umgehung von Ablieferungsvorschriften für radioaktive Abfälle.	§ 84
64. Sicherstellung der Zwischenlagerung.	§ 86

Während die voranstehenden Aufgaben von den Strahlenschutzverantwortlichen und bei entsprechender Regelung auch von den Strahlenschutzbeauftragten wahrzunehmen sind, richten sich die folgenden Aufgaben direkt an den Strahlenschutzverantwortlichen:

Aufgaben des Strahlenschutzverantwortlichen

Im Geltungsbereich von	StrlSchV	RöV
1. Sicherstellen, daß die mit der Bauartzulassung verbundenen Vorschriften erfüllt werden.	§ 27	§§ 12, 18
2. Auslegung oder Aushang von StrlSchV bzw. RöV.	§ 40	§ 18 Satz 1, 3.
3. Aufbewahrung der ärztlichen Bescheinigungen.	§ 68 Abs. 3	§ 38 Abs. 2
4. Sicherstellen, daß Person, die einer erhöhten Einzeldosis oder Strahlenexposition aus besonderem Anlaß ausgesetzt war, auch nach Beendigung der Tätigkeit solange wie erforderlich ärztlich überwacht wird.	§ 70 Abs. 3	§ 40 Abs. 3

Nur im Geltungsbereich der	RöV
5. Sicherstellen, daß die Aufzeichnungen über Abnahme- und Konstanzprüfung zugänglich sind und bei Beendigung des Betriebes bei der zuständigen Behörde hinterlegt werden.	§ 16 Abs. 3, 4

Nur im Geltungsbereich der	RöV
6. Hinterlegung der Aufzeichnungen über die Dosisleistungsmessungen im Nutzstrahlenbündel an Röntgentherapiegeräten bei Beendigung des Betriebes.	§ 17 Abs. 4
7. Sicherstellung der fachkundigen Einweisung der Beschäftigten an Röntgeneinrichtungen bzw. Störstrahlern.	§ 18 Satz 1, 1.
8. Bereithaltung eines Abdrucks der Genehmigungsurkunde, der Betriebsanleitung und der letzten Sachverständigenbescheinigung bei der Röntgeneinrichtung.	§ 18 Satz 1, 2.
9. Veranlassung der Überprüfung der Röntgeneinrichtung in Zeitabständen von längstens 5 Jahren.	§ 18 Satz 1, 4
10. Hinterlegung der Aufzeichnungen über Ortsdosis- bzw. Ortsdosisleistungsmessungen bei Beendigung des Betriebs.	§ 34 Abs. 2 Satz 3

Nur im Geltungsbereich der	StrlSchV
11. Erlaß einer Strahlenschutzanweisung mit den zu beachtenden Strahlenschutzmaßnahmen, falls von der Behörde verlangt.	§ 34
12. Planung und Vorbereitung von Maßnahmen zur Brandbekämpfung.	§ 37
13. Bereitstellung von Personal und Hilfsmitteln zur Schadensbekämpfung bei Unfällen oder Störfällen.	§ 38
14. Planung von Anlagen und Einrichtungen in der Weise, daß die Strahlenexposition des Menschen die festgelegten Grenzwerte nicht überschreitet.	§ 45
15. Prüfung der Möglichkeit einer Weiterbeschäftigung nach Strahlenexposition aus besonderem Anlaß.	§ 50 Abs. 5
16. Unverzügliche Anzeige an die atomrechtliche Aufsichtsbehörde bei Abhandenkommen radioaktiver Stoffe.	§ 79

Anhang

14 Anwendungsbeispiele

3.1 Wie groß sind die relativen Geschwindigkeiten von Elektronen und Protonen der Bewegungsenergie 2 MeV bezogen auf die Lichtgeschwindigkeit?

Lösung: Nach Umformung von Formel (3.2b) gilt mit der Ruheenergie $m_e \cdot c^2 = 0{,}511$ MeV für Elektronen:

$$\frac{v}{c} = \sqrt{1 - \left(\frac{m \cdot c^2}{E + m \cdot c^2}\right)^2} = \sqrt{1 - \left(\frac{0{,}511}{2{,}511}\right)^2} = 0{,}979$$

Die Geschwindigkeit von 2 MeV-Elektronen beträgt 97,9% der Lichtgeschwindigkeit. Mit der Ruheenergie $m_p \cdot c^2 = 938{,}272$ MeV für Protonen folgt:

$$\frac{v}{c} = \sqrt{1 - \left(\frac{938{,}3}{940{,}3}\right)^2} = 0{,}0652$$

Die Geschwindigkeit von 2 MeV-Protonen beträgt 6,52% der Lichtgeschwindigkeit.

3.2 Wie groß ist die Energie E eines Photons mit der Wellenlänge $\lambda = 6{,}2$ pm?

Lösung: Nach Formel (3.3) bzw. (3.4b) gilt

$$E = \frac{1{,}24 \cdot 10^{-6}}{\lambda} = \frac{1{,}24 \cdot 10^{-6}}{6{,}2 \cdot 10^{-12}} \text{ eV} = 0{,}2 \cdot 10^{6} \text{ eV}$$

$$E = 200 \text{ keV}$$

3.3 Welches ist die kürzeste Wellenlänge von Röntgenstrahlung, die bei einer Beschleunigungsspannung von 300 kV erzeugt wird?

Lösung: Da nach Formel (3.3) $\lambda = h \cdot c/E$ gilt, ist die kürzeste Wellenlänge bei der größten Photonenenergie gegeben. Deren Zahlenwert in keV ist gleich der Beschleunigungsspannung in kV. Damit folgt für die kürzeste Wellenlänge nach Formel (3.4b)

$$\lambda = \frac{1{,}24 \cdot 10^{-6}}{E} = \frac{1{,}24 \cdot 10^{-6}}{3 \cdot 10^{5}} \text{ m} = 0{,}413 \cdot 10^{-11}$$

$$\lambda = 4{,}13 \text{ pm}$$

4.1 Welches sind die aufgrund radioaktiver Kernprozesse entstehenden Folgenuklide von Be 7, C 11, Mg 28 und U 238?

Be 7 ist nach der Nuklidkarte als Radionuklid mit Elektroneneinfang ausgewiesen. Mit Z(Be) = 4 folgt aus den Umwandlungsregeln nach Kap. 4.1.2 für die Massen- bzw. Ordnungszahl des Folgenuklids: A = 7 bzw. Z = 3 (Li), d. h. Be 7 $\rightarrow$ Li 7.

C 11 ist nach der Nuklidkarte als Radionuklid mit β^+-Zerfall ausgewiesen. Mit Z(C) = 6 folgt aus den Umwandlungsregeln für die Massen- bzw. Ordnungszahl des Folgenuklids: A = 11 bzw. Z = 5 (B), d. h. C 11 → B 11.

Mg 28 ist nach der Nuklidkarte als Radionuklid mit β^--Zerfall ausgewiesen. Mit Z(Mg) = 12 folgt aus den Umwandlungsregeln für die Massen- bzw. Ordnungszahl des Folgenuklids: A = 28 bzw. Z = 13 (Al), d. h. Mg 28 → Al 28. Da Al 28 β^--Zerfall aufweist, gilt für Massen- bzw. Ordnungszahl des Folgenuklids: A = 28 bzw. Z = 14 (Si), d. h. Al 28 → Si 28.

Die Folgenuklide von U 238 lassen sich anhand der Umwandlungsregeln wie in Abb. 4.6 dargestellt ermitteln.

4.2 Ein radioaktives Präparat hat eine Aktivität von 80 MBq.
Wieviel Ci entspricht dieser Wert?

Lösung: Nach Kap. 4.1.1. gilt

$$1\ \text{Ci} = 37\ \text{GBq} = 37 \cdot 10^3\ \text{MBq}$$

$$80\ \text{MBq} = 80 \cdot \frac{1}{37 \cdot 10^3}\ \text{Ci}$$

$$80\ \text{MBq} = 2{,}162 \cdot 10^{-3}\ \text{Ci} = 2{,}162\ \text{mCi}$$

4.3 Ein Co 60-Präparat hat beim Kauf eine Aktivität von 100 GBq. Welche Aktivität ist nach 10 Jahren noch ungefähr vorhanden?

Lösung: Da die Halbwertzeit von Co 60 (s. Anhang 15.5) T = 5,271 a beträgt, sind etwa n = 10/5,271 ≈ 2 Halbwertzeiten verstrichen. Nach Anhang 15.6 ist die Aktivität auf 1/4 des Anfangswertes abgefallen und beträgt somit

$$A = A_0 \cdot \frac{1}{4} = \frac{100}{4}\ \text{GBq}$$

$$A = 25\ \text{GBq}$$

4.4 Wie groß ist die Aktivität eines Ir 192-Präparates nach Ablauf von 120 Tagen, wenn anfangs 40 GBq vorhanden waren?

Lösung: Da die Halbwertzeit (s. Anhang 15.5) T = 73,83 d beträgt, gilt gemäß Formel (4.1)

$$A = A_0 \cdot 2^{-t/T} = 40 \cdot 2^{-120/73,83}\ \text{GBq} = 40 \cdot 0{,}324\ \text{GBq}$$

$$A = 13\ \text{GBq}$$

Der Abklingfaktor $2^{-t/T}$ kann auch unmittelbar für t/T = 120/73,83 = 1,63 aus Anhang 15.7 zu etwa 0,33 abgelesen werden.

4.5 Die β-Aktivität einer radioaktiven Materialprobe klingt innerhalb von 20 Tagen von 8,5 GBq auf 1,52 GBq ab. Wie groß ist die Halbwertzeit und um welches Nuklid könnte es sich handeln?

Lösung: Da die Aktivität im angegebenen Zeitraum auf den Bruchteil 1,52/8,5 = 0,179 abgefallen ist, kann aus Anhang 15.7 das zugehörige Verhältnis t/T = 2,5 abgelesen werden. Damit folgt für die Halbwertzeit

$$T = \frac{t}{2,5} = \frac{20\ d}{2,5} = 8,0\ d$$

Aus Anhang 15.5 ersieht man, daß das Nuklid J 131 etwa die gleiche Halbwertzeit hat.

4.6 Wie groß ist die Aktivität in einem Sr 90-Präparat nach Ablauf von 30 Tagen, wenn eine Anfangsaktivität von 1 GBq gegeben ist?

Lösung: Da die Halbwertzeit von Sr 90 (s. Anhang 15.5) T = 28,5 a beträgt, ist die Aktivität nach 30 Tagen praktisch konstant geblieben. Das nachgebildete Y 90 mit T = 2,671 d ist nach dieser Zeit im radioaktiven Gleichgewicht mit der Muttersubstanz. Nach Kap.4.1.5 gilt für das stationäre Gleichgewicht:

$$A(Y\ 90) = A(Sr\ 90) = 1\ GBq$$

Die Gesamtaktivität in dem Präparat beträgt somit:

$$A = 2\ GBq$$

4.7 Wie groß ist die Aktivität in einem S 38-Präparat nach Ablauf von 7 Stunden, das eine Anfangsaktivität von 30 GBq hat?

Lösung: Da die Halbwertzeit von S 38 nach der Nuklidkarte T = 2,83 h beträgt, gilt gemäß Formel (4.1)

$$A = A_0 \cdot 2^{-t/T} = 30 \cdot 2^{-7/2,83}\ GBq = 30 \cdot 0,180\ GBq = 5,4\ GBq$$

Das radioaktive Folgenuklid Cl 38 (T=37,18 min) befindet sich gemäß Formel (4.3) nach etwa

$$t = \frac{8 \cdot T_M \cdot T_T}{T_M - T_T} = \frac{8 \cdot 2,83 \cdot 0,62}{2,83 - 0,62}\ h = 6,35\ h$$

im radioaktiven Gleichgewicht. Für die Aktivität des Cl 38 gilt dann gemäß Formel (4.2)

$$A(Cl\ 38) = A(S\ 38) \cdot \frac{T_M}{T_M - T_T} = 5,4\ GBq \cdot \frac{2,83}{2,83 - 0,62} = 6,91\ GBq$$

Die Gesamtaktivität in dem Präparat beträgt somit:

$$A = 5,4\ GBq + 6,91\ GBq = 12,31\ GBq$$

4.8 Wie groß ist die Aktivität in einer Materialprobe mit Ca 49, in der 2 Stunden zuvor eine Anfangsaktivität von 2,4 MBq vorgelegen hat?

Lösung: Da die Halbwertzeit von Ca 49 nach der Nuklidkarte T = 8,72 min beträgt, gilt gemäß Formel (4.1)

$$A = A_0 \cdot 2^{-t/T} = 2{,}4 \cdot 2^{-120/8,72}\ \text{MBq} = 2{,}4 \cdot 7{,}20 \cdot 10^{-5}\ \text{MBq} = 173\ \text{Bq}$$

Die Aktivität des entstehenden radioaktiven Folgenuklid Sc 49 (T = 57,2 min) fällt nach etwa 8 · 8,72 min = 70 min so ab, als wäre anfangs die gemäß Formel (4.4) zu berechende Aktivität:

$$A_0(\text{Sc } 49) = A_0(\text{Ca } 49) \cdot \frac{T_M}{T_T - T_M} = 2{,}4\ \text{MBq} \cdot \frac{8{,}72}{57{,}2 - 8{,}72} = 0{,}432\ \text{MBq}$$

vorhanden gewesen, d. h.:

$$A = A_0 \cdot 2^{-t/T} = 0{,}432 \cdot 2^{-120/57,2}\ \text{MBq} = 0{,}432 \cdot 0{,}234\ \text{MBq} = 101\ \text{kBq}$$

Die Materialprobe enthält im wesentlichen 101 kBq Sc 49.

4.9 Wie groß ist die Aktivität von 10 mg Cs 137?

Lösung: Unter Berücksichtigung der Halbwertzeit T = 30,0 a nach Anhang 15.5 und der relativen Atommasse $A_r \approx 137$ ergibt sich gemäß Formel (4.5b)

$$A = 1{,}32 \cdot 10^{16} \cdot \frac{M}{T \cdot A_r} = 1{,}32 \cdot 10^{16} \cdot \frac{10 \cdot 10^{-3}}{30{,}0 \cdot 137}\ \text{Bq} = 3{,}2 \cdot 10^{10}\ \text{Bq}$$

$$A = 32\ \text{GBq}$$

4.10 Welche Masse des radioaktiven Nuklids Co 60 hat die Aktivität von 0,5 GBq?

Lösung: Unter Berücksichtigung der Halbwertzeit T = 5,271 a nach Anhang 15.5 und der relativen Atommasse $A_r \approx 60$ ergibt sich gemäß Formel (4.5a)

$$M = 7{,}57 \cdot 10^{-17} \cdot A_r \cdot T \cdot A$$

$$M = 7{,}57 \cdot 10^{-17} \cdot 60 \cdot 5{,}271 \cdot 0{,}5 \cdot 10^{9}\ \text{g}$$

$$M = 1{,}2 \cdot 10^{-5}\ \text{g} = 12\ \mu\text{g}$$

Ein Co 60-Präparat muß demnach 12 µg Co 60 enthalten, damit es eine Aktivität von 0,5 GBq hat.

5.1 Die folgenden Kernreaktionen sind zu ergänzen: ^{56}Fe(d,α), ^{27}Al(n,γ), ^{18}O(p,)^{18}F, ^{35}Cl(n,p), ^{12}C(γ,n).

Lösung: Die fehlenden Angaben lassen sich aus den Bilanzen der Nukeonenzahl ($A_X + A_x = A_Y + A_y$) und der Ordnungszahl ($Z_X + Z_x = Z_Y + Z_y$) ermitteln:

$^{56}Fe(d,\alpha)$: $A_Y = 56 + 2 - 4 = 54$; $Z_Y = 26 + 1 - 2 = 25$; $\rightarrow {}^{56}Fe(d,\alpha)^{54}Mn$

$^{27}Al(n,\gamma)$: $A_Y = 27 + 1 - 0 = 28$; $Z_Y = 13 + 0 - 0 = 13$; $\rightarrow {}^{27}Al(n,\gamma)^{28}Al$

$^{18}O(p,)^{18}F$: $A_y = 18 + 1 - 18 = 1$; $Z_y = 8 + 1 - 9 = 0$; $\rightarrow {}^{18}O(p,n)^{18}F$

$^{35}Cl(n,p)$: $A_Y = 35 + 1 - 1 = 35$; $Z_Y = 17 + 0 - 1 = 16$; $\rightarrow {}^{35}Cl(n,p)^{35}S$

$^{12}C(\gamma,n)$: $A_Y = 12 + 0 - 1 = 11$; $Z_Y = 6 + 0 - 0 = 6$; $\rightarrow {}^{12}C(\gamma,n)^{11}C$

5.2 Wie groß ist die Sättigungsaktivität von ^{66}Cu, die bei Bestrahlung eines dünnen Kupferbleches von 10 g in einem Strahlungsfeld langsamer Neutronen der Flußdichte $10^{12}\ cm^{-2} \cdot s^{-1}$ durch Neutroneneinfang erreicht werden kann? Nach welcher Bestrahlungszeit ist die Sättigungsaktivität praktisch erreicht?

Lösung: Mit $A_S = \dot{N}$ gemäß Kap. 5.4 und den Formeln (5.3a) und (5.2) ergibt sich für die Sättigungsaktivität der Ausdruck:

$$A_S = \frac{h \cdot \sigma \cdot \varphi \cdot M}{\bar{A}_r \cdot m_u}$$

Mit der Isotopenhäufigkeit $h(^{65}Cu) = 0{,}3083$, dem (n,γ)-Wirkungsquerschnitt $\sigma = 2{,}17$ barn und der mittleren relativen Atommasse $\bar{A}_r(Cu) = 63{,}546$ gemäß Nuklidkarte folgt:

$$A_S = \frac{0{,}3083 \cdot 2{,}17 \cdot 10^{-24}\ cm^2 \cdot 10^{12}\ cm^{-2} \cdot s^{-1} \cdot 10\ g}{63{,}546 \cdot 1{,}66056 \cdot 10^{-24}\ g} = 6{,}34 \cdot 10^{10}\ s^{-1}$$

Bei einer Halbwertzeit des ^{66}Cu von 5,1 Minuten (s. Nuklidkarte) wird die Sättigungsaktivität von 63,4 GBq gemäß Kap. 5.4 nach etwa $6 \cdot 5{,}1$ Minuten $\approx$ 30 Minuten erreicht.

6.1 An einem Arbeitsplatz wird eine Ortsdosisleistung von 10 µSv/h gemessen.

a) Welche Ortsdosis ergibt sich dort während einer Zeit von 80 Minuten?
b) Nach welcher Zeit ist eine Ortsdosis von 10 mSv erreicht?

Lösung:

a) Mit Formel (6.3a) $H = \dot{H} \cdot t$ folgt wegen 80 min = 80/60 h

$$H = 10\ \mu Sv/h \cdot 80\ min = \frac{10\ \mu Sv \cdot 80}{h \cdot 60}\ h$$

$$H = 13{,}3\ \mu Sv$$

b) Durch Umformen von Formel (6.3 a) folgt:

$$t = \frac{H}{\dot{H}} = \frac{10000\ \mu Sv}{10\ \frac{\mu Sv}{h}} = 1000\ h$$

$$t = 1000\ h$$

8.1 Nach Herstellerangaben können mit einer Ionisationskammer bei kontinuierlicher Einstrahlung Ortsdosisleistungen bis maximal 30 Sv/h gemessen werden. Bis zu welchem Wert ist die vom Meßgerät angezeigte mittlere Ortsdosisleistung $\dot{H}_m$ zuverlässig, wenn die Strahlungsquelle die Strahlung alle 20 ms während einer Dauer von 15 µs abgibt?

Lösung: Mit der Wiederholungszeit $t_W = 20$ ms und der Strahlzeit $t_s = 15$ µs folgt gemäß Formel (8.1)

$$\dot{H}_m = 30\,\frac{\text{Sv}}{\text{h}} \cdot \frac{15\ \mu\text{s}}{20\ \text{ms}} = 30 \cdot \frac{15}{20000}\,\frac{\text{Sv}}{\text{h}}$$

$$\dot{H}_m = 22{,}5\ \text{mSv/h}$$

8.2 Auf einem Arbeitstisch ist eine Betakontamination durch S 35 festgestellt worden. Die Ausmessung einer Wischprobe, liefert folgende Meßwerte:
Messung mit Wischprobe: 10 328 Impulse in 15 Minuten
Messung ohne Wischprobe: 697 Impulse in 20 Minuten

Die abgewischte Fläche beträgt S = 100 cm². Es ist ferner bekannt, daß das Ansprechvermögen ε des Detektors unter den vorliegenden Bedingungen (Geometrie der Meßanordnung, in der Kontamination enthaltene Radionuklide) 15% beträgt.

Mit welcher Oberflächenkontamination muß an der abgewischten Fläche gerechnet werden, falls für den Entnahmefaktor F = 10% angesetzt wird?

Lösung: Die Oberflächenkontamination ergibt sich mit den Impulsraten

$$R = \frac{10\,328\ \text{Impulse}}{15\ \text{min}} = \frac{10\,328\ \text{Impulse}}{15 \cdot 60\ \text{s}} = 11{,}48\ \text{s}^{-1}$$

$$R_0 = \frac{697\ \text{Impulse}}{20\ \text{min}} = \frac{697\ \text{Impulse}}{20 \cdot 60\ \text{s}} = 0{,}581\ \text{s}^{-1}$$

aus den Formeln (8.7, 8.9) gemäß:

$$a_F = f_{FK} \cdot (R - R_o) \qquad f_{FK} = \frac{1}{\varepsilon \cdot \varepsilon_S \cdot S \cdot F \cdot p}$$

Für den Wirkungsgrad ε_s der Quelle wird gemäß Kap. 8.4 ein Wert von 0,25 angesetzt. Mit $\varepsilon = 0{,}15$, $S = 100\ \text{cm}^2$, $F = 0{,}1$ und $p = 1\ \text{s}^{-1}\ \text{Bq}^{-1}$ folgt:

$$f_{FK} = \frac{1\ \text{Bq s}}{0{,}15 \cdot 0{,}25 \cdot 100\ \text{cm}^2 \cdot 0{,}1 \cdot 1} = 2{,}67\ \frac{\text{Bq s}}{\text{cm}^2}$$

Daraus ergibt sich die Oberflächenkontamination zu

$$a_F = 2{,}67\ \frac{\text{Bq s}}{\text{cm}^2}\ (11{,}48\ \text{s}^{-1} - 0{,}581\ \text{s}^{-1}) = 29{,}1\ \text{Bq/cm}^2$$

$$a_F = 29{,}1\ \text{Bq/cm}^2$$

8.3 Wie groß muß bei Impulsratenmessungen (mit vernachlässigbarem Nulleffekt) die Impulszahl N mindestens gewählt werden, damit der relative Wert der Schwankungsweite $\Delta N/N$ bei einem Vertrauensniveau von 0,997 kleiner als 5% bleibt?

Lösung: Das Vertrauensniveau 99,7% entspricht nach Anhang 15.11 dem Quantil $k_{1-\gamma/2} = 3$ der Standardabweichung. Gemäß Formel (8.11b) folgt damit:

$$\frac{\Delta N}{N} = \pm k_{1-\gamma/2} \cdot \frac{100}{\sqrt{N}} = 3 \cdot \frac{100}{\sqrt{N}} = 5$$

$$N = 3^2 \cdot (\frac{100}{5})^2 = 3600$$

8.4 An einem Aktivitätsmeßplatz wird bei einer Nulleffektmessung während der Meßzeit von $t_0 = 60$ min eine Impulszahl von $N_0 = 3431$ ermittelt.

a) Wie groß ist an diesem Meßplatz die Nachweisgrenze für Aktivitäten, wenn die Meßzeit für die zu untersuchenden Proben $t_B = 10$ min beträgt und der Kalibrierfaktor mit f_k = 2,85 Bq s angegeben wird? Als Irrtumswahrscheinlichkeiten α für den Fehler 1. Art (fälschliche Annahme eines Nettoeffektes) und β für den Fehler 2. Art (Übersehen des Nettoeffektes) werden jeweils mit 0,05 zugelassen. Ab welcher Impulsrate muß das Vorliegen einer (Netto-) Aktivität angenommen werden?

b) Wie groß ist die Aktivität einer Meßprobe, an der bei einer Meßdauer von 10 min insgesamt 692 Impulse gezählt werden? (Angabe des Ergebnisses mit Vertrauensbereichsgrenzen bei einem Vertrauensniveau von 95%)

Lösung:
a) Unter den vorgegebenen Voraussetzungen gilt Formel (8.16). Der Erwartungswert des Nulleffektes kann hier als bekannt angenommen werden:

$$\rho_0 = \frac{3431}{3600 \text{ s}} = 0{,}953 \text{ s}^{-1}$$

Damit folgt:

$$\rho_n^* = 3.3 \sqrt{\frac{0{,}953 \text{ s}^{-1}}{600 \text{ s}}} = 3{,}3 \cdot 3{,}99 \cdot 10^{-2} \text{ s}^{-1} = 0{,}132 \text{ s}^{-1}$$

Nach Formel (8.4) ergibt sich die Nachweisgrenze für die entsprechende Aktivität mit dem Kalibrierfaktor $f_k = 2{,}85$ Bq s zu:

$$A = 2{,}85 \text{ Bq s} \cdot 0{,}132 \text{ s}^{-1} = 0{,}38 \text{ Bq}$$

Für die Erkennungsgrenze R_n^* gilt nach (8.16)

$$R_n^* = 0{,}5 \cdot \rho_n^* = 0{,}5 \cdot 0{,}132 \text{ s}^{-1} = 0{,}066 \text{ s}^{-1}$$

Das Vorliegen einer Aktivität muß angenommen werden, wenn die Zählrate 0,066 s^{-1} übersteigt oder wenn während der Meßzeit von 10 min mehr als 40 Impulse gezählt werden.

b) Für die Nettoimpulsrate gilt mit Formel (8.14):

$$\rho_n = \frac{N_b}{t_b} - \frac{N_0}{t_0} \pm k_{1-\gamma/2} \cdot \sqrt{\frac{N_0}{t_0^2} + \frac{N_b}{t_b^2}}$$

$$\rho_n = \frac{692}{600\ s} - \frac{3431}{3600\ s} \pm k_{1-\gamma/2} \cdot \sqrt{\frac{692}{600^2\ s^2} + \frac{3431}{3600^2\ s^2}}$$

$$\rho_n = 1{,}153\ s^{-1} - 0{,}953\ s^{-1} \pm k_{1-\gamma/2} \cdot \sqrt{1{,}922 \cdot 10^{-3} + 2{,}647 \cdot 10^{-4}}\ s^{-1}$$

Mit dem Quantil $k_{1-\gamma/2} = 1{,}96$ beim Vertrauensniveau 95% nach Anhang 15.11 folgt:

$$\rho_n = 0{,}2\ s^{-1} \pm 1{,}96 \cdot 4{,}676 \cdot 10^{-2}\ s^{-1}$$

$$\rho_n = 0{,}2\ s^{-1} \pm 9{,}165 \cdot 10^{-2}\ s^{-1}$$

Mit dem Kalibrierfaktor $f_k = 2{,}85$ Bq s folgt nach Formel (8.4) Aktivität und Vertrauensbereich zu:

$$A = (0{,}57 \pm 0{,}26)\ \text{Bq}$$

8.5 An einem Aktivitätsmeßplatz werden bei einer Probenmessung während 20 min Meßzeit 252 Impulse ermittelt. Der Nulleffekt wurde während derselben Meßdauer zu 221 Impulse bestimmt. Liegt ein Nettoeffekt vor, wenn eine Irrtumswahrscheinlichkeit von $\alpha = 1\%$ zugelassen ist? Es ist ein Schätzwert für die Nachweisgrenze anzugeben, wenn für die Irrtumswahrscheinlichkeit $\beta = 1\%$ angenommen wird.

Lösung: Unter den vorgegebenen Voraussetzungen gilt für die Erkennungsgrenze Formel (8.15a):

$$R_n^* = k_{1-\alpha} \cdot \sqrt{R_0 \cdot \left(\frac{1}{t_0} + \frac{1}{t_b}\right)}$$

Nach Anhang 15.12 gehört zur Irrtumswahrscheinlichkeit $\alpha = 0{,}01$ das Quantil $k_{1-\alpha} = 2{,}326$. Aus Brutto- und Nulleffektzählrate

$$R_b = \frac{252}{1200\ s} = 0{,}21\ s^{-1} \qquad R_0 = \frac{221}{1200\ s} = 0{,}184\ s^{-1}$$

ergibt sich die Nettoeffektzählrate zu: $R_n = 0{,}21\ s^{-1} - 0{,}184\ s^{-1} = 0{,}026\ s^{-1}$
Damit folgt:

$$R_n^* = 2{,}326 \cdot \sqrt{0{,}184\ s^{-1} \cdot \left(\frac{1}{1200\ s} + \frac{1}{1200\ s}\right)} = 2{,}326 \cdot 1{,}75 \cdot 10^{-2}\ s^{-1}$$

$$R_n^* = 0{,}041\ s^{-1}$$

Da die Nettoeffektzählrate kleiner als die Erkennungsgrenze ausfällt, ist unter den vorgegebenen Bedingungen kein Nettoeffekt anzunehmen.

Für die Nachweisgrenze gilt Formel (8.15b)

$$\rho_n^* = (k_{1-\alpha} + k_{1-\beta}) \cdot \sqrt{\rho_0 \cdot (\frac{1}{t_0} + \frac{1}{t_b})}$$

Mit $k_{1-\beta} = 2{,}326$ nach Anhang 15.12 und $R_0 = 0{,}184\ s^{-1}$ als Näherungswert für den Schätzwert ρ_0 des Erwartungswertes des Nulleffektes folgt:

$$\rho_n^* = 4{,}652 \cdot \sqrt{0{,}184\ s^{-1} \cdot (\frac{1}{1200\ s} + \frac{1}{1200\ s})} = 4{,}652 \cdot 1{,}75 \cdot 10^{-2}\ s^{-1}$$

$$\rho_n^* = 0{,}081\ s^{-1}$$

Die Nachweisgrenze entspricht somit bei 20 min Meßzeit etwa der Nettoimpulszahl 97.

9.1 In 3 m Entfernung von einem radioaktiven Strahler wird eine Energiedosisleistung (in Luft) von 2 mGy/h gemessen. Die Luftabsorption ist zu vernachlässigen.

a) Wie groß ist die Dosisleistung in 2 m Entfernung?
b) In welcher Entfernung ist die Dosisleistung auf 0,25 mGy/h abgefallen?

Lösung:
a) Nach Formel (9.8) folgt mit $r_1 = 3$ m und $\dot{D}_1 = 2$ mGy/h für die Dosisleistung $\dot{D}_2$ bei $r_2 =$ 2 m:

$$\dot{D}_2 = 2\ \text{mGy/h} \cdot (\frac{3\ \text{m}}{2\ \text{m}})^2 = \frac{2 \cdot 9}{4}\ \text{mGy/h}$$

$$\dot{D}_2 = 4{,}5\ \text{mGy/h}$$

b) Die Umformung von Formel (9.8) ergibt

$$r_2 = r_1 \cdot \sqrt{\frac{\dot{D}_1}{\dot{D}_2}}$$

$$r_2 = 3\ \text{m} \cdot \sqrt{\frac{2\ \text{mGy/h}}{0{,}25\ \text{mGy/h}}} = 3\ \text{m} \cdot \sqrt{8}$$

$$r_2 = 3\ \text{m} \cdot 2{,}83 = 8{,}5\ \text{m}$$

9.2 Welche Photonen-Äquivalentdosis ergibt sich in 1,5 m Abstand von einem Cs 137*-Strahler mit der Aktivität 1,6 GBq während einer Zeit von 3 Stunden?

Lösung: Aus Formel (9.5) $\dot{H} = K_\gamma \cdot A/r^2$ folgt nach Anhang 15.5 mit $K_\gamma = 8{,}83 \cdot 10^{-2}$ mSv $\cdot$ m²/(h · GBq)

$$\dot{H} = \frac{8{,}83 \cdot 10^{-2}\ \text{mSv} \cdot \text{m}^2}{\text{h} \cdot \text{GBq}} \cdot \frac{1{,}6\ \text{GBq}}{2{,}25\ \text{m}^2} = 6{,}28 \cdot 10^{-2}\ \text{mSv/h}$$

Mit Formel (6.3a) folgt für die Photonen-Äquivalentdosis der Gammastrahlung:

$$H = 6{,}28 \cdot 10^{-2}\ \text{mSv/h} \cdot 3\ \text{h} = 18{,}8 \cdot 10^{-2}\ \text{mSv}$$

$$H = 0{,}19\ \text{mSv}$$

9.3 Eine Röntgenanlage wird mit 150 kV Röhrenspannung (Gleichspannungspotential) und 10 mA Röhrenstrom betrieben. Die Filterung beträgt 0,5 mm Cu. Weitere Kenndaten des Röhrenherstellers liegen nicht vor. Welche Photonen-Äquivalentdosisleistung und welche Standard-Ionendosisleistung sind im Nutzstrahlenbündel in 1,5 m Fokusabstand in etwa zu erwarten?

Lösung: Die Photonen-Äquivalentdosisleistung ist gemäß Formel (9.7) $\dot{H}_X = K_X \cdot i/r^2$ zu berechnen. Aus Anhang 15.20 ergibt sich K_X bei 150 kV und 0,5 mm Cu-Filterung zu etwa $4 \cdot 10^{-1}\ \text{Sv} \cdot \text{m}^2/(\text{h} \cdot \text{mA})$. Damit folgt

$$\dot{H}_X = \frac{4{,}0 \cdot 10^{-1}\ \text{Sv} \cdot \text{m}^2}{\text{h} \cdot \text{mA}} \cdot \frac{10\ \text{mA}}{2{,}25\ \text{m}^2} = 1{,}78\ \text{Sv/h}$$

$$\dot{H}_X = 1{,}78\ \text{Sv/h}$$

Da für die Umrechnung zwischen der Photonen-Äquivalentdosis (H_X) und der Standard-Ionendosis (J_S) die Beziehung: $H_X = 38{,}8\ \text{Sv} \cdot \text{C}^{-1} \cdot \text{kg} \cdot J_S$ gilt (s. Kap. 6.2.3), folgt für die Ionendosisleistung:

$$\dot{J}_S = \frac{1{,}78\ \text{Sv} \cdot \text{C}}{38{,}8\ \text{Sv} \cdot \text{kg} \cdot \text{h}} = 4{,}59 \cdot 10^{-2}\ \text{C/(kg} \cdot \text{h)}$$

Dieses Ergebnis kann mit 1 C = 1 A · s noch weiter umgeformt werden zu:

$$\dot{J}_S = \frac{46\ \text{mC}}{\text{kg} \cdot \text{h}} = \frac{46\ \text{mA} \cdot \text{s}}{\text{kg} \cdot 3600\ \text{s}} = 1{,}28 \cdot 10^{-2}\ \text{mA/kg} = 12{,}8\ \mu\text{A/kg}$$

9.4 Wie groß ist die Aktivität eines Cs 137*-Strahlers, wenn in 2 m Entfernung eine Photonen-Äquivalentdosisdosisleistung von 1 mSv/h gemessen wird?

Lösung: Unter Berücksichtigung von $K_\gamma = 8{,}83 \cdot 10^{-2}\ \text{Sv} \cdot \text{m}^2/(\text{h} \cdot \text{GBq})$ aus Anhang 15.5 folgt durch Umformung von Formel (9.5):

$$A = \frac{\dot{H} \cdot r^2}{K_\gamma}$$

$$A = \frac{1\,\frac{\text{mSv}}{\text{h}} \cdot 4\ \text{m}^2}{8{,}83 \cdot 10^{-2}\ \text{mSv} \cdot \text{m}^2/(\text{h} \cdot \text{GBq})} = \frac{4}{8{,}83 \cdot 10^{-2}}\ \text{GBq} = 0{,}453 \cdot 10^2\ \text{GBq}$$

$$A = 45{,}3\ \text{GBq}$$

9.5 Wie groß ist die Ortsdosisleistung der aus einem offenen Na 24-Präparat von 10 GBq austretenden Strahlung in 0,5 m und 5 m Entfernung?

Lösung: Da keine Umschließung der radioaktiven Substanz vorhanden ist, muß außer der Gammastrahlung auch die Betastrahlung berücksichtigt werden. Nach Anhang 15.5 ist die Betaenergie E_{max} = 1,39 MeV. Damit folgt aus Anhang 15.25b eine maximale Reichweite von etwa 5 m in Luft.

Mit $K_\beta = 10\ \text{mSv} \cdot \text{m}^2/(\text{h} \cdot \text{GBq})$ aus Anhang 15.13 ergibt sich für die Entfernung 0,5 m:

$$\dot{H}_\beta = \frac{10\ \text{mSv} \cdot \text{m}^2}{\text{h} \cdot \text{GBq}} \cdot \frac{10\ \text{GBq}}{0{,}25\ \text{m}^2} = 400\ \text{mSv/h}$$

$$\dot{H}_\beta = 0{,}4\ \text{Sv/h}$$

Für die Gammastrahlung ergibt sich mit $K_\gamma = 4{,}93 \cdot 10^{-1}\ \text{mSv} \cdot \text{m}^2/(\text{h} \cdot \text{GBq})$ nach Anhang 15.5:

$$\dot{H}_\gamma = \frac{4{,}93 \cdot 10^{-1}\ \text{mSv} \cdot \text{m}^2}{\text{h} \cdot \text{GBq}} \cdot \frac{10\ \text{GBq}}{0{,}25\ \text{m}^2} = 19{,}7\ \text{mSv/h}$$

$$\dot{H}_\gamma = 19{,}7\ \text{mSv/h}$$

Wie der Vergleich zeigt, ist die β-Ortsdosisleistung in 50 cm Entfernung um etwa den Faktor 20 größer als die γ-Ortsdosisleistung.

In 5 m Entfernung ist die Betastrahlung praktisch vollständig absorbiert, so daß nur noch die Gammastrahlung gemäß dem Abstandsgesetz (9.8) zu berücksichtigen ist. Danach folgt mit r_1 = 0,5 m und $\dot{H}_1$ = 19,7 mSv/h für die Ortsdosisleistung $\dot{H}_2$ in der Entfernung r_2 = 5 m

$$\dot{H}_2 = 19{,}7\ \text{mSv/h} \cdot \left(\frac{0{,}5\ \text{m}}{5\ \text{m}}\right)^2 = 19{,}7 \cdot 10^{-2}\ \text{mSv/h}$$

$$\dot{H}_2 = 0{,}2\ \text{mSv/h}$$

9.6 In einem zylindrischen Tank aus 5 mm dickem Stahlblech (200 cm Höhe, 200 cm Durchmesser) befindet sich eine wässrige Lösung von Cs 137 mit einer Aktivitätskonzentration von 2 MBq/l. Wie groß sind näherungsweise die Ortsdosisleistungen in 1 m und in 6 m Abstand von den Stirnflächen und von der Mantelfläche des Tanks?

Lösung: Cs 137 ist eine Betastrahler. Das nachfolgende Tochter-Radionuklid (Ba 137m) emittiert Gammastrahlung (s. Abb. 4.3c). Nach Anhang 15.5 ist die höchste Betaenergie E_{max} = 1,173 MeV. Die Reichweite der Betastrahlung beträgt damit nach Anhang 15.25b 0,63 mm und ist geringer als die Wanddicke des Stahltanks. Mit der Photonenenergie 0,6616 MeV von Cs 137* nach Anhang 15.5 ergibt sich die Halbwertschichtdicke der Tankflüssigkeit nach Anhang 15.26 zu d_h = 8 cm. Da die Gammastrahlung praktisch nur aus einer Quellenschicht von 4 Halbwertschichtdicken, d. h. $d = 4 \cdot d_h = 4 \cdot 8\ \text{cm} = 32\ \text{cm}$, zur Dosisleistung beiträgt, kann die Berechnung bei den vorliegenden Tankabmessungen näherungsweise nach Formel (9.12) erfolgen:

$$\dot{H}(r) = a_V \cdot K_\gamma \cdot B_V \cdot 1{,}5 \cdot d_h \cdot y_V(r)$$

Mit der Halbwertschichtdicke d_h=1,2 cm ergibt sich für die Schwächung der senkrecht durch die Tankwand hindurchtretenden, ungestreuten Strahlung nach Formel (9.16):

$$\frac{1}{S_u} = 2^{-d/d_h} = 2^{-0,5/1,2} = 2^{-0,417} = 0,75$$

Die Abschirmwirkung der Tankwand kann daher als Sicherheitsfaktor vernachlässigt werden. Der Zuwachsfaktor der Streustrahlung aus dem Quellenvolumen ergibt sich nach Anhang 15.19 zu $B_V = 3,2$. Für die Dosisleistungskonstante gilt nach Anhang 15.5 $K_\gamma = 8,83 \cdot 10^{-2}$ mSv $\cdot$ m²/(h $\cdot$ GBq). Damit folgt:

$$\dot{H}(r) = 2\,\frac{\text{MBq}}{\text{l}} \cdot 8,83 \cdot 10^{-2}\,\frac{\text{mSv} \cdot \text{m}^2}{\text{h} \cdot \text{GBq}} \cdot 3,2 \cdot 1,5 \cdot 8\text{ cm} \cdot y_V(r)$$

$$\dot{H}(r) = 6,78 \cdot 10^{-2}\,\frac{\text{mSv}}{\text{h}} \cdot y_V(r)$$

Dosisleistung vor der Stirnfläche (Abb. 9.2):

Für r = 100 cm und r = 600 cm folgen aus Anhang 15.18 für den Scheibenradius R = 100 cm die Funktionswerte $y_V(100) = 1,9$ und $y_V(600) = 0,085$ und damit die Ortsdosisleistungen in 100 cm und 600 cm Abstand zu:

$$\dot{H}(100) = 6,78 \cdot 10^{-2}\,\frac{\text{mSv}}{\text{h}} \cdot 1,9 = 0,129\,\frac{\text{mSv}}{\text{h}}$$

$$\dot{H}(600) = 6,78 \cdot 10^{-2}\,\frac{\text{mSv}}{\text{h}} \cdot 0,085 = 5,76 \cdot 10^{-3}\,\frac{\text{mSv}}{\text{h}} = 5,8\ \mu\text{Sv/h}$$

Dosisleistung vor der Mantelfläche (Abb. 14.1):

Die Zentralprojektion eines Zylinders auf die Ebene durch die Manteloberfläche liefert gemäß Abb. 14.1 ein Rechteck mit abgerundeten Ecken, das näherungsweise durch die Abmessungen

$$2 \cdot R' = 2 \cdot R/\sqrt{1 + 2\,R/r} \qquad L' \approx \frac{L}{3} \cdot \left(2 + \frac{1 + R/r}{1 + 2\,R/r}\right)$$

beschrieben werden kann.

Für den äquivalenten Radius R_e der Kreisscheibe der Kegelstumpfquelle folgt damit:

$$\pi \cdot R_e^2 = 2 \cdot R' \cdot L' \rightarrow R_e = \sqrt{\frac{2}{\pi}} \cdot \sqrt{R' \cdot L'} = \sqrt{\frac{2}{\pi}} \cdot \sqrt{R \cdot L} \cdot \sqrt{\frac{R' \cdot L'}{R \cdot L}}$$

Für r = 100 cm ist R/r = 1 und es folgt R'/R = 0,577 und L'/L = 0,889. Damit gilt:

$$R_e = 0,798 \cdot \sqrt{100 \cdot 200} \cdot \sqrt{0,577 \cdot 0,889} = 0,798 \cdot 141,4 \cdot 0,716 = 80,8\text{ cm}$$

Für r = 600 cm ist R/r = 0,167 und es folgt R'/R = 0,866 und L'/L = 0,958. Damit gilt:

$$R_e = 0,798 \cdot \sqrt{100 \cdot 200} \cdot \sqrt{0,866 \cdot 0,958} = 0,798 \cdot 141,4 \cdot 0,911 = 102,8\text{ cm}$$

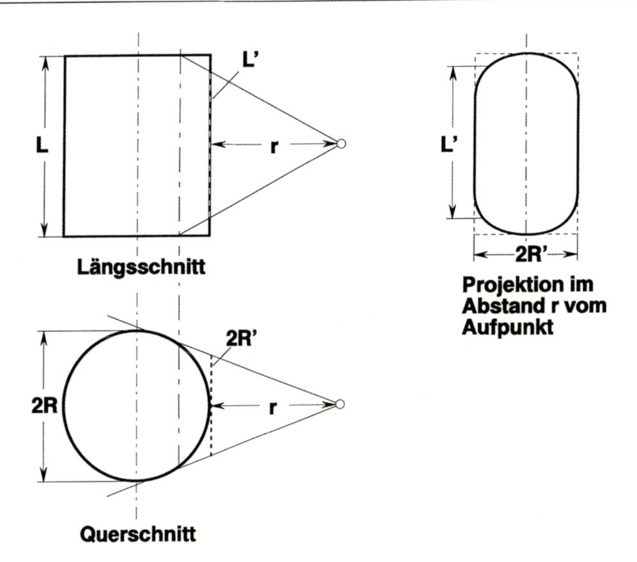

Abb. 14.1: Zur Erläuterung der Abmessungen der Zylinderquelle

Für die Scheibenradien R = 80,8 cm und R = 102,8 cm folgen aus Anhang 15.18 die Funktionswerte $y_V(100) = 1{,}6$ und $y_V(600) = 0{,}09$ und damit die Ortsdosisleistungen in 100 cm und 600 cm Abstand zu:

$$\dot{H}(100) = 6{,}78 \cdot 10^{-2}\,\frac{\text{mSv}}{\text{h}} \cdot 1{,}6 = 1{,}08 \cdot 10^{-1}\,\frac{\text{mSv}}{\text{h}} = 108\ \mu\text{Sv/h}$$

$$\dot{H}(600) = 6{,}78 \cdot 10^{-2}\,\frac{\text{mSv}}{\text{h}} \cdot 0{,}09 = 6{,}10 \cdot 10^{-3}\,\frac{\text{mSv}}{\text{h}} = 6{,}1\ \mu\text{Sv/h}$$

Punktquellenrechnung:

Die Vergleichsrechnung mit Formel (9.5) für Punktquellen liefert für 6 m Abstand bei Verwendung der hierbei wirksamen Aktivität (s. Hinweis bei Formel (9.12)):

$$A = a_V \cdot B_V \cdot 1{,}5 \cdot d_h \cdot \pi \cdot R^2 = 2\,\frac{\text{GBq}}{\text{m}^3} \cdot 3{,}2 \cdot 1{,}5 \cdot 0{,}08\ \text{m} \cdot 3{,}141 \cdot 1\ \text{m}^2 = 2{,}41\ \text{GBq}$$

$$\dot{H} = K_\gamma \cdot \frac{A}{r^2} = 8{,}83 \cdot 10^{-2}\,\frac{\text{mSv} \cdot \text{m}^2}{\text{h} \cdot \text{GBq}} \cdot \frac{2{,}41\ \text{GBq}}{36\ \text{m}^2} = 5{,}91\ \mu\text{Sv/h}$$

9.7 Eine Am-Be-Neutronenquelle von 70 GBq befindet sich in einem von massiven Wänden umgebenen Raum. Mit welchen Ortsdosisleistungen von Neutronen- und Gammastrahlung ist in 2 m Entfernung etwa zu rechnen?

Lösung: Mit der Dosisleistungskonstanten $K_n = 7{,}2 \cdot 10^{-4}$ mSv · m²/(h · GBq) nach Anhang 15.22 ergibt sich gemäß Formel (9.5) die Neutronen-Ortsdosisleistung (Umgebungs-Äquivalentdosis) zu:

$$\dot{H}_n = \frac{7{,}2 \cdot 10^{-4}\ \text{mSv} \cdot \text{m}^2}{\text{h} \cdot \text{GBq}} \cdot \frac{70\ \text{GBq}}{4\ \text{m}^2} = 1{,}26 \cdot 10^{-2}\ \text{mSv/h}$$

$$\dot{H}_n = 12{,}6\ \mu\text{Sv/h}$$

Mit der Gammastrahlungskonstanten $K_\gamma = 4{,}2 \cdot 10^{-3}$ mSv · m²/(h · GBq) nach Anhang 15.22 folgt entsprechend für die Ortsdosisleistung der Gammastrahlung (Photonen-Äquivalentdosis):

$$\dot{H}_\gamma = \frac{4{,}2 \cdot 10^{-3}\ \text{mSv} \cdot \text{m}^2}{\text{h} \cdot \text{GBq}} \cdot \frac{70\ \text{GBq}}{4\ \text{m}^2} = 7{,}35 \cdot 10^{-2}\ \text{mSv/h}$$

$$\dot{H}_\gamma = 73{,}5\ \mu\text{Sv/h}$$

9.8 Ein verlorengegangener Cs 137*-Strahler mit der Aktivität 0,4 GBq soll mit mehreren Ortsdosisleistungsmeßgeräten in ebenem Gelände gesucht werden. Im empfindlichsten Meßbereich dieser Geräte muß mindestens eine Ortsdosisleistung von 5 µSv/h vorhanden sein, damit der Zeigerausschlag nicht übersehen wird. Wie dicht müssen die Personen bei der Präparatsuche in einer Kette nebeneinander vorrücken, damit das Präparat entdeckt wird?

Lösung: Die Umformung von Formel (9.5) liefert

$$r = \sqrt{K_\gamma \cdot \frac{A}{\dot{H}}}$$

Mit $K_\gamma = 8{,}83 \cdot 10^{-2}$ mSv · m²/(h · GBq) nach Anhang 15.5 und folgt für den Maximalabstand von der Quelle mit ausreichendem Zeigerausschlag

$$r = \sqrt{8{,}83 \cdot 10^{-2}\ \frac{0{,}4}{5 \cdot 10^{-3}}} = \sqrt{7{,}06}\ \text{m}$$

$$r = 2{,}66\ \text{m}$$

Wenn das Meßgerät etwa in 1 m Höhe getragen wird, hat der auf dem Boden erfaßte Bereich etwa den Radius von $\sqrt{2{,}66^2 - 1}$ m = 2,46 m, so daß der Abstand zum benachbarten Meßgerät nicht mehr als 5 m betragen sollte.

9.9 Im Target eines Neutronengenerators werden Neutronen mit einer Energie von 14 MeV erzeugt. Die Quellstärke beträgt $2{,}5 \cdot 10^{10}$ Neutronen pro Sekunde. Wie groß ist die Ortsdosisleistung in 2 m Entfernung vom Target, falls eine isotrope Neutronenemission angenommen wird?

Lösung: Mit der Quellstärke $Q = 2{,}5 \cdot 10^{10}\ \text{s}^{-1}$ und dem Umrechnungsfaktor $k_n = 1{,}80 \cdot 10^{-3}$ mSv · cm²/(h · s⁻¹) bei 14-MeV-Neutronen für H*(10) nach Anhang 15.23 ergibt sich die Ortsdosisleistung gemäß Formeln (9.1a) und (9.4) zu:

$$\dot{H}_n = \frac{1{,}80 \cdot 10^{-3}\ \text{mSv} \cdot \text{cm}^2 \cdot 2{,}5 \cdot 10^{10}\ \text{s}^{-1}}{4 \cdot \pi \cdot \text{h} \cdot \text{s}^{-1} \cdot 4 \cdot 10^4\ \text{cm}^2} = 89{,}5\ \text{mSv/h}$$

$$\dot{H}_n = 90\ \text{mSv/h}$$

9.10 In einem Kaskadenbeschleuniger treffen 0,3 MeV Deuteronen mit einer Teilchenstromstärke von 100 μA auf ein Tritium-Target. Wie groß ist die gesamte Neutronen-Quellstärke und wie groß ist näherungsweise die Energie der in Beschleunigungsrichtung (Vorwärtsrichtung) emittierten Neutronen? Welche Ortsdosisleistung ist in 2 m Entfernung vom Target in Vorwärtsrichtung in etwa zu erwarten?

Lösung: Für die Gesamtquellstärke folgt mit Formel (9.2a) und Anhang 15.24c:

$$Q = 1{,}8 \cdot 10^{8}\ s^{-1} \cdot \mu A^{-1} \cdot 100\ \mu A = 1{,}8 \cdot 10^{10}\ s^{-1}$$

Nach Anhang 15.9c muß in Vorwärtsrichtung mit Neutronenenergien um 15 MeV gerechnet werden. Für die Teilchenausbeute in Vorwärtsrichtung ergibt sich mit dem Richtungsfaktor $g(0°) = 0{,}4 \cdot \pi$ aus Anhang 15.24c und Formel (9.3):

$$p_{\Omega}(0°) = \frac{1{,}8 \cdot 10^{8}}{4 \cdot \pi \cdot sr \cdot s \cdot \mu A} \cdot 0{,}4 \cdot \pi = 1{,}8 \cdot 10^{7}\ s^{-1} \cdot \mu A^{-1} \cdot sr^{-1}$$

Mit Formel (9.2b) folgt die entsprechende Quellstärke zu:

$$Q_{\Omega}(0°) = 1{,}8 \cdot 10^{7}\ s^{-1} \cdot \mu A^{-1} \cdot sr^{-1} \cdot 100\ \mu A = 1{,}8 \cdot 10^{9}\ s^{-1} \cdot sr^{-1}$$

Mit dem Umrechnungsfaktor $k_n = 2 \cdot 10^{-3}$ mSv · cm²/(h · s⁻¹) bei 15-MeV-Neutronen für H*(10) nach Anhang 15.23 ergibt sich die Ortsdosisleistung $\dot{H}_n(0°)$ in Vorwärtsrichtung gemäß Formeln (9.1b) und (9.4) zu:

$$\dot{H}_n(0°) = \frac{2 \cdot 10^{-3}\ mSv \cdot cm^{2} \cdot 1{,}8 \cdot 10^{9}\ s^{-1} \cdot sr^{-1}}{h \cdot s^{-1} \cdot 4 \cdot 10^{4}\ cm^{2}} = 90\ mSv/h$$

$$\dot{H}_n(0°) = 90\ mSv/h$$

9.11 Wie groß ist die Reichweite von 50 MeV-Protonen und 50 MeV-Deuteronen in Luft und in Eisen?

Lösung: Nach Anhang 15.25a beträgt die Reichweite (als flächenbezogene Masse) von Protonen:

$$R_p(Luft) = 2{,}6\ g/cm^{2} \qquad R_p(Eisen) = 3{,}4\ g/cm^{2}$$

Mit den Dichten $\rho = 1{,}205 \cdot 10^{-3}$ g/cm³ für Luft nach Anhang 15.1e und $\rho = 7{,}874$ g/cm³ für Eisen nach Anhang 15.1b folgt aus Formel (9.13) für die Reichweiten (als Schichtdicke):

$$R_p(Luft) = \frac{2{,}6\ g/cm^{2}\ 10^{3}}{1{,}205\ g/cm^{3}} = 2160\ cm \qquad R_p(Eisen) = \frac{3{,}4\ g/cm^{2}}{7{,}847\ g/cm^{3}} = 0{,}43\ cm$$

Nach Anhang 15.25a gilt für die Reichweite von Deuteronen die Regel $R_d = 2 \cdot R_p(E/2)$. Damit folgt:

$$R_d(Luft) = 2 \cdot 0{,}74\ g/cm^{2} = 1{,}48\ g/cm^{2} \qquad R_d(Eisen) = 2 \cdot 1{,}0\ g/cm^{2} = 2{,}0\ g/cm^{2}$$

$$R_d(Luft) = \frac{1{,}48\ g/cm^{2}\ 10^{3}}{1{,}205\ g/cm^{3}} = 1230\ cm \qquad R_d(Eisen) = \frac{2{,}0\ g/cm^{2}}{7{,}847\ g/cm^{3}} = 0{,}255\ cm$$

9.12 Ein P 32-Präparat mit der Aktivität von 200 GBq soll mit einer Aluminiumschutzhülle umgeben werden.
a) Wie stark muß die Wanddicke gewählt werden, damit keine Betastrahlung die Hülle durchdringt?
b) Welche Ortsdosisleistung der in der Abschirmung entstehenden Bremsstrahlung ist in 50 cm Entfernung etwa zu erwarten?
c) Berechne die Dicke einer zusätzlichen Bleischicht, bei der die Bremsstrahlungs-Ortsdosisleistung in 50 cm Entfernung mit Sicherheit nicht mehr als 100 µSv/h beträgt?

Lösung:
a) Nach Anhang 15.5 ist die Maximalenergie der Betastrahlung von P 32 gleich 1,71 MeV. Mit der Dichte von Aluminium $\rho = 2{,}7$ g/cm^3 folgt aus Formel (9.14) die maximale Reichweite zu

$$d = \frac{1{,}71}{2 \cdot 2{,}7} \text{ cm} = 0{,}32 \text{ cm}$$

Aus Anhang 15.25b kann bei 1,71 MeV der Wert 0,29 cm abgelesen werden.

b) Wenn das Schutzgehäuse kleine Abmessungen hat (z. B. 2 cm Durchmesser), kann von einer punktförmigen Bremsstrahlungsquelle ausgegangen werden. Für die Dosisleistungskonstante der Bremsstrahlung folgt mit $K_X/Z = 8{,}2 \cdot 10^{-5}$ mSv · m^2/(h · GBq) nach Anhang 15.5 und mit Z = 13 (Al) als Schätzwert für die Kernladungszahl des Betaabsorbers:

$$K_X = \left(\frac{K_X}{Z}\right) \cdot Z = \frac{8{,}2 \cdot 10^{-5} \text{ mSv} \cdot \text{m}^2}{\text{h} \cdot \text{GBq}} \cdot 13 = 1{,}07 \cdot 10^{-3} \cdot \frac{\text{mSv} \cdot \text{m}^2}{\text{h} \cdot \text{Bq}}$$

Daraus ergibt sich nach Formel (9.5) die Ortsdosisleistung der Bremsstrahlung in 50 cm Entfernung zu:

$$\dot{H} = \frac{1{,}07 \cdot 10^{-3} \text{ mSv} \cdot \text{m}^2}{\text{h} \cdot \text{GBq}} \cdot \frac{200 \text{ GBq}}{0{,}25 \text{ m}^2} = 856 \cdot 10^{-3} \text{ mSv/h}$$

$$\dot{H} = 856 \text{ µSv/h}$$

c) Mit der in b) berechneten Ortsdosisleistung $\dot{H} = 856$ µSv/h ergibt sich der notwendige Schwächungsfaktor nach Umformung von Formel (9.17) zu

$$S_g = \frac{856 \text{ µSv/h}}{100 \text{ µSv/h}} = 8{,}56 \text{ bzw. } 1/S = 1{,}17 \cdot 10^{-1}$$

Aus Anhang 15.32f folgt dafür eine Bleidicke von 0,37 cm.

9.13 Ein Cs 137*-Präparat mit 20 GBq ist von einer 1 mm dicken Edelstahlhülle umschlossen. Wie groß ist die Photonen-Äquivalentdosisleistung der in der Schutzhülle entstehenden Bremsstrahlung in 1 m Entfernung im Vergleich zu der der Gammastrahlung?

Lösung: Mit der maximalen Betaenergie von 1,173 MeV nach Anhang 15.5 und der Dichte von Eisen $\rho = 7{,}874$ g/cm^3 nach Anhang 15.1b ergibt sich die Reichweite der Betastrahlung nach Formel (9.14) zu

$$d = \frac{1{,}173}{2 \cdot 7{,}874}\ \text{cm} = 0{,}0745\ \text{cm}$$

Die Betastrahlung wird demnach vollständig in der Schutzkapsel zurückgehalten. Mit $K_X/Z = 1{,}1 \cdot 10^{-5}\ \text{mSv} \cdot \text{m}^2/(\text{h} \cdot \text{GBq})$ und mit $Z = 26$ folgt:

$$K_X = \left(\frac{K_X}{Z}\right) \cdot Z = \frac{1{,}1 \cdot 10^{-5}\ \text{mSv} \cdot \text{m}^2}{\text{h} \cdot \text{GBq}} \cdot 26 = 2{,}86 \cdot 10^{-4} \cdot \frac{\text{mSv} \cdot \text{m}^2}{\text{h} \cdot \text{Bq}}$$

Daraus ergibt sich nach Formel (9.5) die Ortsdosisleistung der Bremsstrahlung in 1 m Entfernung zu

$$\dot{H}_X = \frac{2{,}86 \cdot 10^{-4}\ \text{mSv} \cdot \text{m}^2}{\text{h} \cdot \text{GBq}} \cdot \frac{20\ \text{GBq}}{1\ \text{m}^2} = 57{,}2 \cdot 10^{-4}\ \text{mSv/h}$$

$$\dot{H}_X = 5{,}7\ \mu\text{Sv/h}$$

Im Vergleich dazu beträgt die Ortsdosisleistung der Gammastrahlung mit $K_\gamma = 8{,}83 \cdot 10^{-2}$ $\text{mSv} \cdot \text{m}^2/(\text{h GBq})$

$$\dot{H}_\gamma = \frac{8{,}83 \cdot 10^{-2}\ \text{mSv} \cdot \text{m}^2}{\text{h} \cdot \text{GBq}} \cdot \frac{20\ \text{GBq}}{1\ \text{m}^2} = 177 \cdot 10^{-2}\ \text{mSv/h}$$

$$\dot{H}_\gamma = 1{,}8\ \text{mSv/h}$$

Die Bremsstrahlungsdosisleistung beträgt demnach etwa 1/300 der Gammadosisleistung.

9.14 Eine punktförmige Mn 54-Quelle erzeugt an einem Ort die Photonen-Äquivalentdosisleistung 10 mSv/h. Die Dosisleistung soll durch eine Abschirmung aus Normalbeton ($\rho = 2{,}3\ \text{g/cm}^3$) auf 10 µSv/h verringert werden.

a) Wie dick muß die Betonschicht sein, wenn das Strahlungsfeld durch Kollimatoren (s. Abb. 9.4a) auf ein schmales Strahlenbündel begrenzt ist?

b) Wie dick muß die Abschirmwand bei Breitstrahlgeometrie gewählt werden?

c) Welche Schichtdicke ist bei b) erforderlich, wenn Beton der Dichte $\rho = 2{,}5\ \text{g/cm}^3$ verwendet wird?

Lösung:
a) Der Schwächungsfaktor beträgt gemäß Formel (9.15a)

$$S_g = \frac{10\ \text{mSv/h}}{10\ \mu\text{Sv/h}} = 10^3 \text{ bzw. } 1/S = 1 \cdot 10^{-3}$$

Dieser Wert kann nach Anhang 15.6 durch etwa 10 Halbwertschichtdicken bzw. nach Anhang 15.7 für $d/d_h \approx 10$ erreicht werden. Nach Anhang 15.5 emittiert Mn 54 Photonen der Energie 0,835 MeV, für die aus Anhang 15.26 eine Halbwertschichtdicke von $d_h = 4{,}4$ cm folgt. Die gesuchte Betondicke beträgt damit

$$d = 10 \cdot 4{,}4\ \text{cm} = 44\ \text{cm}$$

b) Bei breitem Strahlenbündel kann die zur Schwächung $1/S_g = 10^{-3}$ zugehörige Betondicke unmittelbar aus Anhang 15.27b abgelesen werden. Für 0,835 MeV ergibt sich

$$d = 64 \text{ cm}$$

c) Bei der größeren Betondichte genügt zur Erzielung derselben Schwächung gemäß Formel (9.18a) eine geringere Wanddicke:

$$d^* = d \cdot \frac{\rho}{\rho^*} = 64 \cdot \frac{2,3}{2,5} = 58,9 \text{ cm}$$

$$d^* = 59 \text{ cm}$$

9.15 Ein freistrahlendes Ir 192-Präparat erzeugt an einem Arbeitsplatz eine Gamma-Ortsdosisleistung von 2 mSv/h.

a) Wie groß ist die Dosisleistung, wenn der Ort durch eine Betonwand ($\rho = 2,3$ g/cm^3) von 60 cm Dicke abgeschirmt wird?

b) Wie groß ist die Dosisleistung, wenn bei der Abschirmung gemäß a) die Betondichte nicht wie vorgesehen 2.3 g/cm^3, sondern nur 2.1 g/cm^3 beträgt?

c) Welche Eisenschicht ist erforderlich, damit dieselbe Schwächung wie in a) erreicht wird?

Lösung:

a) Für eine freistrahlende punktförmige Strahlungsquelle ergibt sich die Ortsdosisleistung hinter einer Abschirmwand im breiten Strahlungsfeld aus Formel (9.17). Die gemäß Formel (9.19) erforderlichen Schwächungsrechnungen für die einzelnen Energiekomponenten (s. Anhang 15.5) können hier entfallen, da der Gesamtschwächungsfaktor für Ir 192 aus Anhang 15.28 entnommen werden kann. Für 60 cm Beton folgt aus Anhang 15.28b: $1/S_g = 2 \cdot 10^{-4}$. Damit ergibt sich

$$\dot{H}_g = 2 \cdot 10^{-4} \cdot 2 \text{ mSv/h} = 4 \cdot 10^{-4} \text{ mSv/h}$$

$$\dot{H}_g = 0,4 \text{ µSv/h}$$

b) Der Einfluß der geringeren Betondichte kann bei der Berechnung der Ortsdosisleistung dadurch berücksichtigt werden, daß man gemäß Formel (9.18b) $d = d^* \cdot \rho^*/\rho$ die gleich stark schwächende Schicht des in dem vorliegenden Diagramm (Anhang 15.28b) zugrunde gelegten Betons berechnet

$$d = 60 \cdot \frac{2,1}{2,3} = 54,8 \text{ cm}$$

Für 54,8 cm Normalbeton folgt aus Anhang 15.28b die Schwächung $1/S_g = 5 \cdot 10^{-4}$. Damit ergibt sich

$$\dot{H}_g = 5 \cdot 10^{-4} \cdot 2 \text{ mSv/h} = 10 \cdot 10^{-4} \text{ mSv/h}$$

$$\dot{H}_g = 1 \text{ µSv/h}$$

c) Die unter a) erreichte Schwächung beträgt $1/S_g = 2 \cdot 10^{-4}$. Für diesen Wert kann aus Anhang 15.28e unmittelbar die äquivalente Eisenschichtdicke von 17 cm abgelesen werden.

9.16 Welche Gamma-Ortsdosisleistung ist in 2 m Entfernung von einem Co 60-Strahler mit der Aktivität von 100 GBq zu erwarten, wenn sich zwischen Quelle und Meßort eine 10 cm dicke Abschirmwand aus Eisen befindet?

Lösung: Mit Formel (9.5) und $K_\gamma = 3{,}5 \cdot 10^{-1}$ mSv · m²/(h · GBq) nach Anhang 15.5 folgt für die Ortsdosisleistung $\dot{H}_0$ in r = 2 m Entfernung ohne Abschirmwand

$$\dot{H}_0 = \frac{3{,}5 \cdot 10^{-1}\ \text{mSv} \cdot \text{m}^2}{\text{h} \cdot \text{GBq}} \cdot \frac{100\ \text{GBq}}{4\ \text{m}^2} = 8{,}75\ \text{mSv/h}$$

Aus Anhang 15.28e folgt für Co 60-Photonen bei einer Eisendicke von 10 cm der reziproke Schwächungsfaktor $1/S_g = 8 \cdot 10^{-2}$. Damit ergibt sich gemäß Formel (9.17) die Ortsdosisleistung in 2 m Entfernung bei 10 cm Eisenabschirmung zu

$$\dot{H}_g = \frac{1}{S_g} \dot{H}_0$$

$$\dot{H}_g = 8 \cdot 10^{-2} \cdot 8{,}75\ \text{mSv/h} = 0{,}7\ \text{mSv/h}$$

9.17 Eine Röntgenröhre, die mit 150 kV Beschleunigungsspannung betrieben wird, erzeugt an einem Ort im breiten Nutzstrahlenbündel eine Ortsdosisleistung von 20 mSv/h. Die Dosisleistung soll durch eine Abschirmung auf 10 µSv/h verringert werden.

a) Wie dick ist die erforderliche Bleischicht, wenn nur eine geringe Eigenfilterung durch die Röhre (entsprechend 2 mm Al) vorhanden ist?

b) Welche Bleischichtdicke wird benötigt, wenn die Strahlung bereits durch eine 1 mm dicke Bleiabschirmung vorgefiltert ist?

c) Wie dick muß die Abschirmung etwa sein, wenn in a) statt Blei Eisen verwendet wird?

Lösung:
Der erforderliche Schwächungsfaktor ergibt sich nach Umformung von Formel (9.17) zu

$$S_g = \frac{20\ \text{mSv/h}}{10\ \mu\text{Sv/h}} = 2 \cdot 10^3 \text{ bzw. } 1/S_g = 5 \cdot 10^{-4}$$

a) Diese Schwächung wird bei wenig vorgefilterter Strahlung nach Anhang 15.29 f etwa mit 2,1 mm Blei erreicht.

b) Die erforderliche Schichtdicke kann bei einer durch 1 mm Pb vorgefilterten Strahlung mit Zehntelwertschichtdicken gemäß Anhang 15.30 abgeschätzt werden. Nach Anhang 15.6 bzw. 15.7 wird die Schwächung $1/S_g = 5 \cdot 10^{-4}$ für $d/d_h = 11$ erreicht. Mit $d_z = 0{,}11$ cm und $d_h = 0{,}301 \cdot d_z = 0{,}33$ mm nach Anhang 15.30 ergibt sich die gesuchte Bleidicke zu

$$d = 11 \cdot 0{,}33\ \text{mm} = 3{,}63\ \text{mm}$$

c) Nach Anhang 15.31 entspricht der Bleidicke von 2,1 mm bei 150 kV eine Eisendicke von etwa 29 mm. Nach Anhang 15.29e sind ebenfalls 29 mm Eisen erforderlich.

9.18 Ein Na 24-Präparat mit der Aktivität von 50 GBq wird durch eine Normalbetonwand von 30 cm Dicke abgeschirmt. Welche Ortsdosisleistung (Photonen-Äquivalentdosis) ist in 3 m Entfernung von der Quelle zu erwarten?

Lösung: Na 24 emittiert Photonen der Energien 1,37 MeV und 2,75 MeV. Für beide Energien ist zunächst die Ortsdosisleistung am nicht abgeschirmten Ort gemäß Formeln (9.4, 9.5) und Anhang 15.16 mit den Teildosisleistungskonstanten

$$K_j = K(E_j) = \frac{1}{4 \cdot \pi} k_j \cdot p_j \text{ gemäß Formel (9.6)}$$

$$K(1{,}37\ \text{MeV}) = 7{,}96 \cdot 10^{-2} \cdot 2{,}3 \cdot 10^{-5} \frac{\text{mSv} \cdot \text{cm}^2 \cdot \text{s}}{\text{h}} \cdot \frac{1}{\text{s} \cdot \text{Bq}} = 1{,}83 \cdot 10^{-10} \frac{\text{mSv} \cdot \text{m}^2}{\text{h} \cdot \text{Bq}}$$

$$K(2{,}75\ \text{MeV}) = 7{,}96 \cdot 10^{-2} \cdot 3{,}8 \cdot 10^{-5} \frac{\text{mSv} \cdot \text{cm}^2 \cdot \text{s}}{\text{h}} \cdot \frac{1}{\text{s} \cdot \text{Bq}} = 3{,}02 \cdot 10^{-10} \frac{\text{mSv} \cdot \text{m}^2}{\text{h} \cdot \text{Bq}}$$

einzeln zu berechnen:

$$\dot{H}_0(1{,}37\ \text{MeV}) = 1{,}83 \cdot 10^{-10} \frac{\text{mSv} \cdot \text{m}^2}{\text{h} \cdot \text{Bq}} \frac{50 \cdot 10^9\ \text{Bq}}{9\ \text{m}^2}$$

$$\dot{H}_0(1{,}37\ \text{MeV}) = 1{,}02\ \text{mSv/h}$$

$$\dot{H}_0(2{,}75\ \text{MeV}) = 3{,}02 \cdot 10^{-10} \frac{\text{mSv} \cdot \text{m}^2}{\text{h} \cdot \text{Bq}} \frac{50 \cdot 10^9\ \text{Bq}}{9\ \text{m}^2}$$

$$\dot{H}_0(2{,}75\ \text{MeV}) = 1{,}68\ \text{mSv/h}$$

Für beide Energiekomponenten ist gemäß Formel (9.17) eine Schwächungsrechnung durchzuführen. Anhang 15.27b liefert für 30 cm Beton die reziproken Schwächungsfaktoren $1/S_g(1{,}37\ \text{MeV}) = 1{,}3 \cdot 10^{-1}$ und $1/S_g(2{,}75\ \text{MeV}) = 2{,}1 \cdot 10^{-1}$. Damit folgt:

$$\dot{H}_{g1}(1{,}37\ \text{MeV}) = 1{,}3 \cdot 10^{-1} \cdot 1{,}02\ \text{mSv/h} = 0{,}133\ \text{mSv/h}$$

$$\dot{H}_{g2}(2{,}75\ \text{MeV}) = 2{,}1 \cdot 10^{-1} \cdot 1{,}68\ \text{mSv/h} = 0{,}353\ \text{mSv/h}$$

Die gesamte Ortsdosisleistung hinter der Abschirmung ergibt sich dann gemäß Formel (9.19) zu

$$\dot{H}_g = 0{,}133\ \text{mSv/h} + 0{,}353\ \text{mSv/h}$$

$$\dot{H}_g = 0{,}486\ \text{mSv/h}$$

Im vorliegenden Fall kann der reziproke Schwächungsfaktor $1/S_g$ auch unmittelbar aus Anhang 15.28b zu $1{,}8 \cdot 10^{-1}$ abgelesen werden. Mit der Ortsdosisleistung am unabgeschirmten Ort $\dot{H}_0 = 1{,}02\ \text{mSv/h} + 1{,}68\ \text{mSv/h} = 2{,}7\ \text{mSv/h}$ folgt nach Formel (9.17)

$$\dot{H}_g = 1{,}8 \cdot 10^{-1} \cdot 2{,}7\ \text{mSv/h} = 0{,}486\ \text{mSv/h}$$

9.19 Ein Cs 137*-Präparat von 40 GBq ist durch eine Schichtung aus 5 cm Blei und 30 cm Beton abgeschirmt. Wie groß ist die Ortsdosisleistung der Gammastrahlung hinter der Abschirmung in 1 m Entfernung von der Strahlungsquelle?

Lösung: Die Ortsdosisleistung am unabgeschirmten Ort ergibt sich mit $K_\gamma = 8{,}83 \cdot 10^{-2}$ mSv · m²/(h · GBq) nach Anhang 15.5 und Formel (9.5) zu

$$\dot{H} = \frac{8{,}83 \cdot 10^{-2}\ \text{mSv} \cdot \text{m}^2}{\text{h} \cdot \text{GBq}} \cdot \frac{40\ \text{GBq}}{1\ \text{m}^2} = 353 \cdot 10^{-2}\ \text{mSv/h}$$

$$\dot{H} = 3{,}53\ \text{mSv/h}$$

Die reziproken Schwächungsfaktoren der einzelnen Schichten ergeben sich aus Anhang 15.28b, f für Cs 137* zu

$$1/S_g(30\ \text{cm Beton}) = 6 \cdot 10^{-2}$$

$$1/S_g(5\ \text{cm Blei}) = 5 \cdot 10^{-3}$$

Nach Formel (9.20) gilt für den reziproken Schwächungsfaktor der Gesamtschicht

$$1/S_g = 6 \cdot 10^{-2} \cdot 5 \cdot 10^{-3} = 30 \cdot 10^{-5}$$

$$1/S_g = 3{,}0 \cdot 10^{-4}$$

Damit ergibt sich die Ortsdosisleistung hinter der Abschirmung bei 1 m Quellenabstand gemäß Formel (9.17) zu

$$\dot{H}_g = 3{,}0 \cdot 10^{-4} \cdot 3{,}53\ \text{mSv/h} = 10{,}6 \cdot 10^{-4}\ \text{mSv/h}$$

$$\dot{H}_g = 1{,}1\ \mu\text{Sv/h}$$

9.20 Im Nutzstrahlenbündel einer mit 200 kV betriebenen Röntgenröhre wird hinter einer 20 cm dicken Betonwand eine Ortsdosisleistung von 0,65 mSv/h gemessen. Die Dosisleistung soll durch eine zusätzliche Bleischicht auf 5 μSv/h vermindert werden. Wie dick muß die Bleischicht gewählt werden, wenn sie, von der Strahlungsquelle aus gesehen a) vor der Betonwand b) hinter der Betonwand angebracht wird?

Lösung:
a) Da bei Röntgenstrahlung in einer Schichtenfolge für die 1. Schicht die Schwächungskurven für das Röntgenspektrum, für die 2. Schicht dagegen die monoenergetischen Schwächungskurven der höchsten vorkommenden Energie anzusetzen sind, muß zunächst die Ortsdosisleistung ohne Abschirmung bestimmt werden. Dazu wird Formel (9.17) umgeformt zu

$$\dot{H}_0 = S_g \cdot \dot{H}_g$$

Aus Anhang 15.29d ergibt sich bei 200 kV und 20 cm Beton $1/S_g = 2{,}7 \cdot 10^{-3}$ bzw. $S_g = 3{,}7 \cdot 10^2$. Mit $\dot{H}_g = 0{,}65$ mSv/h folgt dann für die Ortsdosisleistung am unabgeschirmten Ort

$$\dot{H}_g = 3{,}7 \cdot 10^2 \cdot 0{,}65\ \text{mSv/h} = 240{,}5\ \text{mSv/h}$$

Der gewünschte Gesamtschwächungsfaktor in der Blei- und Betonschicht ist somit

$$S_g = \frac{241 \text{ mSv/h}}{5 \text{ µSv/h}} = 4{,}8 \cdot 10^4$$

Für die Photonenstrahlung mit der höchsten vorkommenden Energie von 200 keV wird aus Anhang 15.27b für 20 cm Beton der reziproke monoenergetische Schwächungsfaktor $1/S_g(\text{Beton}) = 7{,}3\ 10^{-2}$ bzw. $S_g(\text{Beton}) = 13{,}7$ abgelesen. Wegen der Produktregel (9.20) $S_g(\text{Schichtung}) = S_g(\text{Blei}) \cdot S_g(\text{Beton})$ ergibt sich die noch notwendige Schwächung in Blei zu

$$S_g(\text{Blei}) = \frac{4{,}8 \cdot 10^4}{13{,}7} = 3{,}50 \cdot 10^3 \text{ bzw. } 1/S_g(\text{Blei}) = 2{,}85 \cdot 10^{-4}$$

Für diesen Wert kann aus den Schwächungskurven für Röntgenstrahlung in Blei (Anhang 15.29f) eine Bleidicke von d = 3,3 mm abgelesen werden.

b) Der mit der Bleischicht zu erzielende zusätzliche Schwächungsfaktor beträgt

$$S_g(\text{Blei}) = \frac{0{,}65 \text{ mSv/h}}{5 \text{ µSv/h}} = 130 \text{ bzw. } 1/S_g(\text{Blei}) = 7{,}7 \cdot 10^{-3}$$

Da die Bleischicht hinter der Betonwand angebracht ist, muß die Schichtdicke aus den Schwächungskurven für monoenergetische Strahlung abgelesen werden. Für 200 keV erhält man aus Anhang 15.27f etwa die Bleidicke d = 5 mm.

9.21 Eine Po-Be-Quelle von 550 GBq soll durch eine Betonwand so abgeschirmt werden, daß die Ortsdosisleistung in 2 m Entfernung 7,5 µSv/h nicht wesentlich überschreitet. Welche Betondicke ist dazu erforderlich?

Lösung: Mit den Dosisleistungskonstanten für Neutronen- bzw. Gammastrahlung nach Anhang 15.22

$$K_n = \frac{7{,}8 \cdot 10^{-4} \text{ mSv} \cdot \text{m}^2}{\text{h} \cdot \text{GBq}} \qquad K_\gamma = \frac{2{,}3 \cdot 10^{-5} \text{ mSv} \cdot \text{m}^2}{\text{h} \cdot \text{GBq}}$$

erhält man mit Formel (9.5) für die Ortsdosisleistungen in 2 m Entfernung

$$\dot{H}_n = \frac{7{,}8 \cdot 10^{-4} \text{ mSv} \cdot \text{m}^2}{\text{h} \cdot \text{GBq}} \cdot \frac{550 \text{ GBq}}{4 \text{ m}^2} = 0{,}107 \text{ mSv/h}$$

$$\dot{H}_n = 0{,}11 \text{ mSv/h}$$

$$\dot{H}_\gamma = \frac{2{,}3 \cdot 10^{-5} \text{ mSv} \cdot \text{m}^2}{\text{h} \cdot \text{GBq}} \cdot \frac{550 \text{ GBq}}{4 \text{ m}^2} = 3{,}16 \cdot 10^{-3} \text{ mSv/h}$$

$$\dot{H}_\gamma = 3{,}2 \text{ µSv/h}$$

Bezüglich der Neutronen allein wird nach Formel (9.17) ein Schwächungsfaktor von

$$S_g(\text{Beton}) = \frac{0{,}11 \text{ mSv/h}}{7{,}5 \cdot 10^{-3} \text{ mSv/h}} = 14{,}7 \text{ bzw. } 1/S_g(\text{Beton}) = 6{,}8 \cdot 10^{-2}$$

benötigt. Nach Anhang 15.7a kann diese Schwächung mit $x = d/d_h = 3{,}9$ Halbwertschichtdicken erreicht werden. Mit $d_h = 0{,}301 \cdot d_z$ und der Zehntelwertschichtdicke für Beton für 11 MeV-Neutronen (s. Anhang 15.22) von $d_z = 44$ cm nach Anhang 15.34b folgt eine Betondicke von $d = 3{,}9 \cdot 0{,}301 \cdot 44$ cm = 51,7 cm. Aus Anhang 15.33c kann für $1/S_g = 6{,}8 \cdot 10^{-2}$ unmittelbar ein Wert von etwa 45 cm entnommen werden. Die Betondicke 50 cm ergibt für die Gammastrahlung bei Annahme von 4,43 MeV-Photonen (s. Anhang 15.22) nach Anhang 15.27b einen reziproken Schwächungsfaktor von $1/S_g = 9 \cdot 10^{-2}$, so daß die Ortsdosisleistung gemäß Formel (9.17) zu

$$\dot{H}_\gamma = 9 \cdot 10^{-2} \cdot 3{,}2\ \mu\text{Sv/h} = 0{,}288\ \mu\text{Sv/h}$$

erhalten wird. Damit beträgt die gesamte Ortsdosisleistung von Neutronen- und Gammastrahlung

$$\dot{H} = \dot{H}_n + \dot{H}_\gamma = 7{,}5\ \mu\text{Sv/h} + 0{,}29\ \mu\text{Sv/h}$$

$$\dot{H} = 7{,}8\ \mu\text{Sv/h}$$

Diese Ortsdosisleistung liegt nur geringfügig (4%) über dem Sollwert 7,5 µSv/h.

9.22 Eine Cf 252-Quelle von 3 mg befindet sich innerhalb einer 30 cm dicken Polyethylenabschirmung in einem von Betonwänden umgebenen Raum. Wie groß ist näherungsweise die Ortsdosisleistung in 2 m Entfernung von der Quelle?

Lösung: Die Aktivität (bezüglich der spontanen Spaltung) ergibt sich aus der Cf-Masse von 3 mg gemäß Formel (4.5b) unter Berücksichtigung von Anhang 15.22 zu:

$$A = 1{,}32 \cdot 10^{16} \cdot \frac{M}{T \cdot A_r} = 1{,}32 \cdot 10^{16} \cdot \frac{3 \cdot 10^{-3}}{85{,}5 \cdot 252}\ \text{Bq} = 1{,}84 \cdot 10^9\ \text{Bq}$$

Mit den Dosisleistungskonstanten für Neutronen- bzw. Gammastrahlung (bezüglich der spontanen Spaltung) nach Anhang 15.22

$$K_n = \frac{38\ \text{mSv} \cdot \text{m}^2}{\text{h} \cdot \text{GBq}} \qquad K_\gamma = \frac{1{,}8\ \text{mSv} \cdot \text{m}^2}{\text{h} \cdot \text{GBq}}$$

folgt mit Formel (9.5) für die Ortsdosisleistungen in 2 m Entfernung:

$$\dot{H}_n = \frac{38\ \text{mSv} \cdot \text{m}^2}{\text{h} \cdot \text{GBq}} \cdot \frac{1{,}84\ \text{GBq}}{4\ \text{m}^2} = 17{,}5\ \text{mSv/h}$$

$$\dot{H}_\gamma = \frac{1{,}8\ \text{mSv} \cdot \text{m}^2}{\text{h} \cdot \text{GBq}} \cdot \frac{1{,}84\ \text{GBq}}{4\ \text{m}^2} = 0{,}828\ \text{mSv/h}$$

Aus Anhang 15.33d folgt für Cf 252-Neutronen bei einer Polyethylendicke von 30 cm der reziproke Schwächungsfaktor $1/S_g = 1 \cdot 10^{-2}$. Damit ergibt sich gemäß Formel (9.17) die Ortsdosisleistung der Neutronen in 2 m Entfernung zu

$$\dot{H}_g = \frac{1}{S_g} \dot{H}_0$$

$$\dot{H}_n = 1 \cdot 10^{-2} \cdot 17{,}5\ \text{mSv/h} = 0{,}18\ \text{mSv/h}$$

Die Polyethylendicke 30 cm ergibt für die 155 keV-Photonen von Cf 252 (ohne Folgeprodukte, s. Anhang 15.5a) nach Anhang 15.27a einen reziproken Schwächungsfaktor von $1/S_g = 6 \cdot 10^{-1}$, so daß die Ortsdosisleistung gemäß Formel (9.17) zu

$$\dot{H}_\gamma = 6 \cdot 10^{-1} \cdot 0{,}828 \text{ mSv/h} = 0{,}497 \text{ mSv/h}$$

erhalten wird. Damit beträgt die gesamte Ortsdosisleistung von Neutronen und Gammastrahlung

$$\dot{H} = \dot{H}_n + \dot{H}_\gamma = 0{,}18 \text{ mSv/h} + 0{,}50 \text{ mSv/h}$$

$$\dot{H} = 0{,}68 \text{ mSv/h}$$

9.23 Der Fokus einer Röntgenröhre, die mit 200 kV und 10 mA bei einer Gesamtfilterung von 0,5 mm Cu betrieben wird, befindet sich gemäß Abb. 9.5 in r = 2 m Entfernung von einer streuenden Betonfläche, auf der das Strahlenbündel eine Fläche von 10 cm · 10 cm bestrahlt. Wie groß ist die Ortsdosisleistung der Streustrahlung, die von dieser Fläche in der Entfernung s = 2 m bei einem Einfalls- und Ausfallswinkel von je 45° erzeugt wird?

Lösung: Die Ortsdosisleistung $\dot{H}_0$ der auf die Streufläche auftreffenden Strahlung ergibt sich nach Formel (9.7) unter Berücksichtigung der Dosisleistungskonstanten für Röntgenstrahlung (Anhang 15.20)

$$K_X = \frac{8{,}0 \cdot 10^{-1} \text{ Sv} \cdot \text{m}^2}{\text{h} \cdot \text{mA}}$$

$$\dot{H}_0 = \frac{8{,}0 \cdot 10^{-1} \text{ Sv} \cdot \text{m}^2}{\text{h} \cdot \text{mA}} \cdot \frac{10 \text{ mA}}{4 \text{ m}^2} = 20 \cdot 10^{-1} \text{ Sv/h}$$

$$\dot{H}_0 = 2{,}0 \text{ Sv/h}$$

Für den Rückstreufaktor gilt nach Anhang 15.36 bei Beton $R = 2{,}7 \cdot 10^{-2}$. Mit $F = 0{,}01 \text{ m}^2$ folgt damit aus Formel (9.21)

$$\dot{H}_s = 2{,}0 \text{ Sv/h} \cdot 0{,}027 \frac{0{,}01 \text{ m}^2}{4 \text{ m}^2} = 1{,}35 \cdot 10^{-4} \text{ Sv/h}$$

$$\dot{H}_s = 135 \text{ µSv/h}$$

Wegen der nicht berücksichtigten Schwächung in Luft ist die tatsächliche Ortsdosisleistung geringer.

10.1 Welche effektive Dosis erhält eine Person, die 8 Wochen lang täglich 0,25 l Milch trinkt, die eine Aktivitätskonzentration von 100 Bq/l Cs 137* aufweist?

Lösung: Nach Formel (10.7) führt die Verbrauchsrate von $\dot{V}_g = 0{,}25$ l/d nach einer Zufuhrzeit von 8 · 7 d = 56 d zu einer inkorporierten Aktivität von $A_g = 100 \cdot 0{,}25 \cdot 56$ Bq = 1400 Bq. Dadurch ergibt sich nach Formel (10.5) mit $g_g = 1{,}4 \cdot 10^{-8}$ Sv/Bq aus Anhang 15.40 die effektive Dosis zu:

$$H_g = 1{,}4 \cdot 10^{-8} \text{ Sv/Bq} \cdot 1400 \text{ Bq} = 19{,}6 \text{ µSv}$$

10.2 In einem Radionuklidlaboratorium mit den Abmessungen 10 m · 4 m · 3 m wird bei einer Verpuffung eine P 32-Aktivität von 0,5 GBq in die Raumluft freigesetzt. Das Radionuklid liegt in der chemischen Verbindung H_3PO_4 vor. Angaben zur Größenverteilung der Aerosolteilchen sind nicht verfügbar.

a) Wie groß ist die effektive Folgedosis, die nach einem Aufenthalt von 10 Minuten im ungelüfteten Raum bei einer erwachsenen Person in etwa zu erwarten ist?

b) Wie lange könnte eine beruflich strahlenexponierte Person der Kategorie A sich in dem ungelüfteten Raum aufhalten, bis die Aktivitätszufuhr den nach StrlSchV für drei aufeinanderfolgende Monate festgelegten Grenzwert erreicht? Wie groß ist dann die Folgedosis in dem am höchsten exponierten Organ?

Lösung: a) Aus der freigesetzten Aktivität $A = 5 \cdot 10^8$ Bq und dem Raumvolumen ergibt sich die mittlere Aktivitätskonzentration im Raum zu $a_V = 5 \cdot 10^8/120\ \text{Bq/m}^3 = 4{,}2 \cdot 10^6$ Bq/m^3. Aus der Atemrate $\dot{V}_h = 1{,}2\ \text{m}^3/\text{h}$ nach Anhang 15.41a und der Inhalationszeit von t = 10 min = 0,167 h ergibt sich die inhalierte Aktivität nach Formel (10.6) zu:

$$A_h = 4{,}2 \cdot 10^6 \frac{\text{Bq}}{\text{m}^3} \cdot 1{,}2 \frac{\text{m}^3}{\text{h}} \cdot 0{,}167\ \text{h} = 8{,}42 \cdot 10^5\ \text{Bq}$$

Nach Anhang 15.39 ist die chemische Verbindung, in der das Radionuklid vorliegt der Lungenretentionsklasse D zuzuordnen. Bei Annahme einer Aerosolverteilung mit 1 µm AMAD folgt mit dem Inhalationsdosisfaktor $g_h = 1{,}6 \cdot 10^{-9}$ Sv/Bq nach Anhang 15.40 die effektive Folgedosis gemäß Formel (10.4) zu:

$$H_h = 1{,}6 \cdot 10^{-9} \frac{\text{Sv}}{\text{Bq}} \cdot 8{,}42 \cdot 10^5\ \text{Bq} = 1{,}35\ \text{mSv}$$

b) Mit dem 3-Monats-Grenzwert $A_h = 3 \cdot 10^6$ Bq nach § 52 und Anlage IV Tab. IV 1 StrlSchV für P 32 folgt nach Umformung von Formel (10.6):

$$t = \frac{A_h}{a_V \cdot \dot{V}_h} = \frac{3 \cdot 10^6\ \text{Bq} \cdot \text{m}^3 \cdot \text{h}}{4{,}2 \cdot 10^6\ \text{Bq} \cdot 1{,}2\ \text{m}^3} = 0{,}595\ \text{h} = 36\ \text{min}$$

Mit dem Inhalationsdosisfaktor $g_h = 6{,}0 \cdot 10^{-9}$ Sv/Bq nach Anhang 15.40 für das am höchsten exponierte Organ (Km: rotes Knochenmark) folgt gemäß Formel (10.4):

$$H_h = 6{,}0 \cdot 10^{-9} \frac{\text{Sv}}{\text{Bq}} \cdot 3{,}0 \cdot 10^6\ \text{Bq} = 18\ \text{mSv}$$

Die Körperdosis liegt damit unterhalb des für 3 aufeinanderfolgende Monate festgesetzten Grenzwertes von 25 mSv für das rote Knochenmark nach Anlage X Tab. X 1 StrlSchV.

10.3 Bei einer Inkorporationsmessung mit einem Ganzkörperzähler wird 3 Tage nach einer vermuteten Inkorporation von Cr 51 (Chromat) durch Inhalation eine Ganzkörperaktivität von etwa $A_{GK}(t) = 270$ Bq gemessen. Wie groß war in etwa die inkorporierte Aktivität? Welche effektive Dosis ist zu erwarten, wenn für die Aerosolverteilung 1 µm AMAD angenommen wird?

Lösung: Nach Anhang 15.39 sind Chromate der Lungenretentionsklasse D zuzuordnen. Mit $r_h(t) = 3 \cdot 10^{-1}$ aus Anhang 15.42a folgt mit Formel (10.8a)

$$A_h = \frac{270\ \text{Bq}}{0{,}3} = 900\ \text{Bq}$$

Nach Anhang 15.40 folgt mit dem Inhalationsdosisfaktor $g_h = 2{,}9 \cdot 10^{-11}$ Sv/Bq und Formel (10.4):

$$H_h = 2{,}9 \cdot 10^{-11}\ \text{Sv/Bq} \cdot 900\ \text{Bq}$$

$$H_h = 2{,}61 \cdot 10^{-8}\ \text{Sv} = 26{,}1\ \text{nSv}$$

10.4 5 Tage nach einer durch Ingestion verursachten Inkorporation von Cs 137* (Chlorid) wird in einer Urinprobe (Tagesmenge) eine Aktivität von 120 Bq gemessen. Welche Aktivität ist größenordnungsmäßig inkorporiert worden? Wie groß ist in etwa die zu erwartende effektive Dosis?

Lösung: Für die zugeführte Aktivität A_g gilt nach Formel (10.11):

$$A_g = \frac{1}{f_1} \cdot \frac{\dot{A}_U(t)}{\dot{e}_a(t) \cdot f_u} \cdot 2^{t/T}$$

Nach Anhang 15.0 und 15.39b ergibt sich für die Exkretionsfunktion $\dot{e}_a(t)$:

$$\dot{e}_a(5) = \ln 2 \cdot \sum_n \frac{\alpha_n}{T_{bn}} \cdot 2^{-t/T_{bn}} = 0{,}693 \cdot \left(\frac{0{,}1}{2\ \text{d}} \cdot 2^{-5/2} + \frac{0{,}9}{110\ \text{d}} \cdot 2^{-5/110}\right)$$

$$\dot{e}_a(5) = 0{,}693 \cdot (8{,}84 \cdot 10^{-3}\ \text{d}^{-1} + 7{,}93 \cdot 10^{-3}\ \text{d}^{-1}) = 1{,}16 \cdot 10^{-2}\ \text{d}^{-1}$$

Mit dem Meßwert $\dot{A}_U(5) = 120\ \text{Bq} \cdot \text{d}^{-1}$ zur Zeit t = 5 d nach der Ingestion, $f_1 = 1{,}0$ und $f_u = 0{,}8$ nach Anhang 15.39 sowie $2^{t/T} \approx 1$ folgt:

$$A_g = \frac{120\ \text{Bq} \cdot \text{d}^{-1}}{1{,}16 \cdot 10^{-2}\ \text{d}^{-1} \cdot 0{,}8} = 1{,}29 \cdot 10^4\ \text{Bq}$$

Nach Anhang 15.40 folgt mit dem Ingestionsdosisfaktor $g_g = 1{,}4 \cdot 10^{-8}$ Sv/Bq für die effektive Dosis und Formel (10.5):

$$H_g = 1{,}4 \cdot 10^{-8}\ \text{Sv/Bq} \cdot 1{,}29 \cdot 10^4\ \text{Bq}$$

$$H_g = 1{,}8 \cdot 10^{-4}\ \text{Sv} = 0{,}18\ \text{mSv}$$

10.5 Bei einem Unfall in einem Radionuklidlaboratorium werden über einen 50 m hohen Kamin während eines Zeitraums von 30 Minuten insgesamt etwa 30 GBq des Radionuklids I 131 als Aerosole freigesetzt.

Mit welcher Strahlenexposition durch Inhalation und Submersion muß im Bereich der Schadstoffwolke maximal gerechnet werden, wenn folgende Bedingungen gegeben sind?:

a) wolkenloser Sommertag, mittags, Windgeschwindigkeit: 3 m/s in 2,5 m Höhe.
b) halbbedeckter Wintertag, nachts, Windgeschwindigkeit: 5 m/s in 2,5 m Höhe.

Wie groß ist die maximal zu erwartende Dosisleistung (effektive Dosis) über dem am Boden abgelagerten J 131 unmittelbar nach sowie 7 Tage nach Durchzug der Schadstoffwolke, wenn der effektive Durchmesser der Aerosole mit 80 µm angenommen werden kann?

Lösung:
a) (Die Ergebnisse der Rechnungen für b) sind in Klammern angegeben)
Nach Anhang 15.44 ist mit Stabilitätsklasse B (D) zu rechnen. Die effektive Windgeschwindigkeit u_e in der Emissionshöhe h_e = 50 m ergibt sich gemäß Anhang 15.46 gemäß:

$$u_e = u_m \cdot \left(\frac{h_e}{h_m}\right)^n \text{ mit } n = 0{,}2 \text{ zu: } u_e = 3 \cdot \left(\frac{50}{2{,}5}\right)^{0{,}2} = 5{,}5 \text{ m/s } (11{,}6 \text{ m/s})$$

Nach Anhang 15.47a ergibt sich das Maximum des Ausbreitungsfaktors $\chi_{max} = \hat{\chi}_{max}/u_e$ in der Entfernung x_{max} = 0,17 km (0,33 km) zu:

$$\chi_{max} = \frac{5{,}8 \cdot 10^{-5} \text{ m}^{-2}}{5{,}5 \text{ m/s}} = 1{,}05 \cdot 10^{-5} \text{ s/m}^3 \; (4{,}8 \cdot 10^{-6} \text{ s/m}^3)$$

Mit der freigesetzten Aktivität $A_e = 3 \cdot 10^{10}$ Bq folgt somit für den Maximalwert des Konzentrations-Zeitintegrals in Formel (10.16):

$$I_{e,\,max} = A_e \cdot \chi_{max} = 3 \cdot 10^{10} \text{ Bq} \cdot 1{,}05 \cdot 10^{-5} \text{ s/m}^3 = 3{,}15 \cdot 10^5 \text{ Bq} \cdot \text{s} \cdot \text{m}^{-3}$$
$$(1{,}44 \cdot 10^5 \text{ Bq} \cdot \text{s} \cdot \text{m}^{-3})$$

Mit Formel (10.16) und der Atemrate $\dot{V}_h = 20 \text{ m}^3/\text{d} = 2{,}315 \cdot 10^{-4} \text{ m}^3/\text{s}$ gemäß Anhang 15.41a ergibt sich der Maximalwert der *inhalierten Aktivität* zu:

$$A_h = g \cdot I_{e,\,max} = \dot{V}_h \cdot I_{e,\,max} = 2{,}315 \cdot 10^{-4} \text{ m}^3/\text{s} \cdot 3{,}15 \cdot 10^5 \text{ Bq} \cdot \text{s} \cdot \text{m}^{-3} = 72{,}9 \text{ Bq}$$
$$(33{,}3 \text{ Bq})$$

Der inhalierte Bruchteil der freigesetzten Aktivität beträgt somit:

$$A_h/A_e = \frac{73 \text{ Bq}}{30 \text{ Gbq}} = 2{,}43 \cdot 10^{-9} \; (1{,}1 \cdot 10^{-9})$$

Mit A_h und dem Inhalationsdosisfaktor $g_h = 8{,}1 \cdot 10^{-9}$ Sv/Bq gemäß Anhang 15.40 ergibt sich der Maximalwert der *Inhalationsfolgedosis* nach Formel (10.4) zu:

$$H_h = 8{,}1 \cdot 10^{-9} \text{ Sv/Bq} \cdot 73 \text{ Bq} = 5{,}9 \cdot 10^{-7} \text{ Sv} = 590 \text{ nSv } (270 \text{ nSv})$$

Mit dem Dosisleistungsfaktor für Gammasubmersion $g_{S\gamma} = 1{,}3 \cdot 10^{-16} \text{ Sv} \cdot \text{m}^2/(\text{s} \cdot \text{Bq})$ gemäß Anhang 15.43 folgt der Maximalwert der *Gammasubmersionsdosis* aus Formel (10.17) zu:

$$H_{S\gamma} = g_{S\gamma} \cdot A_e \cdot \chi_\gamma(x_{max})$$

Da die Gammaenergien von J 131 gemäß Anhang 15.5 kleiner als 1 MeV sind, liefert $\hat{\chi}_\gamma(x_{max}) = 3{,}5 \cdot 10^{-3}\ m^{-1}$ ($3{,}7 \cdot 10^{-3}\ m^{-1}$) aus Anhang 15.48a eine sichere Abschätzung des Ausbreitungsfaktors:

$$\chi_\gamma(x_{max}) = \hat{\chi}_\gamma(x_{max})/u_e = \frac{3{,}5 \cdot 10^{-3}\ m^{-1}}{5{,}5\ m/s} = 6{,}36 \cdot 10^{-4}\ s/m^2\ (3{,}19 \cdot 10^{-4}\ s/m^2)$$

$$H_{S\gamma} = g_{S\gamma} \cdot A_e \cdot \chi_\gamma(x_{max}) = 1{,}3 \cdot 10^{-16}\ Sv \cdot m^2/(s \cdot Bq) \cdot 3 \cdot 10^{10}\ Bq \cdot 6{,}36 \cdot 10^{-4}\ s/m^2$$

$$H_{S\gamma} = 2{,}48 \cdot 10^{-9}\ Sv = 2{,}48\ nSv\ (1{,}24\ nSv)$$

Für den Maximalwert der *gesamten Strahlenexposition* im Bereich der Schadstoffwolke folgt damit eine *effektive Dosis* von:

$$H = H_h + H_{S\gamma} = 590\ nSv + 2{,}5\ nSv = 593\ nSv\ (270\ nSv + 1{,}2\ nSv = 271\ nSv)$$

Mit Formel (10.16) und dem Dosisleistungsfaktor für Betasubmersion $g_{S\beta} = 8{,}3 \cdot 10^{-15}\ Sv \cdot m^3/(s \cdot Bq)$ gemäß Anhang 15.43 ergibt sich der Maximalwert der *Betasubmersionsdosis für die Haut* (0,07 mm Tiefe) zu:

$$H_{S\beta} = g_{S\beta} \cdot I_{e,\,max} = 8{,}3 \cdot 10^{-15}\ Sv \cdot m^3/(s \cdot Bq) \cdot 3{,}15 \cdot 10^5\ Bq \cdot s \cdot m^{-3} = 2{,}6\ nSv\ (1{,}2\ nSv)$$

Für die flächenbezogene Aktivität a_F gilt gemäß Formel (10.16):

$$a_F = v_d \cdot I_e$$

Nach Anhang 15.49 kann für die Ablagerungsgeschwindigkeit von Aerosolteilchen mit dem effektiven Teilchendurchmesser 80 µm etwa $v_d = 0{,}6$ m/s angenommen werden. Damit folgt für den Bereich des maximalen Ausbreitungsfaktors:

$$a_F = 0{,}6\ m/s \cdot 3{,}15 \cdot 10^5\ Bq \cdot s \cdot m^{-3} = 1{,}89 \cdot 10^5\ Bq/m^2\ (8{,}64 \cdot 10^4\ Bq/m^2)$$

Daraus ergibt sich mit Formel (10.13) und dem Dosisleistungsfaktor für Bodenstrahlung nach Anhang 15.43 $g_B^\infty = 1{,}33 \cdot 10^{-12}\ Sv \cdot m^2/(h \cdot Bq)$ die *Gammadosisleistung* (effektive Dosis) *durch die am Boden abgelagerte Aktivität* unmittelbar nach Durchzug der Schadstoffwolke:

$$\dot{H}_B = a_F \cdot g_B^\infty = 1{,}89 \cdot 10^5\ Bq/m^2 \cdot 1{,}33 \cdot 10^{-12}\ Sv \cdot m^2/(h \cdot Bq) = 2{,}5 \cdot 10^{-7}\ Sv/h$$

$$\dot{H}_B = 250\ nSv/h\ (115\ nSv/h)$$

Bei einer Halbwertzeit von 8,04 d nach Anhang 15.5 ist die Aktivität von I 131 nach 7 Tagen gemäß Formel (4.1) auf

$$a_F = 1{,}89 \cdot 10^5\ Bq/m^2 \cdot 2^{-7/8{,}04} = 1{,}89 \cdot 10^5\ Bq/m^2 \cdot 0{,}547 = 1{,}03 \cdot 10^5\ Bq/m^2\ (4{,}72 \cdot 10^4\ Bq/m^2)$$

abgeklungen. Die *Dosisleistung der Bodenstrahlung* (effektive Dosis) beträgt dann:

$$\dot{H}_B = a_F \cdot g_B^\infty = 1{,}03 \cdot 10^5\ Bq/m^2 \cdot 1{,}33 \cdot 10^{-12}\ Sv \cdot m^2/(h \cdot Bq) = 1{,}37 \cdot 10^{-7}\ Sv/h$$

$$\dot{H}_B = 140\ nSv/h\ (63\ nSv/h)$$

11.1 Eine beruflich strahlenexponierte Person der Kategorie A hat durch Inhalation während 3 aufeinanderfolgender Monate $1 \cdot 10^6$ Bq Na 22 und $6 \cdot 10^5$ Bq P 32 inkorporiert. In diesem Zeitraum betrug die effektive Dosis durch externe Strahlenexposition etwa 3 mSv. Liegt eine meldepflichtige Überschreitung von Grenzwerten gemäß Strahlenschutzverordnung [StrlSchV-89] vor? Welche effektive Dosis könnte rein rechnerisch maximal für die externe Strahlenexposition zugelassen werden?

Lösung: Nach den Vorschriften der StrlSchV muß die Bedingung:

$$\frac{H_E}{H_{EG}} + \sum \frac{A_h}{A_{hG}} \leq 1 \text{ erfüllt werden.}$$

H_{EG} Grenzwert der effektiven Dosis gemäß Anlage X StrlSchV für 3 aufeinanderfolgende Monate

A_{hG} Grenzwert der Aktivitätszufuhr durch Inhalation gemäß § 52 und Anlage IV Tab. IV 1 StrlSchV für 3 aufeinanderfolgende Monate

Mit $H_{EG} = 25$ mSv und A_{hG}(Na 22) $= 5 \cdot 10^6$ Bq, A_{hG}(P 32) $= 3 \cdot 10^6$ Bq folgt:

$$\frac{3}{25} + \frac{1 \cdot 10^6}{5 \cdot 10^6} + \frac{6 \cdot 10^5}{3 \cdot 10^6} \leq 1 \rightarrow 0{,}12 + 0{,}2 + 0{,}2 \leq 1$$

Da die vorgegebene Bedingung erfüllt ist, liegt keine Grenzwertüberschreitung vor. Die zulässige effektive Dosis durch externe Strahlenexposition ergibt sich gemäß:

$$\frac{H_E}{25 \text{ mSv}} + 0{,}2 + 0{,}2 = 1$$

$$H_E = 25 \text{ mSv} \cdot 0{,}6 = 15 \text{ mSv}$$

12.1 Eine Röntgenröhre wird in einem Röntgenraum während maximal 750 Stunden im Jahr an 250 Arbeitstagen betrieben. In dem betreffenden Arbeitsbereich wird an höchstens 250 Tagen im Jahr gearbeitet. Wie groß ist die Ortsdosisleistung an den Grenzen von Kontrollbereich und Überwachungsbereich zu wählen?

Lösung: Damit die bei der gegebenen Betriebszeit im Verlauf eines Jahres an der Kontrollbereichsgrenze zugelassene effektive Dosis von 15 mSv nicht überschritten wird, darf die Ortsdosisleistung an der Kontrollbereichsgrenze gemäß Kap. 12.2.1 und Formel (12.1) höchstens:

$$\dot{H}_K = \frac{60 \cdot 250}{750} \, \mu\text{Sv/h} = 20 \, \mu\text{Sv/h}$$

betragen. Die Ortsdosisleistung an der Überwachungsbereichsgrenze beträgt 1/3 des Wertes an der Kontrollbereichsgrenze, d. h. 6,7 µSv/h.

12.2 Ein radioaktiver Strahler soll zu Bestrahlungszwecken an 10 Arbeitstagen insgesamt höchstens 20 Stunden aus dem Schutzgehäuse ausgefahren werden. Welche Ortsdosisleistungen können an den Grenzen von Kontrollbereich und betrieblichem Überwachungsbereich zugelassen werden, wenn davon auszugehen ist, daß in dem betreffenden Arbeitsbereich an höchstens 250 Tagen im Jahr (möglicherweise mit Strahlungsquellen) gearbeitet wird?

Lösung: Aus Formel (12.1) erhält man mit N = 10 Tagen für die Ortsdosisleistung an der Kontrollbereichsgrenze

$$\dot{H}_K = \frac{60 \cdot 10}{20} \ \mu Sv/h = 30 \ \mu Sv/h$$

Formel (12.2) liefert mit N = 10 Tagen für die Ortsdosisleistung an der Grenze des betrieblichen Uberwachungsbereichs

$$\dot{H}_Ü = \frac{13,7 \cdot 10}{20} \ \mu Sv/h = 6,9 \ \mu Sv/h$$

Die Festlegung der Bereichsgrenzen bei diesen Ortsdosisleistungen ist nur zulässig, falls die Dosisbeiträge, die pro Tag vom Betriebszustand „Strahler im Schutzgehäuse eingefahren“ an diesen Grenzen herrühren, kleiner als 6 µSv (Kontrollbereichsgrenze) bzw. kleiner als 1,37 µSv (betrieblicher Überwachungsbereich) sind.

12.3 Wie groß ist die Ortsdosisleistung an den Grenzen von Kontrollbereich und betrieblichem Überwachungsbereich bei einer Dauerlagerstelle für radioaktive Strahlungsquellen zu wählen?

Lösung: Da es sich um eine Dauerquelle handelt, sind in den Formeln (12.1) bzw. (12.2) jeweils die Höchstwerte t = N · 8 h bzw. t = N · 24 h einzusetzen. Damit folgt für die Ortsdosisleistungen an den Bereichsgrenzen

$$\dot{H}_K = \frac{60 \cdot N}{N \cdot 8} \ \mu Sv/h = 7,5 \ \mu Sv/h$$

$$\dot{H}_Ü = \frac{13,7 \cdot N}{N \cdot 24} \ \mu Sv/h = 0,57 \ \mu Sv/h$$

12.4 In einer Werkhalle sollen innerhalb von 2 Wochen Materialuntersuchungen mit einer Röntgenröhre vorgenommen werden. Die gesamte Einschaltzeit beträgt dabei t = 40 h. Wie groß darf die Ortsdosisleistung an den Grenzen von Kontrollbereich und Überwachungsbereich angesetzt werden, wenn davon auszugehen ist, daß in der Werkhalle an höchstens 250 Tagen im Jahr (möglicherweise mit Strahlungsquellen) gearbeitet wird?

Lösung: Wie bei stationärem Betrieb kann auch bei ortsveränderlichem Umgang mit Strahlungsquellen Formel (12.1) angewendet werden. Der Berechnungszeitraum beträgt N = 2 · 5 = 10 Arbeitstage. Mit einer Einschaltzeit von 40 h ergibt sich nach Formel (12.1) für die Ortsdosisleistung an der Kontrollbereichsgrenze

$$\dot{H}_K = \frac{60 \cdot 10}{40} \ \mu Sv/h = 15 \ \mu Sv/h$$

Die Ortsdosisleistung an der Überwachungsbereichsgrenze folgt aus der Division des Kontrollbereichswertes durch 3 zu

$$\dot{H}_{Ü} = 5\ \mu Sv/h$$

12.5 Ein Deuteronenbeschleuniger wird mit einem ^{9}Be-Target, 600 kV Beschleunigungsspannung und einer Teilchenstromstärke von 100 µA betrieben. Wie groß ist die Sättigungs-Aktivitätskonzentration a_{VS} von ^{41}Ar, das durch Neutroneneinfang von ^{40}Ar in der Luft des durch Betonwände abgeschirmten Beschleunigerraums mit den Abmessungen 6 m · 8 m · 4 m gebildet wird? Wie groß ist die Sättigungs-Aktivitätskonzentration a_{VSL} bei gleichmäßiger Entlüftung, wenn der Beschleunigerraum mit einer Abluftleistung von 0,5 m³/s entlüftet wird? Welche ^{41}Ar-Aktivität wird bei einer Betriebszeit des Beschleunigers von 1000 h im Verlauf eines Jahres an die Umgebung abgegeben?

Lösung: Mit Formel (9.2a) und Anhang 15.24c ergibt sich die Quellstärke schneller Neutronen zu:

$$Q = 3{,}2 \cdot 10^{7}\ s^{-1} \cdot \mu A^{-1} \cdot 100\ \mu A = 3{,}2 \cdot 10^{9}\ s^{-1}$$

Für die Flußdichte langsamer Neutronen folgt daraus zusammen mit der Oberfläche aller Wände des Beschleunigerraums (F = 208 m²) gemäß Formel (9.22):

$$\varphi_s = 1{,}25\ \frac{3{,}2 \cdot 10^{9}\ s^{-1}}{208 \cdot 10^{4}\ cm^{2}} = 1{,}92 \cdot 10^{3}\ cm^{-2} \cdot s^{-1}$$

Mit $A_S = \dot{N}$ gemäß Formel (5.6) und den Formeln (5.3a) und (5.2) ergibt sich für die Sättigungs-Aktivitätskonzentration der Ausdruck:

$$a_{VS} = \frac{A_S}{V} = \frac{l \cdot \sigma \cdot \varphi \cdot \rho}{A_r \cdot m_u}$$

Aus dem relativen Massenanteil $l(^{40}Ar) = 0{,}013$ des Argons in der Luft nach Anhang 15.1e, dem (n, γ)-Wirkungsquerschnitt σ = 0,66 barn gemäß Anhang 15.9b und der mittleren relativen Atommasse $A_r(^{40}Ar) \approx 40$ folgt:

$$a_{VS} = \frac{0{,}013 \cdot 0{,}66 \cdot 10^{-24}\ cm^{2} \cdot 1{,}92 \cdot 10^{3}\ cm^{-2} \cdot s^{-1} \cdot 1{,}205 \cdot 10^{-3}\ g \cdot cm^{-3}}{40 \cdot 1{,}66056 \cdot 10^{-24}\ g}$$

$$a_{VS} = 2{,}99 \cdot 10^{-4}\ s^{-1} \cdot cm^{-3} = 299\ Bq \cdot m^{-3}$$

Bei Entlüftung mit $\dot{v}_L = 0{,}5\ m^3/s$ folgt mit dem Raumvolumen V = 192 m³ für die Luftwechselzahl ω (s. Kap. 10.2.1):

$$\omega = \frac{\dot{v}_L}{V} = \frac{0{,}5\ m^{3}}{192\ m^{3} \cdot s} = 2{,}604 \cdot 10^{-3}\ s^{-1} = 9{,}375\ h^{-1}$$

Für die Zerfallskonstante λ gilt mit T = 1,827 h gemäß Kap. 4.1.3:

$$\lambda = \frac{\ln 2}{T} = \frac{0{,}6931}{1{,}83\ h} = 0{,}3787\ h^{-1}$$

Mit Formel (12.3) ergibt sich die Sättigungs-Aktivitätskonzentration bei Entlüftung zu:

$$a_{VSL} = \frac{0{,}3787\ h^{-1} \cdot 299\ Bq \cdot m^{-3}}{0{,}3787\ h^{-1} + 9{,}375\ h^{-1}} = 11{,}6\ Bq \cdot m^{-3}$$

Für die in der Betriebszeit $t_B = 1000$ h abgegebene Aktivität A_e gilt:

$$A_e = a_{VSL} \cdot V \cdot \omega \cdot t_B = 11{,}6\ Bq \cdot m^{-3} \cdot 192\ m^3 \cdot 9{,}375\ h^{-1} \cdot 1000\ h$$

$$A_e = 2{,}09 \cdot 10^7\ Bq$$

12.6 Wie groß ist die Hautdosis H_H, die aufgrund einer nicht entfernbaren oberflächlichen Kontamination der Haut mit P 32 von 20 Bq/cm² näherungsweise nach 10 Tagen zu erwarten ist?

Lösung: Mit der Halbwertzeit für P 32 von T = 14,282 d und dem Dosisleistungsfaktor $f_\beta = 2{,}2 \cdot 10^{-3} \frac{mSv \cdot cm^2}{h \cdot Bq}$ nach Anhang 15.5 ergibt sich gemäß Formel (12.4):

$$H_H = 1{,}44 \cdot 20 \frac{Bq}{cm^2} \cdot 2{,}2 \cdot 10^{-3} \frac{mSv \cdot cm^2}{h \cdot Bq} 14{,}282\ d \cdot (1 - 2^{-10/14{,}3})$$

$$H_H = 6{,}336 \cdot 10^{-2} \frac{mSv}{h} 14{,}282 \cdot 24\ h \cdot (1 - 0{,}616)$$

$$H_H = 8{,}34\ mSv$$

12.7 In einem Radionuklidlaboratorium soll mit insgesamt 10 GBq H 3, 100 MBq P 32 und 50 MBq I 131 gearbeitet werden. Um welchen Faktor werden dabei die Freigrenzen der Aktivitäten nach der Strahlenschutzverordnung [StrlSchV-89] überschritten?

Lösung: Das Vielfache der Freigrenzen ergibt sich aus dem Ausdruck:

$$\sum_i \frac{A_{Ui}}{FG_i}$$

A_{Ui} Umgangsaktivität des i-ten Radionuklids
FG_i Freigrenze des i-ten Radionuklids nach Anlage IV Tab. IV 1 StrlSchV

Mit FG(H 3) = $5 \cdot 10^6$ Bq, FG(P 32) = $5 \cdot 10^5$ Bq und FG(I 131) = $5 \cdot 10^4$ Bq folgt:

$$\frac{1 \cdot 10^{10}}{5 \cdot 10^6} + \frac{1 \cdot 10^8}{5 \cdot 10^5} + \frac{5 \cdot 10^7}{5 \cdot 10^4}$$

$$2 \cdot 10^3 + 2 \cdot 10^2 + 1 \cdot 10^3 = 3{,}2 \cdot 10^3$$

Die Freigrenzen der Aktivitäten werden insgesamt um das $3{,}2 \cdot 10^3$-fache überschritten.

15 Tabellen und Diagramme

Griechische Buchstaben:

α Alpha	Λ, λ Lambda	Σ, σ Sigma
β Beta	μ My	τ Tau
Γ, γ Gamma	ν Ny	ϕ, φ Phi
Δ, δ Delta	ξ Xi	χ Chi
Θ, ϑ Theta	Π, π Pi	Ψ, ψ Psi
ε Epsilon	ρ Rho	Ω, ω Omega

Mathematische Symbole:

$\leq$ kleiner oder gleich	$\hat{=}$ entspricht	∞ unendlich
$\geq$ größer oder gleich	$<$ kleiner als	$\ll$ sehr viel kleiner als
$\approx$ angenähert gleich	$>$ größer als	$\gg$ sehr viel größer als

Einheitenzeichen:

a	Jahr	Gy	Gray	R	Röntgen
Bq	Becquerel	h	Stunde	rem	rem
°C	Grad Celsius	J	Joule	s	Sekunde
Ci	Curie	l	Liter	sr	Steradiant
d	Tag	m	Meter	Sv	Sievert
eV	Elektronvolt	min	Minute	V	Volt
g	Gramm	Pa	Pascal	W	Watt

Begriffe:

AMAD: activity **m**edian **a**erodynamic **d**iameter (Aktivitäts-**M**edianwert des aerodynamischen **D**urchmessers): Durchmesser einer Kugel der Dichte 1 g/cm^3, die mit derselben Endgeschwindigkeit in Luft nach unten sinkt, wie das Aerosolteilchen, dessen Aktivität dem Medianwert aller Aerosolteilchen entspricht

Medianwert m einer Stichprobe von n Meßwerten: $x_1 \leq x_2 \leq x_3 \leq \ldots \leq x_n$

$m = x_{(n+1)/2}$ falls n ungerade ist $\qquad m = \frac{x_{n/2} + x_{n/2+1}}{2}$ falls n gerade ist

15.0: Symbole, Einheiten, spezielle Begriffe, Organisationen

Mittelwert $\bar{x}$ einer Stichprobe von n Meßwerten: $x_1, x_2, x_3, \ldots\ldots, x_n$

$$\bar{x} = \frac{1}{n} \cdot (x_1 + x_2 + x_3 + \ldots\ldots + x_n) = \frac{1}{n} \cdot \sum_{i=1}^{n} x_i$$

Zeitliche Ableitung der Retentionsfunktion:

Exkretionsfunktion: $\dot{e} = \frac{d\, r_a}{d\, t}$ $\qquad r_a = \sum_n \alpha_n \cdot 2^{-t/T_{bn}}$

$$\dot{e} = -\ln 2 \cdot \sum_n \frac{\alpha_n}{T_{bn}} \cdot 2^{-t/T_{bn}}$$

Gremien und Organisationen mit Veröffentlichungen im Strahlenschutz

BEIR **National Council Committee on the Biological Effects of Ionizing Radiation**, Washington
Veröffentlichung von Berichten über biologische Wirkungen ionisierender Strahlung → [bei..]

DIN **Deutsches Institut für Normung**, Berlin
Veröffentlichung von Normen → [n.....] (Stand der Technik)

Euratom **Europäische Atomgemeinschaft**
Veröffentlichung von Richtlinien → [EGGn..] (Verpflichtung der Übernahme in die nationalen Rechtsvorschriften)

FS **Fachverband für Strahlenschutz** e.V., Organisation interessierter Fachleute aus der Bundesrepublik Deutschland und der Schweiz
Veröffentlichung von Tagungsberichten, Empfehlungen, Anleitungen → [fac..]

IAEO **(engl.: IAEA) Internationale Atomenergie Organisation**, Wien
Veröffentlichung von Handbüchern, Tagungsberichten, Empfehlungen, Grundnormen → [iae..]

15.0 (Fortsetzung): Symbole, Einheiten, spezielle Begriffe, Organisationen

ICRP	**International Commission on Radiation Protection, Internationale Strahlenschutzkommission**, Gremium international anerkannter Wissenschaftler, Veröffentlichung von Empfehlungen → [icp..] (Basis für nationale Rechtsvorschriften)
ICRU	**International Commission on Radiation Units and Measurements, Internationale Kommission für Strahlungseinheiten und Messungen**, Gremium international anerkannter Wissenschaftler, Veröffentlichung von Empfehlungen → [icu..] (Basis für nationale Normen, Rechtsvorschriften)
ISO	**International Standard Organisation, Internationale Organisation für Normung**, Veröffentlichung von Normen → [n....] (Basis für nationale Normen, Übernahme)
KTA	**Kerntechnischer Ausschuß**, Gremium von Wissenschaftlern der Bundesrepublik Deutschland im Bundesamt für Strahlenschutz, Veröffentlichung von Regeln im Bereich der Kerntechnik → [r.....]
NEA	**Nuclear Energy Agency, Europäische Kernenergieagentur** (Organisation der OECD), Spezielle Publikationen im Bereich Kernenergie, Verwaltung von Datenbanken → [nea..]
OECD	**Organisation für wirtschaftliche Zusammenarbeit und Entwicklung** Veröffentlichung von Grundnormen → [OECD..] (Grundlage für nationale Regelungen)
SSK	**Strahlenschutzkommission**, Gremium von Wissenschaftlern der Bundesrepublik Deutschland im Bundesamt für Strahlenschutz, Veröffentlichung von Empfehlungen und Richtlinien → [ssk..] (Basis für Rechtsvorschriften und Richtlinien der Bundesministerien)
UNSCEAR	**United Nations Scientific Committee on the Effects of Atomic Radiation**, New York, Veröffentlichung zusammenfassender Berichte über die Wirkungen ionisierender Strahlung → [uns..] (Grundlage für nationale Regelungen)

15.0 (Fortsetzung): Symbole, Einheiten, spezielle Begriffe, Organisationen

Symbol	Name	Z	$\bar{A}_r$	Dichte[a] in g/cm^3
Ac	Actinium*	89	-	10,07
Ag	Silber	47	107,868	10,5
Al	Aluminium	13	26,982	2,6989
Am	Americium	95	-	13,67
Ar	Argon	18	39,948	$1{,}784 \cdot 10^{-3}$ gf
As	Arsen	33	74,922	5,73
At	Astatin*	85	-	-
Au	Gold	79	196,967	19,3
B	Bor	5	10,81	2,34 kr
Ba	Barium	56	137,33	3,5
Be	Beryllium	4	9,012	1,848
Bi	Wismut*	83	208,98	9,747
Bk	Berkelium	97	-	-
Br	Brom	35	79,904	3,12 fl
C	Kohlenstoff*	6	12,011	1,9-2,3 gr
Ca	Calcium	20	40,08	1,55
Cd	Cadmium	48	112,41	8,65
Ce	Cer	58	140,12	6,657[b]
Cf	Californium	98	-	-
Cl	Chlor	17	35,453	$3{,}214 \cdot 10^{-3}$ gf
Cm	Curium	96	-	13,51
Co	Kobalt	27	58,933	8,9
Cr	Chrom	24	51,996	7,19
Cs	Caesium	55	132,905	1,873
Cu	Kupfer	29	63,546	8,96
Dy	Dysprosium	66	162,50	8,55[b]
Er	Erbium	68	167,26	9,066[b]
Es	Einsteinium	99	-	-
Eu	Europium	63	151,96	5,243[b]
F	Fluor	9	18,998	$1{,}696 \cdot 10^{-3}$ gf

15.1: a) Kenndaten der Elemente (* s. Anh. 15.1d)

Sym-bol	Name	Z	$\bar{A}_r$	Dichte[a] in g/cm^3
Fe	Eisen	26	55,847	7,874
Fm	Fermium	100	-	-
Fr	Francium*	87	-	-
Ga	Gallium	31	69,72	5,904[c]
Gd	Gadolinium	64	157,25	7,9[b]
Ge	Germanium	32	72,59	5,323[b]
H	Wasserstoff*	1	1,0079	$8{,}988 \cdot 10^{-5}$ gf
He	Helium	2	4,0026	$1{,}785 \cdot 10^{-4}$ gf
Hf	Hafnium	72	178,49	13,31
Hg	Quecksilber	80	200,59	13,546 fl
Ho	Holmium	67	164,93	8,795[b]
I	Jod	53	126,905	4,93
In	Indium*	49	114,82	7,31
Ir	Iridium	77	192,22	22,42[d]
K	Kalium*	19	39,098	0,862
Kr	Krypton	36	83,80	$3{,}733 \cdot 10^{-3}$ gf
La	Lanthan*	57	138,906	6,145[b]
Li	Lithium	3	6,941	0,534
Lu	Lutetium*	71	174,967	9,84[b]
Mg	Magnesium	12	24,305	1,738
Mn	Mangan	25	54,938	7,21-7,44
Mo	Molybdän	42	95,94	10,22
N	Stickstoff	7	14,007	$1{,}251 \cdot 10^{-3}$ gf
Na	Natrium	11	22,99	0,971
Nb	Niob	41	92,906	8,57
Nd	Neodym	60	144,24	6,8-7,007
Ne	Neon	10	20,179	$8{,}999 \cdot 10^{-4}$ gf
Ni	Nickel	28	58,69	8,902[b]

15.1: b) Kenndaten der Elemente (* s. Anh. 15.1d)

Symbol	Name	Z	$\bar{A}_r$	Dichte[a] in g/cm^3
Np	Neptunium	93	-	20,25
O	Sauerstoff	8	15,999	$1{,}429 \cdot 10^{-3}$ gf
Os	Osmium	76	190,2	22,57
P	Phosphor	15	30,974	1,82-2,69
Pa	Protactinium*	91	-	15,37
Pb	Blei*	82	207,20	11,35
Pd	Palladium	46	106,42	12,02
Pm	Promethium	61	-	7,22[b]
Po	Polonium*	84	-	9,32
Pr	Praseodym	59	140,91	6,64-6,773
Pt	Platin*	78	195,08	21,45
Pu	Plutonium	94	-	16-19,86
Ra	Radium*	88	-	≈5
Rb	Rubidium*	37	85,468	1,532
Re	Rhenium*	75	186.207	21,02
Rh	Rhodium	45	102,906	12,41
Rn	Radon*	86	-	$9{,}73 \cdot 10^{-3}$
Ru	Ruthenium	44	101,07	12,41
S	Schwefel	16	32,06	1,96-2,07
Sb	Antimon	51	121,75	6,691
Sc	Scandium	21	44,956	2,989[b]
Se	Selen	34	78,96	4,79 (grau)
Si	Silicium	14	28,086	2,33[b]
Sm	Samarium*	62	150,36	7,4-7,52
Sn	Zinn	50	118,69	7,31 (weiß)
Sr	Strontium	38	87,62	2,54
Ta	Tantal	73	180,948	16,654
Tb	Terbium	65	158,925	8,229
Tc	Technetium	43	-	11,5
Te	Tellur	52	127,60	6,24

15.1: c) Kenndaten der Elemente (* s. Anh. 15.1d)

Symbol	Name	Z	$\bar{A}_r$	Dichte[a] in g/cm³
Th	Thorium*	90	232,038	11,72
Ti	Titan	22	47,88	4,54
Tl	Thallium*	81	204,383	11,85
Tm	Thulium	69	168,934	9,321[b]
U	Uran*	92	238,029	≈18,95
V	Vanadium*	23	50,942	6,11[e]
W	Wolfram	74	183,85	19,3
Xe	Xenon	54	131,29	$5{,}887 \cdot 10^{-3}$ gf
Y	Yttrium	39	88,906	4,469[b]
Yb	Ytterbium	70	173,04	6,54-6,965
Zn	Zink	30	65,38	7,133[b]
Zr	Zirkon	40	91,22	6,506

15.1: d) Kenndaten der Elemente [wea86]

* Element mit natürlich radioaktiven Isotopen

$\bar{A}_r$ relative Atommasse des Elementes in der natürlich vorkommenden Isotopenzusammensetzung
Z Ordnungszahl
gr Graphit
kr kristallin
gf gasförmig 0 °C, 101,3 kPa (760 Torr)
fl flüssig 20 °C

a) 20 °C; b) 25 °C; c) 29,6 °C; d) 17 °C; e) 18,7 °C

Name	chemische Zusammensetzung	Z*	Dichte in g/cm³
Acrylglas (AGL)	$C_5H_8O_2$ H: 8,04% C: 60% O: 31,96%	5,85	1,18
Barytbeton (BB)	O+C: 31% Si+Al: 5% S: 12% Ca: 3% Ba: 50% H_2O: 3%**	30,5	3,2 - 3,8
Bleiglas (BGL436)	B: 0,9% O: 25,4% K: 1,7% Na+Si: 16,5% Ba: 4,5% Pb: 51%	45,1	4,36
Erdreich	H: 1% O: 54% Na+Al: 7% Si: 32% Ca: 3,5% Fe: 2,5%	11,1	1,35
Glas	B: 4% O: 54% Na: 2,8% Al: 1,2% Si: 37,7% K: 0,3%	11,3	2,23
Holz	H: 7,2% C: 49,3% O: 43,5%	6,14	0,4 - 0,7
Limonitbeton (LB)	O+C: 33% Si: 8% Ca: 4% Fe: 55% H_2O: 13,5%**	17,0	2,6 - 2,7
Luft 0°C	N: 75,5% O: 23,2% Ar: 1,3%	7,36	$1{,}293 \cdot 10^{-3}$
20°C	101,3 kPa (760 Torr)		$1{,}205 \cdot 10^{-3}$
Magnetitbeton (MB)	O+C: 33% Si: 8% Ca: 4% Fe: 55% H_2O: 2,7%**	18,2	3,5 - 3,7
Normalbeton (NB)	O+C: 54% Al: 4% Si: 20% Ca: 22% H_2O: 4,5%**	11,0	2,2 - 2,4
Paraffin	$C_{25}H_{52}$ H: 14,86% C: 85,14%	4,71	0,88
Polyethylen	CH_2 H: 14,37% C: 85,63%	4,75	0,92
Quarzsand	O: 53,26% Si: 46,74%	10,8	2,3
Wasser	H_2O H: 11,19% O: 88,81%	6,6	1,0
Wolframlegierung	W: 97% Ni+Fe+Cu: 3%	72,4	18,5

15.1: e) Kenndaten für zusammengesetzte Stoffe [n25413] (Standardwerte)
* Effektivwert für die Berechnung der Bremsstrahlungskonstanten ** lufttrocken

Symbol	Vorsatz	Vielfaches	Symbol	Vorsatz	Bruchteil
E....	Exa....	10^{18}	d....	Dezi....	10^{-1}
P....	Peta...	10^{15}	c....	Zenti...	10^{-2}
T....	Tera...	10^{12}	m....	Milli...	10^{-3}
G....	Giga...	10^{9}	µ....	Mikro...	10^{-6}
M....	Mega...	10^{6}	n....	Nano....	10^{-9}
k....	Kilo...	10^{3}	p....	Pico....	10^{-12}
h....	Hekto..	10^{2}	f....	Femto...	10^{-15}
da...	Deka...	10^{1}	a....	Atto....	10^{-18}

15.2: Symbole und Vorsätze zur Bezeichnung von Vielfachen und Bruchteilen von Einheiten (Beispiel: 2 MeV = 2 Megaelektronenvolt = $2 \cdot 10^6$ eV = 2 000 000 eV)

Einheit	J, Ws	kWh	cal	eV
Joule (J) = 1 Wattsekunde (Ws)	1	$2{,}778 \cdot 10^{-7}$	$2{,}388 \cdot 10^{-1}$	$6{,}242 \cdot 10^{18}$
Kilowattstunde (kWh)	$3{,}6 \cdot 10^{6}$	1	$8{,}598 \cdot 10^{5}$	$2{,}247 \cdot 10^{25}$
Kalorie (cal)	4,187	$1{,}163 \cdot 10^{-6}$	1	$2{,}614 \cdot 10^{19}$
Elektronenvolt (eV)	$1{,}602 \cdot 10^{-19}$	$4{,}450 \cdot 10^{-26}$	$3{,}827 \cdot 10^{-20}$	1

Einheit	s	min	h	d	a
1 s	1	$1{,}67 \cdot 10^{-2}$	$2{,}78 \cdot 10^{-4}$	$1{,}16 \cdot 10^{-5}$	$3{,}17 \cdot 10^{-8}$
1 min	60	1	$1{,}67 \cdot 10^{-2}$	$6{,}94 \cdot 10^{-4}$	$1{,}90 \cdot 10^{-6}$
1 h	$3{,}6 \cdot 10^{6}$	60	1	$4{,}17 \cdot 10^{-2}$	$1{,}14 \cdot 10^{-4}$
1 d	$8{,}64 \cdot 10^{3}$	$1{,}44 \cdot 10^{3}$	24	1	$2{,}74 \cdot 10^{-3}$
1 a	$3{,}15 \cdot 10^{7}$	$5{,}26 \cdot 10^{5}$	$8{,}76 \cdot 10^{3}$	$3{,}65 \cdot 10^{2}$	1

15.3: Umrechnung von Energieeinheiten
Umrechnung von Zeiteinheiten

	Ci	mCi	μCi	Bq	kBq	MBq	GBq	TBq
1 Ci	1	10^{3}	10^{6}	$3{,}7 \cdot 10^{10}$	$3{,}7 \cdot 10^{7}$	$3{,}7 \cdot 10^{4}$	37	$3{,}7 \cdot 10^{-2}$
1 mCi	10^{-3}	1	10^{3}	$3{,}7 \cdot 10^{7}$	$3{,}7 \cdot 10^{4}$	37	$3{,}7 \cdot 10^{-2}$	$3{,}7 \cdot 10^{-5}$
1 μCi	10^{-6}	10^{-3}	1	$3{,}7 \cdot 10^{4}$	37	$3{,}7 \cdot 10^{-2}$	$3{,}7 \cdot 10^{-5}$	$3{,}7 \cdot 10^{-8}$
1 Bq	$2{,}7 \cdot 10^{-11}$	$2{,}7 \cdot 10^{-8}$	$2{,}7 \cdot 10^{-5}$	1	10^{-3}	10^{-6}	10^{-9}	10^{-12}
1 kBq	$2{,}7 \cdot 10^{-8}$	$2{,}7 \cdot 10^{-5}$	$2{,}7 \cdot 10^{-2}$	10^{3}	1	10^{-3}	10^{-6}	10^{-9}
1 MBq	$2{,}7 \cdot 10^{-5}$	$2{,}7 \cdot 10^{-2}$	27	10^{6}	10^{3}	1	10^{-3}	10^{-6}
1 GBq	$2{,}7 \cdot 10^{-2}$	27	$2{,}7 \cdot 10^{4}$	10^{9}	10^{6}	10^{3}	1	10^{-3}
1 TBq	27	$2{,}7 \cdot 10^{4}$	$2{,}7 \cdot 10^{7}$	10^{12}	10^{9}	10^{6}	10^{3}	1

15.4: Umrechnung von Aktivitätseinheiten

Radionuklid	Halbwertzeit	Teilchenenergie[a] in MeV (relative Ausbeute in $100 \cdot s^{-1} Bq^{-1}$)	f_β $\frac{mSv\ cm^2}{h\ Bq}$	K_γ $\frac{mSv\ m^2}{h\ GBq}$	K_X/Z $\frac{mSv\ m^2}{h\ GBq}$
Ag110m	249,76 d	β^-: 0,084(68) 0,53(31) e: 0,63(0,25) 0,91(0,04) γ: 0,658(95) 0,678(11)	$5{,}4 \cdot 10^{-4}$	$4{,}07 \cdot 10^{-1}$	
		0,707(17) 0,764(22) 0,88(73) 0,938(34) 1,384(24) 1,51(13) 1,90(0,015) 66L			
Am 241	432,7 a	α : 5,39(1,4) 5,44(12,8) 5,49(85,2) 30L e: 0,038(26) 0,054(8,3) 0,093(0,02)	$2{,}8 \cdot 10^{-5}$	$4{,}19 \cdot 10^{-3}$	
		γ : 0,0263(2,4) 0,0595(36) 0,103(0,02) 0,335(0,0005) 0,956($6 \cdot 10^{-7}$) 132L			
Ar 41	1,827 h	β^-: 1,19(99) 2,49(0,8) γ : 1,29(99) 1,68(0,05) 2L	$2{,}2 \cdot 10^{-3}$	$1{,}78 \cdot 10^{-1}$	
Au 198	2,694 d	e; β^-: 0,962(99) 1,37(0,03) γ:0,070(1,4) 0,412(96) 0,676(0,8) 1,09(0,16) 6L	$1{,}8 \cdot 10^{-3}$	$6{,}29 \cdot 10^{-2}$	
Ba 133	10,54 a	ε; e: 0,32(1,3) 0,35(0,22) γ : 0,053(2) 0,081(34) 0,37(70) 9L	$2{,}2 \cdot 10^{-4}$	$6{,}71 \cdot 10^{-2}$	
Ba 140	12,746 d	e; β^-:0,991(39) 1,005(23) γ:0,044(0,02) 0,162(6,2) 0,305(4,3) 0,537(24) 10L	$1{,}5 \cdot 10^{-3}$	$3{,}01 \cdot 10^{-2}$	
Ba 140*	12,746 d	e, β^-: +1,35(45) 1,68(21) 3,76(0,0008) γ: +0,329(21) 0,487(46) 0,752(4,3)	$3{,}3 \cdot 10^{-3}$	$3{,}95 \cdot 10^{-1}$	
		0,816(24) 0,868(6) 0,922(10) 1,597(95,4) 2,522(3,4) 3,32(0,005) 53L			
Be 7	53,29 d	ε; γ: 0,4776(10,39) 1L	$< 4 \cdot 10^{-8}$	$7{,}72 \cdot 10^{-3}$	
C 11	1223 s	ε; β^+: 0,9601(99,8) $\gamma^\pm$: 0,511(200)		$1{,}59 \cdot 10^{-1}$	
C 14	5730 a	β^-: 0,1565(100)	$1{,}8 \cdot 10^{-4}$	$5{,}62 \cdot 10^{-6}$	$1{,}4 \cdot 10^{-6}$
Ca 45*	163,8 d	β^-: 0,2565(100) γ : 0,012($3{,}3 \cdot 10^{-6}$) 1L	$7{,}2 \cdot 10^{-4}$	$1{,}21 \cdot 10^{-5}$	$3{,}1 \cdot 10^{-6}$
Cd 109*	1,2665 a	e; ε; e : 0,063(41) 0,085(42) X : 0,022(115) γ : 0,088(3,6) 1L		$1{,}53 \cdot 10^{-2}$	
Ce 144	284,9 d	e; β^-: 0,318(77) γ : 0,033(0,3) 0,041(0,4) 0,08(1,1) 0,134(11,1) 7L	$7{,}6 \cdot 10^{-4}$	$3{,}49 \cdot 10^{-3}$	$3{,}9 \cdot 10^{-6}$
Ce 144*	284,9 d	e; β^-: + 0,81(1) 3,00(98) γ : + 0,697(1,3) 2,186(0,7) 2,65(0,0002) 18L	$2{,}6 \cdot 10^{-3}$	$7{,}92 \cdot 10^{-3}$	$2{,}2 \cdot 10^{-4}$
Cf 252	2,645 a	α : 6,076(15,2) 6,118(81,6) 5L e: 0,038(3,1) 0,077(0,1) 0,100(0,0042)	$3{,}6 \cdot 10^{-4}$	$3{,}84 \cdot 10^{-6}$	$2{,}2 \cdot 10^{-8}$
		γ : 0,043(0,015) 0,100(0,013) 0,155(0,002) 3L n: $\bar{E}$ = 2,2(384) spont Spalt			
Cl 36	0,3 Ma	ε; β^-: 0,709(98,1) β^+: 0,12(0,015) $\gamma^\pm$: 0,511(0,03)	$1{,}8 \cdot 10^{-4}$	$8{,}10 \cdot 10^{-5}$	$1{,}8 \cdot 10^{-5}$
Co 57	271,77 d	ε; e: 0,115(1,9) 0,13(1,4) 0,14(0,15) γ:0,122(86) 0,136(11) 0,71(0,007) 10L	$3{,}6 \cdot 10^{-5}$	$1{,}52 \cdot 10^{-1}$	
Co 60	5,271 a	β^-: 0,318(99,9) 1,491(0,08) γ : 1,173(100) 1,333(100) 2,51($2 \cdot 10^{-6}$) 6L	$1{,}1 \cdot 10^{-3}$	$3{,}50 \cdot 10^{-1}$	
Cr 51	27,704 d	ε; e: 0,315(0,016) γ : 0,320(9,83) 1L	$8{,}6 \cdot 10^{-6}$	$4{,}80 \cdot 10^{-3}$	
Cs 134	2,062 a	e; ε; β^-:0,658(70) 0,890(0,5) 1,45(0,008) γ:0,60(98) 0,80(93) 1,37(3) 12L	$1{,}1 \cdot 10^{-3}$	$2{,}38 \cdot 10^{-1}$	

15.5: a) Kenndaten häufig verwendeter Radionuklide (s. Anhang 15.5d)

Radionuklid	Halbwertzeit	Teilchenenergie[a] in MeV (relative Ausbeute in $100 \cdot s^{-1} Bq^{-1}$)	f_β $\frac{mSv\ cm^2}{h\ Bq}$	K_γ $\frac{mSv\ m^2}{h\ GBq}$	K_X/Z $\frac{mSv\ m^2}{h\ GBq}$
Cs 137	30,0 a	e; β^-: 0,5116(94,6) 1,173(5,4)	$1{,}4 \cdot 10^{-3}$	$3{,}91 \cdot 10^{-5}$	$1{,}1 \cdot 10^{-5}$
Cs 137*	30,0 a	e; β^-: 0,5116(94,6) 1,173(5,4) γ : 0,6616(85)	$1{,}6 \cdot 10^{-3}$	$8{,}83 \cdot 10^{-2}$	$1{,}1 \cdot 10^{-5}$
Cu 64	12,701 h	ε; e; β^+; β^-: 0,578(37,1) e: 1,345($5 \cdot 10^{-6}$) $\gamma^\pm$: 0,511(36) γ:1,345(0,48) 1L	$1{,}1 \cdot 10^{-3}$	$2{,}95 \cdot 10^{-2}$	
Eu 152	13,33 a	ε;e;β^+;β^-:0,696(14) 1,48(8,2) γ:0,344(27) 0,779(13) 0,964(15) 1,408(21)121L	$7{,}9 \cdot 10^{-4}$	$1{,}73 \cdot 10^{-1}$	
F 18	1,8295 h	ε; β^+: 0,6332(96,9) $\gamma^\pm$: 0,511(194)	$1{,}8 \cdot 10^{-3}$	$1{,}59 \cdot 10^{-1}$	
Fe 55	2,73 a	ε; e : 0,0051(49,5) 0,0058(11,2) X : 0,00589(16,6)	$4{,}3 \cdot 10^{-6}$		
Fe 59	44,496 d	β^-: 0,27(46) 0,47(53) 1,565(0,2) γ : 1,10(56,5) 1,29(43,2) 1,48(0,06) 8L	$1{,}1 \cdot 10^{-3}$	$1{,}68 \cdot 10^{-1}$	
Ga 67	3,261 d	ε; e:0,084(28) 0,092(3,5) 0,175(0,3) γ:0,093(37) 0,185(20) 0,888(0,14) 11L	$3{,}2\ 10^{-4}$	$2{,}16 \cdot 10^{-2}$	
Gd 153	241,6 d	ε; e: 0,055(29) X : 0,041(97) γ : 0,097(28) 0,103(20) 0,173(0,03) 11L	$7{,}2 \cdot 10^{-5}$	$1{,}25 \cdot 10^{-2}$	
H 3	12,33 a	β^-: 0,0186(100)	$< 4 \cdot 10^{-8}$		
Hg 203	46,60 d	β^-: 0,212(100) e: 0,194(13) 0,264(3,3) X : 0,073(6,3) γ: 0,279(82) 1L	$1{,}1 \cdot 10^{-3}$	$3{,}53 \cdot 10^{-2}$	
I 123	13,2 h	ε; e:0,127(14) 0,60(0,0004) γ:0,159(83) 0,35(0,1) 0,53(1,4) 1,07(0,0014)45L	$3{,}6 \cdot 10^{-4}$	$4{,}38 \cdot 10^{-2}$	
I 125	60,14 d	ε; e : 0,023(10) 0,031(11) X : 0,027(115) 0,031(24) γ : 0,035(6,7) 1L	$1{,}4 \cdot 10^{-5}$	$3{,}91 \cdot 10^{-2}$	
I 131	8,04 d	β^-: 0,606(89) 0,807(0,4) e: 0,69(0,008) γ : 0,364(81) 0,723(1,8) 19L	$1{,}4 \cdot 10^{-3}$	$5{,}96 \cdot 10^{-2}$	
In 111*	2,807 d	ε; e:0,219(5,0) 0,245(0,2) X:0,023(69) 0,026(14) γ:0,171(90) 0,245(94) 3L	$2{,}5 \cdot 10^{-4}$	$8{,}69 \cdot 10^{-2}$	
In113m	1,658 h	e : 0,3637(28,8) 0,39(1,4) X : 0,024(13) 0,0273(2,2) γ : 0,3917(64) 1L	$7{,}2 \cdot 10^{-4}$	$4{,}76 \cdot 10^{-2}$	
Ir 192	73,831 d	ε; e; β^-:0,536(41) 0,672(48) γ:0,31(29) 0,317(83) 0,468(48) 1,38(0,002) 26L	$1{,}8 \cdot 10^{-3}$	$1{,}25 \cdot 10^{-1}$	
K 40	1,28 Ga	ε; β^-: 1,312(89,3) γ : 1,46(10,7) 1L	$1{,}8 \cdot 10^{-3}$	$2{,}12 \cdot 10^{-2}$	
K 43	22,3 h	β^-: 0,83(92) 1,22(3,7) 1,817(1,3) γ : 0,37(87) 0,617(80) 1,39(0,1) 12 L	$1{,}8 \cdot 10^{-3}$	$1{,}50 \cdot 10^{-1}$	
Kr 85	10,72 a	β^-: 0,687(99,6) γ : 0,514(0,43) 1L	$1{,}8 \cdot 10^{-3}$	$4{,}03 \cdot 10^{-4}$	$1{,}6 \cdot 10^{-5}$
Mn 54	312,2 d	ε; e: 0,829(0,022) γ : 0,835(99,975) 1L	$7{,}2 \cdot 10^{-5}$	$1{,}26 \cdot 10^{-1}$	
Mo 99	2,7477 d	e; β^-: 0,436(16,6) 1,214(82) γ : 0,14(91) 0,37(1) 0,74(12) 1,06(0,001) 29L	$1{,}6 \cdot 10^{-3}$	$2{,}30 \cdot 10^{-2}$	
Na 22	2,602 a	ε; β^+: 0,545(89,8) 1,82(0,056) $\gamma^\pm$: 0,511(179,6) γ : 1,275(100) 1L	$1{,}8 \cdot 10^{-3}$	$3{,}21 \cdot 10^{-1}$	
Na 24	14,659 h	β^-: 1,3908(99,9) 4,14(0,003) γ : 1,369(100) 2,754(99,9) 4,237($8 \cdot 10^{-4}$) 6L	$1{,}8 \cdot 10^{-3}$	$4{,}93 \cdot 10^{-1}$	

15.5: b) Kenndaten häufig verwendeter Radionuklide (s. Anhang 15.5d)

Radio-nuklid	Halb-wert-zeit	Teilchenenergie[a] in MeV (relative Ausbeute in $100 \cdot s^{-1}Bq^{-1}$)	f_β $\frac{mSv\ cm^2}{h\ Bq}$	K_γ $\frac{mSv\ m^2}{h\ GBq}$	K_X/Z $\frac{mSv\ m^2}{h\ GBq}$
Ni 63	100,1 a	β^-: 0,06592(100)	$< 4 \cdot 10^{-8}$	$1{,}20 \cdot 10^{-6}$	$1{,}2 \cdot 10^{-7}$
O 15	122,2 s	ε; β^+: 1,732(99,89) $\gamma^\pm$: 0,511(199,8)		$1{,}59 \cdot 10^{-1}$	$8{,}7 \cdot 10^{-5}$
P 32	14,282 d	β^-: 1,71(100)	$2{,}2 \cdot 10^{-3}$	$2{,}41 \cdot 10^{-4}$	$8{,}2 \cdot 10^{-5}$
Pb 210	22,3 a	α; β^-: 0,017(80) 0,063(20) e: 0,030(53) 0,043(14) γ : 0,047(4,1) 1L	$3{,}6 \cdot 10^{-6}$	$4{,}62 \cdot 10^{-4}$	
Pb 210*	22,3 a	α : +; e : +; β^-: + 1,161(100) 1,526(0,01) γ : + 0,803(0,0012) 12L		$5{,}90 \cdot 10^{-4}$	$3{,}9 \cdot 10^{-5}$
Pm 147	2,623 a	e; β^-: 0,225(100) γ : 0,040(0,0017) 0,121(0,003) 0,197($3 \cdot 10^{-7}$) 3L	$4{,}7 \cdot 10^{-4}$	$1{,}05 \cdot 10^{-5}$	
Po 210	138,37 d	α : 5,304(100) 1L γ : 0,073($2 \cdot 10^{-6}$) 0,075($4 \cdot 10^{-6}$) 0,803(0,001) 3L	$< 4 \cdot 10^{-8}$	$1{,}46 \cdot 10^{-6}$	
Pu 238	87,74 a	α : 5,358(0,01) 5,456(28,3) 5,499(71,6) 16L e: 0,022(21) 0,042(19)	$3{,}6 \cdot 10^{-6}$	$5{,}98 \cdot 10^{-6}$	$4{,}5 \cdot 10^{-8}$
		γ : 0,044(0,04) 0,1($7 \cdot 10^{-3}$) 0,15($1 \cdot 10^{-3}$) 0,77($3 \cdot 10^{-5}$) 1,09($1 \cdot 10^{-7}$) 31L			
Pu 239	24110 a	α : 5,105(11,6) 5,143(15,1) 5,155(73,2) 47L e: 0,046(1,7) 0,063(0,13)	$1{,}6 \cdot 10^{-6}$	$8{,}97 \cdot 10^{-6}$	
		γ : 0,052(0,021) 0,099(0,001) 0,414(0,0015) 0,769($1{,}1 \cdot 10^{-5}$) 140L			
Ra 226	1600 a	α : 4,601(5,6) 4,784(94,5) 5L e: 0,17(1,2) γ : 0,186(3,3) 0,60($6 \cdot 10^{-4}$) 5L	$3{,}6 \cdot 10^{-5}$	$9{,}11 \cdot 10^{-4}$	
Ra 226*	1600 a	e : +; α : +; β^-: + 1,16(100) 1,51(18) 3,27(18) 4,39(0,004) γ : 0,053(41)		$2{,}50 \cdot 10^{-1}$	
		0,35(37) 0,78(6) 1,26(7) 1,39(5) 1,41(4) 1,77(16) 2,2(5) 3,18(0,0002) 247L			
Rb 81	4,58 h	ε; e; β^+: 1,048(31) $\gamma^\pm$: 0,511(62) γ : 0,446(23) 1,554(0,04) 47L	$1{,}1 \cdot 10^{-3}$	$9{,}40 \cdot 10^{-2}$	
Rn 220	55,6 s	α : 5,749(0,07) 6,288(99,9) 2L γ: 0,5497(0,07) 1L		$5{,}99 \cdot 10^{-5}$	
Rn 222	3,825 d	α : 4,99(0,08) 5,49(100) 3L γ : 0,510(0,07) 1L		$6{,}20 \cdot 10^{-5}$	
Ru 106	1,02 a	β^-: 0,0394(100)	$< 4 \cdot 10^{-8}$	$2{,}56 \cdot 10^{-7}$	$1{,}0 \cdot 10^{-8}$
Ru 106*	1,02 a	e; β^-: 0,0394(100) 3,54(79) γ : 0,512(21) 0,622(9,8) 3,04($1 \cdot 10^{-3}$) 97L	$1{,}4 \cdot 10^{-3}$	$3{,}22 \cdot 10^{-2}$	$2{,}8 \cdot 10^{-4}$
S 35	87,51 d	β^-: 0,1668(100)	$1{,}1 \cdot 10^{-4}$	$6{,}30 \cdot 10^{-6}$	$1{,}4 \cdot 10^{-6}$
Sb 124	60,20 d	β^-: 0,612(52) 2,303(23) e: 0,57(0,4) γ : 0,60(98) 1,69(47) 2,69(0,15) 65L	$1{,}6 \cdot 10^{-3}$	$2{,}60 \cdot 10^{-1}$	
Sb 125*	2,73 a	e; β^-: 0,30(40) 0,62(14) γ : 0,035(6) 0,109(0,07) 0,43(29) 0,64(11) 24L	$9{,}9 \cdot 10^{-4}$	$8{,}59 \cdot 10^{-2}$	
Se 75	119,77 d	ε;e:0,124(1,6) 0,26(0,4) 0,27(0,18) γ:0,136(59) 0,265(59) 0,822($2 \cdot 10^{-4}$) 23L	$1{,}4\ 10^{-4}$	$5{,}54 \cdot 10^{-2}$	
Sr 89*	50,55 d	β^-: 1,492(100) γ : 0,909(0,009) 1L	$1{,}5 \cdot 10^{-3}$	$2{,}04 \cdot 10^{-4}$	$6{,}2 \cdot 10^{-5}$

15.5: c) Kenndaten häufig verwendeter Radionuklide (s. Anhang 15.5d)

Radio-nuklid	Halb-wert-zeit	Teilchenenergie[a] in MeV (relative Ausbeute in $100 \cdot s^{-1} Bq^{-1}$)	f_β $\frac{mSv\ cm^2}{h\ Bq}$	K_γ $\frac{mSv\ m^2}{h\ GBq}$	K_X/Z $\frac{mSv\ m^2}{h\ GBq}$
Sr 90	28,5 a	β^-: 0,546(100)	$1{,}8 \cdot 10^{-3}$	$3{,}75 \cdot 10^{-5}$	$1{,}1 \cdot 10^{-5}$
Sr 90*	28,5 a	β^-: + 0,523(0,016) 2,282(99,98) γ : + 2,186($1{,}4 \cdot 10^{-6}$) 1L	$3{,}3 \cdot 10^{-3}$	$4{,}28 \cdot 10^{-4}$	$1{,}4 \cdot 10^{-4}$
Ta 182	115,0 d	e; β^-:0,522(40) 1,711(0,06) γ: 0,066(3) 0,068(41) 0,1(14) 0,152(7) 0,22(11)	$1{,}8 \cdot 10^{-3}$	$1{,}84 \cdot 10^{-1}$	
		1,0(2) 1,12(35) 1,19(16,4) 1,22(27,3) 1,23(11,6) 1,29(1,4) 1,45(0,04) 41L			
Tc 99m	6,006 h	e : 0,119(9) 0,137(1) γ : 0,141(87,2) 0,143(0,03) 0,322($1 \cdot 10^{-4}$) 4L	$1{,}9 \cdot 10^{-4}$	$1{,}68 \cdot 10^{-2}$	
Te123m	119,7 d	e : 0,084(46) 0,243(0,0013) X : 0,027(41,3) γ: 0,159(84) 0,248(0,0003) 3L	$7{,}2 \cdot 10^{-4}$	$3{,}16 \cdot 10^{-2}$	
Te125m	58 d	e; γ : 0,035(6,7) 0,109(0,28) 2L			
Th 228	1,913 a	α: 5,34(27) 5,42(73) 9L e:0,083(1,4) γ:0,08(1,2) 0,13(0,13) 0,22(0,27) 5L	$1{,}8 \cdot 10^{-4}$	$2{,}54 \cdot 10^{-4}$	
Th 228*	1,913 a	α: +; e: +; β^-:+0,33(84) 0,57(12) 1,80(18) 2,25(56) γ: 0,075(12) 0,084(2)		$1{,}87 \cdot 10^{-1}$	
		0,24(48) 0,58(31) 0,73(7) 0,79(1) 0,86(4,3) 1,62(1,5) 2,61(36) 74L			
Tl 201	3,046 d	ε; e:0,084(15) 0,120(1,2) 0,153(2,5) X: 0,069(73) γ:0,135(3) 0,167(10) 3L	$2{,}9 \cdot 10^{-4}$	$5{,}12 \cdot 10^{-3}$	
Tl 204	3,78 a	ε; e; β^-: 0,763(97,5) X : 0,069(0,4) 0,071(0,7) 0,080(0,3)	$1{,}8 \cdot 10^{-3}$	$2{,}04 \cdot 10^{-4}$	$1{,}8 \cdot 10^{-5}$
Tm 170	128,6 d	ε; e; β^-: 0,884(23,8) 0,968(76) γ : 0,078(0,004) 0,084(3,3) 2L	$1{,}8 \cdot 10^{-3}$	$8{,}80 \cdot 10^{-4}$	$2{,}8 \cdot 10^{-5}$
U 238	4,47 Ga	α : 4,147(23) 4,196(77) 3L e: 0,048(1,5) γ : 0,0496(0,07) 0,110(0,024) 2L	$1{,}8 \cdot 10^{-6}$	$1{,}07 \cdot 10^{-5}$	
Xe 133	5,245 d	e; β^-: 0,346(99) X : 0,031(40) 0,035(9) γ : 0,081(37) 0,384(0,0021) 6L	$1{,}4 \cdot 10^{-3}$	$1{,}38 \cdot 10^{-2}$	$5{,}6 \cdot 10^{-6}$
Y 90	2,671 d	e; β^-: 0,523(0,016) 2,282(99,8) γ : 2,186($1{,}4 \cdot 10^{-6}$) 1L	$1{,}5 \cdot 10^{-3}$	$3{,}89 \cdot 10^{-4}$	$1{,}3 \cdot 10^{-4}$
Y 90 m	3,19 h	e; γ : 0,202(96,6) 0,479(91) 2,318(0,0017) 7L	$2{,}5 \cdot 10^{-4}$	$9{,}57 \cdot 10^{-2}$	
Yb 169	32,022 d	ε; e: 0,118(11) 0,139(13) 0,298(0,14) γ:0,06(51) 0,093(3) 0,11(17) 0,13(11)	$7{,}2 \cdot 10^{-4}$	$4{,}08 \cdot 10^{-2}$	
		0,177(22) 0,198(35) 0,26(1,9) 0,308(11) 0,625(0,005) 0,71($4 \cdot 10^{-5}$) 35L			
Zn 65	244,1 d	ε; e; β^+: 0,330(1,46) $\gamma^\pm$: 0,511(2,92) γ : 1,115(50,8) 3L	$7{,}2 \cdot 10^{-5}$	$8{,}35 \cdot 10^{-2}$	

15.5: d) Kenndaten häufig verwendeter Radionuklide [bro86, dor86, hen85b, icp83b, jac89c, reu83, wes85]

a häufigste oder wesentlich zum Energiespektrum beitragende Energiekomponenten; letzter Energiewert ist jeweils die höchste (wesentliche) Teilchenenergie

..L Gesamtzahl der Teilchenausbeuten einer Art

α Alphastrahlung

β Betastrahlung

e Konversionselektron

ε Elektroneneinfang

γ Gammastrahlung

$\gamma^\pm$ Vernichtungsstrahlung

n Neutronenstrahlung

X Röntgenstrahlung

* einschließlich der nachfolgenden Tochter-Radionuklide im Gleichgewicht

\+ zusätzlich zu berücksichtigende Teilchenenergien und Ausbeuten der Tochter-Radionuklide

f_β Dosisleistungsfaktor für die Äquivalentdosis in der Haut (50-100 µm Tiefe) bei oberflächlicher Hautkontamination, umfaßt Beta-, Elektronen- und Gammastrahlung

K_γ Dosisleistungskonstante, umfaßt Gamma-, Vernichtungs-, Röntgen- und interne Bremsstrahlung mit Photonenenergien ≥ 20 keV (Bezugsdosis: Photonen-Äquivalentdosis)

K_X/Z Dosisleistungskonstante für externe Bremsstrahlung (mit Photonenenergien ≥ 20 keV) bezogen auf die Ordnungszahl der die Betastrahlung „abbremsenden“ Substanz (Bezugsdosis: Photonen-Äquivalentdosis)

Anzahl n der Halbwertzeiten	Bruchteil der Aktivität	
0	1	$1{,}00 \cdot 10^{0}$
1	1/2	$5{,}00 \cdot 10^{-1}$
2	1/4	$2{,}50 \cdot 10^{-1}$
3	1/8	$1{,}25 \cdot 10^{-1}$
4	1/16	$6{,}25 \cdot 10^{-2}$
5	1/32	$3{,}13 \cdot 10^{-2}$
6	1/64	$1{,}56 \cdot 10^{-2}$
7	1/128	$7{,}81 \cdot 10^{-3}$
8	1/256	$3{,}91 \cdot 10^{-3}$
9	1/512	$1{,}95 \cdot 10^{-3}$
10	1/1024	$9{,}77 \cdot 10^{-4}$
11	1/2048	$4{,}88 \cdot 10^{-4}$
12	1/4096	$2{,}44 \cdot 10^{-4}$
13	1/8192	$1{,}22 \cdot 10^{-4}$
14	1/16384	$6{,}10 \cdot 10^{-5}$
15	1/32768	$3{,}05 \cdot 10^{-5}$
16	1/65536	$1{,}53 \cdot 10^{-5}$
17	1/131072	$7{,}63 \cdot 10^{-6}$
18	1/262144	$3{,}81 \cdot 10^{-6}$
19	1/524288	$1{,}91 \cdot 10^{-6}$
20	1/1048576	$9{,}54 \cdot 10^{-7}$
21	1/2097152	$4{,}77 \cdot 10^{-7}$
22	1/4194304	$2{,}38 \cdot 10^{-7}$
23	1/8388608	$1{,}19 \cdot 10^{-7}$
24	1/16777216	$5{,}96 \cdot 10^{-8}$
25	1/33554432	$2{,}98 \cdot 10^{-8}$
Anzahl n der Halbwertschichtdicken	reziproker Schwächungsfaktor $1/S_u$	

15.6: Halbwertzahlen und Bruchteile des Ausgangswertes

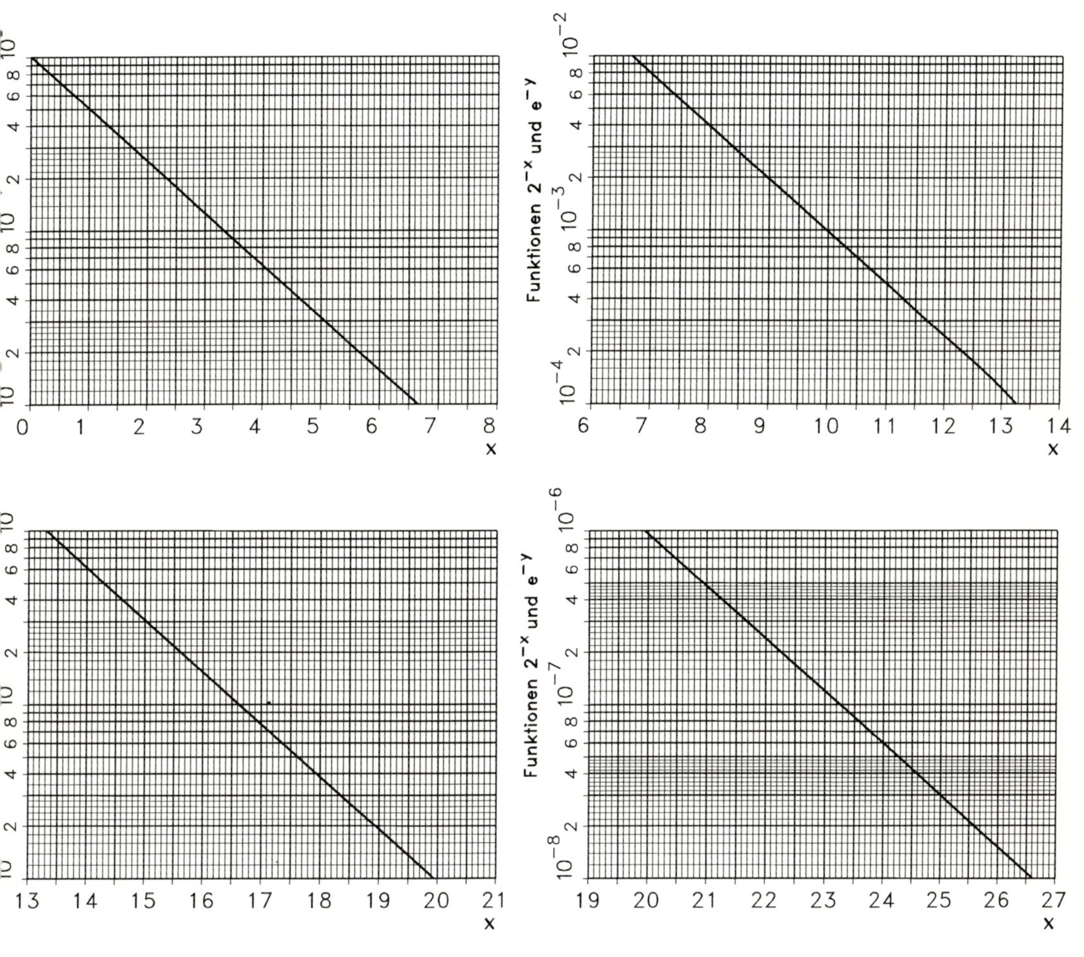

15.7: Funktionen 2^{-x} und e^{-y} ($x = t/T$ bzw. $x = d/d_h$, $x = y/0{,}693$)

Potenz $a^n = a \cdot a \cdot a \cdot a \cdot a \cdot \ldots\ldots \cdot a$ (n Faktoren)

$a^n \cdot a^m = a^{n+m}$ $a^n \cdot b^n = (a \cdot b)^n$ $a^0 = 1$

$\frac{a^n}{a^m} = a^{n-m}$ $\frac{a^n}{b^n} = \left(\frac{a}{b}\right)^n$

Beispiele:

$2^4 = 2 \cdot 2 \cdot 2 \cdot 2 = 16$ $10^3 = 10 \cdot 10 \cdot 10 = 1000$

$10^2 \cdot 10^4 = 10^6$ $10^{-4} \cdot 10^2 = 10^{-2} = \frac{1}{10^2} = 0{,}01$

$3^2 \cdot 4^2 = 12^2 = 144$ $\frac{10^5}{10^2} = 10^3 = 1000$

$\frac{10^2}{10^{-2}} = 10^4$ $\frac{10^2}{10^2} = 10^0 = 1$

$\frac{24^2}{8^2} = \left(\frac{24}{8}\right)^2 = 3^2 = 9$

Summe

$$\sum f = \sum f_i = \sum_{(n)} f_n = \sum_{i=1}^{n} f_i = f_1 + f_2 + f_3 + \ldots\ldots + f_n$$

$$\sum_{(n)} a \cdot f_n = a \cdot f_1 + a \cdot f_2 + a \cdot f_3 + \ldots\ldots + a \cdot f_n = a \cdot \sum_{(n)} f_n$$

Logarithmische Skala

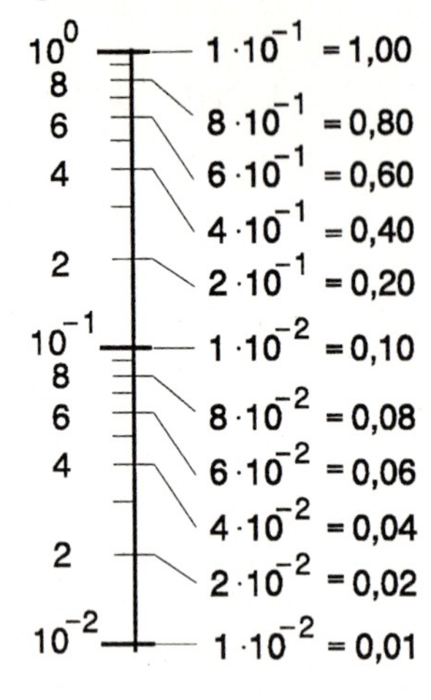

15.8: Rechnen mit Potenzen

Target	Kernreaktion	E_G (MeV) / E_S (MeV)	15	20	25	35	50
					σ_{eff} in mb		
Al	$^{27}Al(X,n)^{26}Al$	13,1	0,015	1,00	3,29	6,68	9,90
Au	$^{197}Au(X,n)^{196}Au$	8,06	85,4	181	226		
Be	$^{9}Be(X,n)\ 2\cdot{}^{4}He$	1,67	1,88	2,21	2,84	4,38	6,08
C	$^{12}C(X,n)^{11}C$	18,7	-	0,01	0,64	1,75	2,38
Co	$^{59}Co(X,n)^{58}Co$	10,45	2,85	15,3	28,4	44,7	
Cu	Cu(X,n)		3,26	17,7	31,0	45,9	57,4
	$^{65}Cu(X,n)^{64}Cu$	9,91					
Fe	$^{56}Fe(X,n)^{55}Fe$	11,2					
H	$^{2}H(X,n)^{1}H$	2,23					
N	$^{14}N(X,n)^{13}N$	10,6	0,186	0,60	1,96	4,22	5,42
Na	$^{23}Na(X,n)^{22}Na$	12,4					
O	$^{16}O(X,n)^{15}O$	15,7	-	0,10	0,82	2,46	
Pb	Pb(X,n)		108	206	250	308	355
	$^{207}Pb(X,n)^{206}Pb$	6,74					
Pt	Pt(X,n)		13,3	103	204		
	$^{195}Pt(X,n)^{194}Pt$	6,11					
Si	$^{28}Si(X,n)^{27}Si$	17,2	-	0,43	2,16		
Ta	$^{181}Ta(X,n)^{180}Ta$	7,58	75,5	174	222	278	323
U	U(X,n)		273	493	597	732	840
	$^{238}U(X,n)^{237}U$	6,15					
W	$^{183}W(X,n)^{182}W$	6,19					

15.9: a) Kenndaten für Photonen-Kernreaktionen [ncr84]

σ_{eff} effektiver Wirkungsquerschnitt für die Erzeugung von Photoneutronen mit Bremsstrahlung

E_G Maximalenergie der Bremsstrahlung (Grenzenergie)

E_S Schwellenenergie für die Kernreaktion

Target	Kernreaktion	E_S MeV	E_n MeV	σ mb	E_n MeV	σ mb	Sekundärteilchen [a)] E_{max} MeV	Anzahl
Al	$^{27}Al(n,\gamma)^{28}Al$	exoth	th	231	15	0,50	7,7	186
	$^{27}Al(n,p)^{27}Mg$	1,9	5	25	15	75		100
	$^{27}Al(n,\alpha)^{24}Na$	3,25	6	1,5	15	115		100
Ar	$^{40}Ar(n,\gamma)^{41}Ar$	exoth	th	660	1,0	1		
Au	$^{197}Au(n,\gamma)^{198}Au$	exoth	th	98650	15	1,1		
B	$^{10}B(n,\alpha)^{7}Li$	exoth	th	$3{,}837 \cdot 10^6$	1	200	1,7	100
Ca	$^{48}Ca(n,\gamma)^{49}Ca$	exoth	th	1090	15	0,26	7,8	
Cd	$^{113}Cd(n,\gamma)^{114}Cd$	exoth	th	$2{,}06 \cdot 10^7$	0,2	300	9,1	
Co	$^{59}Co(n,\gamma)^{60m}Co$	exoth	th	20000	15	0,65	7,9	243
Co	$^{59}Co(n,\gamma)^{60}Co$	exoth	th	17000	15	0,85	7,9	
Cr	$^{50}Cr(n,\gamma)^{51}Cr$	exoth	th	15900	0,1	10	9,7	
Cu	$^{63}Cu(n,\gamma)^{64}Cu$	exoth	th	4500	15	2,6	7,9	
	$^{65}Cu(n,\gamma)^{66}Cu$	exoth	th	2170	5	2,2		
	$^{63}Cu(n,2n)^{62}Cu$	11,03	11,5	10	15	600		200
	$^{65}Cu(n,2n)^{64}Cu$	10,06	11	35	15	970		200
Fe	$^{56}Fe(n,p)^{56}Mn$	2,97	5	1	15	110		100
	$^{58}Fe(n,\gamma)^{59}Fe$	exoth	th	1280	1	2,5	10,2	
H	$^{1}H(n,\gamma)^{2}H$	exoth	th	333	15	0,03	2,3	100
He	$^{3}He(n,p)^{3}H$	exoth	th	$5{,}333 \cdot 10^6$	14	140	0,58	100
Li	$^{6}Li(n,\alpha)^{3}H$	exoth	th	$9{,}4 \cdot 10^5$	15	512		100
Mg	$^{24}Mg(n,p)^{24}Na$	4,93	6	2	15	185		100
	$^{26}Mg(n,\gamma)^{27}Mg$	exoth	th	38,2	15	0,54	11,1	
Mn	$^{55}Mn(n,\gamma)^{56}Mn$	exoth	th	13300	15	0,9	7,3	167
N	$^{14}N(n,2n)^{13}N$	11,31	(p,n)[b]	2,5	15	8		200
	$^{14}N(n,p)^{14}C$	exoth	th	1830	15	38		100
Na	$^{23}Na(n,\gamma)^{24}Na$	exoth	th	530	15	0,24	6,4	283
O	$^{16}O(n,2n)^{15}O$	16,65	(p,n)[b]	1,3	30	15		200
	$^{16}O(n,p)\ ^{16}N$	10,24	(p,n)[b]	6,2	15	35		100
P	$^{31}P(n,\gamma)^{32}P$	exoth	th	172	15	0,35	7,9	267
	$^{31}P(n,p)^{31}Si$	0,73	2	20	15	80		100
S	$^{32}S(n,p)^{32}P$	0,96	2	18	15	210		100
Si	$^{28}Si(n,p)^{28}Al$	4,00	5	20	15	250		100

15.9: b) Kenndaten für Neutronen-Kernreaktionen [mug81, ncr84, wei85]

a aus der Kernreaktion hervorgehendes Sekundärteilchen (α, γ, n, p), Anzahl pro 100 Kernreaktionen

b Neutronen aus (p,n)-Reaktionen mit 35 MeV Protonen

σ Wirkungsquerschnitt für die Kernreaktion mit Neutronen der Energie E_n

E_{max} höchste Energie des aus der Kernreaktion hervorgehenden Sekundärteilchens

E_S Schwellenenergie für die Kernreaktion

exoth exotherme Reaktion

th thermische Neutronenenergie

		E_b (MeV) ⇒ 0		1	5	10
Target	Kernreaktion	E_S (MeV)		E_n (MeV)		
Al	$^{27}Al(p,n)^{27}Si$	5,80				
	$^{27}Al(\alpha,n)^{30}P$	3,03				
Au	$^{197}Au(p,n)^{197}Hg$	1,20				
B	$^{10}B(d,n)^{11}C$	exoth				
Be	$^{9}Be(^{4}He,n)^{12}C$	exoth	5,27	6,68	10,6	15,2
	$^{9}Be(\alpha,n)\ 3\alpha$	2,27				
	$^{9}Be(p,n)^{9}B$	2,06				
	$^{9}Be(d,n)^{10}B$	exoth				
C	$^{12}C(p,n)^{12}N$	19,64				
	$^{12}C(d,n)^{13}N$	0,33	-	0,69	4,64	9,57
	$^{13}C(^{4}He,n)^{16}O$	exoth	2,07	3,19	6,99	11,68
H	$^{2}H(d,n)^{3}He$	exoth	2,45	4,14	8,24	13,0
	$^{3}H(p,n)^{3}He$	1,02	-	-	4,22	9,23
	$^{3}H(d,n)^{4}He$	exoth	14,1	16,8	22,0	27,4
Li	$^{6}Li(\alpha,n)^{9}B$	6,62				
	$^{7}Li(p,n)^{7}Be$	1,88	-	-	3,33	8,35
	$^{7}Li(\alpha,n)^{10}B$	4,38				
N	$^{14}N(p,n)^{14}O$	6,36				
Ta	$^{181}Ta(d,n)^{182}W$	exoth				

15.9: c) Kenndaten für Ionen-Kernreaktionen [ncr83]

E_b Energie des beschleunigten Primärteilchens

E_S Schwellenenergie für die Kernreaktion

E_n Energie der bei der Kernreaktion in Richtung der beschleunigten Teilchen freigesetzten Neutronen

exoth exotherme Reaktion

Nuklid	Kritische Größe ⇒ Materialbeschaffenheit	Dichte[a] g/cm³	Masse[a] (Kugel) o.R. kg	Masse[a] (Kugel) m.R. kg	Volumen (Kugel) o.R. dm³	Volumen (Kugel) m.R. dm³	Rohrdurchmesser m.R. cm	Schichtdicke m.R. cm	Konzentration m.R. g/cm³
U 233	Metall	$\leq$18,9	16,5	7,3	0,87	0,38	5,1	0,625	-
	U - H_2O	$\leq$0,4	1,2	0,57		3,7	11,9	3,2	0,0112
U 235	Metall	$\leq$18,9	49	21,8	2,59	1,15	7,6	1,5	-
	U - H_2O	$\leq$1,0	1,5	0,80		5,5	14,0	4,4	0,0121
	UO_2F_2 - H_2O	$\leq$1,0		0,80		6,2	14,3	5,0	
	UO_2 - H_2O	$\leq$1,0		0,80		5,6	14,0	4,8	
U 238[b]	UO_2 - H_2O	10%[b]		13		16	20,5	9,3	
	UO_2 - H_2O	3%[b]		102		55,3	33,2	17,0	
Pu 239	Metall	$\leq$19,6	10,0	5,425	0,51	0,275	4,5	0,72	-
	Pu - H_2O	$\leq$0,4	0,9	0,51		6,7	15,0	5,5	0,0076
	PuO_2	11,46[c]		10,8		1,07	7,4	1,5	-
	PuO_2 - H_2O	$\leq$1,0		0,51		5,5	13,9	4,7	
	Nitratlösung			0,54		8,3	16,2	6,2	0,0077

15.10: Kritikalitätsdaten bei Spaltstoffsystemen [hei85, kin86]

m.R. mit Neutronen-Reflektor (30 cm Wasser)
o.R. ohne Neutronen-Reflektor
a von U oder Pu
b U 235-Anreicherung
c PuO_2

Richtwerte für sichere Paramter bei homogenen Systemen:
Sichere Masse: 0,45 x kritische Masse
Sicheres Volumen: 0,75 x kritisches Volumen
Sichere Dimension: 0,8 x kritische Dimension
Sichere Konzentration: 0,5 x kritische Konzentration

Vertrauens-niveau $1 - \gamma$	Quantile $k_{1-\gamma/2}$
0,682	1,000
0,800	1,282
0,900	1,645
0,950	1,960
0,955	2,000
0,980	2,326
0,990	2,576
0,997	3,000
0,998	3,090

15.11: Quantile $k_{1-\gamma/2}$ für die Wahrscheinlichkeit $1-\gamma$ (Vertrauensniveau), daß statistisch normalverteilte Meßwerte um weniger als $k_{1-\gamma/2} \cdot \sigma$ vom Erwartungswert abweichen

Irrtumswahr-scheinlichkeit α bzw. β	Quantile $k_{1-\alpha}$ $k_{1-\beta}$
0,1586	1,000
0,1000	1,282
0,0500	1,645
0,0250	1,960
0,0228	2,000
0,0100	2,326
0,0050	2,576
0,0014	3,000
0,0010	3,090

15.12: Quantile $k_{1-\alpha}$ bzw. $k_{1-\beta}$ für die Wahrscheinlichkeit α bzw. β (Irrtumswahrscheinlichkeit), daß statistisch normalverteilte Meßwerte um mehr als $k_{1-\alpha} \cdot \sigma$ bzw. $k_{1-\beta} \cdot \sigma$ vom Erwartungswert abweichen

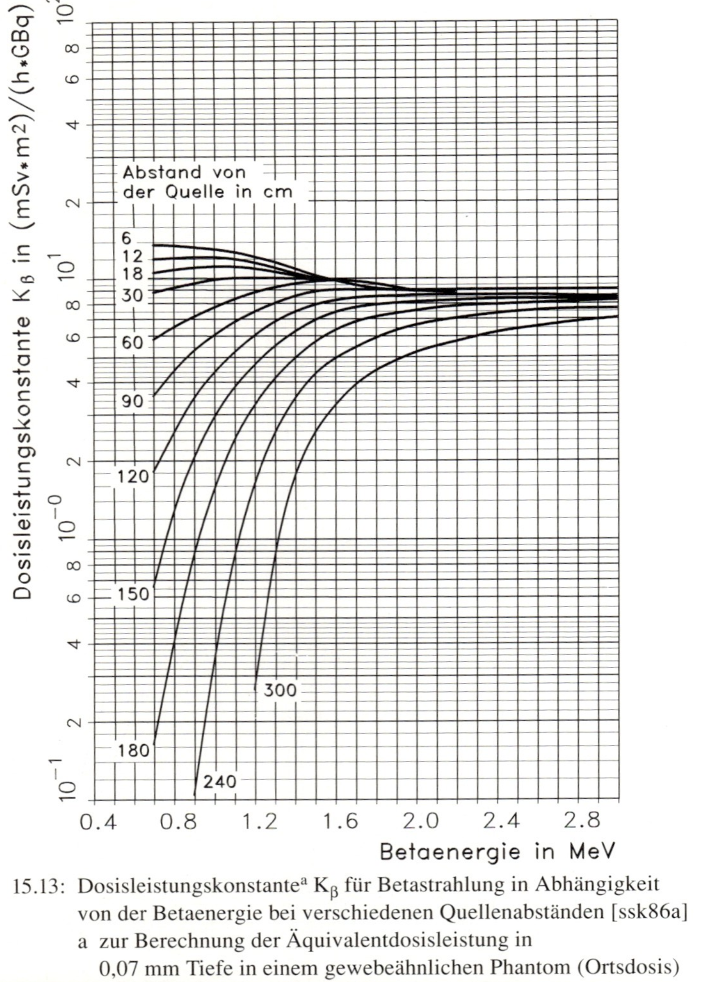

15.13: Dosisleistungskonstante[a] K_β für Betastrahlung in Abhängigkeit von der Betaenergie bei verschiedenen Quellenabständen [ssk86a]
a zur Berechnung der Äquivalentdosisleistung in 0,07 mm Tiefe in einem gewebeähnlichen Phantom (Ortsdosis)

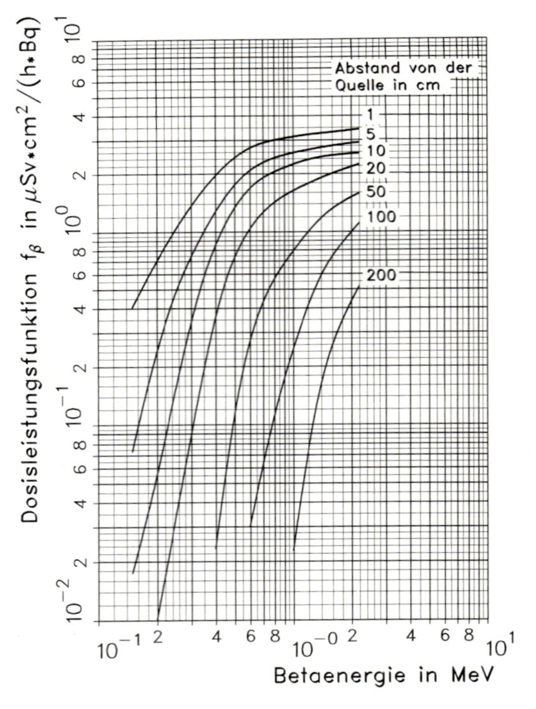

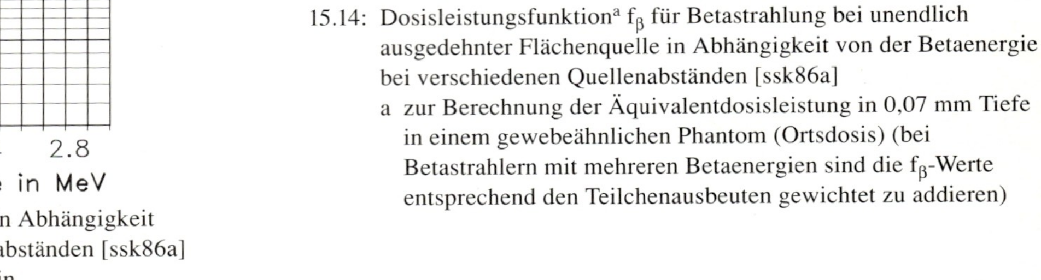

15.14: Dosisleistungsfunktion[a] f_β für Betastrahlung bei unendlich ausgedehnter Flächenquelle in Abhängigkeit von der Betaenergie bei verschiedenen Quellenabständen [ssk86a]
a zur Berechnung der Äquivalentdosisleistung in 0,07 mm Tiefe in einem gewebeähnlichen Phantom (Ortsdosis) (bei Betastrahlern mit mehreren Betaenergien sind die f_β-Werte entsprechend den Teilchenausbeuten gewichtet zu addieren)

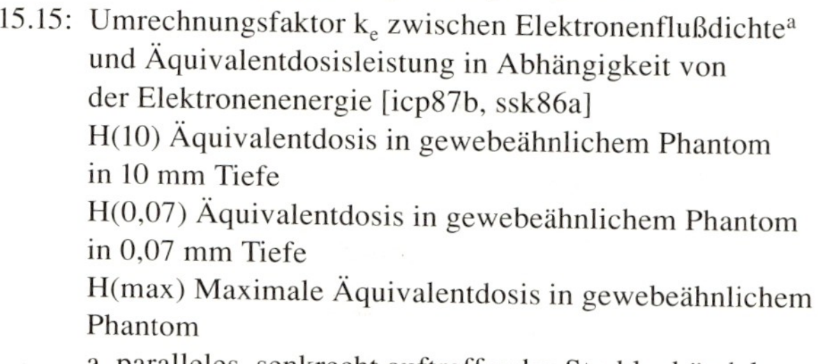

15.15: Umrechnungsfaktor k_e zwischen Elektronenflußdichte[a] und Äquivalentdosisleistung in Abhängigkeit von der Elektronenenergie [icp87b, ssk86a]
H(10) Äquivalentdosis in gewebeähnlichem Phantom in 10 mm Tiefe
H(0,07) Äquivalentdosis in gewebeähnlichem Phantom in 0,07 mm Tiefe
H(max) Maximale Äquivalentdosis in gewebeähnlichem Phantom
a paralleles, senkrecht auftreffendes Strahlenbündel

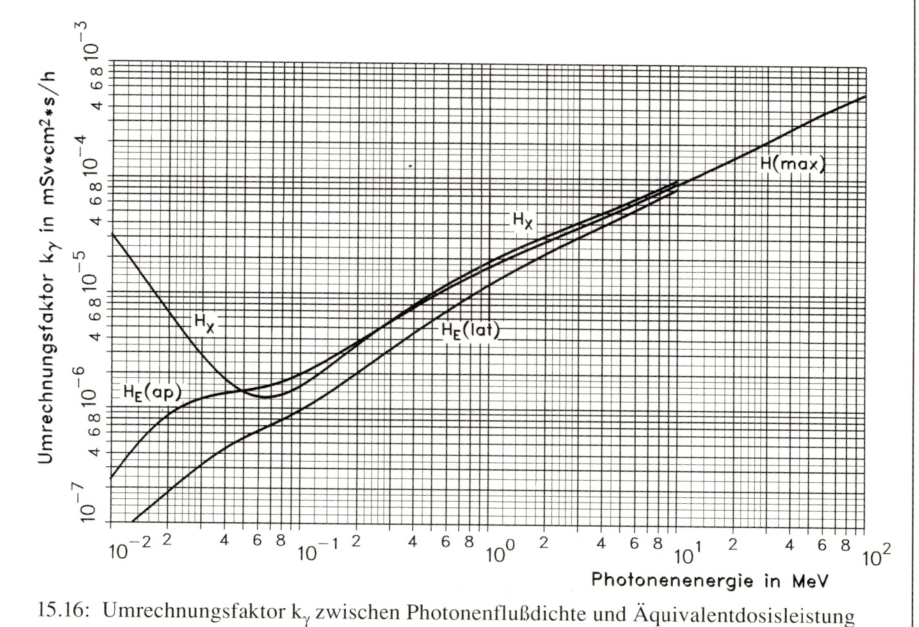

15.16: Umrechnungsfaktor k_γ zwischen Photonenflußdichte und Äquivalentdosisleistung in Abhängigkeit von der Photonenenergie [icp87b]
H_x Photonen-Äquivalentdosis (Ortsdosis)
H(max) maximale Äquivalentdosis in gewebeähnlichem Phantom von 30 cm Dicke
H_E(ap) Effektive Dosis in einem parallelen Strahlungsfeld bei Bestrahlung von vorn
H_E(lat) Effektive Dosis in einem parallelen Strahlungsfeld bei Bestrahlung von der Seite

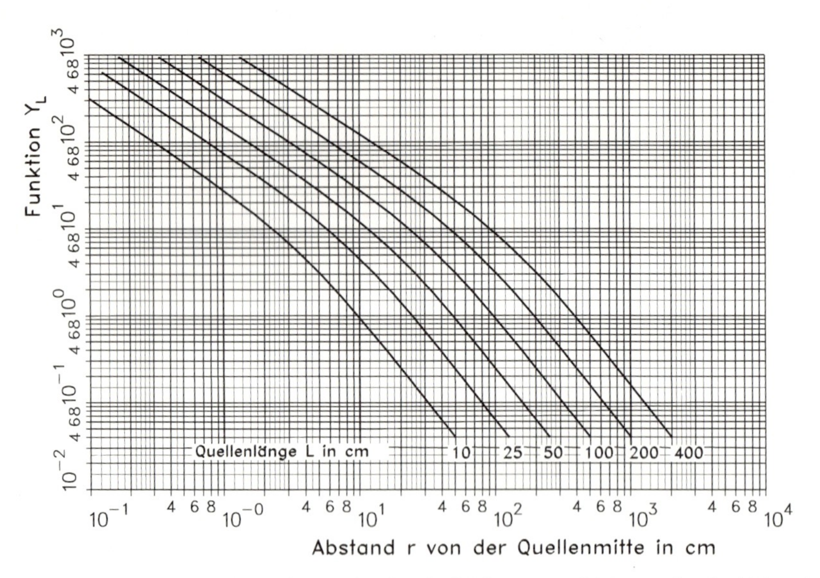

15.17: Funktion y_L zur Berechnung der Ortsdosisleistung vor Linienquellen in Abhängigkeit vom Abstand r von der Quellenmitte bei verschiedenen Quellenlängen L

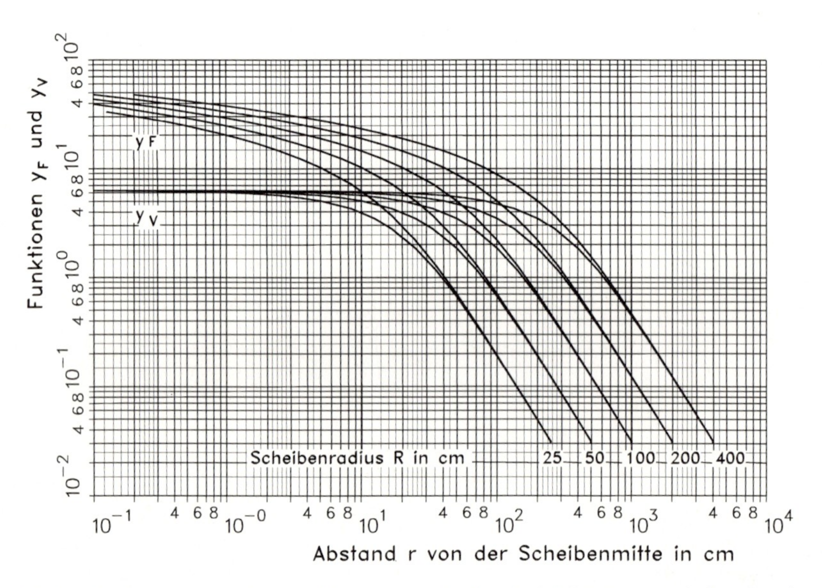

15.18: Funktionen y_F und y_V zur Berechnung der Ortsdosisleistung vor scheibenförmigen Oberflächen- und Volumenquellen in Abhängigkeit vom Abstand r von der Scheibenmitte bei verschiedenen Scheibenradien R

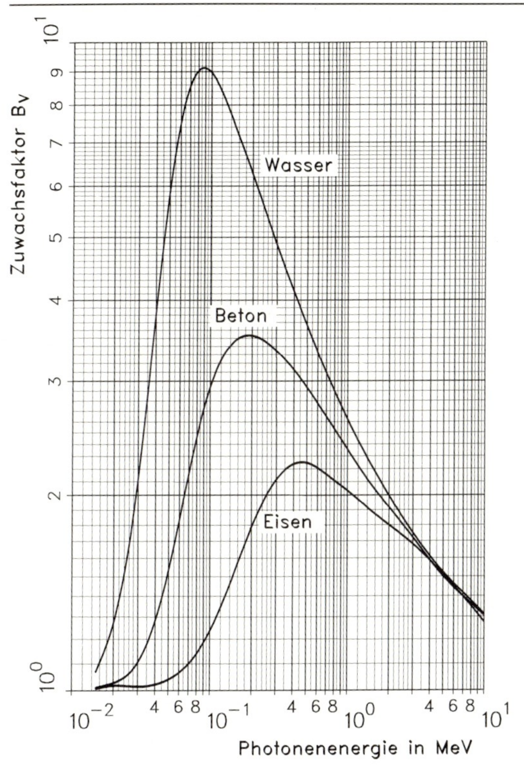

15.19: Streustrahlungs-Zuwachsfaktoren B_V für Volumenquellen mit Materialfüllungen aus Wasser, Beton und Eisen [chi84]

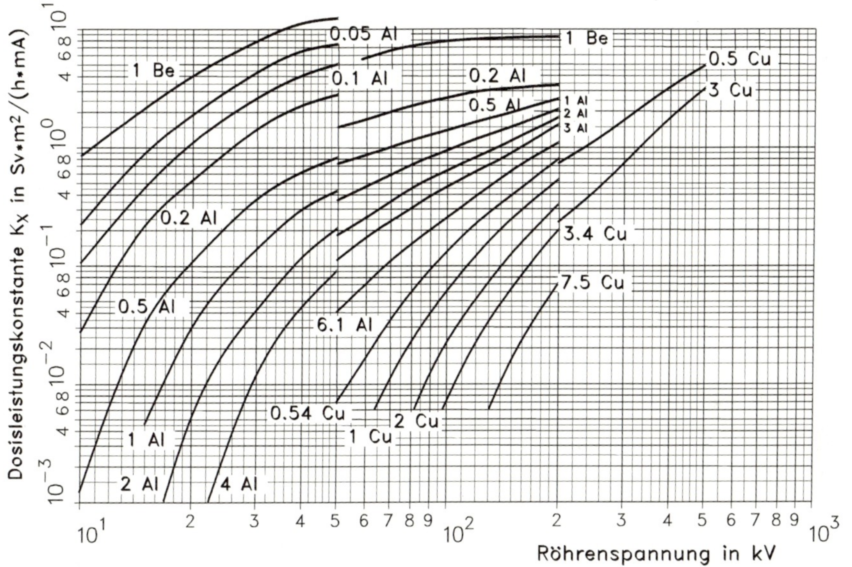

15.20: Dosisleistungskonstante[a] K_X für Röntgenstrahlung[b] von Röntgenröhren in Abhängigkeit von der Röhrenspannung [icp76]

a Photonen-Äquivalentdosis (Ortsdosis) b Wolframtarget, Gleichspannungspotential

Die Werte für Röhrenspannungen unterhalb (oberhalb) von 50 kV sind aus Messungen in 10 cm (1 m) Abstand vom Fokus in Luft abgeleitet. Die Werte für einen Halbwellengenerator sind etwa halb so groß. Die Kurvenparameter sind Filterdicken. 1 mm Be (Beryllium) entspricht dem Röhrenfenster.

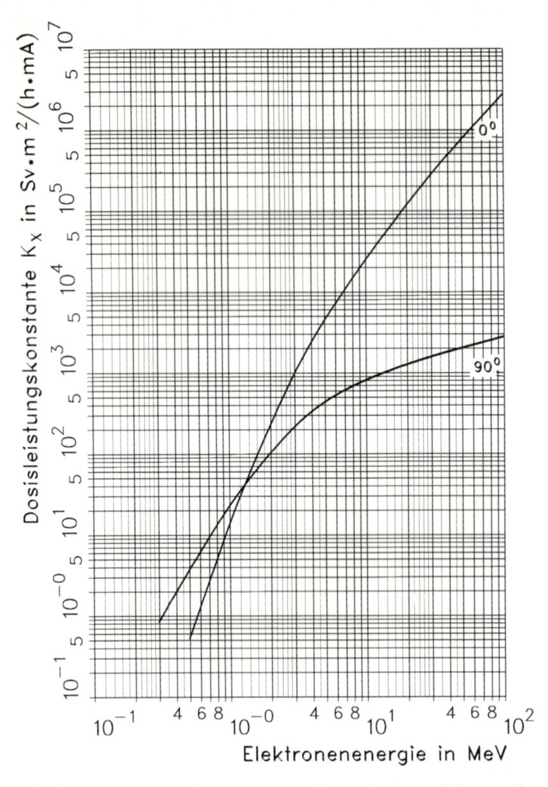

15.21: Dosisleistungskonstante[a] K_X für Bremsstrahlung[b] von Elektronenbeschleunigern in Abhängigkeit von der Elektronenenergie bei den Emissionswinkeln 0° und 90° [ncr79]

a Photonen-Äquivalentdosis (Ortsdosis)

b dickes Target mit Ordnungszahl $Z > 73$

Reduktionsfaktor f für Targets mit $Z \leq 73$:

Emissionswinkel 0°: $Z = 26{,}29 \rightarrow f = 0{,}7$; $Z = 13 \rightarrow f = 0{,}5$

Emissionswinkel 90°, bei Elektronenenergien < 10 MeV: $Z = 26{,}29 \rightarrow f = 0{,}5$; $Z = 13 \rightarrow f = 0{,}3$

Radio-nuklid	Kern-reaktion	Halbwert-zeit	n-Ausbeute	n-Energie in MeV		K_n	[a] K_γ
			$s^{-1} GBq^{-1}$	Mittel-wert	Maximal-wert	$\frac{mSv \; m^2}{h \; GBq}$	$\frac{mSv \; m^2}{h \; GBq}$
Po 210	Be(α,n)	138,37 d	$7{,}0 \cdot 10^4$	4,5	11	$7{,}8 \cdot 10^{-4}$	$2{,}3 \cdot 10^{-5}$
Ra 226	Be(α,n)	1600 a	$5{,}0 \cdot 10^5$	3,9	12	[b] $5{,}5 \cdot 10^{-3}$	[b] $2{,}5 \cdot 10^{-1}$
Pu 238	Be(α,n)	87,74 a	$8{,}0 \cdot 10^4$	4,5	11	$8{,}9 \cdot 10^{-4}$	$2{,}6 \cdot 10^{-5}$
Pu 239	Be(α,n)	24110 a	$6{,}0 \cdot 10^4$	4,6	11	$6{,}7 \cdot 10^{-4}$	$2{,}0 \cdot 10^{-5}$
Am 241	Be(α,n)	432,7 a	$6{,}6 \cdot 10^4$	4,4	11	$7{,}2 \cdot 10^{-4}$	$4{,}2 \cdot 10^{-3}$
Am 241	B(α,n)	432,7 a	$1{,}6 \cdot 10^4$	2,8	11	$1{,}8 \cdot 10^{-5}$	$4{,}2 \cdot 10^{-3}$
Na 24	D_2O(γ,n)	14,659 h	$7{,}4 \cdot 10^3$	0,262	$\leq$ 0,5	$3{,}4 \cdot 10^{-5}$	$4{,}9 \cdot 10^{-1}$
Na 24	Be(γ,n)	14,659 h	$3{,}6 \cdot 10^3$	0,967	$\leq$ 1,1	$3{,}5 \cdot 10^{-5}$	$4{,}9 \cdot 10^{-1}$
Sb 124	Be(γ,n)	60,2 d	$5{,}1 \cdot 10^3$	0,022	$\leq$ 0,378	$2{,}3 \cdot 10^{-6}$	$2{,}6 \cdot 10^{-1}$
Cf 252	sp. Spalt.	[c] 85,5 a	[c] $3{,}83 \cdot 10^9$	2,2		[c] 38	[c] 1,8

15.22: Kenndaten[d] radioaktiver Neutronenstrahlungsquellen [att68, cie83, chi84, gri90, nac71, n8529, sto67]

K_n Dosisleistungskonstante für Neutronenstrahlung (Umgebungs-Äquivalentdosis, Ortsdosis)

K_γ Dosisleistungskonstante für Gammastrahlung (Photonen-Äquivalentdosis, Ortsdosis)

a (α,n)-Quellen mit Beryllium als Target erzeugen 4,43 MeV-Gammastrahlung mit Ausbeuten von 0,5-0,75 Photonen pro Neutron

b im Gleichgewicht mit 5 α-strahlenden Folgeprodukten

c bezogen auf die Aktivität der spontanen Spaltung

d Neutronenausbeute und damit zusammenhängende Angaben sind fertigungsabhängig

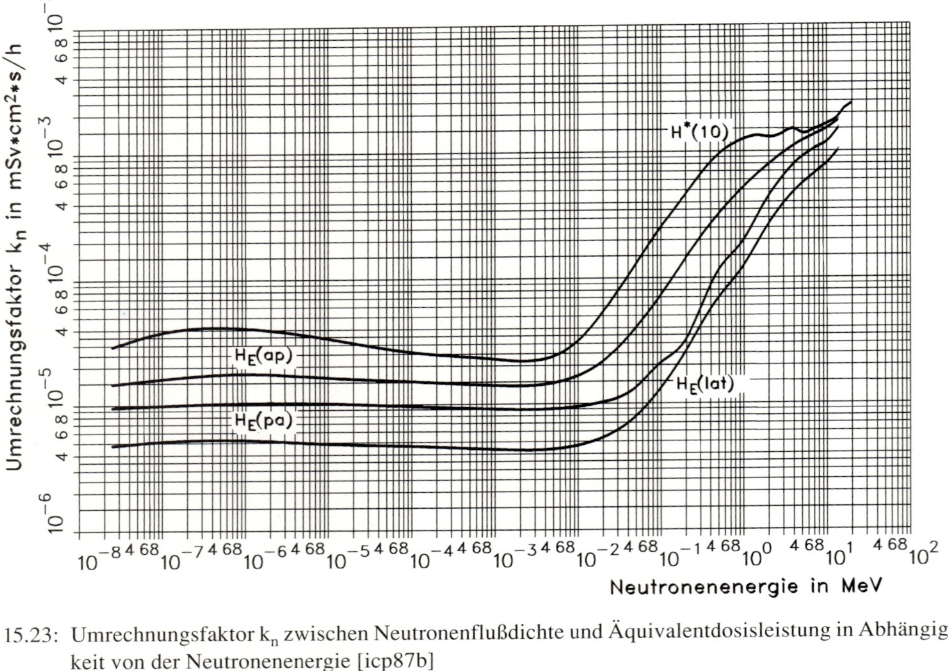

15.23: Umrechnungsfaktor k_n zwischen Neutronenflußdichte und Äquivalentdosisleistung in Abhängigkeit von der Neutronenenergie [icp87b]

H*(10) Umgebungs-Äquivalentdosis (Ortsdosis)

H_E(ap) Effektive Dosis in einem parallelen Strahlungsfeld bei Bestrahlung von vorn

H_E(pa) Effektive Dosis in einem parallelen Strahlungsfeld bei Bestrahlung von hinten

H_E(lat) Effektive Dosis in einem parallelen Strahlungsfeld bei Bestrahlung von der Seite

15.24: a) Neutronenausbeute p bei (X, n)-Reaktionen an Elektronenbeschleunigern in Abhängigkeit von der Elektronenenergie bei verschiedenen Targetmaterialien [swa79]

Richtungsfaktoren: $f(90°) \approx 2$; $g(90°) \approx 2 \cdot \pi$ für $E_X \gg E_S$

$f(90°) \approx 1$; $g(90°) \approx 1{,}0$ für $E_X \approx E_S$

Targetdicke > 3 Halbwertschichtdicken

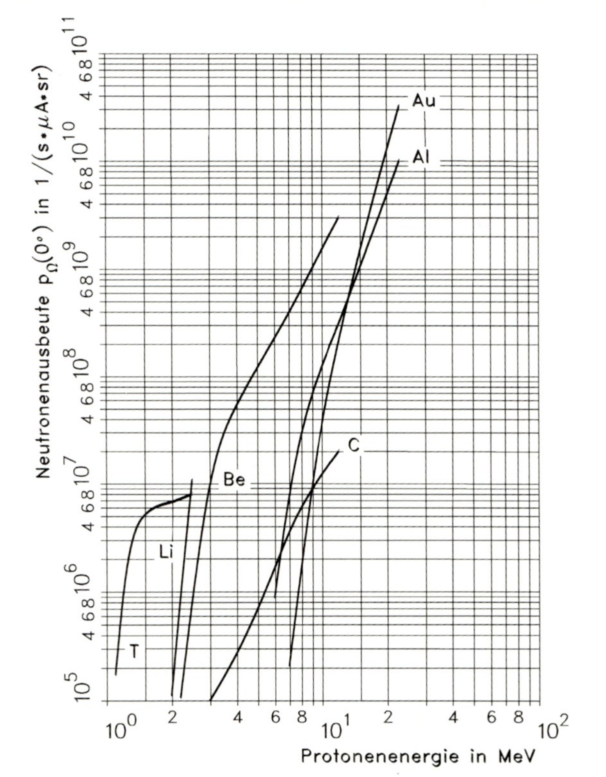

15.24: b) Neutronenausbeute p_Ω (0°) pro Raumwinkel in Vorwärtsrichtung bei (p,n)-Reaktionen an Ionenbeschleunigern in Abhängigkeit von der Teilchenenergie bei verschiedenen Targetmaterialien [ncr79]

Richtungsfaktoren: $f(90°) \leq 0{,}1$; $g(0°) \geq 2 \cdot \pi$ für $E_p > 5{,}0$ MeV

$f(90°) \approx 0{,}25$; $g(0°) \approx \pi$ für $E_p \approx E_S$

T, Li: $f(90°) \approx 0{,}5$; $g(0°) \approx 0{,}6 \cdot \pi$ für $E_p = 2{,}5$ MeV

Be: $f(90°) \approx 0{,}67$; $g(0°) \approx 0{,}4 \cdot \pi$ für $E_p \approx 2{,}5$ MeV

15.24: c) Neutronenausbeute p bei (d,n)-Reaktionen an Ionenbeschleunigern in Abhängigkeit von der Teilchenenergie bei verschiedenen Targetmaterialien [ncr79]

Richtungsfaktoren: $f(90°) \leq 0{,}1$; $g(0°) \geq 2 \cdot \pi$ für $E_d > 5{,}0$ MeV

D: $f(90°) \approx 0{,}3$; $g(0°) \approx 0{,}8 \cdot \pi$ für $E_d \approx 0{,}5$ MeV

D: $f(90°) \approx 0{,}15$; $g(0°) \approx 1{,}4 \cdot \pi$ für $E_d = 2{,}5$ MeV

T: $f(90°) \approx 1{,}0$; $g(0°) \approx 0{,}4 \cdot \pi$ für $E_d \approx 0{,}2$ MeV

Be: $f(90°) \approx 1{,}0$; $g(0°) \approx 0{,}4 \cdot \pi$ für $E_d < 2$ MeV

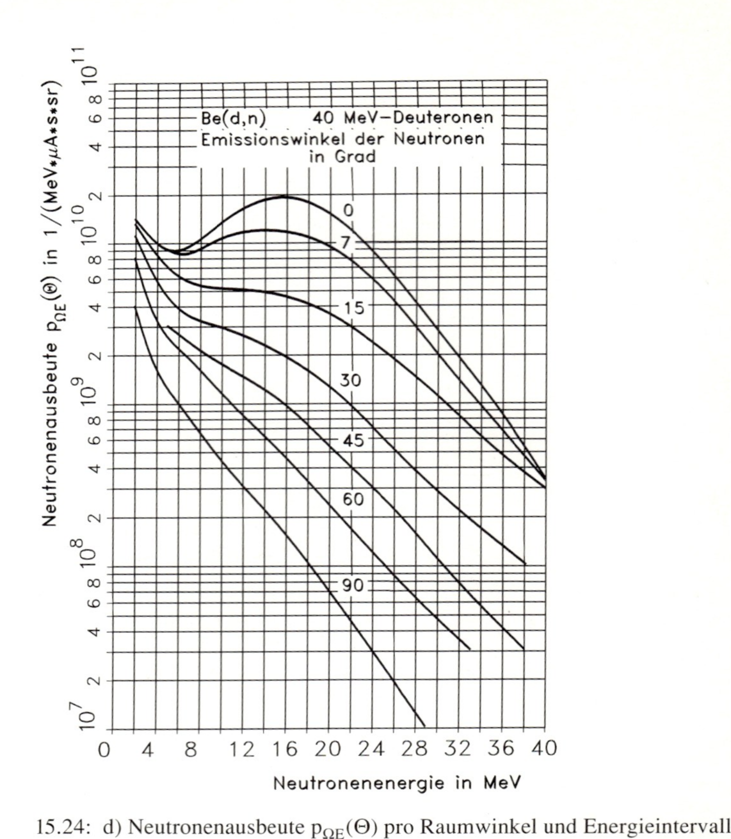

15.24: d) Neutronenausbeute $p_{\Omega E}(\Theta)$ pro Raumwinkel und Energieintervall für Emissionswinkel Θ bei (d,n)-Reaktionen von 40 MeV-Deuteronen in einem dicken Be-Target in Abhängigkeit von der Neutronenenergie [cie83]

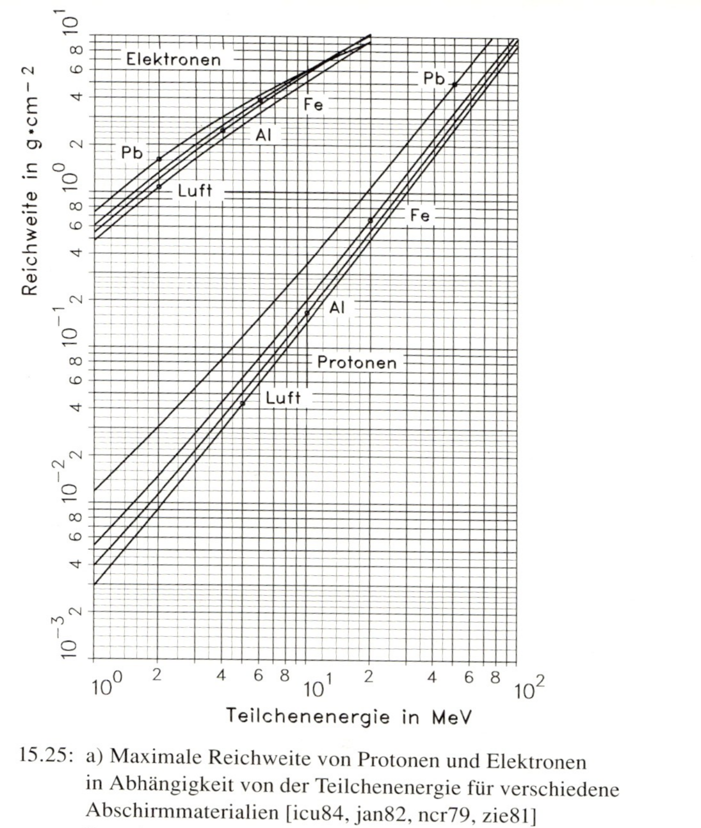

15.25: a) Maximale Reichweite von Protonen und Elektronen in Abhängigkeit von der Teilchenenergie für verschiedene Abschirmmaterialien [icu84, jan82, ncr79, zie81]
Berechnung der Reichweite von d, t, α ($^4He^{++}$) aus der Protonen-Reichweite R_p bei der Teilchenenergie E:

d: $R_d = 2 \cdot R_p(E/2)$

t: $R_t = 3 \cdot R_p(E/3)$

α, $^4He^{++}$: $R_\alpha = R_p(E/4)$

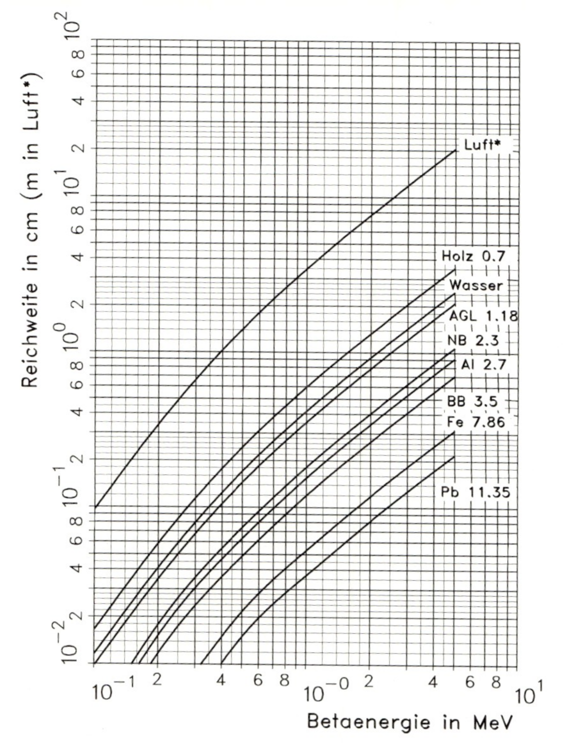

15.25: b) Maximale Reichweite von Betastrahlung in Abhängigkeit von der Betaenergie für verschiedene Abschirmmaterialien (s. Anh. 15.1e, Zahlenwerte hinter Materialien: Dichten in g/cm³, * beachte anderen Maßstab) [ssk86a]

AGL = Acrylglas

NB = Normalbeton

BB = Barytbeton

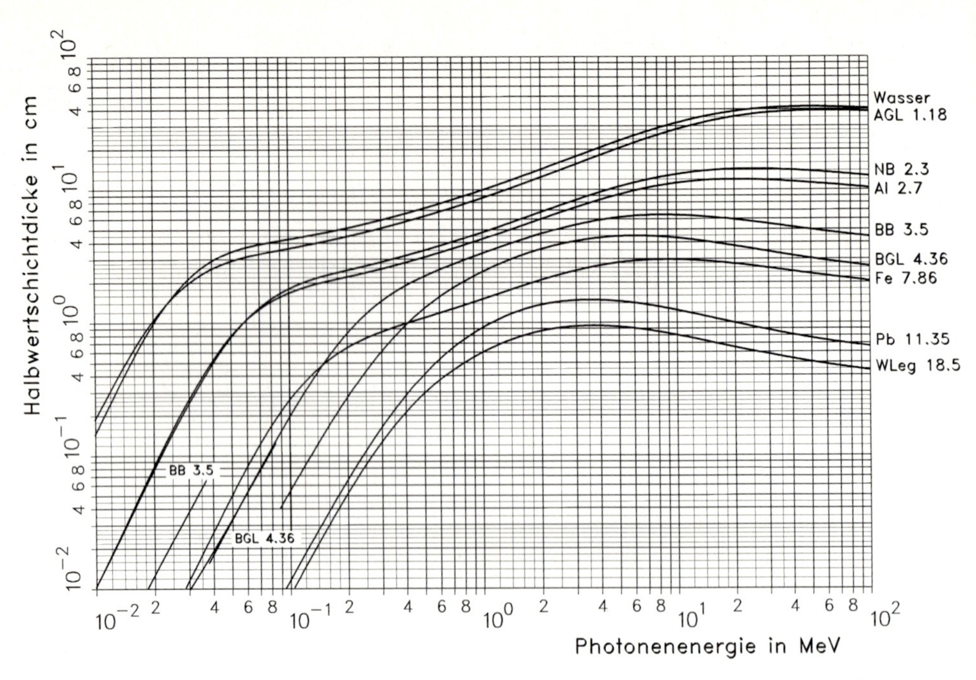

15.26: Halbwertschichtdicke d_h von Photonenstrahlung bei Schmalstrahlgeometrie in Abhängigkeit von der Photonenenergie für verschiedene Abschirmmaterialien (s. Anh. 15.1e, Zahlenwerte hinter Materialien: Dichten in g/cm^3)

AGL	Acrylglas
NB	Normalbeton
BB	Barytbeton
BGL436	Bleiglas
WLeg	Wolframlegierung

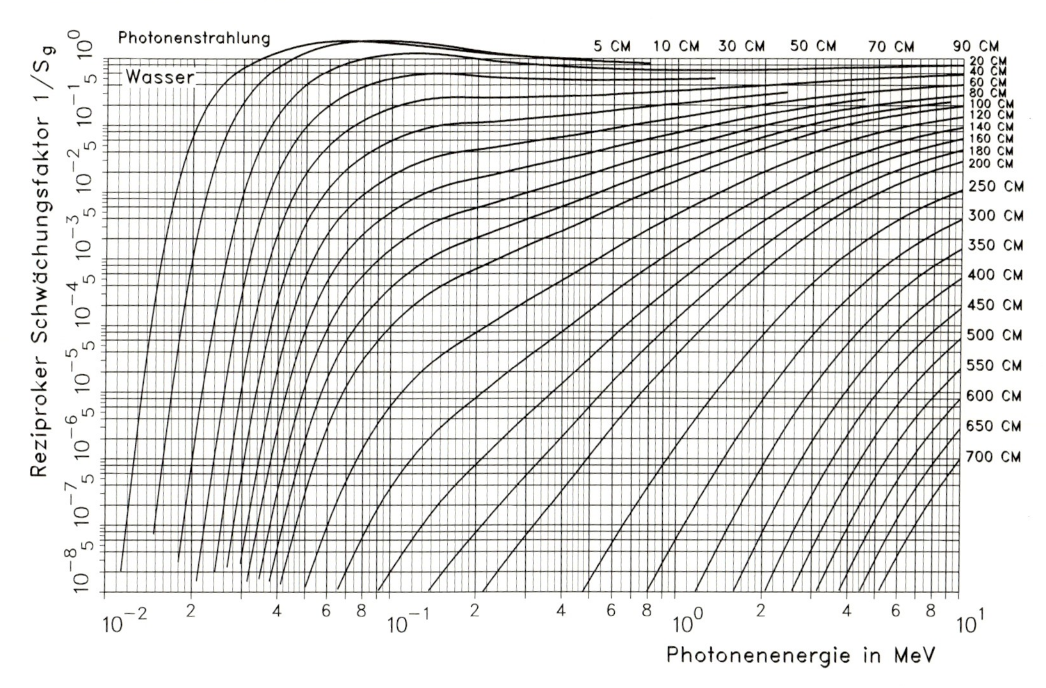

15.27: a) Reziproker Schwächungsfaktor von Photonenstrahlung in Abhängigkeit von der Photonenenergie und der Materialdicke für Wasser ($\rho = 1{,}0\ g/cm^3$) bei Breitstrahlgeometrie

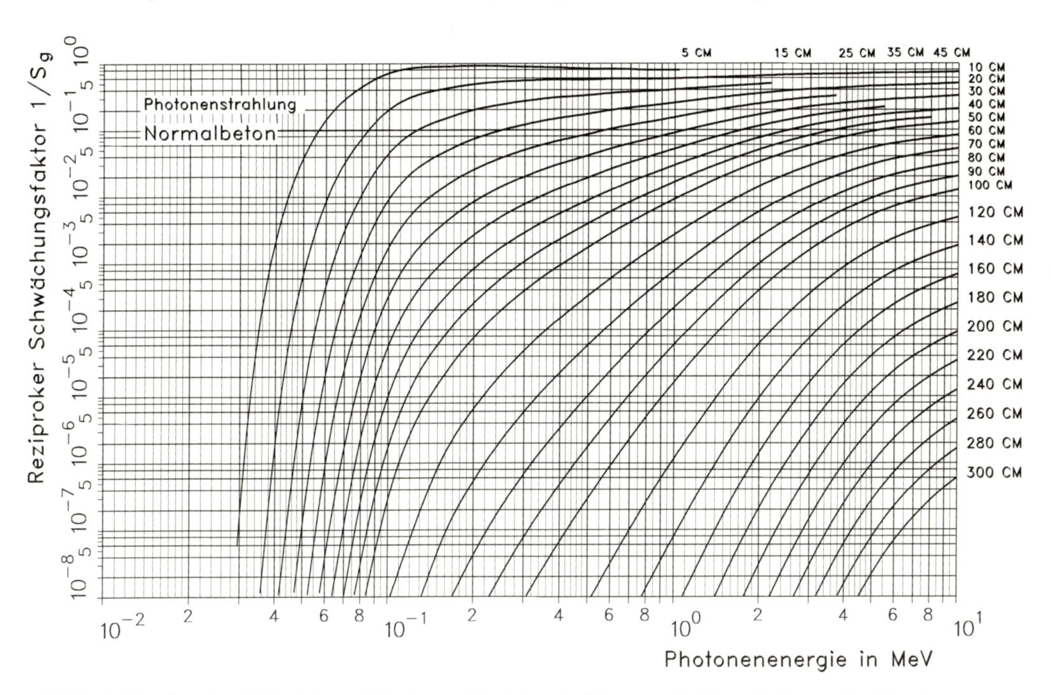

15.27: b) Reziproker Schwächungsfaktor von Photonenstrahlung in Abhängigkeit von der Photonenenergie und der Materialdicke für Normalbeton ($\rho = 2{,}3\ g/cm^3$) bei Breitstrahlgeometrie

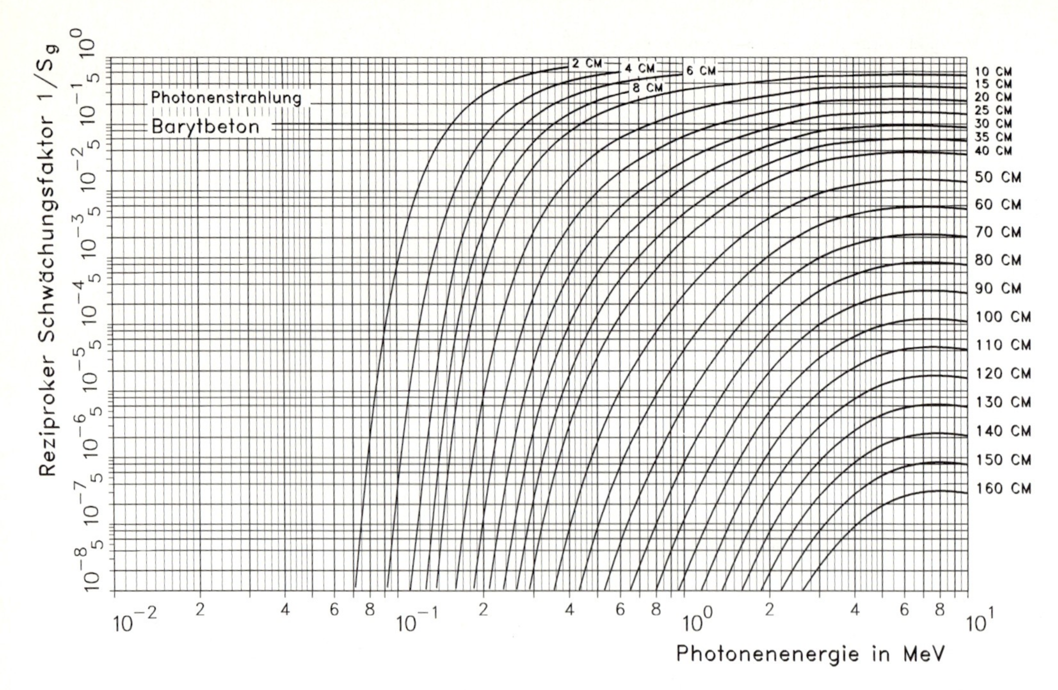

15.27: c) Reziproker Schwächungsfaktor von Photonenstrahlung in Abhängigkeit von der Photonenenergie und der Materialdicke für Barytbeton (ρ = 3,5 g/cm³) bei Breitstrahlgeometrie

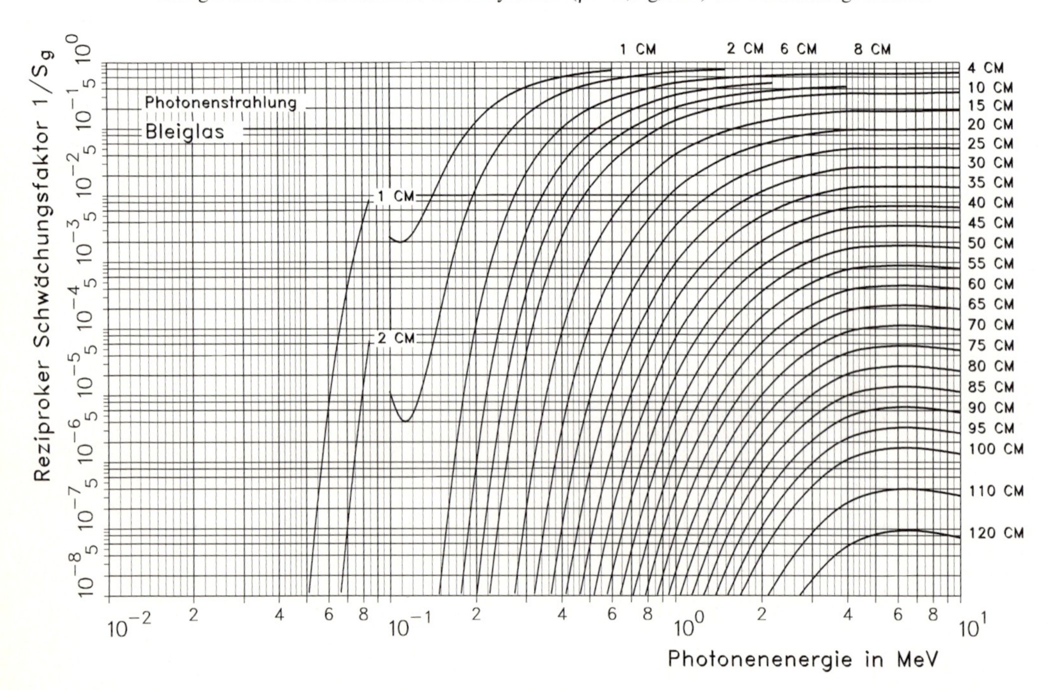

15.27: d) Reziproker Schwächungsfaktor von Photonenstrahlung in Abhängigkeit von der Photonenenergie und der Materialdicke für Bleiglas (ρ = 4,36 g/cm³) bei Breitstrahlgeometrie

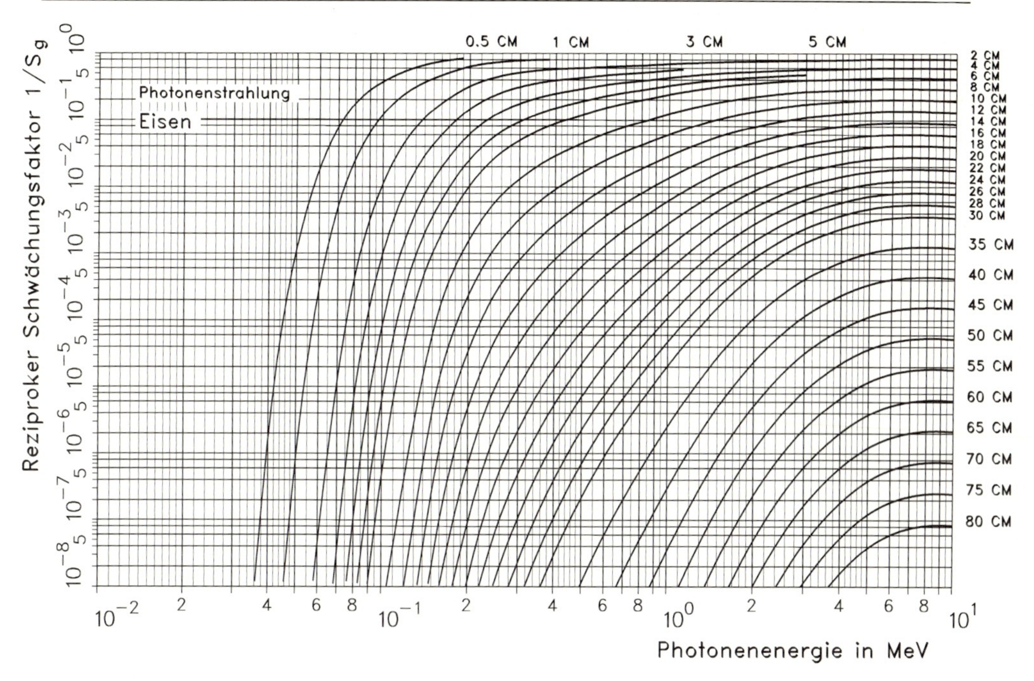

15.27: e) Reziproker Schwächungsfaktor von Photonenstrahlung in Abhängigkeit von der Photonenenergie und der Materialdicke für Eisen (ρ = 7,86 g/cm³) bei Breitstrahlgeometrie

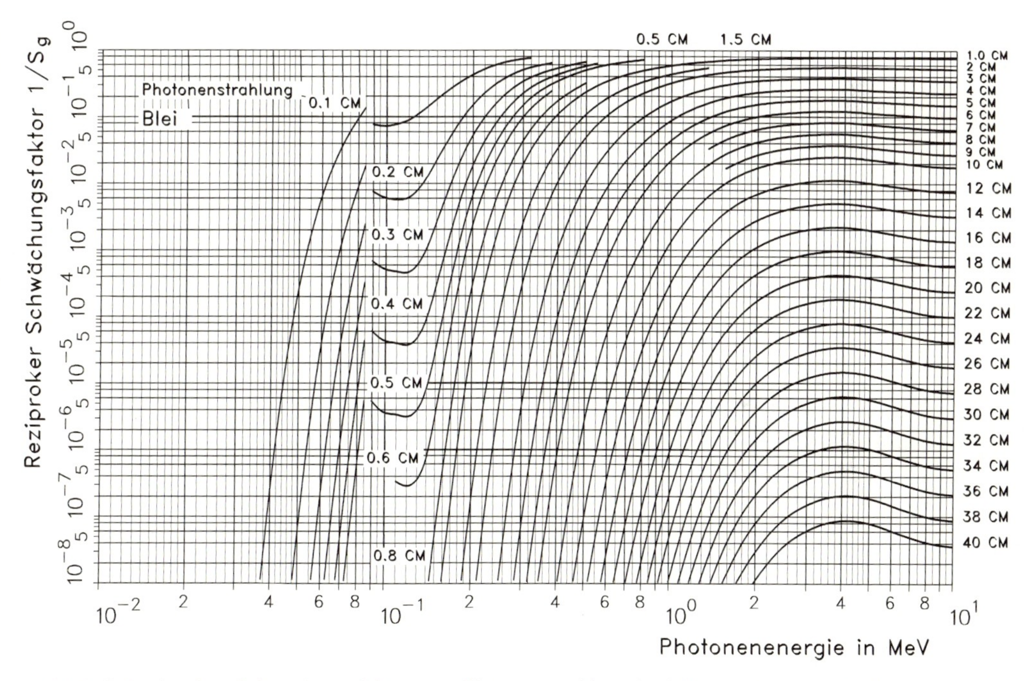

15.27: f) Reziproker Schwächungsfaktor von Photonenstrahlung in Abhängigkeit von der Photonenenergie und der Materialdicke für Blei (ρ = 11,34 g/cm³) bei Breitstrahlgeometrie

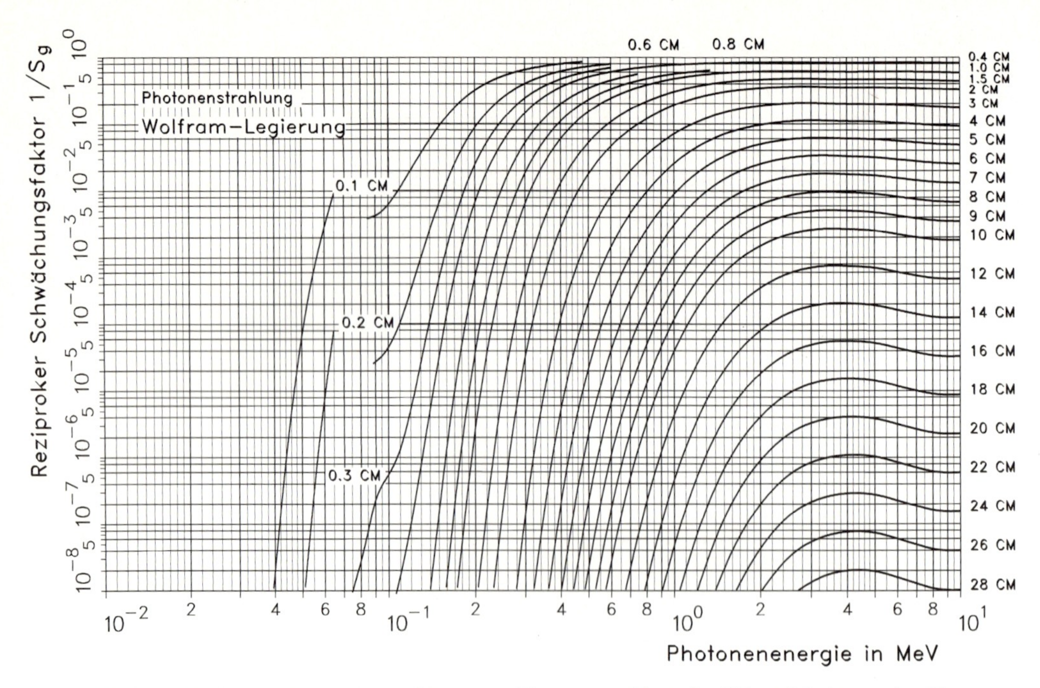

15.27: g) Reziproker Schwächungsfaktor von Photonenstrahlung in Abhängigkeit von der Photonenenergie und der Materialdicke für Wolframlegierung (ρ = 18,5 g/cm^3) bei Breitstrahlgeometrie

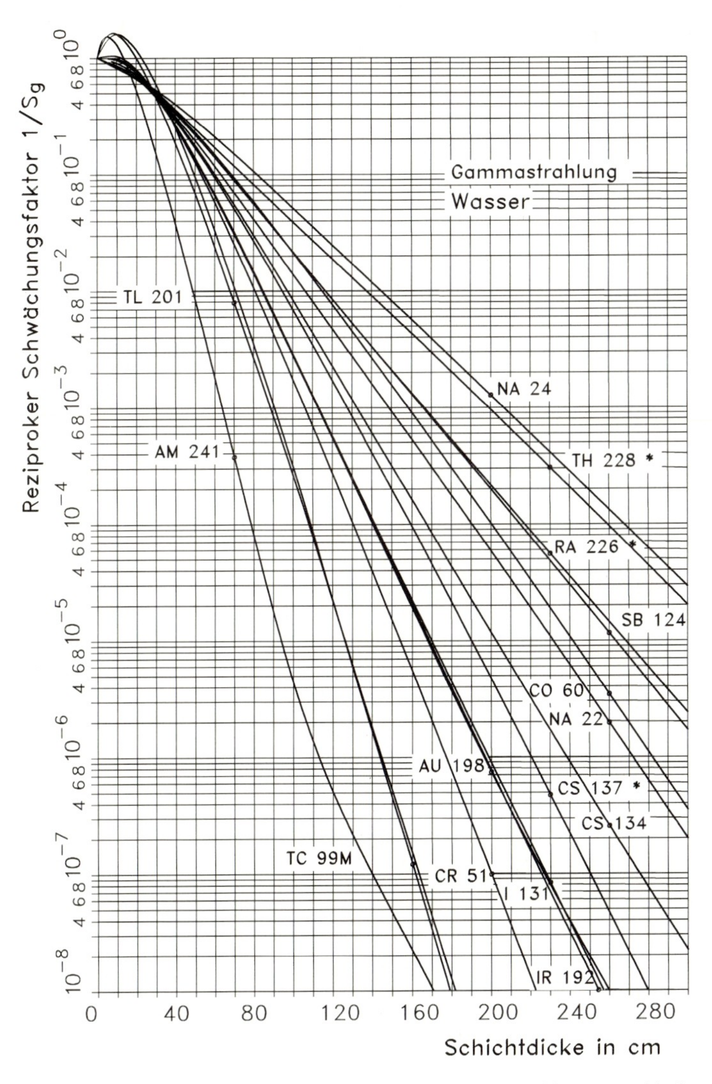

15.28: a) Reziproker Schwächungsfaktor von Gammastrahlung verschiedener Radionuklide in Abhängigkeit von der Materialdicke für Wasser ($\rho = 1{,}0$ g/cm^3) bei Breitstrahlgeometrie [dor86]

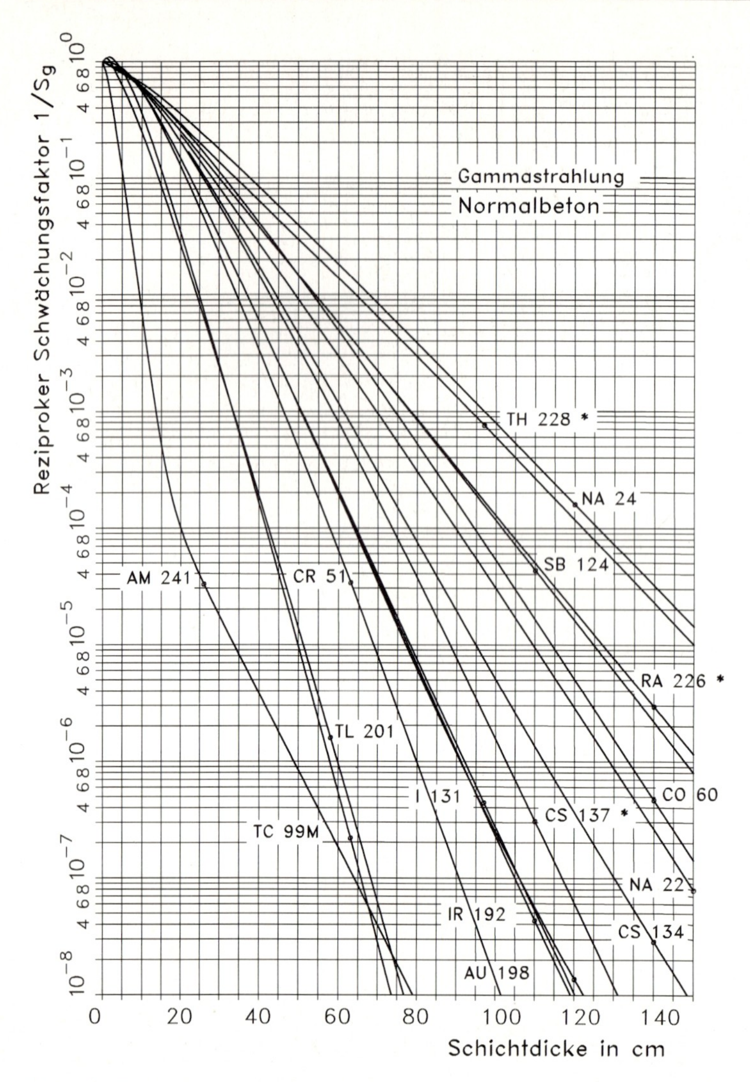

15.28: b) Reziproker Schwächungsfaktor von Gammastrahlung verschiedener Radionuklide in Abhängigkeit von der Materialdicke für Normalbeton ($\rho = 2{,}3$ g/cm^3) bei Breitstrahlgeometrie [dor86]

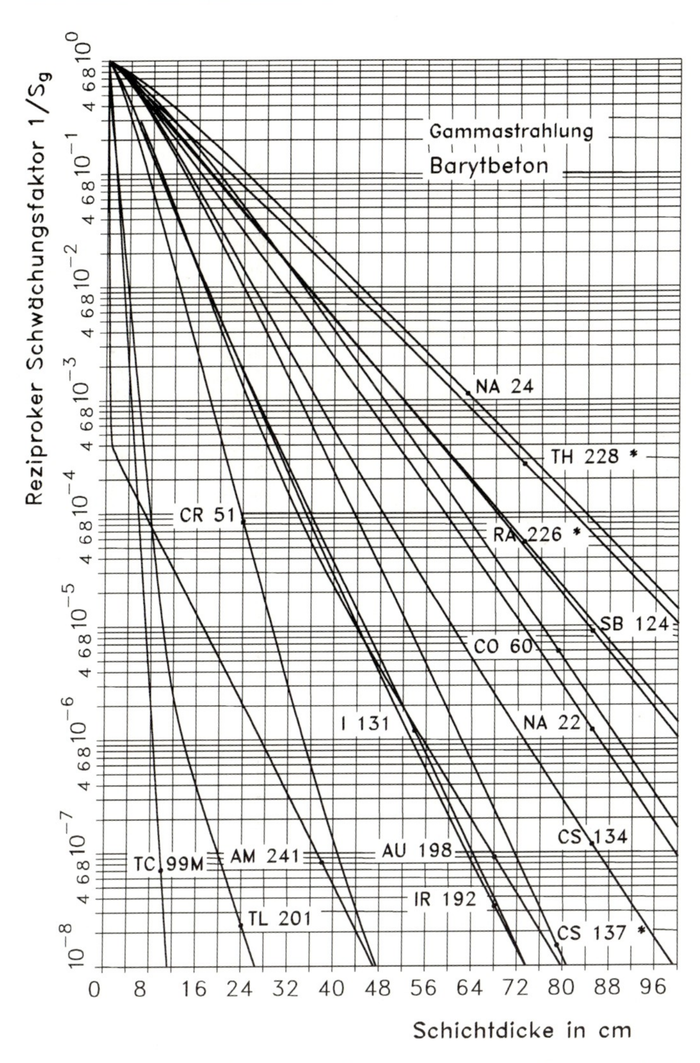

15.28: c) Reziproker Schwächungsfaktor von Gammastrahlung verschiedener Radionuklide in Abhängigkeit von der Materialdicke für Barytbeton (ρ = 3,5 g/cm^3) bei Breitstrahlgeometrie [dor86]

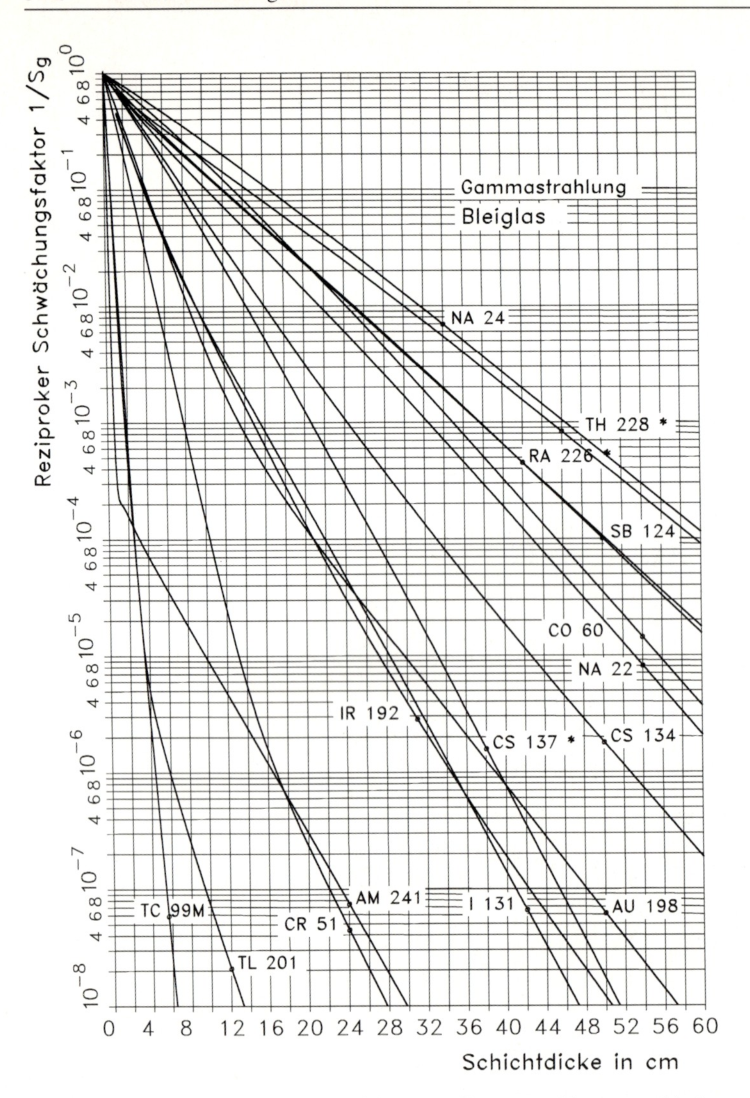

15.28: d) Reziproker Schwächungsfaktor von Gammastrahlung verschiedener Radionuklide in Abhängigkeit von der Materialdicke für Bleiglas (ρ = 4,36 g/cm^3) bei Breitstrahlgeometrie

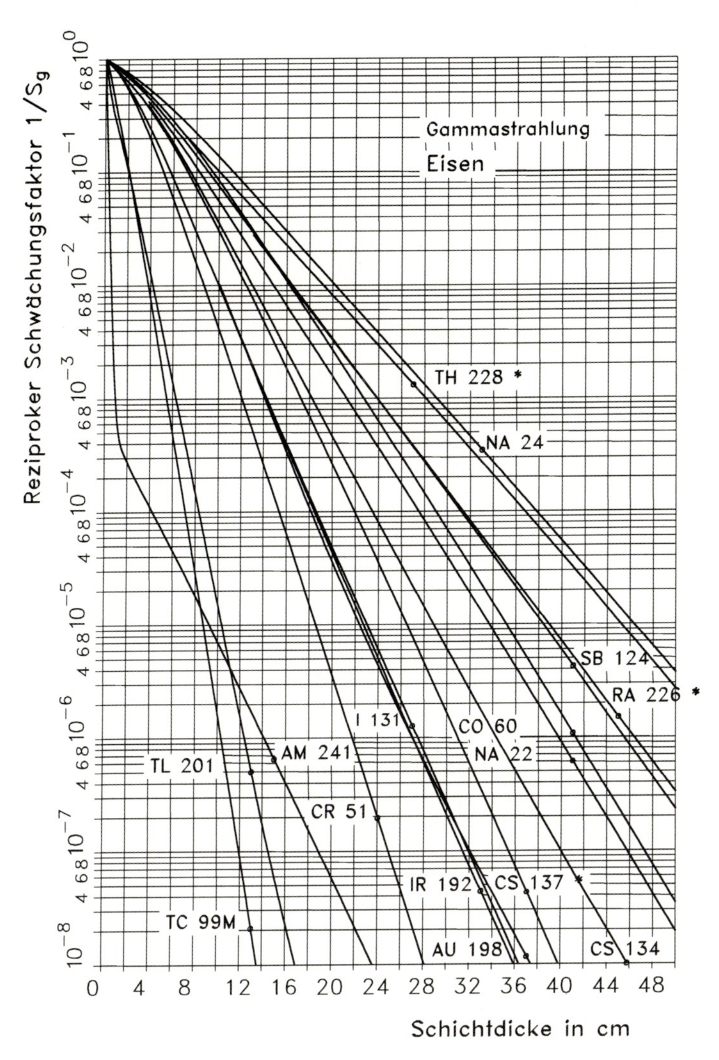

15.28: e) Reziproker Schwächungsfaktor von Gammastrahlung verschiedener Radionuklide in Abhängigkeit von der Materialdicke für Eisen (ρ = 7,86 g/cm^3) bei Breitstrahlgeometrie [dor86]

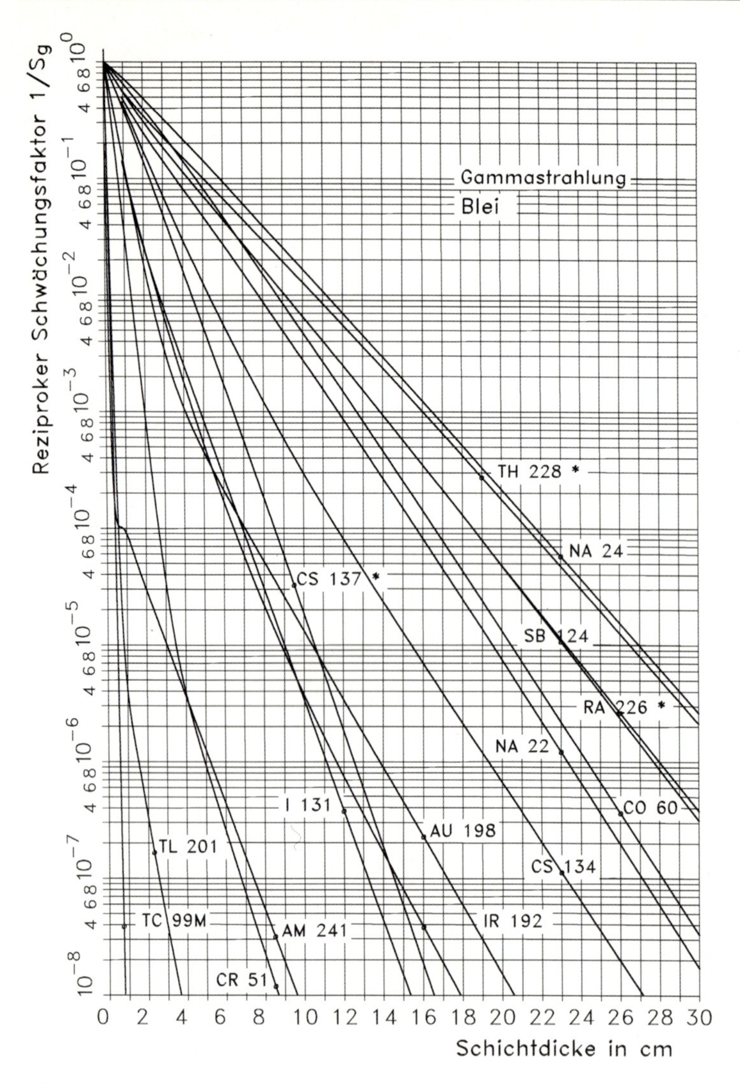

15.28: f) Reziproker Schwächungsfaktor von Gammastrahlung verschiedener Radionuklide in Abhängigkeit von der Materialdicke für Blei (ρ = 11,34 g/cm^3) bei Breitstrahlgeometrie [dor86]

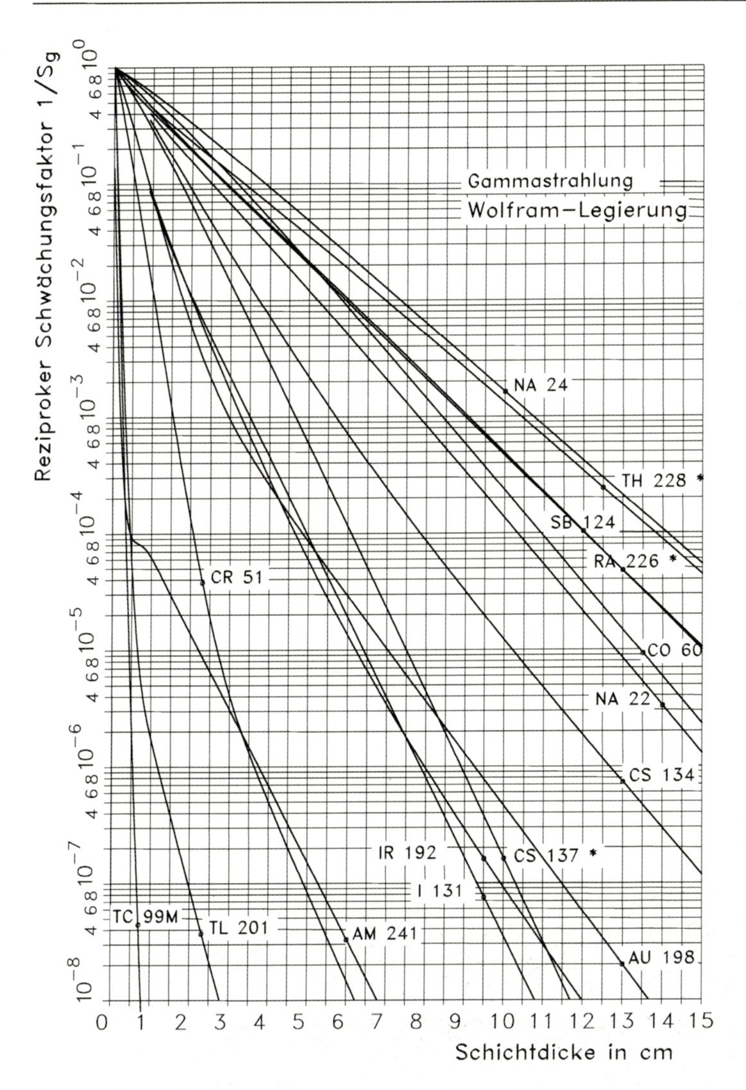

15.28: g) Reziproker Schwächungsfaktor von Gammastrahlung verschiedener Radionuklide in Abhängigkeit von der Materialdicke für Wolframlegierung ($\rho = 18{,}5$ g/cm^3) bei Breitstrahlgeometrie

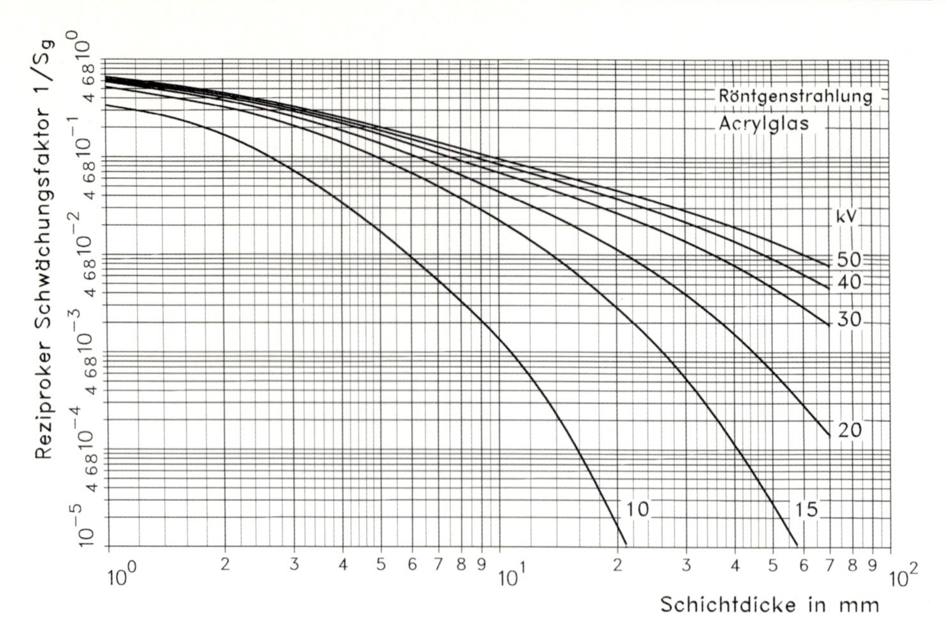

15.29: a) Reziproker Schwächungsfaktor von Röntgenstrahlung bei verschiedenen Beschleunigungsspannungen in Abhängigkeit von der Schichtdicke für Acrylglas (ρ = 1,18 g/cm^3) bei Breitstrahlgeometrie [b4094.2] (Gesamtfilterung: 1 mm Be)

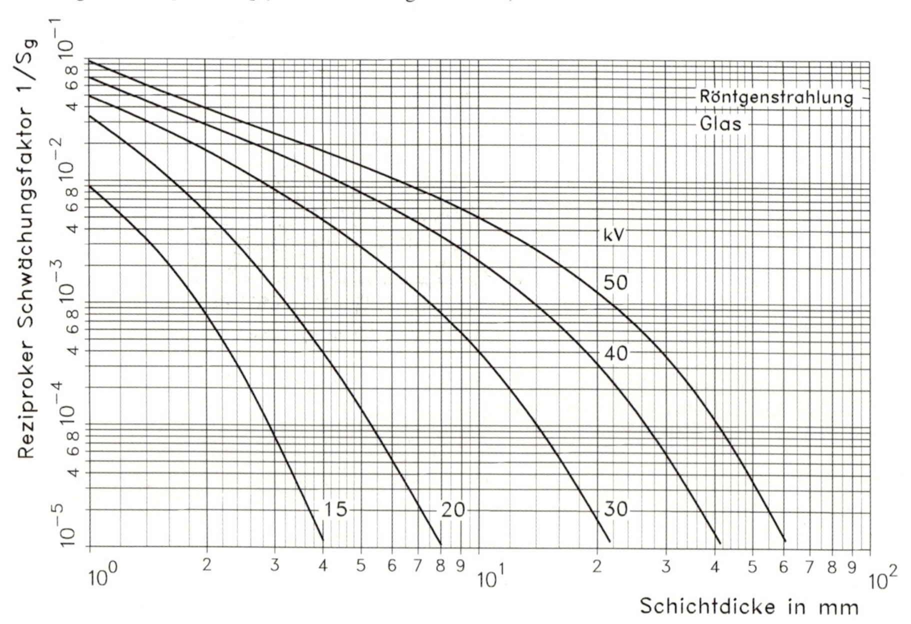

15.29: b) Reziproker Schwächungsfaktor von Röntgenstrahlung bei verschiedenen Beschleunigungsspannungen in Abhängigkeit von der Schichtdicke für Glas (ρ = 2,23 g/cm^3) bei Breitstrahlgeometrie [b4094.2] (Gesamtfilterung: 1 mm Be)

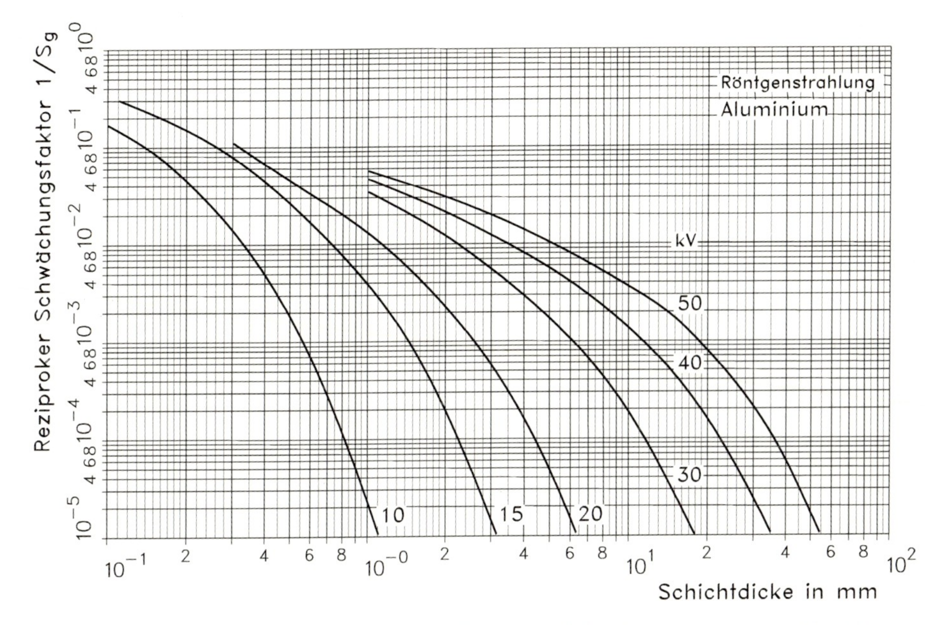

15.29: c) Reziproker Schwächungsfaktor von Röntgenstrahlung bei verschiedenen Beschleunigungsspannungen in Abhängigkeit von der Schichtdicke für Aluminium (ρ = 2,7 g/cm³) bei Breitstrahlgeometrie [b4094.2] (Gesamtfilterung: 1 mm Be)

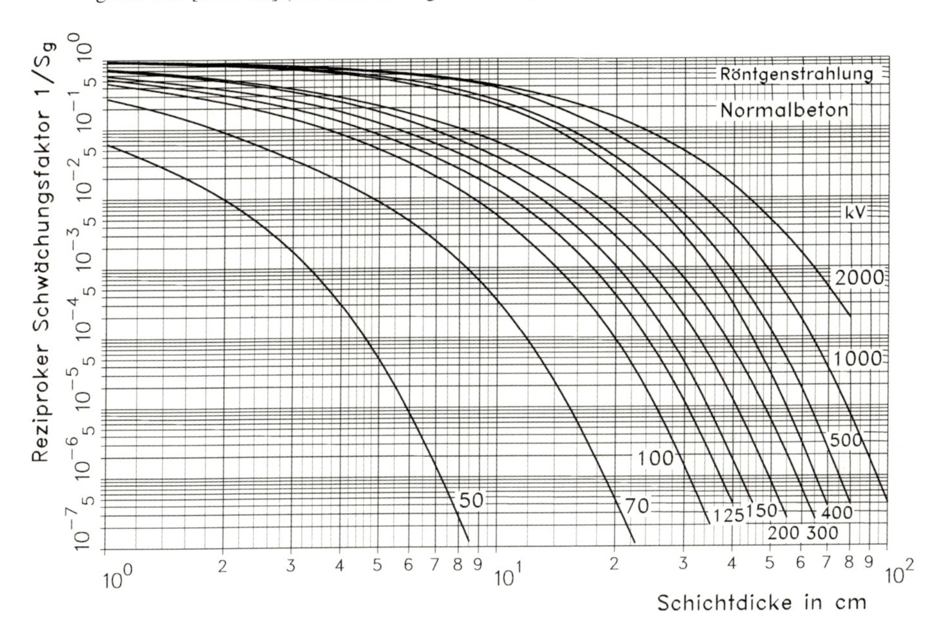

15.29: d) Reziproker Schwächungsfaktor von Röntgenstrahlung bei verschiedenen Beschleunigungsspannungen in Abhängigkeit von der Schichtdicke für Normalbeton (ρ = 2,35 g/cm³) bei Breitstrahlgeometrie [icp76] (Gesamtfilterung: 1 mm Al bei 50 kV, 1,5 mm Al bei 70 kV, 2 mm Al bei 100 kV, 3 mm Al bei 125 kV bis 400 kV, 5 mm Pb bei 0,5 MV, 7 mm Pb bei 1 MV, 6,8 mm Pb bei 2 MV)

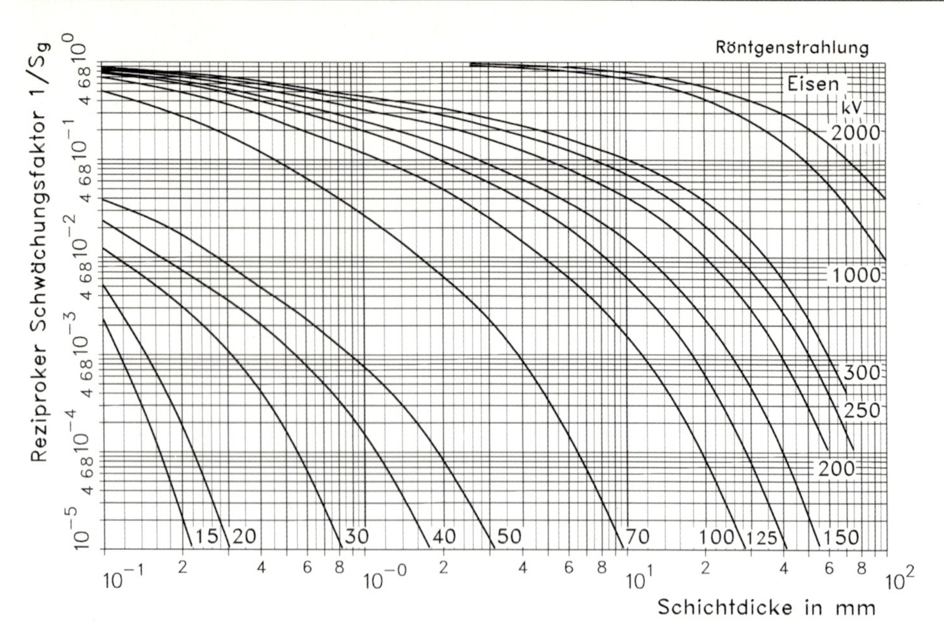

15.29: e) Reziproker Schwächungsfaktor von Röntgenstrahlung bei verschiedenen Beschleunigungsspannungen in Abhängigkeit von der Schichtdicke für Eisen (ρ = 7,86 g/cm^3) bei Breitstrahlgeometrie [tro75, ncr79] (Gesamtfilterung: 0,5 mm Al bei 50 kV, 1,5 mm Al bei 70 kV, 2,5 mm Al bei 100 kV bis 150 kV, 3 mm Al bei 200 kV bis 300 kV)

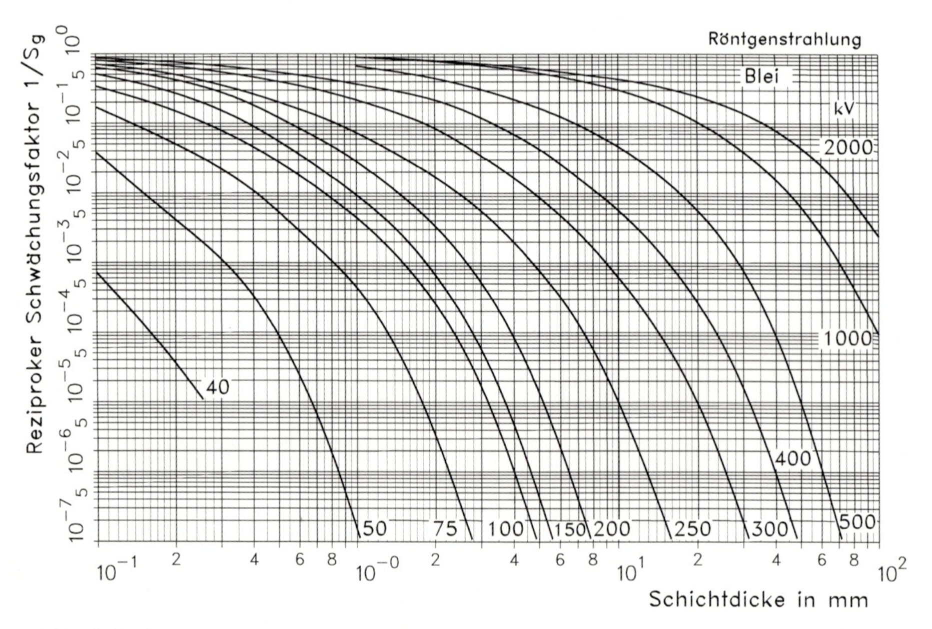

15.29: f) Reziproker Schwächungsfaktor von Röntgenstrahlung bei verschiedenen Beschleunigungsspannungen in Abhängigkeit von der Schichtdicke für Blei (ρ = 11,34 g/cm^3) bei Breitstrahlgeometrie [icp76] (Gesamtfilterung: 2 mm Al bei 50 kV bis 200 kV, 0,5 mm Cu bei 250 kV und 300 kV, 3 mm Cu bei 400 kV, 5 mm Pb bei 0,5 MV, 7 mm Pb bei 1 MV, 6,8 mm Pb bei 2 MV)

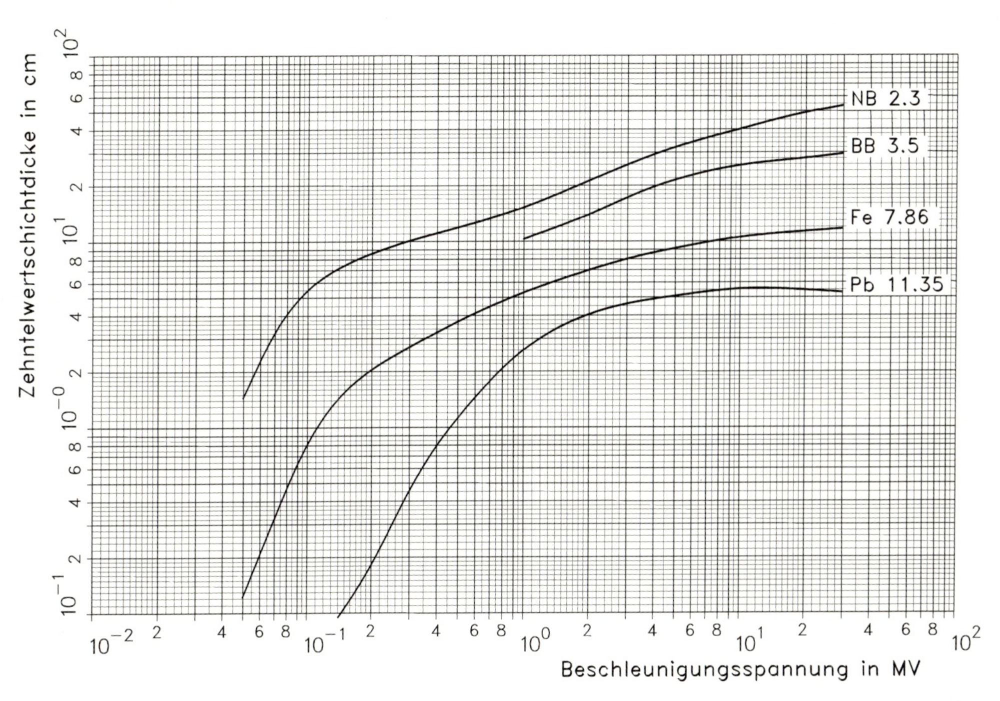

15.30: Zehntelwertschichtdicke d_z in cm für Röntgen- bzw. Bremsstrahlung in breitem Strahlenbündel hinter Schichten mit einem Schwächungsfaktor von mindestens 10^2 [icp76, ncr79] (s. Anh. 15.1e, Zahlenwerte hinter Materialien = Dichten in g/cm^3, $d_h = 0{,}301 \cdot d_z$, d_h Halbwertschichtdicke)
NB = Normalbeton
BB = Barytbeton

Material	Bleidicke in mm	Materialdicke in mm zur Erzielung desselben Schwächungsfaktors wie mit der Bleidicke bei Beschleunigungsspannung in kV					
		50	100	150	200	250	300
Eisen	0,2	1,1	1,2	2,4	3,2	3,4	3,8
	0,4	2,4	2,4	5,2	6,0	6,4	7,2
	0,6	3,8	4,0	8,0	9,2	9,4	10
	0,8	5,2	5,2	11	12	12	13
	1,0	6,5	6,4	14	16	16	16
	1,2		8,0	17	19	18	18
	1,4		9,2	20	23	21	20
	1,6		10	23	26	23	22
	1,8		12	26	29	26	24
	2,0		13	28	32	29	26
Schwerbeton (3,2)	0,5	15	4,0	7,3	9,0	10	11
	1	31	8,6	15	19	19	21
	2		17	33	38	37	37
	3		24	51	57	53	50
	4		30	67	74	68	64
	6		44	100	105	96	88
	8		57	130	135	120	115
	10		70	165	170	145	135
	12		82	195	195	170	155
	14				230	190	180
	16				260	220	200
	18					240	220
	20						240
	22						260
Vollziegel (1,8)	0,5	100	70	84	76	68	62
	1	200	120	150	130	120	105
	2		195	260	230	190	165
	3		260	340	310	250	210
	4		330	420	370	300	250
	6		450	570	490	390	330
	8				600	470	390
	10					540	450
	12					610	510
	14						570
	16						620
Hohlziegel (1,2)	0,5	210	130	160	145	130	120
	1	430	220	260	240	210	190
	2		350	440	390	320	280
	3		470	580	520	410	350
	4		580	730	630	490	420
	6					640	530
	8					780	640
	10						750

15.31: Vergleichswerte für Schutzschichten verschiedener Materialien gegen Röntgenstrahlung [n54113.3] (die Tabellenwerte beziehen sich auf Normalstrahlung, Zahlenwerte in Klammern = Dichten in g/cm^3)

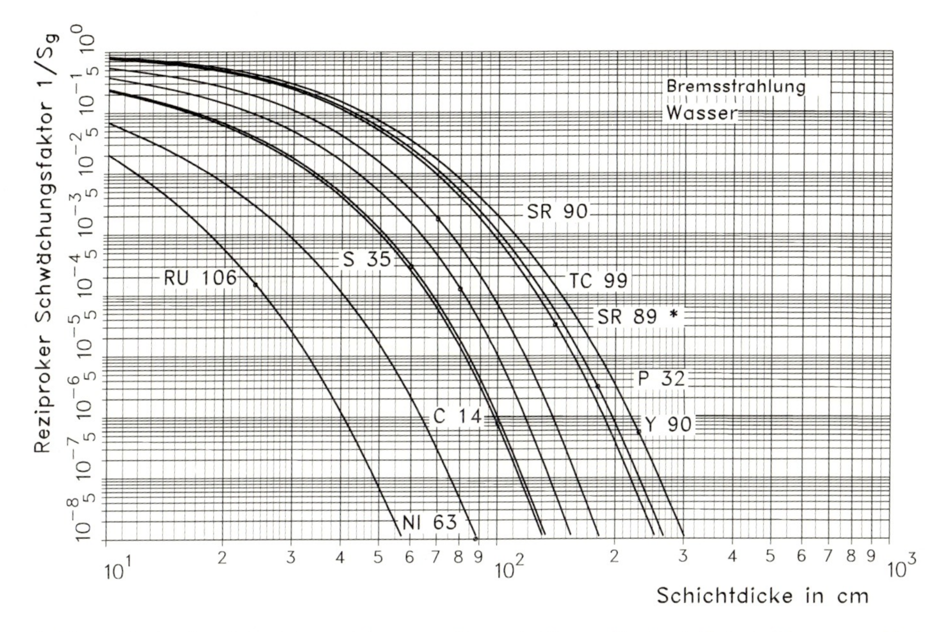

15.32: a) Reziproker Schwächungsfaktor von Bremsstrahlung, die durch Betastrahlung verschiedener Radionuklide in einem Medium der Ordnungszahl Z = 26 entsteht, für Wasser (ρ = 1,0 g/cm^3) bei Breitstrahlgeometrie [dor86]

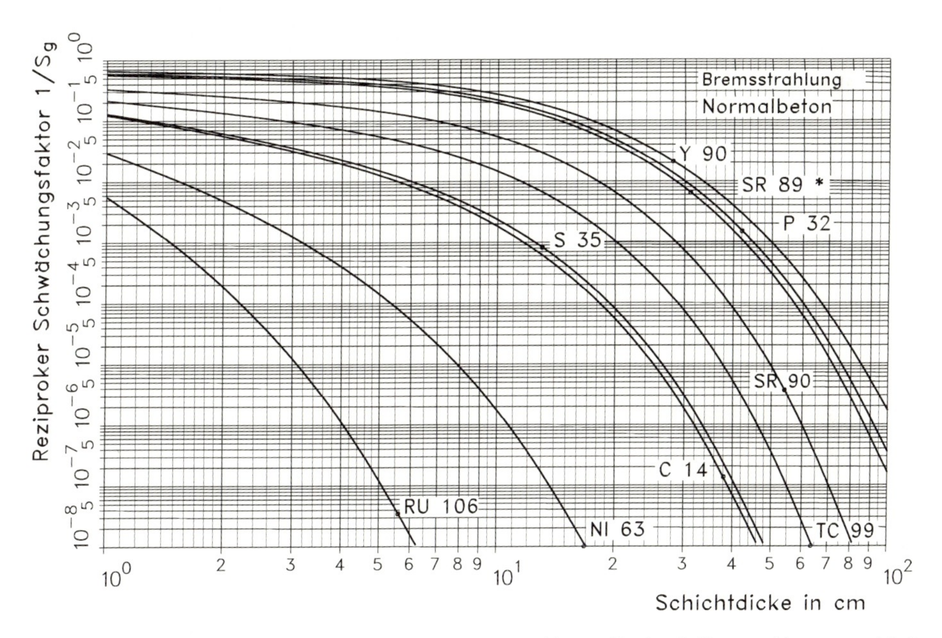

15.32: b) Reziproker Schwächungsfaktor von Bremsstrahlung, die durch Betastrahlung verschiedener Radionuklide in einem Medium der Ordnungszahl Z = 26 entsteht, für Normalbeton (ρ = 2,3 g/cm^3) bei Breitstrahlgeometrie [dor86]

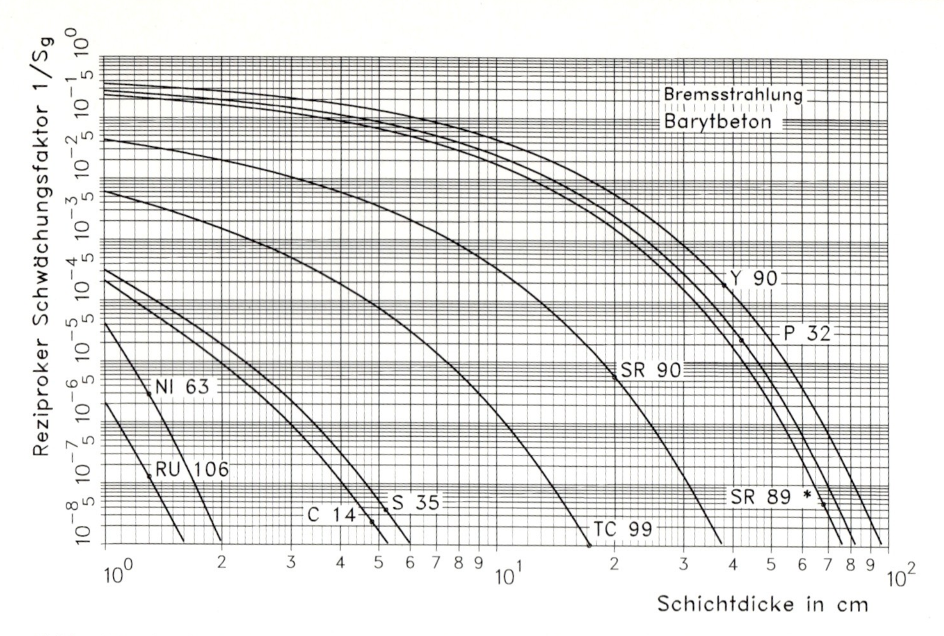

15.32: c) Reziproker Schwächungsfaktor von Bremsstrahlung, die durch Betastrahlung verschiedener Radionuklide in einem Medium der Ordnungszahl Z = 26 entsteht, für Barytbeton (ρ = 3,5 g/cm³) bei Breitstrahlgeometrie [dor86]

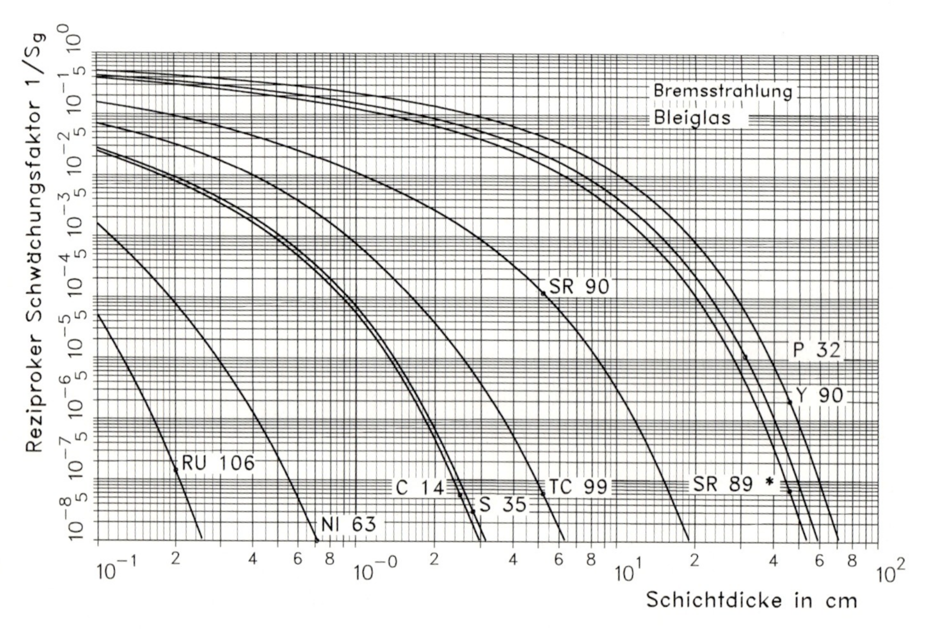

15.32: d) Reziproker Schwächungsfaktor von Bremsstrahlung, die durch Betastrahlung verschiedener Radionuklide in einem Medium der Ordnungszahl Z = 26 entsteht, für Bleiglas (ρ = 4,36 g/cm³) bei Breitstrahlgeometrie

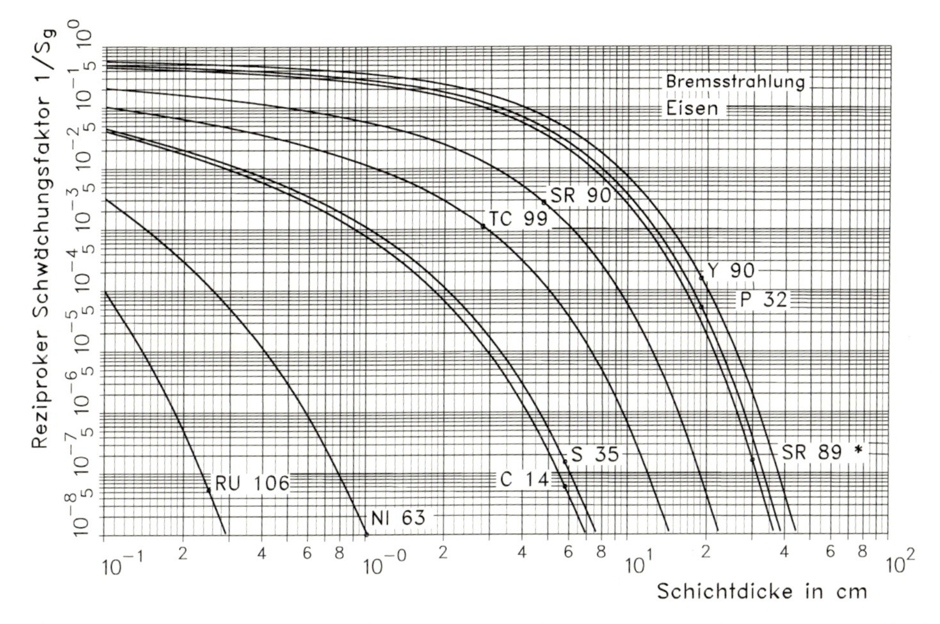

15.32: e) Reziproker Schwächungsfaktor von Bremsstrahlung, die durch Betastrahlung verschiedener Radionuklide in einem Medium der Ordnungszahl Z = 26 entsteht, für Eisen (ρ = 7,86 g/cm³) bei Breitstrahlgeometrie [dor86]

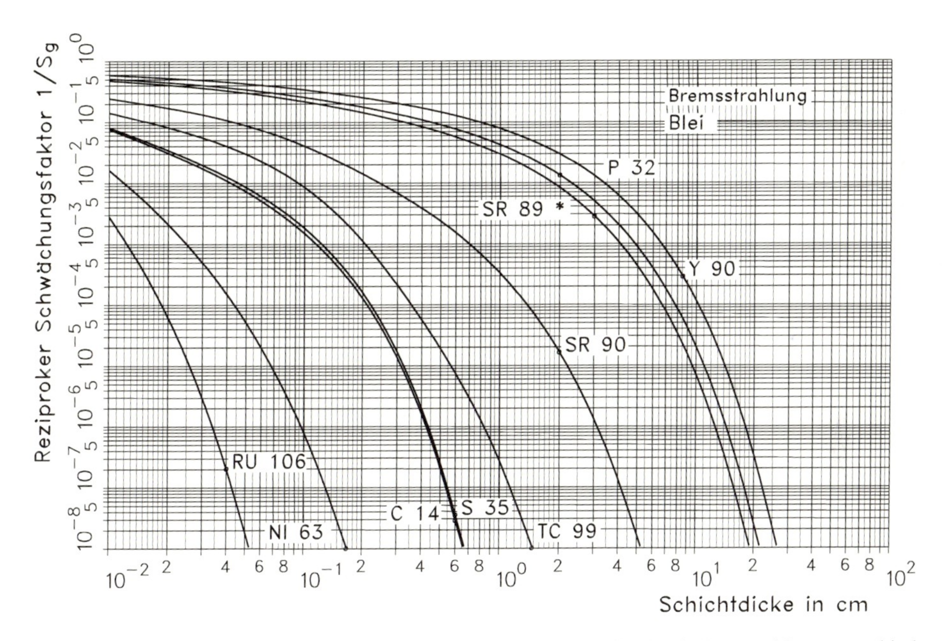

15.32: f) Reziproker Schwächungsfaktor von Bremsstrahlung, die durch Betastrahlung verschiedener Radionuklide in einem Medium der Ordnungszahl Z = 26 entsteht, für Blei (ρ = 11,34 g/cm³) bei Breitstrahlgeometrie [dor86]

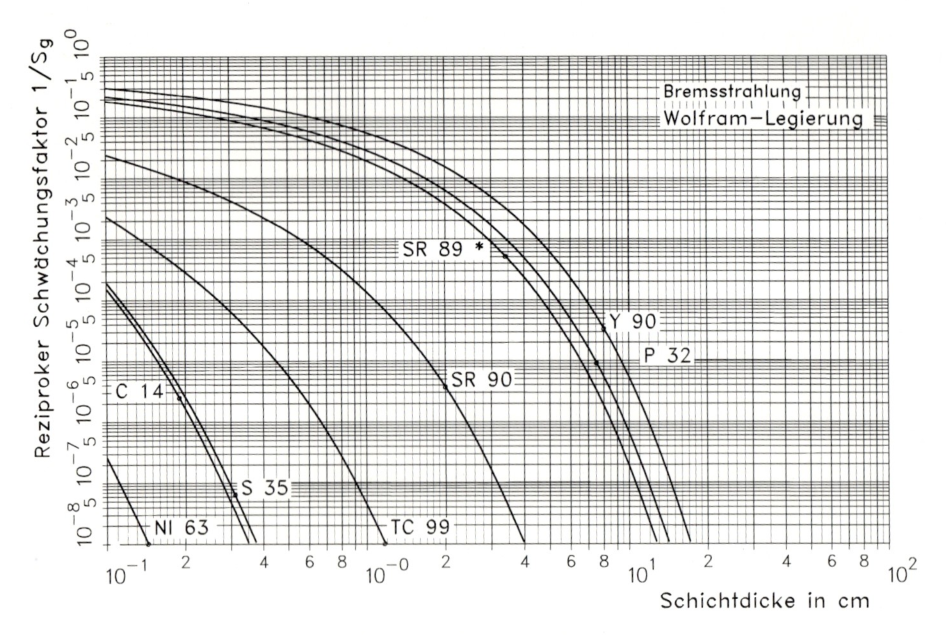

15.32: g) Reziproker Schwächungsfaktor von Bremsstrahlung, die durch Betastrahlung verschiedener Radionuklide in einem Medium der Ordnungszahl Z = 26 entsteht, für Wolframlegierung (ρ = 18,5 g/cm^3) bei Breitstrahlgeometrie

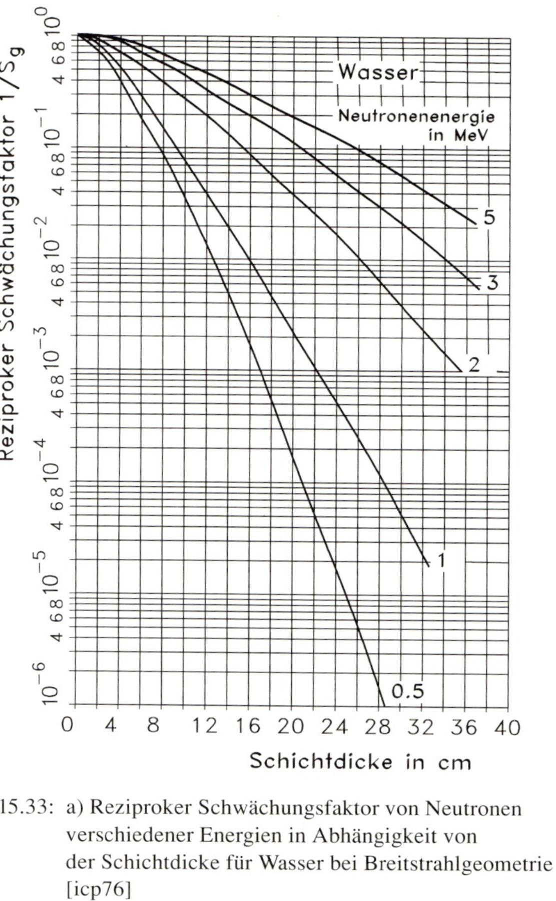

15.33: a) Reziproker Schwächungsfaktor von Neutronen verschiedener Energien in Abhängigkeit von der Schichtdicke für Wasser bei Breitstrahlgeometrie [icp76]

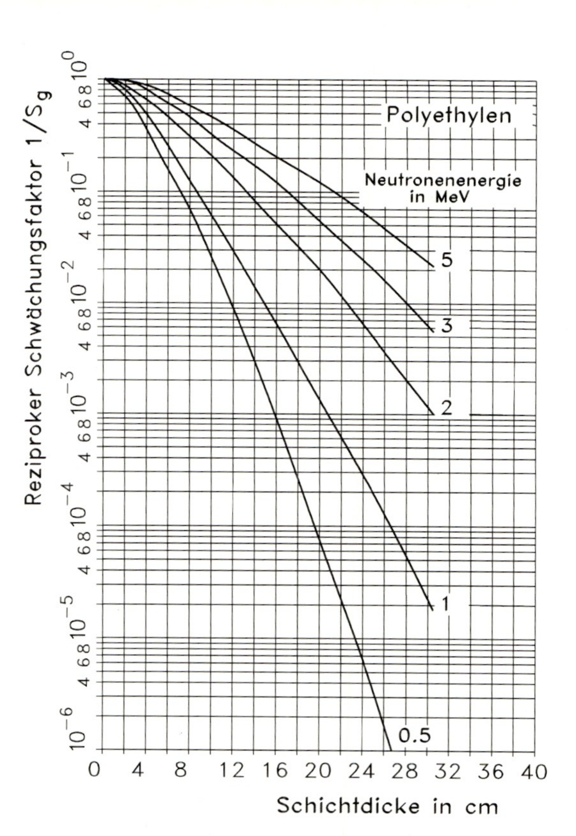

15.33: b) Reziproker Schwächungsfaktor von Neutronen verschiedener Energien in Abhängigkeit von der Schichtdicke für borhaltiges Polyethylen (ρ = 0,97 g/cm^3, 8 Massen-% B_4C) bei Breitstrahlgeometrie [icp76]

15.33: c) Reziproker Schwächungsfaktor von Neutronen verschiedener Energien in Abhängigkeit von der Schichtdicke für Normalbeton (ρ = 2,3 g/cm³) bei Breitstrahlgeometrie [ncr79] (Zahlenwerte gelten für einen Wassergehalt des Betons von 5,5 Massen-%; geringerer Wassergehalt verursacht bei Neutronenenergien unterhalb von 20 MeV mit zunehmender Schichtdicke kleinere Schwächungsfaktoren: Korrekturfaktor für $1/S_g$ bei 175 cm: 1,6 für 4,5%; 2,6 für 3,5%; 4,1 für 2,5%)

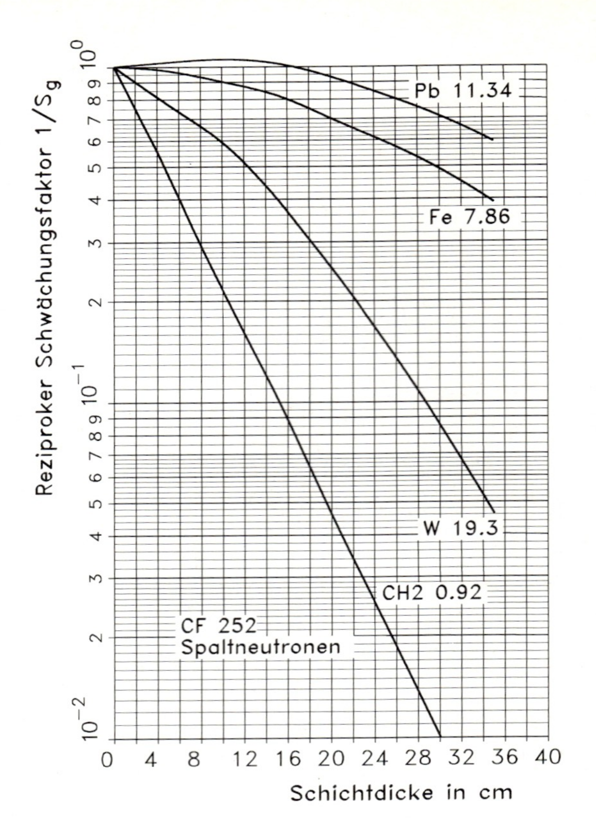

15.33: d) Reziproker Schwächungsfaktor der Spaltneutronen einer Cf 252-Quelle in Abhängigkeit von der Schichtdicke für verschiedene Abschirmmaterialien [ncr84]

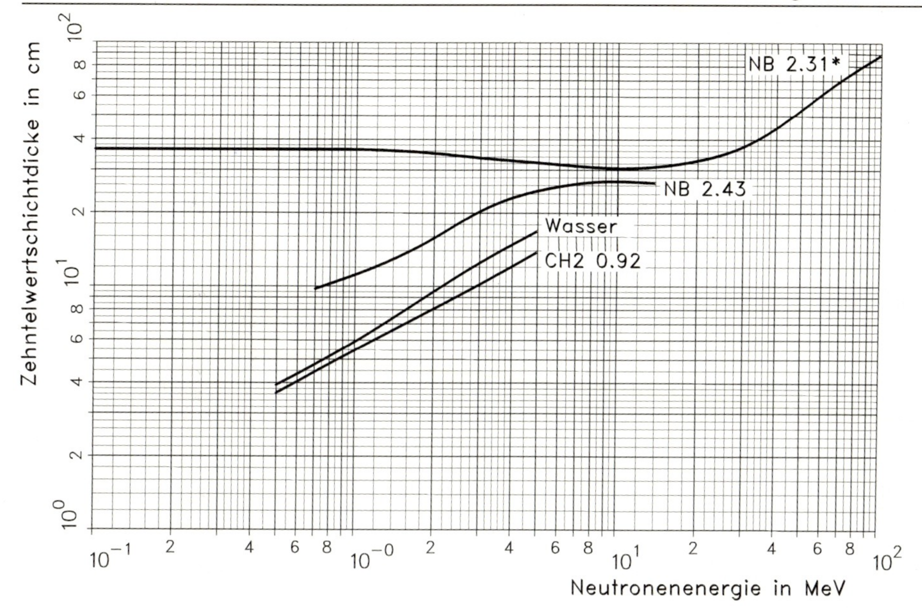

15.34: a) Zehntelwertschichtdicke in cm für Neutronen in breitem Strahlenbündel hinter Schichten mit einem Schwächungsfaktor von mindestens 10^2 [ncr71, ncr79] (s. Anh. 15.1e, Zahlenwerte hinter Materialien = Dichten in g/cm^3, $d_h = 0{,}301 \cdot d_z$, d_h Halbwertschichtdicke)
NB = Normalbeton
CH_2 = Polyethylen
* einschließlich sekundärer Gammastrahlung

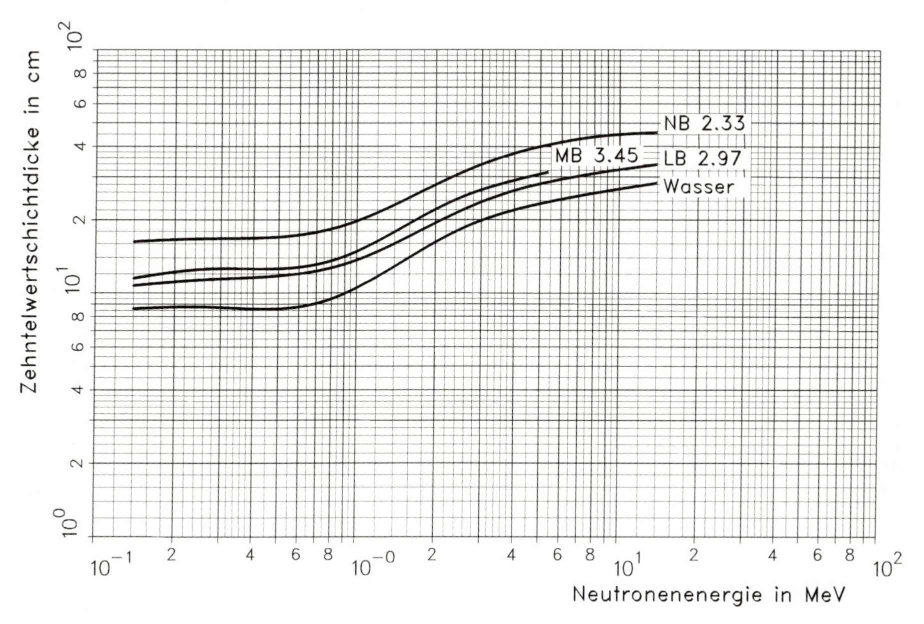

15.34: b) Zehntelwertschichtdicke in cm für Neutronen in breitem Strahlenbündel in Abhängigkeit von der Neutronenenergie (Messungen) [sau85] (s. Anh. 15.1e, Zahlenwerte hinter Materialien = Dichten in g/cm^3, $d_h = 0{,}301 \cdot d_z$, d_h Halbwertschichtdicke)
LB = Limonitbeton MB = Magnetitbeton NB = Normalbeton

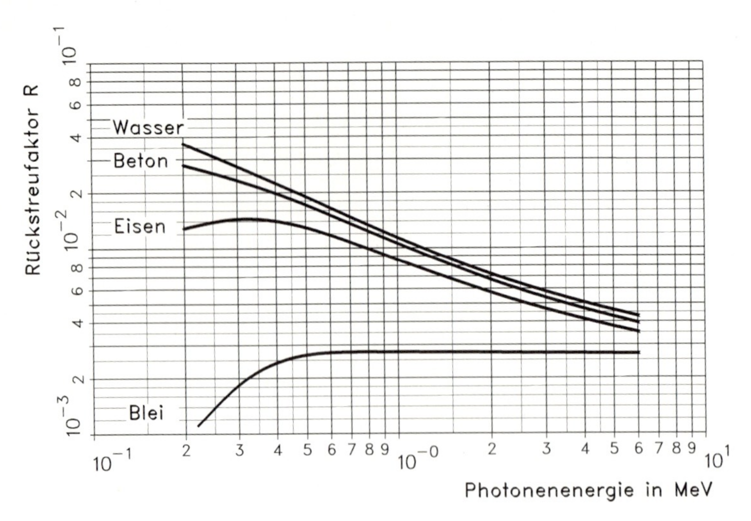

15.35: Rückstreufaktor für Photonen in Abhängigkeit von der Photonenenergie für verschiedene Streumaterialien [ncr79] (ohne Berücksichtigung von Bremsstrahlung)

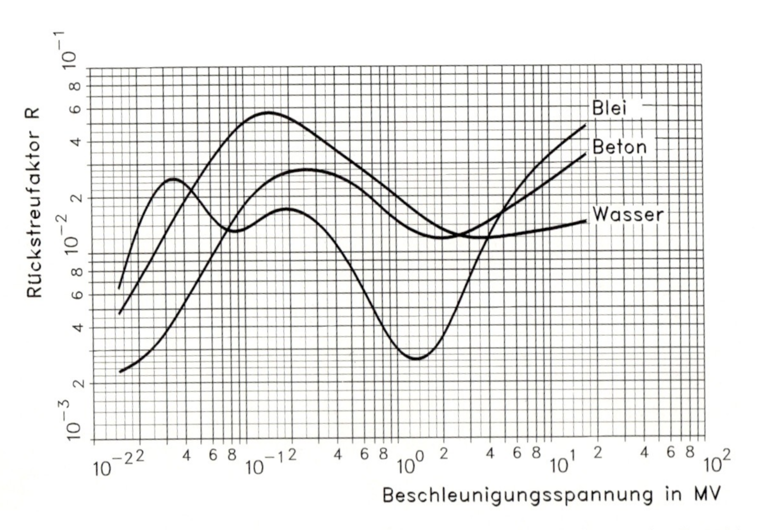

15.36: Rückstreufaktor für Röntgenstrahlung in Abhängigkeit von der Beschleunigungsspannung für verschiedene Streumaterialien [icp76]

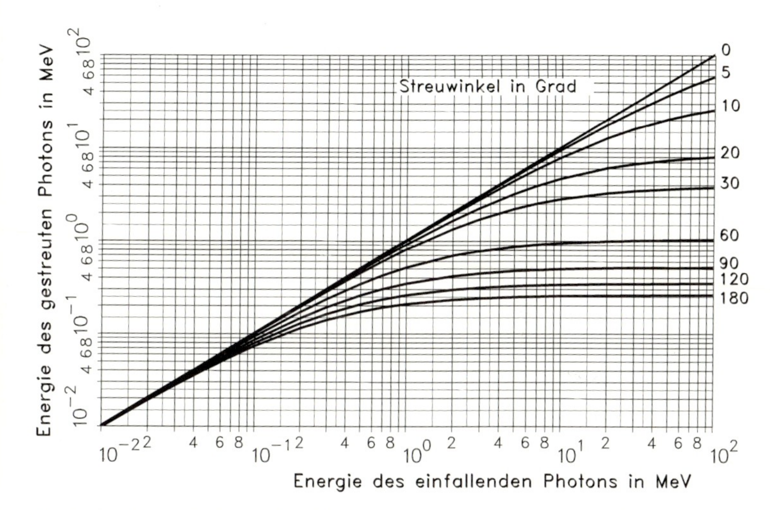

15.37: Abhängigkeit zwischen Streuwinkel und Photonenenergie beim Comptonprozeß

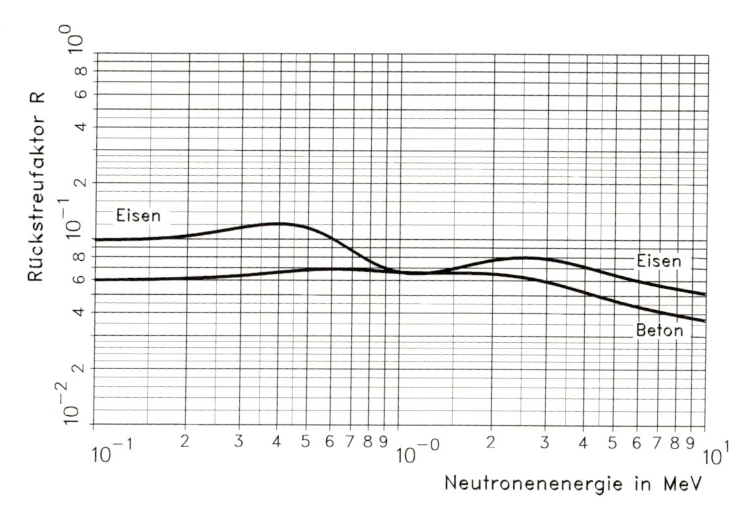

15.38: Rückstreufaktor für Neutronen in Abhängigkeit von der Neutronenenergie für Beton und Eisen [ncr79]

Symbol	Retention α_n	Retention T_{bn}	Verteilung Organ	Verteilung f_a	f_u	Inhalation LRK	Inhalation Chemische Verbindung	Ingestion f_1	Ingestion Chemische Verbindung
Ag	0,10	3,5 d	Le	0,80		Y	Hydroxide, Oxide	0,05	alle Verbindungen
	0,90	50 d	Gk	0,20		W	Nitrate, Sulfide		
						D	übrige Verbindungen		
Am	0,1	0,5 d	Ex	0,10		W	alle Verbindungen	$1 \cdot 10^{-3}$	alle Verbindungen
	0,45	20 a	Le	0,45					
	0,45	50 a	Kn	0,45					
	$<3{,}5 \cdot 10^{-4}$	∞	Ho/Es	$3{,}5 \cdot 10^{-4}$					
Au	1,0	3 d	Gk	1,0	1,0	Y	Oxide, Hydroxide	0,1	alle Verbindungen
						W	Halogenide, Nitrate		
						D	übrige Verbindungen		
Ba	spezielle Formeln[a]					D	alle Verbindungen	0,1	alle Verbindungen
Be	0,4	0,5 d	Ex	0,40		Y	Oxide, Halogenide, Nitrate	$5 \cdot 10^{-3}$	alle Verbindungen
	0,16	15 d	Kn	0,40		W	übrige Verbindungen		
	0,44	1500 d	Gk	0,20					
CO_2	0,18	5 min	Gk	1,0			Dioxide	1,0	alle Verbindungen
(gf)	0,81	60 min							
	0,01	60000 min							
C	1,0	40 d	Gk	1,0			alle üblichen C-markierten Verb.	1,0	alle Verbindungen
Ca	spezielle Formeln[a]				0,45	W	alle Verbindungen	0,3	alle Verbindungen
Cd	1,0	25 a	Le	0,30		Y	Oxide, Hydroxide	0,05	alle Verbindungen
			Ni	0,30		W	Sulfide, Halogenide, Nitrate		
			Gk	0,40		D	übrige Verbindungen		

15.39: a) (Legende s. bei Abb. 15.39 h, S. 367)

Symbol	Retention α_n	T_{bn}	Verteilung Organ	f_a	f_u	Inhalation LRK	Chemische Verbindung	Ingestion f_1	Chemische Verbindung
Ce	1,0	3500 d	Le	0,60	0,1	Y	Oxide, Hydroxide, Fluoride	$3 \cdot 10^{-4}$	alle Verbindungen
			Kn	0,20		W	übrige Verbindungen		
			aO	0,20					
Cf	0,10	0,5 d	Ex	0,10		Y	Oxide, Hydroxide	$1 \cdot 10^{-3}$	alle Verbindungen
	0,25	20 a	Le	0,25		W	übrige Verbindungen		
	0,65	50 a	Kn	0,65					
	$3{,}5 \cdot 10^{-4}$	∞	Ho/Es	$3{,}5 \cdot 10^{-4}$					
Cl	1,0	10 d	Gk	1,0	1,0	D	Chloride von H, Li, Na, K, Rb, Cs, Fr	1,0	alle Verbindungen
						W	sonstige Chloride[c]		
Co	0,50	0,5 d	Ex	0,50	0,7	Y	Oxide, Hydroxide, Halogenide, Nitrate	0,05	Oxide, Hydroxide,
	0,30	6 d	Le	0,05		W	übrige Verbindungen		anorg. Spuren
	0,10	60 d	Gk	0,45				0,3	übr. Verbindungen
	0,10	800 d							
Cr	0,30	0,5 d	Ex	0,30		Y	Oxide, Hydroxide	0,01	Cr^{3+}-Verbindungen
	0,40	6 d	Kn	0,05		W	Halogenide, Nitrate	0,1	Cr^{6+}-Verbindungen
	0,25	80 d	Gk	0,65		D	übrige Verbindungen		
	0,05	1000 d							
Cs	0,1	2 d	Wg	1,0	0,8	D	alle Verbindungen	1,0	alle Verbindungen
	0,9	110 d							
Eu	0,14	0,5 d	Ex	0,14		W	alle Verbindungen	$1 \cdot 10^{-3}$	alle Verbindungen
	0,06	10 d	Ni	0,06					
	0,80	3500 d	Le	0,40					
			Kn	0,40					

15.39: b) (Legende s. bei Abb. 15.39 h, S. 367)

Symbol	Retention α_n	Retention T_{bn}	Verteilung Organ	Verteilung f_a	f_u	Inhalation LRK	Inhalation Chemische Verbindung	Ingestion f_1	Ingestion Chemische Verbindung
F	1,0	∞	Kn	1,0		Y	Fluoride von Lanthaniden	1,0	alle Verbindungen
						D	Fluoride von H, Li, Na, K, Rb, Cs, Fr		
						W	sonstige Fluoride[c]		
Fe	1,0	2000 d	Le	0,08		W	Oxide, Hydroxide, Halogenide	0,1	alle Verbindungen
			Mi	0,013		D	übrige Verbindungen		
			Gk	0,907					
Ga	0,21	1 d	Le	0,09		W	Oxide, Hydroxide, Halogenide	$1 \cdot 10^{-3}$	alle Verbindungen
	0,49	50 d	Mi	0,01			Carbide, Nitrate		
	0,30	∞	Gk	0,60		D	übrige Verbindungen		
			Kn	0,30					
Gd	0,22	0,5 d	Ex	0,22		W	schwer lösl. Verb., Oxide, Hydroxide	$3 \cdot 10^{-4}$	alle Verbindungen
	0,03	10 d	Ni	0,03			Fluoride		
	0,75	3500 d	Le	0,30		D	übrige Verbindungen		
			Kn	0,45					
H arg	0,97	10 d	Gk	1,0		D	alle Verbindungen	1,0	alle Verbindungen
	0,03	40 d							
H org	0,5	10 d	Gk	1,0		D	alle Verbindungen	1,0	alle Verbindungen
	0,5	40 d							
Hg arg	0,95	40 d	Ni	0,08		W	Oxide, Hydr.,Halog., Nitrate, Sulfide	0,02	alle anorg. Verb.
	0,05	10000 d	Gk	0,92		D	Sulfate, andere anorg. Verbind.		
Hg org	0,95	80 d	Ni	0,08		D	alle organischen Verbindungen	1,0	Phenylquecksilber
	0,05	10000 d	Ge	0,20			(f_1 = 1,0)	0,4	übrige org. Verb.
			Gk	0,72					

15.39: c) (Legende s. bei Abb. 15.39 h, S. 367)

Symbol	Retention α_n	T_{bn}	Verteilung Organ	f_a	f_u	Inhalation LRK	Chemische Verbindung	Ingestion f_1	Chemische Verbindung
I	0,7	0,5 d	Ex	0,7		D	alle üblichen Verbindungen	1,0	alle übl. Verb.
	$0,3^b$	120 d	Sd	0,3					
In	1,0	∞	Km	0,30		W	Oxide, Hydroxide, Halogenide, Nitrate	0,02	alle Verbindungen
			Le	0,20		D	übrige Verbindungen		
			Ni	0,07					
			Gk	0,43					
Ir	0,2	0,3 d	Ex	0,20		Y	Oxide, Hydroxide	0,01	alle Verbindungen
	0,2	8 d	Le	0,20		W	elment. Ir, Halogenide, Nitrate		
	0,6	200 d	Ni	0,04		D	übrige Verbindungen		
			Mi	0,02					
			Gk	0,54					
K	1,0	30 d	Gk	1.0		D	alle Verbindungen	1,0	alle Verbindungen
Mn	0,3	4 d	Le	0,25		W	Oxide, Hydroxide, Halogenide, Nitrate	0,1	alle Verbindungen
	0,7	38 d	Kn	0,35		D	übrige Verbindungen		
			Gk	0,40					
Mo	0,1	1 d	Le	0,30		Y	Oxide, Hydroxide, MoS_2	0,05	MoS_2
	0,9	50 d	Kn	0,15		D	übrige Verbindungen	0,8	übrige Verb.
			Ni	0,05					
			Gk	0,50					
Na	0,99	10 d	Kn	0,30	1,0	D	alle Verbindungen	1,0	alle Verbindungen
	0,003	500 d	Gk	0,70					
Ni	0,70	0,5 d	Ex	0,70		W	Oxide, Hydroxide, Carbide	0,05	alle Verbindungen
	0,3	1200 d	Gk	0,30		D	übrige Verbindungen		

15.39: d) (Legende s. bei Abb. 15.39 h, S. 367)

Symbol	Retention α_n	Retention T_{bn}	Verteilung Organ	Verteilung f_a	f_u	Inhalation LRK	Inhalation Chemische Verbindung	Ingestion f_1	Ingestion Chemische Verbindung
P	0,15	0,5 d	Ex	0,15	0,9	W	Phosphate von Zn^{2+},Sn^{2+},Mg^{2+} Fe^{3+},Bi^{3+}, Lanthaniden	0,8	alle Verbindungen
	0,15	2 d	Wg	0,55					
	0,40	19 d	Kn	0,30		D	übrige Verbindungen		
	0,30	∞							
Pb	0,69	12 d	Kn	0,55		D	alle üblichen Verbindungen	0,2	alle übl. Verb.
	0,19	180 d	Le	0,25					
	0,12	10000 d	Ni	0,02					
			Gk	0,18					
Pm	0,10	0,5 d	Ex	0,10		Y	Oxide, Hydroxide, Carbide, Fluoride	$3 \cdot 10^{-4}$	alle Verbindungen
	0,90	3500 d	Kn	0,45		W	übrige Verbindungen		
			Le	0,45					
Po	1,0	50 d	Le	0,1	0,1	W	Oxide, Hydroxide, Nitrate	0,1	alle Verbindungen
			N	0,1		D	übrige Verbindungen		
			Mi	0,1					
			Gk	0,7					
Pu	0,1	0,5 d	Ex	0,10		Y	PuO_2 ($f_1=1 \cdot 10^{-5}$)	$1 \cdot 10^{-5}$	Oxide
	0,45	20 a	Le	0,45		W	übrige Verbindungen ($f_1=1 \cdot 10^{-3}$)	$1 \cdot 10^{-4}$	Nitrate
	0,45	50 a	Kn	0,45				$1 \cdot 10^{-3}$	übrige Verb.
	$<3{,}5 \cdot 10^{-4}$	∞	Ho/Es	$3{,}5 \cdot 10^{-4}$					
Ra	0,54	0,4 d	spezielle Verteilungs-funktion[a]		0,05	W	alle üblichen Verbindungen	0,2	alle übl. Verb.
	0,29	5 d							
	0,11	60 d							
	0,04	700 d							

15.39: e) (Legende s. bei Abb. 15.39 h, S. 367)

Symbol	Retention α_n	T_{bn}	Verteilung Organ	f_a	f_u	Inhalation LRK	Chemische Verbindung	Ingestion f_1	Chemische Verbindung
..Ra	0,02	5000 d							
Rb	1,0	44 d	Kn	0,25	0,75	D	alle Verbindungen	1,0	alle Verbindungen
			Gk	0,75					
Ru	0,15	0,3 d	Ex	0,15	0,8	Y	Oxide, Hydroxide	0,05	alle Verbindungen
	0,35	8 d	Gk	0,85		W	Halogenide		
	0,30	35 d				D	übrige Verbindungen		
	0,20	1000 d							
S	0,80	0,5 d	Ex	0,80	0,9	W	elm. S, Sulfide von Sr,Ba,Ge,Sn,Pb,	0,1	elem. S
	0,15	20 d	Gk	0,20			As,Sb,Bi,Cu,Ag,Au,Zn,Cd,Hg,Mo,W	0,8	alle anorg. Verb.
	0,05	2000 d				D	Sulfate von Ca,Sr,Ba,Ra,As,Sb,Bi		
							alle übrigen Sulfide und Sulfate		
Sb	0,20	0,25 d	Ex	0,2		W	Oxide, Hydroxide, Halogenide, Sulfide	0,01	übrige Verb.
	0,76	5 d	Le	0,1			Sulfate, Nitrate	0,1	Brechweinstein
	0,04	100 d	Kn	0,2		D	übrige Verbindungen		
			Gk	0,5					
Se	0,10	3 d	Le	0,15		W	elem. Se, Oxide, Hydroxide, Carbide	0,05	elem. Se, Selenide
	0,40	30 d	Ni	0,05		D	übrige anorganische Verbindungen	0,8	übrige Verb.
	0,50	150 d	Mi	0,01					
			Gk	0,79					
Sn	0,50	0,5 d	Ex	0,50		W	Sulfide, Oxide, Hydroxide,Halogenide,	0,02	alle Verbindungen
	0,1	4 d	Kn	0,35			Nitrate, Zinn (IV)-Phosphate		
	0,1	25 d	Gk	0,15		D	übrige Verbindungen		
	0,3	400 d							

15.39: f) (Legende s. bei Abb. 15.39 h, S. 367)

Symbol	Retention α_n	Retention T_{bn}	Verteilung Organ	Verteilung f_a	f_u	Inhalation LRK	Inhalation Chemische Verbindung	Ingestion f_1	Ingestion Chemische Verbindung
Sr	0,73	3 d	spezielle		0,8	Y	$SrTiO_3$	0,01	$SrTiO_3$
	0,1	44 d	Verteilungs-			D	lösliche Verbindungen	0,3	lösliche Sr-Salze
	0,17	4000 d	Funktion[a]						
Ta	0,35	4 d	Kn	0,30		Y	elem. Ta, Oxide, Hydroxide, Haloge-	$1 \cdot 10^{-3}$	alle Verbindungen
	0,65	100 d	Ni	0,06			nide, Carbide, Nitrate, Nitride		
			Gk	0,64		W	übrige Verbindungen		
Tc	0,75	1,6 d	Ma	0,1		W	Oxide, Hydroxide, Halogene, Nitrate	0,8	alle Verbindungen
	0,20	3,7 d	Le	0,03		D	übrige Verbindungen		
	0,05	22 d	Gk	0,83					
			Sd	0,04					
Te	0,50	0,8 d	Ex	0,50		W	Oxide, Hydroxide, Nitrate	0,2	alle Verbindungen
	0,25	20 d	Kn	0,25		D	übrige Verbindungen		
	0,25	5000 d	Gk	0,25					
Th	0,10	0,5 d	Ex	0,10	1,0	Y	Oxide, Hydroxide	$2 \cdot 10^{-4}$	alle Verbindungen
	0,20	700 d	Kn	0,70		W	übrige Verbindungen		
	0,70	8000 d	Le	0,04					
			Gk	0,16					
Tl	1,0	10 d	Ni	0,03		D	alle Verbindungen	1,0	alle Verbindungen
			Gk	0,97					
Tm	0,21	0,5 d	Ex	0,21		W	alle üblichen Verbindungen	$3 \cdot 10^{-4}$	alle übl. Verb.
	0,79	3500 d	Kn	0,65					
			Le	0,04					
			Gk	0,10					

15.39: g) (Legende s. bei Abb. 15.39 h, S. 367)

Symbol	Retention α_n	T_{bn}	Verteilung Organ	f_a	f_u	Inhalation LRK	Chemische Verbindung	Ingestion f_1	Chemische Verbindung
U	0,54	0,25 d	Ex	0,54	1,0	Y	UO_2, U_3O_8, schwer lösl. Verbindungen	$2 \cdot 10^{-3}$	4-wert. U, U_3O_8
	0,24	6 d	Kn	0,22		W	UO_3, UF_4, UCl_4, mäßig lösl. Verb.	0,05	6-wert. U,
	0,20	20 d	Ni	0,12		D	UF_6, UO_2F_2, $UO_2(NO_3)_2$		wasserlösl. Verb.
	0,001	1500 d	Gk	0,12					
	0,02	5000 d							
Y	0,25	0,5 d	Ex	0,25		Y	Oxide, Hydroxide	$1 \cdot 10^{-4}$	alle Verbindungen
	0,75	∞	Kn	0,50		W	übrige Verbindungen		
			Le	0,15					
			Gk	0,10					
Yb	0,45	0,5 d	Ex	0,45		Y	Oxide, Hydroxide, Fluoride	$3 \cdot 10^{-4}$	alle Verbindungen
	0,02	10 d	Kn	0,50		W	übrige Verbindungen		
	0,53	3500 d	Le	0,03					
			Ni	0,02					
Zn	0,24	20 d	Kn	0,20	0,25	Y	alle üblichen Verbindungen	0,5	alle übl. Verb.
	0,76	400 d	Gk	0,80					

Bd Bauchspeicheldrüse, Gk Ganzkörper, Km Knochenmark, Mi Milz, Sd Schilddrüse, Es Eierstock, Ho Hoden, Le Leber, Ni Niere, uD unterer Dickdarm, Ex direkte Ausscheidung, Kn Knochen, Lu Lunge, Nn Nebenniere, Wg Weichgewebe, Ge Gehirn, Ko Knochenoberfläche, Ma Magen, oD oberer Dickdarm, aO andere Organe

15.39: h) Kenndaten zur Verteilung und Retention von inkorporierten Substanzen im menschlichen Körper und Zuordnung von chemischen Verbindungen zu Lungenretentionsklassen und Resorptionsfaktoren [bmu89a, hen85a, icp85b, icp79c, icp88b, noß85]

a [icp73]
b Retention in der Schilddrüse [icp88b]
c Ag, Al, As, Au, Ba, Be, Bi, Ca, Cd, Co, Cr, Cu, Fe, Ga, Ge, Hf, Hg, In, Ir, Mn, Mg, Mo, Nb, Ni, Os, Pb, Pd, Pt, Ra, Re, Rh, Ru, Sb, Sc, Sn, Sr, Ta, Tc, Ti, Tl, V, W, Y, Zn, Zr

Retention im Ganzkörper:
α_n Koeffizient der Retentionsfunktion, s. Formel (10.1)
T_{bn} biologische Halbwertzeit in der Retentionsfunktion, s. Formel (10.1)

Verteilung auf Organe und Gewebe:
f_a Anteil der vom Transferkompartiment aufgenommenen Aktivität, der in ein Ablagerungsorgan gelangt
f_u Anteil der vom Transferkompartiment aufgenommenen Aktivität, der aus den Ablagerungsorganen über den Urin ausgeschieden wird
f_1 Anteil der vom Transferkompartiment aus dem Dünndarm aufgenommenen Aktivität (Resorptionsfaktor)
LRK Lungenretentionsklasse
arg anorganisch
org organisch

Nuklid	Inhalationsdosisfaktor g_h in Sv/Bq				Ingestionsdosisfaktor g_g in Sv/Bq			
	LRK	H_E	H_{Tmax}	Org	f_1	H_E	H_{Tmax}	Org
Ag 110m	Y	$2.2 \cdot 10^{-8}$	$1.2 \cdot 10^{-7}$	Lu	0.05	$2.9 \cdot 10^{-9}$	$1.1 \cdot 10^{-8}$	uD
	W	$8.3 \cdot 10^{-9}$	$3.1 \cdot 10^{-8}$	Lu				
	D	$1.1 \cdot 10^{-8}$	$8.1 \cdot 10^{-8}$	Le				
Ag 110	Y	$2.7 \cdot 10^{-13}$	$2.2 \cdot 10^{-12}$	Lu	0.05	$8.0 \cdot 10^{-13}$	$1.3 \cdot 10^{-11}$	Ma
	W	$2.6 \cdot 10^{-13}$	$2.2 \cdot 10^{-12}$	Lu				
	D	$2.7 \cdot 10^{-13}$	$2.2 \cdot 10^{-12}$	Lu				
Am 241	W	$1.2 \cdot 10^{-4}$	$2.2 \cdot 10^{-3}$	Ko	$1 \cdot 10^{-3}$	$9.8 \cdot 10^{-7}$	$1.8 \cdot 10^{-5}$	Ko
Au 198m	Y	$1.3 \cdot 10^{-9}$	$5.8 \cdot 10^{-9}$	uD	0.1	$1.4 \cdot 10^{-9}$	$1.3 \cdot 10^{-8}$	uD
	W	$1.2 \cdot 10^{-9}$	$5.2 \cdot 10^{-9}$	Lu				
	D	$5.0 \cdot 10^{-10}$	$2.2 \cdot 10^{-9}$	uD				
Au 198	Y	$8.8 \cdot 10^{-10}$	$4.3 \cdot 10^{-9}$	uD	0.1	$1.1 \cdot 10^{-9}$	$1.1 \cdot 10^{-8}$	uD
	W	$8.2 \cdot 10^{-10}$	$3.7 \cdot 10^{-9}$	uD				
	D	$3.8 \cdot 10^{-10}$	$1.7 \cdot 10^{-9}$	uD				
Ba 133	D	$2.1 \cdot 10^{-9}$	$9.2 \cdot 10^{-9}$	Ko	0.1	$9.0 \cdot 10^{-10}$	$3.9 \cdot 10^{-9}$	uD
Ba 137m	D	$1.8 \cdot 10^{-13}$	$1.1 \cdot 10^{-12}$	Lu	0.1	$6.9 \cdot 10^{-13}$	$7.8 \cdot 10^{-12}$	Ma
Ba 140	D	$1.0 \cdot 10^{-9}$	$4.3 \cdot 10^{-9}$	uD	0,1	$2.5 \cdot 10^{-9}$	$2.6 \cdot 10^{-8}$	uD
Be 7	Y	$8.7 \cdot 10^{-11}$	$3.7 \cdot 10^{-10}$	Lu	$5 \cdot 10^{-3}$	$3.4 \cdot 10^{-11}$	$1.2 \cdot 10^{-10}$	uD
	W	$6.4 \cdot 10^{-11}$	$2.1 \cdot 10^{-10}$	Lu				
C 11	CO	$1.2 \cdot 10^{-12}$	$1.4 \cdot 10^{-12}$	Nn				
	CO_2	$2.1 \cdot 10^{-12}$	$2.5 \cdot 10^{-12}$	Nn				
	org	$3.3 \cdot 10^{-12}$	$3.8 \cdot 10^{-12}$	Nn		$3.3 \cdot 10^{-12}$	$3.8 \cdot 10^{-12}$	Nn
C 14	CO	$7.8 \cdot 10^{-13}$	$7.8 \cdot 10^{-13}$	Gk				
	CO_2	$6.4 \cdot 10^{-12}$	$6.4 \cdot 10^{-12}$	Gk				

15.40: a) (Legende s. bei Abb. 15.40 g, S. 374)

Nuklid	Inhalationsdosisfaktor g_h in Sv/Bq LRK	H_E	H_{Tmax}	Org	Ingestionsdosisfaktor g_g in Sv/Bq f_1	H_E	H_{Tmax}	Org
..C 14	org	$5.7 \cdot 10^{-10}$	$5.7 \cdot 10^{-10}$	Gk		$5.7 \cdot 10^{-10}$	$5.7 \cdot 10^{-10}$	Gk
Ca 45*	W	$1.8 \cdot 10^{-9}$	$9.7 \cdot 10^{-9}$	Lu	0,3	$8.5 \cdot 10^{-10}$	$5.2 \cdot 10^{-9}$	Ko
Cd 109	Y	$1.2 \cdot 10^{-8}$	$7.8 \cdot 10^{-8}$	Lu	0,05	$3.5 \cdot 10^{-9}$	$4.1 \cdot 10^{-8}$	Ni
	W	$1.1 \cdot 10^{-8}$	$1.1 \cdot 10^{-7}$	Ni				
	D	$3.1 \cdot 10^{-8}$	$3.9 \cdot 10^{-7}$	Ni				
Ce 144	Y	$1.0 \cdot 10^{-7}$	$7.9 \cdot 10^{-7}$	Lu	$3 \cdot 10^{-4}$	$5.7 \cdot 10^{-9}$	$6.6 \cdot 10^{-8}$	uD
	W	$5.8 \cdot 10^{-8}$	$2.5 \cdot 10^{-7}$	Le				
Cf 252	Y	$4.3 \cdot 10^{-5}$	$3.0 \cdot 10^{-4}$	Lu	$1 \cdot 10^{-3}$	$2.9 \cdot 10^{-7}$	$5.8 \cdot 10^{-6}$	Ko
	W	$3.7 \cdot 10^{-5}$	$6.8 \cdot 10^{-4}$	Ko				
Cl 36	W	$5.9 \cdot 10^{-9}$	$4.6 \cdot 10^{-8}$	Lu	1.0	$8.2 \cdot 10^{-10}$	$1.1 \cdot 10^{-9}$	Ma
	D	$6.1 \cdot 10^{-10}$	$1.3 \cdot 10^{-9}$	Lu				
Co 57	Y	$2.5 \cdot 10^{-9}$	$1.7 \cdot 10^{-8}$	Lu	0.3	$3.2 \cdot 10^{-10}$	$1.1 \cdot 10^{-9}$	uD
	W	$7.1 \cdot 10^{-10}$	$4.1 \cdot 10^{-9}$	Lu	0.05	$2.0 \cdot 10^{-10}$	$1.3 \cdot 10^{-9}$	uD
Co 60	Y	$5.9 \cdot 10^{-8}$	$3.5 \cdot 10^{-7}$	Lu	0.3	$7.3 \cdot 10^{-9}$	$1.3 \cdot 10^{-8}$	uDLe
	W	$9.0 \cdot 10^{-9}$	$3.6 \cdot 10^{-8}$	Lu	0.05	$2.8 \cdot 10^{-9}$	$1.1 \cdot 10^{-8}$	uD
Cr 51	Y	$9.0 \cdot 10^{-11}$	$5.3 \cdot 10^{-10}$	Lu	0.1	$4.0 \cdot 10^{-11}$	$2.5 \cdot 10^{-10}$	uD
	W	$7.1 \cdot 10^{-11}$	$3.8 \cdot 10^{-10}$	Lu	0.01	$3.9 \cdot 10^{-11}$	$2.7 \cdot 10^{-10}$	uD
	D	$2.9 \cdot 10^{-11}$	$5.9 \cdot 10^{-11}$	uD				
Cs 134	D	$1.3 \cdot 10^{-8}$	$1.5 \cdot 10^{-8}$	Nn	1.0	$2.0 \cdot 10^{-8}$	$2.3 \cdot 10^{-8}$	Nn
Cs 137	D	$8.6 \cdot 10^{-9}$	$9.4 \cdot 10^{-9}$	Nn	1.0	$1.4 \cdot 10^{-8}$	$1.5 \cdot 10^{-8}$	Nn
Eu 152m	W	$2.2 \cdot 10^{-10}$	$9.9 \cdot 10^{-10}$	Lu	$1 \cdot 10^{-3}$	$5.4 \cdot 10^{-10}$	$3.5 \cdot 10^{-9}$	uD
Eu 152	W	$6.0 \cdot 10^{-8}$	$3.5 \cdot 10^{-7}$	Le	$1 \cdot 10^{-3}$	$1.8 \cdot 10^{-9}$	$1.0 \cdot 10^{-8}$	uD
F 18	Y	$2.1 \cdot 10^{-11}$	$1.4 \cdot 10^{-10}$	Lu	1.0	$3.3 \cdot 10^{-11}$	$2.9 \cdot 10^{-10}$	Ma
	W	$2.0 \cdot 10^{-11}$	$1.3 \cdot 10^{-10}$	Lu				

15.40: b) (Legende s. bei Abb. 15.40 g, S. 374)

Nuklid	Inhalationsdosisfaktor g_h in Sv/Bq				Ingestionsdosisfaktor g_g in Sv/Bq			
	LRK	H_E	H_{Tmax}	Org	f_1	H_E	H_{Tmax}	Org
..F 18	D	$2.3 \cdot 10^{-11}$	$1.1 \cdot 10^{-10}$	Lu				
Fe 55	W	$3.6 \cdot 10^{-10}$	$1.1 \cdot 10^{-9}$	Lu	0.1	$1.6 \cdot 10^{-10}$	$5.6 \cdot 10^{-10}$	Mi
	D	$7.3 \cdot 10^{-10}$	$2.8 \cdot 10^{-9}$	Mi				
Fe 59	W	$3.3 \cdot 10^{-9}$	$1.4 \cdot 10^{-8}$	Lu	0.1	$1.8 \cdot 10^{-9}$	$8.4 \cdot 10^{-9}$	uD
	D	$4.0 \cdot 10^{-9}$	$8.4 \cdot 10^{-9}$	Mi				
Ga 67	W	$1.5 \cdot 10^{-10}$	$5.7 \cdot 10^{-10}$	uD	$1 \cdot 10^{-3}$	$2.1 \cdot 10^{-10}$	$1.6 \cdot 10^{-9}$	uD
	D	$9.5 \cdot 10^{-11}$	$4.0 \cdot 10^{-10}$	Ko				
Gd 153	W	$2.6 \cdot 10^{-9}$	$2.1 \cdot 10^{-8}$	Ko	$3 \cdot 10^{-4}$	$3.2 \cdot 10^{-10}$	$2.7 \cdot 10^{-9}$	uD
	D	$6.4 \cdot 10^{-9}$	$9.2 \cdot 10^{-8}$	Ko				
H 3		$1.6 \cdot 10^{-11}$	$1.6 \cdot 10^{-11}$	Gk		$1.6 \cdot 10^{-11}$	$1.6 \cdot 10^{-11}$	Gk
Hg 203	D	$2.0 \cdot 10^{-9}$	$1.2 \cdot 10^{-8}$	Ni	1.0	$3.1 \cdot 10^{-9}$	$1.9 \cdot 10^{-8}$	Ni
org↑					0.4	$1.6 \cdot 10^{-9}$	$7.5 \cdot 10^{-9}$	Ni
arg	W	$1.6 \cdot 10^{-9}$	$8.8 \cdot 10^{-9}$	Lu	0.02	$6.2 \cdot 10^{-10}$	$5.4 \cdot 10^{-9}$	uD
arg	D	$1.1 \cdot 10^{-9}$	$6.8 \cdot 10^{-9}$	Ni				
I 123	D	$7.4 \cdot 10^{-11}$	$2.0 \cdot 10^{-9}$	Sd	1.0	$1.3 \cdot 10^{-10}$	$4.0 \cdot 10^{-9}$	Sd
I 125	D	$5.9 \cdot 10^{-9}$	$2.0 \cdot 10^{-7}$	Sd	1.0	$9.4 \cdot 10^{-9}$	$3.1 \cdot 10^{-7}$	Sd
I 131	D	$8.1 \cdot 10^{-9}$	$2.7 \cdot 10^{-7}$	Sd	1.0	$1.3 \cdot 10^{-8}$	$4.3 \cdot 10^{-7}$	Sd
In 111*	W	$2.3 \cdot 10^{-10}$	$7.1 \cdot 10^{-10}$	uD	0.02	$3.6 \cdot 10^{-10}$	$2.0 \cdot 10^{-9}$	uD
	D	$2.1 \cdot 10^{-10}$	$4.6 \cdot 10^{-10}$	Ni				
In 113m	W	$9.0 \cdot 10^{-12}$	$5.8 \cdot 10^{-11}$	Lu	0.02	$2.8 \cdot 10^{-11}$	$1.3 \cdot 10^{-10}$	Ma
	D	$1.1 \cdot 10^{-11}$	$5.0 \cdot 10^{-11}$	Lu				
Ir 192m	Y	$1.0 \cdot 10^{-7}$	$7.5 \cdot 10^{-7}$	Lu	0.01	$4.2 \cdot 10^{-10}$	$1.1 \cdot 10^{-9}$	NiLe
	W	$6.8 \cdot 10^{-9}$	$2.1 \cdot 10^{-8}$	Lu				
	D	$1.5 \cdot 10^{-8}$	$5.1 \cdot 10^{-8}$	Le				

15.40: c) (Legende s. bei Abb. 15.40 g, S. 374)

Nuklid	Inhalationsdosisfaktor g_h in Sv/Bq				Ingestionsdosisfaktor g_g in Sv/Bq			
	LRK	H_E	H_{Tmax}	Org	f_1	H_E	H_{Tmax}	Org
Ir 192	Y	$7.6 \cdot 10^{-9}$	$5.2 \cdot 10^{-8}$	Lu	0.01	$1.5 \cdot 10^{-9}$	$1.3 \cdot 10^{-8}$	uD
	W	$4.9 \cdot 10^{-9}$	$2.5 \cdot 10^{-8}$	Lu				
	D	$5.1 \cdot 10^{-9}$	$1.7 \cdot 10^{-8}$	NiLe				
K 40	D	$3.3 \cdot 10^{-9}$	$4.7 \cdot 10^{-9}$	Lu	1.0	$5.0 \cdot 10^{-9}$	$5.5 \cdot 10^{-9}$	Ma
K 43	D	$1.9 \cdot 10^{-10}$	$7.6 \cdot 10^{-10}$	Lu	1.0	$2.1 \cdot 10^{-10}$	$6.2 \cdot 10^{-10}$	Ma
La 140	W	$1.3 \cdot 10^{-9}$	$5,5 \cdot 10^{-9}$	uD	$1 \cdot 10^{-3}$	$2.3 \cdot 10^{-9}$	$1.7 \cdot 10^{-8}$	uD
	D	$9.3 \cdot 10^{-10}$	$3.5 \cdot 10^{-9}$	Le				
Mn 54	W	$1.8 \cdot 10^{-9}$	$6.7 \cdot 10^{-9}$	Lu	0.1	$7.5 \cdot 10^{-10}$	$2.2 \cdot 10^{-9}$	uD
	D	$1.4 \cdot 10^{-9}$	$4.6 \cdot 10^{-9}$	Le				
Mo 99	Y	$1.1 \cdot 10^{-9}$	$5.5 \cdot 10^{-9}$	uD	0.8	$8.2 \cdot 10^{-10}$	$3.1 \cdot 10^{-9}$	uD
	D	$5.4 \cdot 10^{-10}$	$1.9 \cdot 10^{-9}$	Le	0.05	$1.4 \cdot 10^{-9}$	$1.4 \cdot 10^{-8}$	uD
Na 22	D	$2.3 \cdot 10^{-9}$	$4.1 \cdot 10^{-9}$	Km	1.0	$3.5 \cdot 10^{-9}$	$6.4 \cdot 10^{-9}$	Km
Na 24	D	$3.4 \cdot 10^{-10}$	$1.2 \cdot 10^{-9}$	Lu	1.0	$4.1 \cdot 10^{-10}$	$1.2 \cdot 10^{-9}$	Ma
Ni 63	W	$6.2 \cdot 10^{-10}$	$3.1 \cdot 10^{-9}$	Lu	0.05	$1.6 \cdot 10^{-10}$	$9.1 \cdot 10^{-10}$	uD
	D	$8.4 \cdot 10^{-10}$	$9.5 \cdot 10^{-10}$	uD				
$Ni(CO)_4$		$1.7 \cdot 10^{-9}$	$1.7 \cdot 10^{-9}$	Gk				
P 32	W	$4.2 \cdot 10^{-9}$	$2.6 \cdot 10^{-8}$	Lu	0.8	$2.4 \cdot 10^{-9}$	$8.1 \cdot 10^{-9}$	Km
	D	$1.6 \cdot 10^{-9}$	$6.0 \cdot 10^{-9}$	Km				
Pb 201	D	$7.1 \cdot 10^{-11}$	$2.1 \cdot 10^{-10}$	Ko	0.2	$1.9 \cdot 10^{-10}$	$7.6 \cdot 10^{-10}$	uD
Pb 210	D	$3.7 \cdot 10^{-6}$	$5.5 \cdot 10^{-5}$	Ko	0.2	$1.5 \cdot 10^{-6}$	$2.2 \cdot 10^{-5}$	Ko
Pm 147	Y	$1.1 \cdot 10^{-8}$	$7.7 \cdot 10^{-8}$	Lu	$3 \cdot 10^{-4}$	$2.8 \cdot 10^{-10}$	$3.1 \cdot 10^{-9}$	uD
	W	$7.0 \cdot 10^{-9}$	$1.0 \cdot 10^{-7}$	Ko				
Po 210	W	$2.3 \cdot 10^{-6}$	$1.3 \cdot 10^{-5}$	Lu	0.1	$5.1 \cdot 10^{-7}$	$4.4 \cdot 10^{-6}$	Mi
	D	$2.5 \cdot 10^{-6}$	$2.1 \cdot 10^{-5}$	Mi				

15.40: d) (Legende s. bei Abb. 15.40 g, S. 374)

Nuklid	Inhalationsdosisfaktor g_h in Sv/Bq				Ingestionsdosisfaktor g_g in Sv/Bq			
	LRK	H_E	H_{Tmax}	Org	f_1	H_E	H_{Tmax}	Org
Pr 144	Y	$1.2 \cdot 10^{-11}$	$9.4 \cdot 10^{-11}$	Lu	$3 \cdot 10^{-4}$	$3.1 \cdot 10^{-11}$	$4.1 \cdot 10^{-10}$	Ma
	W	$1.1 \cdot 10^{-11}$	$8.9 \cdot 10^{-11}$	Lu				
Pu 238	Y	$7.8 \cdot 10^{-5}$	$7.2 \cdot 10^{-4}$	Ko	$1 \cdot 10^{-3}$	$8.6 \cdot 10^{-7}$	$1.6 \cdot 10^{-5}$	Ko
	W	$1.1 \cdot 10^{-4}$	$1.9 \cdot 10^{-3}$	Ko	$1 \cdot 10^{-4}$	$9.1 \cdot 10^{-8}$	$1.6 \cdot 10^{-6}$	Ko
					$1 \cdot 10^{-5}$	$1.3 \cdot 10^{-8}$	$1.6 \cdot 10^{-7}$	Ko
Pu 239	Y	$8.3 \cdot 10^{-5}$	$8.2 \cdot 10^{-4}$	Ko	$1 \cdot 10^{-3}$	$9.5 \cdot 10^{-7}$	$1.8 \cdot 10^{-5}$	Ko
	W	$1.2 \cdot 10^{-4}$	$2.1 \cdot 10^{-3}$	Ko	$1 \cdot 10^{-4}$	$1.0 \cdot 10^{-7}$	$1.8 \cdot 10^{-6}$	Ko
					$1 \cdot 10^{-5}$	$1.4 \cdot 10^{-8}$	$1.8 \cdot 10^{-7}$	Ko
Ra 226	W	$2.3 \cdot 10^{-6}$	$1.6 \cdot 10^{-5}$	Lu	0.2	$3.6 \cdot 10^{-7}$	$6.8 \cdot 10^{-6}$	Ko
Rb 81	D	$3.5 \cdot 10^{-11}$	$1.8 \cdot 10^{-10}$	Lu	1.0	$3.9 \cdot 10^{-11}$	$2.7 \cdot 10^{-10}$	Ma
Rh 106	Y	$3.9 \cdot 10^{-13}$	$3.2 \cdot 10^{-12}$	Lu	0.05	$1.2 \cdot 10^{-12}$	$1.9 \cdot 10^{-11}$	Ma
	W	$3.9 \cdot 10^{-13}$	$3.2 \cdot 10^{-12}$	Lu				
	D	$3.9 \cdot 10^{-13}$	$3.2 \cdot 10^{-12}$	Lu				
Ru 106	Y	$1.3 \cdot 10^{-7}$	$1.0 \cdot 10^{-6}$	Lu	0.05	$7.4 \cdot 10^{-9}$	$7.1 \cdot 10^{-8}$	uD
	W	$3.2 \cdot 10^{-8}$	$2.1 \cdot 10^{-7}$	Lu				
	D	$1.5 \cdot 10^{-8}$	$2.5 \cdot 10^{-8}$	uD				
S 35	W	$6.7 \cdot 10^{-10}$	$5.1 \cdot 10^{-9}$	Lu	0.8	$1.2 \cdot 10^{-10}$	$5.7 \cdot 10^{-10}$	uD
	D	$8.2 \cdot 10^{-11}$	$2.0 \cdot 10^{-10}$	Lu	0.1	$2.0 \cdot 10^{-10}$	$2.2 \cdot 10^{-9}$	uD
S-Dampf		$9.5 \cdot 10^{-11}$	$9.5 \cdot 10^{-11}$					
Sb 124	W	$6.8 \cdot 10^{-9}$	$4.1 \cdot 10^{-8}$	Lu	0.1	$2.6 \cdot 10^{-9}$	$2.1 \cdot 10^{-8}$	uD
	D	$1.5 \cdot 10^{-9}$	$3.9 \cdot 10^{-9}$	uD	0.01	$2.7 \cdot 10^{-9}$	$2.3 \cdot 10^{-8}$	uD
Sb 125	W	$3.3 \cdot 10^{-9}$	$2.2 \cdot 10^{-8}$	Lu	0.1	$7.6 \cdot 10^{-10}$	$5.8 \cdot 10^{-9}$	uD
	D	$5.8 \cdot 10^{-10}$	$2.7 \cdot 10^{-9}$	Ko	0.01	$7.6 \cdot 10^{-10}$	$6.3 \cdot 10^{-9}$	uD

15.40: e) (Legende s. bei Abb. 15.40 g, S. 374)

Nuklid	Inhalationsdosisfaktor g_h in Sv/Bq				Ingestionsdosisfaktor g_g in Sv/Bq			
	LRK	H_E	H_{Tmax}	Org	f_1	H_E	H_{Tmax}	Org
Se 75	W	$2.3 \cdot 10^{-9}$	$5.4 \cdot 10^{-9}$	Lu	0.8	$2.6 \cdot 10^{-9}$	$7.2 \cdot 10^{-9}$	Ni
	D	$1.9 \cdot 10^{-9}$	$5.4 \cdot 10^{-9}$	Ni	0.05	$4.7 \cdot 10^{-10}$	$1.8 \cdot 10^{-9}$	uD
Sn 113	W	$2.9 \cdot 10^{-9}$	$1.8 \cdot 10^{-8}$	Lu	0.02	$8.3 \cdot 10^{-10}$	$7.9 \cdot 10^{-9}$	uD
	D	$1.1 \cdot 10^{-9}$	$5.0 \cdot 10^{-9}$	Ko				
Sr 89*	Y	$1.1 \cdot 10^{-8}$	$8.3 \cdot 10^{-8}$	Lu	0.3	$2.5 \cdot 10^{-9}$	$2.1 \cdot 10^{-8}$	uD
	D	$1.8 \cdot 10^{-9}$	$8.4 \cdot 10^{-9}$	Ko	0.01	$2.5 \cdot 10^{-9}$	$2.9 \cdot 10^{-8}$	uD
Sr 90	Y	$3.5 \cdot 10^{-7}$	$2.9 \cdot 10^{-6}$	Lu	0.3	$3.5 \cdot 10^{-8}$	$3.9 \cdot 10^{-7}$	Ko
	D	$5.9 \cdot 10^{-8}$	$6.8 \cdot 10^{-7}$	Ko	0.01	$3.1 \cdot 10^{-9}$	$2.6 \cdot 10^{-8}$	uD
Ta 182	Y	$1.2 \cdot 10^{-8}$	$8.3 \cdot 10^{-8}$	Lu	$1 \cdot 10^{-3}$	$1.8 \cdot 10^{-9}$	$1.4 \cdot 10^{-8}$	uD
	W	$5.9 \cdot 10^{-9}$	$3.2 \cdot 10^{-8}$	Lu				
Tc 99m	W	$7.2 \cdot 10^{-12}$	$3.1 \cdot 10^{-11}$	Lu	0.8	$1.7 \cdot 10^{-11}$	$8.5 \cdot 10^{-11}$	Sd
	D	$8.8 \cdot 10^{-12}$	$5.0 \cdot 10^{-11}$	Sd				
Te 123m	W	$2.9 \cdot 10^{-9}$	$2.4 \cdot 10^{-8}$	Ko	0.2	$1.5 \cdot 10^{-9}$	$2.4 \cdot 10^{-8}$	Ko
	D	$2.9 \cdot 10^{-9}$	$6.1 \cdot 10^{-8}$	Ko				
Te 125m	W	$2.0 \cdot 10^{-9}$	$1.2 \cdot 10^{-8}$	Ko	0.2	$9.9 \cdot 10^{-10}$	$1.3 \cdot 10^{-8}$	Ko
	D	$1.5 \cdot 10^{-9}$	$3.2 \cdot 10^{-8}$	Ko				
Th 228	Y	$9.2 \cdot 10^{-5}$	$6.9 \cdot 10^{-4}$	Lu	$2 \cdot 10^{-4}$	$1.1 \cdot 10^{-7}$	$2.4 \cdot 10^{-6}$	Ko
	W	$6.8 \cdot 10^{-5}$	$1.4 \cdot 10^{-3}$	Ko				
Tl 201	D	$6.3 \cdot 10^{-11}$	$1.7 \cdot 10^{-10}$	Lu	1.0	$8.1 \cdot 10^{-11}$	$2.7 \cdot 10^{-10}$	Ni
Tl 204	D	$6.5 \cdot 10^{-10}$	$2.9 \cdot 10^{-9}$	Ni	1.0	$9.1 \cdot 10^{-10}$	$4.6 \cdot 10^{-9}$	Ni
Tm 170	W	$7.1 \cdot 10^{-9}$	$3.9 \cdot 10^{-8}$	Lu	$3 \cdot 10^{-4}$	$1.4 \cdot 10^{-9}$	$1.7 \cdot 10^{-8}$	uD
U 235	Y	$3.3 \cdot 10^{-5}$	$2.8 \cdot 10^{-4}$	Lu	0.05	$7.2 \cdot 10^{-8}$	$1.0 \cdot 10^{-6}$	Ko
	W	$2.0 \cdot 10^{-6}$	$1.5 \cdot 10^{-5}$	Lu	$2 \cdot 10^{-3}$	$7.2 \cdot 10^{-9}$	$5.3 \cdot 10^{-8}$	uD
	D	$6.9 \cdot 10^{-7}$	$1.0 \cdot 10^{-5}$	Ko				

15.40: f) (Legende s. bei Abb. 15.40 g, S. 374)

Nuklid	Inhalationsdosisfaktor g_h in Sv/Bq LRK	H_E	H_{Tmax}	Org	Ingestionsdosisfaktor g_g in Sv/Bq f_1	H_E	H_{Tmax}	Org
U 238	Y	$3.2 \cdot 10^{-5}$	$2.7 \cdot 10^{-4}$	Lu	0.05	$6.9 \cdot 10^{-8}$	$1.0 \cdot 10^{-6}$	Ko
	W	$1.9 \cdot 10^{-6}$	$1.4 \cdot 10^{-5}$	Lu	$2 \cdot 10^{-3}$	$6.4 \cdot 10^{-9}$	$4.6 \cdot 10^{-8}$	uD
	D	$6.6 \cdot 10^{-7}$	$9.8 \cdot 10^{-6}$	Ko				
Y 90m	Y	$1.3 \cdot 10^{-10}$	$6.7 \cdot 10^{-10}$	uD	$1 \cdot 10^{-4}$	$1.9 \cdot 10^{-10}$	$1.7 \cdot 10^{-9}$	uD
	W	$1.2 \cdot 10^{-10}$	$5.7 \cdot 10^{-10}$	uD				
Y 90	Y	$2.3 \cdot 10^{-9}$	$1.3 \cdot 10^{-8}$	uD	$1 \cdot 10^{-4}$	$2.9 \cdot 10^{-9}$	$3.1 \cdot 10^{-8}$	uD
	W	$2.1 \cdot 10^{-9}$	$1.1 \cdot 10^{-8}$	uD				
Yb 169	Y	$2.2 \cdot 10^{-9}$	$1.4 \cdot 10^{-8}$	Lu	$3 \cdot 10^{-4}$	$8.1 \cdot 10^{-10}$	$7.1 \cdot 10^{-9}$	uD
	W	$1.9 \cdot 10^{-9}$	$9.4 \cdot 10^{-9}$	Lu				
Zn 65	Y	$5.5 \cdot 10^{-9}$	$2.1 \cdot 10^{-8}$	Lu	0.5	$3.9 \cdot 10^{-9}$	$5.0 \cdot 10^{-9}$	uD

15.40: g) Dosisfaktoren[a] für Inhalation (g_h) und Ingestion (g_g) für Erwachsene in Abhängigkeit von der Lungenretentionsklasse und vom Resorptionsfaktor für Aerosole mit 1 μm AMAD [bmu89a]

a unter Berücksichtigung aller wesentlichen Strahlungsarten
LRK Lungenretentionsklasse
f_1 Resorptionsfaktor
Org Gewebe oder Organ, bei dem der Dosisfaktor am größten ist
Abkürzungen: siehe Erläuterungen zu Anhang 15.39

Bezugsdosis des Dosisfaktors:
H_E effektive Dosis
H_{Tmax} Äquivalentdosis in dem am stärksten exponierten Organ oder Gewebe

Verbrauch pro Jahr	Erwachsener	Kleinkind
Trinkwasser	800 l	250 l
Fisch (Süßwasser)	20 kg	-
Milch + Milchprodukte	330 kg	200 kg
Fleisch + Fleischprodukte	150 kg	20 kg
- Getreide + Getreideprodukte	190 kg	15 kg
- Obst + Obstsäfte	100 kg	20 kg
- Wurzeln + Kartoffeln	170 kg	15 kg
- Blattgemüse	40 kg	10 kg
Pflanzliche Produkte (insgesamt)	500 kg	60 kg
Atemluft	7300 m^3	1900 m^3
- pro Tag	20 m^3	5,2 m^3
- pro Stunde	0,833 m^3	0,217 m^3
- pro Arbeitsstunde	1,2 m^3	

15.41: a) Verbrauchsdaten des Menschen (Referenzwerte) [StrlSchV-89]

Körperteil/Organ	Mann	Frau
Gesamtkörpermasse	70 000 g	58 000 g
Knochenmasse	10 000 g	6 800 g
Fettmasse	13 500 g	16 000 g
Blutmasse	5 500 g	4 100 g
Gehirnmasse	1 400 g	1 200 g
Hautmasse	2 600 g	1 790 g
Hautoberfläche	18 000 cm^2	16 000 cm^2
Körperwasser/Gesamtkörper	0,6 l/kg	0,5 l/kg

15.41: b) Körperdaten des Menschen (Standardwerte) [icp74]

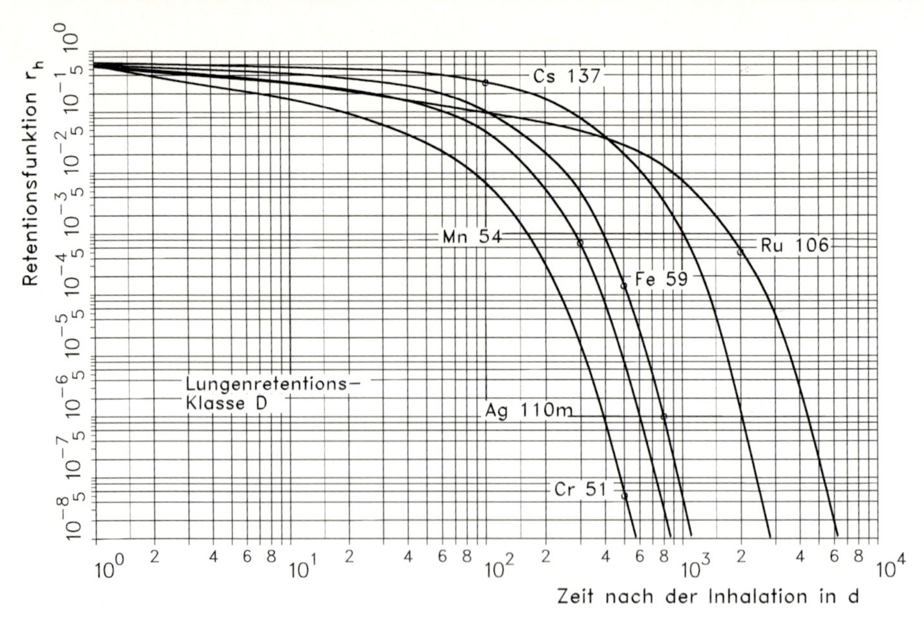

15.42: a) Bruchteil r_h der zur Zeit t nach Inhalation von Radionukliden im Organismus verbliebenen Aktivität für Aerosolverteilungen von 1 µm AMAD und Lungenretentionsklasse D [icp88c]

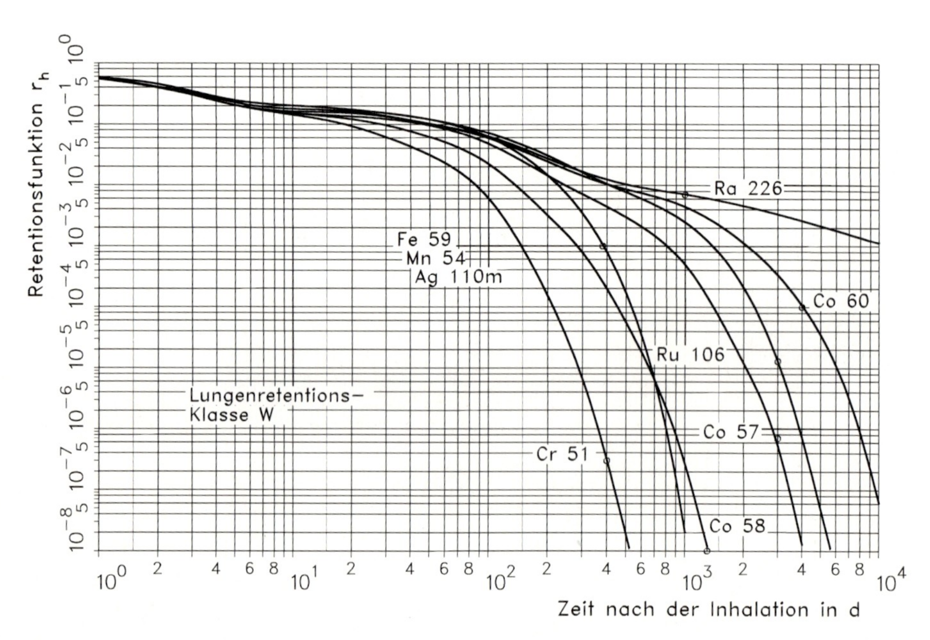

15.42: b) Bruchteil r_h der zur Zeit t nach Inhalation von Radionukliden im Organismus verbliebenen Aktivität für Aerosolverteilungen von 1 µm AMAD und Lungenretentionsklasse W [icp88c]

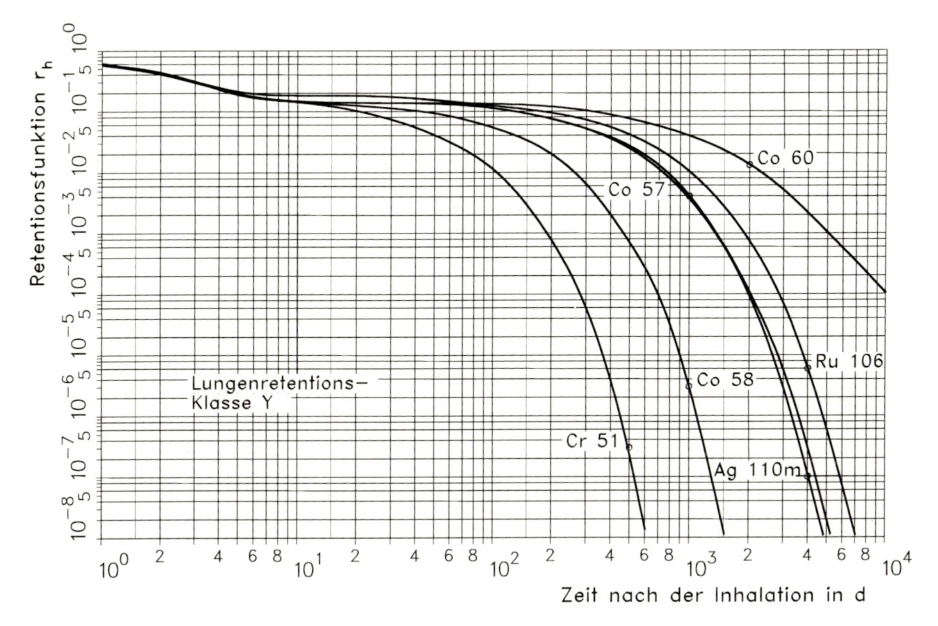

15.42: c) Bruchteil r_h der zur Zeit t nach Inhalation von Radionukliden im Organismus verbliebenen Aktivität für Aerosolverteilungen von 1 µm AMAD und Lungenretentionsklasse Y [icp88c]

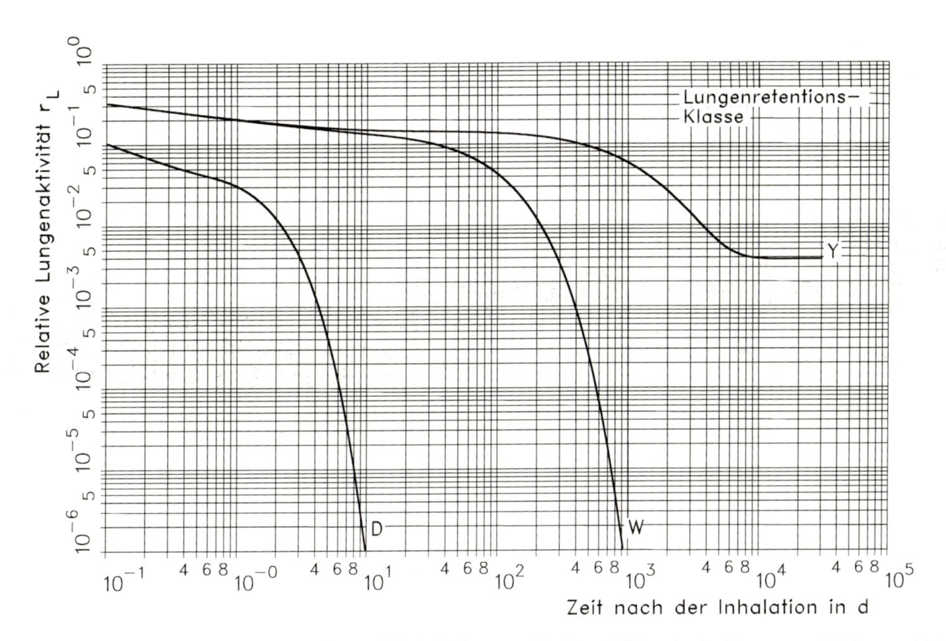

15.42: d) Bruchteil r_L der zur Zeit t nach Inhalation von Radionukliden in der Lunge verbliebenen Aktivität für Aerosolverteilungen von 1 µm AMAD [fac82b], r_L (t = 0) = 0,33

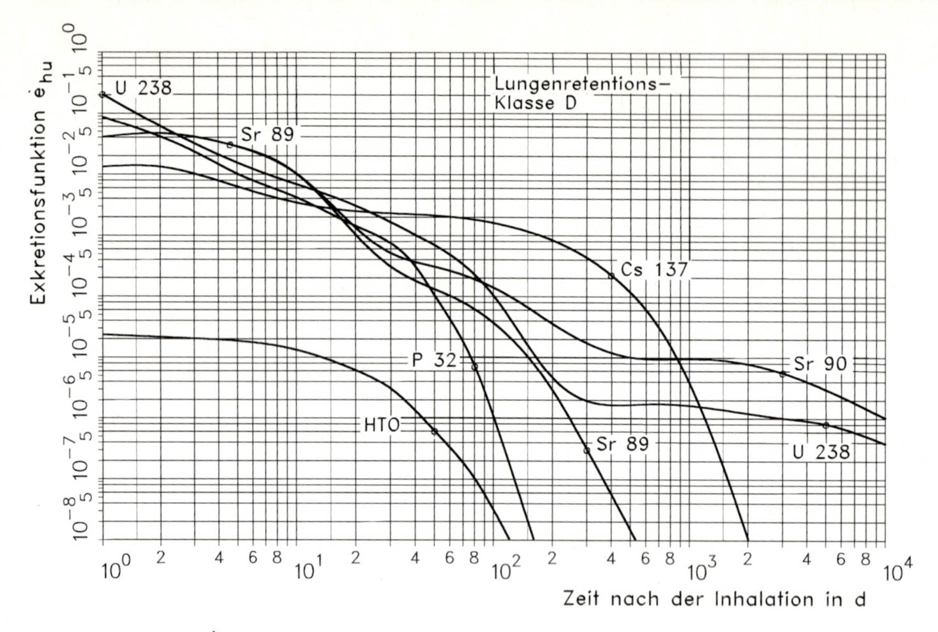

15.42: e) Bruchteil[a] $\dot{e}_{hu}$ der zur Zeit t nach Inhalation von Radionukliden über Urin pro Tag ausgeschiedenen Aktivität für Aerosolverteilungen von 1 µm AMAD und Lungenretentionsklasse D [icp88c]

a bei HTO: Bruchteil $k_{hu}(t)$ der Aktivitätskonzentration im Urin in 1/ml

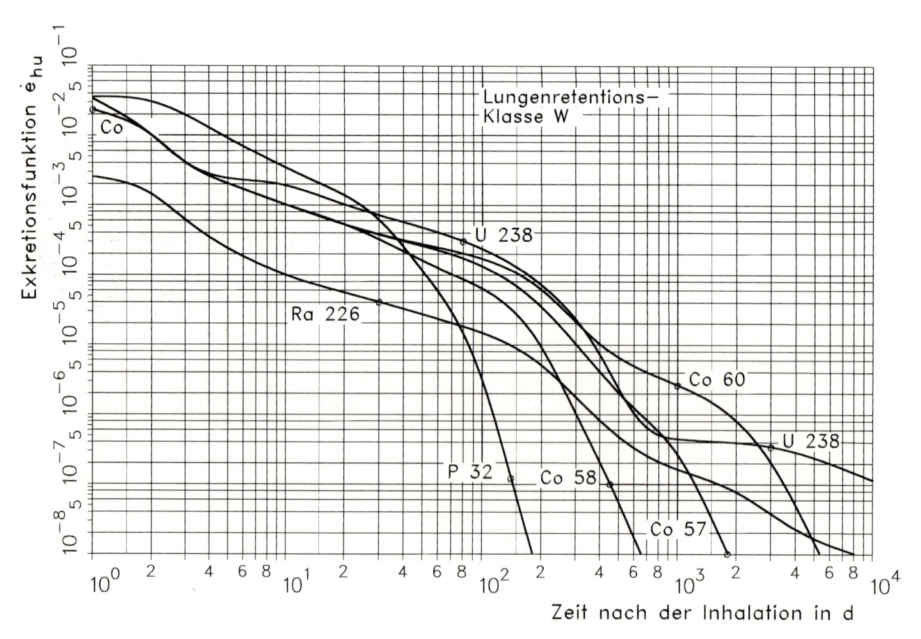

15.42: f) Bruchteil $\dot{e}_{hu}$ der zur Zeit t nach Inhalation von Radionukliden über Urin pro Tag ausgeschiedenen Aktivität für Aerosolverteilungen von 1 µm AMAD und Lungenretentionsklasse W [icp88c]

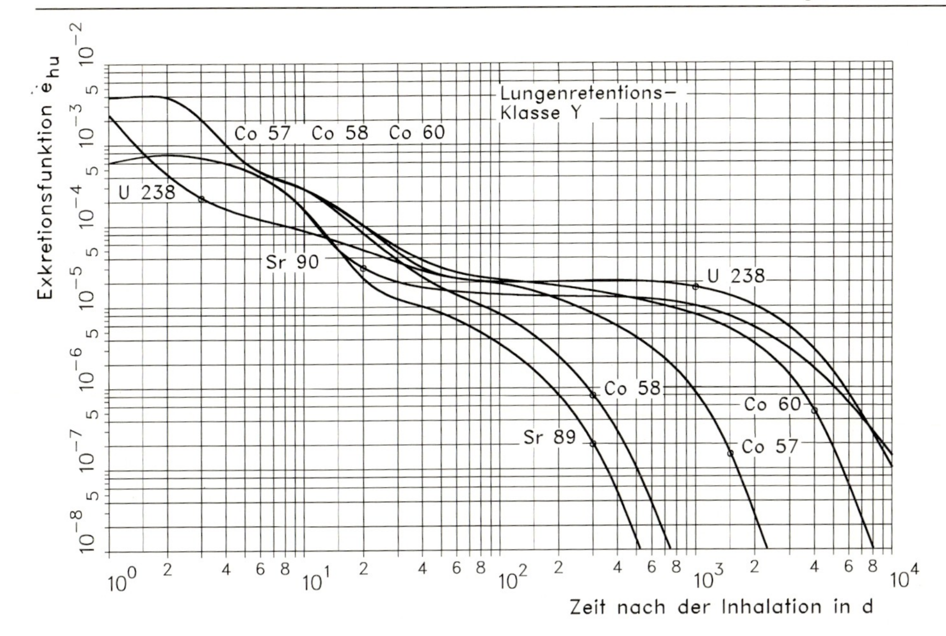

15.42: g) Bruchteil $\dot{e}_{hu}$ der zur Zeit t nach Inhalation von Radionukliden über Urin pro Tag ausgeschiedenen Aktivität für Aerosolverteilungen von 1 μm AMAD und Lungenretentionsklasse Y [icp88c]

Nuklid	Dosisleistungsfaktoren				
	[1)] $g^{\infty}_{S\gamma}$ Submersion ∞ Halbraum $\frac{Sv\ m^3}{h\ Bq}$	[1)] $g^{\infty}_{I\beta+\gamma}$ Immersion ∞ Wasser $\frac{Sv\ m^3}{h\ Bq}$	[1)] $g^{\infty}_{B\gamma}$ Bodenstrahl. ∞ Fläche $\frac{Sv\ m^2}{h\ Bq}$	[2)] $g_{S\beta}$ β-Submersion aus der Wolke $\frac{Sv\ m^3}{s\ Bq}$	[1)] $g_{S\gamma}$ γ-Submersion aus der Wolke $\frac{Sv\ m^2}{s\ Bq}$
Ag 110m	$4.91 \cdot 10^{-10}$	$9.58 \cdot 10^{-13}$	$9.36 \cdot 10^{-12}$	$2.4 \cdot 10^{-15}$	$9.4 \cdot 10^{-16}$
Ag 110	$5.37 \cdot 10^{-12}$	$1.36 \cdot 10^{-14}$	$1.08 \cdot 10^{-13}$	$7.5 \cdot 10^{-14}$	$1.1 \cdot 10^{-17}$
Am 241	$2.40 \cdot 10^{-12}$	$7.29 \cdot 10^{-15}$	$9.36 \cdot 10^{-14}$	-	$1.0 \cdot 10^{-17}$
Ar 41	$2,40 \cdot 10^{-10}$	$4.51 \cdot 10^{-13}$	-	$2.7 \cdot 10^{-14}$	$4.3 \cdot 10^{-16}$
Au 198	$7.08 \cdot 10^{-11}$	$1.38 \cdot 10^{-13}$	$1.44 \cdot 10^{-12}$	$1.8 \cdot 10^{-14}$	$1.4 \cdot 10^{-16}$
Ba 133	$6.28 \cdot 10^{-11}$	$1.27 \cdot 10^{-13}$	$1.44 \cdot 10^{-12}$	$4.8 \cdot 10^{-16}$	$1.4 \cdot 10^{-16}$
Ba 140	$3.08 \cdot 10^{-11}$	$6.47 \cdot 10^{-14}$	$6.48 \cdot 10^{-13}$	$1.5 \cdot 10^{-14}$	$6.3 \cdot 10^{-17}$
Ba 140*	$4.75 \cdot 10^{-10}$	$8.99 \cdot 10^{-13}$	[a] $8.28 \cdot 10^{-12}$	[b] $1.5 \cdot 10^{-14}$	[c] $6.4 \cdot 10^{-17}$
Be 7	$8.20 \cdot 10^{-12}$	$1.69 \cdot 10^{-14}$	$1.73 \cdot 10^{-13}$	-	$1.7 \cdot 10^{-17}$
C 11	$1.71 \cdot 10^{-10}$	$3.48 \cdot 10^{-13}$	$3.60 \cdot 10^{-12}$	$2.2 \cdot 10^{-14}$	$3.6 \cdot 10^{-16}$
C 14	[d] $6.70 \cdot 10^{-15}$	$7.04 \cdot 10^{-18}$	-	$2.3 \cdot 10^{-16}$	-
Ca 45*	[d] $7.61 \cdot 10^{-14}$	$4.84 \cdot 10^{-17}$	[d] $7.2 \cdot 10^{-12}$	$1.4 \cdot 10^{-15}$	-
Cd 109	$1.12 \cdot 10^{-12}$	$9.14 \cdot 10^{-16}$	$8.64 \cdot 10^{-14}$	$1.5 \cdot 10^{-16}$	$1.4 \cdot 10^{-17}$
Ce 144	$2.85 \cdot 10^{-12}$	$6.58 \cdot 10^{-15}$	$7.20 \cdot 10^{-14}$	$1.8 \cdot 10^{-15}$	$6.2 \cdot 10^{-18}$
Ce 144*	$8.90 \cdot 10^{-12}$	$2.18 \cdot 10^{-14}$	[a] $2.12 \cdot 10^{-13}$	[b] $6.7 \cdot 10^{-15}$	[c] $7.9 \cdot 10^{-18}$
Cf 252	$8.79 \cdot 10^{-11}$	$3.11 \cdot 10^{-17}$	$2.77 \cdot 10^{-15}$	-	$6.2 \cdot 10^{-19}$
Cl 36	$2.63 \cdot 10^{-14}$	$4.75 \cdot 10^{-16}$	-	$1.4 \cdot 10^{-14}$	-
Co 57	$1.94 \cdot 10^{-11}$	$4.50 \cdot 10^{-14}$	$3.96 \cdot 10^{-13}$	$8.9 \cdot 10^{-17}$	$3.3 \cdot 10^{-17}$
Co 60	$4.56 \cdot 10^{-10}$	$8.80 \cdot 10^{-13}$	$8.28 \cdot 10^{-12}$	$2.4 \cdot 10^{-15}$	$8.3 \cdot 10^{-16}$
Cr 51	$5.25 \cdot 10^{-12}$	$1.08 \cdot 10^{-14}$	$1.12 \cdot 10^{-13}$	$2.8 \cdot 10^{-18}$	$1.1 \cdot 10^{-17}$
Cs 134	$2.74 \cdot 10^{-10}$	$5.41 \cdot 10^{-13}$	$5.40 \cdot 10^{-12}$	$7.4 \cdot 10^{-15}$	$5.4 \cdot 10^{-16}$
Cs 137	[d] $2.58 \cdot 10^{-13}$	$2.73 \cdot 10^{-16}$	[d] $8.46 \cdot 10^{-15}$	$8.3 \cdot 10^{-15}$	-
Cs 137*	$9.83 \cdot 10^{-11}$	$1.94 \cdot 10^{-13}$	[a] $1.98 \cdot 10^{-12}$	[b] $9.7 \cdot 10^{-15}$	[c] $1.2 \cdot 10^{-16}$
Eu 152m	$5.25 \cdot 10^{-11}$	$1.12 \cdot 10^{-13}$	$1.01 \cdot 10^{-12}$	$3.1 \cdot 10^{-14}$	$1.0 \cdot 10^{-16}$
Eu 152	$1.37 \cdot 10^{-10}$	$4.02 \cdot 10^{-13}$	$3.96 \cdot 10^{-12}$	$5.5 \cdot 10^{-15}$	$3.8 \cdot 10^{-16}$
F 18	$1.71 \cdot 10^{-10}$	$3.37 \cdot 10^{-13}$	$3.60 \cdot 10^{-12}$	$1.2 \cdot 10^{-14}$	$3.6 \cdot 10^{-16}$
Fe 55	$3.96 \cdot 10^{-15}$	$9.90 \cdot 10^{-18}$	$5.40 \cdot 10^{-16}$	-	-
Fe 59	$2.17 \cdot 10^{-10}$	$4.19 \cdot 10^{-13}$	$3.96 \cdot 10^{-12}$	$3.8 \cdot 10^{-15}$	$4.0 \cdot 10^{-16}$
Ga 67	$2.51 \cdot 10^{-11}$	$5.14 \cdot 10^{-14}$	$5.40 \cdot 10^{-13}$	$1.3 \cdot 10^{-16}$	$4.7 \cdot 10^{-17}$
Gd 153	$1.26 \cdot 10^{-11}$	$3.33 \cdot 10^{-14}$	$3.60 \cdot 10^{-13}$	$5.7 \cdot 10^{-17}$	$3.1 \cdot 10^{-17}$
Hg 203	$3.88 \cdot 10^{-11}$	$7.91 \cdot 10^{-14}$	$8.28 \cdot 10^{-13}$	$2.3 \cdot 10^{-15}$	$7.8 \cdot 10^{-17}$
I 123	$2.51 \cdot 10^{-11}$	$5.64 \cdot 10^{-14}$	$6.12 \cdot 10^{-13}$	$5.0 \cdot 10^{-16}$	$5.6 \cdot 10^{-17}$
I 125	$2.05 \cdot 10^{-12}$	$4.53 \cdot 10^{-15}$	$1.62 \cdot 10^{-13}$	-	$2.0 \cdot 10^{-17}$
I 131	$6.62 \cdot 10^{-11}$	$1.31 \cdot 10^{-13}$	$1.33 \cdot 10^{-12}$	$8.3 \cdot 10^{-15}$	$1.3 \cdot 10^{-16}$
In 111*	$6.39 \cdot 10^{-11}$	$1.38 \cdot 10^{-13}$	$1.40 \cdot 10^{-12}$	$1.0 \cdot 10^{-15}$	$1,3 \cdot 10^{-16}$

15.43: a) (Legende s. bei Abb. 15.43 c, S. 382)

Nuklid	Dosisleistungsfaktoren				
	[1] $g^{\infty}_{S\gamma}$ Submersion ∞ Halbraum $\frac{Sv\ m^3}{h\ Bq}$	[1] $g^{\infty}_{I\beta+\gamma}$ Immersion ∞ Wasser $\frac{Sv\ m^3}{h\ Bq}$	[1] $g^{\infty}_{B\gamma}$ Bodenstrahl. ∞ Fläche $\frac{Sv\ m^2}{h\ Bq}$	[2] $g_{S\beta}$ β-Submersion aus der Wolke $\frac{Sv\ m^3}{s\ Bq}$	[1] $g_{S\gamma}$ γ-Submersion aus der Wolke $\frac{Sv\ m^2}{s\ Bq}$
In 113m	$4.45 \cdot 10^{-11}$	$8.73 \cdot 10^{-14}$	$9.00 \cdot 10^{-13}$	$7.4 \cdot 10^{-15}$	$9.0 \cdot 10^{-17}$
Ir 192	$1.37 \cdot 10^{-10}$	$2.81 \cdot 10^{-13}$	$2.84 \cdot 10^{-12}$	$9.6 \cdot 10^{-15}$	$2.8 \cdot 10^{-16}$
K 40	$3.08 \cdot 10^{-11}$	$5.61 \cdot 10^{-14}$	$5.04 \cdot 10^{-13}$	$3.2 \cdot 10^{-14}$	$5.1 \cdot 10^{-17}$
K 43	$1.71 \cdot 10^{-10}$	$3.33 \cdot 10^{-13}$	$3.38 \cdot 10^{-12}$	$1.6 \cdot 10^{-14}$	$3.4 \cdot 10^{-16}$
Kr 85	$4.57 \cdot 10^{-13}$	$1.26 \cdot 10^{-15}$	-	$1.3 \cdot 10^{-14}$	$9.7 \cdot 10^{-19}$
Kr 87	$1.48 \cdot 10^{-10}$	$3.05 \cdot 10^{-13}$	-	$8.4 \cdot 10^{-14}$	$2.5 \cdot 10^{-16}$
Kr 88	$3.65 \cdot 10^{-10}$	$7.65 \cdot 10^{-13}$	-	$2.0 \cdot 10^{-14}$	$5.8 \cdot 10^{-16}$
Mn 54	$1.48 \cdot 10^{-10}$	$2.95 \cdot 10^{-13}$	$2.88 \cdot 10^{-12}$	$1.3 \cdot 10^{-17}$	$2.9 \cdot 10^{-16}$
Mo 99	$2.63 \cdot 10^{-11}$	$5.49 \cdot 10^{-14}$	$5.04 \cdot 10^{-13}$	$2.2 \cdot 10^{-14}$	$5.2 \cdot 10^{-17}$
N 13	$1.71 \cdot 10^{-10}$	$3.48 \cdot 10^{-13}$	-	$2.9 \cdot 10^{-14}$	$3.6 \cdot 10^{-16}$
Na 22	$3.88 \cdot 10^{-10}$	$7.60 \cdot 10^{-13}$	$7.56 \cdot 10^{-12}$	$8.9 \cdot 10^{-15}$	$7.5 \cdot 10^{-16}$
Na 24	$7.99 \cdot 10^{-10}$	$1.61 \cdot 10^{-12}$	$1.26 \cdot 10^{-11}$	$3.3 \cdot 10^{-14}$	$1.2 \cdot 10^{-15}$
O 15	$1.71 \cdot 10^{-10}$	$3.49 \cdot 10^{-13}$	-	$4.5 \cdot 10^{-14}$	$3.6 \cdot 10^{-16}$
P 32	d $1.60 \cdot 10^{-9}$	$1.70 \cdot 10^{-15}$	d $2.95 \cdot 10^{-13}$	$4.3 \cdot 10^{-14}$	-
Pb 201	$1.26 \cdot 10^{-10}$	-	$2.56 \cdot 10^{-12}$	$2.3 \cdot 10^{-15}$	$2.5 \cdot 10^{-16}$
Pb 210	$1.94 \cdot 10^{-13}$	$5.31 \cdot 10^{-16}$	$1.01 \cdot 10^{-14}$	-	$7.7 \cdot 10^{-19}$
Pb 210*	-	-	a $1.01 \cdot 10^{-14}$	b $3.5 \cdot 10^{-18}$	c $7.7 \cdot 10^{-19}$
Pm 147	$6.05 \cdot 10^{-16}$	$2.76 \cdot 10^{-17}$	d $1.28 \cdot 10^{-17}$	$7.8 \cdot 10^{-16}$	-
Po 210	$1.60 \cdot 10^{-15}$	$2.99 \cdot 10^{-18}$	$2.69 \cdot 10^{-17}$	-	-
Pu 238	$2.28 \cdot 10^{-14}$	$3.70 \cdot 10^{-17}$	$3.31 \cdot 10^{-15}$	-	$7.4 \cdot 10^{-19}$
Pu 239	$1.48 \cdot 10^{-14}$	$3.12 \cdot 10^{-17}$	$1.40 \cdot 10^{-15}$	-	$2.9 \cdot 10^{-19}$
Ra 226	$1.06 \cdot 10^{-12}$	$2.39 \cdot 10^{-15}$	$2.30 \cdot 10^{-14}$	$1.1 \cdot 10^{-16}$	$2.0 \cdot 10^{-18}$
Ra 226*	-	-	a $5.76 \cdot 10^{-12}$	b $1.1 \cdot 10^{-16}$	c $2.0 \cdot 10^{-18}$
Rb 81	$1.05 \cdot 10^{-10}$	$2.09 \cdot 10^{-13}$	$2.16 \cdot 10^{-12}$	$9.9 \cdot 10^{-15}$	$2.1 \cdot 10^{-16}$
Rn 220*	e $6.74 \cdot 10^{-14}$	e $1.79 \cdot 10^{-16}$	-	b $5.8 \cdot 10^{-18}$	-
Rn 222*	e $6.85 \cdot 10^{-14}$	e $1.32 \cdot 10^{-16}$	-	b $1.0 \cdot 10^{-16}$	c $2.7 \cdot 10^{-18}$
Ru 106*	f $3.96 \cdot 10^{-11}$	$7.49 \cdot 10^{-14}$	a $6.84 \cdot 10^{-13}$	b $8.1 \cdot 10^{-14}$	c $6.9 \cdot 10^{-17}$
S 35	d $8.60 \cdot 10^{-15}$	$9.03 \cdot 10^{-18}$	-	$2.8 \cdot 10^{-16}$	-
Sb 124	$3.31 \cdot 10^{-10}$	$6.72 \cdot 10^{-13}$	$6.12 \cdot 10^{-12}$	$2.2 \cdot 10^{-14}$	$5.9 \cdot 10^{-16}$
Sb 125	$7.31 \cdot 10^{-11}$	$1.45 \cdot 10^{-13}$	$1.51 \cdot 10^{-12}$	$2.8 \cdot 10^{-15}$	$1.5 \cdot 10^{-16}$
Sb 125*	$7.48 \cdot 10^{-11}$	$1.46 \cdot 10^{-13}$	a $1.55 \cdot 10^{-12}$	b $2.8 \cdot 10^{-15}$	c $1.5 \cdot 10^{-16}$
Se 75	$6.39 \cdot 10^{-11}$	$1.37 \cdot 10^{-13}$	$1.37 \cdot 10^{-12}$	$1.6 \cdot 10^{-16}$	$1.2 \cdot 10^{-16}$
Sn 113	$1.37 \cdot 10^{-12}$	$3.12 \cdot 10^{-15}$	$8.28 \cdot 10^{-14}$	$8.8 \cdot 10^{-18}$	$1.1 \cdot 10^{-17}$
Sr 89*	$1.60 \cdot 10^{-14}$	$1.47 \cdot 10^{-15}$	d $2.43 \cdot 10^{-13}$	$3.5 \cdot 10^{-14}$	-
Sr 90	d $3.30 \cdot 10^{-13}$	$3.48 \cdot 10^{-16}$	d $4.98 \cdot 10^{-15}$	$8.9 \cdot 10^{-15}$	-

15.43: b) (Legende s. bei Abb. 15.43 c, S. 382)

Nuklid	Dosisleistungsfaktoren [1] $g^{\infty}_{S\gamma}$ Submersion ∞ Halbraum $\frac{Sv\ m^3}{h\ Bq}$	[1] $g^{\infty}_{I\beta+\gamma}$ Immersion ∞ Wasser $\frac{Sv\ m^3}{h\ Bq}$	[1] $g^{\infty}_{B\gamma}$ Bodenstrahl. ∞ Fläche $\frac{Sv\ m^2}{h\ Bq}$	[2] $g_{S\beta}$ β-Submersion aus der Wolke $\frac{Sv\ m^3}{s\ Bq}$	[1] $g_{S\gamma}$ γ-Submersion aus der Wolke $\frac{Sv\ m^2}{s\ Bq}$
Sr 90*	d $2.59 \cdot 10^{-12}$	$2.76 \cdot 10^{-15}$	d $3.84 \cdot 10^{-13}$	b $8.9 \cdot 10^{-15}$	-
Ta 182	$2.28 \cdot 10^{-10}$	$4.57 \cdot 10^{-13}$	$4.32 \cdot 10^{-12}$	$5.5 \cdot 10^{-15}$	$4.2 \cdot 10^{-16}$
Tc 99m	$1.94 \cdot 10^{-11}$	$4.66 \cdot 10^{-14}$	$4.32 \cdot 10^{-13}$	$2.8 \cdot 10^{-16}$	$3.6 \cdot 10^{-17}$
Te 123m	$2.17 \cdot 10^{-11}$	$5.04 \cdot 10^{-14}$	$5.04 \cdot 10^{-13}$	$6.5 \cdot 10^{-16}$	$4.6 \cdot 10^{-17}$
Th 228	$3.08 \cdot 10^{-13}$	$7.10 \cdot 10^{-16}$	$8.64 \cdot 10^{-15}$	$1.5 \cdot 10^{-17}$	$9.4 \cdot 10^{-19}$
Th 228*	-	-	a $5.04 \cdot 10^{-12}$	b $1.5 \cdot 10^{-17}$	c $9.4 \cdot 10^{-19}$
Tl 201	$1.14 \cdot 10^{-11}$	$3.21 \cdot 10^{-14}$	$3.02 \cdot 10^{-13}$	$2.6 \cdot 10^{-16}$	$2.3 \cdot 10^{-17}$
Tl 204	$1.37 \cdot 10^{-13}$	$8.96 \cdot 10^{-16}$	$3.60 \cdot 10^{-15}$	$1.2 \cdot 10^{-14}$	-
Tm 170	$6.51 \cdot 10^{-13}$	$2.41 \cdot 10^{-15}$	$1.76 \cdot 10^{-14}$	$1.7 \cdot 10^{-14}$	$1.4 \cdot 10^{-18}$
U 235	$2.40 \cdot 10^{-11}$	$5.35 \cdot 10^{-14}$	$5.40 \cdot 10^{-13}$	$2.0 \cdot 10^{-16}$	$4.7 \cdot 10^{-17}$
U 238	$1.83 \cdot 10^{-13}$	$4.17 \cdot 10^{-17}$	$2.27 \cdot 10^{-15}$	-	$5.0 \cdot 10^{-19}$
U 238*	-	-	a $8.64 \cdot 10^{-14}$	-	c $5.0 \cdot 10^{-19}$
Xe 133m	$4.79 \cdot 10^{-12}$	$1.09 \cdot 10^{-14}$	-	$8.1 \cdot 10^{-15}$	$1.6 \cdot 10^{-17}$
Xe 133	$5.02 \cdot 10^{-12}$	$1.32 \cdot 10^{-14}$	-	$2.7 \cdot 10^{-15}$	$1.4 \cdot 10^{-17}$
Xe 135	$4.11 \cdot 10^{-11}$	$8.64 \cdot 10^{-14}$	-	$1.7 \cdot 10^{-14}$	$8.2 \cdot 10^{-17}$
Xe 138	$2.05 \cdot 10^{-10}$	$4.26 \cdot 10^{-13}$	-	$4.0 \cdot 10^{-14}$	$3.5 \cdot 10^{-16}$
Y 90m	$1.06 \cdot 10^{-10}$	$2.18 \cdot 10^{-13}$	$2.20 \cdot 10^{-12}$	$2.6 \cdot 10^{-15}$	$2.1 \cdot 10^{-16}$
Y 90	$1.37 \cdot 10^{-17}$	$2.41 \cdot 10^{-15}$	d $3.83 \cdot 10^{-13}$	$5.9 \cdot 10^{-14}$	-
Yb 169	$4.22 \cdot 10^{-11}$	$1.03 \cdot 10^{-13}$	$1.04 \cdot 10^{-12}$	$1.5 \cdot 10^{-15}$	$9.0 \cdot 10^{-17}$
Zn 65	$1.07 \cdot 10^{-10}$	$2.05 \cdot 10^{-13}$	$1.94 \cdot 10^{-12}$	$7.4 \cdot 10^{-17}$	$2.0 \cdot 10^{-16}$

15.43: c) Dosisleistungsfaktoren[1] für Luftsubmersion $g^{\infty}_{S\gamma}$ [jac89b], Wasserimmersion $g^{\infty}_{I\beta+\gamma}$ [koc83] und Bodenstrahlung $g^{\infty}_{B\gamma}$ [bmu89a] bei homogener, unendlich ausgedehnter Aktivitätsverteilung; Dosisleistungsfaktoren $g_{S\beta}$[2] für Betasubmersion und $g_{S\gamma}$[1] für Gammasubmersion aus der Wolke [bmu89a]

[1] Bezugsdosis ist die effektive Dosis. Bei Betastrahlung ist die Hautdosis mit einem Gewebe-Wichtungsfaktor 0,01 berücksichtigt

[2] Bezugsdosis ist die Äquivalentdosis in der Haut in 0,07 mm Tiefe

a zur Berücksichtigung der Tochternuklide ist eine 50 Jahre dauernde kontinuierliche Ablagerung des Mutternuklids zugrundegelegt

b zur Berücksichtigung der Tochternuklide ist eine Zerfallszeit von 100 s des Mutternuklids zugrundegelegt

c zur Berücksichtigung der Tochternuklide ist eine Zerfallszeit von 200 s des Mutternuklids zugrundegelegt, wobei die Aktivitätsabnahme des Mutternuklids unberücksichtigt bleibt

d bezieht sich überwiegend oder ausschließlich auf Betastrahlung

e ohne Tochternuklide

f einschließlich Betastrahlung

Windgeschwindigkeit in m/s	Stabilitätsklasse: Einstrahlung tagsüber			Wolkenbedeckung* nachts	
	stark	mäßig	schwach	≥ 4/8	≤ 3/8
< 2	A	A - B	B		
2	A - B	B	C	E	F
4	B	B - C	C	D	E
6	C	C - D	D	D	D
> 6	C	D	D	D	D

15.44: Zusammenhang zwischen den Stabilitätsklassen A – F und den Wetterbedingungen nach Pasquill [sla68]

* relativer Bedeckungsgrad des Himmels durch Wolken

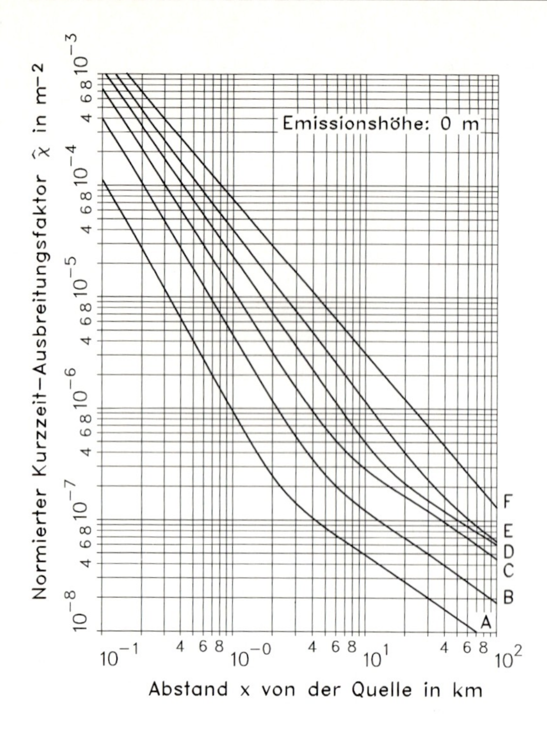

15.45: a) Normierter Kurzzeit-Ausbreitungsfaktor $\hat{\chi} = u \cdot \chi$ in Abhängigkeit vom Abstand x von der Quelle für die Stabilitätsklassen A bis F bei bodennaher Emission und rauhem Gelände [ssk89a]

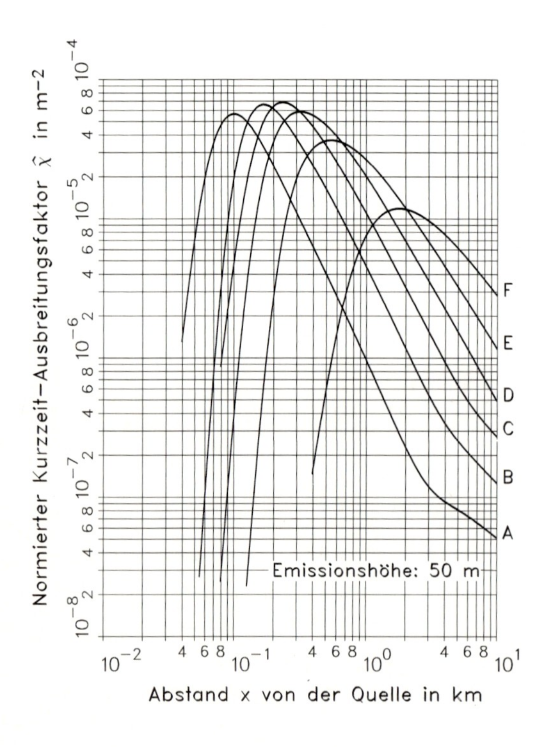

15.45: b) Normierter Kurzzeit-Ausbreitungsfaktor $\hat{\chi} = u \cdot \chi$ in Abhängigkeit vom Abstand x von der Quelle für die Stabilitätsklassen A bis F bei Emissionshöhe 50 m und rauhem Gelände [ssk89a]

$$u_e = u_m \left(\frac{h_e}{h_m}\right)^n$$

u_e Windgeschwindigkeit in der Emissionshöhe h_e

u_m Windgeschwindigkeit in der Meßhöhe h_m

Stabilitätsklasse	A	B	C	D	E	F
Exponent n	0,09	0,2	0,22	0,28	0,37	0,42

15.46: Umrechnung der Windgeschwindigkeit u_m in der Meßhöhe h_m auf die Windgeschwindigkeit u_e in der Emissionshöhe h_e [ssk89a]

Emissions-höhe		Stabilitätsklasse A	B	C	D	E	F
20 m	$\hat{\chi}_{max}$ in m^{-2}	$2{,}5\cdot10^{-4}$	$2{,}8\cdot10^{-4}$	$3{,}4\cdot10^{-4}$	$3{,}1\cdot10^{-4}$	$2{,}2\cdot10^{-4}$	$7{,}7\cdot10^{-5}$
	x_{max} in km	0,045	0,07	0,09	0,12	0,17	0,45
50 m	$\hat{\chi}_{max}$ in m^{-2}	$5{,}5\cdot10^{-5}$	$5{,}8\cdot10^{-5}$	$6{,}5\cdot10^{-5}$	$5{,}6\cdot10^{-5}$	$3{,}6\cdot10^{-5}$	$1{,}2\cdot10^{-5}$
	x_{max} in km	0,09	0,17	0,23	0,33	0,60	1,8
100 m	$\hat{\chi}_{max}$ in m^{-2}	$8{,}0\cdot10^{-6}$	$1{,}1\cdot10^{-5}$	$1{,}5\cdot10^{-5}$	$1{,}3\cdot10^{-5}$	$5{,}0\cdot10^{-6}$	$3{,}5\cdot10^{-7}$
	x_{max} in km	0,24	0,42	0,60	0,90	1,8	*8,0
150 m	$\hat{\chi}_{max}$ in m^{-2}	*$1{,}1\cdot10^{-5}$	$1{,}1\cdot10^{-5}$	$9{,}0\cdot10^{-6}$	$4{,}0\cdot10^{-6}$	*$6{,}5\cdot10^{-7}$	*$1{,}0\cdot10^{-7}$
	x_{max} in km	*0,3	0,5	1,0	2,7	*10	*20

a) rauhes Gelände [gei83, ssk89a]

Emissions-höhe		Stabilitätsklasse A	B	C	D	E	F
20 m	$\hat{\chi}_{max}$ in m^{-2}	$4{,}0\cdot10^{-4}$	$4{,}0\cdot10^{-4}$	$4{,}0\cdot10^{-4}$	$3{,}3\cdot10^{-4}$	$2{,}9\cdot10^{-4}$	$2{,}2\cdot10^{-4}$
	x_{max} in km	0,1	0,12	0,20	0,34	0,55	1,0
50 m	$\hat{\chi}_{max}$ in m^{-2}	$7{,}0\cdot10^{-5}$	$6{,}2\cdot10^{-5}$	$5{,}5\cdot10^{-5}$	$4{,}3\cdot10^{-5}$	$3{,}3\cdot10^{-5}$	$2{,}5\cdot10^{-5}$
	x_{max} in km	0,12	0,23	0,40	1,0	1,9	2,4
100 m	$\hat{\chi}_{max}$ in m^{-2}	$2{,}2\cdot10^{-5}$	$1{,}8\cdot10^{-5}$	$1{,}4\cdot10^{-5}$	$9{,}0\cdot10^{-6}$	$5{,}7\cdot10^{-6}$	*$3{,}2\cdot10^{-6}$
	x_{max} in km	0,36	0,64	1,20	2,8	5,5	*14,0
150 m	$\hat{\chi}_{max}$ in m^{-2}	$1{,}2\cdot10^{-5}$	$9{,}0\cdot10^{-6}$	$6{,}0\cdot10^{-6}$	$3{,}3\cdot10^{-6}$	*$1{,}9\cdot10^{-6}$	*$8{,}0\cdot10^{-7}$
	x_{max} in km	0,46	0,9	1,8	4,5	*10	*30

b) ebenes, glattes Gelände [sla68]

15.47: Maximalwert des normierten Ausbreitungsfaktors $\hat{\chi}_{max}$ und zugehörige Entfernung x_{max} vom Emissionsort für verschiedene Emissionshöhen h_e in Abhängigkeit von der Stabilitätsklasse

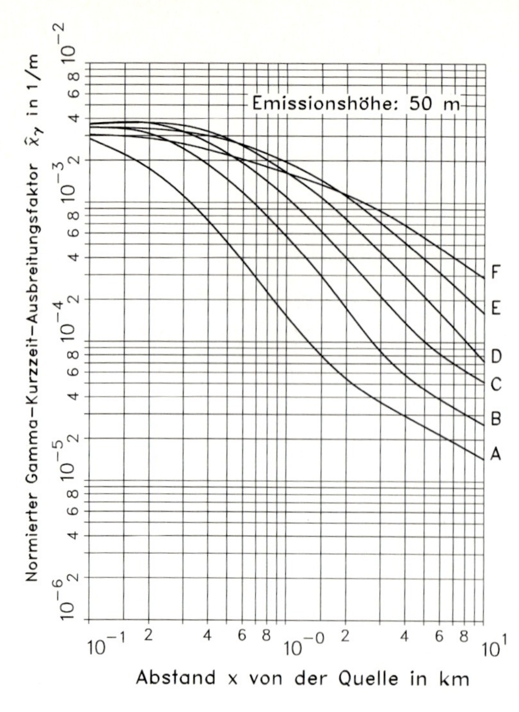

15.48: a) Normierter Gamma-Kurzzeit-Ausbreitungsfaktor $\hat{\chi}_\gamma = u \cdot \chi_\gamma$ für Gammasubmersion in Abhängigkeit vom Abstand x von der Quelle bei den Stabilitätsklassen A bis F und Emissionshöhe 50 m für die Photonenenergie 1 MeV [bmu90b, ssk89a]

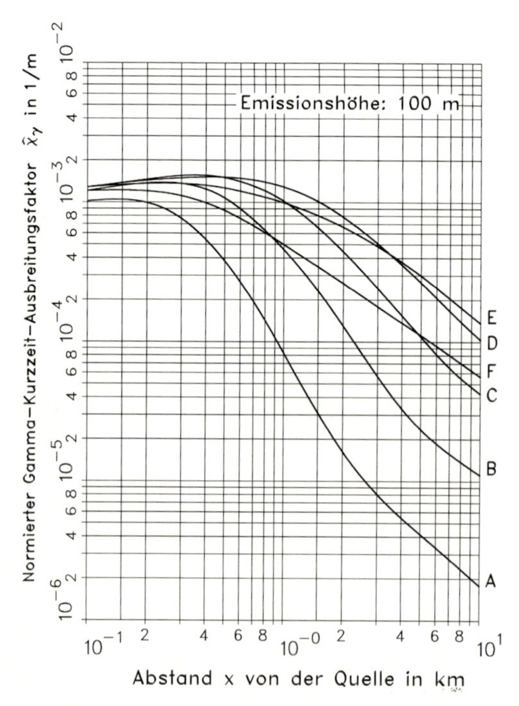

15.48: b) Normierter Gamma-Kurzzeit-Ausbreitungsfaktor $\hat{\chi}_\gamma = u \cdot \chi_\gamma$ für Gammasubmersion in Abhängigkeit vom Abstand x von der Quelle bei den Stabilitätsklassen A bis F und Emissionshöhe 100 m für die Photonenenergie 1 MeV [bmu90b, ssk89a]

a)							
d in μm	6	20	40	80	200	400	800
v_d in m/s	0,006	0,06	0,25	0,60	2,4	4,0	8,0

b)			
Substanz	org. geb. Jod	Aerosol	elem. Jod
v_d in m/s	0,0001	0,0015	0,01

15.49: Ablagerungsgeschwindigkeit v_d in Bodennähe für Aerosolteilchen

a Aerosolteilchen der Dichte 5 g/cm^3 nach [sla68]
b Empfehlung gemäß [bmu90b]
d effektiver Teilchendurchmesser
org. geb. organisch gebunden
elem. elementar

Literaturverzeichnis

[att68] *Attix, F. H.* et al.: Radiation Dosimetry. Vol. 1 – 3, New York: Academic Press 1968

[aur82] *Aurand, H.*, et al.: Radioökologie und Strahlenschutz, Berlin: E. Schmidt-Verlag 1982

[bäc64] *Bäck, W., W. Hinrichs:* Strahlenschutzrecht. Loseblattsammlung, Wiesbaden: Deutscher Fachschriften Verlag 1964

[bäc70] *Bächmann, K.:* Messung radioaktiver Nuklide. Kernchemie in Einzeldarstellungen Bd. 2. Weinheim: Verlag Chemie GmbH 1970

[bau78] *Baumgärtner, F.:* Chemie der Nuklearen Entsorgung. Teil 1/2 Bd. 65/66. Thiemig-Taschenbücher. München: Verlag Karl Thiemig 1978

[bau80] *Baumgärtner, F.:* Chemie der Nuklearen Entsorgung. Teil III Bd. 91. Thiemig-Taschenbücher. München: Verlag Karl Thiemig 1980

[bau86] *Baumgärtner, F.* et al.: Nukleare Entsorgung. Bd. 3: 1986, Bd. 4: 1988. Weinheim: VCH Verlagsgesellschaft mbH

[bec62] *Becker, H.:* Filmdosimetrie. Grundlagen und Methoden der photographischen Verfahren zur Strahlendosismessung. Berlin: Springer Verlag 1962

[bec76] *Becker, K., A. Scharmann:* Einführung in die Festkörperdosimetrie. Bd. 56 Thiemig-Taschenbücher. München: Verlag Karl Thiemig 1976

[bei88] BEIR IV: Health Risks of Radon and other internally deposited Alpha-Emitters. National Research Council Committee on the Biological Effects of Ionizing Radiation, Washington: National Academic Press 1988

[bei90] BEIR V: Health Effects of Exposure to Low Levels of Ionizing Radiation. National Research Council Committee on the Biological Effects of Ionizing Radiation, Washington: National Academic Press 1990

[bfe87] BFE: Unfallverhütungsvorschrift „Kernkraftwerke“ VBG 30 mit Durchführungsanweisungen. Berufsgenossenschaft der Feinmechanik und Elektrotechnik, Köln 1987

[bfs91] BfS: IAEO-Empfehlungen für die sichere Beförderung radioaktiver Stoffe, Sicherheitsreihe Nr. 6, Ausgabe 1985, BfS-Schriften, Salzgitter: Bundesamt für Strahlenschutz 1991

[bma91a] BMA: MAK-Werte 1990, TRGS 900 – Maximale Arbeitsplatzkonzentrationen und biologiche Arbeitsstofftoleranzwerte. – Schriftenreihe der Bundesanstalt für Arbeitsschutz, Regelwerke Rw 5, Bremerhaven: Wirtschaftsverlag NW 1991

[bma91b] BMA: Fachkunde nach Röntgenverordnung (Medizin, Zahnmedizin, Tiermedizin). Richtlinie im Auftrag des Bundesministers für Arbeit und Sozialordnung. – Schriftenreihe der Bundesanstalt für Arbeitsschutz, Regelwerke Arbeitsschutz Rw 11, Bremerhaven: Wirtschaftsverlag NW 1991

[bma91c] BMA: Fachkunde-Richtlinie-Technik, Richtlinie im Auftrag des Bundesministers für Arbeit und Sozialordnung. – Schriftenreihe der Bundesanstalt für

Arbeitsschutz, Regelwerke Arbeitsschutz Rw 12, Bremerhaven: Wirtschaftsverlag NW 1991

[bma91d] BMA: Richtlinie für Sachverständigenprüfungen nach Röntgenverordnung. Richtlinie im Auftrag des Bundesministers für Arbeit und Sozialordnung. – Schriftenreihe der Bundesanstalt für Arbeitsschutz, Regelwerke Arbeitsschutz Rw 13, Bremerhaven: Wirtschaftsverlag NW 1991

[bmi78a] BMI: Genehmigung zur Beförderung radioaktiver Stoffe für Durchstrahlungsprüfungen im Rahmen der zerstörungsfreien Materialprüfung, RdSch. des Bundesministers des Inneren vom 29.5.1978, GMBl., S. 334

[bmi78b] BMI: Richtlinie für die physikalische Strahlenschutzkontrolle, Bek. des Bundesministers des Inneren vom 5.6.1978, GMBl., S. 348

[bmi78c] BMI: Die Strahlenexposition von außen in der Bundesrepublik Deutschland durch natürliche radioaktive Stoffe im Freien und in Wohnungen unter Berücksichtigung des Einflusses von Baustoffen, Bericht des Bundesministers des Inneren 1978

[bmi78d] BMI: Merkposten zu Antragsunterlagen in den Genehmigungsverfahren für Anlagen zur Erzeugung ionisierender Strahlen, RdSch. des Bundesministers des Inneren vom 19.1.1978, GMBl., S. 51

[bmi79a] BMI: Richtlinie über Prüffristen bei Dichtheitsprüfungen an umschlossenen radioaktiven Stoffen, RdSchr. des Bundesministers des Inneren vom 23.3.1979, GMBl., S.120

[bmi79b] BMI: Auslegung des § 4 Abs.4 Satz 1 Nr.2 e StrlSchV, RdSchr. des Bundesministers des Inneren vom 20.9.1979, GMBl., S. 631

[bmi80] BMI: Rahmenrichtlinie zu Überprüfungen nach § 76 StrlSchV, RdSch. des Bundesministers des Inneren vom 4.12.1980, GMBl. 1981, S. 26

[bmi81a] BMI: Musterbenutzungsordnung der Landessammelstellen für radioaktive Abfälle in der Bundesrepublik Deutschland, RdSchr. des Bundesministers des Inneren vom 17.3.1981, GMBl., S. 163

[bmi81b] BMI: Berechnungsgrundlage für die Ermittlung der Körperdosis bei innerer Strahlenexposition, RdSchr. des Bundesministers des Inneren vom 10.8.1981, GMBl., S. 321

[bmi81c] BMI: Merkblatt für die Beförderung radioaktiver Stoffe für Durchstrahlungsprüfungen im Rahmen der zerstörungsfreien Materialprüfung, RdSch. des Bundesministers des Inneren vom 20.11.1981, GMBl. 1982, S. 22

[bmi82] BMI: Richtlinie über die Fachkunde im Strahlenschutz, RdSchr. des Bundesministers des Inneren vom 17.9.1982, GMBl., S. 592

[bmi84] BMI: Genehmigungen zur ortsveränderlichen Verwendung und Lagerung umschlossener radioaktiver Stoffe für Durchstrahlungsprüfungen im Rahmen der zerstörungsfreien Materialprüfung, RdSch. des Bundesministers des Inneren vom 2.10.1984, GMBl., S. 479

[bmi85a] BMI: Bekanntmachung von drei Empfehlungen der Strahlenschutzkommission, Bek. des Bundesministers des Inneren vom 8.3.1985. BAnz. Nr.126a, 1985

[bmi85b] BMI: Radon in Wohnungen und im Freien; Erhebungsmessungen in der Bundesrepublik Deutschland. Bericht des Bundesministers des Inneren, 1985

[bmu87a] BMU: Übersicht über die atomrechtlichen Genehmigungs- und Aufsichtsbehörden im Bereich des Strahlenschutzes, Bek. des Bundesministers für Umwelt, Naturschutz und Reaktorsicherheit vom 15.7.1987, GMBl., S. 422

[bmu87b] BMU: Umweltradioaktivität und Strahlenbelastung. Jahresbericht 1987 des Bundesministers für Umwelt, Naturschutz und Reaktorsicherheit, 1987

[bmu89a] BMU: Bekanntmachung der Tabelle IV.1 Freigrenzen und abgeleitete Grenzwerte der Jahres-Aktivitätszufuhr für Inhalation und Ingestion einzelner Radionuklide. Bek. des Bundesministers für Umwelt, Naturschutz und Reaktorsicherheit vom 5.9.1989, BAnz. Nr.185a, 1989

[bmu89b] BMU: Meßanleitungen für die Überwachung der Radioaktivität in der Umwelt. Loseblattsammlung der Leitstellen für die Überwachung der Radioaktivität in der Umwelt im Auftrag des Bundesministers für Umwelt, Naturschutz und Reaktorsicherheit, Bundesforschungsanstalt für Ernährung, Karlsruhe: 1989

[bmu89c] BMU: Berichte der Bundesregierung an den Deutschen Bundestag über Umweltradioaktivität und Strahlenbelastung in den Jahren 1987 und 1988. Der Bundesminister für Umwelt, Naturschutz und Reaktorsicherheit, Bundesratsdrucksache 743/89, 1989

[bmu89d] BMU: Rahmenempfehlungen für den Katastrophenschutz in der Umgebung kerntechnischer Anlagen des Bundesministers für Umwelt, Naturschutz und Reaktorsicherheit vom 1.12.1988, GMBl. 1989, S. 71

[bmu90a] BMU: Bekanntmachung einer Empfehlung der Strahlenschutzkommission: Maßnahmen bei radioaktiver Kontamination der Haut., Bek. des Bundesministers für Umwelt, Naturschutz und Reaktorsicherheit vom 8.2.1990, BAnz. Nr. 45, S. 1081, 1990

[bmu90b] BMU: Allgemeine Verwaltungsvorschrift zu § 45 StrlSchV: Ermittlung der Strahlenexposition durch die Ableitung radioaktiver Stoffe aus kerntechnischen Anlagen oder Einrichtungen, Verwaltungsvorschrift des Bundesministers für Umwelt, Naturschutz und Reaktorsicherheit vom 21.2.1990, BAnz. Nr.64a, 1990

[bmu90c] BMU: Allgemeine Verwaltungsvorschrift zu § 62 Abs.2 StrlSchV („AVV Strahlenpaß"). Verwaltungsvorschrift des Bundesministers für Umwelt, Naturschutz und Reaktorsicherheit vom 3.5.1990, BAnz. Nr.94a, 1990

[bmu90d] BMU: Bericht zur Strahlenexposition im 4. Quartal 1990. Bericht des Bundesministers für Umwelt, Naturschutz und Reaktorsicherheit, 1990

[bmu90e] BMU: Handbuch Reaktorsicherheit und Strahlenschutz. Der Bundesminister für Umwelt, Naturschutz und Reaktorsicherheit, Loseblattsammlung

[bmu90f] BMU: Genehmigungen gemäß § 20 Strahlenschutzverordnung. RdSchr. des Bundesministers für Umwelt, Naturschutz und Reaktorsicherheit, vom 21.9.1990 und vom 2.11.1990, GMBl. 1990, S. 848

[bmv89] BMV: IAEO-Empfehlungen für die sichere Beförderung radioaktiver Stoffe. Bekanntmachung des Bundesministers für Verkehr, Verkehrsblatt Drucksache Nr. 1710, Dortmund: Verkehrsblatt Verlag 1989

[boi84] *Boice Jr., J. D., J. F. Fraumeni, Jr.:* Radiation Carcinogenesis. Epidemiology and Biological Significance. Progress in Cancer Research and Therapy. Vol. 26. New York: Raven Press 1984

[bol63] *Bolt, R.O., J.G.Carroll:* Radiation Effects on Organic Materials. New York: Academic Press 1963

[bon82] *Bonka, H.:* Strahlenexposition durch radioaktive Emissionen aus kerntechnischen Anlagen im Normalbetrieb. Köln: Verlag TÜV Rheinland GmbH 1982

[bon90] *Bonka, H.:* Schwankungsbreite der Ortsdosisleistung durch natürliche Strahlung. Physikalische Blätter 46, S. 126, 1990

[bre87] *Bretherik, L.:* Hazards in the Chemical Laboratory. Boca Raton/Florida: CRC Press, Inc. 1987

[bro85] *Brodsky, A.* et al.: CRC Handbook of Radiation Measurement and Protection. Vol. 1, Physical Science and Engineering Data, Boca Raton/Florida: CRC Press, Inc. 1985

[bro86] *Browne, E., R.B. Firestone:* Table of Radioactive Isotopes. New York: John Wiley & Sons 1986

[bus89] *Busch, H.J.:* Verordnung über die Beförderung gefährlicher Güter auf Straßen – Europäisches Übereinkommen über die internationale Beförderung gefährlicher Güter auf der Straße, Loseblattsammlung, Bonn: Deutscher Bundesverlag 1989

[but90] *von Buttlar, H., M. Roth:* Radioaktivität-Fakten, Ursachen, Wirkungen. Berlin: Springer-Verlag 1990

[b.....] siehe Zusammenstellung Normen und Regeln

[cha91] *Chamberlain, A.C.:* Radioactive Aerosols. Cambridge: Cambridge University Press 1991

[che91] *Chernousenko, V. M.:* Chernobyl. Berlin: Springer-Verlag 1991

[chi84] *Chilton, A. B.* et al.: Principles of Radiation Shielding. Englewood Cliffs: Prentice-Hall, Inc. 1984

[chu78] *Chung, K.L.:* Elementare Wahrscheinlichkeitstheorie und stochastische Prozesse. Berlin: Springer-Verlag 1978

[cie83] *Cierjacks, S.* et al.: Neutron Sources for Basic Physics and Applications. Oxford: Pergamon Press 1983

[cla66] *Clausnitzer, G.* et al.: Partikel-Beschleuniger. Bd. 28 Thiemig-Taschenbücher, München: Verlag Karl Thiemig 1966

[cog83] *Coggle, J.E.:* Biological Effects of Radiation. N.York: Taylor and Francis 1983

[coo81] *Cooper, T.G.:* Biochemische Arbeitsmethoden, Berlin: Walter de Gruyter 1981

[cot87] *Cothern, C.R.* et al.: Environmental Radon. N. York: Plenum Press 1987

[dan74] *Daniel, H.:* Beschleuniger. Stuttgart: Verlag B.G.Teubner 1974

[deb88] *Debertin, K., R.G. Helmer:* Gamma- and X-Ray Spectrometry with Semiconductor Detectors, Amsterdam: North-Holland 1988

[die88] *Dienstl, E.* et al.: Berufliche Strahlenexposition. Strahlenschutz in Forschung und Praxis, Bd. 30. Stuttgart: Georg Thieme Verlag 1988

[dim72] *Dimitrijevic, D.:* Praktische Berechnung der Abschirmung von radioaktiver und Röntgen-Strahlung. Weinheim: Verlag Chemie 1972

[din88a] DIN: Strahlenschutz. Grundlagen, DIN-Taschenbuch 159, Deutsches Institut für Normung, Berlin, Köln: Beuth Verlag GmbH 1988

[din88b] DIN: Strahlenschutz. Methoden und Anwendungen, DIN-Taschenbuch 234, Deutsches Institut für Normung, Berlin, Köln: Beuth Verlag GmbH 1988

[doe85] *Doerfel, H., H. Graffunder:* Untersuchung der Röntgen-Störstrahlung von Bildschirmgeräten. KfK 3923, Karlsruhe: Kernforschungszentrum GmbH 1985

[dör79] *Dörschel, B., L. Herforth:* Neutronen-Personendosimetrie. Basel, Boston, Stuttgart: Birkhäuser Verlag 1979

[dor86] *Dorner, R., H.-G. Vogt:* Physik Daten Nr. 28. Schwächung der Photonenstrahlung von Radionukliden. Abschirmmaterialien: Teil 2: Blei, Teil 3: Eisen, Teil 4: Barytbeton, Teil 5: Normalbeton, Teil 6: Wasser. Eggenstein-Leopoldshafen: Fachinformationszentrum Energie, Physik, Mathematik GmbH 1986

[ede90] *Eder, E.:* Vorschriftensammlung zum Vollzug des Strahlenschutzes, München: R. König-Verlags GmbH 1990

[eis87] *Eisenbud, M.:* Environmental Radioactivity from Natural, Industrial, and Military Sources. N. York: Academic Press 1987

[els83] *Elsasser, U., K. König:* Statistische Grundlagen zur Durchführung epidemiologischer Studien. ISH-Bericht 19, München: Institut für Strahlenhygiene des Bundesgesundheitsamts 1983

[eur70] Kommission der Europäischen Gemeinschaften: Strahlenschutzprobleme bei der Emission parasitärer Röntgenstrahlung von elektronischem Gerät. Tagungsbericht, Toulouse 3-6 Nov, EUR 4640 d-f-e 1970

[eva55] Evans, R. D.: The Atomic Nucleus. McGraw-Hill, Inc. 1955

[ewe75] *Ewen, K., G. Schmitt:* Grundlagen des praktischen Strahlenschutzes an medizinischen Röntgeneinrichtungen. Stuttgart: Verlag Enke 1975

[ewe85] *Ewen, K.:* Strahlenschutz an Beschleunigern. Stuttgart: B.G. Teubner 1985

[ewe90] *Ewen, K.* et al.: Zur Durchführung von Strahlenschutzprüfungen nach § 4 und § 18 RöV, Stuttgart: G. Thieme Verlag 1990

[fac75] FS: Betadosimetrie – Probleme und Tendenzen, Fachverband für Strahlenschutz, (FS-3), 1975

[fac77] FS: Inkorporationsüberwachung auf Tritium, Fachverband für Strahlenschutz, (FS-77-14-AKI), 1977/1980

[fac79] FS: Empfehlungen zur Überwachung der Umweltradioaktivität, Fachverband für Strahlenschutz, (FS-78-15-AKU), Teil 1: 1979, Teil 2: 1982, Teil 3: 1989

[fac80a] FS: Inkorporationsüberwachung auf Uran, Fachverband für Strahlenschutz, (FS-80-23-AKI), 1980

[fac80b] FS: Inkorporationsüberwachung durch Direktmessung der Körperaktivität, Fachverband für Strahlenschutz, (FS-80-24-AKI), 1980

[fac81] FS: Inkorporationsüberwachung auf Jod, Fachverband für Strahlenschutz, (FS-81-21-AKI), 1981

[fac82a] FS: Biokinetisches Verhalten von radioaktiven Stoffen bei Inkorporation, Fachverband für Strahlenschutz, (FS-82-22-AKI), 1982

[fac82b] FS: Strahlenschutzmeßtechnik, Fachverband für Strahlenschutz, 16. Jahrestagung Neuherberg, (FS-83-30-T), 1982

[fac83] FS: Strahlenschutzaspekte bei radioaktiven Kontaminationen, Fachverband für Strahlenschutz, 17. Jahrestagung Aachen, (FS-83-32-T), 1983

[fac85] FS: Strahlenexposition der Bevölkerung, Fachverband für Strahlenschutz, 18. Jahrestagung an Bord der Finnjet, (FS-85-37-T), 1985

[fac86] FS: Die Radioaktivität in der Bundesrepublik Deutschland und in der Schweiz nach dem Reaktorunfall in Tschernobyl, Fachverband für Strahlenschutz, (FS-86-39-AKU), 1986

[fac87a] FS: Inkorporationsüberwachung auf Plutonium, Fachverband für Strahlenschutz, (FS-87-45-AKI), 1987

[fac87b] FS: Inkorporationsüberwachung auf Promethium, Fachverband für Strahlenschutz, (FS-87-46-AKI), 1987

[fac89] FS: Empfehlungen zur Personendekontamination, Fachverband für Strahlenschutz, (FS-89-41-AKK), 1989

[fac90] FS: Schnellmethoden zur Analyse von Plutonium und anderen Aktiniden in Umweltproben. (FS-90-51-AKU), 1990

[fac91] FS: Strahlenschutz für Mensch und Umwelt, Fachverband für Strahlenschutz, Jubiläumstagung Aachen, (FS-91-55-T), 1991

[far87] *Farhataziz, M.A.J. Rodgers:* Radiation Chemistry. Principles and Applications. Weinheim: VCH Verlagsgesellschaft mbH 1987

[fas90] *Fasso, A.* et al.: Shielding against High Energy Radiation. In: Landolt-Börnstein: Numerical Data and Functional Relationships in Science and Technology, New Series Vol. 11, Berlin: Springer-Verlag 1990

[fei86] *Feinendegen, L.E.* et al.: Strahlenschutz – Radioaktivität und Gesundheit. Bayerisches Staatsministerium für Landesentwicklung und Umweltfragen, München: 1986

[fli67] *Fliedner, T.M., W. Hauger:* Ärztliche Maßnahmen bei außergewöhnlicher Strahlenbelastung. Stuttgart: Thieme-Verlag 1967

[fra69] *Frank, M., W. Stolz:* Festkörperdosimetrie ionisierender Strahlung. Weinheim: Verlag Chemie 1969

[fre72] *Freytag, E.:* Strahlenschutz an Hochenergiebeschleunigern. Wissenschaft und Technik. Reihe: Nukleare Elektronik und Meßtechnik, Bd. 3. Karlsruhe: G. Braun 1972

[fri91] *Fritz-Niggli, H.:* Strahlengefährdung, Strahlenschutz. Bern: Verlag Hans Huber 1991

[gbg81] GBG: Atemschutz-Merkblatt. Hauptverband der gewerblichen Berufsgenossenschaften, Bestell-Nr. ZH 1/134, Köln: Carl Heymanns Verlag KG 1981

[gbg82] GBG: Merkblatt „Erste Hilfe bei erhöhter Einwirkung ionisierender Strahlen". Hauptverband der gewerblichen Berufsgenossenschaften, Bestell-Nr. ZH 1/546, Köln: Carl Heymanns Verlag KG 1982

[gbg90] GBG: Arbeitsunfallstatistik für die Praxis 1990. Hauptverband der gewerblichen Berufsgenossenschaften, Sankt Augustin: 1990

[gei83] *Geiss, H.:* Ausbreitung von Schadstoffen in der Atmosphäre. Köln: Verlag TÜV Rheinland GmbH 1983

[glö80] *Glöbel, B.*, et al.: Umweltrisiko 80. Das Strahlenrisiko im Vergleich zu chemischen und biologischen Risiken. Stuttgart: Georg Thieme Verlag 1980

[gol59] *Goldstein H. B.:* Fundamental Aspects of Reactor Shielding. London, Paris: Pergamon Press 1959

[gre81] *Greening, J. R.:* Fundamentals of Radiation Dosimetry. Medical Physics Handbooks 6. Bristol: Adam Hilger Ltd. 1981

[gri90] *R.V. Griffith* et al.: Compendium of Neutron Spectra and Detector Responses for Radiation Protection Purposes. Technical Reports Series No. 317. International Atomic Energy Agency, Wien 1990

[grü88] *Grünberger, R.* et al.: STS, Ein PC-Programm für den praktischen Strahlenschutz „Die BG", Heft 5, Bielefeld: Erich Schmidt Verlag 1988

[hag91] *Hagemann, G.:* Die Projektionsverfahren der Röntgendiagnostik unter dem Aspekt des Dosisbedarfs. In: Strahlenschutz in Forschung und Praxis, Bd. XXXII. Stuttgart: Georg Thieme Verlag 1991

[han76] *Hanle, W.:* Isotopentechnik. Thiemig-Taschenbücher Bd. 11. München: Verlag Karl Thiemig 1976

[har82] *Harreis, H., H.G. Bäuerle:* Ionisierende Strahlen I u. II. Stuttgart: Verlag Ernst Klett 1982

[har87] *Hartung, J.* et al.: Statistik. Lehr- und Handbuch der angewandten Statistik. München: R. Oldenbourg Verlag 1987

[hei80] *Heinrich, B.* et al.: Experimente der Radiochemie. Reihe: Laborbücher Chemie. Verlage Diesterweg, Salle, Sauerländer 1980

[hei85] *Heinicke, W.* et al.: Handbuch zur Kritikalität, Teil 1-3, Gesellschaft für Reaktorsicherheit, Garching 1985

[hen84] *Hendee, W. R.:* Health Effects of Low-Level Radiation. Norwalk/Connecticut: Appleton-Century-Crofts 1984

[hen85a] *Henrichs, K.* et al.: Dosisfaktoren für Inhalation oder Ingestion von Radionuklidverbindungen. ISH-Heft 78, 79, 80, 81. München: Institut für Strahlenhygiene des Bundesgesundheitsamtes 1985

[hen85b] *Henrichs, K.* et al.: Dosisfaktoren für die Kontamination der Haut und der Kleidung. GSF-Bericht 7/85, München: Gesellschaft für Strahlen- und Umweltforschung 1985

[hen85c] Henrichs, K., H. Schieferdecker: Methoden zur Ermittlung der Körperdosis bei interner Exposition und ihre praktischen Anwendungen. In: Strahlenschutz – Wissenschaftliche Grundlagen, Rechtliche Regelungen, Praktische Anwendungen. Berlin: H. Hoffmann Verlag 1985

[her87] *Hering, E., W. Schulz:* Kernkraftwerke, Radioaktivität und Strahlenwirkung. Düsseldorf: VDI-Verlag GmbH 1987

[her83] *Herrmann, A.G.:* Radioaktive Abfälle. Berlin: Springer Verlag 1983

[her86] *Herforth, L., K. Koch:* Praktikum der Radioaktivität und der Radiochemie. Berlin: VEB Deutscher Verlag der Wissenschaften 1986

[her91] Herfurth GmbH: Dosys, Dosimetriesystem-Software, Hamburg 1991

[hoe85] *Hoegl, A.:* Strahlenschutz-Meßtechnik. Landsberg/Lech: ecomed Verlagsgesellschaft mbH 1985

[hof91] *Hoffmann, P., K.H. Lieser:* Methoden der Kern- und Radiochemie Weinheim: Verlag Chemie GmbH 1991

[hol80] *Holloway, A.F., D.V. Cormack:* Radioactive and Toxic Gas Production by a Medical Electron Linear Accelerator. Health Physics Vol. 38, 673, 1980

[hub82] *Hubbell, J.H.:* Photon Mass Attenuation and Energy-Absorption Coefficients from 1 keV to 20 MeV, Int. J. Appl. Radiat. Isot., Vol 33, S. 1269, 1982

[iae79] IAEA: Manual on Decontamination of Surfaces. Safety Series No. 48. International Atomic Energy Agency, Wien 1979

[iae83] IAEA: Biological Effects of Low-Level Radiation. Proceedings of a Symposium at Venice, 11-15 April 1983. International Atomic Energy Agency, Wien 1983

[iae86] IAEA: Optimization of Radiation Protection. Proceedings of a Symposium at Vienna, 10 – 14 March 1986, International Atomic Energy Agency, Wien 1986

[iae87a] IAEA: Handbook on Nuclear Activation Data. Technical Reports Series No. 273. International Atomic Energy Agency, Wien 1987

[iae87b] IAEA: Advisory Material for the IAEA Regulations for the Safe Transport of Radioactive Material (1985 Edition), IAEA Safety Series No. 37. International Atomic Energy Agency, Wien 1987

[iae88a] IAEA: The Radiological Accident in Goiania. International Atomic Energy Agency, Wien 1988

[iae88b] IAEA: Emergency Response Planning and Preparadness for Transport Accidents involving Radioactive Material. IAEA Safety Series No. 87. International Atomic Energy Agency, Wien 1988

[iae90a] IAEA: Guidebook on Radioisotope Tracers in Industry. Technical Reports Series No. 316. International Atomic Energy Agency, Wien 1990

[iae90b] IAEA: Recommendations for the Safe Use and Regulation of Radiation Sources in Industry, Medicine, Research and Teaching. Safety Series No. 102. International Atomic Energy Agency, Wien 1990

[iae90c] IAEA: Regulations for the Safe Transport of Radioactive Material (1985 Edition). IAEA Safety Series No. 6. International Atomic Energy Agency, Wien 1990

[iae90d] IAEA: Explanatory Material for the IAEA Regulations for the Safe Transport of Radioactive Material (1985 Edition), IAEA Safety Series No.7. International Atomic Energy Agency, Wien 1990

[iae91a] IAEA: The International Chernobyl Project, An Overview, Surface Contamination Maps. International Atomic Energy Agency, Wien 1991

[iae91b] IAEA: The International Chernobyl Project, Technical Report. International Atomic Energy Agency, Wien 1991

[icp73] ICRP: Alkaline Earth Metabolism in Adult Man. Publication 20, International Commission on Radiological Protection, Oxford: Pergamon Press 1973

[icp74] ICRP: Report of the Task Group on Reference Man. Publication 23, International Commission on Radiological Protection, Oxford: Pergamon Press 1974

[icp76] ICRP: Schutz gegen ionisierende Strahlung aus äußeren Quellen – Daten. International Commission on Radiological Protection, Hefte 15 und 21 Stuttgart: G. Fischer Verlag 1976

[icp78a] ICRP: Ermittlung der Körperdosis bei beruflich strahlenexponierten Personen nach Inkorporation radioaktiver Stoffe. Hefte 10 und 10a, International Commission on Radiological Protection, Stuttgart, New York: G. Fischer Verlag 1978

[icp78b] ICRP: Empfehlungen der Strahlenschutzkommission. Heft 26, International Commission on Radiological Protection, Stuttgart, New York: G. Fischer Verlag 1978

[icp79a] ICRP: Probleme bei der Entwicklung eines Schadensindex. Heft 27, International Commission on Radiological Protection, Stuttgart, New York: G. Fischer Verlag 1979

[icp79b] ICRP: Limits for Intakes of Radionuclides by Workers: an Addendum. Publication 30, Supplement to Part 1 (1979), Part 2 (1980), Part 3 A (1982) B (1982), Part 4 (1988). International Commission on Radiological Protection, Oxford: Pergamon Press

[icp80] ICRP: Grundsätze und allgemeine Verfahren bei Strahlenexpositionen in beruflichen Notfall- und Unfallsituationen. Heft 28, International Commission on Radiological Protection, Stuttgart: G. Fischer Verlag 1980

[icp83a] ICRP: Cost-Benefit-Analysis in the Optimization of Radiation Protection. Publication 37, International Commission on Radiological Protection, Oxford: Pergamon Press 1983

[icp83b] ICRP: Radionuclide Transformations. Energy and Intensity of Emissions. Publication 38, International Commission on Radiological Protection, Oxford: Pergamon Press 1983

[icp84] ICRP: Nonstochastic Effects of Ionizing Radiation. Publication 41, International Commission on Radiological Protection, Oxford: Pergamon Press 1984

[icp85a] ICRP: Quantitative Bases for Developing a Unified Index of Harm. Publication 45, International Commission on Radiological Protection, Oxford: Pergamon Press 1985

[icp85b] ICRP: Grenzwerte der Aktivitätszufuhr von Radionukliden für Beschäftigte. Heft 30, Teil 1-3. International Commission on Radiological Protection, Stuttgart, New York: G. Fischer Verlag 1985

[icp86a] ICRP: Schutz des Patienten in der Röntgendiagnostik. Heft 34. International Commission on Radiological Protection, bga Schriften 11, München: MMV Medizin Verlag 1986

[icp86b] ICRP: Radiation Protection of Workers in Mines. Publication 47, International Commission on Radiological Protection, Oxford: Pergamon Press 1986

[icp87a] ICRP: Lung Cancer Risk from Indoor Exposures to Radon Daughters. Publication 50, International Commission on Radiological Protection, Oxford: Pergamon Press 1987

[icp87b] ICRP: Data for Use in Protection against External Radiation. Publication 51, International Commission on Radiological Protection, Oxford: Pergamon Press 1987

[icp87c] ICRP: Biologische Wirkungen von inhalierten Radionukliden. Heft 31, International Commission on Radiological Protection, Stuttgart, New York: G. Fischer Verlag 1987

[icp88a] ICRP: Grundsätze zur Begrenzung der Exposition der Bevölkerung durch natürliche Strahlenquellen. Heft 39, International Commission on Radiological Protection, bga-Schriften 5/87, München: MMV Medizin Verlag 1988

[icp88b] ICRP: Schutz der Bevölkerung bei größeren Strahlenunfällen: Grundsätze für die Planung. Heft 40, International Commission on Radiological Protection, bga-Schriften 6/87, München: MMV Medizin Verlag 1988

[icp88c] ICRP: Individual Monitoring for Intakes of Radionuclides by Workers: Design and Interpretation. Publication 54, International Commission on Radiological Protection, Oxford: Pergamon Press 1988

[icp89a] ICRP: Optimization and Decision-Making in Radiological Protection. Publication 55, International Commission on Radiological Protection, Oxford: Pergamon Press 1989

[icp89b] ICRP: Radiological Protection of the Worker in Medicine and Dentistry. Publication 57, International Commission on Radiological Protection, Oxford: Pergamon Press 1989

[icp89c] ICRP: RBE for Deterministic Effects. Publication 58, International Commission on Radiological Protection, Oxford: Pergamon Press 1989

[icp91a] ICRP: Recommendations of the International Commission on Radiological Protection. Publication 60. International Commission on Radiological Protection, Oxford: Pergamon Press 1991

[icp91b] ICRP: Risks Associated with Ionizing Radations. Annals of the International Commission on Radiological Protection, Vol 22, No. 1, 1991 Oxford: Pergamon Press

[icu80] ICRU: Radiation Quantities and Units. Report 33, International Commission on Radiation Units and Measurements, Bethesda: 1980

[icu82] ICRU: The Dosimetry of Pulsed Radiation. Report 34, International Commission on Radiation Units and Measurements, Bethesda: 1982

[icu84] ICRU: Stopping Powers of Electrons and Positrons. Report 37, International Commission on Radiation Units and Measurements, Bethesda: 1984

[icu85] ICRU: Determination of Dose Equivalents Resulting from External Radiation Sources. Report 39, International Commission on Radiation Units and Measurements, Bethesda: 1985

[icu86] ICRU: The Quality Factor in Radiation Protection. Report 40, International Commission on Radiation Units and Measurements, Bethesda: 1986

[icu88] ICRU: Determination of Dose Equivalents from External Radiation Sources – Part II. Report 43, International Commission on Radiation Units and Measurements, Bethesda: 1988

[icu89] ICRU: Tissue Substitutes in Radiation Dosimetry and Measurement Radiation Sources. Report 44, International Commission on Radiation Units and Measurements, Bethesda: 1989

[jac62] *Jacobi, W.:* Strahlenschutzpraxis, Teil 1: Grundlagen. Thiemig-Taschenbücher Bd. 5. München: Verlag Karl Thiemig 1962

[jac89a] *Jacobi, W.,* et al.: Transport von Radionukliden über Nahrungsketten. GSF-Bericht 12/89, München: Gesellschaft für Strahlen- und Umweltforschung 1989

[jac89b] *Jacobi, W.*, et al.: Externe Strahlenexposition. GSF-Bericht 13/89, München: Gesellschaft für Strahlen- und Umweltforschung 1989

[jac89c] *Jacobi, W.*, et al.: Dosisfaktoren für inkorporierte Radionuklide und Kontaminationen der Haut, GSF-Bericht 14/89, München: Bericht der Gesellschaft für Strahlen- und Umweltforschung 1989

[jac89d] *Jacobi, W.*, et al.: Risiken somatischer Spätschäden durch ionisierende Strahlung. GSF-Bericht 15/89, München: Bericht der Gesellschaft für Strahlen- und Umweltforschung 1989

[jae68] *Jaeger, R. G.*, et al.: Engineering Compendium on Radiation Shielding. Vol I: Fundamentals, 1968, Vol II: Shielding Materials, 1975 Berlin: Springer Verlag

[jae74] *Jaeger, R.G., W. Hübner:* Dosimetrie und Strahlenschutz. Stuttgart: Georg Thieme Verlag 1974

[jan82] *Janni, J. F.:* Proton Range-Energy Tables, 1 keV-10 GeV, Atomic Data Tables 27, 147-339, 1982

[jan85] *Jansen, W.*, et al.: Strahlenschutz. Köln: Berufsgenossenschaft der Feinmechanik und Elektrotechnik 1985

[jos82] *Josephson, E.S.* et al.: Preservation of Food by Ionizing Radiation. Vol. 1,2 Boca Raton/Florida: CRC Press, Inc. 1982/83

[kas87] *Kase, K.R.* et al.: The Dosimetry of Ionizing Radiation, San Diego: Academic Press, Vol.2 1987, Vol.3 1990

[kau88] *Kaul, A.:* Ionisierende Strahlung. München: MMV Medizin Verlag 1988

[kel66] *Kelly, B.T.:* Irradiation Damage to Solids. Oxford: Pergamon Press 1966

[kel81] *Keller, C.:* Radiochemie. Reihe: Studienbücher Chemie. Verlage Diesterweg, Salle, Sauerländer 1981

[kel82] *Keller, C.:* Die Geschichte der Radioaktivität unter besonderer Berücksichtigung der Transurane. Stuttgart: Wissenschaftliche Verlagsgesellschaft 1982

[kie87] *Kiefer, H., W. Koelzer:* Strahlen und Strahlenschutz. Berlin, Heidelberg: Springer-Verlag 1987

[kie89] *Kiefer, J.:* Biologische Strahlenwirkung. Eine Einführung in die Grundlagen von Strahlenschutz und Strahlenanwendung. Berlin: Birkhäuser Verlag 1989

[kin86] *Kindleben, G.:* Kritikalitätssicherheit. KTG-Seminar Band 3, Köln: Verlag TÜV Rheinland 1986

[kir87] *Kirchhoff, R., H.-J. Linde:* Reaktorunfälle und nukleare Katastrophen. Ärztliche Versorgung Strahlengeschädigter. Erlangen: perimed Verlag 1987

[kno79] *Knoll, G.F.:* Radiation Detection and Measurements. N. York: John Wiley & Sons 1979

[koc83] *Kocher, D.C.:* Dose-Rate Conversion Factors for External Exposure to Photons and Electrons, Health Physics 45, p.665, 1983

[köh89] *Köhnlein, W.* et al.: Die Wirkung niedriger Strahlendosen. Heidelberg: Springer-Verlag 1989

[köh90] *Köhnlein, W.* et al.: Niedrigdosisstrahlung und Gesundheit. Heidelberg: Springer-Verlag 1990

[kra88a] *Kramer, R., G. Zerlett:* Röntgenverordnung. Stuttgart: W. Kohlhammer GmbH Verlag 1988

[kra88b] *Krane, K.S.:* Introductory Nuclear Physics. N.York: John Wiley & Sons 1988

[kra90] *Kramer, R., G. Zerlett:* Strahlenschutzverordnung. Stuttgart: W. Kohlhammer GmbH Verlag 1990

[kri89] *Krieger, H., W. Petzold:* Strahlenphysik, Dosimetrie und Strahlenschutz Bd. 2, Stuttgart: B.G. Teubner 1989

[krö89] *Kröger, W., S. Chakraborty:* Tschernobyl und weltweite Konsequenzen, Köln: Verlag TÜV Rheinland GmbH 1989

[lad85] *Ladner, H.-A.,* et al.: 25 Jahre medizinischer Strahlenschutz. Strahlenschutz in Forschung und Praxis, Bd. XXVI. Stuttgart: Georg Thieme Verlag 1985

[lau90] *Laubenberger, T.:* Technik der medizinischen Radiologie. Köln: Deutscher Ärzte-Verlag 1990

[led92] *Lederer, B.-J., D.Wildberg:* Reaktorhandbuch. Kerntechnische Grundlagen für Betriebspersonal in Kernkraftwerken. München: Carl Hanser Verlag 1992

[len90] *Lengfelder, E.:* Strahlenwirkung-Strahlenrisiko. München: ecomed Verlagsgesellschaft mbH 1990

[leo87] *Leo, W.R.:* Techniques for Nuclear and Particle Physics Experiments. Berlin: Springer-Verlag 1987

[lep85] *Leppin, W.* et al.: Die Hypothesen im Strahlenschutz. Strahlenschutz in Forschung und Praxis, Bd. XXV. Stuttgart: Georg Thieme Verlag 1985

[lie91] *Lieser, K. H.:* Einführung in die Kernchemie. Weinheim: Verlag Chemie 1991

[lin63] *Lindackers, K.H.:* Praktische Durchführung von Abschirmungsberechnungen. Thiemig-Taschenbücher Bd. 3. München: Verlag Karl Thiemig 1963

[lös86] *Löser, G.* et al.: Der Supergau von Tschernobyl. Freiburg i. Br.: Dreisam-Verlag 1986

[luc80] *Luckey, T. D .:* Hormesis with Ionizing Radiation. Boca Raton/Florida: CRC Press, Inc. 1980

[mar69] *Marth, W.:* Bestrahlungstechnik an Forschungsreaktoren. Thiemig-Taschenbücher Bd. 13. München: Verlag Karl Thiemig 1969

[mar86] *Martin, A., S.A. Harbison:* An Introduction to Radiation Protection. Bristol: J.W. Arrowsmith Ltd. 1986

[mau85] *Maushart, R.:* Man nehme einen Geigerzähler. Teil 1: Grundlagen, Teil 2: Messungen im Radionuklidlabor. Darmstadt: Git Verlag GmbH 1985

[mau89] *Maushart, R.:* Man nehme einen Geigerzähler. Teil 3: Überwachung der Radioaktivität in der Umwelt. Darmstadt: Git Verlag GmbH 1989

[mck81] *McKinlay, A.F.:* Thermoluminescence Dosimetry. Medical Physics Handbooks 5. Bristol: Adam Hilger Ltd. 1981

[men72] *Mengenkamp, B.:* Radiometrie, Füllstand- und Dichtemessung. Berlin: Elitera-Verlag 1972

[mes80] *Messerschmidt, O.* et al.: Industrielle Störfälle und Strahlenexposition. Strahlenschutz in Forschung und Praxis. Bd. XXI. Stuttgart: Georg Thieme Verlag Stuttgart 1980

[mes84] *Messerschmidt, O.:* Biologische Folgen von Kernexplosionen. Erlangen: perimed Fachbuch-Verlagsgesellschaft mbH 1984

[möh72] *Möhrle, G.:* Erste Hilfe bei Strahlenunfällen. Schriftreihe: Arbeitsmedizin, Sozialmedizin, Arbeitshygiene, Bd. 47. Stuttgart: A.W. Gentner Verlag 1972 [mou88] *Mould, R.F.:* Chernobyl. The Real Story. Oxford: Pergamon Press 1988

[mug81] *Mughabghab, S.F.* et al.: Neutron Cross Sections, Vol 1/2, New York: Academic Press 1981

[mur88] *Murray, R.L.:* Nuclear Energy. New York: Pergamon Press 1988

[mus88] *Musiol, G.* et al.: Kern- und Elementarteilchenphysik. Weinheim: VCH Verlagsgesellschaft 1988

[nac71] *Nachtigall, D.:* Physikalische Grundlagen für Dosimetrie und Strahlenschutz. Thiemig-Taschenbücher Bd. 24. München: Verlag Karl Thiemig 1971

[ncr71] NCRP: Protection against Neutron Radiation. Report No. 38, National Council on Radiation Protection and Measurements, Washington: 1971

[ncr79] NCRP: Radiation Protection Design Guidelines for 0,1-100 MeV Particle Accelerator Facilities. Report No. 51, National Council on Radiation Protection and Measurements, Washington: 1979

[ncr83] NCRP: Radiation Protection and Measurement for Low-Voltage Neutron Generators. Report No. 72, National Council on Radiation Protection and Measurements, Washington: 1983

[ncr84] NCRP: Neutron Contamination from Medical Electron Accelerators. Report No. 79, National Council on Radiation Protection and Measurements, Washington: 1984

[ncr85a] NCRP: A Handbook of Radioactivity Measurements Procedures. Report No. 58, National Council on Radiation Protection and Measurements, Bethesda: 1985

[ncr85b] NCRP: General Concepts for the Dosimetry of Internally Deposited Radionuclides. Report No. 84, National Council on Radiation Protection and Measurements, Bethesda: 1985

[ncr89] NCRP: Control of Radon in Houses. Report No. 103, National Council on Radiation Protection and Measurements, Washington: 1989

[ncr90] NCRP: The Relative Biological Effectiveness of Radiations of Different Quality. Report No. 104, National Council on Radiation Protection and Measurements, Washington: 1990

[nea87] Nuclear Energy Agency: The Radiological Impact of the Chernobyl Accident in OECD Countries. Paris: OECD 1987

[nea91] Nuclear Energy Agency: Nuclear Programs Abstracts, NEA Data Bank, Gif-sur-Yvette 1991

[nik87] *Niklas, K.,* et al.: Tschernobyl und die Folgen. Strahlenschutz in Forschung und Praxis, Bd. 29. Stuttgart, New York: Gustav Fischer Verlag 1987

[noß85] *Noßke, D.,* et al.: Dosisfaktoren für Inhalation oder Ingestion von Radionuklidverbindungen (Erwachsene). ISH-Heft 63. München: Institut für Strahlenhygiene des Bundesgesundheitsamts 1985

[n....] siehe Zusammenstellung Normen und Regeln

[obe68] *Oberhofer, M.:* Strahlenschutzpraxis, Teil III: Umgang mit Strahlern. Thiemig-Taschenbücher Bd. 14. München: Verlag Karl Thiemig 1968

[obe72] *Oberhofer, M.:* Strahlenschutzpraxis, Meßtechnik. Thiemig-Taschenbücher Bd. 6. München: Verlag Karl Thiemig 1972

[obe81] *Oberhofer, M., A. Scharmann:* Applied Thermoluminescence Dosimetry. Bristol: Adam Hilger Ltd. 1981

[ohl77] *Ohlenschläger, L.:* Strahlenschutzärztliche Aufgaben bei der Überwachung beruflich strahlenexponierter Personen. Stuttgart: W.W. Gentner Verlag 1977

[par89] *Paretzke, H.G.:* Risiko für somatische Spätschäden durch ionisierende Strahlung. Physikalische Blätter 45, S. 16, 1989

[pat73] *Patterson, H. Wade, R.H. Thomas:* Accelerator Health Physics. New York, London: Academic Press 1973

[pet88] *Petzold, W., H. Krieger:* Strahlenphysik, Dosimetrie und Strahlenschutz Bd. 1. Einführung. Stuttgart: Verlag B.G. Teubner 1988

[ram86] *Ramm, B., B. Lochner:* Strahlung nach Tschernobyl. Frankfurt, Berlin: Verlag Ullstein 1986

[ras88] *Rassow, J.:* Risiken der Kernenergie. Weinheim: VCH Verlagsgesellschaft 1988

[rau86] *Rausch, L.:* Mensch und Strahlenwirkung. München: R. Piper & Co. Verlag 1986

[rei90] *Reich, H.* et al.: Dosimetrie ionisierender Strahlung – Grundlagen und Anwendung. Stuttgart: Verlag B. G. Teubner 1990

[rei92] Reiners, Ch. et al.: Strahlenschutz im medizinischen Bereich und an Beschleunigern. Strahlenschutz in Forschung und Praxis, Bd. 32, Stuttgart: G. Fischer 1992

[reu83] *Reus U., W. Westmeier:* Catalog of Gamma Rays from Radioactive Decay, Atomic Data and Nuclear Data Tables, Vol 29, p. 1 – 406, 1983

[rot87] *Roth, L., U. Weller:* Radioaktivität. Landsberg: ecomed Verlag 1987

[r....] siehe Zusammenstellung Normen und Regeln

[sak88] *Sakamoto, Y.,* et al.: Interpolation of Gamma-Ray Buildup Factors for Point Isotropic Source with Respect to Atomic Number. Nucl. Sci. Eng. 100, 33, 1988

[sau76] *Sauermann, P.-F.:* Strahlenschutz durch Abschirmung. Buchreihe der Atomkernenergie Bd. 11. München: Verlag Karl Thiemig 1976

[sau83] *Sauter, E.:* Grundlagen des Strahlenschutzes. Thiemig-Taschenbücher Bd. 95/96. München: Verlag Karl Thiemig 1983

[sau85] *Sauermann, P.-F.:* Abschirmungspraxis aus 25 Jahren Erfahrung (1960 – 1985). Jülich: Kernforschungszentrum 1985

[sba90] Statistisches Bundesamt: Gesundheitswesen, Fachserie 12, Todesursachen 1989. Stuttgart: Verlag Metzler-Poeschel 1990

[sch74] *Schrüfer, E.:* Strahlung und Strahlungsmeßtechnik in Kernkraftwerken. Berlin: Elitera-Verlag 1974

[sch77] *Schmatz, H., M. Nöthlichs:* Strahlenschutz. Loseblattsammlung. Berlin: Erich Schmidt Verlag 1977

[sch78] *Schulz, W.:* Dekontaminierung kostspieliger Apparate und Einrichtung zur Wiederverwendung. Bericht KFA-DE-IB-78/14, Jülich: Kernforschungsanlage Jülich GmbH 1978

[sch83] *Schuricht, V., J. Steuer:* Praktikum der Strahlenschutzphysik. Berlin: VEB Deutscher Verlag der Wissenschaften 1983

[sch86] *Schultz, H.:* Grundzüge der Schadstoffausbreitung in der Atmosphäre. Köln: Verlag TÜV Rheinland GmbH 1986

[sch87a] *Schütz J.* et al.: Strahlenschutz nach Tschernobyl. Strahlenschutz in Forschung und Praxis, Bd. 28. Stuttgart: Georg Thieme Verlag 1987

[sch87b] *Schiwy, P.:* Strahlenschutzvorsorgegesetz (StrVG). Kommentar. Loseblattsammlung. Percha: Verlag R.S. Schulz 1987

[see81] *Seelmann-Eggebert, W.* et al.: Nuklidkarte. München: Gersbach und Sohn Verlag 1981

[sha67] *Shafroth, S.M.:* Scintillation Spectroscopy of Gamma Radiation. New York: Gordon and Breach Science Publishers 1967

[sha81] *Shapiro, J.:* Radiation Protection. London: Harvard University Press 1981

[shi86] *Shigematsu, I.:* Cancer in Atomic Bomb Survivors. Japanese Cancer Association. GANN Monograph on Cancer Research No. 32. Tokyo: Japan Scientific Societies Press 1986

[shi87] *Shimizu, Y.* et al.: Life Span Study Report 11 Part 1. Comparison of Risk Coefficients for Site-Specific Cancer Mortality based on the DS86 and T65DR Shielded Kerma and Organ Doses. RERF Technical Report Series 1987

[sla68] *Slade, D.:* Meteorology and Atomic Energy. USAEC-Report No. TID-24190, Nat. Techn. Inf. Serv., Springfield: 1968

[soe72] *De Soete, D.* et al.: Neutron Activation Analysis, Chemical Analysis, Vol. 34. London: Wiley-Interscience 1972

[spa89] *Spang, A.:* Strahlenschutz-Fachkunde. Handbuch für Strahlenschutzbeauftragte im nicht-medizinischen Bereich. Loseblattsammlung, Köln: Verlag W. Kohlhammer 1989

[ssk86a] SSK: Berechnungsgrundlage für die Ermittlung von Körperdosen bei äußerer Strahlenexposition (Photonen, Betastrahlung). Veröffentlichungen der Strahlenschutzkommission, Band 3, Stuttgart: G. Fischer Verlag 1986

[ssk86b] SSK: Medizinische Maßnahmen bei Kernkraftwerksunfällen. Veröffentlichungen der Strahlenschutzkommission, Band 4, Stuttgart: G. Fischer Verlag 1986

[ssk86c] SSK: Auswirkungen des Reaktorunfalls in Tschernobyl in der Bundesrepublik Deutschland. Veröffentlichungen der Strahlenschutzkommission, Band 5, Stuttgart: G. Fischer Verlag 1986

[ssk87] SSK: Auswirkungen des Reaktorunfalls in Tschernobyl auf die Bundesrepublik Deutschland. Veröffentlichungen der Strahlenschutzkommission, Band 7, Stuttgart: G. Fischer Verlag 1987

[ssk88a] SSK: Zur beruflichen Strahlenexposition in der Bundesrepublik Deutschland. Veröffentlichungen der Strahlenschutzkommission, Band 8, Stuttgart: G. Fischer Verlag 1988

[ssk88b] SSK: Radionuklide in Wasser-Schwebstoff-Sediment-Systemen und Abschätzung der Strahlenexposition. Veröffentlichungen der Strahlenschutzkommission, Band 9, Stuttgart: G. Fischer Verlag 1988

[ssk88c] SSK: Empfehlungen der Strahlenschutzkommission 1987. Veröffentlichungen der Strahlenschutzkommission, Band 10, Stuttgart: G. Fischer Verlag 1988

[ssk88d] SSK: Strahlenschutzfragen bei Anfall und Beseitigung von radioaktiven Stoffen. Veröffentlichungen der Strahlenschutzkommission, Band 11, Stuttgart: G. Fischer Verlag 1988

[ssk88e] SSK: Aktuelle Fragen zur Bewertung des Strahlenkrebsrisikos. Veröffentlichungen der Strahlenschutzkommission, Band 12, Stuttgart: G. Fischer Verlag 1988

[ssk88f] SSK: Strahlenschutzgrundsätze zur Begrenzung der Strahlenexposition der Bevölkerung durch Radon und seine Zerfallsprodukte. Veröffentlichungen der Strahlenschutzkommission, BAnz. Nr. 208, 1988

[ssk89a] SSK: Leitfaden für den Fachberater Strahlenschutz der Katastrophenschutzleitung bei kerntechnischen Unfällen. Veröffentlichungen der Strahlenschutzkommission, Band 13, Stuttgart: G. Fischer Verlag 1989

[ssk89b] SSK: Strahlenexposition und Strahlengefährdung durch Plutonium. Veröffentlichungen der Strahlenschutzkommission, Band 14, Stuttgart: G. Fischer Verlag 1989

[ste81] *Stewart, D.C.:* Handling Radioactivity. New York: John Wiley and Sons 1981

[ste86] *Stender, H.-S., F.-E. Stieve:* Praxis der Qualitätskontrolle in der Röntgendiagnostik. Stuttgart, New York: Gustav Fischer Verlag 1986

[ste90] *Stender, H.-S., F.-E. Stieve:* Bildqualität in der Röntgendiagnostik. Köln: Deutscher Ärzte-Verlag, 1990

[sto70] *Storm, E., H. I. Israel:* Photon Cross Sections from 1 keV to 100 MeV for Elements Z = 1 to Z = 100, Nuclear Data Tables A7, S. 565, 1970

[sto76] *Stolz, W.:* Radioaktivität. Teil I: Grundlagen. Bd. 61. Leipzig: BSB B.G. Teubner Verlagsgesellschaft 1976

[sto78] *Stolz, W.:* Radioaktivität. Teil II: Messung und Anwendung. Bd. 67. Leipzig: BSB B.G. Teubner Verlagsgesellschaft 1978

[sto85] *Stolz, W.:* Messung ionisierender Strahlung. Weinheim: VCH Physik-Verlag 1985

[swa79] *Swanson, W.P.:* Radiological Safety Aspects of the Operation of Electron Linear Accelerators. Technical Reports Series No. 188. Wien: International Atomic Energy Agency 1979

[the88] *Thevenard, P.* et al.: Radiation Effects in Insulators. Nuclear Instruments and Methods in Physics Research Vol. 32 nos 1-3, Amsterdam: North-Holland 1988

[tho88] *Thomas, R.H., G.R. Stevenson:* Radiological Safety Aspects of the Operation of Proton Accelerators. IAEA Technical Reports Series No. 283. Wien: International Atomic Energy Agency 1988

[tra91] Traub, K. J.: Der Arbeitskreis Dekontamination im Fachverband für Strahlenschutz. Literatursammlung zum Thema Dekontamination. In: [fac91]

[tro75] *Trout, E.D.* et al.: X-Ray Attenuation in Steel 50 to 300 kVp. Health Physics 29, p. 163, 1975

[tru88] *Trubey, D.K.:* New Gamma-Ray Buildup Factor Data for Point Kernel Calculations: ANS-6.4.3 Standard Reference Data, ORNL/RSIC 49 Oak Ridge National Laboratory 1988

[tur86] *Turner, J.E.:* Atoms, Radiation, and Radiation Protection. New York: Pergamon Press 1986

[uns86] UNSCEAR: Genetic and Somatic Effects of Ionizing Radiation. United Nations Scientific Committee on the Effects of Atomic Radiation, N.York 1986

[uns88] UNSCEAR: Sources, Effects and Risks of Ionizing Radiation. United Nations Scientific Committee on the Effects of Atomic Radiation, N.York 1988

[vog89] *Vogel, H.:* Strahlendosis und Strahlenrisiko in der bildgebenden Diagnostik, Landsberg: ecomed 1989

[vog91] Vogt, H. W., W. Falkhoff: Der Gefahrguttransport von radioaktiven Stoffen. Köln: Verlag TÜV Rheinland 1991

[wac84] *Wachsmann, F.:* Strahlenschutz geht alle an. Thiemig-Taschenbücher Bd. 98. München: Verlag Karl Thiemig 1984

[wap85] *Wapstra A.H., G. Audi:* The 1983 Atomic Mass Evaluation, Nuclear Physics, A 432, 1, 1985

[wea86] *Weast, R.C.* et al.: CRC Handbook of Chemistry and Physics. Boca Raton, Florida: CRC Press, Inc. 1986

[wei71] *Weise, L.:* Statistische Auswertung von Kernstrahlungsmessungen. München, Wien: R. Oldenbourg Verlag 1971

[wei85] *Weise, H.P.:* Strahlenexposition der Bevölkerung in der Umgebung von Beschleunigeranlagen niedriger Energie. In: [fac85]

[wes85] *Westmeier, W., A. Merklin:* Catalog of Alpha Particles from Radioactive Decay. Physics Data, No. 29-1, Karlsruhe: Fachinformationszentrum 1985

[zec88] *Zech, H.-J.:* Kernreaktoren. Bonn: Inforum Verlags- und Verwaltungs GmbH 1988

[zie77] *Ziegler, J.F.* et al.: The Stopping and Ranges of Ions in Matter, Vol. 3: Hydrogen, Vol. 4: Helium, New York: Pergamon Press 1977

[zie81] *Ziegler, E., M.M.* Blechschmidt: Bestimmungen über die Beförderung radioaktiver Stoffe. Loseblattsammlung, Köln: Verlag TÜV Rheinland GmbH, Baden-Baden: Nomos Verlagsgesellschaft 1981

[zim87] *Zimmermann, G.:* Strahlenschutz. Stuttgart: Verlag W. Kohlhammer, Deutscher Gemeindeverlag 1987

[zve88] Zentralverband Elektrotechnik- und Elektronikindustrie: Lieferverzeichnis Kernstrahlungsmeßtechnik 1988, Frankfurt

Normen und Regeln

[b4094] BS 4094: Data on Shielding from Ionizing Radiation. British Standard Part 2: Shielding from X-Radiation

[n544] DIN IEC 544/VDE 0306: Leitfaden zur Bestimmung der Wirkung ionisierender Strahlung auf Isolierstoffe
Teil 1: Grundlagen der Strahlenwirkung
Teil 4: Klassifikationssystem für den Einsatz unter Strahlung

[n6802] DIN 6802: Neutronendosimetrie
Teil 1: Spezielle Begriffe und Benennungen
Teil 3: Neutronenmeßverfahren und -geräte für den Strahlenschutz

[n6814] DIN 6814: Begriffe und Benennungen in der radiologischen Technik
Teil 2: Strahlenphysik
Teil 3: Dosisgrößen und Dosiseinheiten
Teil 3 A1: Dosisbegriffe für den Strahlenschutz, Änderung A 1, Entwurf

[n6815] DIN 6815: Medizinische Röntgenanlagen bis 300 kV: Regeln für die Prüfung des Strahlenschutzes nach Errichtung, Instandsetzung und Änderung

[n6816] DIN 6816: Filmdosimetrie nach dem filteranalytischen Verfahren zur Strahlenschutzüberwachung

[n6818] DIN 6818: Strahlenschutzdosimeter
Teil 1: Allgemeine Regeln, Entwurf
Teil 4: Tragbare Ionisationskammerdosimeter für Gamma- und Röntgenstrahlen
Teil 5: Zählrohr-Dosisleistungsmesser für Gamma- und Röntgenstrahlen
Teil 6: Thermolumineszenzdosimetrie – Systeme

[n6844] DIN 6844: Nuklearmedizinische Betriebe
Teil 1: Regeln für Errichtung und Ausstattung von Betrieben zur diagnostischen Anwendung von offenen radioaktiven Stoffen
Teil 2: Regeln für Errichtung und Ausstattung von Betrieben zur therapeutischen Anwendung von offenen radioaktiven Stoffen
Teil 3: Strahlenschutzberechnungen

[n6847] DIN 6847: Medizinische Elektronenbeschleuniger-Anlagen
Teil 2: Strahlenschutzregeln für die Errichtung

[n7503] DIN/ISO 7503: Bestimmung der Oberflächenkontamination
Teil 1: Betastrahler (Max. Betaenergie $E_{\beta max}$ größer als 0,15 MeV und Alpha-Strahler)
Teil 2: Oberflächenkontamination durch Tritium

[n25400] DIN 25 400: Zeichen für ionisierende Strahlung

[n25403] DIN 25 403: Kritikalitätssicherheit bei der Verarbeitung und Handhabung von Kernbrennstoffen
Teil 1: Grundsätze

[n25407] DIN 25 407: Abschirmwände gegen ionisierende Strahlung
Teil 1: Bleibausteine, mit Beiblatt
Teil 2: Spezielle Bauelemente, mit Beiblatt

[n25412] DIN 25 412: Handschuhkästen
Teil 1: Maße und Anforderungen
Teil 2: Dichtheitsprüfung

[n25413] DIN 25 413: Klassifikation von Abschirmbetonen nach Elementanteilen
Teil 1: Abschirmung von Neutronenstrahlung
Teil 2: Abschirmung von Gammastrahlung

[n25416] DIN 25 416: Anlagen zur Behandlung von radioaktiv kontaminiertem Wasser in Kernkraftwerken

Teil 1: Sicherheitstechnische Anforderungen
Teil 2: Verfahren

[n25420] DIN 25 420: Errichtung von Heißen Zellen aus Beton
Teil 1: Anforderungen an Zellen für fernbedienten Betrieb
Teil 1 A1: Anforderungen an Zellen für fernbedienten Betrieb, Änderung A1
Beiblatt 1: Ausführungsbeispiele

[n25422] DIN 25 422: Aufbewahrung radioaktiver Stoffe

[n25423] DIN 25 423: Probenahme bei der Radioaktivitätsüberwachung der Luft
Teil 1: Allgemeine Anforderungen, mit Beiblatt
Teil 2: Spez. Anforderungen an die Probenahme aus Kanälen und Kaminen
Teil 3: Probenahmeverfahren

[n25425] DIN 25 425: Radionuklidlaboratorien
Teil 1: Regeln für die Auslegung, Beiblatt 1: Ausführungsbeispiele
Teil 2: Grundlagen für die Erstellung betriebsinterner Strahlenschutzregeln
Beiblatt 1: Hinweise zur Abschirmung von Photonen- und Betastrahlung
Teil 3: Regeln für den vorbeugenden Brandschutz

[n25426] DIN 25 426: Umschlossene radioaktive Stoffe
Teil 1: Anforderungen und Klassifikation
Teil 2: Anforderungen an radioaktive Stoffe in besonderer Form
Teil 4: Dichtheitsprüfung während des Umgangs

[n25430] DIN 25 430: Sicherheitskennzeichnung im Strahlenschutz

[n25465] DIN 25 465: Messung flüssiger radioaktiver Stoffe zur Überwachung der radioaktiven Ableitungen: Sicherheitstechnische Anforderungen

[n25466] DIN 25 466: Radionuklidabzüge: Anforderungen an die Ausführung und an die Betriebsweise, mit Beiblatt

[n25474] DIN 25 474: Maßnahmen administrativer Art zur Einhaltung der Kritikalitätssicherheit in kerntechnischen Anlagen ausgenommen Reaktoren

[n25482] DIN 25 482: Nachweisgrenze und Erkennungsgrenze bei Kernstrahlungsmessungen
Teil 1: Zählende Messungen ohne Berücksichtigung des Probenbehandlungseinflusses
Beiblatt: Erläuterungen und Beispiele
Teil 2: Zählende spektrometrische Messungen ohne Berücksichtigung des Probenbehandlungseinflusses
Teil 3: Messungen mit linearen analog arbeitenden Ratemetern
Teil 5: Zählende hochauflösende gammaspektrometrische Messungen ohne Berücksichtigung des Probenbehandlungseinflusses
Teil 6: Zählende Messungen mit Berücksichtigung des Probenbehandlungs- und Geräteeinflusses

[n44801] DIN 44 801: Oberflächenkontaminationsmeßgeräte und -monitoren für Alpha-, Beta- und Gammastrahlung
Teil 1: Allgemeine Festlegungen

[n44809] DIN 44 809: Strahlenschutzeinrichtungen zur Messung und Überwachung von Tritium in Luft

[n54113] DIN 54 113: Strahlenschutzregeln für die technische Anwendung von Röntgeneinrichtungen bis 500 kV
Teil 1: Allgemeine sicherheitstechnische Anforderungen
Teil 2: Sicherheitstechnische Anforderungen und Prüfung für die Herstellung, Errichtung und Betrieb
Teil 3: Formeln und Diagramme für Strahlenschutzberechnungen

[n54115] DIN 54 115: Zerstörungsfreie Prüfung: Strahlenschutzregeln für die technische Anwendung umschlossener radioaktiver Stoffe
Teil 1: Ortsfester und ortsveränderlicher Umgang, mit Beiblatt
Teil 3: Organisation des Strahlenschutzes bei Umgang und Beförderung
Teil 4: Herstellung und Prüfung ortsveränderlicher Strahlengeräte für die Gammaradiographie
Teil 5: Errichtung von Anlagen für die Radiographie

[n8529] ISO 8529: Neutron Reference Radiations for Calibrating Neutron Measuring Devices Used for Radiation Protection Purposes and for Determining their Response as a Function of Neutron Energy

[r1301] KTA 1301.1/2: Berücksichtigung des Strahlenschutzes der Arbeitskräfte bei Auslegung und Betrieb von Kernkraftwerken,
Teil 1/2, BAnz Nr. 173a vom 17.9.1982, Beilage 42/82

[r1503] KTA 1503.1: Messung und Überwachung der Ableitung gasförmiger und aerosolgebundener radioaktiver Stoffe,
Teil 1, BAnz Nr. 133a vom 20.7.1979

Auswahl von Textsammlungen zum Strahlenschutzrecht

[AMRadV-87] Verordnung über radioaktive oder mit ionisierenden Strahlen behandelte Arzneimittel vom 28.1.1987, BGBl. I, S. 502

[AtG-85] Gesetz über die friedliche Verwendung der Atomenergie und den Schutz gegen ihre Gefahren (Atomgesetz) in der Fassung vom 15.7.1985, BGBl. S. 1565, zuletzt geändert durch Artikel 1 des Gesetzes vom 5.11.1990 (BGBl. I, S.2428)

[AtZustV-90] Verordnung über die Zuständigkeit zum Vollzug atomrechtlicher Vorschriften (AtZustV) in der Fassung vom 12.1.1990, By-GVBl., S.14

[EGGn-84] Richtlinie des Rats der Europäischen Gemeinschaften, mit denen die Grundnormen für den Gesundheitsschutz der Bevölkerung und der Arbeitskräfte gegen die Gefahren ionisierender Strahlungen festgelegt wurden (Euratom-Grundnormen), (84/467/Euratom) Amtsblatt der Europäischen Gemeinschaften ABl. L 265 vom 5.10.1984

[EGGn-89] Richtlinie des Rats der Europäischen Gemeinschaften, über die Unterrichtung der Bevölkerung über die bei einer radiologischen Notstandssituation geltenden Verhaltensmaßregeln und zu ergreifenden Gesundheitsschutzmaßnahmen, (89/618/Euratom) Amtsblatt der Europäischen Gemeinschaften ABl. L 357 vom 7.12.1989

[EinhV-85] Ausführungsverordnung zum Gesetz über Einheiten im Meßwesen (Einheitenverordnung) vom 13.12.1985, BGBl. I, S. 2272

[EO-88] Eichordnung vom 12.8.1988, BGBl. I, S. 1657

[GbV-89] Verordnung über die Bestellung von Gefahrgutbeauftragten und die Schulung der beauftragten Personen in Unternehmen und Betrieben (Gefahrgutbeauftragtenverordnung-GbV) vom 12.12.1989, BGBl. I, S. 2185

[GGG-75] Gesetz über die Beförderung gefährlicher Güter vom 6.8.1975, BGBl. I, S. 2121, zuletzt geändert durch § 4 des Gesetzes vom 25.9.1990 (BGBl. I, S. 2196)

[GGVE-91] Verordnung über die innerstaatliche und grenzüberschreitende Beförderung gefährlicher Güter mit Eisenbahnen (Gefahrgutverordnung Eisenbahn-GGVE) vom 10.6.1991, BGBl. I, S. 1224 mit Anlage

[GGVS-90] Verordnung über die innerstaatliche und grenzüberschreitende Beförderung gefährlicher Güter auf Straßen (Gefahrgutverordnung Straße-GGVS), Neufassung vom 13.11.1990, BGBl. I, S. 2453 mit Anlagen A und B

[GGVSee-91] Verordnung über die Beförderung gefährlicher Güter mit Seeschiffen (Gefahrgutverordnung See-GGVSee) vom 24.7.1991, BGBl. I, S. 1714 mit Anlage

[IATA-91] IATA Regulations Relating to the Carriage of Restricted Articles by Air. (IATA-RAR) 32. Ausgabe, 1.1.1991, Int. Air Trans. Assoc., 155 Mansfield Street, Montreal 2, Que., Canada

[LBV-75] Verordnung über die Behandlung von Lebensmitteln mit Elektronen-, Gamma- und Röntgenstrahlen oder ultravioletten Strahlen (Lebensmittel-Bestrahlungs-Verordnung) vom 16.5.1975, BGBl. I, S. 1281

[OECD-70] Bekanntmachung der geänderten Fassung der Grundnormen für den Strahlenschutz der Organisation für Wirtschaftliche Zusammenarbeit und Entwicklung (OECD) vom 20.4.1970, BGBl. II, S. 208

[PostO-63] Postordnung vom 15.5.1963 BGBl. I, S.341, zuletzt geändert durch Verordnung vom 23.6.1989, BGBl. I, S. 1158, seit 1.7.1991 außer Kraft gesetzt und durch gleichartige zivilrechtliche Regelungen ersetzt

[RöV-87] Verordnung über den Schutz vor Schäden durch Röntgenstrahlen (Röntgenverordnung-RöV) vom 8.1.1987, BGBl. I, S. 114 zuletzt geändert durch Verordnung vom 19.12.1990, BGBl. I, S. 2949

[StrlSchV-89] Verordnung über den Schutz vor Schäden durch ionisierende Strahlen (Strahlenschutzverordnung-StrlSchV) in der Fassung vom 30.6.1989, BGBl. I, S. 1321, 1926, zuletzt geändert durch Anlage 1 Kap.XII des Gesetzes vom 23.9.1990, BGBl. II, S. 885 und 1360

[StrRV-90] Verordnung zur Einrichtung eines Strahlenschutzregisters (Strahlenschutzregisterverordnung-StrRV) vom 3.4.1990, BGBl. I, S. 607

[StrVG-86] Gesetz zum vorsorgenden Schutz der Bevölkerung gegen Strahlenbelastung (Strahlenschutzvorsorgegesetz-StrVG) vom 19.12.1986, BGBl. I, S. 2610, zuletzt geändert durch Anlage 1 Kap.XII des Gesetzes vom 23.9.1990, BGBl. II, S. 885 und 1360

Sachwortverzeichnis

B

F

G

J

K

L

M

N

Q

R

S